Wolfram Luther
Klaus Niederdrenk
Fritz Reutter
Harry Yserentant

Gewöhnliche Differentialgleichungen

Rechnerorientierte Ingenieurmathematik

Herausgegeben von Gisela Engeln-Müllges

Grundlagenbände

Funktionen einer Veränderlichen
von Klaus Niederdrenk, Harry Yserentant

Lineare Algebra
von Horst Niemeyer

Gewöhnliche Differentialgleichungen
von Wolfram Luther, Klaus Niederdrenk, Fritz Reutter, Harry Yserentant

In Vorbereitung sind Bände mit den Themen:

„Funktionen mehrerer Veränderlichen“ und **„Geometrie“**

Aufbaubände und Sondergebiete

Methoden und Modelle des Operations Research
von Hans-Jürgen Zimmermann

In Vorbereitung sind Bände mit den Themen:

„Funktionentheorie“, **„Statistik“** und **„Partielle Differentialgleichungen“**

Ergänzend zur Reihe sind erschienen:

Die endliche Fourier- und Walsh-Transformation mit einer Einführung in die Bildverarbeitung
von Klaus Niederdrenk

Computer-Lösung gewöhnlicher Differentialgleichungen
von Lawrence F. Shampine, Marilyn K. Gordon

Numerische Lösung partieller Differentialgleichungen mit der Finite-Elemente-Methode
von Wieland Richter

Wolfram Luther
Klaus Niederdrenk
Fritz Reutter
Harry Yserentant

Gewöhnliche Differentialgleichungen

Analytische und numerische Behandlung

Friedr. Vieweg & Sohn Braunschweig / Wiesbaden

1987

Umschlaggestaltung: Ludwig Markgraf, Wiesbaden
Satz: Vieweg, Braunschweig

ISBN 978-3-528-04420-6 ISBN 978-3-322-83036-4 (eBook)
DOI 10.1007/978-3-322-83036-4

Vorwort der Herausgeberin

Die Reihe soll ein möglichst vollständiges Angebot an Lehr- und Arbeitsbüchern bereitstellen, die das für den Ingenieur in Hochschule und Wirtschaft erforderliche mathematische Grundwissen darstellen und durch Zusatzbände zu Sondergebieten und kommentierte Literaturhinweise komplettieren. Anders als in der traditionellen Literatur verknüpft diese Reihe die Methoden der Analysis unmittelbar mit denen der Numerik mit dem Ziel, die Mathematik handfester, anwendungsorientierter und vor allem rechnerorientiert zu präsentieren.

Da es Bereiche der Ingenieurtätigkeit ohne Einsatz des Computers kaum noch gibt, müßte dieser Tatsache auch in der mathematischen Ausbildung des Ingenieurs entsprechend Rechnung getragen werden. Dies wird in dieser Reihe versucht, indem computergerechten numerischen Methoden, die eine Brücke zwischen der höheren Mathematik und dem Rechner darstellen, ein ebenso breiter Raum eingeräumt wird wie dem klassischen Stoff.

Die Einzelbände der Reihe sind inhaltlich, im didaktischen Aufbau, in der Terminologie und in der äußeren Gestaltung aufeinander abgestimmt, um das Arbeiten mit der Reihe zu erleichtern. Den Text begleiten zahlreiche durchgerechnete Beispiele. Die numerischen Gesichtspunkte werden an einigen größeren technischen Aufgaben verdeutlicht. Es werden abprogrammierbare Algorithmen angegeben und Entscheidungshilfen für die Auswahl der geeigneten Methode. Am Ende der einzelnen Kapitel werden noch strategisch wichtige Aufgaben zusammengestellt, deren Lösungen am Ende des jeweiligen Bandes angegeben werden. Dieses Konzept läßt die Bände auch besonders zum Selbststudium geeignet erscheinen. Da durch den einheitlichen Aufbau der Reihe die Orientierung über einen größeren Teil der Mathematik für Ingenieure erleichtert wird, ist auch ein (erst in zweiter Linie beabsichtigter) Einsatz der Bände als Nachschlagewerk möglich.

Aachen, 1987 *G. Engeln-Müllges*

Vorwort der Verfasser

Gewöhnliche Differentialgleichungen sind ein wichtiges Gebiet in der Ingenieurmathematik, das in der Ingenieurausbildung meist als Teil der Kursvorlesung ,,Höhere Mathematik für Ingenieure" behandelt wird. Etwa ab 1965 wurden schrittweise auch Lehrveranstaltungen über Numerische Mathematik für Ingenieure angeboten. Das vorliegende Buch hat seinen Ursprung in Vorlesungen und Übungen, die von den Autoren in den zurückliegenden Jahren an der RWTH Aachen und der Universität Dortmund gehalten wurden. Es wendet sich vor allem an Ingenieurstudenten, aber auch an Studierende der Informatik, der Mathematik und Physik.

Prof. Dr. Wolfram Luther ist der Autor aller Kapitel, die sich mit der analytischen Behandlung gewöhnlicher Differentialgleichungen befassen. Ihre Numerik ist nach einer kurzen Einführung in Abschnitt 3.4 in den Kapiteln 4, 13 und 15 dargestellt; die Autoren sind Dr. Klaus Niederdrenk und Prof. Dr. Harry Yserentant sowie in beratender Funktion Prof. Dr. Fritz Reutter. Wegen des raschen Fortschritts der Computerentwicklung und deren Rückwirkung auf die Numerische Mathematik war die Auswahl der numerischen Verfahren nicht leicht.

Die von den Autoren getroffene Eingrenzung des Stoffes ergab sich aus vielfältigen Erfahrungen mit Anwendern aus ingenieurwissenschaftlichen Gebieten. Die Kapitel 1 bis 4, 7 bis 10 und Abschnitt 13.1 dürften im allgemeinen wohl den auf Differentialgleichungen bezogenen Stoff der Höheren Mathematik und der Numerischen Mathematik für Ingenieure abdecken. Die übrigen Abschnitte betreffen Gegenstände, über die man Spezialvorlesungen im Hauptstudium finden kann.

Besonderes Gewicht wurde auf ausführlich durchgerechnete Beispiele und Aufgaben aus allen Bereichen der exakten Naturwissenschaften gelegt, die der Leser Schritt für Schritt zur Vertiefung der theoretischen Grundlagen nachvollziehen sollte. Die vorgestellten Lösungsalgorithmen und ausführlichen Literaturhinweise ermöglichen es Anwendern wie Studierenden, auch eigene Probleme mit Erfolg zu bearbeiten und zu lösen.

Die Autoren möchten allen, die die Entstehung dieses Werkes mit Rat, Hilfe und Unterstützung begleitet haben, für ihr Engagement danken.

Aachen, im Frühjahr 1987

Wolfram Luther, Klaus Niederdrenk,
Fritz Reutter, Harry Yserentant

Inhaltsverzeichnis

Symbolverzeichnis

$\neg$	nicht
$\wedge$	und
$\vee$	oder
$\Rightarrow$	wenn-dann bzw. hat zur Folge
$\Leftrightarrow$	genau dann-wenn bzw. ist gleichbedeutend mit
$:=$	nach Definition gleich
$<\ \leqslant$	kleiner, kleiner oder gleich
$>\ \geqslant$	größer, größer oder gleich
$a \ll b$	a ist wesentlich kleiner als b
$\simeq$	ungefähr gleich
$\sim$	proportional bzw. gleichmächtig zu
$\{a_1, a_2, \ldots\}$	Menge aus den Elementen $a_1, a_2, \ldots$
$\{x \mid \ldots\}$	Menge aller x für die gilt
$\in$	Element von
$\notin$	nicht Element von
$\subseteq$	enthalten in oder Teilmenge von
$\subset$	echt enthalten in oder echte Teilmenge von
$\not\subset$	nicht Teilmenge von
$A \setminus B$	A ohne B
$A \cup B$	A vereinigt mit B
$A \cap B$	A geschnitten mit B
$A \times B$	Paarmenge
$\mathbb{N}$	Menge der natürlichen Zahlen
$\mathbb{N}_0$	Menge der natürlichen Zahlen einschließlich der Null
$\mathbb{Z}$	Menge der ganzen Zahlen
$\mathbb{Q}$	Menge der rationalen Zahlen
$\mathbb{R}$	Menge der reellen Zahlen
$\mathbb{C}$	Menge der komplexen Zahlen
$\mathbb{R}^+, \mathbb{R}^-$	Menge der positiven bzw. negativen reellen Zahlen
$\mathbb{R}_0^+, \mathbb{R}_0^-$	Menge der nichtnegativen bzw. nichtpositiven reellen Zahlen
(a, b)	offenes Intervall von a bis b, $a < b$
$[a, b]$	abgeschlossenes Intervall von a bis b, $a \leqslant b$
$(a, b]$	halboffenes Intervall von a bis b (links offen), $a < b$
$[a, b)$	halboffenes Intervall von a bis b (rechts offen), $a < b$
$\arg z$	Argument von z, $z \in \mathbb{C}$
$\operatorname{Re} z$	Realteil von z, $z \in \mathbb{C}$
$\operatorname{Im} z$	Imaginärteil von z, $z \in \mathbb{C}$
$n!$	n Fakultät mit $n! := 1 \cdot 2 \cdot 3 \cdot \ldots \cdot n,\ n \in \mathbb{N},\ 0! := 1$
$\binom{\alpha}{k}$	α über k mit $\binom{\alpha}{k} := \frac{\alpha(\alpha-1)\ldots(\alpha-k+1)}{k!},\ k \in \mathbb{N},\ \binom{\alpha}{0} := 1$

$\prod_{i=1}^{n} a_i$	$= a_1 \cdot a_2 \cdot \ldots \cdot a_n$
$\sum_{i=1}^{n} a_i$	$= a_1 + a_2 + \ldots + a_n$
$\int_a^b$	Integral in den Grenzen a und b
i	imaginäre Einheit i mit $i^2 = -1$
e	Eulersche Zahl
$\|a\|$	Betrag von a
$\\|\ \\|$	allgemeine Norm
(a_k)	Folge der a_k
$\lim_{k \to \infty} a_k$	Limes von a_k für $k \to \infty$
$\overline{\lim}$	Limes superior
$\underline{\lim}$	Limes inferior
$f: D \to \mathbb{R}$	Abbildung f von D in $\mathbb{R}$ (bzw. auf D definierte reellwertige Funktion f)
$x \mapsto f(x), x \in D$	x wird f(x) zugeordnet für $x \in D$
f^{-1}	Umkehrabbildung zu f (bzw. Umkehrfunktion zu f)
$f', f'', \ldots, f^{(n)}$	erste, zweite, ..., n-te Ableitung von f
$C[a, b]$	Menge der auf [a, b] stetigen Funktionen
$C^n[a, b]$	Menge der auf [a, b] n-mal stetig differenzierbaren Funktionen
$\mathbb{R}^n$	n-dimensionaler reeller euklidischer Raum
$\max\{f(x) \mid x \in [a,b]\}$	Maximum aller Funktionswerte f(x) für $x \in [a,b]$
$\min\{\|M_i\| \mid i = 1,2,\ldots,m\}$	Minimum aller $\|M_i\|$ für $i = 1, 2, \ldots m$
(x, y)	geordnetes Paar
$(x_1, x_2, \ldots, x_n)$	n-Tupel
$\mathop{\times}_{i=1}^{n} M_i$	kartesisches Produkt $M_1 \times M_2 \times \ldots \times M_n$
M^n	kartesisches Produkt $M \times M \times \ldots \times M$ (n-mal)
$A = \mathcal{O}(h^q), h \to 0$	$\|A/h^q\| \leqslant C$ für $h \to 0$, C = const. (Landausches Symbol)
$\mathbf{0}$	Nullvektor
$\mathbf{a}, \mathbf{b}, \mathbf{x}, \ldots$	Vektoren
$\mathbf{A}, \mathbf{B}, \mathbf{X}, \ldots$	Matrizen
$\mathbf{a} \times \mathbf{b}$	Vektorprodukt
$\mathbf{A} \otimes \mathbf{B}$	Kroneckerprodukt der Matrizen **A** und **B**
$\mathbf{E}, \mathbf{E}_p$	Einheitsmatrix, p-reihige Einheitsmatrix
$\langle \mathbf{a}_1, \ldots, \mathbf{a}_k \rangle$	Teilraum, der von den Vektoren $\mathbf{a}_1, \ldots, \mathbf{a}_k$ aufgespannt wird
[A]	siehe im Literaturverzeichnis unter [A]

1 Einführung

Zu Beginn wollen wir erklären, was wir unter einer gewöhnlichen Differentialgleichung und ihren Lösungen verstehen, und dabei einfache mathematische Modelle zu Problemen aus den Naturwissenschaften angeben, die auf Differentialgleichungen führen.

1.1 Stammfunktion und Flächeninhalt

Wir wollen den Flächeninhalt $|A|$ der in Bild 1.1 angegebenen Fläche A zwischen x-Achse und Graph der Funktion $f\colon [a, b] \to \mathbb{R}^+$, $\mathbb{R}^+ := \{x \in \mathbb{R} \mid x > 0\}$, berechnen. Es geht darum, eine Stammfunktion y zu f zu ermitteln mit $y' = f$, also die Gleichungen

$$y'(x) = f(x) \qquad \text{oder} \qquad y'(x) - f(x) = 0$$

zu lösen. Der Flächeninhalt ergibt sich dann zu

$$|A| = y(b) - y(a) .$$

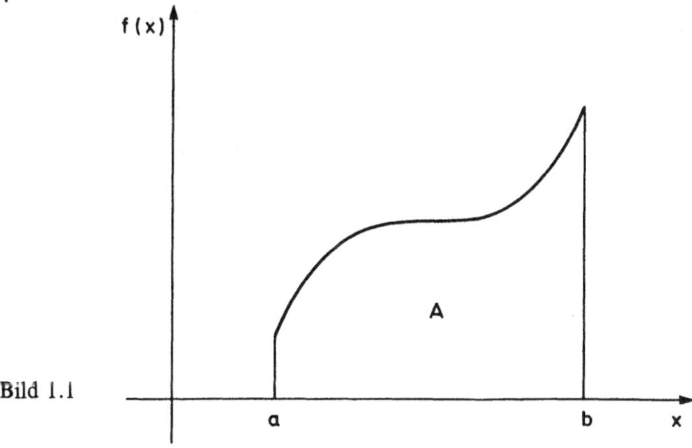

Bild 1.1

Beispiel.

Gegeben: $f(x) = x^n$, $n = 0, 1, 2, \ldots$; $a = 1$, $b = 2$.
Gesucht: $|A|$.

Schritt 1: Nach Integration folgt $y(x) = \dfrac{1}{n+1} x^{n+1} + c$, $c \in \mathbb{R}$.

Schritt 2: $|A| = \dfrac{1}{n+1}(2^{n+1} - 1)$.

1.2 Ein Bevölkerungsmodell

Die Änderung der Bevölkerungszahl $\Delta N(t)$ im Zeitintervall Δt ist gegeben durch

$$\frac{\Delta N(t)}{\Delta t} := \frac{N(t+\Delta t) - N(t)}{\Delta t}$$

und die Wachstumsrate $R(t)$ durch

$$R(t) := \frac{\Delta N(t)}{N(t)\,\Delta t}\,.$$

Ein einfaches Bevölkerungsmodell geht von einem Anfangswert $N(t_0) = N_0$ aus und nimmt an, daß $R(t)$ sich als Differenz der konstanten Geburtsrate b und Todesrate d schreiben läßt:

$$R(t) = b - d =: \overline{R}\,.$$

In den letzten Jahren gibt man für die Weltbevölkerungswachstumsrate 1.8 Prozent pro Jahr an.
Wir erhalten also eine Differenzengleichung mit Anfangswertvorgabe

$$N(t+\Delta t) = N(t)\,(1 + (b-d)\,\Delta t), \quad N(t_0) = N_0\,. \tag{1.1}$$

Bei größeren Bevölkerungszahlen dürfen wir zur Vereinfachung $N(t)$ durch eine stetig differenzierbare Funktion y der Variablen t ersetzen, und (1.1) wird nach Grenzübergang zu

$$\lim_{\Delta t \to 0} \frac{y(t+\Delta t) - y(t)}{\Delta t} = y'(t) = \overline{R}y(t), \; y(t_0) = y_0\,. \tag{1.2}$$

Malthussches Gesetz

Man rechnet leicht nach, daß $y(t) = y_0 \exp(\overline{R}(t - t_0))$ eine Lösung von (1.2) ist. Berücksichtigt man noch eine zeitabhängige Wanderungsbewegung $g(t)$, so benutzt man anstelle von (1.2)

$$y'(t) - \overline{R}y(t) - g(t) = 0, \; y(t_0) = y_0\,. \tag{1.3}$$

1.3 Mechanische Schwingungen

Eine Anwendung des *Newtonschen „Kraftgesetzes"*

$$\mathbf{F} = m a$$

und des *Hookeschen Gesetzes* auf das Feder-Masse System im Schwerkraftfeld aus Bild 1.2 führt auf die Gleichung

$$\frac{d^2 y}{dt^2} = -\frac{s}{m}\,y - g\,. \tag{1.4}$$

Dabei ist m die Masse, s die Federkonstante, g die Erdbeschleunigung und y die Auslenkung der Masse zur Zeit t bezogen auf die Feder in ungedehnter Stellung. Man kann noch die Anfangswerte für Auslenkung und Geschwindigkeit $y(t_0) = y_0$ und $y'(t_0) = y_1$ zur Zeit t_0 vorschreiben.

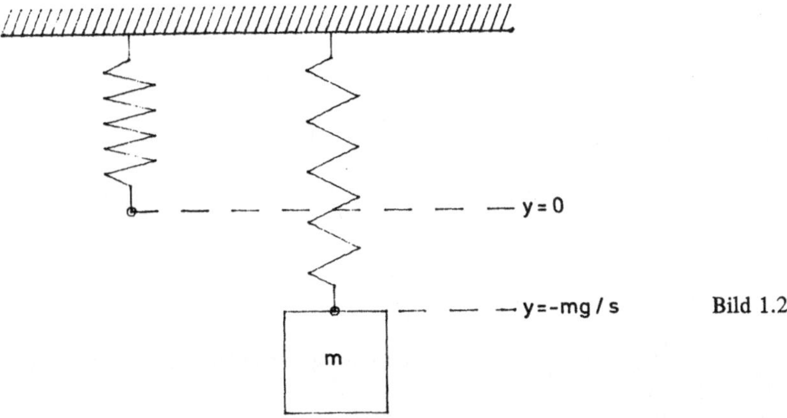

Bild 1.2

1.4 Die gewöhnliche Differentialgleichung n-ter Ordnung und ihre Lösungen

Wir wollen nun aus den vorhergehenden Abschnitten eine Definition erarbeiten.

1.1 **Definition.** (Differentialgleichung)

Eine Gleichung der Form

$$F(x, y, y', \ldots, y^{(n)}) = 0$$

heißt gewöhnliche Differentialgleichung.
Dabei ist F eine reellwertige Funktion der (n + 2) Variablen $x, y, y', \ldots, y^{(n)}$.
Die Ordnung der Differentialgleichung ist gleich der Ordnung der höchsten in der Gleichung auftretenden Ableitung der Funktion y.

Bei unseren Gleichungen (1.2), (1.3) und (1.4) handelt es sich um Differentialgleichungen erster und zweiter Ordnung. Es sind zusätzlich *lineare* Differentialgleichungen.

1.2 **Definition.** (Lineare Differentialgleichung)

$F(x, y, y', \ldots, y^{(n)}) = 0$ heißt lineare Differentialgleichung, wenn die Funktion F eine lineare Funktion ihrer Variablen $y, y', \ldots, y^{(n)}$ ist. In diesem Fall hat die Differentialgleichung die Form

$$a_n(x)\, y^{(n)}(x) + a_{n-1}(x)\, y^{(n-1)}(x) + \ldots + a_0(x)\, y(x) = g(x)\,.$$

Die Differentialgleichung $(y')^2 + y^2 = 1$ ist nicht linear.

1.3 **Definition.** (Lösungsbegriff)

Unter einer (expliziten) Lösung der gewöhnlichen Differentialgleichung

$$F(x, y, y', \ldots, y^{(n)}) = 0$$

verstehen wir eine reelle Funktion $y = f$, die auf einem Intervall I nebst allen ihren n Ableitungen definiert ist und die Gleichung

$$F(x, f(x), f'(x), \ldots, f^{(n)}(x)) = 0$$

für alle $x \in I$ erfüllt. Dabei muß $F(x, f(x), f'(x), \ldots, f^{(n)}(x))$ für alle $x \in I$ definiert sein.

Beispiel.

Die Funktion f mit $f(x) = c_1 \cos x + c_2 \sin x$ ist Lösung der Differentialgleichung $y'' + y = 0$ für alle reellen x. □

Bei unseren einführenden Beispielen sind noch Anfangswerte der gesuchten Funktionen und gegebenenfalls ihrer Ableitungen zur Zeit t_0 vorgeschrieben. Man spricht dann von einem Anfangswertproblem (AWP). Die Lösung f muß daher durch geeignete Wahl der auftretenden Integrationskonstanten c_i daran angepaßt werden.

Wir wollen nun die Gleichung $x^2 + y^2 - c^2 = 0$ nach x differenzieren. Es folgt, da $y = y(x)$ gelten soll,

$$2x + 2yy' = 0 . \tag{1.5}$$

Im Unterschied zu den Differentialgleichungen (1.2), (1.3) und (1.4) ist die Differentialgleichung (1.5) nicht in expliziter Form, d.h. aufgelöst nach $y^{(n)}$ gegeben. In jedem Fall ist $g(x, y) = 0$ mit

$$g(x, y) := x^2 + y^2 - c^2 , \quad y \neq 0$$

eine implizite Lösung der impliziten Differentialgleichung (1.5), denn $g(x, y) = 0$ ist wegen $y \neq 0$ auflösbar, und wir erhalten die expliziten Lösungen

$$y_1(x) := \sqrt{c^2 - x^2} , \quad y_2(x) := -\sqrt{c^2 - x^2} , \quad -c < x < c, \; c > 0 .$$

Betrachtet man unsere einführenden Beispiele, so mag man versucht sein zu glauben, daß jede Differentialgleichung eine Lösung besitzt. Die Differentialgleichung $y'^2 + y^2 = -1$ z.B. hat aber keine Lösung. Es stellt sich daher die Aufgabe, nach Voraussetzungen an die Funktion F zu suchen, die die Existenz von Lösungen der Differentialgleichung

$$F(x, y, y', \ldots, y^{(n)}) = 0$$

gewährleisten. Das geschieht in Kap. 2 für spezielle Typen von Differentialgleichungen und in Kap. 3 für allgemeine Klassen.

Die Differentialgleichung aus (1.2) $y' = \overline{R}y$ zeigt uns, daß mehrere Lösungen existieren können, und zwar hier eine einparametrige Schar $y(t) = c\, e^{\overline{R}t}$, c reeller Parameter. Betrachtet man die Lösungsgraphen $(t, y(t))$, so geht durch jeden Punkt der (t, y)-Ebene genau eine Lösungskurve (mit der Steigung $y' = \overline{R}y$). Das Anfangswertproblem (1.2) ist demnach eindeutig lösbar. Es ist also zu untersuchen, welche Zusatzbedingungen zu fordern sind, um eine eindeutige Lösung zu erhalten.

In der Folge werden wir, wenn keine Mißverständnisse möglich sind, zur Vereinfachung nicht immer genau zwischen Lösungsfunktion y, $y(x)$, dem Graphen $(x, y(x))$ und der Lösungskurve C: $\binom{x}{y(x)}$, $a \leqq x \leqq b$, unterscheiden.

Weiter bleibt die Frage der Berechnung der Gesamtheit der Lösungen.

Sicher wird man nicht immer eine Lösung in geschlossener Form mit Hilfe von Integralen oder elementarer Funktionen wie in (1.2) darstellen können. Oft sind nur Lösungen in Gestalt einer unendlichen Reihe oder nur numerische Näherungswerte für die Lösung y an vorgegebenen Abszissenwerten x_i zu erwarten. Daher müssen explizite wie auch geeignete numerische Lösungsverfahren entwickelt oder zumindest eine qualitative Diskussion des Lösungsverlaufs geliefert werden.

1.5 Partielle Differentialgleichungen

Treten in der vorgegebenen Differentialgleichung Funktionen mehrerer Veränderlicher und ihre partiellen Ableitungen bis zur Ordnung n auf, so sprechen wir von einer partiellen Differentialgleichung n-ter Ordnung.

1.4 **Beispiele.**

Drei der wichtigsten klassischen partiellen Differentialgleichungen zweiter Ordnung sind die Folgenden

$$\frac{\partial u}{\partial t} = \alpha^2 \frac{\partial^2 u}{\partial x^2} \tag{1.6a}$$

$$\frac{\partial^2 u}{\partial t^2} = c^2 \frac{\partial^2 u}{\partial x^2} \tag{1.6b}$$

$$\frac{\partial^2 u}{\partial t^2} + \frac{\partial^2 u}{\partial x^2} = 0 \tag{1.6c}$$

(1.6a), die *Wärmeleitungsgleichung*, tritt bei der Beschreibung der Temperaturverteilung in einem Balken und bei Diffusionsprozessen auf.

Die *Wellengleichung* (1.6b) dient der Beschreibung akustischer und elektromagnetischer Wellen oder mechanischer Schwingungen z.B. einer Saite.

(1.6c) heißt *Laplace-* oder *Potentialgleichung*. Bei der Diskussion elektrostatischer Felder oder von Strömungsproblemen ist sie grundlegend.

Man wird zusätzlich noch Anfangs- oder Randbedingungen an die Funktion u stellen.

1.6 Literatur zu Kapitel 1

Einen guten Einstieg und viele Anwendungsbeispiele aus den Ingenieurwissenschaften gibt das klassische Buch von L. Collatz: Differentialgleichungen [C1].

Zerfallsprozesse erläutert ausführlich M. Braun: Differential Equations and Their Applications [B3, S. 11 f]*.

Er erklärt die ^{14}C Methode.

Mathematische Modelle der Bevölkerungstheorie diskutiert R. Haberman: Mathematical Models [H1, S. 119f].

Insbesondere behandelt er die Lösung der Differenzengleichung (1.1).

1.7 Aufgaben zu Kapitel 1

1. Man berechne die Gesamtheit der Lösungen der Differentialgleichung $y' = 1/x,\ x \neq 0$.

2. Sei $N(t)$ die Anzahl der Atome ^{238}U in einer Uranprobe von 1g zur Zeit t mit $N(0) = N_0 > 0$. Man löse die Differentialgleichung

$$N'(t) = -\lambda N(t) \quad \text{mit} \quad \lambda = \frac{\ln 2}{4.51 \cdot 10^9\,a}.$$

   Welche Bedeutung hat der Parameter λ? Ist die Lösung eindeutig bestimmt?

   Hinweis: $N(t)$ ist streng monoton fallend, die Umkehrfunktion $t = t(N)$ erfüllt die Gleichung $\frac{dt}{dN} = -\frac{1}{\lambda N}$.

3. Holzkohle der früheren Bewohner der Höhle von Lascaux (Frankreich) wies 1950 eine Zerfallsrate von 0.97 Zerfällen pro Minute und Gramm ^{14}C (Kohlenstoff 14) auf, lebendes Holz 6.68 Zerfälle. Die Halbwertszeit von ^{14}C beträgt 5568 Jahre. Aus welcher Zeit t_0 stammen die Höhlenzeichnungen?

4. Man interpretiere die allgemeine explizite Differentialgleichung erster Ordnung $y' = f(x, y)$ und ihre Lösungsgesamtheit geometrisch.

   Hinweis: $y' = f(x, y)$ definiert ein Richtungsfeld, wobei jedem Punkt (x_0, y_0), in dem f definiert ist, ein Linienelement (x_0, y_0, y_0') zugeordnet ist. Die Lösungsschar paßt sich in das Steigungsfeld ein. In der Regel geht durch jeden Punkt genau eine Lösungskurve. Bild 1.3 zeigt das Richtungsfeld der impliziten Differentialgleichung (1.5).

---

* Deutsche Ausgabe: M. Braun: Differentialgleichungen und ihre Anwendungen. Springer, Hochschultext, Berlin 1979.

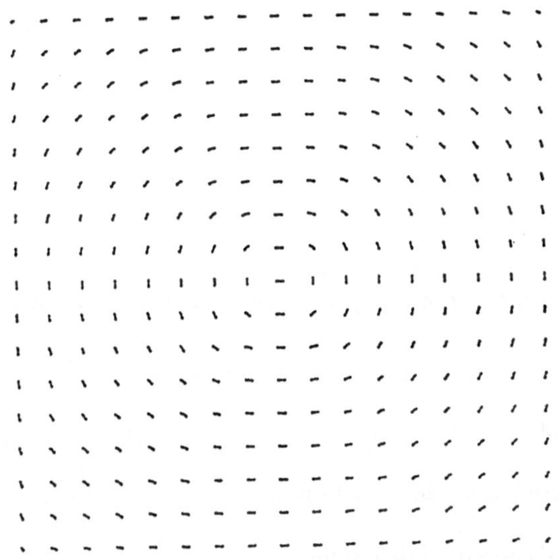

Bild 1.3

5. Man klassifiziere die Differentialgleichungen:

a) $xy^{(3)} + y \sin x = 1$

b) $y' - \cos(xy) = 0$

c) $\dfrac{\partial u(x,y)}{\partial x} + \dfrac{\partial u(x,y)}{\partial y} = x^3 y^3$.

2 Spezielle Typen gewöhnlicher Differentialgleichungen erster Ordnung

In diesem Kapitel untersuchen wir Klassen von Differentialgleichungen, die für die Anwendungen wichtig und deren Lösungen durch Integrale vorgegebener Funktionen in geschlossener Form darstellbar sind.

2.1 Die separable Differentialgleichung

Unsere einführenden Beispiele aus Kapitel 1 waren vom Typ

$$\boxed{y' = f(x)\, g(y)} \qquad \textit{separable} \text{ Differentialgleichung}$$

Wir nehmen noch einmal die Differentialgleichung (1.5) auf:
Für $y \neq 0$ folgt nach Auflösung und Integration aus $y' = -x/y$

$$\int_{x_0}^{x} y'(t)\, y(t)\, dt = -\int_{x_0}^{x} t\, dt\,,$$

$$y^2 - y_0^2 = x_0^2 - x^2\,,\ y(x_0) = y_0\,,$$

und nach Auflösung

$$y(x) = \operatorname{sgn} y_0 \sqrt{y_0^2 + x_0^2 - x^2}\,.$$

Die Lösungskurven stellen demnach Halbkreisbögen ohne die x-Achse dar.

2.1 **Lösungsalgorithmus.**

$$\frac{y'}{g(y)} = f(x) \qquad \text{Separierung}$$

$$\int_{x_0}^{x} \frac{y'(t)}{g(y(t))}\, dt = \int_{x_0}^{x} f(t)\, dt \qquad \text{Integration von } x_0 \text{ nach } x$$

$$H(y(x)) - H(y(x_0)) = F(x) - F(x_0) \qquad \text{Stammfunktionen} \qquad (2.1)$$

$$y(x) = H^{-1}(H(y_0) + F(x) - F(x_0)),\ y(x_0) = y_0\,, \qquad \text{Lösung des Anfangswertproblems}$$

F Stammfunktion zu f, H Stammfunktion zu $1/g$,
H^{-1} Umkehrfunktion zu H.

Der folgende Satz rechtfertigt die Schritte des Algorithmus:

2.2 **Satz.** (Separable Differentialgleichung)

Gegeben sei die separable Differentialgleichung $y' = f(x)\,g(y)$, f reellwertig und stetig auf (a, b), g reellwertig, stetig und verschieden von Null auf (c, d), $a, b, c, d \in \mathbb{R} \cup \{\pm\infty\}$.
Dann gibt es eine lokal eindeutig bestimmte Lösung y durch den Punkt $(x_0, y_0) \in (a, b) \times (c, d)$.
Sie existiert in einer Umgebung $U(x_0, r) := \{x \in \mathbb{R} \mid |x - x_0| < r\}$ des Punktes x_0 und ist gegeben durch

$$y(x) = H^{-1}\left(H(y_0) + \int_{x_0}^{x} f(t)\,dt\right).$$

Dabei ist H^{-1} die Inverse der Stammfunktion H zu $1/g$.

Beweis.

Die Schritte des Lösungsalgorithmus sind nach den Voraussetzungen des Satzes gerechtfertigt, da f und g stetig sind und somit entweder $g(t) < 0$ oder $g(t) > 0$ auf ganz (c, d) gilt. So ist H streng monoton und daher umkehrbar auf (c, d).

y erfüllt die Differentialgleichung, wie man durch Differenzieren von (2.1) erkennt. Ist z eine weitere Lösung durch (x_0, y_0), so gilt

$$\int_{x_0}^{x} f(t)\,dt = \int_{x_0}^{x} \frac{z'(t)}{g(z(t))}\,dt = \int_{y_0}^{z(x)} \frac{du}{g(u)} = \int_{y_0}^{y(x)} \frac{dt}{g(t)}$$

in einer Umgebung von x_0, also

$$\int_{y(x)}^{z(x)} \frac{du}{g(u)} = 0,$$

woraus wegen $g(u) < 0$ (> 0) dann $z(x) \equiv y(x)$ folgt. ∎

Ist $g(y_0) = 0$, so ist $y(x) = y_0$ zusätzliche Lösung.

Es kann vorkommen, daß andere Lösungskurven stetig differenzierbar in diese Gerade einmünden. Eine ausführliche Diskussion gibt z.B. W. Walter [W1, S. 15f].

2.3 Beispiele

1. Gegeben: $y' = 3\,y^{2/3} \cos x$, $y(x_0) = y_0$. (2.2)
   Mit Hilfe des Lösungsalgorithmus erhält man für $y_0 \neq 0$
   $y(x) = (y_0^{1/3} + \sin x - \sin x_0)^3 = (c + \sin x)^3$, $c \in \mathbb{R}$, und y ist Lösung von (2.2) für alle reellen x. Dazu kommt $y = 0$. Wie Bild 2.1 zeigt, laufen für $|c| \leqq 1$ die

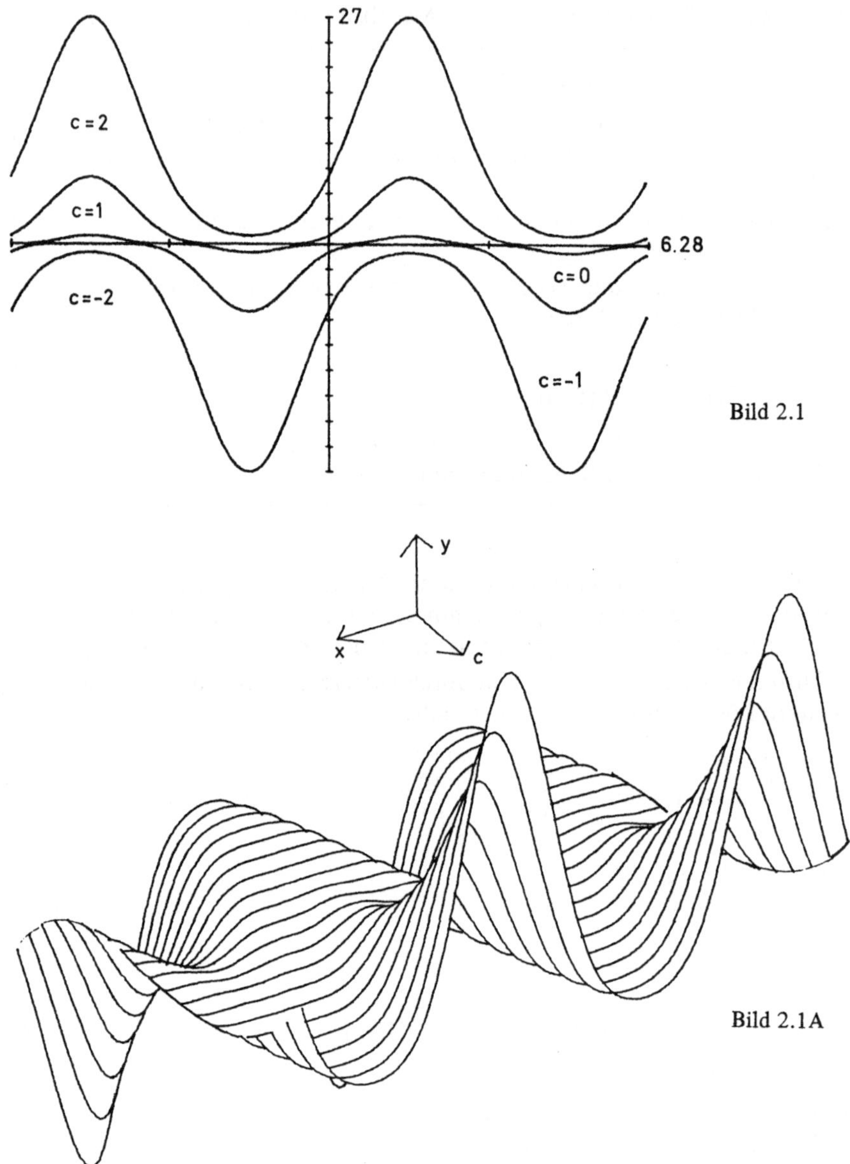

Bild 2.1

Bild 2.1A

Lösungskurven immer wieder stetig differenzierbar in die Gerade $y = 0$ ein. Hier ist das Anfangswertproblem für $y_0 \neq 0$ nur lokal eindeutig lösbar, denn sobald eine Lösung $y_1 = (c_1 + \sin x)^3$ in die Gerade $y = 0$ mündet, kann man ein Stück längs $y = 0$ laufen und dann auf eine andere Lösung „umsteigen". Im Falle $|c| > 1$ liegt globale Eindeutigkeit vor.

Bild 2.1A gibt den Lösungsverlauf im Raum über der (x, c)-Ebene.

2. Gegeben sei die *homogene* Differentialgleichung $y' = f(y/x)$.

$$\boxed{y' = f(y/x)} \xrightarrow[u(x) := y(x)/x]{} \boxed{u' = \frac{f(u) - u}{x}} \qquad (2.3)$$

Mit der Substitution $u := y/x$, $x \neq 0$ und $y' = u + xu'$ führen wir die homogene Differentialgleichung auf eine separable Differentialgleichung zurück. Zusätzliche Lösungen für Werte u_0 mit $f(u_0) = u_0$ sind:

$$y(x) = u_0 x, \quad x \neq 0 .$$

□

2.2 Die lineare Differentialgleichung erster Ordnung

Beispiele für lineare Differentialgleichungen haben wir bereits unter (1.2) und (1.3) kennengelernt. Nun untersuchen wir die allgemeine inhomogene lineare Differentialgleichung mit dem inhomogenen Anteil $h(x)$:

$$a_1(x)\, y'(x) + a_0(x)\, y(x) = h(x) .$$

Wir fordern $a_1(x) \neq 0$, um durch a_1 dividieren zu können, und erhalten die Normalform

$$\boxed{y'(x) + f(x)\, y(x) = g(x)} \qquad \textit{lineare}\ \text{Differentialgleichung.} \qquad (2.4)$$

Zunächst lösen wir die zugehörige *homogene* Differentialgleichung

$$\boxed{y'(x) + f(x)\, y(x) = 0} \qquad \textit{homogene lineare}\ \text{Differentialgleichung.} \qquad (2.5)$$

2.4 **Lösungsalgorithmus der homogenen linearen Differentialgleichung erster Ordnung**

$y'(x) = -f(x)\, y(x)$ separable Differentialgleichung

$$\int_{x_0}^{x} \frac{y'(t)}{y(t)}\, dt = -\int_{x_0}^{x} f(t)\, dt, \quad y(x_0) \neq 0,$$

$$\ln \left| \frac{y(x)}{y(x_0)} \right| = -\int_{x_0}^{x} f(t)\, dt, \quad y(x)/y(x_0) > 0,$$

$$y(x) = y(x_0) \exp\left(-\int_{x_0}^{x} f(t)\, dt \right) \quad \text{oder} \quad y(x) \equiv 0, \quad \text{wenn} \quad y(x_0) = 0,$$

$$y_h(x) = y_0 \exp\left(-\int_{x_0}^{x} f(t)\, dt \right) \quad \text{ist Lösung von (2.5) mit } y_h(x_0) = y_0 .$$

Man erkennt unmittelbar: $y(x)$ ist immer von Null verschieden oder identisch Null. Im Anschluß daran lösen wir die *inhomogene* Differentialgleichung, indem wir (2.4) mit $\exp\left(\int_{x_0}^{x} f(t)\,dt\right)$ durchmultiplizieren:

$$y'\exp\left(\int_{x_0}^{x} f(t)\,dt\right) + y(x)\,f(x)\exp\left(\int_{x_0}^{x} f(t)\,dt\right) =$$

$$\left[y(x)\exp\left(\int_{x_0}^{x} f(t)\,dt\right)\right]' = g(x)\exp\left(\int_{x_0}^{x} f(t)\,dt\right) =: c'(x)\,. \tag{2.6}$$

Diese Überlegung rechtfertigt einen von *Lagrange* stammenden Ansatz:

$$y(x) := c(x)\exp\left(-\int_{x_0}^{x} f(t)\,dt\right) \quad \text{„Variation der Konstanten“.}$$

2.5 **Lösungsalgorithmus der inhomogenen linearen Differentialgleichung**

$$y(x) = c(x)\exp\left(-\int_{x_0}^{x} f(t)\,dt\right) \qquad \text{Ansatz}$$

$$c'(x) = g(x)\exp\left(\int_{x_0}^{x} f(t)\,dt\right) \qquad \text{wegen (2.6)}$$

$$c(x) = \int g(x)\exp\left(\int_{x_0}^{x} f(t)\,dt\right)dx$$

$$y(x) = \left[y_0 + \int_{x_0}^{x} g(t)\exp\left(\int_{x_0}^{t} f(u)\,du\right)dt\right]\exp\left(-\int_{x_0}^{x} f(t)\,dt\right) \tag{2.7}$$

Lösung der inhomogenen linearen Differentialgleichung mit $y(x_0) = y_0$.

y setzt sich zusammen aus der allgemeinen Lösung y_h der homogenen Differentialgleichung und einer „partikulären“ Lösung y_p der inhomogenen Differentialgleichung:

$$y_p(x) := \int_{x_0}^{x} g(t)\exp\left(\int_{x_0}^{t} f(u)\,du\right)dt\,\exp\left(-\int_{x_0}^{x} f(t)\,dt\right).$$

Die allgemeine Lösung der Differentialgleichung (2.4) kann auch in der Form

$$y(x) = (G(x) + c)\, e^{-F(x)}, \qquad c \in \mathbb{R}, \tag{2.8}$$

geschrieben werden. Es ist F eine Stammfunktion zu f und G zu $g \cdot e^F$.
g heißt oft „Störglied".
Zusammenfassend erhalten wir den

2.6 **Satz.** (Lösung der linearen Differentialgleichung erster Ordnung)

Gegeben sei die lineare Differentialgleichung erster Ordnung
$y'(x) + f(x)\, y(x) = g(x)$, f, g stetig auf (a, b), $a, b \in \mathbb{R} \cup \{\pm\infty\}$.
Durch den Anfangswert $y(x_0) = y_0$, $x_0 \in (a, b)$, ist dann eine global eindeutige Lösung y bestimmt, die in (2.7) gegeben und auf ganz (a, b) definiert ist.

Beweis.

Wegen der Stetigkeit von f und g sind die Operationen des Lösungsalgorithmus gerechtfertigt. Einsetzen von (2.7) in (2.4) ergibt, daß y tatsächlich eine Lösung mit $y(x_0) = y_0$ ist und die Differentialgleichung in ganz (a, b) erfüllt.
Seien y_1 und y_2 zwei Lösungen von (2.4) durch (x_0, y_0), dann gilt

$$z'(x) := y_1'(x) - y_2'(x) = -f(x)\,(y_1(x) - y_2(x)) + g(x) - g(x) = -f(x)\, z(x)$$

und $z(x_0) = 0$. Es folgt $z(x) \equiv 0$, denn eine Lösung von (2.5), die die x-Achse berührt, muß identisch verschwinden. Das beweist die Eindeutigkeit. ∎

2.7 **Bemerkung.** (Lineare Differentialungleichung)

Betrachten wir die zu (2.4) gehörige Differentialungleichung

$$z'(x) \leqq -f(x)\, z(x) + g(x), \quad x \in (a, b), \quad z(x_0) \leqq y(x_0),$$

so folgt entsprechend (2.6)

$$\left[z(x) \exp\left(\int_{x_0}^{x} f(t)\, dt\right)\right]' \leqq g(x) \exp\left(\int_{x_0}^{x} f(t)\, dt\right) = \left[y(x) \exp\left(\int_{x_0}^{x} f(t)\, dt\right)\right]',$$

d.h. $(y(x) - z(x)) \exp\left(\int_{x_0}^{x} f(t)\, dt\right)$ ist monoton wachsend, und wegen $z(x_0) \leqq y(x_0)$ folgt $z(x) \leqq y(x)$ für $x \in [x_0, b)$.
Die zu z gehörige Lösungskurve verläuft also rechts von x_0 unterhalb der von y.

Beispiel

Man bestimme die allgemeine Lösung der Differentialgleichung

$$y'(x) = -y(x) \tan x + \sin 2x, \qquad x \in \left(-\frac{\pi}{2}, \frac{\pi}{2}\right).$$

Eine Stammfunktion F zu $\tan x$ ist $F(x) = -\ln|\cos x|$, und zu $\sin(2x)\exp(-\ln|\cos x|) = \frac{2\sin x\cos x}{\cos x}$ erhalten wir (vgl. (2.8)) $G(x) = -2\cos x$, also $y(x) = (-2\cos x + c)\cos x$, $x \in \left(-\frac{\pi}{2}, \frac{\pi}{2}\right)$, $c \in \mathbb{R}$. □

2.3 Die Bernoulli-Differentialgleichung

Wir wollen noch einmal auf das Bevölkerungsmodell aus Abschnitt 1.2 zurückkommen. Das *Malthussche Gesetz* (1.2) erscheint, betrachtet man die Entwicklung der Erdbevölkerung, recht unrealistisch. Wird die Bevölkerungszahl $N(t)$ zu groß, so wird aus Nahrungsmangel die Todesrate d anwachsen. Wir wollen also d proportional zu N annehmen und modifizieren (1.2) zu

$$\frac{dy}{dt} = (b - ky)\,y, \quad y(t_0) = y_0 \,. \tag{2.9}$$

Es handelt sich hier um eine *separable* Differentialgleichung oder eine *Bernoulli*sche Differentialgleichung mit konstanten Koeffizienten der allgemeinen Form

$$\boxed{y'(x) + f(x)\,y(x) + g(x)\,(y(x))^n = 0\,, \qquad n \in \mathbb{Z}\,,\ n \neq 1\,.}$$

Mit Hilfe der Substitution $u(x) := (y(x))^{1-n}$ kann sie leicht auf eine lineare Differentialgleichung erster Ordnung zurückgeführt werden, denn

$$u' = (1-n)\,y^{-n}\,y' = -(1-n)\,f(x)\,u - (1-n)\,g(x)\,.$$

$$\boxed{y' + f(x)\,y + g(x)\,y^n = 0} \xrightarrow[u\,:=\,y^{1-n}]{} \boxed{u' = -(1-n)\,f(x)\,u - (1-n)\,g(x)}$$

Bernoulli-Differentialgleichung — *lineare* Differentialgleichung

Der Ansatz $u(x) := y(x)\exp(\int f(x)\,dx)$ führt übrigens sofort auf eine separable Differentialgleichung.

Die gleiche Methode ist auch im Fall $n \in \mathbb{R}$, $y \geqq 0$ anwendbar.

Beispiel.

Gegeben: $y' = y + xy^2$, Bernoulli-Differentialgleichung mit $n = 2$, $x \in \mathbb{R}$. Da $n > 0$, ist $y(x) \equiv 0$ eine Lösung. Der Ansatz $u(x) := 1/y(x)$ führt auf die lineare Differentialgleichung $u' = -u - x$, also nach (2.8)

$$u(x) = e^{-x}\left(-\int x e^x\,dx + c\right) = 1 - x + c\,e^{-x}, \qquad c \in \mathbb{R},$$
$$y(x) = (1 - x + c\,e^{-x})^{-1}, \qquad c \in \mathbb{R}, \quad \text{oder} \quad y(x) \equiv 0\,.$$

Die Lösung durch den Punkt (0,2) ist (vgl. Bild 2.2)

$$y(x) = (1 - x - 0.5\cdot e^{-x})^{-1}, \qquad -1.6783\ldots < x < 0.7680\ldots\,.$$

□

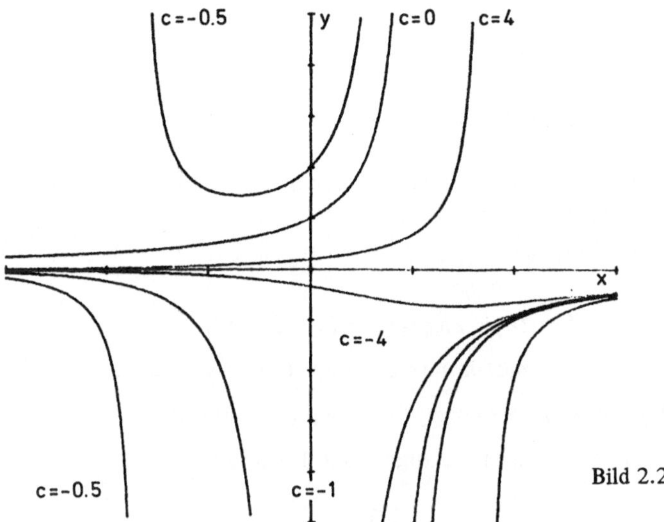

Bild 2.2

2.4 Die Riccati-Differentialgleichung

Fügen wir in (2.9) noch einen Term $h(t)$ an, der eine Wanderungsbewegung beschreibt, so erhalten wir eine Riccatische Differentialgleichung der allgemeinen Form

$$\boxed{y'(x) + f(x)\,y(x) + g(x)\,y^2(x) = h(x)} \tag{2.10}$$

mit den in einem Intervall stetigen Funktionen f, g und h. Ihre Lösungen lassen sich, von Sonderfällen abgesehen, nicht mehr in geschlossener Form angeben. Kennt man jedoch eine partikuläre Lösung y_p, so sind alle übrigen Lösungen zu ermitteln, denn der Ansatz $u(x) := y(x) - y_p(x)$ führt wegen

$$y^2 - y_p^2 = u(u + 2y_p) \quad \text{und} \quad u' = y' - y_p' = -f(y - y_p) - g(y^2 - y_p^2)$$

auf die Bernoulli-Differentialgleichung $u' + (f + 2gy_p)\,u + gu^2 = 0$ oder direkter

$$\underset{\textit{Riccati}\text{-Differentialgleichung}}{\boxed{y' + f(x)\,y + g(x)\,y^2 = h(x)}} \xrightarrow[z := \frac{1}{y - y_p}]{} \underset{\textit{lineare}\text{ Differentialgleichung}}{\boxed{z' - [f + 2gy_p]\,z = g}} .$$

Beispiel.

Gegeben: $y' = (1 - x + x^2) + (1 - 2x)\,y + y^2, \quad x \in \mathbb{R}$. (2.11)

Die Funktionen f, g und h sind Polynome. Wir versuchen für y_p einen Polynomansatz

$$y_p(x) := a_n x^n + a_{n-1} x^{n-1} + \ldots + a_0 .$$

Einsetzen in (2.11) ergibt auf der linken Seite für y_p' ein Polynom $(n-1)$-ten Grades. Rechts stehen Polynome zweiten Grades, $(n+1)$-ten Grades und mit y_p^2 $2n$-ten Grades.

Da die Gleichung (2.11) für alle x aus einem Intervall gelten soll, kommt $n = 0$ nicht infrage, also $n \geqq 1$.

Weiter folgt $n < 2$, da andernfalls sich der höchste Term von $y_p^2 = a_n^2 x^{2n} + \ldots$ nicht weghebt. Daher versuchen wir $y_p(x) = a_1 x + a_0$. Einsetzen ergibt:

$$a_1 = 1 - x + x^2 + a_0 - 2a_0 x + a_1 x - 2a_1 x^2 + a_1^2 x^2 + 2a_0 a_1 x + a_0^2$$

und

$$0 \equiv (1 - a_1 + a_0 + a_0^2) + (a_1 - 1 - 2a_0 + 2a_0 a_1) x + (1 - 2a_1 + a_1^2) x^2 .$$

Es folgt $a_1 = 1$ und $a_0 = 0; -1$. Eine partikuläre Lösung ist $y_p = x$. Wir substituieren $z := \frac{1}{y - x}$ und erhalten $z'(x) + z(x) = -1$. Nach (2.8) ergibt sich $z(x) = e^{-x}(-\int e^x\,dx + c) = ce^{-x} - 1$, und die allgemeine Lösung ist

$$y(x) = x \quad \text{oder} \quad y(x) = \frac{1}{ce^{-x} - 1} + x, \qquad c \in \mathbb{R}, \; e^x \neq c .$$

□

2.5 Die exakte Differentialgleichung

Durch Differentiation der Gleichung $F(x, y) := x^2 + y^2 - c^2 = 0$ waren wir auf die Differentialgleichung (1.5) $2x + 2yy' = 0$ gestoßen, die von der Form

$$\frac{\partial F}{\partial x} + \frac{\partial F}{\partial y} y' = 0 \text{ ist, oder kürzer } F_x + F_y y' = 0 .$$

Wir haben eine zur Kurvenschar $F(x, y) = 0$ gehörige Differentialgleichung erster Ordnung gefunden, die die Halbkreise $x^2 + y^2 = c^2$, $y, c > 0$ $(y < 0)$ als Lösungen besitzt. In den Punkten $(\pm c, 0)$ haben die Kurven senkrechte Tangenten; löst man $F(x, y) = 0$ nach y auf, so existiert y' in diesen Punkten nicht (vgl. Bild 2.3). Hier kann man jedoch nach x auflösen

$$x = \pm\sqrt{c^2 - y^2} =: x(y), \qquad -c < y < c ,$$

und es gilt, da $\frac{dx}{dy}$ existiert,

$$F_x \frac{dx}{dy} + F_y = 0 .$$

Formal können wir unsere Differentialgleichung (1.5) auch

$$F_x\,dx + F_y\,dy = 0$$

schreiben mit den Lösungskurven $x^2 + y^2 = c^2$, und wegen $F_x^2 + F_y^2 > 0$ im $\mathbb{R}^2 \backslash 0$ ist dort in jedem Punkt lokal die Auflösbarkeit von $F(x, y) = 0 = x^2 + y^2 - c^2$ nach x oder y gesichert, in den Punkten $(\pm c, 0)$ nach x allein und in den Punkten $(0, \pm c)$ nach y allein.

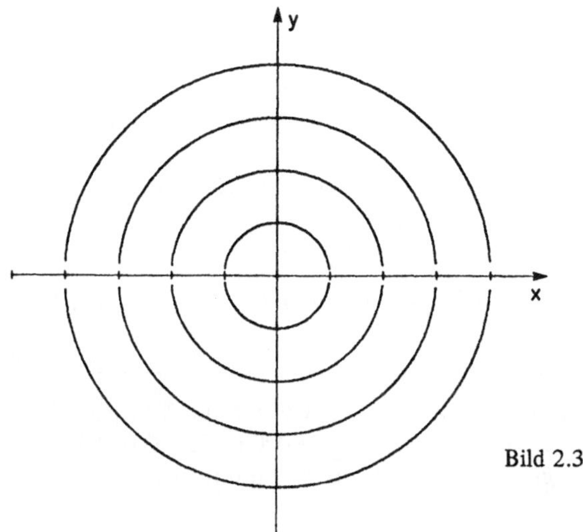

Bild 2.3

Wann ist aber die Differentialgleichung $g(x, y) + h(x, y)\,y' = 0$ in der Form

$$F_x + F_y\,y' = 0$$

schreibbar? Antwort geben Definition 2.8 und Satz 2.9:

2.8 **Definition.** (Exakte Differentialgleichung)

Wir wollen die Differentialgleichung

$$g(x, y) + h(x, y)\,y' = 0 \qquad \textit{exakte}\ \text{Differentialgleichung} \tag{2.12}$$

nennen, wenn gilt:

a) g und h sind definiert und stetig partiell nach x und y differenzierbar in einem Gebiet D der (x, y)-Ebene, kurz $g, h \in C^1(D)$,

b) $g^2(x, y) + h^2(x, y) > 0$ in D,

c) $\dfrac{\partial g}{\partial y} = \dfrac{\partial h}{\partial x}$ in allen Punkten von D (Integrabilitätsbedingung).

Es gilt dann der

2.9 **Satz.** (Lösung der exakten Differentialgleichung)

Gegeben sei in einem Gebiet D die exakte Differentialgleichung (2.12). Ferner sei $h(x, y) \neq 0$ in D und D einfach zusammenhängend, d.h. jede einfach geschlossene, stückweise glatte Kurve (Weg) läßt sich innerhalb von D stetig auf einen Punkt zusammenziehen.

Ist dann F eine Potentialfunktion des Vektorfeldes mit den Komponenten $g(x, y)$ und $h(x, y)$ in D, d.h. $F_x = g$ und $F_y = h$, so ist $F(x, y) = c$ die allgemeine implizite Lösung der exakten Differentialgleichung. Durch jeden Punkt $(x_0, y_0) \in D$ geht genau eine Lösungskurve, die in impliziter Form durch $F(x, y) = F(x_0, y_0)$ gegeben ist.

Dabei ist $F(x, y)$ als Kurvenintegral längs eines beliebigen Weges C, der (x_0, y_0) und (x, y) verbindet, darstellbar:

$$F(x, y) := F(x_0, y_0) + \int_{(x_0, y_0), C}^{(x, y)} \{g(\bar{x}, \bar{y})\, d\bar{x} + h(\bar{x}, \bar{y})\, d\bar{y}\}. \tag{2.13}$$

Ein (orientiertes) Kurvenstück $\mathbf{x}(t)$, $a \leqq t \leqq b$, heißt *glatt*, wenn seine Komponentenfunktionen x_k stetig differenzierbar sind und $\Sigma\, \dot{x}_k^2 > 0$ für alle $t \in [a, b]$ gilt. Ein Kurvenstück heißt *stückweise glatt*, wenn es endliche Summe glatter Kurvenstücke ist.

Beweis.

Da D einfach zusammenhängend ist, existiert eine Potentialfunktion F mit $F_x = g$ und $F_y = h$, denn die Integrabilitätsbedingung aus Definition 2.8 c) ist erfüllt. F ist in der Form (2.13) darstellbar, und das Kurvenintegral ist vom Weg unabhängig.

Es sei C eine Lösungskurve von (2.12) mit der Parameterdarstellung C: $\binom{\bar{x}}{\bar{y}(\bar{x})}$ durch den Punkt (x_0, y_0). Dann gilt (vgl. Bild 2.4)

$$F(x, y) - F(x_0, y_0) = \int_{(x_0, y_0), C}^{(x, y)} \{g(\bar{x}, \bar{y})\, d\bar{x} + h(\bar{x}, \bar{y})\, d\bar{y}\}$$

$$= \int_{x_0}^{x} (g(\bar{x}, \bar{y}) + h(\bar{x}, \bar{y})\, \bar{y}')\, d\bar{x} = 0,$$

also $F(x, y) = F(x_0, y_0)$.

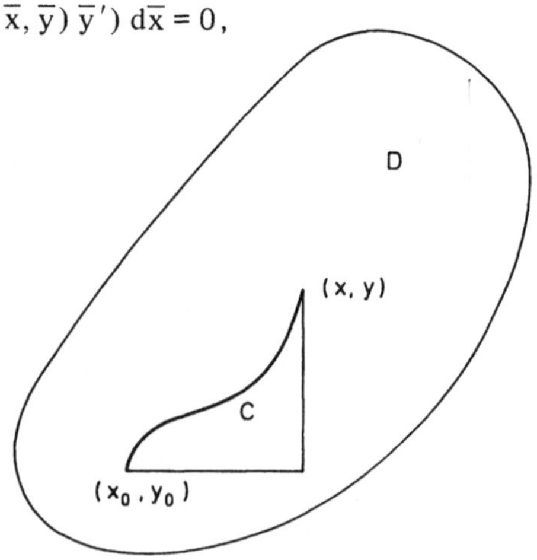

Bild 2.4

Ist jedoch $F(x, y) = c = F(x_0, y_0)$ implizite Gleichung für eine Kurve, so läßt sie sich wegen $F_y \neq 0$ in einer Umgebung des Punktes (x_0, y_0) eindeutig nach y auflösen. Das bedeutet $F(x, y(x)) = F(x_0, y_0)$ mit einer stetig differenzierbaren Funktion y, und durch Differentiation nach x folgt

$$F_x + F_y\, y' = 0 = g(x, y) + h(x, y)\, y' .$$ ■

2.10 Beispiel.

Gegeben: $(2\, e^y x - \cos x) + e^y x^2 y' = 0,\; D = \{(x, y) \in \mathbb{R}^2 \mid x > 0\}$.
Es gilt $g, h \in C^1(D)$, $h \neq 0$ in D. Wir prüfen die Integrabilitätsbedingung im Gebiet D nach, das einfach zusammenhängend ist,

$$\frac{\partial g}{\partial y} = 2\, e^y x = \frac{\partial h}{\partial x} = 2\, e^y x ,$$

und setzen an

$$F(x, y) := F(x_0, y_0) + \int_{x_0}^{x} g(\bar{x}, y_0)\, d\bar{x} + \int_{y_0}^{y} h(x, \bar{y})\, d\bar{y} .$$

Der Integrationsweg ist in Bild 2.4 skizziert.
Man wird also $F(x, y)$ in folgender Form darstellen

$$F(x, y) := \int g(x, y)\, dx + H(y) \tag{2.14a}$$

$$F(x, y) := \int h(x, y)\, dy + G(x) . \tag{2.14b}$$

Gewöhnlich nimmt man die Formel mit der leichteren „partiellen" Integration.
Wir erhalten $F(x, y) = e^y x^2 - \sin x + H(y)$, und aus

$$F_y = e^y x^2 + H'(y) = h(x, y) \quad \text{folgt} \quad H'(y) \equiv 0 \quad \text{und} \quad H = -c .$$

$e^y x^2 - \sin x = c$ ist allgemeine implizite Lösung, und Auflösen nach y ergibt

$$y = \ln \frac{c + \sin x}{x^2} , \quad c > -1 .$$ □

Läßt man in der impliziten Lösung $F(x, y) = c$ die Auflösung nach y oder x zu, so erhält man in Verallgemeinerung des Lösungsbegriffs aus Definition 1.3 eine explizite „Lösung" der exakten Differentialgleichung in symmetrischer Darstellung

$$g(x, y)\, dx + h(x, y)\, dy = 0 .$$

Der Satz 2.9 ergibt dann ohne die Voraussetzung $h(x, y) \neq 0$ in D eine verallgemeinerte implizite Lösung.

2.6 Der integrierende Faktor

Nur in seltenen Fällen ist eine Differentialgleichung der Form

$$g(x, y) + h(x, y)\, y' = 0\,, \qquad g, h \in C^1(D)\,,$$

exakt. Man kann sie aber bisweilen durch Multiplikation mit einer Funktion M der Form $M(x)$, $M(y)$ oder allgemein $M(x, y)$ mit $M \in C^1(D)$ und $M(x, y) \neq 0$ in D in eine exakte Differentialgleichung umwandeln:

$$M(x, y)\, g(x, y) + M(x, y)\, h(x, y)\, y' = 0 \tag{2.15}$$

M heißt „integrierender Faktor".

Wie muß nun M gewählt werden, damit (2.15) exakt ist?

Wir prüfen die Integrabilitätsbedingung aus Definition 2.8 c) nach:

$$\frac{\partial(Mg)}{\partial y} = M_y\, g + M g_y \overset{!}{=} \frac{\partial(Mh)}{\partial x} = M_x\, h + M h_x$$

führt nach Umordnung auf

$$M(g_y - h_x) = hM_x - gM_y\;, \tag{2.16}$$

d.h. wir erhalten eine partielle Differentialgleichung erster Ordnung für $M(x, y)$.
Eine Lösung dieser Differentialgleichung aufzufinden, ist nicht immer einfach.
Leichter wird das Problem, wenn M nur von einer Variablen x oder y abhängt.
Im Falle $M = M(x)$ geht (2.16) über in

$$\frac{dM}{dx} = M\,\frac{g_y - h_x}{h}\,, \qquad M = M(x)\,, \tag{2.17}$$

und (2.17) ist eine sinnvolle separable Differentialgleichung für M, genau wenn $(g_y - h_x)/h$ eine Funktion von x allein ist; gilt jedoch $M = M(y)$, so geht (2.16) über in

$$\frac{dM}{dy} = M\,\frac{h_x - g_y}{g}\,, \qquad M = M(y)\,, \tag{2.18}$$

was nur sinnvoll ist, wenn $(h_x - g_y)/g$ eine Funktion von y allein ist.
Einige Beispiele sollen die Methode des integrierenden Faktors beleuchten:

2.11 Beispiele

1. Gegeben: $xy^3\,dx + (x^2 y^2 - 1)\,dy = 0.$ (2.19)

   Es ist $g_y = 3\,xy^2 \neq h_x = 2\,xy^2$, die Differentialgleichung ist nicht exakt.
   Aber $(g_y - h_x)/g = xy^2/(xy^3) = 1/y$ ist Funktion von y allein, also nach (2.18) ist $\dfrac{dM}{dy} = -M/y$, und $M(y) = 1/y$ stellt einen integrierenden Faktor dar.

(2.19) geht über in $xy^2 + (x^2 y - 1/y)\, y' = 0$, und die allgemeine implizite Lösung ist nach Benutzung von (2.14b)

$$\frac{1}{2} x^2 y^2 - \ln |y| = c, \quad y \neq 0 . \tag{2.20}$$

Eine weitere Lösung von (2.19) ist $y(x) \equiv 0$.

(2.20) kann immer nach x oder y aufgelöst werden.

2. Gegeben: $y - x(1 + xy)\, y' = 0$.

Wegen $\dfrac{(g_y - h_x)/h}{h} = - \dfrac{2(1+xy)}{x(1+xy)} = -\dfrac{2}{x} = \dfrac{dM}{dx} / M$ ist $M(x) = x^{-2}$ integrierender Faktor.

3. Gegeben: $yx^2 - y^3 + (y^2 x - x^3)\, y' = 0$. (2.21)

$M(x, y) = (xy)^{-2}$ ist integrierender Faktor. (2.21) geht über in

$$\left(\frac{1}{y} - \frac{y}{x^2}\right) + \left(\frac{1}{x} - \frac{x}{y^2}\right) y' = 0 .$$

Die Lösungen von (2.21) sind nach (2.14a)

$$\frac{x}{y} + \frac{y}{x} = c \quad \text{und} \quad y = 0 ,$$

oder nach Auflösung $y = c_1 x$, $c_1 \in \mathbb{R}$, und x darf alle reellen Werte annehmen. Interessant sind die Lösungskurven $y(x) = \pm x$, da hier $g(x, y)$ und $h(x, y)$ gleichzeitig verschwinden.

(2.21) ist übrigens separabel, wie direktes Auflösen nach y' zeigt.

□

2.7 Literatur zu Kapitel 2

Eine sehr ausführliche Sammlung wichtiger Typen von Differentialgleichungen und ihrer Lösungen gibt E. Kamke: Differentialgleichungen, Lösungsmethoden und Lösungen I [K2].

Weniger umfangreiche Werke sind E. L. Ince: Die Integration gewöhnlicher Differentialgleichungen [I2] und R. Weizel, J. Weyland: Gewöhnliche Differentialgleichungen [W-W].

Die homogen Differentialgleichung behandelt ausführlich z.B. W. Walter: Gewöhnliche Differentialgleichungen [W1, S. 13f], die Riccati-Differentialgleichung F. W. Schäfke, D. Schmidt: Gewöhnliche Differentialgleichungen [S-S] oder W. T. Reid: Riccati Differential Equations [R1].

Ein interessantes gut illustriertes Beispiel einer nicht linearen Differentialgleichung diskutieren W. Mills, B. Weisfeiler und A. M. Krall: Discovering Theorems with a Computer: The case of $y'(x) = \sin(xy)$ [M3].

Zu Aufgabe 1 findet sich Zahlenmaterial auf Seite 33 des bereits in Abschnitt 1.6 erwähnten Buches von M. Braun [B3], während das Werk von R. Haberman die logistische Gleichung allgemein diskutiert [H1, S. 153f].

Aufgabe 6 ist entnommen aus K. Göldner: Mathematische Grundlagen für Regelungstechniker [G6, S. 22f]. Weitere interessante Anwendungen befinden sich bei T. Ebel: Beispiele und Aufgaben zur Regelungstechnik [E4].

2.8 Aufgaben zu Kapitel 2

1. Man löse die logistische Differentialgleichung (2.9) $\dot{y} = (b - ky)\,y$ mit der Anfangsbedingung $y(t_0) = y_0$ für $b - ky(t) > 0$.

   Hinweis: Man wende den Lösungsalgorithmus 2.1 für die separable Differentialgleichung an:

$$\int_{t_0}^{t} \frac{y'(u)}{(b-ky)\,y}\,du = \int_{t_0}^{t} \frac{y'(u)}{by(u)}\,du + \int_{t_0}^{t} \frac{ky'(u)}{b(b-ky(u))}\,du = t - t_0 .$$

2. Man bestimme die allgemeine Lösung von $y' = \dfrac{y^2/x^2}{1 + y/x}$, $x \neq 0$.

3. Gegeben: $y' = f(ax + by + c)$. Welche Substitution führt auf eine bekannte Differentialgleichung?

4. Man löse das Anfangswertproblem

$$xy' - (x+1)\,y = x^2 - x^3,\quad y(1) = 0,\quad x > 0.$$

5. Gegeben: $y' + ay = g(x)$, $a > 0$, $g \in C(\mathbb{R})$, $\lim\limits_{x\to\infty} g(x) = b$. Man zeige: $\lim\limits_{x\to\infty} y(x) = b/a$.

   Anleitung: Aus (2.8) folgt $y(x) = e^{-ax}(c + \int g(x)\,e^{ax}\,dx)$.
   Man wende die Regel von l'Hôpital an.

6. Gegeben sei ein rechteckiges Gefäß der Grundfläche A, über dem sich ein Zufluß mit Ventil befindet. Die Füllhöhe $x_a(t)$ des Gefäßes hängt vom Zuflußvolumen pro Zeiteinheit $g(x_e, z)$ und vom Abfluß $h(x_a)$ ab. Dabei beschreibt $x_e(t)$ die Ventilstellung und $z(t)$ den Vordruck in der Zuleitung.

   a) Man stelle die Differentialgleichung auf und linearisiere sie, indem man den Ursprung der Variablen x_a, x_e, z in den Arbeitspunkt (Gleichgewichtspunkt) legt und für die Funktionen g und h nur lineare Terme berücksichtigt.

   b) Man löse das Anfangswertproblem

$$T\dot{x}_a + x_a = Kx_e,\quad x_a(0) = 0,\quad x_e(t) = \begin{cases} 0, & t < 0 \\ ct, & t \geqq 0. \end{cases}$$

7. Man klassifiziere die folgenden Differentialgleichungen und gebe ihre allgemeine Lösung an.

a) $x^2 y' = y^2 + xy$

b) $y' = y^2 + 2xy + 2$

c) $(y^2 - 3x) y' + y = 0$

d) $yy' = x^2 e^{x+y}$

e) $y' = \frac{y}{2x} + 5x^2 y^5$

f) $y' = -\left(\frac{1-y^2}{1-x^2}\right)^{1/2}, \quad |x| < 1.$

8. Gegeben sei das Anfangswertproblem $y' = \arctan y$, $y(0) = 0.1$. Man gebe Näherungslösungen für $y(x)$ an, indem man die Näherungsdifferentialgleichungen $y_o' = y_o$ und $y_u' = y_u - \frac{1}{3} y_u^3$ löst und die Lösungen an den Anfangswert anpaßt.
Weiter bestimme man einen Näherungswert $\tilde{y}$ für $y(0.2)$. Wie groß ist der Fehler Δ?

3 Existenz- und Eindeutigkeitssätze und einfache numerische Verfahren

Da man schon bei einfachen Differentialgleichungen wie der von Riccati im allgemeinen keine geschlossenen Formeln für die Lösungsgesamtheit angeben kann, ist es von Interesse zu untersuchen, unter welchen Voraussetzungen überhaupt Lösungen von Differentialgleichungen existieren. Eine Antwort auf diese Fragen gab in den Jahren 1886 bis 1890 *Giuseppe Peano.*

Wir gehen aus von dem Anfangswertproblem (AWP)

$$y' = f(x, y), \quad y(x_0) = y_0, \qquad (f \neq 0) \tag{3.1}$$

und können, da wir nur an stetig differenzierbaren Lösungsfunktionen interessiert sind, voraussetzen, daß f in einem Gebiet D der Ebene stetig und beschränkt ist, d.h.

$$f \in C(D), \quad |f(x, y)| \leqq M \quad \text{für alle} \quad (x, y) \in D. \tag{3.2}$$

Man kann dann unser Anfangswertproblem auch in äquivalenter Integralform folgendermaßen schreiben:

Ist y eine Lösung von (3.1), so folgt nach Integration von x_0 bis x

$$y(x) = y_0 + \int_{x_0}^{x} f(t, y(t))\, dt. \tag{3.3}$$

Erfüllt umgekehrt eine stetige Funktion y über einem Intervall I, das x_0 enthält, die Beziehung (3.3), so resultiert daraus nach dem Hauptsatz der Differential- und Integralrechnung die Beziehung (3.1) für $x \in I$:

$$y' = f(x, y), \quad y(x_0) = y_0,$$

also ist y Lösung des Anfangswertproblems (3.1).

Bei alledem müssen wir natürlich sicherstellen, daß wir mit (x, y) immer im Definitionsgebiet von f verbleiben.

3.1 Der Existenzsatz von Peano

Eine naheliegende Idee zur Konstruktion einer Lösung von (3.1) ist es, sie durch Polygonzüge approximieren zu wollen. Dazu starten wir von einem Punkt (x_0, y_0) und konstruieren schrittweise ein Näherungspolygon, indem wir zunächst längs der

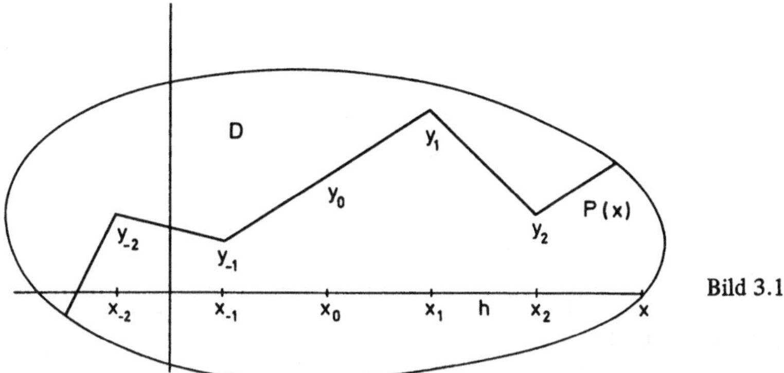

Bild 3.1

Geraden mit der Steigung $f(x_0, y_0)$ bis zu den Punkten $(x_0 \pm h, y_0 \pm h f(x_0, y_0))$ laufen und dann rekursiv die Punkte (x_i, y_i) durch

$$x_i := x_0 + ih, \quad x_{-i} := x_0 - ih, \qquad i \in \mathbb{N}$$
$$y_i := y_{i-1} + h f(x_{i-1}, y_{i-1}), \quad y_{-i} := y_{-i+1} - h f(x_{-i+1}, y_{-i+1})$$

berechnen.

Durch sie legen wir dann den Polygonzug $P(x)$, solange bis wir aus D hinauslaufen (vgl. Bild 3.1).

Wählt man nun statt h eine monotone Nullfolge (h_n), so erhält man in D eine Folge von Polygonzügen $(p_n(x))$ mit (vgl. (3.2))

$$p_n(x_0) = y_0 \quad \text{und} \quad |p_n(x) - p_n(\bar{x})| \leqq M\,|x - \bar{x}|. \tag{3.4}$$

Leider kann man nun von vornherein nicht sagen, daß für $n \to \infty$ die Folge der Polygonzüge gegen eine Lösung von (3.1) konvergiert. Nehmen wir zur Erleichterung $D = (x_0 - a, x_0 + a) \times \mathbb{R}$ an, so gilt wegen (3.4)

$$|p_n(x)| \leqq |p_n(x_0)| + Ma,$$

und es existiert für $x \in (x_0 - a, x_0 + a)$

$$w(x) := \overline{\lim_{n \to \infty}}\, p_n(x).$$

w erfüllt die Anfangsbedingung, die Abschätzung aus (3.4) und ist sogar Lösung des Anfangswertproblems (3.1).

Diese Aussage läßt sich folgendermaßen einsehen:

In einer Umgebung eines Punktes $(\bar{x}, w(\bar{x}))$ weichen die Steigungen der p_n für $n \geqq n_0$ nur sehr wenig von $f(\bar{x}, w(\bar{x}))$ ab. Wir betrachten nun die Abszissenwerte $\bar{x}$ und $\bar{x} + \Delta\bar{x}$. Da eventuell zwei verschiedene Teilfolgen der p_n in $\bar{x}$ und $\bar{x} + \Delta\bar{x}$ gegen w konvergieren, vergleichen wir w mit einem Polygon p, das aus zwei Elementen der verschiedenen Teilfolgen aus (p_n) zu konstruieren ist und das $w(\bar{x})$ wie $w(\bar{x} + \Delta\bar{x})$ gut approximiert.

Dann weichen auch $p'(x)$ und damit die Sekantensteigung

$$\frac{w(\bar{x}+\Delta\bar{x})-w(\bar{x})}{\Delta\bar{x}} \quad \text{von} \quad f(\bar{x}, w(\bar{x}))$$

höchstens um eine vorgegebene beliebig kleine Schranke ab. Schließlich lassen wir $\Delta\bar{x}$ gegen Null streben, und es folgt

$$w'(\bar{x}) = f(\bar{x}, w(\bar{x})).$$

Wir erhalten somit den

3.1 **Satz.** (Existenzsatz von *Peano* (1890))

Gegeben sei das Anfangswertproblem (3.1) $y' = f(x, y), y(x_0) = y_0$.
f sei stetig und beschränkt im Streifen $S := (x_0 - a, x_0 + a) \times \mathbb{R}$.
Dann gibt es mindestens eine Lösung des Anfangswertproblems (3.1), und die Lösung existiert auf dem Intervall $I := (x_0 - a, x_0 + a)$.

Korollar 1. (Peano (1886))

Unter den Voraussetzungen des Satzes 3.1 verlaufen alle Lösungen y des Anfangswertproblems (3.1) zwischen einer minimalen Lösung y_{min} und einer maximalen Lösung y_{max}, d.h.

$$y_{min}(x) \leqq y(x) \leqq y_{max}(x) \qquad \text{für alle} \quad x \in I.$$

Ist das Anfangswertproblem eindeutig lösbar, so konvergiert die Folge der Polygonzüge (p_n) gegen die Lösung y.

Beweis.

Wir setzen

$$y_{max}(x) := \sup\{y(x) | y \text{ Lösung des Anfangswertproblems}\}$$
$$y_{min}(x) := \inf\{y(x) | y \text{ Lösung des Anfangswertproblems}\}$$

und erhalten mit der gleichen Betrachtungsweise, die dem Satz 3.1 voranging, daß y_{max} und y_{min} Lösungen des Anfangswertproblems sind. ∎

Korollar 2.

Gegeben sei das Anfangswertproblem (3.1).
f sei stetig und beschränkt auf dem Rechteck

$$A := [x_0, x_0 + a] \times [y_0 - b, y_0 + b].$$

Dann gibt es eine Lösung y von (3.1), und y existiert mindestens auf dem Intervall $[x_0, x_0 + \alpha]$ mit

$$\alpha := \min(a, b/M), \;\; M := \max\{|f(x, y)| \mid (x, y) \in A\}.$$

Beweis.

Die entsprechend konstruierten Polygonzüge existieren nur für $x \geqq x_0$ und verlaufen in A, denn es gilt

$$|p_n(x) - p_n(x_0)| \leqq M\alpha \leqq b \quad \text{für} \quad |x - x_0| \leqq \alpha. \qquad \blacksquare$$

Korollar 3.

f sei in einem Gebiet D der Ebene stetig, und es sei das Anfangswertproblem (3.1) gegeben. Dann existiert eine Lösung y von (3.1). Jede Lösung läßt sich nach rechts und links bis zum Rand von D fortsetzen.

Beweis.

Die Existenz einer Lösung in einer Umgebung des Punktes (x_0, y_0) folgt aus Satz 3.1. Für den Beweis der Fortsetzbarkeit ist ein Ausschöpfungsprozeß von D durch eine aufsteigende Folge kompakter Mengen erforderlich. Dazu konsultiere man das bereits in Abschnitt 2.6 erwähnte Buch von W. Walter [W1, S. 56f.] ■

Unser Beweisverfahren, das *Eulersche Polygonzugverfahren,* eignet sich jedoch nur bedingt zur Konstruktion einer Lösung des Anfangswertproblems, insbesondere dann, wenn sie nicht eindeutig bestimmt ist.

Beispiele

1. Gegeben sei für $x \geqq 0$ das Anfangswertproblem

   $$y' = y, \quad y(0) = 1.$$

   Es ist $y(x) = e^x$ die Lösung, und mit $h_n = 1/n$ folgt für $i \in \mathbb{N}$

   $$x_i = i/n, \quad y_i = y_{i-1} + h\, y_{i-1} = (1 + 1/n)\, y_{i-1} = (1 + 1/n)^i.$$

   Daher ist $p_n(1) = (1 + 1/n)^n$, und bekanntlich gilt

   $$(1 + 1/n)^n \to e \quad \text{für} \quad n \to \infty.$$

   Wir finden

   $$p_{10}(1) = 2.5937\ldots$$
   $$p_{100}(1) = 2.7048\ldots$$
   $$y(1) = 2.7182\ldots$$

   Der Fehler hat die Größenordnung der Schrittweite.

2. Gegeben sei das Anfangswertproblem $y' = \operatorname{sgn} y\, |y|^{1/4} + x \sin \frac{\pi}{x}$, $y(0) = 0$, [B3, S. 118f]. Man berechne y(2), indem man als Schrittweite nacheinander h = 2/25, 2/27, 2/249, 2/247, 2/749, 2/747 wählt (vgl. Bild 3.2).

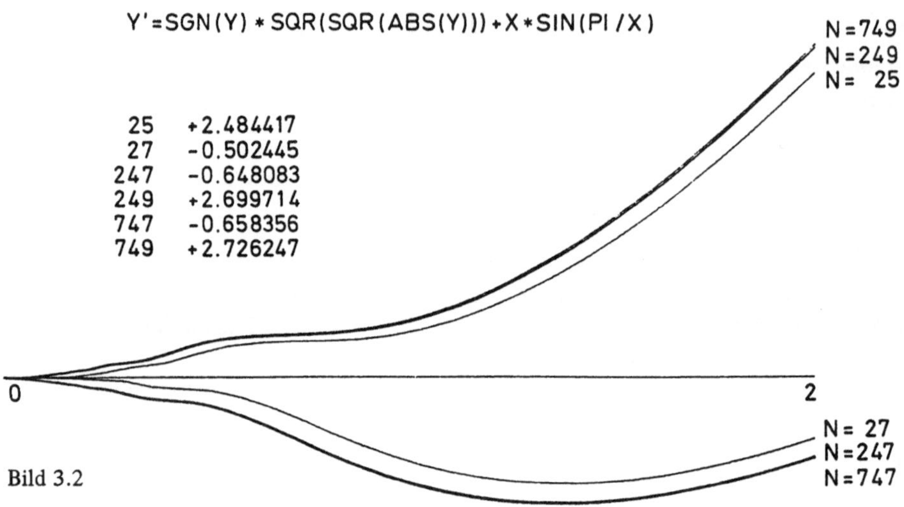

Bild 3.2

Wir finden für die letzten beiden Schrittweiten mit 749 und 747 Schritten zwei ganz verschiedene Ergebnisse

$$y(2) = 2.726\ \dots$$
$$y(2) = -0.658\ \dots\ ,$$

was auf die Existenz mehrerer Lösungen durch den Nullpunkt hindeutet.

3.2 Eindeutigkeitskriterien

Nunmehr wollen wir untersuchen, welche zusätzlichen Voraussetzungen im Satz 3.1 dazu führen, daß das Anfangswertproblem (3.1) eine eindeutige Lösung hat.
Wir betrachten zur Erleichterung nur den Streifen $S := [x_0, x_0 + a] \times \mathbb{R}$ und nehmen an, daß vom Punkt (x_0, y_0) zwei Lösungen y_1 und y_2 für $x \geqq x_0$ ausgehen.
Es gilt dann

$$y_1(x) - y_2(x) = \int_{x_0}^{x} (f(t, y_1(t)) - f(t, y_2(t)))\, dt\ , \tag{3.5}$$

und wir wollen zeigen

$$y_1(x) \equiv y_2(x)\ .$$

In der Nähe von (x_0, y_0) darf sich dann $f(x, y)$ in Abhängigkeit von y nicht zu stark ändern, wie das zweite Beispiel zu Abschnitt 3.1 gezeigt hat.

Gibt es eine in S stetige Funktion w mit

$$w(x, u) \geqq 0 \quad \text{für} \quad u \geqq 0 \quad \text{und} \quad w(x, 0) = 0,$$

die die Schwankungen von f auf S kontrolliert:

$$|f(x, y) - f(x, \bar{y})| \leqq w(x, |y - \bar{y}|), \tag{3.6}$$

so folgt aus (3.5)

$$|y_1(x) - y_2(x)| \leqq \int_{x_0}^{x} w(t, |y_1(t) - y_2(t)|)\, dt,$$

und das legt den Vergleich mit dem Anfangswertproblem

$$u' = w(x, u), \quad u(x_0) = 0$$

nahe.

Hat dieses Problem nur die Lösung $u = 0$, so folgt

$$|y_1(x) - y_2(x)| \leqq 0$$

und damit die eindeutige Lösbarkeit von (3.1).

Man kann genauer zeigen, daß immer für $x \geqq x_0$

$$|y_1(x) - y_2(x)| \leqq u_{max}(x)$$

gilt.

Leicht ist das Ergebnis auch auf den Fall $x \leqq x_0$ durch Spiegelung des Anfangswertproblems an der Geraden $x = x_0$ zu übertragen:

Dazu setzt man

$$\bar{y}(x) := y(2x_0 - x), \quad \bar{f}(x, \bar{y}) := -f(2x_0 - x, y)$$

und erhält wieder ein Problem der Form

$$\bar{y}' = \bar{f}(x, \bar{y}), \quad \bar{y}(x_0) = y_0, \quad x \geqq x_0.$$

Wir wenden uns nun dem wichtigsten Spezialfall von (3.6) zu.

3.3 Die Lipschitz-Bedingung

Der einfachste Fall ist $w(x, u) = Lu$, $L > 0$.

3.2 **Definition.** (Lipschitz-Bedingung)

f erfüllt eine ***Lipschitz-Bedingung*** mit der Konstanten L auf einer Menge $A \subseteq \mathbb{R}^2$, wenn für alle $(x, y_i) \in A$, $i = 1, 2$, gilt

$$|f(x, y_1) - f(x, y_2)| \leqq L\, |y_1 - y_2|. \tag{3.7}$$

Diese zusätzliche Bedingung garantiert eindeutige Lösbarkeit des Anfangswertproblems (3.1).

Das zugehörige Anfangswertproblem $u' = Lu$, $u(x_0) = 0$ hat nach Satz 2.6 nur die Lösung $u = 0$.

Man kann aber auch direkter schließen:

Für zwei Lösungen y_1 und y_2 mit $y_i(x_0) = y_0$ gilt

$$|y_1'(x) - y_2'(x)| = |f(x, y_1(x)) - f(x, y_2(x))| \leqq L\,|y_1(x) - y_2(x)|\,,$$

d.h. mit $u := |y_1 - y_2|$ folgt

$$u' \text{ existiert und } u' \leqq Lu\,.$$

Da jedoch $u(x_0) = 0$ ist, ergibt Bemerkung 2.7 $u(x) \equiv 0$ für $x \geqq x_0$.

Insgesamt erhalten wir aus Satz 3.1 und seinen Korollaren den nachstehenden Existenz- und Eindeutigkeitssatz, der sich auf eine Rechteckumgebung eines Punktes bezieht:

3.3 **Satz.** (Existenz und Eindeutigkeit der Lösung des Anfangswertproblems)

Gegeben sei das Anfangswertproblem (3.1) $y' = f(x, y)$, $y(x_0) = y_0$.
f sei reellwertig und stetig im Rechteck

$$A := [x_0 - a, x_0 + a] \times [y_0 - b, y_0 + b]$$

und $M := \max\{\,|f(x, y)| \mid (x, y) \in A\}$.

Ferner erfülle f in A die Lipschitz-Bedingung (3.7) (oder eine andere Eindeutigkeitsbedingung).

Dann gibt es genau eine Lösung y des Anfangswertproblems (3.1) mindestens im Intervall $I := [x_0 - \alpha, x_0 + \alpha]$ mit $\alpha := \min\{a, b/M\}$.

Eine andere Eindeutigkeitsbedingung ist z.B. die von Osgood aus Beispiel 3.6, 1.

3.4 **Bemerkung.** (Beschränktheit der partiellen Ableitung)

f erfüllt sicherlich eine Lipschitz-Bedingung (3.7) in A, wenn für die partielle Ableitung von f nach y gilt

$$\left|\frac{\partial f}{\partial y}(x, y)\right| \leqq L \quad \text{für alle} \quad (x, y) \in A\,,$$

denn nach dem Mittelwertsatz folgt

$$|f(x, y_1) - f(x, y_2)| \leqq \left|\frac{\partial f}{\partial y}(x, \tilde{y})\right| |y_1 - y_2|\,,\ \tilde{y} \text{ zwischen } y_1 \text{ und } y_2\,.$$

Wir wollen noch einen globalen Existenz- und Eindeutigkeitssatz für allgemeine Gebiete formulieren:

3.5 **Satz.**

f sei in einem Gebiet $D \subseteq \mathbb{R}^2$ definiert und stetig, und das Anfangswertproblem $y' = f(x, y)$, $y(x_0) = y_0$ sei vorgegeben. Zusätzlich genüge f in D einer lokalen Eindeutigkeitsbedingung, z.B. einer Lipschitz-Bedingung, d.h. zu jedem Punkt $(\bar{x}, \bar{y}) \in D$ gibt es eine Umgebung $U(\bar{x}, \bar{y})$, so daß in U die Funktion f einer Lipschitz-Bedingung (3.7) mit der Konstanten L_U genügt.

Dann gilt für je zwei Lösungen y_1 und y_2 des Anfangswertproblems

$$y_1(x) \equiv y_2(x)$$

im gemeinsamen Definitionsbereich $I := [x_1, x_2]$, $x_1 < x_0 < x_2$.

Beweis.

Würden die beiden Lösungen in einem inneren Punkt des Existenzintervalls I auseinanderlaufen, so gibt es z.B. rechts von x_0 einen größten und letzten Punkt x_e mit $y_1(x) = y_2(x)$ in $x_0 \leqq x \leqq x_e$.

Das ist aber unmöglich, da das neue Anfangswertproblem

$$y' = f(x, y), \quad y(x_e) = y_1(x_e) =: y_e$$

eindeutig in einer Umgebung von (x_e, y_e) lösbar ist.

Daher gilt $y_1(x) = y_2(x)$ für $x_0 \leqq x \leqq x_2$. ■

Man kann die Lösungskurve durch (x_0, y_0) bis zum Rand von D fortsetzen; das bedeutet, daß eine Lösung mit maximalem Existenzintervall existiert, die entweder „unendlich" wird, d.h. das Existenzintervall der Lösung ist nach rechts oder links oder der Wertebereich nach oben bzw. unten nicht beschränkt. (In diesen Fällen ist D nicht beschränkt.) Oder aber sie nähert sich einem oder mehreren Randpunkten von D beliebig, wenn man sich auf die Endpunkte des maximalen Existenzintervalls hin zubewegt (vgl. Bild 3.3).

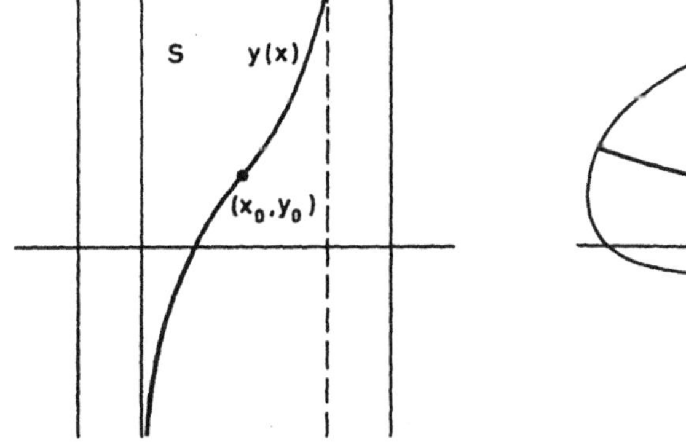

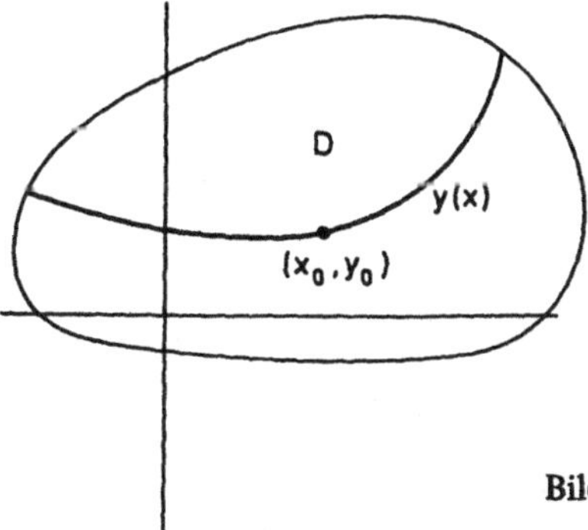

Bild 3.3

3.6 Beispiele

1. Wir setzen in (3.6) $w(x, u) = g(u)$ mit

$$\lim_{\epsilon \to 0} \int_{\epsilon}^{u_0} \frac{du}{g(u)} = \infty, \qquad u_0 > 0 \quad \text{(Kriterium von } \textit{Osgood}\text{)}.$$

Das zugehörige Anfangswertproblem ist $u' = g(u)$, $u(x_0) = 0$.
Dieses Problem hat aber nur die Nullösung $u = 0$, denn gäbe es eine weitere Lösung z, die z.B. von oben in die x-Achse an der Stelle $x_1 \geqq x_0$ einmündet, so folgt aus

$$\infty = \lim_{z \to 0} \int_{z(x)}^{z(x_2)} \frac{du}{g(u)} = \lim_{x \to x_1} \int_{x}^{x_2} dt = x_2 - x_1$$

ein Widerspruch.

2. Gegeben sei das Anfangswertproblem $y' = 1 + y^2$, $y(0) = 0$.
$f(x, y) := 1 + y^2$ ist stetig in $D = \mathbb{R}^2$ und erfüllt dort eine lokale Lipschitz-Bedingung. Demnach verläuft die eindeutig bestimmte Lösung durch den Nullpunkt von Rand zu Rand des Gebietes. Es ist $y(x) = \tan x$. Der Existenzbereich ist das Intervall $(-\frac{\pi}{2}, \frac{\pi}{2})$, der Wertebereich nach unten und oben unbeschränkt.
Man vergleiche dieses Ergebnis mit der Aussage des Satzes 2.6 für den Existenzbereich der Lösung einer linearen Differentialgleichung.

3. Gegeben sei die Riccatische Differentialgleichung $y' = x^2 + y^2$, $y(0) = 0$.
$f(x, y) := x^2 + y^2$ ist im Rechteck $A := [-a, a] \times [-b, b]$ stetig und durch $M := a^2 + b^2$ beschränkt.
Wegen $f_y = 2y$ ist $L := 2b$ eine Lipschitz-Konstante in A, und die eindeutig bestimmte Lösung existiert mindestens in

$$|x| \leqq \alpha := \min\left(a, \frac{b}{a^2 + b^2}\right).$$

$g_a(b) := b/(a^2 + b^2)$ nimmt sein Maximum in $b = a$ an mit dem Wert

$$g_a(a) = \frac{1}{2a}, \quad \text{also} \quad \alpha = \min\{a, 1/(2a)\} \quad \text{mit} \quad \alpha = \frac{1}{\sqrt{2}} \quad \text{im besten Falle}.$$

Wir werden später noch den genauen Umfang des Existenzintervalls bestimmen.

□

3.4 Numerische Verfahren – ein Einstieg

Allein die Tatsache zu wissen, daß ein gegebenes Anfangswertproblem eine Lösung besitzt und diese womöglich eindeutig ist, ist für den Praktiker wesentlich weniger interessant als eine Vorstellung vom qualitativen Verhalten der Lösung zu haben, ja sie sogar in irgendeiner Form angeben zu können. Schon bei augenscheinlich einfachen Differentialgleichungen führen exakte Lösungsmethoden, wie sie für gewisse Typen in Kapitel 2 besprochen wurden (wenn sie überhaupt anwendbar sind), nicht mehr auf geschlossen lösbare Integrale. Einen Ausweg bieten numerische Verfahren.

Ein naheliegender erster Schritt ist es, aus dem Richtungsfeld der Differentialgleichung die Lösung eines Anfangswertproblems zu konstruieren. Ist die Differentialgleichung

$$y'(x) = f(x, y(x))$$

gegeben, so kann man jedem Punkt (ξ, η) der Ebene, für den die rechte Seite $f(x, y)$ definiert ist, die Steigung $f(\xi, \eta)$ zuordnen. Den Punkt (ξ, η) zusammen mit der Steigung $f(\xi, \eta)$ bezeichnet man als ein *Linienelement*, und die Gesamtheit aller Linienelemente ist das *Richtungsfeld* der Differentialgleichung. Ein Linienelement läßt sich durch eine kleine Strecke auf der Geraden

$$y = f(\xi, \eta)(x - \xi) + \eta$$

mit der Steigung $f(\xi, \eta)$ um den Punkt (ξ, η) veranschaulichen. Ein Beispiel eines solchen Richtungsfeldes, das zu der Differentialgleichung

$$y'(x) = \frac{y - x}{y + x}$$

gehört, zeigt Bild 3.4.

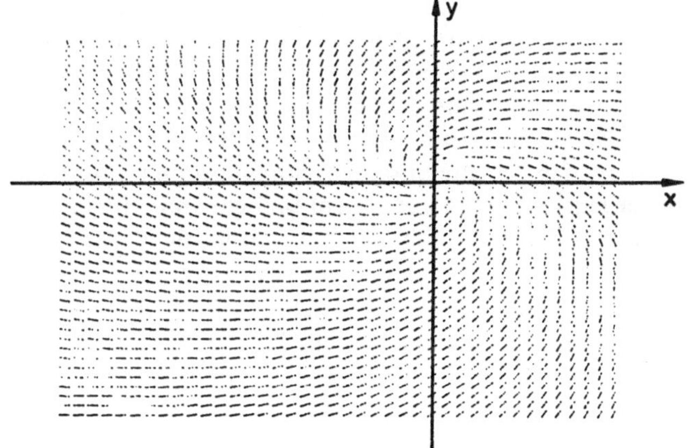

Bild 3.4

Die durch die Vorgabe eines Anfangspunktes (x_0, y_0) mit $y(x_0) = y_0$ festgelegte Lösung der Differentialgleichung schmiegt sich in dieses Richtungsfeld ein. Bild 3.5 zeigt Lösungskurven der Differentialgleichung

$$y'(x) = \frac{y - x}{y + x}$$

für verschiedene Anfangspunkte (x_0, y_0).

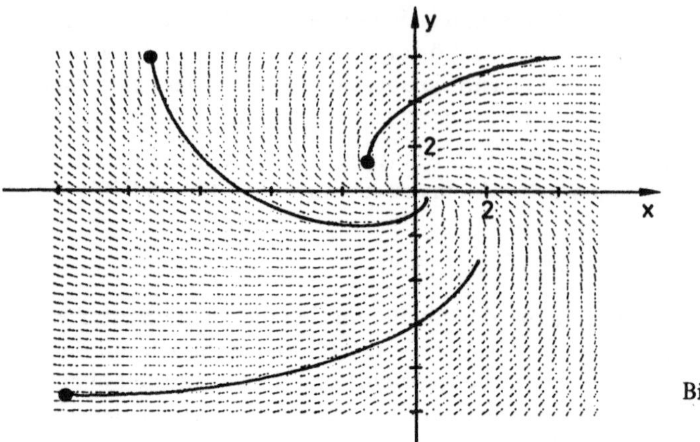

Bild 3.5

In der Regel verläuft abgesehen von bestimmten Ausnahmepunkten durch jeden Punkt des Richtungsfeldes genau eine Lösung. Das Richtungsfeld gibt auch Auskunft darüber, wie empfindlich die Lösung von der genauen Angabe des Anfangswertes abhängt: Man erkennt, ob die durch zwei benachbarte Anfangspunkte festgelegten Lösungen benachbart bleiben bzw. sogar zusammenlaufen oder sich immer mehr voneinander entfernen. Im letzteren Fall hängt die Lösung also sehr empfindlich von der genauen Vorgabe des Anfangswertes ab; man wird kaum von einer näherungsweise berechneten und eventuell mit Rundefehlern behafteten Lösung erwarten können, daß sie eine in diesem Sinne instabile Lösung genügend genau wiedergibt. Hingegen sollte man von einem brauchbaren numerischen Verfahren auf jeden Fall erwarten, daß es stabile Lösungen, also solche, die nicht so empfindlich auf Störungen der Anfangswerte reagieren, gut approximiert.

Ein Näherungsverfahren, das sich unmittelbar am Richtungsfeld orientiert, ist das *Euler-Cauchy-Verfahren,* das als Polygonzugverfahren schon in Kapitel 3.1 zum Beweis des Peanoschen Existenzsatzes benutzt wurde. Wir gehen dabei von dem Problem aus, eine Lösung des Anfangswertproblems

$$y' = f(x, y), \quad y(x_0) = y_0 \tag{3.8}$$

auf einem Intervall $[x_0, x_0 + a]$ zu finden. Dazu zerlegt man dieses Intervall $[x_0, x_0 + a]$ durch Angabe einer Folge von Zwischenpunkten

$$x_0 < x_1 < x_2 < \ldots < x_N = x_0 + a$$

in Teilintervalle $[x_i, x_{i+1}]$ der Länge $h_i = x_{i+1} - x_i$, $i = 0, 1, \ldots, N-1$.

Ausgehend von dem exakten Startwert $Y_0 = y_0$ bestimmt man eine Näherung Y_1 für $y(x_1)$ über

$$Y_1 = Y_0 + h_0 f(x_0, y_0),$$

indem man in der durch das Linienelement im Punkt (x_0, Y_0) gegebenen Richtung bis zu dem Abszissenwert $x_1 = x_0 + h_0$ fortschreitet. Ausgehend von dem so ermittelten Punkt (x_1, Y_1) erzeugt man auf die gleiche Weise eine Näherung Y_2 für $y(x_2)$:

$$Y_2 = Y_1 + h_1 f(x_1, Y_1).$$

Allgemein berechnet sich so die Näherung Y_{k+1} für $y(x_{k+1})$ aus der Näherung Y_k für $y(x_k)$ über

$$\begin{aligned} &Y_{k+1} = Y_k + h_k f(x_k, Y_k), \qquad k = 0, 1, \ldots, N-1, \\ &Y_0 = y(x_0). \end{aligned} \tag{3.9}$$

Verbindet man benachbarte Punkte (x_k, Y_k) und (x_{k+1}, Y_{k+1}) durch Geradenstücke, so erhält man einen Polygonzug als Näherung für die exakte Lösung. Bild 3.6 zeigt als Näherung für die 2π-periodische Lösung $y(x) = e^{\sin x}$ des Anfangswertproblems

$$y' = \cos x \cdot y, \qquad y(-8) = e^{\sin(-8)},$$

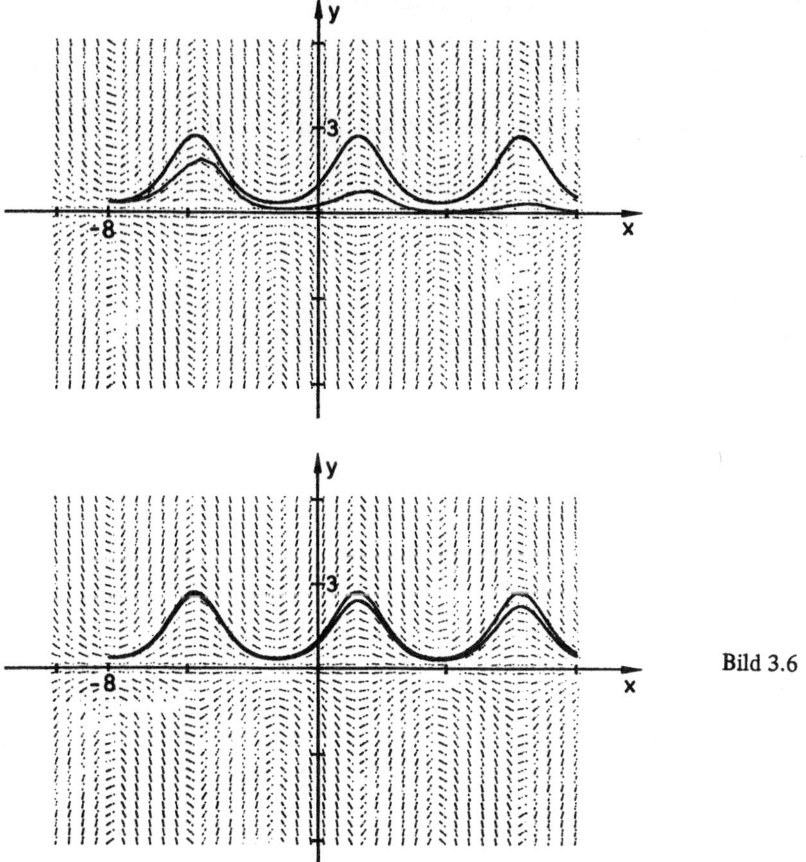

Bild 3.6

im Intervall $[-8, 10]$ einmal den Polygonzug, der zu den Punkten $x_k = -8 + k\frac{1}{2}$, $k = 0, 1, \ldots, 36$, berechnet wurde, und einmal den Polygonzug zu den Punkten $x_k = -8 + k\frac{1}{20}$, $k = 0, 1, \ldots, 360$.

Der mit der konstanten Schrittweite $\frac{1}{2}$ berechnete Polygonzug gibt praktisch überhaupt nicht das Verhalten der exakten Lösung wieder – von Periodizität keine Spur. Dies kann man damit erklären, daß durch die grobe Schrittweite die Näherungslösung sehr schnell in einen Bereich des Richtungsfeldes abgedrängt wird, in dem es sich ganz anders verhält als in unmittelbarer Nähe der exakten Lösung. Durch Verfeinerung der Schrittweite etwa auf $\frac{1}{20}$ erhält man eine Näherungslösung, die wesentlich besser mit der exakten Lösung übereinstimmt und nicht mehr so stark gedämpft wird.

Daß die Näherungswerte Y_k nicht mit den exakten Werten $y(x_k)$ übereinstimmen, hat, abgesehen von eventuellen Rundefehlern, zwei Ursachen:

1. Einmal entstandene Fehler pflanzen sich durch die Rekursion (3.9) fort: Um Y_{k+1} zu gewinnen, wird nicht von dem exakten Wert $y(x_k)$ der Lösung an der Stelle x_k ausgegangen, sondern von einem bereits mit Fehlern behafteten Wert Y_k.
2. Das Euler-Cauchy-Verfahren (3.9) lautet umgeschrieben

$$\frac{Y_{k+1} - Y_k}{h_k} = f(x_k, Y_k), \qquad k = 0, 1, \ldots, N-1.$$

Selbst wenn Y_k noch mit dem exakten Wert $y(x_k)$ übereinstimmen würde, entsteht bei der Berechnung von Y_{k+1} ein neuer Fehler, denn die Lösung y des Anfangswertproblems genügt nicht der Gleichung

$$\frac{y(x_{k+1}) - y(x_k)}{h_k} = f(x_k, y(x_k)),$$

sondern erfüllt $y'(x_k) = f(x_k, y(x_k))$, und der Differenzenquotient $(y(x_{k+1}) - y(x_k))/h_k$ ist sicher nur eine Näherung für $y'(x_k)$.

Es ist überraschend, daß sich der Fehler $y(x_k) - Y_k$ trotzdem betragsmäßig durch die lokalen *Abbruchfehler*

$$\begin{aligned} \tau_k &= \frac{y(x_{k+1}) - y(x_k)}{h_k} - y'(x_k) \\ &= \frac{y(x_{k+1}) - y(x_k)}{h_k} - f(x_k, y(x_k)) \end{aligned} \tag{3.10}$$

in den Punkten x_k abschätzen läßt.

Dies kann man leicht einsehen, wenn die Funktion $f(x, y)$ bezüglich y einer Lipschitz-Bedingung genügt: Es sei

$$|f(x, u) - f(x, v)| \leqslant L\,|u - v|$$

für alle $(x, u), (x, v) \in [x_0, x_0 + a] \times \mathbb{R}$ mit einer Lipschitz-Konstanten L.

Es ist nach Definition der lokalen Abbruchfehler und des Euler-Cauchy-Verfahrens für alle $k = 0, 1, \ldots, N-1$

$$\begin{aligned} y(x_{k+1}) - Y_{k+1} &= \{y(x_k) + h_k f(x_k, y(x_k)) + h_k \tau_k\} - \{Y_k + h_k f(x_k, Y_k)\} \\ &= y(x_k) - Y_k + h_k (f(x_k, y(x_k)) - f(x_k, Y_k)) + h_k \tau_k , \end{aligned}$$

so daß wegen der vorausgesetzten Lipschitz-Bedingung an f die Fehler $\Delta_k = |y(x_k) - Y_k|$ der Abschätzung

$$\begin{aligned} \Delta_{k+1} &\leqslant \Delta_k + h_k L \Delta_k + h_k |\tau_k| = (1 + h_k L) \Delta_k + h_k |\tau_k| \\ &\leqslant e^{h_k L} \Delta_k + h_k |\tau_k| \end{aligned}$$

genügen. Hieraus läßt sich durch Induktion für alle $k = 1, \ldots, N$

$$\Delta_k \leqslant \exp\left(\sum_{j=0}^{k-1} h_j L\right)\left(\Delta_0 + \sum_{j=0}^{k-1} h_j |\tau_j|\right)$$

folgern. Da $\Delta_0 = |y(x_0) - Y_0| = 0$ ist, erhält man daraus wegen

$$\sum_{j=0}^{k-1} h_j L \leqslant \sum_{j=0}^{N-1} h_j L = (x_0 + a - x_0) L$$

für alle $k = 0, 1, \ldots, N$ die Abschätzung

$$|y(x_k) - Y_k| \leqslant e^{aL} \sum_{j=0}^{N-1} h_j |\tau_j| . \tag{3.11}$$

Ist die Lipschitz-Konstante L nicht zu groß und das Intervall $[x_0, x_0 + a]$ nicht zu lang, so ist im wesentlichen die gewichtete Summe

$$\sum_{j=0}^{N-1} h_j |\tau_j|$$

der Beträge der lokalen Abbruchfehler für die Güte der Näherungswerte Y_k für $y(x_k)$ verantwortlich. Nach dem Taylorschen Satz mit Integralrestglied (Satz 9.16 im ersten Band dieser Reihe) ist für zweimal stetig differenzierbare Lösungen y

$$y(x_j + h_j) = y(x_j) + h_j y'(x_j) + \int_{x_j}^{x_j + h_j} (x_j + h_j - t) y''(t) \, dt ,$$

so daß die durch (3.10) definierten lokalen Abbruchfehler die Abschätzung

$$\begin{aligned} |\tau_j| &= \left| \frac{y(x_j + h_j) - y(x_j)}{h_j} - y'(x_j) \right| = \left| \int_{x_j}^{x_j + h_j} \frac{x_j + h_j - t}{h_j} y''(t) \, dt \right| \\ &\leqslant \int_{x_j}^{x_j + h_j} |y''(t)| \, dt \end{aligned}$$

erfüllen.

Ist $h_{max} = \max\{h_j \mid j = 0, 1, \ldots, N-1\}$ die maximale unter allen vorkommenden Schrittweiten, so gilt sicherlich

$$\sum_{j=0}^{N-1} h_j |\tau_j| \leqslant \sum_{j=0}^{N-1} h_j \int_{x_j}^{x_j+h_j} |y''(t)|\, dt$$

$$\leqslant h_{max} \sum_{j=0}^{N-1} \int_{x_j}^{x_j+h_j} |y''(t)|\, dt = h_{max} \int_{x_0}^{x_0+a} |y''(t)|\, dt .$$

Damit genügt der Fehler der berechneten Werte nach (3.11) einer Abschätzung der Form

$$|y(x_k) - Y_k| \leqslant C \cdot h_{max} \qquad (3.12)$$

mit einer von h_{max} unabhängigen Konstanten C und strebt daher wie $\mathcal{O}(h_{max})$ mit der maximalen Schrittweite h_{max} gegen Null. (Zur Definition des Landauschen Symbols $\mathcal{O}(\cdot)$ siehe etwa Definition 6.16 im ersten Band dieser Reihe.)

3.7 **Beispiel.**

Wir betrachten noch einmal das Anfangswertproblem

$$y' = \cos x \cdot y, \quad y(-8) = e^{\sin(-8)}$$

mit der exakten Lösung $y(x) = e^{\sin x}$, die in Bild 3.6 zu sehen ist. Berechnet man zu verschiedenen konstanten Schrittweiten h im Intervall $[-8, 0]$ Näherungslösungen Y_k mit dem Euler-Cauchy-Verfahren

$$Y_{k+1} = Y_k + h \cos x_k \cdot Y_k , \quad k \geqslant 0 ,$$
$$Y_0 = e^{\sin(-8)}$$

mit $x_k = -8 + k \cdot h$, so verhält sich die maximale Abweichung $|Y_k - y(x_k)|$ zwischen den Näherungslösungen und den exakten Werten der Lösungsfunktion in den im Intervall $[-8, 0]$ liegenden Gitterpunkten x_k in Abhängigkeit von der Schrittweite h wie folgt:

Schrittweite h	maximaler Fehler $\|Y_k - y(x_k)\|$	
0.5	0.9472	bei $x_k = -5$
0.2	0.4503	bei $x_k = -5$
0.1	0.2424	bei $x_k = -5.1$
0.05	0.1259	bei $x_k = -5.1$
0.01	$0.2599 \cdot 10^{-1}$	bei $x_k = -5.1$
0.005	$0.1305 \cdot 10^{-1}$	bei $x_k = -5.1$
0.001	$0.2618 \cdot 10^{-2}$	bei $x_k = -5.099$
0.0005	$0.1310 \cdot 10^{-2}$	bei $x_k = -5.1$
0.0001	$0.2620 \cdot 10^{-3}$	bei $x_k = -5.099$
0.00005	$0.1310 \cdot 10^{-3}$	bei $x_k = -5.099$
0.00001	$0.2621 \cdot 10^{-4}$	bei $x_k = -5.099$

Für manche Zwecke ist selbst die mit $h = 0.00001$ erreichte Genauigkeit noch nicht ausreichend, obwohl in diesem Fall der Aufwand schon erheblich ist: Immerhin sind in 800 000 Punkten Näherungswerte berechnet worden. □

Man sieht in diesem Beispiel deutlich, daß eine zwar langsame, aber stete Verbesserung der berechneten Näherungswerte gegenüber den exakten Werten eintritt, wenn die Schrittweite gegen Null strebt.

Wesentlich wirkungsvoller als das Euler-Cauchy-Verfahren orientiert sich das *verbesserte Euler-Cauchy-Verfahren* am gegebenen Richtungsfeld. Ausgehend von $Y_0 = y(x_0)$ berechnet sich der Näherungswert Y_{k+1} für $y(x_{k+1})$ aus dem Näherungswert Y_k für $y(x_k)$ über die Vorschrift

$$Y_{k+1} = Y_k + h_k\, f(x_k + \tfrac{1}{2}\, h_k\,,\; Y_k + \tfrac{1}{2}\, h_k\, f(x_k, Y_k))\,. \tag{3.13}$$

Man berechnet also zunächst mit dem Euler-Cauchy-Verfahren zur halben Schrittweite $\frac{1}{2} h_k$ einen Näherungswert

$$Y_{k+1/2} = Y_k + \tfrac{1}{2}\, h_k\, f(x_k, Y_k)$$

für $y(x_k + \frac{1}{2} h_k)$ und benutzt zur Berechnung von Y_{k+1} wie in Bild 3.7 dargestellt das Richtungsfeld im Punkt $(x_k + \frac{1}{2} h_k, Y_{k+1/2})$.

Die auf diese Weise berechneten Werte sind wesentlich genauer als die mit dem Euler-Cauchy-Verfahren berechneten; für dreimal stetig differenzierbare Lösungen y geht der Fehler $|Y_k - y(x_k)|$ für alle $k = 0, 1, \ldots, N-1$ sogar wie $\mathcal{O}(h_{max}^2)$ statt wie $\mathcal{O}(h_{max})$ mit der maximalen Schrittweite h_{max} gegen Null.

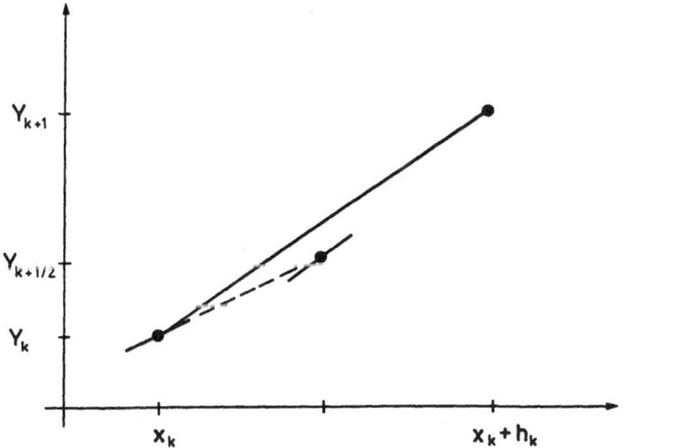

Bild 3.7

3.8 Beispiel.

Löst man das Anfangswertproblem $y' = \cos x \cdot y$, $y(-8) = e^{\sin(-8)}$, mit dem verbesserten Euler-Cauchy-Verfahren

$$Y_{k+1} = Y_k + h\cos\left(x_k + \frac{h}{2}\right)\cdot\left(Y_k + \frac{h}{2}\cos x_k \cdot Y_k\right), \qquad k \geqslant 0,$$

$$Y_0 = e^{\sin(-8)},$$

einmal mit $h = \frac{1}{2}$ zu den Punkten $x_k = -8 + k\frac{1}{2}$, $k = 0, 1, \ldots, 36$, und einmal mit $h = \frac{1}{20}$ zu den Punkten $x_k = -8 + k\frac{1}{20}$, $k = 0, 1, \ldots, 360$, so erhält man die in Bild 3.8 dargestellten, durch die Werte Y_k gelegten Polygonzüge als Näherungen. Im Gegensatz zum Euler-Cauchy-Verfahren (vgl. Bild 3.6) ergibt sich schon für die grobe Schrittweite $h = \frac{1}{2}$ im Intervall $[-8, 10]$ eine Näherungslösung, die das Verhalten der exakten Lösung recht gut wiedergibt. Für die feinere Schrittweite $h = \frac{1}{20}$ ist kein Unterschied zwischen der Näherung und der exakten Lösung zu erkennen.

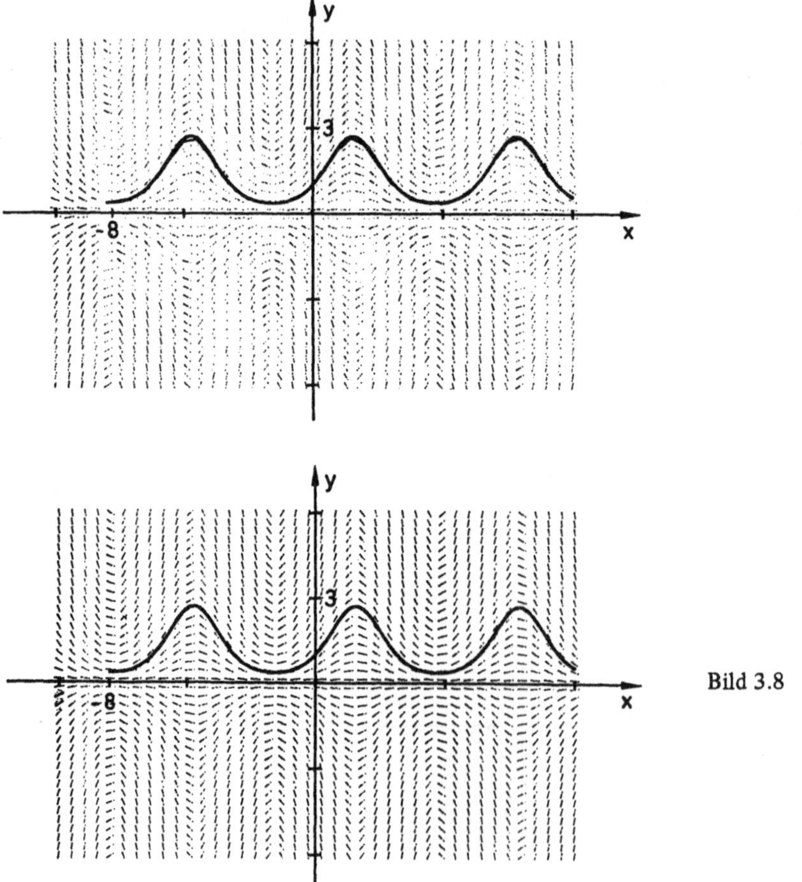

Bild 3.8

Im Vergleich zu Beispiel 3.7 strebt für kleiner werdende konstante Schrittweiten h die maximale Abweichung $|Y_k - y(x_k)|$ in den im Intervall $[-8, 0]$ liegenden Gitterpunkten x_k wesentlich schneller gegen Null:

Schrittweite h	maximaler Fehler $\|Y_k - y(x_k)\|$	
0.5	$0.9452 \cdot 10^{-1}$	bei $x_k = -4$
0.2	$0.1584 \cdot 10^{-1}$	bei $x_k = -4$
0.1	$0.4021 \cdot 10^{-2}$	bei $x_k = -4$
0.05	$0.1014 \cdot 10^{-2}$	bei $x_k = -4.05$
0.01	$0.4084 \cdot 10^{-4}$	bei $x_k = -4.07$
0.005	$0.1022 \cdot 10^{-4}$	bei $x_k = -4.07$
0.001	$0.4090 \cdot 10^{-6}$	bei $x_k = -4.074$
0.0005	$0.1022 \cdot 10^{-6}$	bei $x_k = -4.073$
0.0001	$0.4224 \cdot 10^{-8}$	bei $x_k = -5.325$
0.00005	$0.4289 \cdot 10^{-9}$	bei $x_k = -4.711$
0.00001	$0.1754 \cdot 10^{-8}$	bei $x_k = -4.710$

Die Verschlechterung der Genauigkeit der Näherungslösung für h = 0.00001 gegenüber der mit der größeren Schrittweite h = 0.00005 berechneten Lösung ist auf Rundefehlereinflüsse zurückzuführen, die im Kapitel 4 näher untersucht werden. Für h = 0.00005 kennt man im Intervall $[-8, 0]$ Näherungswerte in immerhin 160 000 Punkten, während für h = 0.00001 sogar 800 000 Näherungswerte berechnet werden. □

Eine systematische Untersuchung von Verfahren zur näherungsweisen Lösung von Anfangswertproblemen beginnen wir in Kapitel 4; dort werden auch wesentlich effizientere Methoden als die hier besprochenen behandelt.

3.5 Der Existenzsatz von Picard-Lindelöf

Wir wollen noch eine andere Methode zur Lösung unserer Anfangswertaufgabe kennenlernen, die sich ebenfalls auf den Fall mehrerer Dimensionen übertragen läßt, und erinnern daran, daß man (3.1) auch in der äquivalenten Form

$$y(x) = y_0 + \int_{x_0}^{x} f(t, y(t))\, dt =: F(x, y(x)), \qquad f \in C(D) \tag{3.14}$$

schreiben kann.

Setzt man demnach eine Lösung y in f(t, y) ein, so erhält man nach Integration und Addition von y_0 wieder y.

y ist „Fixpunkt" der Abbildung F, die jeder stetigen Funktion g mit geeignetem Wertebereich mittels (3.14) wieder eine stetige Funktion zuordnet.

Wir wollen nun versuchen, mit $y_0(x) \equiv y_0$ einen Iterationsprozeß ingang zu setzen, beginnen mit

$$y_1(x) := y_0 + \int_{x_0}^{x} f(t, y_0)\, dt$$

und erhalten nach n Schritten

$$y_{n+1}(x) := y_0 + \int_{x_0}^{x} f(t, y_n(t))\, dt . \tag{3.15}$$

Das führt auf eine Folge (y_n) stetiger Funktionen mit $y_n(x_0) = y_0$, wenn die Punkte $(t, y_n(t))$ immer in D liegen, sobald t im Integrationsintervall variiert.

Es bleibt die Frage, unter welchen (zusätzlichen) Voraussetzungen an f die Folge (y_n) gegen einen Fixpunkt y und damit eine Lösung von (3.1) konvergiert.

Als Beispiel wählen wir das Anfangswertproblem

$$y' = y - x, \quad y(0) = 1 .$$

Es ist $f \in C(\mathbb{R}^2)$, und f benügt sogar einer globalen Lipschitz-Bedingung (3.7) mit $L := 1$.

Wir beginnen mit $y_0(x) \equiv 1$, finden

$$y_1(x) = 1 + \int_0^x (1 - t)\, dt = 1 + x - x^2/2 ,$$

$$y_2(x) = 1 + \int_0^x (1 + t - t^2/2 - t)\, dt = 1 + x - x^3/6$$

und mit vollständiger Induktion

$$y_{n+1}(x) = 1 + \int_0^x (1 - t^n/n!)\, dt = 1 + x - x^{n+1}/(n+1)! .$$

$y_n(x)$ strebt gleichmäßig auf jedem Intervall $[-\alpha, \alpha]$ gegen

$$y(x) := 1 + x ,$$

die eindeutig bestimmte Lösung unseres Anfangswertproblems.

Wir beweisen nun

3.9 **Satz.** *(Picard-Lindelöf)*

Gegeben sei das Anfangswertproblem $y' = f(x, y)$, $y(x_0) = y_0$.
f sei im Rechteck $A := [x_0 - a, x_0 + a] \times [y_0 - b, y_0 + b]$ stetig und erfülle dort eine Lipschitz-Bedingung (3.7) mit der Konstanten L.
Ferner sei $M := \max\{|f(x, y)| \mid (x, y) \in A\}$.
Dann existiert genau eine Lösung des Anfangswertproblems mindestens im Intervall $I_\alpha := [x_0 - \alpha, x_0 + \alpha]$, $\alpha := \min\{a, b/M\}$ (vgl. Bild 3.9).
$y(x)$ ist Grenzwert der in (3.15) definierten Folge mit $y_0(x) \equiv y_0$, und es gilt die Fehlerabschätzung

$$|y(x) - y_n(x)| \leqq b \frac{(L|x - x_0|)^n}{n!} \quad \text{für alle } x \in I_\alpha .$$

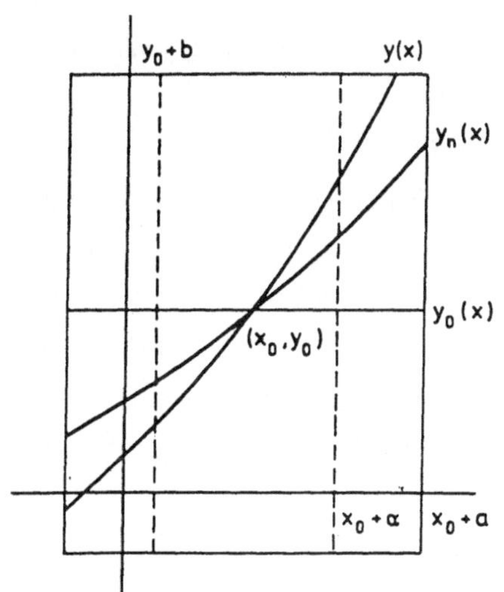

Bild 3.9

Beweis.

Wir setzen

$$\bar{f}(x, y) := \begin{cases} f(x, y), & (x, y) \in A \\ f(x, y_0 + b), & y \geqq y_0 + b \\ f(x, y_0 - b), & y \leqq y_0 - b \end{cases}$$

und betrachten das neue Anfangswertproblem

$$y' = \bar{f}(x, y), \quad y(x_0) = y_0 .$$

Dann bildet die Abbildung F aus (3.14) den Raum $C(I_\alpha)$ in sich ab. Mit der Metrik

$$\rho(y, \tilde{y}) := \max\{e^{-2L|x - x_0|} |y(x) - \tilde{y}(x)| \mid x \in I_\alpha\}$$

ist $(C(I_\alpha), \rho)$ ein vollständiger metrischer Raum (bezüglich der gleichmäßigen Konvergenz). ρ definiert sogar über $\rho(y, 0)$ eine Norm für $y \in C(I_\alpha)$.

Wegen

$$|F(x, y(x)) - F(x, \tilde{y}(x))| \leqq \left| \int_{x_0}^{x} |\bar{f}(t, y(t)) - \bar{f}(t, \tilde{y}(t))| dt \right|$$

$$\leqq L \left| \int_{x_0}^{x} e^{2L|t-x_0|} e^{-2L|t-x_0|} |y(t) - \tilde{y}(t)| dt \right|$$

$$\leqq L \rho(y, \tilde{y}) \left| \int_{x_0}^{x} e^{2L|t-x_0|} dt \right| \leqq \frac{1}{2} \rho(y, \tilde{y}) e^{2L|x-x_0|}$$

folgt

$$\rho(F(x, y), F(x, \tilde{y})) \leqq \tfrac{1}{2} \rho(y, \tilde{y}) .$$

F ist kontrahierend und hat nach dem Fixpunktsatz [W1, S. 82f.] genau einen Fixpunkt y in $C(I_\alpha)$ mit

$$y(x) = y_0 + \int_{x_0}^{x} \bar{f}(t, y(t)) dt .$$

Es gilt aber

$$|y(x) - y_0| \leqq \left| \int_{x_0}^{x} \bar{f}(t, y(t)) dt \right| \leqq M\alpha \leqq b .$$

So ist y auch Lösung des Anfangswertproblems (3.1), von dem wir ausgegangen sind. Mit Induktion erhalten wir weiter die für $x \in I_\alpha$ gültige Fehlerabschätzung

$$|y(x) - y_n(x)| = \left| \int_{x_0}^{x} f(t, y(t)) - f(t, y_{n-1}(t)) dt \right|$$

$$\leqq L \left| \int_{x_0}^{x} b \frac{|L(t - x_0)|^{n-1}}{(n-1)!} dt \right| = b \frac{(L|x - x_0|)^n}{n!} . \qquad \blacksquare$$

Korollar.

Sei $f \in C([x_0, x_0 + a] \times \mathbb{R})$ und erfülle dort eine Lipschitz-Bedingung (3.7) mit der Lipschitz-Konstanten L, so existiert genau eine Lösung des Anfangswertproblems $y' = f(x, y)$, $y(x_0) = y_0$ auf ganz $[x_0, x_0 + a]$.

3.6 Der Existenzsatz für Differentialgleichungssysteme

Wir haben in Abschnitt 2.3 im Zusammenhang mit einem Bevölkerungsproblem die logistische Differentialgleichung kennengelernt und in Aufgabe 1 aus Kapitel 2 diskutiert:

$$\frac{dN}{dt} = (b - kN) N = bN \left(\frac{\ell - N}{\ell} \right) , \quad N(t_0) = N_0 .$$

Dabei ist $\ell := b/k$ die Grenzbevölkerung, b die Geburtsrate und $k \cdot N$ die Sterberate. Betrachtet man zwei Populationen gleichzeitig, so erhält man die beiden Anfangswertprobleme

$$\begin{aligned} \frac{dN_1}{dt} &= b_1 N_1 \left(\frac{\ell_1 - N_1 - n_2}{\ell_1}\right), \quad N_1(t_0) = N_{1,0} \\ \frac{dN_2}{dt} &= b_2 N_2 \left(\frac{\ell_2 - N_2 - n_1}{\ell_2}\right), \quad N_2(t_0) = N_{2,0} \end{aligned} \tag{3.16}$$

n_2 bedeutet hier die Anzahl der Plätze der ersten Gattung, die durch Lebewesen der zweiten Gattung eingenommen werden, und n_1 umgekehrt.

Da die beiden Populationen den Lebensraum nicht immer in gleicher Weise nutzen, wollen wir annehmen:

$$n_1 = a_1 N_1, \quad n_2 = a_2 N_2, \quad \text{mit Proportionalitätsfaktoren } a_1, a_2 .$$

Wir werden somit auf ein System von Differentialgleichungen erster Ordnung mit Anfangswertvorgabe geführt, das uns in Kapitel 6 noch einmal beschäftigen wird:

$$\begin{aligned} \dot{N}_1 &= f_1(N_1, N_2) \\ \dot{N}_2 &= f_2(N_1, N_2) \end{aligned}, \quad N_i(t_0) = N_{i,0}, \; i = 1, 2 .$$

Es handelt sich um den Spezialfall des allgemeinen Problems mit p Gleichungen:

$$\mathbf{y}'(x) = \begin{pmatrix} y_1'(x) \\ \vdots \\ y_p'(x) \end{pmatrix} = \begin{pmatrix} f_1(x, y_1, \dots, y_p) \\ \\ f_p(x, y_1, \dots, y_p) \end{pmatrix} = \mathbf{f}(x, \mathbf{y}), \mathbf{y}(x_0) = \mathbf{y}_0 . \tag{3.17}$$

In diese Form kann man auch das Anfangswertproblem einer Differentialgleichung n-ter Ordnung umschreiben. Ausgehend von

$$y^{(n)} = f(x, y, y', \dots, y^{(n-1)}), \; y^{(i)}(x_0) = y_i, \quad i = 0, 1, \dots, n-1$$

setzen wir

$$\mathbf{y}(x) = \begin{pmatrix} y_0(x) \\ y_1(x) \\ \vdots \\ y_{n-1}(x) \end{pmatrix} := \begin{pmatrix} y(x) \\ y'(x) \\ \vdots \\ y^{(n-1)}(x) \end{pmatrix}$$

und erhalten das Anfangswertproblem für ein System

$$\mathbf{y}'(x) = \begin{pmatrix} y_1(x) \\ \vdots \\ y_{n-1}(x) \\ f(x, y_0, \dots, y_{n-1}) \end{pmatrix}, \quad \mathbf{y}(x_0) = \begin{pmatrix} y_0 \\ y_1 \\ \vdots \\ y_{n-1} \end{pmatrix} . \tag{3.18}$$

y ist in die stetige Vektorfunktion $\mathbf{y} \in \underbrace{C(I) \times \dots \times C(I)}_{p \text{ mal}} =: C(I)^p$ und $f(x, y)$ in $\mathbf{f}(x, \mathbf{y})$ mit $\mathbf{f} \in C(D)^p$, $D \subseteq \mathbb{R}^{p+1}$, übergegangen.

f heißt stetig, wenn jede Komponente stetig ist; die Ableitung und das Integral über eine Vektorfunktion berechnet man komponentenweise.
Da die Werte von **f** und **y** selbst im euklidischen Raum $\mathbb{R}^p$ liegen, ersetzt man die Abstandsnorm $|\ |$ im $\mathbb{R}^1$ nun durch eine Norm $\|\ \|$ im $\mathbb{R}^p$, z.B.

$$\|\mathbf{y}\|_2 := \left(\sum_{i=1}^{p} |y_i|^2\right)^{1/2} \quad L^2\text{-Norm, euklidische Norm}$$

$$\|\mathbf{y}\|_1 := \sum_{i=1}^{p} |y_i| \quad L^1\text{-Norm}$$

$$\|\mathbf{y}\|_\infty := \max\{|y_i| \mid i = 1, \ldots, p\} \quad L^\infty\text{-Norm, Maximumnorm}.$$

Über die Riemannsche Summendefinition folgt

$$\left\|\int_a^b \mathbf{y}(x)\,dx\right\| = \left\|\lim \sum_{i=1}^{m} \mathbf{y}(x_i)(x_i - x_{i-1})\right\|$$

$$\leqq \lim \sum_{i=1}^{m} \|\mathbf{y}(x_i)\|\,(x_i - x_{i-1}) = \int_a^b \|\mathbf{y}(x)\|\,dx.$$

Dabei ist bei der Limesbildung $m \to \infty$ eine immer feinere Zerlegung des Intervalls $[a, b]$ zu benutzen.

Wir können nun den Existenz- und Eindeutigkeitssatz (3.9) auf Systeme übertragen:

3.10 **Satz.** (Existenz und Eindeutigkeit der Lösung eines Systems)

Es sei **f** stetig im „Quader" $Q := \{(x, \mathbf{y}) \in \mathbb{R}^{p+1} \mid |x - x_0| \leqq a, \|\mathbf{y} - \mathbf{y}_0\| \leqq b\}$ mit $M := \sup\{\|\mathbf{f}(x, \mathbf{y})\| \mid (x, \mathbf{y}) \in Q\}$ und erfülle dort die Lipschitz-Bedingung

$$\|\mathbf{f}(x, \mathbf{y}) - \mathbf{f}(x, \tilde{\mathbf{y}})\| \leqq L\,\|\mathbf{y} - \tilde{\mathbf{y}}\|. \tag{3.19}$$

Dann gibt es genau eine Lösung **y** des Anfangswertproblems $\mathbf{y}' = \mathbf{f}(x, \mathbf{y})$, $\mathbf{y}(x_0) = \mathbf{y}_0$, mindestens über dem Intervall $I_\alpha := [x_0 - \alpha, x_0 + \alpha]$, $\alpha := \min\{a, b/M\}$. $\mathbf{y}(x)$ ist Grenzwert der Folge $(\mathbf{y}_n(x))$ mit $\mathbf{y}_0(x) \equiv \mathbf{y}_0$ und

$$\mathbf{y}_n(x) = \mathbf{y}_0 + \int_{x_0}^{x} \mathbf{f}(t, \mathbf{y}_{n-1}(t))\,dt.$$

Bemerkungen.

Im Falle $b = \infty$ braucht **f** nicht beschränkt zu sein.

Allgemeiner gilt wie im Falle $p = 1$:

Ist **f** in einem Gebiet $D \subseteq \mathbb{R}^{p+1}$, $p \geqq 1$, stetig und erfüllt dort eine lokale Lipschitz-Bedingung (das ist der Fall, wenn **f** stetige partielle Ableitungen nach allen y_i in D besitzt), dann hat das Anfangswertproblem genau eine Lösung $\mathbf{y}$. Sie läßt sich nach rechts und links eindeutig bis zum Rand von D fortsetzen.

Zum Beweis von Satz 3.10 wenden wir den Fixpunktsatz wie im Beweis des Satzes 3.9 auf den Vektorfunktionenraum

$$C(I_\alpha)^p \text{ mit der Metrik}$$
$$\rho(\mathbf{y}, \tilde{\mathbf{y}}) := \max\{e^{-2L|x-x_0|}\|\mathbf{y}-\tilde{\mathbf{y}}\| \mid x \in I_\alpha\}$$

an.

Beispiele

1. Auf das Anfangswertproblem (3.16) ist Satz 3.10 anwendbar. Die Koeffizientenfunktionen f_i sind überall stetig und stetig partiell nach N_i, $i = 1, 2$, differenzierbar.

   Für die Maximumnorm folgt mit dem Mittelwertsatz die Gültigkeit der Lipschitz-Bedingung (3.19) lokal:

$$\|\mathbf{f}(\tilde{N}_1, \tilde{N}_2) - \mathbf{f}(N_1, N_2)\|_\infty = \max\left\{\left|\sum_{j=1}^{2} \frac{\partial f_i}{\partial N_j}(\bar{N}_1^i, \bar{N}_2^i)(\tilde{N}_j - N_j)\right| \;\middle|\; i = 1, 2\right\}$$
$$\leqq \max\left\{\sum_{j=1}^{2} L_{ij}\,|\tilde{N}_j - N_j| \;\middle|\; i = 1, 2\right\}$$
$$\leqq L\left\|\begin{pmatrix}\tilde{N}_1\\ \tilde{N}_2\end{pmatrix} - \begin{pmatrix}N_1\\ N_2\end{pmatrix}\right\|_\infty, \quad \bar{N}_j^i = N_j + \theta_i(\tilde{N}_j - N_j),$$
$$0 < \theta_i < 1,$$

   wenn $\left|\frac{\partial f_i}{\partial N_j}\right| \leqq L_{ij} \leqq L/2$ für $i, j = 1, 2$ gilt.

2. Gegeben sei das Anfangswertproblem der linearen Differentialgleichung n-ter Ordnung

$$y^{(n)}(x) + g_{n-1}(x)\,y^{(n-1)}(x) + \ldots + g_0(x)\,y(x) = g(x),$$
$$y^{(i)}(x_0) = y_{i0}, \quad i = 0, 1, \ldots, n-1,$$

   mit über einem Intervall (a, b) stetigen Funktionen g und g_i, $a, b \in \mathbb{R} \cup \{\pm\infty\}$.

   Wir schreiben das Anfangswertproblem entsprechend (3.18) um mit $y_i := y^{(i)}$ und setzen

$$\mathbf{y}'(x) = \begin{pmatrix} y_1(x) \\ \vdots \\ y_{n-1}(x) \\ -g_{n-1}y_{n-1} - \ldots - g_0 y_0 + g \end{pmatrix} =: \mathbf{f}(x, \mathbf{y}).$$

Da die partiellen Ableitungen $\frac{\partial f_i}{\partial y_j}$ stetig auf (a, b) sind, finden die Bemerkungen zu Satz 3.10 Anwendung, und die eindeutig bestimmte Lösung des Anfangswertproblems existiert auf ganz (a, b).

3.7 Abhängigkeit der Lösungen von den Anfangswerten

In der Praxis treten bei der Lösung des Anfangswertproblems

$$\mathbf{y}' = \mathbf{f}(x, \mathbf{y}),\ \mathbf{y}(x_0) = \mathbf{y}_0\,,$$

verschiedene Schwierigkeiten auf.

Durch Meß- oder (systembedingte) Rechen- und Rundungsfehler ergeben sich bei der Eingabe des Anfangswertes $(x_0, \mathbf{y}_0)$ Abweichungen. Noch dazu ersetzt man die rechte Seite der Differentialgleichung $\mathbf{y}' = \mathbf{f}(x, \mathbf{y})$ oft durch eine „benachbarte" einfacher gebaute Funktion $\mathbf{g}(x, \mathbf{y})$.

Es ist darum notwendig zu wissen, wie sich diese kleinen Änderungen auf die Lösung auswirken. Dazu formulieren wir den

3.11 **Satz.** (Abhängigkeit der Lösung von Anfangswerten und rechter Seite)

f sei stetig in einem Gebiet D und genüge dort einer Lipschitz-Bedingung

$$\|\mathbf{f}(x, \tilde{\mathbf{y}}) - \mathbf{f}(x, \mathbf{y})\| \leqq L\,\|\tilde{\mathbf{y}} - \mathbf{y}\|\,.$$

$\mathbf{y}$ sei die Lösung des Anfangswertproblems $\mathbf{y}' = \mathbf{f}(x, \mathbf{y})$, $\mathbf{y}(x_0) = \mathbf{y}_0$, und $\mathbf{z}$ eine Lösung des Anfangswertproblems $\mathbf{z}' = \mathbf{g}(x, \mathbf{y})$, $\mathbf{z}(x_0) = \mathbf{z}_0$, mit $\mathbf{g} \in C(D)^p$, die beide im Intervall I existieren.

Gilt dann $\|\mathbf{y}_0 - \mathbf{z}_0\| \leqq \gamma$ und $\|\mathbf{f}(x, \mathbf{y}) - \mathbf{g}(x, \mathbf{y})\| \leqq \delta$ in D, so folgt für alle $x \in I$

$$\|\mathbf{y}(x) - \mathbf{z}(x)\| \leqq \gamma\, e^{L|x - x_0|} + \frac{\delta}{L}\,(e^{L|x - x_0|} - 1)\,. \tag{3.20}$$

Beweis.

Wir betrachten den Fall $x \geqq x_0$, den verbleibenden Fall erledigt man durch Spiegelung an der Achse $x = x_0$.

Es gilt:

$$u(x) := \|\mathbf{y}(x) - \mathbf{z}(x)\| = \left\| \mathbf{y}_0 - \mathbf{z}_0 + \int_{x_0}^{x} (\mathbf{f}(t, \mathbf{y}(t)) - \mathbf{g}(t, \mathbf{z}(t)))\,dt \right\|$$

$$\leqq \|\mathbf{y}_0 - \mathbf{z}_0\| + \int_{x_0}^{x} \|\mathbf{f}(t, \mathbf{y}(t)) - \mathbf{f}(t, \mathbf{z}(t))\|\,dt + \int_{x_0}^{x} \|\mathbf{f}(t, \mathbf{z}(t)) - \mathbf{g}(t, \mathbf{z}(t)\|\,dt$$

$$\leqq \gamma + \delta\,|x - x_0| + L \int_{x_0}^{x} u(t)\,dt\,. \tag{3.21}$$

Setzt man $w(x) := L \int_{x_0}^{x} u(t)\,dt$, so ist $w(x_0) = 0$ und

$$0 \leqq w'(x) \leqq L(\gamma + \delta(x - x_0)) + Lw(x).$$

Nach Bemerkung 2.7 vergleichen wir mit dem Anfangswertproblem

$$v'(x) = L(\gamma + \delta(x - x_0)) + Lv(x),\quad v(x_0) = 0,\quad x \geqq x_0.$$

Es hat die Lösung

$$\begin{aligned} v(x) &= e^{L(x-x_0)} \int_{x_0}^{x} L(\gamma + \delta(t - x_0))\, e^{-L(t-x_0)}\,dt \\ &= \gamma\, e^{L(x-x_0)} - (\gamma + \delta(x - x_0)) + \frac{\delta}{L}(e^{L(x-x_0)} - 1). \end{aligned}$$

Daher folgt $w(x) \leqq v(x)$, und nach (3.21) findet man insgesamt

$$0 \leqq u(x) \leqq \gamma\, e^{L|x-x_0|} + \frac{\delta}{L}(e^{L|x-x_0|} - 1) \quad \text{für alle} \quad x \in I. \qquad \blacksquare$$

Korollar.

Es sei $\mathbf{f}$ stetig über dem Gebiet D und $\mathbf{y}$ für $x \in I_a := (x_0 - a, x_0 + a)$ die Lösung des Anfangswertproblems $\mathbf{y}' = \mathbf{f}(x, \mathbf{y})$, $\mathbf{y}(x_0) = \mathbf{y}_0$.
$\mathbf{f}$ erfülle auf D eine Lipschitz-Bedingung mit der Lipschitz-Konstanten L.
Bezeichne S_ϵ den ϵ-Schlauch der Breite 2ϵ um $\mathbf{y}$:

$$S_\epsilon := \{(x, \mathbf{u}) \in \mathbb{R}^{p+1} \mid \|(x, \mathbf{y}(x)) - (x, \mathbf{u})\| < \epsilon,\ x \in I_a\} \subseteq D.$$

Ist dann $\mathbf{z}$ eine Lösung des „gestörten“ Anfangswertproblems

$$\begin{aligned} &\mathbf{z}' = \mathbf{g}(x, \mathbf{z}),\quad \mathbf{z}(x_1) = \mathbf{z}_1,\quad \mathbf{g} \in C(D)^p, \\ &M := \sup\{\|\mathbf{g}(x, \mathbf{z})\| \mid (x, \mathbf{z}) \in D\} < \infty, \end{aligned}$$

so gibt es Konstanten γ_1, γ_2 und δ, so daß für

$$\begin{aligned} &|x_1 - x_0| \leqq \gamma_1,\quad \|\mathbf{z}_1 - \mathbf{y}_0\| \leqq \gamma_2 \quad \text{und} \\ &\|\mathbf{g}(x, \mathbf{u}) - \mathbf{f}(x, \mathbf{u})\| \leqq \delta \quad \text{in} \quad S_\epsilon \end{aligned}$$

die Näherungslösung $\mathbf{z}$ zu $\mathbf{y}$ ganz in S_ϵ verbleibt, d.h.

$$\|\mathbf{z}(x) - \mathbf{y}(x)\| < \epsilon \quad \text{für alle} \quad x \in I_a.$$

Beweis. (vgl. Bild 3.10)

1. Wir wählen γ_1, γ_2 und δ so klein, daß die rechte Seite in (3.20) mit $\gamma := \gamma_1 M + \gamma_2$ für alle $x \in I_a$ kleiner als ϵ wird.
2. Nun verkleinern wir γ_1 und γ_2 so weit, daß die Lösung $\mathbf{z}$ des gestörten Anfangswertproblems in einem Intervall I_α existiert, das x_0 im Inneren enthält, und auf I_α in S_ϵ verbleibt.
   Das ist nach Korollar 2 zu Satz 3.1 möglich.

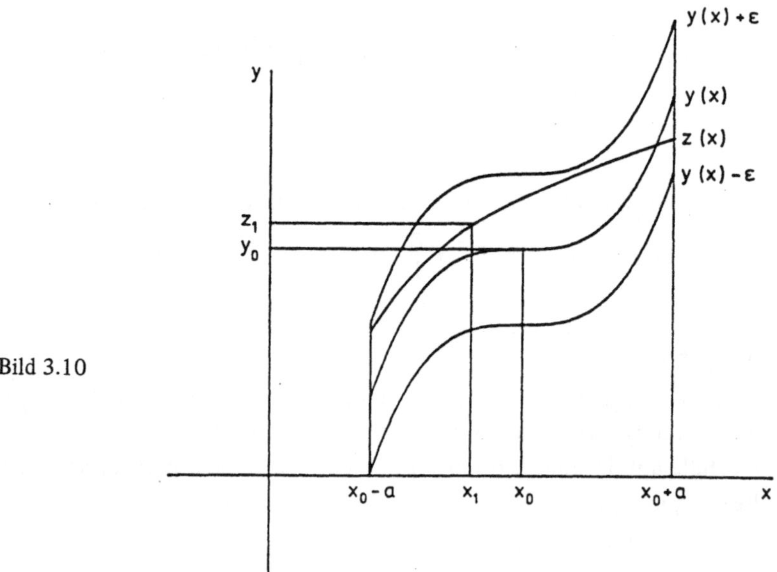

Bild 3.10

3. Auf I_α ist (3.20) anwendbar, da

$$\|\mathbf{z}(x_0) - \mathbf{y}(x_0)\| = \|\mathbf{z}_1 - \mathbf{y}_0 + \int_{x_1}^{x_0} \mathbf{g}(t, \mathbf{z}(t))\, dt\| \leqq \gamma_2 + M\gamma_1 = \gamma .$$

   $\mathbf{z}$ verläuft in S_ϵ von Rand zu Rand, muß aber wegen (3.20) für alle $x \in I_a$ in S_ϵ verbleiben, und es gilt dort

$$\|\mathbf{y}(x) - \mathbf{z}(x)\| < \epsilon .$$

■

Zusammenfassend ergibt sich, daß die Lösung $\mathbf{y}$ des Anfangswertproblems $\mathbf{y}' = \mathbf{f}(x, \mathbf{y})$, $\mathbf{y}(x_0) = \mathbf{y}_0$, stetig von den Anfangsbedingungen und der rechten Seite der Differentialgleichung abhängt.

3.8 Lösungen in Potenzreihenform

Es sei $\mathbf{f}$ im „Quader" $Q := \{(x, y) \in \mathbb{R}^{p+1} \mid |x - x_0| \leqq a,\ \|\mathbf{y} - \mathbf{y}_0\| \leqq b\}$ definiert und stetig.

Gehen wir wieder aus vom Anfangswertproblem $\mathbf{y}' = \mathbf{f}(x, \mathbf{y}),\ \mathbf{y}(x_0) = \mathbf{y}_0$.

Hat $\mathbf{f}$ in Q die Form eines Vektorpolynoms mit den Komponenten

$$f_i(x, y) = \sum_{j_0, \ldots, j_p = 0}^{N} a_{i, j_0 \ldots j_p} (x - x_0)^{j_0} (y_1 - y_{1,0})^{j_1} \ldots (y_p - y_{p,0})^{j_p} ,$$

dann erfüllt $\mathbf{f}$ eine Lipschitz-Bedingung in Q, denn dort ist

$$\left| \frac{\partial f_i}{\partial y_j} \right| \leqq L_{ij}$$

Nach dem Verfahren von Picard-Lindelöf beginnen wir mit $\mathbf{y}_0(x) \equiv \mathbf{y}_0$, und da $\mathbf{f}(x, \mathbf{y}_0)$ ein Vektorpolynom in x ist, hat nach Integration auch $\mathbf{y}_1$ Polynomform. Mit Induktion folgt, daß alle $\mathbf{y}_n$ Vektorpolynome sind.

Aus den Sätzen 3.9 und 3.10 erhalten wir für $m \geqq n$

$$\begin{aligned} \|\mathbf{y}_n(x) - \mathbf{y}_m(x)\| &\leqq \|\mathbf{y}_n(x) - \mathbf{y}(x)\| + \|\mathbf{y}(x) - \mathbf{y}_m(x)\| \\ &\leqq b \left(\frac{|L(x - x_0)|^n}{n!} + \frac{|L(x - x_0)|^m}{m!} \right) , \end{aligned}$$

und das bedeutet, daß die Vektorpolynome $\mathbf{y}_n$ und $\mathbf{y}_m$ in den ersten n Termen bis zur Potenz $(x - x_0)^{n-1}$ übereinstimmen, d.h.

$$\mathbf{y}_n(x) = \mathbf{y}_0 + \sum_{j=1}^{n-1} \mathbf{a}_j (x - x_0)^j + \mathbf{R}_n(x) .$$

(Zur Begründung lasse man x gegen x_0 streben.)

So ist es folgerichtig, für $\mathbf{y}$ die Potenzreihenentwicklung

$$\mathbf{y}(x) = \mathbf{y}_0 + \sum_{j=1}^{\infty} \mathbf{a}_j (x - x_0)^j \tag{3.22}$$

anzunehmen.

Die $\mathbf{a}_j$ lassen sich übrigens rekursiv durch Einsetzen von (3.22) in die Differentialgleichung ermitteln.

Eine Übertragung des Existenzsatzes 3.9 von Picard-Lindelöf ins Komplexe zeigt sogar allgemeiner, daß ein Anfangswertproblem mit $\mathbf{f}$ in Potenzreihenform eine eindeutige Potenzreihenlösung $\mathbf{y}$ besitzt, die in einer Kreisumgebung von x_0 konvergiert [W1, S. 66f].

Genauer gesagt ist wegen der gleichmäßigen Konvergenz auch die Lösungsfunktion komponentenweise holomorph (vgl. Appendix A.5).

3.12 Beispiel.

Gegeben sei das Anfangswertproblem $y' = x^2 + y^2$, $y(0) = 0$, aus Beispiele 3.6.

a) *Näherungslösung nach dem Verfahren von Picard-Lindelöf*

Nach Satz 3.9 beginnen wir mit $y_0(x) \equiv 0$ und berechnen

$$y_1(x) = \int_0^x t^2\,dt = \frac{x^3}{3},$$

$$y_2(x) = \int_0^x (t^2 + t^6/9)\,dt = \frac{x^3}{3} + \frac{x^7}{63}$$

$$y_3(x) = \int_0^x (t^2 + t^6/9 + 2\,t^{10}/189 + t^{14}/3969)\,dt$$

$$= \frac{x^3}{3} + \frac{x^7}{63} + 2\frac{x^{11}}{2079} + \frac{x^{15}}{59535}.$$

Eine gute Näherung in $\left[-\frac{1}{\sqrt{2}}, \frac{1}{\sqrt{2}}\right]$ ist $\tilde{y}(x) := x^3/3 + x^7/63 + 2\,x^{11}/2079$.

b) *Näherungslösungen durch Potenzreihenansätze*

Die Betrachtungen aus a) legen einen Potenzreihenansatz in der Form

$$y(x) = \sum_{j=0}^{\infty} a_j\, x^{4j+3}$$

nahe.

Einsetzen in die Differentialgleichung ergibt

$$\sum_{j=0}^{\infty} (4j+3)\, a_j\, x^{4j+2} = x^2 + \sum_{j=1}^{\infty} \sum_{m=0}^{j-1} a_m\, a_{j-1-m}\, x^{4j+2},$$

und mit Koeffizientenvergleich folgt

$$3\,a_0 = 1.$$

Die allgemeine Rekursionsformel lautet:

$$(4j+3)\,a_j = \sum_{m=0}^{j-1} a_m\, a_{j-1-m}, \qquad j = 1, 2, 3, \ldots, \tag{3.23}$$

also

$$a_1 = 1/63, \quad a_2 = 2/2079, \quad a_3 = 13/218295.$$

Mit vollständiger Induktion finden wir

$$\frac{1}{3 \cdot 21^j} \leqq a_j \leqq \frac{1}{3 \cdot 12^j}, \qquad j = 0, 1, 2, \dots .$$

Gilt die Aussage für $j = 0, 1, 2, \dots, n-1$, so folgt aus (3.23)

$$\frac{1}{3} \frac{n}{3 \cdot 21^{n-1}} \leqq (4n+3)\, a_n \leqq \frac{1}{3} \frac{n}{3 \cdot 12^{n-1}}$$

und wegen

$$\frac{1}{21} \leqq \frac{n}{(4n+3)\,3} \leqq \frac{1}{12}, \qquad n \geqq 1,$$

die Behauptung.

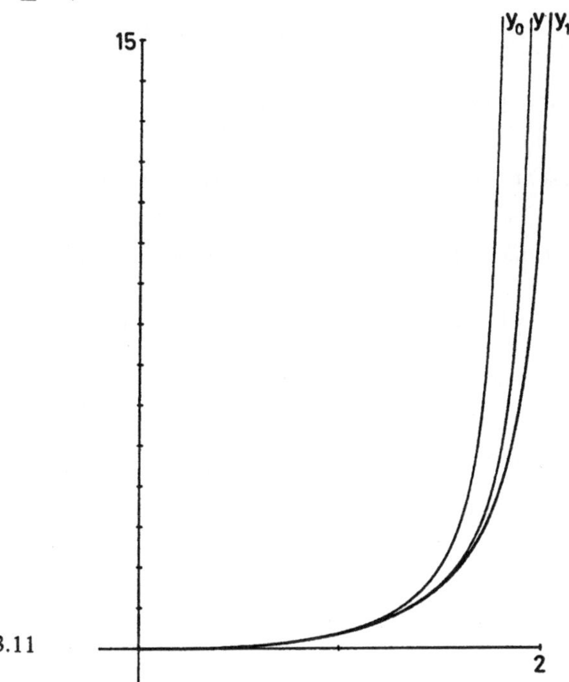

Bild 3.11

Wir haben eine Minorante y_1 und eine Majorante y_0 gefunden (vgl Bild 3.11):

$$y_1(x) := \frac{x^3}{3 - x^4/7} \leqq y(x) \leqq \frac{x^3}{3 - x^4/4} =: y_0(x) .$$

Der Konvergenzradius ρ der Reihe für y genügt also der Ungleichung

$$(12)^{1/4} < \rho < (21)^{1/4} .$$

Eine bessere Abschätzung erreicht man mit folgender Betrachtung: Wir setzen an

$$u(x) := \frac{x^3}{3} + \frac{x^7}{63 - a x^4} .$$

Um eine Minorante und Majorante zu finden, bestimmen wir a so, daß für $x > 0$ gilt

$$u' = x^2 + \frac{7x^6}{63 - ax^4} + \frac{4ax^{10}}{(63 - ax^4)^2} \leq x^2 + u^2$$

$$= x^2 + \frac{x^6}{9} + \frac{2x^{10}}{3(63 - ax^4)} + \frac{x^{14}}{(63 - ax^4)^2}\,.$$

Es folgt

$$7(63 - ax^4) + 4ax^4 \leq \frac{(63 - ax^4)^2}{9} + \frac{2}{3}x^4(63 - ax^4) + x^8$$

und

$$11ax^4 - 42x^4 \leq \left(\frac{a^2}{9} - \frac{2a}{3} + 1\right)x^8$$

$$11a - 42 \leq \left(\frac{a}{3} - 1\right)^2 x^4\,.$$

Ist $a = 42/11$, so ist $y_3(x) := \dfrac{x^3}{3} + \dfrac{x^7}{63 - \frac{42}{11}x^4}$ Minorante (vgl. Aufgabe 5),

ist dagegen $a = \sqrt{63}/2$, so haben wir

$$11a - 42 = \left(\frac{a}{3} - 1\right)^2 \frac{63}{a} > \left(\frac{a}{3} - 1\right)^2 x^4$$

und damit eine Majorante

$$y_2(x) := \frac{x^3}{3} + \frac{x^7}{63 - \sqrt{63}\,x^4/2}\,.$$

Für den Konvergenzradius ρ folgt

$$1.996 < \rho < 2.016\,.$$

Der genaue Wert für ρ liegt bei 2.003 ..., wie wir in Kapitel 9 sehen werden. □

3.9 Literatur zu Kapitel 3

Die Darstellung des Peanoschen Existenzsatzes beruht auf Ideen von C.L. Gardner: Another elementary proof of Peano's existence theorem [G4] und J. Walter: On elementary proofs of Peano's existence theorem [W3], der eine präzise Literaturübersicht gibt. Generell werden Existenz- und Eindeutigkeitssätze ausführlich und tiefgehend behandelt im klassischen Werk von E. Kamke: Differentialgleichungen I. [K1] und in [W1, S. 40–104].

Das Eindeutigkeitskriterium aus Abschnitt 3.2 stammt von O. Perron: Über Ein- und Mehrdeutigkeit des Integrals eines Systems von Differentialgleichungen [P2].

3.10 Aufgaben zu Kapitel 3

1. Gegeben sei das Anfangswertproblem $y' = 3\,y^{2/3}$, $y(0) = 0$.
   Man berechne y_{max} und y_{min}.

2. Gegeben sei das Anfangswertproblem $y' = f(x, y)$, $y(x_0) = y_0$, f stetig auf dem Streifen $S := [x_0, x_0 + a] \times \mathbb{R}$.
   Ferner gelte für $(x, y_i) \in S$ die *Nagumo-Bedingung*
   $$|x - x_0|\ |f(x, y_1) - f(x, y_2)| \leqq |y_1 - y_2|\,.$$
   Dann ist das Anfangswertproblem eindeutig lösbar.
   Anleitung: Für zwei Lösungen y_1 und y_2 gilt:
   $$|y_1(x) - y_2(x)| \leqq \int_{x_0}^{x} |f(t, y_1(t)) - f(t, y_2(t))|\,dt$$
   $$\leqq \int_{x_0}^{x} \frac{|y_1(t) - y_2(t)|}{t - x_0}\,dt =: \int_{x_0}^{x} g(t)\,dt$$
   g ist stetig ergänzbar zu 0 in x_0. Man führe die Annahme
   $$0 < M := \max\{|g(t)| \mid x_0 \leqq t \leqq x\} = g(x_1)$$
   zum Widerspruch.

3. Man untersuche folgende Anfangswertprobleme auf eindeutige Lösbarkeit und gebe ein Existenzintervall I_α an.
   a) $y'' = y + 1$, $y(0) = 0$, $y'(0) = 1$.
   b) $y' = (4y + \exp(-x^2))\exp(2y)$, $y(0) = 0$.
   c) $\mathbf{y}' = \mathbf{A}(x)\,\mathbf{y} + \mathbf{g}(x)$, $\mathbf{y}(x_0) = \mathbf{y}_0$,
   und die Elemente der Matrix $\mathbf{A}$ und des Vektors $\mathbf{g}$ sind stetig auf $[x_0, x_0 + a]$.

4. Man berechne mit dem Algorithmus von Picard-Lindelöf die Lösung des Anfangswertproblems $y' = xy$, $y(0) = 1$.

5. Es sei $y'(x) \leqq w(x, y(x))$ mit $w \in C(D)$, und w erfülle im Gebiet D eine lokale Lipschitz-Bedingung. Ist dann z eine Lösung des Anfangswertproblems $z' = w(x, z)$, $z(x_0) = z_0$, und gilt $y(x_0) - y_0 \leqq z_0$, so folgt $y(x) \leqq z(x)$ im gemeinsamen Definitionsintervall $[x_0, x_1]$.
   Hinweis: Der Beweis erfolgt, indem man die Annahme $y(x) > z(x)$ für $x > \overline{x}_0 \geqq x_0$ zum Widerspruch führt.

6. Mit den Bezeichnungen aus Aufgabe 8, Kapitel 2, zeige man
   $$\Delta \leqq 6.6 \cdot 10^{-6}\,.$$

7. Man löse das Anfangswertproblem $y'' = xy$, $y(0) = 1$, $y'(0) = 0$.

8. Gegeben sei das Anfangswertproblem $y' = x^2 + y^2$, $y(0) = 1$.
Man zeige für $x \in [0, \frac{\pi}{4})$ und die Lösung y

$$\frac{1}{1-x} \leqq y(x) = 1 + x + x^2 + 4\,x^3/3 + \ldots \leqq \tan\left(x + \frac{\pi}{4}\right).$$

Welche Abschätzung ergibt sich für den Konvergenzradius ρ von y?

4 Explizite numerische Verfahren für Anfangswertprobleme

In Abschnitt 3.4 sind zwei Verfahren zur näherungsweisen Lösung des Anfangswertproblems

$$y' = f(x, y), \quad y(x_0) = y_0 \tag{4.1}$$

hergeleitet worden, nämlich das Euler-Cauchy-Verfahren

$$Y_0 = y_0, \qquad Y_{k+1} = Y_k + h_k\, f(x_k, Y_k), \qquad k = 0, 1, \ldots, N-1,$$

und das verbesserte Euler-Cauchy-Verfahren

$$Y_0 = y_0, \qquad Y_{k+1} = Y_k + h_k\, f(x_k + \tfrac{1}{2} h_k,\, Y_k + \tfrac{1}{2} h_k\, f(x_k, Y_k)), \quad k = 0, 1, \ldots, N-1.$$

Die Werte Y_k sind jeweils Näherungen der exakten Lösung y des Anfangswertproblems (4.1) in den diskreten Gitterpunkten x_k, also auf dem *Gitter*

$$x_0 < x_1 < x_2 < \ldots < x_k < x_{k+1} < \ldots < x_N = x_0 + a.$$

Dabei ist

$$x_{k+1} = x_k + h_k, \qquad k = 0, 1, \ldots, N-1,$$

mit den *lokalen Schrittweiten* h_k.

Diese Verfahren sind einfache Beispiele typischer Einschrittverfahren, das heißt solcher Verfahren, die nur unter Kenntnis der Näherung Y_k für den Wert $y(x_k)$ der exakten Lösung y im Gitterpunkt x_k, der lokalen Schrittweite h_k und der Funktion f aus (4.1) die nächste Näherung Y_{k+1} für $y(x_{k+1})$ im Gitterpunkt $x_{k+1} = x_k + h_k$ liefern.

Einschrittverfahren lassen sich zwanglos auf Differentialgleichungssysteme 1. Ordnung

$$\mathbf{y}' = \mathbf{f}(x, \mathbf{y}), \quad \mathbf{y}(x_0) = \mathbf{y}_0 \tag{4.2}$$

verallgemeinern; so lautet z.B. das verbesserte Euler-Cauchy-Verfahren hierfür

$$\mathbf{Y}_0 = \mathbf{y}_0, \ \mathbf{Y}_{k+1} = \mathbf{Y}_k + h_k\, \mathbf{f}(x_k + \tfrac{1}{2} h_k,\, \mathbf{Y}_k + \tfrac{1}{2} h_k\, \mathbf{f}(x_k, \mathbf{Y}_k)), \ k = 0, 1, \ldots, N-1.$$

Da man jede Differentialgleichung höherer Ordnung auf ein System von Differentialgleichungen 1. Ordnung umschreiben kann, stehen damit im Prinzip auch Verfahren zur Lösung solcher Differentialgleichungen zur Verfügung.

Erstes Ziel dieses Kapitels ist die Untersuchung allgemeiner Einschrittverfahren. Dabei wird untersucht, unter welchen Umständen die Näherungswerte Y_k die exakten Werte $y(x_k)$ annähern und wie man mit möglichst geringem Aufwand möglichst gute Näherungen erhält. Besonders ökonomisch läßt sich dieses Ziel mit

Mehrschrittverfahren verwirklichen, von denen hier die Verfahren vom Adams-Typ genauer untersucht werden. Mehrschrittverfahren benötigen neben Y_k noch weitere zurückliegende Näherungen Y_{k+1}, Y_{k-2}, ... zur Berechnung der nächsten Näherung Y_{k+1}.

4.1 Die Konvergenz allgemeiner Einschrittverfahren

Gegeben sei das Anfangswertproblem

$$\mathbf{y}'(x) = \mathbf{f}(x, \mathbf{y}(x)), \quad \mathbf{y}(x_0) = \mathbf{y}_0 \tag{4.3}$$

mit einer Funktion $\mathbf{f}(x, \mathbf{y})$, die für alle $x \in [x_0, x_0 + a]$ und zunächst für alle $\mathbf{y} \in \mathbb{R}^p$ definiert sei. Außerdem erfülle $\mathbf{f}$ bezüglich $\mathbf{y}$ eine Lipschitz-Bedingung der Form

$$\|\mathbf{f}(x, \mathbf{u}) - \mathbf{f}(x, \mathbf{v})\| \leqslant L_f \|\mathbf{u} - \mathbf{v}\| \tag{4.4}$$

für alle $x \in [x_0, x_0 + a]$ und alle $\mathbf{u}, \mathbf{v} \in \mathbb{R}^p$. $\|\cdot\|$ bezeichnet eine beliebige Vektornorm auf dem $\mathbb{R}^p$, etwa die Maximumnorm. Nach Satz 3.10 besitzt das Problem (4.3) unter diesen Umständen eine auf dem ganzen Intervall $[x_0, x_0 + a]$ definierte eindeutige Lösung $\mathbf{y}(x)$. Das Anfangswertproblem soll durch ein Einschrittverfahren näherungsweise gelöst werden.

4.1 **Definition.** (Einschrittverfahren)

Gegeben sei das Anfangswertproblem (4.3) und ein Gitter $x_0 < x_1 < \ldots < x_N = x_0 + a$ auf dem Intervall $[x_0, x_0 + a]$ mit $x_{k+1} = x_k + h_k$ $(k = 0, 1, \ldots, N-1)$.

Ein *Einschrittverfahren* zur Lösung des Problems (4.3) ist ein Verfahren, das, ausgehend von $\mathbf{Y}_0 = \mathbf{y}_0$, über eine Rekursion der Form

$$\mathbf{Y}_{k+1} = \mathbf{Y}_k + h_k \boldsymbol{\Phi}(x_k, \mathbf{Y}_k, h_k), \qquad k = 0, 1, \ldots, N-1,$$

in jedem Gitterpunkt x_k eine Näherung $\mathbf{Y}_k$ für den exakten Wert $\mathbf{y}(x_k)$ liefert.

Ein Einschrittverfahren ist durch seine *Verfahrensfunktion* $\boldsymbol{\Phi}(x, \mathbf{Y}, h)$ eindeutig festgelegt.

Damit ein Einschrittverfahren überhaupt brauchbare Näherungen für die Lösung $\mathbf{y}$ von (4.3) auf dem gegebenen Gitter liefern kann, muß seine Verfahrensfunktion natürlich in engem Zusammenhang mit der rechten Seite $\mathbf{f}$ der Differentialgleichung stehen. So ist für das Euler-Cauchy-Verfahren einfach

$$\boldsymbol{\Phi}(x, \mathbf{Y}, h) = \mathbf{f}(x, \mathbf{y})$$

und für das verbesserte Euler-Cauchy-Verfahren

$$\boldsymbol{\Phi}(x, \mathbf{Y}, h) = \mathbf{f}(x + \tfrac{1}{2} h, \ \mathbf{Y} + \tfrac{1}{2} h \, \mathbf{f}(x, \mathbf{Y})).$$

4.2 **Definition.** (lokaler Verfahrensfehler; Konsistenz)

Die Funktion $\mathbf{y}(x)$ sei die Lösung des Anfangswertproblems (4.3) und $\mathbf{\Phi}(x, \mathbf{Y}, h)$ die Verfahrensfunktion eines gegebenen Einschrittverfahrens. Dann heißt

$$\boldsymbol{\tau}_k = \frac{1}{h_k}(\mathbf{y}(x_{k+1}) - \mathbf{y}(x_k)) - \mathbf{\Phi}(x_k, \mathbf{y}(x_k), h_k)$$

der *lokale Verfahrensfehler* oder *Abbruchfehler* des Einschrittverfahrens im Punkt x_k.

Das Einschrittverfahren heißt *konsistent*, wenn die gewichtete Summe

$$\sum_{k=0}^{N-1} h_k \|\boldsymbol{\tau}_k\|$$

über die lokalen Verfahrensfehler zu allen Gitterpunkten $x_0 < x_1 < x_2 < \ldots < x_N = x_0 + a$ gegen Null strebt, falls sich die maximale Schrittweite $h_{max} = \max\{h_k \mid k = 0, 1, \ldots, N-1\}$ dem Wert Null annähert.

Ein Einschrittverfahren ist insbesondere dann konsistent, wenn der maximale lokale Verfahrensfehler

$$\max\{\|\boldsymbol{\tau}_k\| \mid k = 0, 1, \ldots, N-1\}$$

für $h_{max} \to 0$ gegen Null strebt.

Für das Euler-Cauchy-Verfahren gilt, falls $\mathbf{y}$ zweimal stetig differenzierbar ist,

$$\boldsymbol{\tau}_k = \frac{1}{h_k}(\mathbf{y}(x_{k+1}) - \mathbf{y}(x_k)) - \mathbf{f}(x_k, \mathbf{y}(x_k)) = \frac{1}{h_k}(\mathbf{y}(x_{k+1}) - \mathbf{y}(x_k)) - \mathbf{y}'(x_k)$$

$$= \frac{1}{h_k}\int_{x_k}^{x_{k+1}} (\mathbf{y}'(x) - \mathbf{y}'(x_k))\,dx = \frac{1}{h_k}\int_{x_k}^{x_{k+1}}\int_{x_k}^{x} \mathbf{y}''(t)\,dt\,dx$$

und damit analog zum skalaren Fall in Abschnitt 3.4 die Abschätzung

$$\|\boldsymbol{\tau}_k\| \leq \int_{x_k}^{x_{k+1}} \|\mathbf{y}''(t)\|\,dt \leq h_k \max\{\|\mathbf{y}''(t)\| \mid t \in [x_k, x_{k+1}]\}.$$

Das Euler-Cauchy-Verfahren ist damit konsistent im Sinne von Definition 4.2.

Bei allen vernünftig konstruierten Einschrittverfahren läßt sich der letztlich interessierende *globale Verfahrensfehler* $\|\mathbf{Y}_k - \mathbf{y}(x_k)\|$ zwischen der Näherungslösung und der exakten Lösung in den Gitterpunkten x_k durch die lokalen Verfahrensfehler abschätzen.

4.3 **Satz.**

$\mathbf{y}(x)$ sei die exakte Lösung des Anfangswertproblems (4.3) auf dem Intervall $[x_0, x_0 + a]$.

Zur näherungsweisen Lösung sei auf einem Gitter $x_0 < x_1 < \ldots < x_N = x_0 + a$ ein Einschrittverfahren mit der Verfahrensfunktion $\mathbf{\Phi}(x, \mathbf{Y}, h)$ gegeben.

Erfüllt die Verfahrensfunktion eine globale Lipschitz-Bedingung der Form

$$\|\mathbf{\Phi}(x, \mathbf{u}, h) - \mathbf{\Phi}(x, \mathbf{v}, h)\| \leqslant L_\Phi \; \|\mathbf{u} - \mathbf{v}\|$$

für alle $x \in [x_0, x_0 + a]$, $\mathbf{u}, \mathbf{v} \in \mathbb{R}^p$ und $h \in [0, a]$, so gilt für die durch das Einschrittverfahren gelieferten Näherungen $\mathbf{Y}_k$ die Fehlerabschätzung

$$\|\mathbf{Y}_k - \mathbf{y}(x_k)\| \leqslant e^{L_\Phi (x_k - x_0)} \sum_{j=0}^{k-1} h_j \, \|\boldsymbol{\tau}_j\|, \qquad k = 1, 2, \ldots, N.$$

Beweis.

Für $k = 1, 2, \ldots, N$ gilt

$$\begin{aligned}
\|\mathbf{Y}_k - \mathbf{y}(x_k)\| &= \|\mathbf{Y}_{k-1} + h_{k-1} \mathbf{\Phi}(x_{k-1}, \mathbf{Y}_{k-1}, h_{k-1}) \\
&\qquad - \mathbf{y}(x_{k-1}) - h_{k-1} \mathbf{\Phi}(x_{k-1}, \mathbf{y}(x_{k-1}), h_{k-1}) - h_{k-1} \boldsymbol{\tau}_{k-1}\| \\
&\leqslant \|\mathbf{Y}_{k-1} - \mathbf{y}(x_{k-1})\| + h_{k-1} \, \|\mathbf{\Phi}(x_{k-1}, \mathbf{Y}_{k-1}, h_{k-1}) - \\
&\qquad - \mathbf{\Phi}(x_{k-1}, \mathbf{y}(x_{k-1}), h_{k-1})\| + h_{k-1} \|\boldsymbol{\tau}_{k-1}\| \\
&\leqslant (1 + h_{k-1} L_\Phi) \, \|\mathbf{Y}_{k-1} - \mathbf{y}(x_{k-1})\| + h_{k-1} \, \|\boldsymbol{\tau}_{k-1}\| \\
&\leqslant e^{h_{k-1} L_\Phi} \, \|\mathbf{Y}_{k-1} - \mathbf{y}(x_{k-1})\| + h_{k-1} \, \|\boldsymbol{\tau}_{k-1}\|.
\end{aligned}$$

Hieraus folgt durch Induktion über k die Behauptung. Für $k = 1$ ist nämlich wegen $\mathbf{Y}_0 = \mathbf{y}(x_0)$

$$\|\mathbf{Y}_1 - \mathbf{y}(x_1)\| \leqslant h_0 \, \|\boldsymbol{\tau}_0\| \leqslant e^{L_\Phi (x_1 - x_0)} h_0 \, \|\boldsymbol{\tau}_0\|,$$

und gilt die Fehlerabschätzung für ein $k < N$, so gilt sie dann wegen

$$\begin{aligned}
\|\mathbf{Y}_{k+1} - \mathbf{y}(x_{k+1})\| &\leqslant e^{h_k L_\Phi} \, \|\mathbf{Y}_k - \mathbf{y}(x_k)\| + h_k \, \|\boldsymbol{\tau}_k\| \\
&\leqslant e^{h_k L_\Phi} \, e^{L_\Phi (x_k - x_0)} \sum_{j=0}^{k-1} h_j \, \|\boldsymbol{\tau}_j\| + h_k \, \|\boldsymbol{\tau}_k\| \\
&\leqslant e^{L_\Phi (x_{k+1} - x_0)} \sum_{j=0}^{k} h_j \, \|\boldsymbol{\tau}_j\|
\end{aligned}$$

auch für $k + 1$. ■

Die vorausgesetzte Lipschitz-Bedingung an die Verfahrensfunktion $\mathbf{\Phi}$ hängt eng mit der Lipschitz-Bedingung (4.4) an die rechte Seite $\mathbf{f}$ der Differentialgleichung (4.3) zusammen. Für das Euler-Cauchy-Verfahren gilt wegen $\mathbf{\Phi}(x, \mathbf{Y}, h) = \mathbf{f}(x, \mathbf{Y})$ einfach

$L_\Phi = L_f$, und die Verfahrensfunktion $\mathbf{\Phi}(x, \mathbf{Y}, h) = \mathbf{f}(x + \frac{1}{2} h, \mathbf{Y} + \frac{1}{2} h \mathbf{f}(x, \mathbf{Y}))$ des verbesserten Euler-Cauchy-Verfahrens erfüllt

$$\begin{aligned} &\|\mathbf{\Phi}(x, \mathbf{u}, h) - \mathbf{\Phi}(x, \mathbf{v}, h)\| \\ &\qquad = \|\mathbf{f}(x + \tfrac{1}{2} h, \mathbf{u} + \tfrac{1}{2} h \mathbf{f}(x, \mathbf{u})) - \mathbf{f}(x + \tfrac{1}{2} h, \mathbf{v} + \tfrac{1}{2} h \mathbf{f}(x, \mathbf{v}))\| \\ &\qquad \leqslant L_f \|\mathbf{u} + \tfrac{1}{2} h \mathbf{f}(x, \mathbf{u}) - \mathbf{v} - \tfrac{1}{2} h \mathbf{f}(x, \mathbf{v})\| \\ &\qquad \leqslant L_f \{\|\mathbf{u} - \mathbf{v}\| + \tfrac{1}{2} h \|\mathbf{f}(x, \mathbf{u}) - \mathbf{f}(x, \mathbf{v})\|\} \\ &\qquad \leqslant L_f (1 + \tfrac{1}{2} h L_f) \|\mathbf{u} - \mathbf{v}\|, \end{aligned}$$

so daß etwa mit

$$L_\Phi = L_f (1 + \tfrac{1}{2} a L_f)$$

die Voraussetzungen des letzten Satzes gelten.

In die Fehlerabschätzungen gehen zwei wesentliche Größen ein, zum einen die Summe $\sum_{j=0}^{k-1} h_j \|\boldsymbol{\tau}_j\|$ der bisherigen Abbruchfehler und zum anderen die vom betrachteten Gitterpunkt abhängige Konstante $e^{L_\Phi (x_k - x_0)}$ Die erste Größe beschreibt die lokale Genauigkeit des Verfahrens, die durch das gewählte Einschrittverfahren und das Gitter bestimmt wird, während die zweite Größe im wesentlichen von der Länge $x_k - x_0$ des Integrationsintervalls und der Lipschitz-Konstanten L_Φ abhängt. Für kleinere Schrittweiten h_k liegt L_Φ in der Größenordnung von L_f und beschreibt damit im Prinzip die Störempfindlichkeit der Differentialgleichung (4.3) gegenüber Abänderungen des Anfangswertes. Da in die Fehlerabschätzung keine detaillierten Kenntnisse über die Funktionen $\mathbf{f}$ und $\mathbf{\Phi}$ einfließen, ist sie in vielen Fällen insbesondere bei längeren Integrationsintervallen zu pessimistisch und sollte mehr qualitativ in dem Sinne interpretiert werden, daß für die asymptotische Konvergenzgeschwindigkeit des Verfahrens bei Verkleinerung der lokalen Schrittweiten seine durch die Abbruchfehler bestimmte lokale Genauigkeit verantwortlich ist.

Aus der Fehlerabschätzung aus Satz 4.3 folgt

$$\max \{\|\mathbf{Y}_k - \mathbf{y}(x_k)\| \mid k = 0, 1, \ldots, N\} \leqslant e^{L_\Phi a} \sum_{j=0}^{N-1} h_j \|\boldsymbol{\tau}_j\| .$$

Gilt daher

$$\sum_{j=0}^{N-1} h_j \|\boldsymbol{\tau}_j\| = \mathcal{O}(h_{max}^q),$$

so gilt auch

$$\max \{\|\mathbf{Y}_k - \mathbf{y}(x_k)\| \mid k = 0, 1, \ldots, N\} = \mathcal{O}(h_{max}^q),$$

das heißt ein Einschrittverfahren mit der *Konsistenzordnung* q hat auch die *Konvergenzordnung* q. Gilt $\|\boldsymbol{\tau}_j\| \leqslant c \cdot h_j^q$, so ist die Konsistenzbedingung mit

$$\sum_{j=0}^{N-1} h_j \|\boldsymbol{\tau}_j\| \leqslant \sum_{j=0}^{N-1} h_j c h_j^q \leqslant a c h_{max}^q = \mathcal{O}(h_{max}^q)$$

erfüllt. Das Euler-Cauchy-Verfahren hat die Ordnung $q = 1$ und das verbesserte Euler-Cauchy-Verfahren die Ordnung $q = 2$, wobei die Ordnung q eines Verfahrens auf jeden Fall erreicht wird, wenn die Lösung $\mathbf{y}$ des Anfangswertproblems $(q + 1)$-mal stetig differenzierbar ist.

Eine stark einschränkende Voraussetzung in Satz 4.3 ist die globale Lipschitz-Bedingung an die Verfahrensfunktion $\boldsymbol{\Phi}$, die man im Prinzip nur dann erwarten kann, wenn die rechte Seite $\mathbf{f}$ der Differentialgleichung (4.3) ebenfalls einer globalen Lipschitz-Bedingung der Form (4.4) genügt. Diese Voraussetzung kann man aber stark abschwächen: Erfüllt die Verfahrensfunktion $\boldsymbol{\Phi}$ eine einfache *lokale Lipschitz-Bedingung* der Form

$$\|\boldsymbol{\Phi}(x, \mathbf{y}(x), h) - \boldsymbol{\Phi}(x, \mathbf{u}, h)\| \leqslant L_\Phi \|\mathbf{y}(x) - \mathbf{u}\| \tag{4.5}$$

für alle $x \in [x_0, x_0 + a]$, alle $\mathbf{u} \in \mathbb{R}^p$ mit $\|\mathbf{y}(x) - \mathbf{u}\| \leqslant \delta$ und alle hinreichend kleinen $h > 0$, wobei $\mathbf{y}(x)$ die exakte Lösung des Problems (4.3) ist, so bleibt die Fehlerabschätzung aus Satz 4.3 für genügend kleine Schrittweiten h_k erhalten, solange das Verfahren konsistent ist. Wählt man nämlich das Gitter so fein, daß

$$e^{L_\Phi a} \sum_{j=0}^{N-1} h_j \|\boldsymbol{\tau}_j\| \leqslant \delta$$

erfüllt ist (was wegen der Konsistenz immer möglich ist), so kann man wie im Beweis von Satz 4.3 durch Induktion zeigen, daß für $k = 1, 2, \ldots, N$

$$\|\mathbf{Y}_k - \mathbf{y}(x_k)\| \leqslant e^{L_\Phi (x_k - x_0)} \sum_{j=0}^{k-1} h_j \|\boldsymbol{\tau}_j\| \leqslant \delta$$

gilt. Für hinreichend feine Gitter sind die Näherungswerte $\mathbf{Y}_k$ wohldefiniert, liegen in einem Schlauch vom Radius δ um die exakte Lösung und streben für gegen Null gehende Schrittweiten mit der Konsistenzordnung des Verfahrens gegen die exakte Lösung. Für alle gängigen Einschrittverfahren folgt diese lokale Lipschitz-Bedingung an $\boldsymbol{\Phi}$ aus einer entsprechenden lokalen Lipschitz-Bedingung an $\mathbf{f}$:

$$\|\mathbf{f}(x, \mathbf{u}) - \mathbf{f}(x, \mathbf{v})\| \leqslant L_f \|\mathbf{u} - \mathbf{v}\|$$

für alle $x \in [x_0, x_0 + a]$, alle $\mathbf{u}, \mathbf{v} \in \mathbb{R}^p$ mit $\|\mathbf{y}(x) - \mathbf{u}\| \leqslant \delta^*$, $\|\mathbf{y}(x) - \mathbf{v}\| \leqslant \delta^*$, wobei $\mathbf{y}(x)$ die exakte Lösung des Anfangswertproblems (4.3) ist.

Neben dem Verfahrensfehler, der dadurch entsteht, daß man die Differentialgleichung durch eine Differenzengleichung ersetzt, muß man bei der Berechnung der Näherungswerte auf einem Computer noch Rundefehler berücksichtigen. Statt der Werte

$$\mathbf{Y}_{k+1} = \mathbf{Y}_k + h_k \boldsymbol{\Phi}(x_k, \mathbf{Y}_k, h_k)$$

erhält man leicht verfälschte Werte

$$\widetilde{\mathbf{Y}}_{k+1} = \widetilde{\mathbf{Y}}_k + h_k \boldsymbol{\Phi}(x_k, \widetilde{\mathbf{Y}}_k, h_k) + \mathbf{r}_k \ ,$$

wobei die Größe $\mathbf{r}_k$ die in diesem Schritt eingeschleppten Rundefehler beschreibt. Genauso wie oben kann man dann zeigen, daß die tatsächlich berechneten Werte die Abschätzung

$$\|\widetilde{Y}_k - y(x_k)\| \leq e^{L_\Phi (x_k - x_0)} \sum_{j=0}^{k-1} h_j \left(\|\boldsymbol{\tau}_j\| + \frac{\|\mathbf{r}_j\|}{h_j} \right)$$

erfüllen. Im Gegensatz zu dem Fehleranteil, der durch den Abbruchfehler hervorgerufen wird und bei einem konsistenten Verfahren mit der Schrittweite h_{max} gegen Null strebt, hat der durch die Rundefehler bedingte Fehleranteil die Tendenz, mit kleiner werdenden Schrittweiten anzuwachsen! Dies führt in der Praxis dazu, daß eine gewisse Fehlerschranke nicht unterschritten werden kann und bei zu klein bemessenen Schrittweiten der Gesamtfehler sogar wieder ansteigt. Besonders empfindlich gegenüber solchen Effekten sind Verfahren niedrigerer Fehlerordnung wie etwa das Euler-Cauchy-Verfahren, da sie eine hohe Anzahl von dicht beieinanderliegenden Gitterpunkten erfordern, um überhaupt den Abbruchfehler unter eine gewisse Schranke zu drücken.

4.4 Beispiel.

Das Anfangswertproblem

$$y' = -200\, x\, y^2, \quad y(-1) = \frac{1}{101}$$

besitzt die eindeutige Lösung

$$y(x) = \frac{1}{100\, x^2 + c} \quad \text{mit } c = 1 \,.$$

Als Näherung für $y(0) = 1$ erhält man mit dem Euler-Cauchy-Verfahren und dem verbesserten Euler-Cauchy-Verfahren, einmal mit 7-stelliger und einmal mit 14-stelliger Rechnung, zu verschiedenen, auf $[-1, 0]$ überall gleichgewählten (äquidistanten) Schrittweiten h folgende Werte:

Schrittweite h	Euler-Cauchy-Verfahren 7-stellige Rechnung	Euler-Cauchy-Verfahren 14-stellige Rechnung	verbessertes Euler-Cauchy-Verfahren 7-stellige Rechnung	verbessertes Euler-Cauchy-Verfahren 14-stellige Rechnung
0.1	0.0830399	0.08303984	0.2799063	0.27990485
0.01	0.3330352	0.33302677	0.9455780	0.94550474
0.001	0.8105584	0.80980887	1.000511	0.99937879
0.0001	0.9671012	0.97651701	0.9899990	0.99999374
0.00001	0.8859233	0.99759494	0.8877381	0.99999994
0.000001	0.4449970	0.99975885	0.4450387	0.99999994

Das Euler-Cauchy-Verfahren ist bei 7-stelliger Rechnung nicht in der Lage, eine Näherung für $y(0) = 1$ auch nur annähernd genau zu bestimmen. Rechnet man mit einer sehr kleinen Schrittweite, etwa 0.00001 oder kleiner, so wird der Rundefehler dominant, und die Näherung verschlechtert sich dadurch mehr und mehr. Gleiches Verhalten kann man am verbesserten Euler-Cauchy-Verfahren bei 7-stelliger Rechnung beobachten.

Daß dies ausschließlich Rundefehlereinflüssen zuzuschreiben ist, sieht man an den Ergebnissen bei 14-stelliger Rechnung; durch eine Rechnung mit größerer Stellenzahl kann man den Einfluß der Rundefehler weiter zurückdrängen. □

4.2 Spezielle Einschrittverfahren

Die wichtigste Klasse von Einschrittverfahren bilden die sogenannten Runge-Kutta-Verfahren, die von den deutschen Mathematikern *Carl Runge* (1856–1927) und *Wilhelm Kutta* (1867–1944) um die Jahrhundertwende eingeführt wurden. Explizite Runge-Kutta-Verfahren gehen von dem allgemeinen Ansatz

$$\mathbf{\Phi}(x, \mathbf{Y}, h) = \sum_{i=1}^{m} c_i \mathbf{K}_i(x, \mathbf{Y}, h) \tag{4.7a}$$

mit den sogenannten K-Werten (sprich: „Ka-Werte")

$$\mathbf{K}_1(x, \mathbf{Y}, h) = \mathbf{f}(x, \mathbf{Y})$$

$$\mathbf{K}_i(x, \mathbf{Y}, h) = \mathbf{f}\left(x + a_i h,\ \mathbf{Y} + h \sum_{\ell=1}^{i-1} b_{i\ell} \mathbf{K}_\ell(x, \mathbf{Y}, h)\right), \quad i = 2, \ldots, m, \tag{4.7b}$$

für die Verfahrensfunktion $\mathbf{\Phi}$ aus. Unter Kenntnis der rechten Seite $\mathbf{f}$ der Differentialgleichung berechnet man zunächst $\mathbf{K}_1$, dann unter Kenntnis von $\mathbf{K}_1$ den Vektor $\mathbf{K}_2$, mit $\mathbf{K}_1$ und $\mathbf{K}_2$ dann $\mathbf{K}_3$ und so weiter bis $\mathbf{K}_m$. Die mit diesen Vektoren $\mathbf{K}_i$ gebildete Verfahrensfunktion (4.7a) ist dann die Verfahrensfunktion eines *expliziten* m*-stufigen Runge-Kutta-Verfahrens.* Ein solches Verfahren ist eindeutig durch die Koeffizienten a_i, $b_{i\ell}$ und c_i bestimmt, die man üblicherweise in einem Dreiecksschema der Form

$$\begin{array}{c|ccccc}
a_2 & b_{21} & & & & \\
a_3 & b_{31} & b_{32} & & & \\
\vdots & \vdots & \vdots & \ddots & & \\
a_m & b_{m1} & b_{m2} & \ldots & b_{m,m-1} & \\
\hline
 & c_1 & c_2 & \ldots & c_{m-1} & c_m
\end{array}$$

tabelliert.

Das bekannte *Euler-Cauchy-Verfahren* fällt als einziges 1-stufiges Verfahren in diese Klasse. Auch das *verbesserte Euler-Cauchy-Verfahren* mit der Verfahrensfunktion

$$\mathbf{\Phi}(x, \mathbf{Y}, h) = \mathbf{f}(x + \tfrac{1}{2} h,\ \mathbf{Y} + \tfrac{1}{2} h\, \mathbf{f}(x, \mathbf{Y}))$$

läßt sich als ein Runge-Kutta-Verfahren interpretieren: Mit

$$\mathbf{K}_1(x, \mathbf{Y}, h) = \mathbf{f}(x, \mathbf{Y})$$
$$\mathbf{K}_2(x, \mathbf{Y}, h) = \mathbf{f}(x + \tfrac{1}{2} h, \ \mathbf{Y} + h \tfrac{1}{2} \mathbf{K}_1(x, \mathbf{Y}, h))$$

lautet seine Verfahrensfunktion

$$\boldsymbol{\Phi}(x, \mathbf{Y}, h) = \mathbf{K}_2(x, \mathbf{Y}, h),$$

und das dazugehörige Koeffizientenschema ist demnach gegeben durch

$$\begin{array}{c|cc} \frac{1}{2} & \frac{1}{2} & \\ \hline & 0 & 1 \end{array}$$

Das verbesserte Euler-Cauchy-Verfahren ist nicht das einzige 2-stufige explizite Runge-Kutta-Verfahren der Konsistenzordnung $q = 2$.

Im skalaren Fall haben 2-stufige Runge-Kutta-Verfahren die Verfahrensfunktion

$$\begin{aligned}\Phi(x, Y, h) &= c_1 K_1(x, Y, h) + c_2 K_2(x, Y, h) \\ &= c_1 f(x, Y) + c_2 f(x + a_2 h, Y + h b_{21} f(x, Y)) .\end{aligned}$$

Für den Abbruchfehler erhält man mit $y(x)$ als Lösung der Differentialgleichung

$$\begin{aligned}\tau &= \frac{1}{h}(y(x+h) - y(x)) - \Phi(x, y(x), h) \\ &= \frac{1}{h}(y(x+h) - y(x)) - c_1 f(x, y(x)) - c_2 f(x + a_2 h, y(x) + h b_{21} f(x, y(x))) .\end{aligned}$$

Ersetzt man $y(x+h)$ durch die Taylorentwicklung um x und den Wert K_2 durch die Taylorentwicklung um $(x, y(x))$, so erhält man mit

$$\begin{aligned} y' &= f \\ y'' &= f_x + f_y y' = f_x + f_y f \\ y''' &= f_{xx} + 2 f_{xy} f + f_{yy} f^2 + f_y f_x + f_y^2 f , \end{aligned}$$

wobei die linken Seiten jeweils im Punkt x und die rechten Seiten jeweils im Punkt $(x, y(x))$ auszuwerten sind, für den Abbruchfehler

$$\begin{aligned}\tau &= \frac{1}{h}\left\{ y + hy' + \frac{h^2}{2} y'' + \frac{h^3}{6} y''' + \mathcal{O}(h^4) - y \right\} - c_1 f \\ &\quad - c_2 \left\{ f + a_2 h f_x + h b_{21} f \cdot f_y + \frac{(a_2 h)^2}{2} f_{xx} \right. \\ &\quad \left. + a_2 h \cdot h b_{21} f f_{xy} + \frac{(h b_{21} f)^2}{2} f_{yy} + \mathcal{O}(h^3) \right\} \\ &= (1 - c_1 - c_2) f + h \{ (\tfrac{1}{2} - c_2 a_2) f_x + (\tfrac{1}{2} - c_2 b_{21}) f_y f \} \\ &\quad + h^2 \left\{ \left(\frac{1}{6} - c_2 \frac{a_2^2}{2} \right) f_{xx} + (\tfrac{1}{3} - c_2 a_2 b_{21}) f_{xy} f \right. \\ &\quad \left. + \left(\frac{1}{6} - c_2 \frac{b_{21}^2}{2} \right) f_{yy} f^2 + \tfrac{1}{6} f_x f_y + \tfrac{1}{6} f_y^2 f \right\} + \mathcal{O}(h^3) .\end{aligned}$$

Dieser Abbruchfehler ist von der Ordnung $\mathcal{O}(h^2)$, falls

$$\begin{aligned} 1 - c_1 - c_2 &= 0 \\ \tfrac{1}{2} - c_2\, a_2 &= 0 \\ \tfrac{1}{2} - c_2\, b_{21} &= 0 \end{aligned}$$

gilt, also $c_2 \neq 0$ und

$$c_1 = 1 - c_2\,, \quad a_2 = b_{21} = \frac{1}{2\, c_2}$$

ist. Die Wahl $c_2 = 1$ ergibt gerade das verbesserte Euler-Cauchy-Verfahren mit $c_1 = 0$, $a_2 = b_{21} = \frac{1}{2}$, und für $c_2 = \frac{1}{2}$ erhält man das *Verfahren von Heun* mit dem Koeffizientenschema

$$\begin{array}{c|cc} 1 & 1 & \\ \hline & \frac{1}{2} & \frac{1}{2} \end{array}$$

Ausgeschrieben lautet die zugehörige Verfahrensfunktion

$$\Phi(x, Y, h) = \tfrac{1}{2}\, f(x, Y) + \tfrac{1}{2}\, f(x + h, Y + h\, f(x, Y))\,.$$

Der Term bei h^2 im Abbruchfehler läßt sich durch keine feste Wahl der Konstanten a_2, b_{21} und c_2 für beliebiges f zum Verschwinden bringen, so daß explizite 2-stufige Runge-Kutta-Verfahren maximal die Ordnung $q = 2$ erreichen können. Die Wahl $c_2 = \frac{3}{4}$ sorgt dafür, daß möglichst viele Summanden im Faktor bei h^2 im Abbruchfehler verschwinden; das in dieser Hinsicht optimale Verfahren besitzt das Koeffizientenschema

$$\begin{array}{c|cc} \frac{2}{3} & \frac{2}{3} & \\ \hline & \frac{1}{4} & \frac{3}{4} \end{array}$$

und damit die Verfahrensfunktion

$$\Phi(x, Y, h) = \tfrac{1}{4}\, f(x, Y) + \tfrac{3}{4}\, f(x + \tfrac{2}{3}\, h, Y + h\, \tfrac{2}{3}\, f(x, Y))\,.$$

Die angegebenen Verfahren 2. Ordnung lassen sich auch auf Systeme von Differentialgleichungen der Form (4.2) unter Erhaltung der Fehlerordnung verallgemeinern. So lautet z.B. die Berechnungsvorschrift für das Verfahren von Heun in diesem Fall

$$\begin{aligned} \mathbf{Y}_0 &= \mathbf{y}_0\,, \\ \mathbf{Y}_{k+1} &= \mathbf{Y}_k + \frac{h_k}{2}\, \mathbf{f}(x_k, \mathbf{Y}_k) + \frac{h_k}{2}\, \mathbf{f}(x_k + h_k, \mathbf{Y}_k + h_k \mathbf{f}(x_k, \mathbf{Y}_k))\,, \quad k > 0\,. \end{aligned} \tag{4.8}$$

Schon für die oben behandelten 2-stufigen Runge-Kutta-Verfahren ist es nicht ganz einfach, den Abbruchfehler und damit die Bedingungsgleichungen für die Koeffizienten herzuleiten. Der Aufwand hierfür wächst enorm mit der Anzahl der Stufen und der angestrebten möglichst hohen Fehlerordnung. So hat man für die Fehlerordnung 4 bereits 8, für die Fehlerordnungen 6 und 8 sogar 37 bzw. 200 nichtlineare Bedingungsgleichungen für die Koeffizienten höherstufiger Runge-Kutta-Verfahren zu erfüllen. Damit Runge-Kutta-Verfahren überhaupt konsistent sind, müssen die Gewichte c_i der K-Werte der Bedingung

$$c_1 + c_2 + \ldots + c_m = 1$$

genügen.

In der folgenden Tabelle (vgl. [G2]) ist die maximal erreichbare Fehlerordnung q von expliziten m-stufigen Runge-Kutta-Verfahren angegeben:

m	1	2	3	4	5	6	7	8	9
q	1	2	3	4	4	5	6	6	7

Ein in dieser Hinsicht optimales und wegen seines einfachen Aufbaus sehr beliebtes Verfahren ist das *klassische Runge-Kutta-Verfahren* 4. Ordnung mit dem Koeffizientenschema

$$\begin{array}{c|cccc} \frac{1}{2} & \frac{1}{2} & & & \\ \frac{1}{2} & 0 & \frac{1}{2} & & \\ 1 & 0 & 0 & 1 & \\ \hline & \frac{1}{6} & \frac{1}{3} & \frac{1}{3} & \frac{1}{6} \end{array}$$

Die Berechnungsvorschrift lautet, ausgehend von $\mathbf{Y}_0 = \mathbf{y}_0$, daher für $k \geqslant 0$

$$\mathbf{Y}_{k+1} = \mathbf{Y}_k + h_k \left(\tfrac{1}{6}\,\mathbf{K}_1 + \tfrac{1}{3}\,\mathbf{K}_2 + \tfrac{1}{3}\,\mathbf{K}_3 + \tfrac{1}{6}\,\mathbf{K}_4\right) \tag{4.9a}$$

mit

$$\begin{aligned} \mathbf{K}_1 &= \mathbf{f}(x_k, \mathbf{Y}_k) \\ \mathbf{K}_2 &= \mathbf{f}(x_k + \tfrac{1}{2}\,h_k, \mathbf{Y}_k + \tfrac{1}{2}\,h_k\,\mathbf{K}_1) \\ \mathbf{K}_3 &= \mathbf{f}(x_k + \tfrac{1}{2}\,h_k, \mathbf{Y}_k + \tfrac{1}{2}\,h_k\,\mathbf{K}_2) \\ \mathbf{K}_4 &= \mathbf{f}(x + h_k, \mathbf{Y}_k + h_k\,\mathbf{K}_3)\,. \end{aligned} \tag{4.9b}$$

4.5 Beispiel.

Das Anfangswertproblem

$$y' = \cos x \cdot y, \qquad y(-8) = e^{\sin(-8)}$$

besitzt die eindeutige Lösung

$$y(x) = e^{\sin x}\,.$$

Dieses Problem wurde mit dem Euler-Cauchy-Verfahren, einem Verfahren 1. Ordnung, dem verbesserten Euler-Cauchy-Verfahren, einem Verfahren 2. Ordnung, und dem klassischen Runge-Kutta-Verfahren, einem Verfahren 4. Ordnung, im Intervall [−8,0] näherungsweise auf äquidistanten Gittern mit verschiedener Schrittweite h gelöst.

Um den maximalen Fehler in den Gitterpunkten unter die Schranke 0.0015 zu drücken, war im einzelnen folgender Aufwand nötig:

	Euler-Cauchy-Verfahren	verbessertes Euler-Cauchy-Verfahren	klassisches Runge-Kutta-Verfahren
Schrittweite h	0.0005	0.05	0.5
Anzahl der Teilintervalle	16000	160	16
Anzahl der Funktionsauswertungen	16000	320	64

Setzt man die Schranke für die Genauigkeit auf 0.00004 herab, so ergibt sich folgende Tabelle:

	Euler-Cauchy-Verfahren	verbessertes Euler-Cauchy-Verfahren	klassisches Runge-Kutta-Verfahren
Schrittweite h	0.00001	0.01	0.2
Anzahl der Teilintervalle	800000	800	40
Anzahl der Funktionsauswertungen	800000	1600	160

Da die Lösung y hinreichend oft differenzierbar ist, konvergiert das Euler-Cauchy-Verfahren wie $\mathcal{O}(h)$, das verbesserte Euler-Cauchy-Verfahren wie $\mathcal{O}(h^2)$ und das klassische Runge-Kutta-Verfahren wie $\mathcal{O}(h^4)$ mit $h \to 0$ gegen die exakte Lösung. Diese Konvergenzverhalten kommen hier voll zum Ausdruck. □

Dieses Beispiel zeigt deutlich, daß zur praktischen Lösung von Anfangswertproblemen nur Verfahren höherer Ordnung in Frage kommen; die Fehlerordnung 4 des klassischen Runge-Kutta-Verfahrens stellt dabei eher eine untere Grenze dar. Verfahren höherer Ordnung benötigen im allgemeinen einen wesentlich geringeren Gesamtaufwand, um eine gegebene Genauigkeit zu erreichen.

4.3 Fehlerschätzung und Schrittweitensteuerung für Einschrittverfahren

Der Gesamtaufwand zur numerischen Lösung von Anfangswertproblemen mit Verfahren höherer Ordnung läßt sich noch weiter reduzieren, wenn man nicht überall mit einer festen Schrittweite h rechnet, sondern die lokalen Schrittweiten h_k dem lokalen Verhalten der Lösung anpaßt. Dort, wo sich die Lösung rasch ändert, wird man die Schrittweiten vergleichsweise klein wählen, während in glatteren Bereichen der Lösung größere Schrittweiten ausreichend sind.

Dieses lokale Verhalten der exakten Lösung wird durch den lokalen Verfahrensfehler des benutzten Verfahrens wiedergegeben, so daß ein wesentliches Element jeder Methode zur Erzeugung eines angepaßten Gitters eine Schätzung (nicht eine Abschätzung!) des lokalen Verfahrensfehlers ist. Dazu bedient man sich zusätzlich eines Verfahrens höherer Fehlerordnung.

Seit langem bewährt haben sich in diesem Zusammenhang die Einbettungsformeln und die Methode der Schrittweitenhalbierung. Bei den Einbettungsformeln arbeitet man mit zwei Runge-Kutta-Verfahren benachbarter Fehlerordnung, die so aufgebaut sind, daß sie sich nur in wenigen K-Werten unterscheiden und daher ökonomisch berechnet werden können.

Die Methode der Schrittweitenhalbierung benutzt ein Verfahren zweimal zu verschiedenen Schrittweiten, und aus zwei so berechneten Näherungen kann man eine Näherung höherer Fehlerordnung konstruieren.

Die genaue Begründung der hier behandelten Strategie zur Schrittweitensteuerung bedarf einiger komplizierterer Überlegungen, die mit Algorithmus 4.7 ihren Abschluß finden. Wer diesen Algorithmus im Detail verstehen will, muß unseren Überlegungen bis dahin folgen.

Ausgehend von einem festen Punkt x_k und der Näherung $\mathbf{Y}_k$ für die exakte Lösung $\mathbf{y}(x_k)$ in diesem Punkt, die mit einem Einschrittverfahren mit der Verfahrensfunktion $\boldsymbol{\Phi}$ berechnet wurde, möchte man eine neue Schrittweite h_k so bestimmen, daß der neu hinzukommende Fehler unterhalb einer gewissen Schranke bleibt. Der neu hinzukommende Fehler wäre sicherlich gleich Null, wenn man als Näherung für die Lösung im Punkt $x_{k+1} = x_k + h_k$ die exakte Lösung des lokalen Anfangswertproblems

$$\mathbf{z}'(x) = \mathbf{f}(x, \mathbf{z}(x)), \quad \mathbf{z}(x_k) = \mathbf{Y}_k$$

im Punkt x_{k+1} benutzen würde. Da dies praktisch nicht möglich ist, muß man den neu hinzukommenden Fehler

$$\mathbf{Y}_{k+1} - \mathbf{z}(x_{k+1})$$

für die mit der Verfahrensfunktion $\boldsymbol{\Phi}$ und der lokalen Schrittweite h_k berechnete Näherung $\mathbf{Y}_{k+1}$ schätzen. Dazu ersetzt man die unbekannte Größe $\mathbf{z}(x_{k+1})$ durch eine Näherung $\widetilde{\mathbf{Y}}_{k+1}$, die sich ausgehend von dem Wertepaar $(x_k, \mathbf{Y}_k)$ mit einem Verfahren höherer Ordnung ergibt.

Daß sich der globale Verfahrensfehler durch eine solche lokale Strategie kontrollieren läßt, folgt aus folgendem Satz.

4.6 **Satz.**

Zur Lösung des Anfangswertproblems

$$y' = \mathbf{f}(x, y), \quad y(x_0) = y_0$$

mit der exakten Lösung $y(x)$ sei das Einschrittverfahren

$$\mathbf{Y}_0 = y_0, \quad \mathbf{Y}_{k+1} = \mathbf{Y}_k + h_k \boldsymbol{\Phi}(x_k, \mathbf{Y}_k, h_k), \qquad k \geqslant 0,$$

gegeben. $\widetilde{\boldsymbol{\Phi}}(x, \mathbf{Y}, h)$ sei die Verfahrensfunktion eines weiteren Einschrittverfahrens, mit dessen Hilfe man aus den obigen Näherungen $\mathbf{Y}_k$ die zusätzlichen Größen

$$\widetilde{\mathbf{Y}}_{k+1} = \mathbf{Y}_k + h_k \widetilde{\boldsymbol{\Phi}}(x_k, \mathbf{Y}_k, h_k), \qquad k \geqslant 0,$$

erzeugt.

Dann gilt für die Näherungen $\mathbf{Y}_k$ für $y(x_k)$ die Fehlerabschätzung

$$\|\mathbf{Y}_k - y(x_k)\| \leqslant e^{L_{\widetilde{\Phi}}(x_k - x_0)} \sum_{j=0}^{k-1} \{\|\mathbf{Y}_{j+1} - \widetilde{\mathbf{Y}}_{j+1}\| + h_j \|\widetilde{\boldsymbol{\tau}}_j\|\},$$

wobei mit $L_{\widetilde{\Phi}}$ eine Lipschitzkonstante der Verfahrensfunktion $\widetilde{\boldsymbol{\Phi}}(x, \mathbf{Y}, h)$ bezüglich $\mathbf{Y}$ und mit $\widetilde{\boldsymbol{\tau}}_j$ der lokale Verfahrensfehler des Einschrittverfahrens zu $\widetilde{\boldsymbol{\Phi}}(x, \mathbf{Y}, h)$ bezeichnet sei.

Beweis.

Für $k \geqslant 0$ gilt nach Definition des Abbruchfehlers

$$\widetilde{\boldsymbol{\tau}}_k = \frac{1}{h_k}(y(x_{k+1}) - y(x_k)) - \widetilde{\boldsymbol{\Phi}}(x_k, y(x_k), h_k)$$

die Beziehung

$$y(x_{k+1}) = y(x_k) + h_k \widetilde{\boldsymbol{\Phi}}(x_k, y(x_k), h_k) + h_k \widetilde{\boldsymbol{\tau}}_k.$$

Man erhält damit

$$\begin{aligned}
&\|\mathbf{Y}_{k+1} - y(x_{k+1})\| \\
&\leqslant \|\widetilde{\mathbf{Y}}_{k+1} - y(x_{k+1})\| + \|\mathbf{Y}_{k+1} - \widetilde{\mathbf{Y}}_{k+1}\| \\
&= \|\mathbf{Y}_k + h_k \widetilde{\boldsymbol{\Phi}}(x_k, \mathbf{Y}_k, h_k) - y(x_k) - h_k \widetilde{\boldsymbol{\Phi}}(x_k, y(x_k), h_k) - h_k \widetilde{\boldsymbol{\tau}}_k\| + \|\mathbf{Y}_{k+1} - \widetilde{\mathbf{Y}}_{k+1}\| \\
&\leqslant \|\mathbf{Y}_k - y(x_k)\| + h_k \|\widetilde{\boldsymbol{\Phi}}(x_k, \mathbf{Y}_k, h_k) - \widetilde{\boldsymbol{\Phi}}(x_k, y(x_k), h_k)\| + \|\mathbf{Y}_{k+1} - \widetilde{\mathbf{Y}}_{k+1}\| + h_k \|\widetilde{\boldsymbol{\tau}}_k\| \\
&\leqslant (1 + h_k L_{\widetilde{\Phi}}) \|\mathbf{Y}_k - y(x_k)\| + \|\mathbf{Y}_{k+1} - \widetilde{\mathbf{Y}}_{k+1}\| + h_k \|\widetilde{\boldsymbol{\tau}}_k\|.
\end{aligned}$$

Hieraus folgt durch Induktion genauso wie im Beweis von Satz 4.3 die Behauptung.

Die Fehlerabschätzung für Einschrittverfahren aus Satz 4.3 ist übrigens als Spezialfall $\widetilde{\boldsymbol{\Phi}} = \boldsymbol{\Phi}$ in diesem Satz enthalten.

Die Aussage dieses Satzes läßt sich sinnvoll nutzen, wenn über $\boldsymbol{\Phi}$ ein Verfahren etwa q-ter Ordnung und über $\widetilde{\boldsymbol{\Phi}}$ ein Verfahren von höherer, also mindestens $(q + 1)$-ter Ordnung, gegeben ist. $\widetilde{\mathbf{Y}}_{k+1}$ ist dann sicherlich eine bessere Näherung für die Lösung des lokalen Anfangswertproblems

$$\mathbf{z}'(x) = \mathbf{f}(x, \mathbf{z}(x)), \quad \mathbf{z}(x_k) = \mathbf{Y}_k$$

an der Stelle $x_{k+1} = x_k + h_k$ als $\mathbf{Y}_{k+1}$. Die Idee ist, den Fehler

$$\mathbf{Y}_{k+1} - \mathbf{z}(x_{k+1})$$

über die Differenz

$$\mathbf{Y}_{k+1} - \widetilde{\mathbf{Y}}_{k+1}$$

zu schätzen und ihn nicht über eine gewisse Schwelle anwachsen zu lassen. Erfüllen nämlich zu vorgegebener Genauigkeitsschranke $\epsilon > 0$ die Werte $\mathbf{Y}_{j+1}$ und $\widetilde{\mathbf{Y}}_{j+1}$ die Bedingung

$$\|\mathbf{Y}_{j+1} - \widetilde{\mathbf{Y}}_{j+1}\| \leqslant h_j\, \epsilon\,, \tag{4.10}$$

so folgt aus Satz 4.6 mit einer Konstanten C für die Näherung $\mathbf{Y}_k$

$$\begin{aligned} \|\mathbf{Y}_k - \mathbf{y}(x_k)\| &\leqslant C \sum_{j=0}^{k-1} \{\|\mathbf{Y}_{j+1} - \widetilde{\mathbf{Y}}_{j+1}\| + h_j\, \|\widetilde{\boldsymbol{\tau}}_j\|\} \\ &\leqslant C \left\{ \sum_{j=0}^{k-1} h_j\, \epsilon + \sum_{j=0}^{k-1} h_j\, \|\widetilde{\boldsymbol{\tau}}_j\| \right\} \qquad (4.11) \\ &= C \left\{ (x_k - x_0)\, \epsilon + \sum_{j=0}^{k-1} h_j\, \|\widetilde{\boldsymbol{\tau}}_j\| \right\}. \end{aligned}$$

Die Schätzung $\|\mathbf{Y}_{j+1} - \widetilde{\mathbf{Y}}_{j+1}\|$ des lokalen Fehlers verhält sich wie

$$\begin{aligned} \|\mathbf{Y}_{j+1} - \widetilde{\mathbf{Y}}_{j+1}\| &\leqslant \|\mathbf{Y}_{j+1} - \mathbf{z}(x_{j+1})\| + \|\mathbf{z}(x_{j+1}) - \widetilde{\mathbf{Y}}_{j+1}\| \\ &= \|\{\mathbf{Y}_j + h_j \boldsymbol{\Phi}(x_j, \mathbf{Y}_j, h_j)\} - \{\mathbf{Y}_j + h_j \boldsymbol{\Phi}(x_j, \mathbf{Y}_j, h_j) + h_j\, \mathcal{O}(h_j^q)\}\| \\ &\quad + \|\{\mathbf{Y}_j + h_j \widetilde{\boldsymbol{\Phi}}(x_j, \mathbf{Y}_j, h_j) + h_j\, \mathcal{O}(h_j^{q+1})\} - \{\mathbf{Y}_j + h_j \widetilde{\boldsymbol{\Phi}}(x_j, \mathbf{Y}_j, h_j)\}\| \\ &= h_j\, \mathcal{O}(h_j^q) + h_j\, \mathcal{O}(h_j^{q+1}), \end{aligned}$$

also wie $h_j\, \mathcal{O}(h_j^q)$ und damit wie die Abbruchfehler $h_j \|\boldsymbol{\tau}_j\|$ des durch $\boldsymbol{\Phi}$ bestimmten Einschrittverfahrens. Deshalb stellt die Fehlerabschätzung aus Satz 4.6 bzw. aus (4.11), wenn man nach (4.10) das Gitter so steuert, daß die Schätzung $\|\mathbf{Y}_{j+1} - \widetilde{\mathbf{Y}}_{j+1}\| \approx h_j\, \epsilon$ gilt, sicher keine grobe Überschätzung des Fehlers $\|\mathbf{Y}_k - \mathbf{y}(x_k)\|$ dar.

Da die Näherungen $\mathbf{Y}_k$ mit einem Einschrittverfahren q-ter Ordnung berechnet worden sind, die aufsummierten Abbruchfehler $\sum_{j=0}^{k-1} h_j\, \|\widetilde{\boldsymbol{\tau}}_j\|$ aber von einem Verfahren mindestens $(q + 1)$-ter Ordnung herrühren, wird in der Fehlerabschätzung (4.11) der Term $C(x_k - x_0)\, \epsilon$ dominieren, so daß sich der maximal auftretende Fehler $\|\mathbf{Y}_k - \mathbf{y}(x_k)\|$ wie $\mathcal{O}(\epsilon)$ verhält.

Würde man (4.10) durch die Forderung $\|\mathbf{Y}_{j+1} - \widetilde{\mathbf{Y}}_{j+1}\| \leqslant \epsilon$ ersetzen, so würde statt (4.11) nur

$$\|\mathbf{Y}_k - \mathbf{y}(x_k)\| \leqslant C \left\{ k\epsilon + \sum_{j=0}^{k-1} h_j \|\widetilde{\boldsymbol{\tau}}_j\| \right\}$$

gelten. Da die Anzahl der Gitterpunkte aber nicht im voraus überschaubar ist, kann man daraus keineswegs schließen, daß sich der Gesamtfehler dann noch wie $\mathcal{O}(\epsilon)$ verhält!

Es bleibt das Problem, die aktuelle Schrittweite h_j so zu bestimmen, daß die Fehlerschätzung nach (4.10)

$$\|\mathbf{Y}_{j+1} - \widetilde{\mathbf{Y}}_{j+1}\| \approx h_j\, \epsilon$$

erfüllt ist.

Dazu geht man von

$$\frac{\mathbf{z}(x_j + h) - \mathbf{z}(x_j)}{h} - \boldsymbol{\Phi}(x_j, \mathbf{z}(x_j), h) = \mathbf{e}_j h^q + \mathcal{O}(h^{q+1})$$

als Darstellung für den lokalen Abbruchfehler des durch $\boldsymbol{\Phi}$ bestimmten Verfahrens mit einem von h unabhängigen Vektor $\mathbf{e}_j$ aus und benutzt das asymptotische Verhalten

$$\frac{\mathbf{z}(x_j + h) - \mathbf{z}(x_j)}{h} - \widetilde{\boldsymbol{\Phi}}(x_j, \mathbf{z}(x_j), h) = \mathcal{O}(h^{q+1})$$

für den lokalen Abbruchfehler des durch $\widetilde{\boldsymbol{\Phi}}$ bestimmten Verfahrens. Mit der Vorgabe $\mathbf{z}(x_j) = \mathbf{Y}_j$ folgt daraus für die Differenz der zunächst berechneten (vorläufigen) Näherungen

$$\mathbf{Y} = \mathbf{Y}_j + h\, \boldsymbol{\Phi}(x_j, \mathbf{Y}_j, h), \qquad \widetilde{\mathbf{Y}} = \mathbf{Y}_j + h\, \widetilde{\boldsymbol{\Phi}}(x_j, \mathbf{Y}_j, h)$$

die Darstellung

$$\begin{aligned} \|\mathbf{Y} - \widetilde{\mathbf{Y}}\| &= \|\{\mathbf{Y}_j + h\, \boldsymbol{\Phi}(x_j, \mathbf{Y}_j, h)\} - \{\mathbf{Y}_j + h\, \widetilde{\boldsymbol{\Phi}}(x_j, \mathbf{Y}_j, h)\}\| \\ &= \|\{\mathbf{z}(x_j + h) - \mathbf{e}_j h^{q+1} + \mathcal{O}(h^{q+2})\} - \{\mathbf{z}(x_j + h) + \mathcal{O}(h^{q+2})\}\| \\ &= \|\mathbf{e}_j\|\, h^{q+1} + \mathcal{O}(h^{q+2}) \,. \end{aligned}$$

Die im augenblicklichen Gitterpunkt x_j zu benutzende Schrittweite $h_j = sh$, die nach (4.10) ungefähr

$$\|\mathbf{e}_j\|\, h_j^{q+1} = h_j\, \epsilon$$

erfüllen soll, genügt unter Vernachlässigung höherer Terme der Gleichung

$$h_j\, \epsilon = sh\epsilon = \|\mathbf{e}_j\|\, s^{q+1} h^{q+1} = s^{q+1}\, \|\mathbf{Y} - \widetilde{\mathbf{Y}}\| \,,$$

woraus

$$h\epsilon = s^q\, \|\mathbf{Y} - \widetilde{\mathbf{Y}}\|$$

oder

$$s = \left(\frac{h\epsilon}{\|\mathbf{Y} - \widetilde{\mathbf{Y}}\|} \right)^{\frac{1}{q}}$$

folgt. Wegen $h_j = sh$ ist für $s = 1$ die prognostizierte Schrittweite h genau richtig gewesen; im Fall $s > 1$ hätte eine größere Schrittweite als h ausgereicht, während im Fall $s < 1$ die benutzte Schrittweite h zu groß war. Damit hat man:

4.7 **Algorithmus.**

Bestimmung des Gitters zur näherungsweisen Lösung eines Anfangswertproblems.

Mit zwei über die Verfahrensfunktionen $\mathbf{\Phi}$ und $\widetilde{\mathbf{\Phi}}$ gegebenen Einschrittverfahren der Ordnungen q und (mindestens) $q + 1$ geht man, ausgehend von einer Näherung $\mathbf{Y}_j$ für die exakte Lösung im Gitterpunkt x_j und einer Schrittweite h, wie folgt vor:

1. Man berechnet die beiden Näherungen

$$\mathbf{Y} = \mathbf{Y}_j + h\,\mathbf{\Phi}(x_j, \mathbf{Y}_j, h)\,, \qquad \widetilde{\mathbf{Y}} = \mathbf{Y}_j + h\,\widetilde{\mathbf{\Phi}}(x_j, \mathbf{Y}_j, h)$$

und die Größe

$$s = \left(\frac{h\epsilon}{\|\mathbf{Y} - \widetilde{\mathbf{Y}}\|} \right)^{\frac{1}{q}}$$

zu einer vorgegebenen Genauigkeitsschranke $\epsilon > 0$.

2. Ist $s \geqslant 1$, so akzeptiert man $\mathbf{Y}_{j+1} = \mathbf{Y}$ als neue Näherung im Gitterpunkt $x_{j+1} = x_j + h$.
Als Schrittweite für den nächsten Schritt nach 1. wählt man statt h etwa die neue Schrittweite $\min\{2; s\} \cdot h$.

3. Ist $s < 1$, so muß man etwa mit der Schrittweite $\max\{\frac{1}{2}; s\} \cdot h$ den Schritt 1. wiederholen.

Bei der Änderung der Schrittweite sorgen die Faktoren $\min\{2; s\}$ und $\max\{\frac{1}{2}; s\}$ dafür, daß die Schrittweiten nicht zu abrupt geändert werden.

Da man neben $\mathbf{Y}$ auch $\widetilde{\mathbf{Y}}$ berechnet hat, ist es naheliegend, im 2. Schritt dieses Algorithmus' statt $\mathbf{Y}_{j+1} = \mathbf{Y}$ die um (mindestens) eine Ordnung bessere Näherung $\mathbf{Y}_{j+1} = \widetilde{\mathbf{Y}}$ weiter zu verwenden.

Es gibt Paare von expliziten Runge-Kutta-Verfahren, bei denen sich die Werte $\widetilde{\mathbf{Y}}$ unter minimalem Mehraufwand mit Hilfe der K-Werte, die man zur Berechnung von $\mathbf{Y}$ benötigt, bestimmen lassen. Solche Formeln heißen *Einbettungsformeln.*

Ein Beispiel hierfür ist die Formel von England (die erstmals von Sarafyan angegeben wurde (vgl. [F2])):

$$\begin{aligned} \mathbf{Y} &= \mathbf{Y}_j + h\,\{\tfrac{1}{6}\,\mathbf{K}_1 + \tfrac{4}{6}\,\mathbf{K}_3 + \tfrac{1}{6}\,\mathbf{K}_4\}\,, \\ \widetilde{\mathbf{Y}} &= \mathbf{Y}_j + h\,\{\tfrac{14}{336}\,\mathbf{K}_1 + \tfrac{35}{336}\,\mathbf{K}_4 + \tfrac{162}{336}\,\mathbf{K}_5 + \tfrac{125}{336}\,\mathbf{K}_6\} \end{aligned} \tag{4.12a}$$

mit

$$
\begin{aligned}
\mathbf{K}_1 &= f(x_j, Y_j)\\
\mathbf{K}_2 &= f(x_j + \tfrac{1}{2} h, Y_j + \tfrac{1}{2} h \mathbf{K}_1)\\
\mathbf{K}_3 &= f(x_j + \tfrac{1}{2} h, Y_j + \tfrac{1}{4} h \mathbf{K}_1 + \tfrac{1}{4} h \mathbf{K}_2)\\
\mathbf{K}_4 &= f(x_j + h, Y_j - h \mathbf{K}_2 + 2 h \mathbf{K}_3) \qquad (4.12b)\\
\mathbf{K}_5 &= f(x_j + \tfrac{2}{3} h, Y_j + \tfrac{7}{27} h \mathbf{K}_1 + \tfrac{10}{27} h \mathbf{K}_2 + \tfrac{1}{27} h \mathbf{K}_4)\\
\mathbf{K}_6 &= f(x_j + \tfrac{1}{5} h, Y_j + \tfrac{28}{625} h \mathbf{K}_1 - \tfrac{125}{625} h \mathbf{K}_2 + \tfrac{546}{625} h \mathbf{K}_3 + \tfrac{54}{625} h \mathbf{K}_4 - \tfrac{378}{625} h \mathbf{K}_5)\ ;
\end{aligned}
$$

$\mathbf{Y}$ ist eine Näherung der Ordnung $q = 4$ und $\widetilde{\mathbf{Y}}$ eine Näherung 5. Ordnung. Die in Algorithmus 4.7 benötigte Größe $\|\mathbf{Y} - \widetilde{\mathbf{Y}}\|$ ist dann einfach über

$$\mathbf{Y} - \widetilde{\mathbf{Y}} = h \{\tfrac{42}{336} \mathbf{K}_1 + \tfrac{224}{336} \mathbf{K}_3 + \tfrac{21}{336} \mathbf{K}_4 - \tfrac{162}{336} \mathbf{K}_5 - \tfrac{125}{336} \mathbf{K}_6\}$$

zu bestimmen.

4.8 Beispiel.

Behandelt man das Anfangswertproblem

$$y' = \cos x \cdot y, \quad y(-8) = e^{\sin(-8)},$$

das die eindeutige Lösung $y(x) = e^{\sin x}$ besitzt, auf dem Intervall $[-8{,}0]$ nach Algorithmus 4.7 mit der Einbettungsformel von England (4.12) zu verschiedenen Werten von ϵ, so erhält man:

ϵ	minimale Schrittweite	maximale Schrittweite	Anzahl Funktions-auswertungen	maximaler Fehler
$0.5 \cdot 10^{-4}$	0.27223	0.79804	267	$0.51725 \cdot 10^{-3}$
$0.5 \cdot 10^{-7}$	0.04871	0.50000	1054	$0.47209 \cdot 10^{-6}$
$0.5 \cdot 10^{-9}$	0.01543	0.50000	3195	$0.36256 \cdot 10^{-8}$

Bild 4.1 zeigt neben der Lösung die Verteilung der konstruierten Gitterpunkte auf das Intervall $[-8{,}0]$; der Höhe der Säule über dem jeweiligen Teilintervall kann man entnehmen, wieviele Gitterpunkte auf dieses Teilintervall entfallen. Die unterschiedliche Höhe der Säulen demonstriert die Wirksamkeit der Schrittweitensteuerung.

Der maximale Fehler zwischen den Näherungswerten der England-Formel 4. Ordnung und der exakten Lösung in den Gitterpunkten überschreitet die vorgegebene Genauigkeitsschranke für alle vorgegebenen Toleranzen ϵ maximal um den Faktor 10, verhält sich also wie $\mathcal{O}(\epsilon)$, wie es von der Theorie vorhergesagt wird. Wie zu erwarten, steigt der Aufwand zur näherungsweisen Lösung des Anfangswertproblems mit kleiner werdender Fehlerschranke ϵ, was sich in der Anzahl der benötigten Funktionsauswertungen ausdrückt. Für den kleinsten vorgegebenen Wert für ϵ ist die maximale Schrittweite mehr als 32 mal so groß wie die minimale Schrittweite. Dies ist wieder

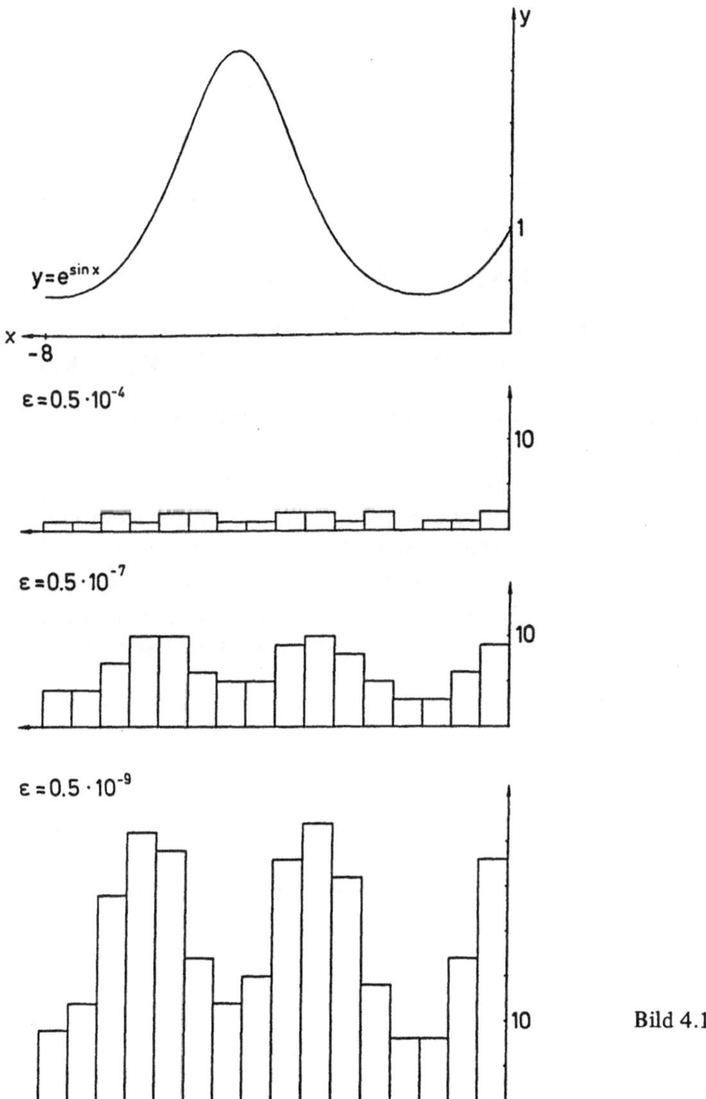

Bild 4.1

ein Indiz für die Notwendigkeit und Wirksamkeit einer Schrittweitensteuerung selbst bei Anfangswertproblemen mit einer relativ glatten Lösung wie diesem hier. □

Weitere Einbettungsformeln hat Fehlberg konstruiert, etwa die folgende von 5. und 6. Ordnung:

$$\begin{aligned} \mathbf{Y} &= \mathbf{Y}_j + h\,\{\tfrac{31}{384}\mathbf{K}_1 + \tfrac{1125}{2816}\mathbf{K}_3 + \tfrac{9}{32}\mathbf{K}_4 + \tfrac{125}{768}\mathbf{K}_5 + \tfrac{5}{66}\mathbf{K}_6\} \\ \widetilde{\mathbf{Y}} &= \mathbf{Y}_j + h\,\{\tfrac{7}{1408}\mathbf{K}_1 + \tfrac{1125}{2816}\mathbf{K}_3 + \tfrac{9}{32}\mathbf{K}_4 + \tfrac{125}{768}\mathbf{K}_5 + \tfrac{5}{66}\mathbf{K}_7 + \tfrac{5}{66}\mathbf{K}_8\} \end{aligned} \qquad (4.13a)$$

mit

$$
\begin{aligned}
\mathbf{K}_1 &= \mathbf{f}(x_j, \mathbf{Y}_j)\\
\mathbf{K}_2 &= \mathbf{f}(x_j + \tfrac{1}{6}h, \mathbf{Y}_j + \tfrac{1}{6}h\mathbf{K}_1)\\
\mathbf{K}_3 &= \mathbf{f}(x_j + \tfrac{4}{15}h, \mathbf{Y}_j + \tfrac{4}{75}h\mathbf{K}_1 + \tfrac{16}{75}h\mathbf{K}_2)\\
\mathbf{K}_4 &= \mathbf{f}(x_j + \tfrac{2}{3}h, \mathbf{Y}_j + \tfrac{5}{6}h\mathbf{K}_1 - \tfrac{8}{3}h\mathbf{K}_2 + \tfrac{5}{2}h\mathbf{K}_3)\\
\mathbf{K}_5 &= \mathbf{f}(x_j + \tfrac{4}{5}h, \mathbf{Y}_j - \tfrac{8}{5}h\mathbf{K}_1 + \tfrac{144}{25}h\mathbf{K}_2 - 4h\mathbf{K}_3 + \tfrac{16}{25}h\mathbf{K}_4)\\
\mathbf{K}_6 &= \mathbf{f}(x_j + h, \mathbf{Y}_j + \tfrac{361}{320}h\mathbf{K}_1 - \tfrac{18}{5}h\mathbf{K}_2 + \tfrac{407}{128}h\mathbf{K}_3 - \tfrac{11}{80}h\mathbf{K}_4 + \tfrac{55}{128}h\mathbf{K}_5)\\
\mathbf{K}_7 &= \mathbf{f}(x_j, \mathbf{Y}_j - \tfrac{11}{640}h\mathbf{K}_1 + \tfrac{11}{256}h\mathbf{K}_3 - \tfrac{11}{160}h\mathbf{K}_4 + \tfrac{11}{256}h\mathbf{K}_5)\\
\mathbf{K}_8 &= \mathbf{f}(x_j + h, \mathbf{Y}_j + \tfrac{93}{640}h\mathbf{K}_1 - \tfrac{18}{5}h\mathbf{K}_2 + \tfrac{803}{256}h\mathbf{K}_3 - \tfrac{11}{160}h\mathbf{K}_4 + \tfrac{99}{256}h\mathbf{K}_5 + h\mathbf{K}_7).
\end{aligned}
\tag{4.13b}
$$

Für die zur Schrittweitensteuerung benutzte Differenz $\mathbf{Y} - \widetilde{\mathbf{Y}}$ ergibt sich hier

$$\mathbf{Y} - \widetilde{\mathbf{Y}} = \tfrac{5}{66}h\{\mathbf{K}_1 + \mathbf{K}_6 - \mathbf{K}_7 - \mathbf{K}_8\}.$$

Eine allgemeinere, bei gleicher Fehlerordnung in der Regel aufwendigere Methode zur Gittererzeugung beruht auf der sogenannten *Schrittweitenhalbierung*. Dazu geht man von einem Einschrittverfahren mit der Verfahrensfunktion $\hat{\mathbf{\Phi}}(x, \mathbf{Y}, h)$ etwa der Fehlerordnung q aus. Die Verfahrensfunktion $\mathbf{\Phi}(x, \mathbf{Y}, h)$ in Algorithmus 4.7, mit deren Hilfe das gegebene Anfangswertproblem gelöst wird, ist dann gegeben durch

$$\mathbf{\Phi}(x, \mathbf{Y}, h) = \tfrac{1}{2}\hat{\mathbf{\Phi}}(x, \mathbf{Y}, \tfrac{h}{2}) + \tfrac{1}{2}\hat{\mathbf{\Phi}}(x + \tfrac{h}{2}, \mathbf{Y} + \tfrac{h}{2}\hat{\mathbf{\Phi}}(x, \mathbf{Y}, \tfrac{h}{2}), \tfrac{h}{2}),$$

und $\widetilde{\mathbf{\Phi}}(x, \mathbf{Y}, h)$ ist gegeben durch

$$\widetilde{\mathbf{\Phi}}(x, \mathbf{Y}, h) = \frac{1}{2^q - 1}\{2^q\,\mathbf{\Phi}(x, \mathbf{Y}, h) - \hat{\mathbf{\Phi}}(x, \mathbf{Y}, h)\}.$$

Die Verfahrensfunktion $\mathbf{\Phi}$ beschreibt nichts anderes als einen Doppelschritt des durch $\hat{\mathbf{\Phi}}$ gegebenen Einschrittverfahrens mit halber Schrittweite: Setzt man

$$\mathbf{Y}_{j+1/2} = \mathbf{Y}_j + \frac{h_j}{2}\hat{\mathbf{\Phi}}\left(x_j, \mathbf{Y}_j, \frac{h_j}{2}\right), \qquad x_{j+1/2} = x_j + \frac{h_j}{2},$$

so gilt nämlich für

$$\mathbf{Y}_{j+1} = \mathbf{Y}_j + h_j\,\mathbf{\Phi}(x_j, \mathbf{Y}_j, h_j)$$

die Beziehung

$$\mathbf{Y}_{j+1} = \mathbf{Y}_{j+1/2} + \frac{h_j}{2}\hat{\mathbf{\Phi}}\left(x_{j+1/2}, \mathbf{Y}_{j+1/2}, \frac{h_j}{2}\right).$$

Die Näherung

$$\widetilde{\mathbf{Y}}_{j+1} = \mathbf{Y}_j + h_j\,\widetilde{\mathbf{\Phi}}(x_j, \mathbf{Y}_j, h_j)$$

entsteht, indem man aus $\mathbf{Y}_{j+1}$ und

$$\hat{\mathbf{Y}}_{j+1} = \mathbf{Y}_j + h_j\,\hat{\mathbf{\Phi}}(x_j, \mathbf{Y}_j, h_j)$$

durch Extrapolation eine um mindestens eine Ordnung bessere Näherung

$$\tilde{Y}_{j+1} = \frac{1}{2^q - 1} \{2^q Y_{j+1} - \hat{Y}_{j+1}\}$$

berechnet; man kombiniert die Ergebnisse zweier mit dem durch $\hat{\Phi}$ vorgegebenen Verfahren berechneter Schritte der Schrittweite $h_j/2$ und eines mit der Schrittweite h_j berechneten Schrittes so, daß der führende Fehlerterm eliminiert wird.

Da $\tilde{\Phi}(x, Y, h)$ unter üblicherweise erfüllten Differenzierbarkeitsvoraussetzungen ein Verfahren (mindestens) der Ordnung $q + 1$ definiert, wird auch die Methode der Schrittweitenhalbierung durch Algorithmus 4.7 abgedeckt.

4.9 **Beispiel.**

Im Vergleich mit Beispiel 4.8 ist das Anfangswertproblem

$$y' = \cos x \cdot y, \quad y(-8) = e^{\sin(-8)}$$

auf dem Intervall $[-8,0]$ mit dem klassischen Runge-Kutta-Verfahren näherungsweise gelöst worden, wobei das Gitter mit der Methode der Schrittweitenhalbierung nach Algorithmus 4.7 erzeugt wurde. Für die gleichen Genauigkeitsschranken ϵ wie in Beispiel 4.8 ergibt sich hier:

ϵ	minimale Schrittweite	maximale Schrittweite	Anzahl Funktions-auswertungen	maximaler Fehler
$0.5 \cdot 10^{-4}$	0.25000	0.68685	413	$0.20822 \cdot 10^{-3}$
$0.5 \cdot 10^{-7}$	0.04862	0.28365	1054	$0.45338 \cdot 10^{-6}$
$0.5 \cdot 10^{-9}$	0.01542	0.25000	3087	$0.27619 \cdot 10^{-8}$

Wie in Bild 4.1 für die England-Formel zeigt Bild 4.2 für das hier benutzte Verfahren die Verteilung der konstruierten Gitterpunkte auf das Intervall $[-8,0]$. Der maximale Fehler zwischen den Näherungswerten des klassischen Runge-Kutta-Verfahrens 4. Ordnung und der exakten Lösung in den Gitterpunkten verhält sich wieder wie $\mathcal{O}(\epsilon)$ mit einer Konstanten kleiner als 10.

Die auf den ersten Blick überraschende Tatsache, daß der Aufwand gemessen an der Zahl der Funktionsauswertungen mit dem einer Einbettungsformel nach Beispiel 4.8 in etwa vergleichbar ist, erklärt sich durch die etwas größere Genauigkeit des klassischen Runge-Kutta-Verfahrens. Dies wirkt sich so aus, daß bei gleichem ϵ die Anzahl der Gitterpunkte gegenüber der England-Formel ungefähr halbiert wird.

Bei der Einbettungsformel aus Beispiel 4.8 und hier kann man auch mit den konstruierten Näherungen 5. Ordnung weiterrechnen. Tut man dies, so verbessern sich bei mitunter geringerem Aufwand die erreichten Genauigkeiten in beiden Fällen mindestens um den Faktor 2. □

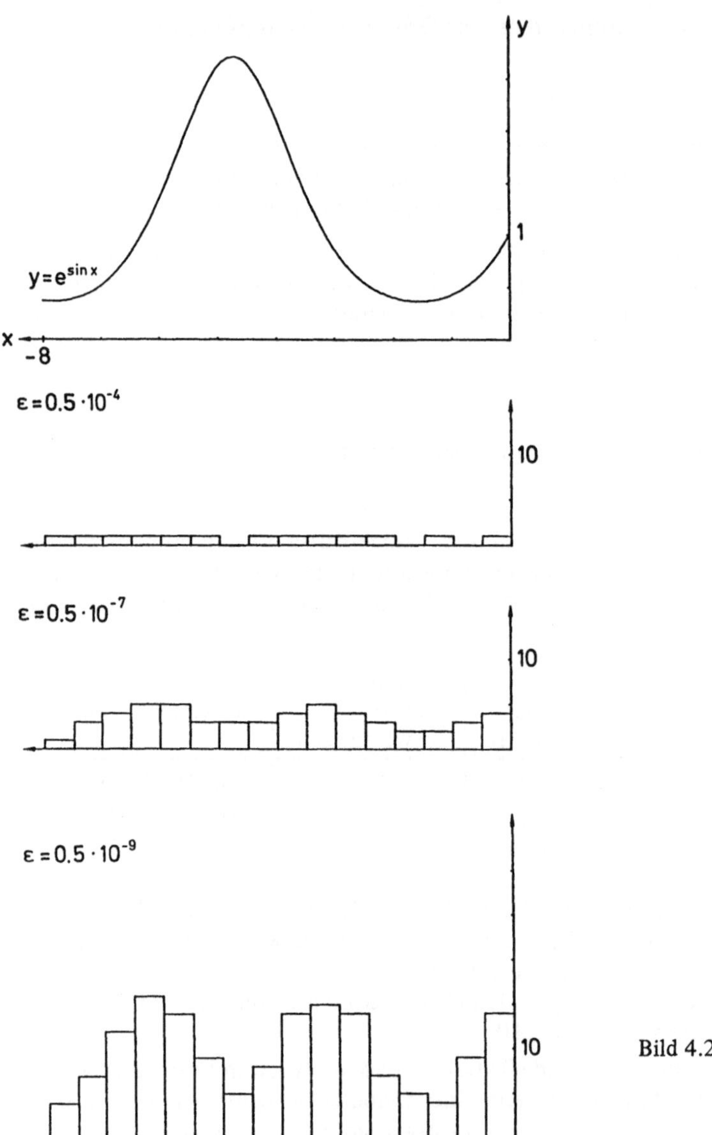

Bild 4.2

4.4 Mehrschrittverfahren vom Adams-Typ

Einen anderen Zugang zu numerischen Verfahren kann man aus der zum Anfangswertproblem

$$y' = f(x, y), \quad y(x_0) = y_0$$

äquivalenten Integralgleichung

$$y(x) = y_0 + \int_{x_0}^{x} f(t, y(t))\, dt$$

gewinnen. Aus ihr folgt

$$y(x_{k+1}) = y(x_k) + \int_{x_k}^{x_{k+1}} f(t, y(t))\, dt\,. \tag{4.14}$$

Jede Näherung für das Integral auf der rechten Seite führt über (4.14) bei bekanntem $y(x_k)$ auf eine Näherung für $y(x_{k+1})$.

Die einfachste Näherung für das Integral erhält man, wenn man den Integranden durch die Konstante (das konstante Interpolationspolynom)

$$P_{k,0}(t) = f(x_k, y(x_k))$$

ersetzt; dies führt auf

$$Y_{k+1} = y(x_k) + h_k\, f(x_k, y(x_k))$$

als Näherung für $y(x_{k+1})$ und bei rekursiver Fortsetzung, ausgehend von $Y_0 = y_0$, wieder auf das Euler-Cauchy-Verfahren.

Eine andere Wahl der Näherung für den Integranden ist das lineare Interpolationspolynom

$$P_{k,1}(t) = \frac{t - x_{k+1}}{x_k - x_{k+1}} f(x_k, y(x_k)) + \frac{t - x_k}{x_{k+1} - x_k} f(x_{k+1}, y(x_{k+1}))$$

durch die Punkte mit den Abszissen x_k und x_{k+1}. Dies ergibt

$$y(x_k) + \int_{x_k}^{x_{k+1}} P_{k,1}(t)\, dt = y(x_k) + \tfrac{1}{2} h_k \{f(x_k, y(x_k)) + f(x_{k+1}, y(x_{k+1}))\}$$

als Näherung für $y(x_{k+1})$ und ist in dieser Form unbrauchbar, da man den exakten Wert $y(x_{k+1})$ für die Berechnung seiner Näherung braucht! Man kann diese Schwierigkeit umgehen, indem man stattdessen das Interpolationspolynom

$$P_{k,1}(t) = \frac{t - x_{k+1}}{x_k - x_{k+1}} f(x_k, y(x_k)) + \frac{t - x_k}{x_{k+1} - x_k} f(x_{k+1}, \hat{Y}_{k+1})$$

mit einem Wert $\hat{Y}_{k+1}$ integriert, der

$$\hat{Y}_{k+1} = y(x_k) + \tfrac{1}{2} h_k \{f(x_k, y(x_k)) + f(x_{k+1}, \hat{Y}_{k+1})\}$$

erfüllt. Um diesen Wert zu berechnen, muß man dieses in der Regel nichtlineare Gleichungssystem lösen.

Man könnte versuchen, diese Fixpunktgleichung über die einfache Iteration

$$Y_{k+1}^{(\nu+1)} = y(x_k) + \tfrac{1}{2} h_k \{f(x_k, y(x_k)) + f(x_{k+1}, Y_{k+1}^{(\nu)})\}\,, \qquad \nu \geqslant 0,$$

mit einem Startwert $\mathbf{Y}_{k+1}^{(0)}$, zum Beispiel

$$\mathbf{Y}_{k+1}^{(0)} = \mathbf{y}(x_k) + h_k\,\mathbf{f}(x_k, \mathbf{y}(x_k)),$$

zu lösen. Man braucht tatsächlich diese Gleichung nicht genau zu lösen, denn schon der erste iterierte Wert $\mathbf{Y}_{k+1}^{(1)}$ ist asymptotisch gesehen eine nicht weniger genaue Näherung für $\mathbf{y}(x_{k+1})$ als der Fixpunkt $\hat{\mathbf{Y}}_{k+1}$ selbst. Diese Überlegungen führen auf das Verfahren

$$\mathbf{Y}_{k+1} = \mathbf{Y}_k + \tfrac{1}{2}\,h_k\,\{\mathbf{f}(x_k, \mathbf{Y}_k) + \mathbf{f}(x_{k+1}, \mathbf{Y}_{k+1}^{(0)})\} \tag{4.15a}$$

mit

$$\mathbf{Y}_{k+1}^{(0)} = \mathbf{Y}_k + h_k\,\mathbf{f}(x_k, \mathbf{Y}_k), \tag{4.15b}$$

also auf das aus Abschnitt 4.2 bekannte Verfahren von Heun.

Die Gleichungen (4.15) sind ein einfaches Beispiel eines sogenannten *Prädiktor-Korrektor-Verfahrens.* Der Prädiktor (4.15b), ein explizites Verfahren, ist das Euler-Cauchy-Verfahren und wird benutzt, den Korrektor

$$\hat{\mathbf{Y}}_{k+1} = \mathbf{Y}_k + \tfrac{1}{2}\,h_k\,\{\mathbf{f}(x_k, \mathbf{Y}_k) + \mathbf{f}(x_{k+1}, \hat{\mathbf{Y}}_{k+1})\},$$

ein implizites Verfahren, nach (4.15a) näherungsweise zu lösen.

Man kann die Genauigkeit so konstruierter Verfahren wesentlich verbessern, indem man den Grad der benutzten Interpolationspolynome erhöht. Dies führt auf die *Adams-Verfahren.*

Sind zu den Gitterpunkten $x_{k-m}, \ldots, x_k$ die Näherungen $\mathbf{Y}_{k-m}, \ldots, \mathbf{Y}_k$ und damit die Werte $\mathbf{f}_{k-m} = \mathbf{f}(x_{k-m}, \mathbf{Y}_{k-m}), \ldots, \mathbf{f}_k = \mathbf{f}(x_k, \mathbf{Y}_k)$ bekannt, so ist das Interpolationspolynom $\mathbf{P}_{k,m}(t)$ m-ten Grades durch die Wertepaare $(x_{k-m}, \mathbf{f}_{k-m}), \ldots, (x_k, \mathbf{f}_k)$ in der Lagrangeschen Darstellung gegeben durch

$$\mathbf{P}_{k,m}(t) = \sum_{j=0}^{m} \mathbf{f}_{k-j} \prod_{\substack{\ell=0\\ \ell\neq j}}^{m} \frac{t - x_{k-\ell}}{x_{k-j} - x_{k-\ell}}.$$

In Anlehnung an Gleichung (4.14) erhält man damit

$$\mathbf{Y}_{k+1} = \mathbf{Y}_k + \int_{x_k}^{x_{k+1}} \mathbf{P}_{k,m}(t)\,dt = \mathbf{Y}_k + h_k \sum_{j=0}^{m} b_{k,j}\,\mathbf{f}_{k-j} \tag{4.16a}$$

mit den Koeffizienten

$$b_{k,j} = \frac{1}{h_k} \int_{x_k}^{x_{k+1}} \prod_{\substack{\ell=0\\ \ell\neq j}}^{m} \frac{t - x_{k-\ell}}{x_{k-j} - x_{k-\ell}}\,dt, \qquad j = 0, 1, \ldots, m. \tag{4.16b}$$

Die Gleichungen (4.16) definieren das *Verfahren von Adams-Bashforth* der Ordnung m + 1, ein explizites Verfahren zur Berechnung der nächsten Näherung $\mathbf{Y}_{k+1}$. Unter Kenntnis des *Anlaufstücks* $\mathbf{Y}_0, \ldots, \mathbf{Y}_m$ kann man damit Näherungen $\mathbf{Y}_{m+1}, \mathbf{Y}_{m+2}, \ldots$ für die exakten Werte $\mathbf{y}(x_{m+1}), \mathbf{y}(x_{m+2}), \ldots$ berechnen.

Im Fall eines äquidistanten Gitters $x_k = x_0 + k \cdot h$ mit fester Gitterweite h sind die Koeffizienten $b_{k,j}$ aus (4.16b) vom betrachteten Gitterpunkt x_k und damit von k unabhängig und gegeben durch

$$b_j = \frac{1}{h} \int\limits_{x_k}^{x_k+h} \prod_{\substack{\ell=0 \\ \ell \neq j}}^{m} \frac{t-(x_k-\ell h)}{x_k - jh - (x_k - \ell h)}\, dt = \int\limits_0^1 \prod_{\substack{\ell=0 \\ \ell \neq j}}^{m} \frac{s+\ell}{\ell - j}\, ds ,$$

$j = 0, 1, \ldots, m$, wobei im letzten Schritt die Substitution $s = \frac{1}{h}(t - x_k)$ benutzt wurde.

Das Adams-Bashforth-Verfahren 1. Ordnung ist das bekannte Euler-Cauchy-Verfahren, und das Adams-Bashforth-Verfahren 2. Ordnung ist gegeben durch

$$\mathbf{Y}_{k+1} = \mathbf{Y}_k + h_k \{b_{k,0}\, \mathbf{f}_k + b_{k,1}\, \mathbf{f}_{k-1}\}$$

mit den Koeffizienten

$$b_{k,0} = \frac{1}{h_k} \int\limits_{x_k}^{x_{k+1}} \frac{t - x_{k-1}}{x_k - x_{k-1}}\, dt = 1 + \frac{h_k}{2\, h_{k-1}} ,$$

$$b_{k,1} = \frac{1}{h_k} \int\limits_{x_k}^{x_{k+1}} \frac{t - x_k}{x_{k-1} - x_k}\, dt = - \frac{h_k}{2\, h_{k-1}} .$$

Im Fall einer festen Gitterweite h lautet diese Formel

$$\mathbf{Y}_{k+1} = \mathbf{Y}_k + h\, \{\tfrac{3}{2}\, \mathbf{f}_k - \tfrac{1}{2}\, \mathbf{f}_{k-1}\} .$$

Für äquidistante Schrittweiten h sind die Koeffizienten $b_{k,j} = b_j$ der Adams-Bashforth-Verfahren verschiedener Ordnung $m + 1$ in Tabelle 4.10 zusammengefaßt.

Tabelle 4.10: Koeffizienten einiger Adams-Bashforth-Formeln für äquidistante Schrittweiten

Ordnung $m+1$	Koeffizienten $b_0, \ldots, b_m$					
1	1					
2	$\frac{3}{2}$	$-\frac{1}{2}$				
3	$\frac{23}{12}$	$-\frac{16}{12}$	$\frac{5}{12}$			
4	$\frac{55}{24}$	$-\frac{59}{24}$	$\frac{37}{24}$	$-\frac{9}{24}$		
5	$\frac{1901}{720}$	$-\frac{2774}{720}$	$\frac{2616}{720}$	$-\frac{1274}{720}$	$\frac{251}{720}$	
6	$\frac{4277}{1440}$	$-\frac{7923}{1440}$	$\frac{9982}{1440}$	$-\frac{7298}{1440}$	$\frac{2877}{1440}$	$-\frac{475}{1440}$

Man kann zeigen, daß die von den lokalen Schrittweiten abhängigen Koeffizienten $b_{k,j}$ der Adams-Bashforth-Formeln beschränkt bleiben, solange die lokalen Schrittweiten h_k einer Bedingung der Form

$$\frac{h_k}{h_{k-1}} \leqslant \gamma, \qquad k = 1, 2, \ldots, \tag{4.17}$$

mit einer festen Konstanten γ genügen. Aus dieser Tatsache und der Exaktheit der Adams-Bashforth-Formel $(m + 1)$-ter Ordnung für Differentialgleichungen, deren Lösungen Polynome bis zum Grade $m + 1$ sind, folgt, daß sich ihr Abbruchfehler im Punkt x_k

$$\boldsymbol{\tau}_k = \frac{\mathbf{y}(x_{k+1}) - \mathbf{y}(x_k)}{h_k} - \sum_{j=0}^{m} b_{k,j}\, \mathbf{f}(x_{k-j}, \mathbf{y}(x_{k-j})) \tag{4.18}$$

bei entsprechender Glattheit der Lösung $\mathbf{y}$ wie $\mathcal{O}(h_{max}^{m+1})$ verhält, wobei h_{max} wieder die größte vorkommende lokale Schrittweite sei. Bezeichnet nämlich

$$\mathbf{P}(x) = \sum_{\ell=0}^{m+1} \frac{1}{\ell!}\, \mathbf{y}^{(\ell)}(x_k)\, (x - x_k)^{\ell}$$

das Taylorpolynom $(m + 1)$-ten Grades von $\mathbf{y}(x)$, so gilt wegen $\mathbf{y}'(x) = \mathbf{f}(x, \mathbf{y}(x))$ mit $\mathbf{e}(x) = \mathbf{y}(x) - \mathbf{P}(x)$

$$\begin{aligned} \boldsymbol{\tau}_k &= \frac{\mathbf{y}(x_{k+1}) - \mathbf{y}(x_k)}{h_k} - \sum_{j=0}^{m} b_{k,j}\, \mathbf{y}'(x_{k-j}) \\ &= \left\{ \frac{\mathbf{P}(x_{k+1}) - \mathbf{P}(x_k)}{h_k} - \sum_{j=0}^{m} b_{k,j}\, \mathbf{P}'(x_{k-j}) \right\} \\ &\quad + \left\{ \frac{\mathbf{e}(x_{k+1}) - \mathbf{e}(x_k)}{h_k} - \sum_{j=0}^{m} b_{k,j}\, \mathbf{e}'(x_{k-j}) \right\}. \end{aligned}$$

Nach Konstruktion der Adams-Bashforth-Formeln verschwindet der Anteil in der ersten geschweiften Klammer, während sich der Anteil in der zweiten geschweiften Klammer unter Benutzung des Mittelwertsatzes wegen der Beschränktheit der Koeffizienten $b_{k,j}$ durch den maximal auftretenden Wert von $\mathbf{e}'(x)$ abschätzen läßt:

$$\|\boldsymbol{\tau}_k\| \leqslant C \cdot \max\{\|\mathbf{e}'(x)\| \mid x \in [x_{k-m}, x_k]\}.$$

Da $\mathbf{P}'(x)$ das Taylorpolynom m-ten Grades von $\mathbf{y}'(x)$ ist, folgt über die Restglieddarstellung der Taylorformel

$$\mathbf{e}'(x) = \mathbf{y}'(x) - \mathbf{P}'(x) = \frac{1}{(m+1)!}\, \mathbf{y}^{(m+2)}(\eta_x)\, (x - x_k)^{m+1}$$

mit einer Zwischenstelle η_x und damit

$$\|\boldsymbol{\tau}_k\| = \mathcal{O}(h_{max}^{m+1}),$$

wenn die Lösung $\mathbf{y}$ $(m + 2)$-mal stetig differenzierbar ist.

Die Adams-Bashforth-Formeln benötigen pro Gitterpunkt unabhängig von der gewählten Ordnung nur eine Funktionsauswertung der rechten Seite **f** der Differentialgleichung. Sie sind in dieser Hinsicht sehr ökonomisch und von der Ordnung her vergleichbaren Einschrittverfahren wie den behandelten Runge-Kutta-Verfahren weit überlegen. Aus Stabilitätsgründen (siehe Kapitel 13) setzt man die Adams-Bashforth-Formeln nur im Zusammenhang mit den impliziten Adams-Moulton-Formeln ein.

Das *Adams-Moulton-Verfahren* der Ordnung m + 2 ist gegeben durch

$$\mathbf{Y}_{k+1} = \mathbf{Y}_k + h_k \sum_{j=0}^{m+1} b^*_{k,j}\, \mathbf{f}_{k+1-j} \tag{4.19a}$$

mit den Koeffizienten

$$b^*_{k,j} = \frac{1}{h_k} \int_{x_k}^{x_{k+1}} \prod_{\substack{\ell=0\\ \ell\neq j}}^{m+1} \frac{t - x_{k+1-\ell}}{x_{k+1-j} - x_{k+1-\ell}}\, dt\,, \qquad j = 0, 1, \ldots, m+1\,. \tag{4.19b}$$

Man gewinnt diese Koeffizienten, indem man das Interpolationspolynom (m + 1)-ten Grades durch die Wertepaare $(x_{k-m}, \mathbf{f}_{k-m}), \ldots, (x_{k+1}, \mathbf{f}_{k+1})$ von x_k bis x_{k+1} integriert; $\mathbf{f}_{k+1-j}$ ist wieder eine Abkürzung für $\mathbf{f}(x_{k+1-j}, \mathbf{Y}_{k+1-j})$.

Im Fall eines äquidistanten Gitters $x_k = x_0 + k \cdot h$ mit fester Schrittweite h sind die Koeffizienten $b^*_{k,j}$ vom betrachteten Punkt x_k und damit von k unabhängig und gegeben durch

$$b^*_j = \int_{-1}^{0} \prod_{\substack{\ell=0\\ \ell\neq j}}^{m+1} \frac{s+\ell}{\ell - j}\, ds\,, \qquad j = 0, 1, \ldots, m+1\,.$$

In Tabelle 4.11 sind diese Koeffizienten für Adams-Moulton-Verfahren verschiedener Ordnung wiedergegeben.

Tabelle 4.11: Koeffizienten einiger Adams-Moulton-Formeln für äquidistante Schrittweiten

Ordnung m + 2	Koeffizienten $b^*_0, \ldots, b^*_{m+1}$						
2	$\frac{1}{2}$	$\frac{1}{2}$					
3	$\frac{5}{12}$	$\frac{8}{12}$	$-\frac{1}{12}$				
4	$\frac{9}{24}$	$\frac{19}{24}$	$-\frac{5}{24}$	$\frac{1}{24}$			
5	$\frac{251}{720}$	$\frac{646}{720}$	$-\frac{264}{720}$	$\frac{106}{720}$	$-\frac{19}{720}$		
6	$\frac{475}{1440}$	$\frac{1427}{1440}$	$-\frac{798}{1440}$	$\frac{482}{1440}$	$-\frac{173}{1440}$	$\frac{27}{1440}$	
7	$\frac{19087}{60480}$	$\frac{65112}{60480}$	$-\frac{46461}{60480}$	$\frac{37504}{60480}$	$-\frac{20211}{60480}$	$\frac{6312}{60480}$	$-\frac{863}{60480}$

Das Adams-Moulton-Verfahren 3. Ordnung ist allgemein gegeben durch

$$\mathbf{Y}_{k+1} = \mathbf{Y}_k + h_k \{b^*_{k,0}\, \mathbf{f}_{k+1} + b^*_{k,1}\, \mathbf{f}_k + b^*_{k,2}\, \mathbf{f}_{k-1}\}$$

mit den Koeffizienten

$$b^*_{k,0} = \frac{1}{h_k} \int_{x_k}^{x_{k+1}} \frac{t - x_k}{x_{k+1} - x_k}\, \frac{t - x_{k-1}}{x_{k+1} - x_{k-1}}\, dt = \frac{5}{6}\, \frac{h_k}{h_{k-1} + h_k},$$

$$b^*_{k,1} = \frac{1}{h_k} \int_{x_k}^{x_{k+1}} \frac{t - x_{k+1}}{x_k - x_{k+1}}\, \frac{t - x_{k-1}}{x_k - x_{k-1}}\, dt = \frac{3}{2} - \frac{5}{6}\, \frac{h_k}{h_{k-1}},$$

$$b^*_{k,2} = \frac{1}{h_k} \int_{x_k}^{x_{k+1}} \frac{t - x_{k+1}}{x_{k-1} - x_{k+1}}\, \frac{t - x_k}{x_{k-1} - x_k}\, dt = -\frac{1}{6}\, \frac{h_k^2}{h_{k-1}(h_{k-1} + h_k)}.$$

Wie bei den Adams-Bashforth-Formeln sind die Koeffizienten $b^*_{k,j}$ der Adams-Moulton-Formeln unabhängig von den lokalen Schrittweiten beschränkt, solange wieder eine Schrittweitenbedingung der Form (4.17) erfüllt ist. Da die Koeffizienten der Adams-Moulton-Formel (m + 2)-ter Ordnung gerade so konstruiert sind, daß für Differentialgleichungen, deren Lösungen Polynome höchstens vom Grade $m + 2$ sind, der zugehörige Abbruchfehler im Punkt x_k

$$\boldsymbol{\tau}^*_k = \frac{\mathbf{y}(x_{k+1}) - \mathbf{y}(x_k)}{h_k} - \sum_{j=0}^{m+1} b^*_{k,j}\, \mathbf{y}'(x_{k+1-j})$$

verschwindet, erhält man genau wie bei den Adams-Bashforth-Formeln für den Abbruchfehler die Abschätzung

$$\|\boldsymbol{\tau}^*_k\| = \mathcal{O}(h_{max}^{m+2}),$$

falls die Lösung $\mathbf{y}$ (m + 3)-mal stetig differenzierbar ist.

Das implizite Adams-Moulton-Verfahren (m + 2)-ter Ordnung wird im allgemeinen mit dem Adams-Bashforth-Verfahren (m + 1)-ter Ordnung als Prädiktor in folgender Weise kombiniert:

$$\begin{aligned}
\mathbf{Y}^{(0)}_{k+1} &= \mathbf{Y}_k + h_k \sum_{j=0}^{m} b_{k,j}\, \mathbf{f}_{k-j} && \text{(P)}\\
\mathbf{f}^{(0)}_{k+1} &= \mathbf{f}(x_{k+1}, \mathbf{Y}^{(0)}_{k+1}) && \text{(E)}\\
\mathbf{Y}_{k+1} &= \mathbf{Y}_k + h_k \left\{ b^*_{k,0}\, \mathbf{f}^{(0)}_{k+1} + \sum_{j=1}^{m+1} b^*_{k,j}\, \mathbf{f}_{k+1-j} \right\} && \text{(C)}\\
\mathbf{f}_{k+1} &= \mathbf{f}(x_{k+1}, \mathbf{Y}_{k+1}) && \text{(E)}
\end{aligned} \qquad (4.20)$$

Diese Art eines Prädiktor-Korrektor-Verfahrens wird als PECE-*Verfahren* bezeichnet: Unter Kenntnis der Werte $\mathbf{Y}_{k-m}, \ldots, \mathbf{Y}_k$ und $\mathbf{f}_{k-m}, \ldots, \mathbf{f}_k$ wird zunächst mit dem

Adams-Bashforth-Verfahren der Wert $Y_{k+1}^{(0)}$ ausgerechnet (Predictor), dann der zugehörige Ableitungswert $f_{k+1}^{(0)}$ berechnet (Evaluation), damit über das Adams-Moulton-Verfahren der Wert Y_{k+1} bestimmt (Corrector) und anschließend noch der zugehörige Wert f_{k+1} berechnet (Evaluation), um die Ausgangssituation für den nächsten Schritt wieder herzustellen.

Unter Kenntnis des Anlaufstücks $Y_0 = y_0, Y_1, \ldots, Y_m$ kann man über (4.20) nacheinander in expliziter Weise Näherungen $Y_{m+1}, Y_{m+2}, \ldots$ für die exakte Lösung in den nächsten Gitterpunkten berechnen.

Es gibt noch andere Kombinationen von Adams-Bashforth- und Adams-Moulton-Formeln als (4.20), etwa in dieser Notation das PECEC- oder das PECECE-Verfahren, wobei der implizite Adams-Moulton-Korrektor zweimal iteriert wird. Aus Stabilitätsgründen ist aber das PECE-Verfahren (4.20) anderen Kombinationen und vor allem den expliziten Adams-Bashforth-Formeln überlegen.

4.12 Beispiel.

Löst man das dem aufmerksamen Leser inzwischen vertraute Anfangswertproblem

$$y' = \cos x \cdot y, \quad y(-8) = e^{\sin(-8)},$$

das die exakte Lösung $y(x) = e^{\sin x}$ besitzt, mit Adams-Bashforth-Verfahren und PECE-Verfahren zu verschiedenen äquidistanten Schrittweiten h und verschiedenen Ordnungen auf dem Intervall $[-8,0]$, so treten folgende maximale Abweichungen der Näherungen von den exakten Werten in den Gitterpunkten auf:

Schrittweite	Ordnung	maximaler Fehler	
		Adams-Bashforth	PECE
0.2	3	$0.300 \cdot 10^{-1}$	$0.264 \cdot 10^{-2}$
0.01	3	$0.775 \cdot 10^{-4}$	$0.402 \cdot 10^{-6}$
0.2	5	$0.651 \cdot 10^{-2}$	$0.472 \cdot 10^{-3}$
0.01	5	$0.448 \cdot 10^{-7}$	$0.162 \cdot 10^{-9}$
0.2	7	$0.140 \cdot 10^{-2}$	$0.739 \cdot 10^{-4}$
0.01	7	$0.297 \cdot 10^{-10}$	$0.479 \cdot 10^{-11}$

Die fehlenden Werte des Anlaufstücks sind dabei gleich den exakten Werten gesetzt worden; man hätte diese Werte genauso gut etwa mit einem Runge-Kutta-Verfahren gleicher Ordnung ausgehend von dem gegebenen Anfangswert $y(-8) = e^{\sin(-8)}$ bestimmen können. Man sieht sehr deutlich, daß sich der maximale Fehler bei Verkleinerung der Schrittweite oder Erhöhung der Ordnung mit der zu erwartenden Geschwindigkeit verringert.

Da unabhängig von der Fehlerordnung die Adams-Bashforth-Verfahren nur eine und die PECE-Verfahren nur zwei Funktionsauswertungen erfordern, sind die hier erzielten Ergebnisse denen mit Runge-Kutta-Verfahren erreichten Resultaten zumindest vom Aufwand her gesehen weit überlegen. □

Das PECE-Verfahren (4.20) läßt sich wie das entsprechende Adams-Bashforth-Verfahren als explizites Mehrschrittverfahren der Form

$$\mathbf{Y}_{k+1} = \mathbf{Y}_k + h_k\, \mathbf{\Phi}(x_k, \ldots, x_{k-m}; \mathbf{Y}_k, \ldots, \mathbf{Y}_{k-m}; h_k)$$

auffassen. Erfüllt die rechte Seite $\mathbf{f}(x, \mathbf{y})$ der Differentialgleichung bezüglich $\mathbf{y}$ eine Lipschitz-Bedingung, so genügt die Verfahrensfunktion $\mathbf{\Phi}$ des PECE-Verfahrens (wie des entsprechenden Adams-Bashforth-Verfahrens) bei der unter der Gitterbedingung (4.17) gegebenen Beschränktheit der Koeffizienten $b_{k,j}$ und $b^*_{k,j}$ einer Lipschitz-Bedingung bezüglich jeder der Variablen $\mathbf{Y}_k, \ldots, \mathbf{Y}_{k-m}$. Unter Ausnutzung dieser Tatsache gilt für $\mathbf{\Phi}$ eine Bedingung der Form

$$\begin{aligned}&\|\mathbf{\Phi}(x_k, \ldots, x_{k-m}; \mathbf{U}_k, \ldots, \mathbf{U}_{k-m}; h_k) - \mathbf{\Phi}(x_k, \ldots, x_{k-m}; \mathbf{V}_k, \ldots, \mathbf{V}_{k-m}; h_k)\| \\ &\quad \leqslant \widetilde{L} \max\{\|\mathbf{U}_{k-j} - \mathbf{V}_{k-j}\| \mid j = 0, 1, \ldots, m\},\end{aligned}$$

woraus mit dem Abbruchfehler

$$\boldsymbol{\tau}_k = \frac{\mathbf{y}(x_{k+1}) - \mathbf{y}(x_k)}{h_k} - \mathbf{\Phi}(x_k, \ldots, x_{k-m}; \mathbf{y}(x_k), \ldots, \mathbf{y}(x_{k-m}); h_k)$$

im Punkt x_k für den Fehler zwischen Näherung und exakter Lösung

$$\begin{aligned}&\|\mathbf{Y}_{k+1} - \mathbf{y}(x_{k+1})\| \\ &\quad = \|\mathbf{Y}_k + h_k\, \mathbf{\Phi}(x_k, \ldots, x_{k-m}; \mathbf{Y}_k, \ldots, \mathbf{Y}_{k-m}; h_k) \\ &\qquad - \mathbf{y}(x_k) - h_k\, \mathbf{\Phi}(x_k, \ldots, x_{k-m}; \mathbf{y}(x_k), \ldots, \mathbf{y}(x_{k-m}); h_k) - h_k\, \boldsymbol{\tau}_k\| \\ &\quad \leqslant \|\mathbf{Y}_k - \mathbf{y}(x_k)\| + h_k \widetilde{L} \max\{\|\mathbf{Y}_{k-j} - \mathbf{y}(x_{k-j})\| \mid j = 0, 1, \ldots, m\} + h_k \|\boldsymbol{\tau}_k\|\end{aligned}$$

folgt. Deshalb gilt

$$\begin{aligned}&\max\{\|\mathbf{Y}_{k+1-j} - \mathbf{y}(x_{k+1-j})\| \mid j = 0, 1, \ldots, m\} \\ &\qquad\qquad \leqslant (1 + h_k \widetilde{L}) \max\{\|\mathbf{Y}_{k-j} - \mathbf{y}(x_{k-j})\| \mid j = 0, 1, \ldots, m\} + h_k \|\boldsymbol{\tau}_k\|\end{aligned}$$

bzw. wie im Beweis von Satz 4.3 für Einschrittverfahren dann auch

$$\begin{aligned}&\max\{\|\mathbf{Y}_{k+1-j} - \mathbf{y}(x_{k+1-j})\| \mid j = 0, 1, \ldots, m\} \\ &\leqslant e^{\widetilde{L}(x_{k+1} - x_0)} \left(\sum_{\ell=0}^{k} h_\ell \|\boldsymbol{\tau}_\ell\| + \max\{\|\mathbf{Y}_j - \mathbf{y}(x_j)\| \mid j = 0, 1, \ldots, m\} \right).\end{aligned}$$

Ähnlich zu den Einschrittverfahren aus Kapitel 4.1 kann man also auch hier eine Fehlerabschätzung der Form

$$\|\mathbf{Y}_{k+1} - \mathbf{y}(x_{k+1})\| \leqslant C \left(\sum_{\ell=0}^{k} h_\ell \|\boldsymbol{\tau}_\ell\| + \max\{\|\mathbf{Y}_j - \mathbf{y}(x_j)\| \mid j = 0, 1, \ldots, m\} \right)$$

mit einer Konstanten C beweisen. Der Fehler der Näherung zur exakten Lösung läßt sich in jedem Gitterpunkt $x_{m+1}, x_{m+2}, \ldots$ durch die gewichtete Summe der lokalen Abbruchfehler und durch die Fehler der Näherungen $\mathbf{Y}_0, \ldots, \mathbf{Y}_m$ im Anlaufstück abschätzen. Da für die Abbruchfehler des PECE-Verfahrens (4.20) für $(m + 3)$-mal stetig differenzierbares $\mathbf{y}$

$$\|\boldsymbol{\tau}_k\| = \mathcal{O}(h_{max}^{m+2})$$

gilt, erhält man schließlich:

4.13 **Satz.**

$y(x)$ sei die exakte Lösung des Anfangswertproblems (4.3) auf dem Intervall $[x_0, x_0 + a]$.
Zur näherungsweisen Lösung seien mit dem Adams-Verfahren vom PECE-Typ (4.20) Näherungen $\mathbf{Y}_k$ auf einem Gitter $x_0 < x_1 < \ldots < x_N = x_0 + a$ mit lokalen Schrittweiten h_k, die der Bedingung (4.17) genügen, berechnet.
Dann ist das PECE-Verfahren ein Verfahren der Ordnung $m + 2$, das heißt es gilt die Fehlerabschätzung

$$\|\mathbf{Y}_k - \mathbf{y}(x_k)\| = \mathcal{O}(h_{max}^{m+2}), \qquad k = 0, 1, \ldots, N,$$

mit der maximalen Gitterweite h_{max}, falls die Lösung $\mathbf{y}$ $(m + 3)$-mal stetig differenzierbar ist und die Werte $\mathbf{Y}_0, \ldots, \mathbf{Y}_m$ des Anlaufstücks Näherungen der Ordnung $m + 2$ sind.

Auch für Mehrschrittverfahren vom Adams-Typ kann man analog zu Abschnitt 4.3 Fehlerschätzungsformeln und Gittererzeugungsstrategien entwickeln. Sinnvollerweise wird man neben den lokalen Schrittweiten auch die Ordnung der benutzten Verfahren steuern und dem lokalen Verhalten der Lösung anpassen. Dies führt auf sehr komplexe Algorithmen und Programme, die aber in ihrer Effizienz gebräuchlichen Einschrittverfahren weit überlegen sind. Ein solcher Algorithmus wird ausführlich in Shampine-Gordon [SG] besprochen; dieses Buch enthält auch die zugehörigen Quellprogramme.

4.5 „Das trudelnde Elektron“

Ein Teilchen der Masse m und der Ladung q, das sich in einem elektromagnetischen Feld mit der elektrischen Feldstärke $\mathbf{E}$ und der magnetischen Induktion $\mathbf{B}$ befindet, bewegt sich im Raum auf einer Bahnkurve $\mathbf{r}(t)$, die die Differentialgleichung

$$m\,\mathbf{r}'' = q\,(\mathbf{E} + \mathbf{r}' \times \mathbf{B})$$

erfüllt. Sind $\mathbf{E} = (E_1, E_2, E_3)^T$ und $\mathbf{B} = (B_1, B_2, B_3)^T$ zeitlich konstant und nur vom Raumpunkt $\mathbf{r} = (x_1, x_2, x_3)^T$ abhängig, so lautet dieses Differentialgleichungssystem in Komponentenschreibweise

$$\begin{aligned} m\,x_1'' &= q\,(E_1 + x_2' B_3 - x_3' B_2) \\ m\,x_2'' &= q\,(E_2 + x_3' B_1 - x_1' B_3) \\ m\,x_3'' &= q\,(E_3 + x_1' B_2 - x_2' B_1)\,. \end{aligned}$$

Die rechte Seite dieser Differentialgleichung heißt übrigens Lorentzkraft. Dadurch, daß der magnetische Anteil der Lorentzkraft senkrecht auf der von dem Geschwindigkeitsvektor des Teilchens und der magnetischen Induktion aufgespannten Ebene steht, ergeben sich sehr interessante Bewegungsformen.

Betrachtet man speziell ein Elektron mit der normalisierten Masse $m = 1$ und der normalisierten Ladung $q = -1$, das sich in einem Feld eines magnetischen Dipols, das heißt eines Stabmagneten verschwindend kleiner Ausdehnung bewegt, so lautet das Differentialgleichungssystem

$$\begin{aligned} x_1'' &= x_3' B_2 - x_2' B_3 \\ x_2'' &= x_1' B_3 - x_3' B_1 \\ x_3'' &= x_2' B_1 - x_1' B_2 , \end{aligned}$$

wobei die magnetische Induktion $\mathbf{B}$ sich aus dem Potential

$$\varphi(\mathbf{r}) = \frac{\mathbf{p} \cdot \mathbf{r}}{|\mathbf{r}|^3}$$

über

$$\mathbf{B} = \nabla \varphi = \left(\frac{\partial \varphi}{\partial x_1}, \frac{\partial \varphi}{\partial x_2}, \frac{\partial \varphi}{\partial x_3} \right)^T$$

berechnet. Der Vektor $\mathbf{p}$ beschreibt die Ausrichtung des Dipols. Mit $\mathbf{p} = (0, 0, 1)^T$ ist

$$B_1 = -\frac{3\,x_1 x_3}{r^5}, \qquad B_2 = -\frac{3\,x_2 x_3}{r^5}, \qquad B_3 = -\frac{3\,x_3^2 - r^2}{r^5},$$

wobei zur Abkürzung

$$r = \sqrt{x_1^2 + x_2^2 + x_3^2}$$

gesetzt wurde.

Um das Differentialgleichungssystem mit einem der in diesem Kapitel behandelten Verfahren numerisch lösen zu können, muß man es auf ein System von Differentialgleichungen erster Ordnung umschreiben. Mit

$$\mathbf{y}(t) = (x_1(t), x_2(t), x_3(t),\; x_1'(t), x_2'(t), x_3'(t))^T$$

erhält man so komponentenweise ausgeschrieben

$$\begin{aligned} y_1' &= y_4 \\ y_2' &= y_5 \\ y_3' &= y_6 \\ y_4' &= -y_6 \frac{3\,y_2 y_3}{(y_1^2 + y_2^2 + y_3^2)^{5/2}} + y_5 \frac{3\,y_3^2 - (y_1^2 + y_2^2 + y_3^2)}{(y_1^2 + y_2^2 + y_3^2)^{5/2}} \\ y_5' &= -y_4 \frac{3\,y_3^2 - (y_1^2 + y_2^2 + y_3^2)}{(y_1^2 + y_2^2 + y_3^2)^{5/2}} + y_6 \frac{3\,y_1 y_3}{(y_1^2 + y_2^2 + y_3^2)^{5/2}} \\ y_6' &= -y_5 \frac{3\,y_1 y_3}{(y_1^2 + y_2^2 + y_3^2)^{5/2}} + y_4 \frac{3\,y_2 y_3}{(y_1^2 + y_2^2 + y_3^2)^{5/2}} . \end{aligned}$$

Wegen des sehr unterschiedlichen Lösungsverlaufes ist zur numerischen Lösung dieses Differentialgleichungssystems eine Schrittweitensteuerung unumgänglich. Löst man dieses System zu der Anfangsbedingung

$$\mathbf{y}(0) = (0.7, 0, 0, 0, 0.8, 0.6)^T$$

mit der Einbettungsformel von England (4.12) nach Algorithmus 4.7, so muß man wegen der großen Empfindlichkeit des Problems gegenüber kleinen Änderungen der Daten eine angemessen kleine Toleranz ϵ vorgeben, um die tatsächliche Lösungsbahn nicht zu verlieren. Das zu grobe $\epsilon = 10^{-3}$ führt auf den in Bild 4.3 aus verschiedenen Ansichten dargestellen „Wollknäuel“. Die richtige Lösung wird nicht eingefangen.

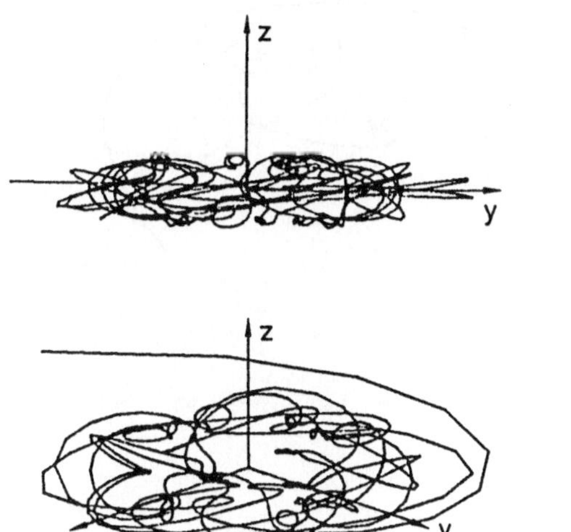

Bild 4.3

Mit der Toleranz $\epsilon = 10^{-6}$ erhält man die in Bild 4.4 aus verschiedenen Ansichten dargestellte realistisch aussehende Bahnkurve, die sich auch bei Verschärfung der Toleranzanforderung nicht mehr ändert.

Bemerkenswerterweise erfordert die Suche nach der richtigen Lösung bei der Toleranz $\epsilon = 10^{-3}$ wesentlich mehr Aufwand als die Verfolgung der richtigen Lösung bei der kleineren Toleranz $\epsilon = 10^{-6}$. Im Detail gilt

ϵ	minimale Schrittweite	maximale Schrittweite	Anzahl Gitterpunkte	Anzahl Funktionsauswertungen
10^{-3}	$0.9966 \cdot 10^{-3}$	$0.2152 \cdot 10^{1}$	1529	16589
10^{-6}	$0.7291 \cdot 10^{-3}$	$0.1092 \cdot 10^{2}$	1150	10805

wobei die Zeit den Bereich $0 \leqslant t \leqslant 50$ überstrich.

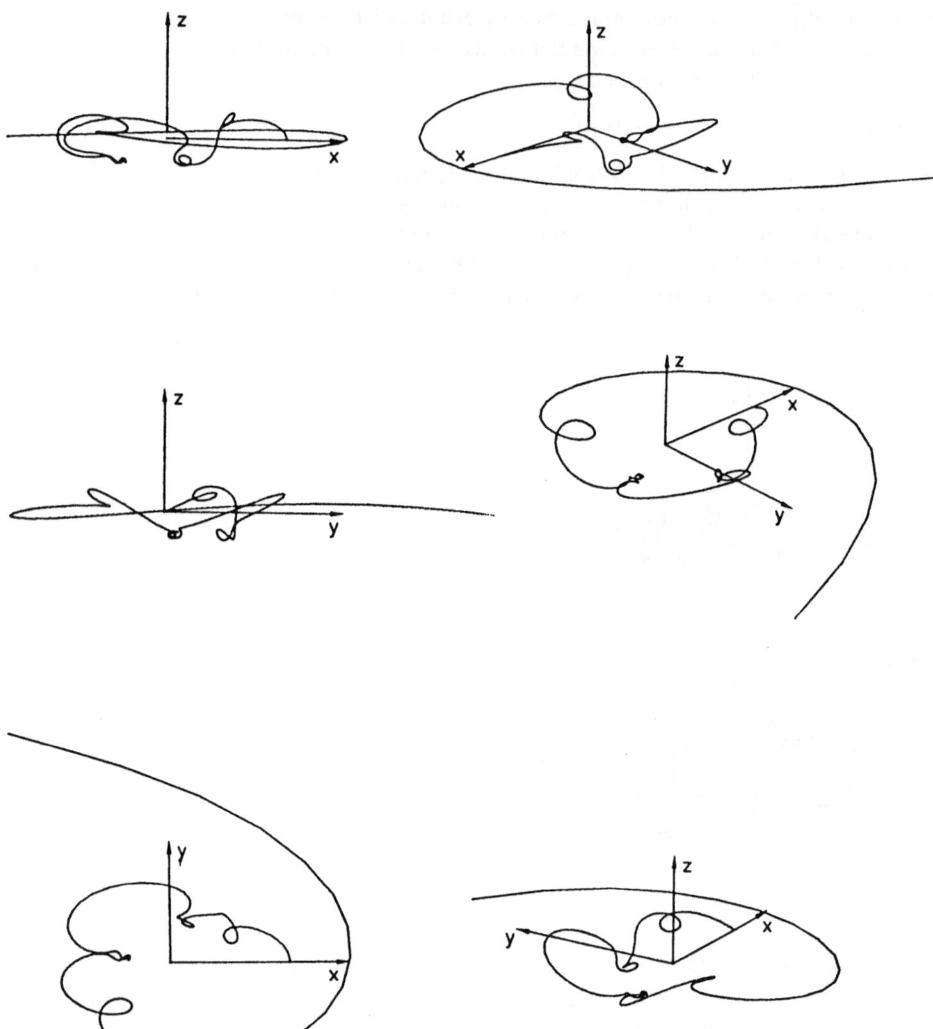

Bild 4.4

4.6 Literatur zu Kapitel 4

Einschrittverfahren zur näherungsweisen Lösung von Anfangswertproblemen sind robuste und relativ einfach zu programmierende Verfahren. Grundlegende Betrachtungen hierüber enthält etwa [G2].

Bei Problemen mit einem relativ homogenen Lösungsverlauf kann man solche Verfahren mit einer konstanten Schrittweite verwenden, während man bei komplizierteren Problemen auf jeden Fall eine Schrittweitensteuerung einsetzen sollte, wie sie in Abschnitt 4.3 beschrieben wurde. Effizient läßt sich die Schrittweite über sogenannte Einbettungsformeln steuern; einige solcher Formeln findet man zum Beispiel in [F1, F2].

Im Gegensatz zu Einschrittverfahren ist bei den Mehrschrittverfahren vom Adams-Typ der Aufwand pro Schritt gemessen an der Anzahl der Funktionsauswertungen der rechten Seite der Differentialgleichung nicht an die Fehlerordnung gebunden; bei den in Abschnitt 4.4 besprochenen Verfahren sind dies eine beziehungsweise zwei Auswertungen pro Schritt. Die Steuerung der lokalen Schrittweiten ist hierbei ein wesentlich komplexeres Problem. Für anspruchsvollere Anwendungen sollte man daher auf sorgfältig geschriebene, trickreiche Programme zurückgreifen. Ein solches Programm findet man ausführlich in [S-G] dokumentiert.

Weitere Lehrbücher zur numerischen Lösung von Anfangswertproblemen sind [A1], [G1], [G3], [H2] und [W4], und Abschnitte über den in diesem Kapitel behandelten Stoff enthalten etwa [C-B], [E-R1], [E-R2] und [S-B].

Ein Vergleich numerischer Verfahren zur Lösung von Anfangswertproblemen ist in [H3] durchgeführt worden. Praktische Gesichtspunkte und eine Wertung der vorhandenen Software enthält [R2].

Daß schon vor der allgemeinen Verbreitung schneller Digitalrechner anspruchsvolle Verfahren zur numerischen Behandlung von Differentialgleichungen entwickelt wurden, zeigt [C4].

4.7 Aufgaben zu Kapitel 4

1. Gegeben ist das Anfangswertproblem

$$y' = y - \frac{2x}{y}, \qquad y(0) = 1 .$$

Man berechne mit der äquidistanten Schnittweite $h = 0.2$ bzw. $h = 0.1$ einen Näherungswert für $y(2) = \sqrt{5}$

a) mit dem Euler-Cauchy-Verfahren,
b) mit dem verbesserten Euler-Cauchy-Verfahren,
c) mit dem Verfahren von Heun,
d) mit dem klassischen Runge-Kutta-Verfahren,
e) mit PECE-Verfahren der Ordnung 2 und 4 (Anlaufstück: Näherungen mit einem Einschrittverfahren entsprechender Ordnung, etwa nach d)).

2. Man löse das Anfangswertproblem

$$y' = (2x - 5)\,y\,, \quad y(0) = 1$$

auf dem Intervall [0,5] näherungsweise nach Algorithmus 4.7 mit folgender Einbettungsformel 2./3. Ordnung

$$Y = Y_j + \tfrac{1}{2}\,h\,(K_1 + K_2)$$
$$\widetilde{Y} = Y_j + \tfrac{1}{6}\,h\,(K_1 + K_2 + 4K_3)$$

mit

$$K_1 = f(x_j, Y_j)$$
$$K_2 = f(x_j + h, Y_j + hK_1)$$
$$K_3 = f(x_j + \tfrac{1}{2}\,h\,,\ Y_j + \tfrac{1}{4}\,h\,(K_1 + K_2))\,.$$

3. Zum Beweis der Behauptung, daß es zur näherungsweisen Lösung von Anfangswertproblemen

$$y' = f(x, y)\,, \qquad y(x_0) = y_0$$

explizite Runge-Kutta-Verfahren beliebig hoher Ordnung gibt, zeige man:

Definiert die Verfahrensfunktion Φ ein explizites Runge-Kutta-Verfahren q-ter Ordnung und wählt man eine Quadraturformel der Form

$$\frac{1}{h}\int_x^{x+h} u(t)\,dt = \sum_{i=1}^{m} c_i\,u(x + a_i h) + \mathcal{O}(h^{q+1})$$

($0 \leqslant a_i \leqslant 1$, $a_1 = 0$, u (q+1)-mal stetig differenzierbar), so definiert die Verfahrensfunktion

$$\widetilde{\Phi}(x, Y, h) = \sum_{i=1}^{m} c_i K_i(x, Y, h)$$

mit

$$K_i(x, Y, h) = f(x + a_i h,\ Y + h\,a_i\,\Phi(x, Y, a_i h))$$

ein explizites Runge-Kutta-Verfahren der Ordnung q + 1.

4. Wenn es der Weihnachtsmann besonders eilig hat, springt er nach einer Mitteilung von W. J. Beyn mit dem Fallschirm ab. Seine Geschwindigkeit bestimmt sich aus

$$v'(t) = g - \frac{K(t)}{M(t)}\,v^2(t)\,, \qquad t \geqslant 0\,, \quad v(0) = 0\,,$$

mit der Erdbeschleunigung $g = 9.81$ [m/sec²], dem Luftwiderstand [kg/m]

$$K(t) = \begin{cases} 0.1 & , \quad 0 \leqslant t < 20 \\ 0.1 + 9.95\,(t - 20)\,, & 20 \leqslant t < 22 \\ 20 & , \quad 22 \leqslant t \end{cases}$$

und der Masse [kg]

$$M(t) = \begin{cases} 75 & , \quad 0 \leqslant t < 40 \qquad \text{(wegen der vielen Pakete)} \\ 75 - 50\,(t - 40)\,, & 40 \leqslant t < 41 \\ 25 & , \quad 41 \leqslant t \qquad \text{(Pakete abgeworfen)} \end{cases}$$

Man verfolge die Geschwindigkeit des Weihnachtsmannes mit dem klassischen Runge-Kutta-Verfahren bis zum Zeitpunkt $t = 50$ sec

a) mit den konstanten Gitterweiten $h = 1$ und $h = 0.5$

b) mit Schrittweitensteuerung nach Algorithmus 4.7 (Methode der Schrittweitenhalbierung) zu $\epsilon = 10^{-2}$ und $\epsilon = 10^{-4}$

c) wie b), nur mit dem Zusatz, daß die „kritischen Punkte" $t = 20$, $t = 22$, $t = 40$ und $t = 41$ auf jeden Fall Gitterpunkte sind.

d) Für $t \geqslant 41$ lautet die Differentialgleichung

$$v' = g - \frac{20}{25} v^2 ,$$

die man als separable Differentialgleichung über eine Partialbruchzerlegung lösen kann. Man zeige, daß die Lösung $v(t)$ unabhängig von dem Anfangswert $v(41)$ für $t \to \infty$ gegen $\frac{\sqrt{5g}}{2}$ strebt und vergleiche die unter b) und c) erhaltenen Werte für $v(50)$ mit diesem asymptotischen Grenzwert.

5. Über die Differentialgleichung aus Aufgabe 4 läßt sich auf die Flughöhe $s(t)$ des Weihnachtsmannes zur Zeit t schließen. In diesem Fall muß man $v(t)$ mit negativem Vorzeichen versehen, das heißt $s'(t) = -v(t)$ setzen, da sich der Weihnachtsmann zum Erdmittelpunkt hin bewegt. Springt der Weihnachtsmann in einer Höhe von 1500 m ab, so gehorcht seine Flughöhe s demnach der Differentialgleichung

$$s''(t) = \frac{K(t)}{M(t)} (s'(t))^2 - g, \quad t \geqslant 0 ,$$

mit den Anfangsbedingungen

$$s(0) = 1500 , \qquad s'(0) = 0$$

und den Größen $K(t)$, $M(t)$ und g aus Aufgabe 4.

a) Schreibt man eine skalare Differentialgleichung 2. Ordnung der Form

$$y'' = f(x, y, y')$$

in ein System von zwei Differentialgleichungen 1. Ordnung um und wendet zur Bestimmung einer Näherungslösung das *klassische Runge-Kutta-Verfahren* an, so ergeben sich Vereinfachungen: Ausgehend von $Y_0 = y(x_0)$ und $Y_0' = y'(x_0)$ reichen dann zur Berechnung von Näherungen Y_k für $y(x_k)$ und Y_k' für $y'(x_k)$ über

$$Y_{k+1} = Y_k + h_k Y_k' + \frac{1}{6} h_k^2 \{K_1 + K_2 + K_3\}$$

$$Y_{k+1}' = Y_k' + \frac{1}{6} h_k \{K_1 + 2K_2 + 2K_3 + K_4\},$$

$k \geqslant 0$, die vier skalaren K-Werte

$$K_1 = f(x_k, Y_k, Y_k')$$

$$K_2 = f\left(x_k + \frac{1}{2}h_k, Y_k + \frac{1}{2}h_k Y_k', Y_k' + \frac{1}{2}h_k K_1\right)$$

$$K_3 = f\left(x_k + \frac{1}{2}h_k, Y_k + \frac{1}{2}h_k Y_k' + \frac{1}{4}h_k^2 K_1, Y_k' + \frac{1}{2}h_k K_2\right)$$

$$K_4 = f\left(x_k + h_k, Y_k + h_k Y_k' + \frac{1}{2}h_k^2 K_2, Y_k' + h_k K_3\right).$$

Man verfolge mit diesem Verfahren die Flughöhe des Weichnachtsmannes und seine Geschwindigkeit in den ersten 50 s nach dem Absprung zu den konstanten Schrittweiten 0.5 und 0.1.

b) Ein zu *Runge-Kutta-Verfahren* verwandter Ansatz *von Nyström* bestimmt, ausgehend von $Y_0 = y(x_0)$ und $Y_0' = y'(x_0)$, Näherungen Y_k für $y(x_k)$ und Y_k' für $y'(x_k)$ der Lösung der skalaren Differentialgleichung 2. Ordnung $y'' = f(x, y, y')$ über

$$Y_{k+1} = Y_k + h_k Y_k' + \frac{1}{6}h_k^2 \{K_1 + K_2 + K_3\}$$

$$Y_{k+1}' = Y_k' + \frac{1}{6}h_k \{K_1 + 2K_2 + 2K_3 + K_4\},$$

$k \geqslant 0$, mit den skalaren K-Werten

$$K_1 = f(x_k, Y_k, Y_k')$$

$$K_2 = f\left(x_k + \frac{1}{2}h_k, Y_k + \frac{1}{2}h_k Y_k' + \frac{1}{8}h_k^2 K_1, Y_k' + \frac{1}{2}h_k K_1\right)$$

$$K_3 = f\left(x_k + \frac{1}{2}h_k, Y_k + \frac{1}{2}h_k Y_k' + \frac{1}{8}h_k^2 K_1, Y_k' + \frac{1}{2}h_k K_2\right)$$

$$K_4 = f\left(x_k + h_k, Y_k + h_k Y_k' + \frac{1}{2}h_k^2 K_3, Y_k' + h_k K_3\right).$$

Dies ist ebenfalls ein Verfahren 4. Ordnung, hat aber bei Differentialgleichungen, deren rechte Seite f nicht von y' abhängt, den Vorteil, daß dann $K_2 = K_3$ gilt und es somit nur drei K-Werte benötigt.

Man verfolge mit diesem Verfahren die Flughöhe des Weihnachsmannes und seine Geschwindigkeit wie in (a).

5 Verallgemeinerte Lösungen und Variationsprobleme

5.1 Verallgemeinerte Lösungen

Bisher haben wir unsere Betrachtungen ausschließlich auf das Anfangswertproblem

$$y' = f(x, y),\ y(x_0) = y_0\,, \tag{5.1}$$

mit einer stetigen Vektorfunktion beschränkt: $f \in C(D)^p$.

Schon bei einfachen Anwendungsbeispielen erscheint es aber geboten, auch unstetige Komponentenfunktionen f_i zuzulassen.

Sei zunächst $p = 1$.

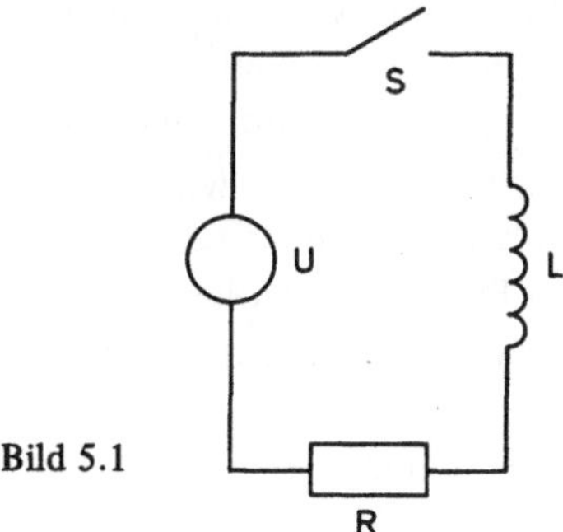

Bild 5.1

Ausgehend von einem elektrischen Stromkreis mit einer Stromquelle (U), Ohmschen Widerstand R, einer Spule mit Induktivität L und dem Schalter S (vgl. Bild 5.1) beschreibt man die zeitliche Abhängigkeit I(t) der Stromstärke I mit Hilfe der Differentialgleichung

$$L\frac{dI}{dt} + RI = g(t),\ g(t) = \begin{cases} 0, & t < 0 \\ U, & t \geqq 0, \quad U > 0\,, \end{cases} \tag{5.2}$$

wenn der Schalter S zur Zeit $t = 0$ geschlossen wird.

Es handelt sich um eine lineare Differentialgleichung erster Ordnung mit unstetiger Störfunktion g.

Da $I(0) = 0$, finden wir mit den Algorithmen 2.4 und 2.5

$$I(t) = \begin{cases} 0, & t < 0 \\ \dfrac{U}{R}(1 - e^{-Rt/L}), & t \geqq 0\,. \end{cases}$$

Die Lösungsfunktion I ist bis auf einen Punkt stetig differenzierbar, und zwar den Nullpunkt, denn dort gilt

$$0 = \lim_{t \to 0-} \frac{I(t) - I(0)}{t} \neq \lim_{t \to 0+} \frac{I(t) - I(0)}{t} = \frac{U}{L}\,.$$

Auch in der Differentialgleichung (1.4) für das Feder-Masse System kann man durch Zuschalten einer impulsartigen Kraft eine unstetige rechte Seite erzeugen.

Ohne allzusehr in die Einzelheiten zu gehen, wollen wir das Anfangswertproblem

$$\begin{aligned} &\mathbf{y}' = \mathbf{f}(x, \mathbf{y}),\ \mathbf{y}(x_0) = \mathbf{y}_0\,, \\ &\mathbf{f}: S \to \mathbb{R}^p,\ S := I \times \mathbb{R}^p,\ I := [x_0 - a, x_0 + a]\,, \end{aligned} \tag{5.3}$$

betrachten.

$\mathbf{f}$ sei stetig bezüglich $\mathbf{y}$ bei festem x, absolut integrierbar über I bei festem $\mathbf{y}$ und erfülle in S die Lipschitzbedingung

$$\|\mathbf{f}(x, \mathbf{y}) - \mathbf{f}(x, \tilde{\mathbf{y}})\| \leqq L(x)\, \|\mathbf{y} - \tilde{\mathbf{y}}\|$$

mit einer über I absolut integrierbaren Funktion L.

Dann ist das Anfangswertproblem eindeutig „lösbar“:

Die Lösung $\mathbf{y}$ ist stetig über I, genügt der Anfangsbedingung, ist bis auf Ausnahmepunkte (fast überall) differenzierbar und erfüllt die Differentialgleichung.

Wir sprechen dann von einer verallgemeinerten Lösung im Sinne von *Carathéodory*.

Der Beweis beruht wieder auf dem Fixpunktsatz nach Definition eines geeigneten vollständigen metrischen Raumes [W1, S. 82f].

Im Falle p = 1 wollen wir unsere Betrachtungen noch etwas weiterführen.

Ist y eine verallgemeinerte Lösung der Differentialgleichung $y' = f(x, y)$ über [a, b]

so ist r mit $r(x) := y(x) - \int_{x_0}^{x} f(t, y(t))\, dt$, $x_0 \in [a, b]$, eine Konstante $r(x) \equiv y(x_0)$.

Dann gilt auch

$$\int_a^b \tau(x)\, r'(x)\, dx = 0 \tag{5.4}$$

für alle stetigen Testfunktionen $\tau \in C[a, b]$.

Wählen wir die Testfunktionen aus dem Raum $C_0^1[a, b]$ der einmal stetig differenzierbaren Funktionen τ mit $\tau(a) = \tau(b) = 0$, so ist (5.4) nach partieller Integration äquivalent zu

$$0 = \int_a^b \tau'(x)\, r(x)\, dx = \int_a^b \tau'(x) \left(y(x) - \int_{x_0}^{x} f(t, y(t))\, dt \right) dx = \int_a^b (\tau' y + \tau f)\, dx =: J(\tau).$$

Das Funktional

$$J(\tau) = \int_a^b V(x, y, \tau, \tau')\, dx \qquad \text{mit} \qquad V(x, y, \tau, \tau') := \tau'(x)\, y(x) + \tau(x)\, f(x, y(x))$$

ist ein lineares, reellwertiges Funktional über dem Raum $C_0^1[a, b]$ und verschwindet für alle τ, wenn y Lösung der Differentialgleichung $y' = f(x, y)$ ist.

Der folgende Teil ii) des *Fundamentallemmas* der *Variationsrechnung* sichert aber auch die Gültigkeit der umgekehrten Aussage, und wir erhalten:

$y \in C[a, b]$ ist genau dann verallgemeinerte Lösung der Differentialgleichung $y' = f(x, y)$ aus (5.3), wenn $J(\tau) = 0$ für alle $\tau \in C_0^1[a, b]$.

5.1 **Satz. (Fundamentallemma der Variationsrechnung).**

Es sei $g \in C[a, b]$.

i) Gilt für alle Testfunktionen $\tau \in C_0^1[a, b]$ $\int_a^b \tau(x)\, g(x)\, dx = 0$, dann ist für alle $x \in [a, b]$ $g(x) = 0$.

ii) Gilt $\int_a^b \tau'(x)\, g(x)\, dx = 0$ für alle $\tau \in C_0^1[a, b]$, so ist $g(x) = c$

für alle $x \in [a, b]$.

Beweis.

i) Wir nehmen an, daß $g(x) \not\equiv 0$, und leiten einen Widerspruch her. Es gibt dann wegen der Stetigkeit von g ein $x_0 \in (a, b)$ und ein Intervall $I_\alpha \subseteq [a, b]$, $I_\alpha := [x_0 - \alpha, x_0 + \alpha]$, so daß z.B. $g(x) > 0$ für alle $x \in I_\alpha$ gilt.

Für die Testfunktion τ wählen wir

$$\tau(x) := \begin{cases} (x - x_0 + \alpha)^2 (x - x_0 - \alpha)^2, & x \in I_\alpha \\ 0, & x \notin I_\alpha . \end{cases}$$

τ ist einmal stetig differenzierbar und verschwindet in den Randpunkten. Dann folgt aus (vgl. Bild 5.2)

$$\int_a^b \tau(x)\, g(x)\, dx = \int_{x_0-\alpha}^{x_0+\alpha} \tau(x)\, g(x)\, dx > 0$$

ein Widerspruch zur Annahme $g \neq 0$.

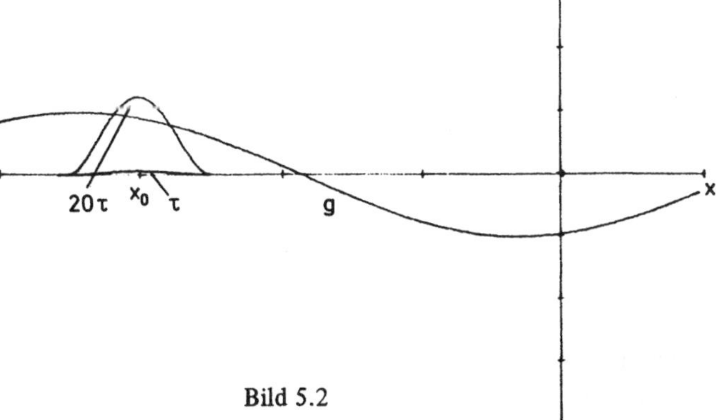

Bild 5.2

ii) Mit $c := \frac{1}{b-a} \int_a^b g(x)\,dx$ folgt

$$\int_a^b (c - g(x))\,dx = 0 .$$

Wir setzen nun

$$\tau(x) := \int_a^x (g(t) - c)\,dt .$$

Dann gilt $\tau \in C_0^1\,[a, b]$ und

$$\int_a^b \tau'(x)\,g(x)\,dx = \int_a^b \tau'(x)\,(g(x) - c)\,dx = \int_a^b (g(x) - c)^2\,dx = 0 ,$$

und somit

$$g(x) \equiv c .$$

■

5.2 Die Eulersche Differentialgleichung bei Variationsproblemen

Die Berechnung relativer Extrema von Funktionen einer oder mehrerer Veränderlicher ist ein Problem, bei dem die Differentialrechnung wichtige Methoden zur Verfügung stellt.

In physikalischen und technischen Fragestellungen tritt aber auch oft die Suche nach Extremwerten von Funktionalen in den Mittelpunkt, die über gewissen Funktionenräumen erklärt sind.

Genannt seien die wichtigen Extremalprinzipien von *Fermat, Hamilton* und *Dirichlet.*

Wir wollen nun einige bekannte Beispiele ansprechen:

5.2 **Beispiele.** (Variationsaufgaben)

1. Verbindet ein glattes Kurvenstück $C: \binom{x}{y(x)}$ die Punkte (x_0, y_0) und (x_1, y_1) miteinander, so ergibt sich seine Länge zu

$$\ell(y) = \int_{x_0}^{x_1} \sqrt{1 + y'^2}\,dx .$$

Die Frage nach der kürzesten Verbindung zwischen den Punkten entspricht dem Problem, ℓ in Abhängigkeit von y zu minimieren.

2. Sucht man die kürzeste Verbindung zweier Punkte $\mathbf{x}_1$ und $\mathbf{x}_2$ auf einem glatten Flächenstück A im $\mathbb{R}^3$, das durch die Vektorfunktion

$$\mathbf{x}(u_1, u_2), \quad a \leqq u_1 \leqq b, \quad c \leqq u_2 \leqq d,$$

beschrieben wird, so ergibt sich für die Länge der glatten Kurve C: $\tilde{\mathbf{x}}(t) = \mathbf{x}(u_1(t), u_2(t))$, $0 \leqq t \leqq 1$, die $\mathbf{x}_1$ und $\mathbf{x}_2$ verbindet,

$$\ell(\tilde{\mathbf{x}}) = \int_0^1 \left(\sum_{i,j=1}^{2} \left(\frac{\partial \mathbf{x}}{\partial u_i}, \frac{\partial \mathbf{x}}{\partial u_j} \right) \dot{u}_i \dot{u}_j \right)^{1/2} dt$$

$$= \int_0^1 (g_{11} \dot{u}_1^2 + 2 g_{12} \dot{u}_1 \dot{u}_2 + g_{22} \dot{u}_2^2)^{1/2} dt$$

mit den Skalarprodukten $g_{ij} = \left(\frac{\partial \mathbf{x}}{\partial u_i}, \frac{\partial \mathbf{x}}{\partial u_j} \right)$.

Es ist ℓ auf Extrema zu untersuchen, und die Minimalkurven sind die *Geodäten.*

3. *Brachistochronenproblem* von *Bernoulli*

Gesucht ist hier die Kurve, auf der ein Massenpunkt im Schwerefeld in kürzester Zeit ohne Berücksichtigung der Reibung vom Punkt A zum Punkt B gleitet.

Als Lösung ergibt sich nicht die Gerade als kürzeste Verbindung, sondern eine Kurve, die zunächst stark abfällt, um dem Punkt schnell eine hohe Geschwindigkeit zu geben (vgl. Bild 5.3).

Legt man den Punkt A nach (0, 0) und rechnet y positiv in Richtung der Fallbeschleunigung, so folgt nach dem Fallgesetz, wenn s die Bogenlänge der gesuchten Kurve ist, für die Geschwindigkeit

$$\frac{ds}{dt} = \sqrt{2gy},$$

also ist das Funktional

$$t(y) = \frac{1}{\sqrt{2g}} \int_0^{x_1} \frac{\sqrt{1 + y'^2}}{\sqrt{y}} dx, \quad y(0) = 0, \quad y(x_1) = y_1, \quad B = (x_1, y_1), \tag{5.5}$$

auf Extrema zu untersuchen.

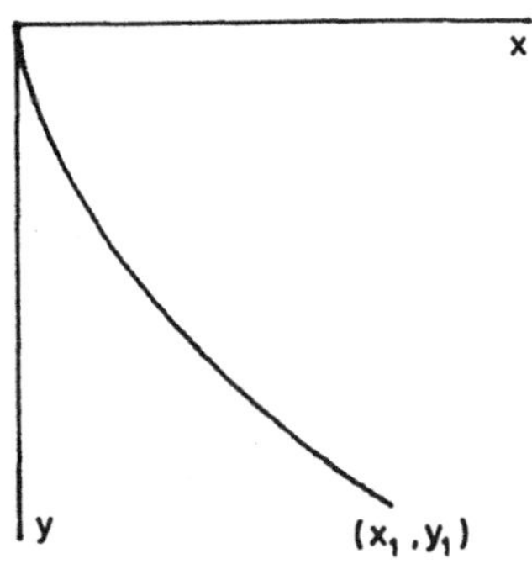

Bild 5.3

4. Das *Dirichlet-Problem*

Das Extremalproblem

$$\int_D (u_x^2 + u_y^2) \, dx \, dy = \text{Minimum!}$$

mit u zweimal stetig differenzierbar über dem einfach zusammenhängenden Gebiet D und $u(x, y) = g(x, y)$ auf dem Rand ∂D von D entspricht der ersten Randwertaufgabe der Potentialtheorie mit der *Laplace-Gleichung*

$$\Delta u = u_{xx} + u_{yy} = 0 . \qquad \square$$

Nach den einführenden Beispielen wollen wir nun eine notwendige Bedingung an die Funktion y herleiten dafür, daß das Funktional

$$J(y) := \int_{x_0}^{x_1} F(x, y(x), y'(x))\, dx, \quad y(x_0) = y_0, \; y(x_1) = y_1,$$

zum Minimum wird.

5.3 **Satz.** (*Euler*sche Differentialgleichung)

Notwendig dafür, daß das Funktional

$$J(y) = \int_{x_0}^{x_1} F(x, y, y')\, dx, \quad F \in C^2([x_0, x_1] \times \mathbb{R}^2)$$

(F zweimal stetig differenzierbar)

sein Minimum in $f \in C^2[x_0, x_1] \cap M$ mit der zulässigen Funktionenmenge

$$M := \{y \in C^1[x_0, x_1] \mid y(x_0) = y_0, \; y(x_1) = y_1\}$$

annimmt, ist, daß f der Eulerschen Differentialgleichung

$$F_y(x, f, f') - \frac{d}{dx} F_{y'}(x, f, f') = 0 \tag{5.6}$$

genügt.

Beweis.

J nehme sein Minimum in $y = f$ an. Wir betrachten die Vergleichsfunktion $\tilde{y} := f + \epsilon\tau$ mit $\tau \in C_0^1[x_0, x_1]$, d.h. $\tau(x_0) = \tau(x_1) = 0$.

Dann ist $\tilde{y} \in M$ und

$$J(\tilde{y}) = \int_{x_0}^{x_1} F(x, f + \epsilon\tau, f' + \epsilon\tau')\, dx =: \phi(\epsilon),$$

(vgl. Bild 5.4).

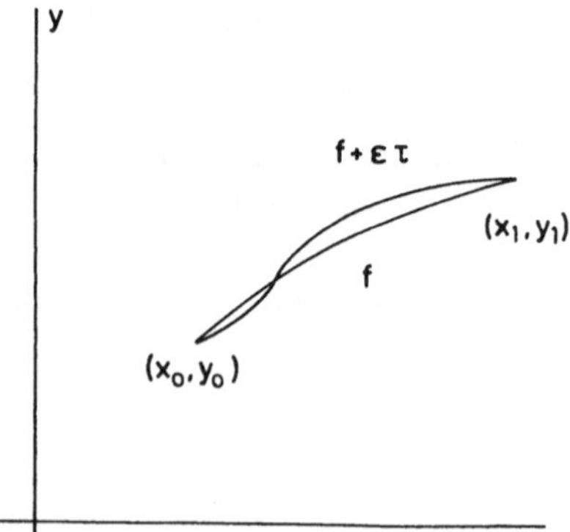

Bild 5.4

ϕ ist reellwertige Funktion über $\mathbb{R}$, stetig differenzierbar und hat nach Voraussetzung ein relatives Minimum in $\epsilon = 0$.
Das bedeutet

$$\phi'(0) = \frac{d}{d\epsilon} J(f + \epsilon\tau)|_{\epsilon=0} = 0 . \qquad (5.7)$$

Da F zweimal stetig differenzierbar ist, dürfen Integration und Differentiation miteinander vertauscht werden:

$$\phi'(\epsilon) = \int_{x_0}^{x_1} \frac{d}{d\epsilon}(F(x, f + \epsilon\tau, f' + \epsilon\tau'))\, dx$$

$$= \int_{x_0}^{x_1} [F_y (x, f + \epsilon\tau, f' + \epsilon\tau')\, \tau + F_{y'} (x, f + \epsilon\tau, f' + \epsilon\tau')\, \tau']\, dx .$$

Wir setzen $\epsilon = 0$, und mit partieller Integration folgt:

$$0 = \int_{x_0}^{x_1} [F_y (x, f, f')\, \tau + F_{y'} (x, f, f')\, \tau']\, dx$$

$$= F_{y'} (x, f, f')\, \tau \Big|_{x_0}^{x_1} + \int_{x_0}^{x_1} \tau (F_y (x, f, f') - \frac{d}{dx} F_{y'} (x, f, f'))\, dx .$$

Die ausintegrierten Bestandteile verschwinden für alle $\tau \in C_0^1 [x_0, x_1]$.
Nach dem Fundamentallemma 5.1 der Variationsrechnung ist das gleichbedeutend mit (5.6):

$$0 = F_y (x, f, f') - F_{y'x} (x, f, f') - F_{y'y} (x, f, f')\, f' - F_{y'y'} (x, f, f')\, f''$$

(Eulersche Differentialgleichung). ■

Bei der Eulerschen Differentialgleichung handelt es sich um eine Differentialgleichung zweiter Ordnung. Allerdings steht hier nicht ein Anfangswertproblem zur Diskussion, sondern ein Randwertproblem. Man schreibt die Funktionswerte an den Intervallenden vor:

$$f(x_0) = y_0 \quad \text{und} \quad f(x_1) = y_1 .$$

Die Lösungen des Randwertproblems (RWP) heißen Extremalen.
Hinreichende Bedingungen für die Existenz eines Extremums sind wesentlich schwieriger herzuleiten. Hier muß die Klasse der zur Konkurrenz zugelassenen Vergleichsfunktionen und damit der Charakter der Extrema näher präzisiert werden.

5.4 Bemerkungen.

a) Gibt man die die Punkte (x_0, y_0) und (x_1, y_1) verbindende Kurve C in Parameterdarstellung an

$$C: \begin{pmatrix} x(t) \\ y(t) \end{pmatrix},$$

so betrachtet man das Funktional

$$J(x, y) := \int_{t_0}^{t_1} F(t, x, y, \dot{x}, \dot{y})\, dt, \quad x(t_i) = x_i, \quad y(t_i) = y_i,$$

und wird auf das Eulersche Differentialgleichungssystem

$$F_x - \frac{d}{dt} F_{\dot{x}} = 0$$

$$F_y - \frac{d}{dt} F_{\dot{y}} = 0$$

geführt.

b) Sucht man die Extrema des Funktionals

$$J(z(x, y)) = \int_D F(x, y, z, z_x, z_y)\, dx\, dy$$

mit $z(x, y) = g(x, y)$ auf ∂D, D einfach zusammenhängendes beschränktes Gebiet, so erfüllt die Lösung $f \in C^2(D)$ die partielle Differentialgleichung

$$F_z - \frac{\partial}{\partial x} F_{z_x} - \frac{\partial}{\partial y} F_{z_y} = 0 .$$

5.3 Literatur zu Kapitel 5

Einen guten Einstieg in die Variationsrechnung geben die Bücher von L. E. Elsgolc: Variationsrechnung [E5] und E. Klingbeil: Variationsrechnung [K7]. Ein sehr umfangreiches Werk mit einem ausgezeichneten historischen Abriß und großer Literaturübersicht ist das Buch von P. Funk: Variationsrechnung und ihre Anwendungen in Physik und Technik [F3].

Einige Gedanken aus Abschnitt 5.1 sind entnommen aus dem glänzenden Übersichtartikel von W. T. Reid: Anatomy of the Ordinary Differential Equation [R3].

5.4 Aufgaben zu Kapitel 5

1. Man verallgemeinere das Fundamentallemma 5.1 auf den Fall des Testfunktionenraumes

$$C_K^\infty(a,b) := \{\tau : (a,b) \to \mathbb{R} \mid \tau \text{ unendlich oft differenzierbar und } \tau = 0 \text{ außerhalb eines kompakten Teilintervalls von } (a,b)\}.$$

Anleitung:

i) Wähle

$$\tau(x) = \begin{cases} 0, & |x - x_0| \geqslant \alpha \\ \exp\left(-\dfrac{1}{(x - x_0 + \alpha)(x_0 + \alpha - x)}\right), & |x - x_0| < \alpha. \end{cases}$$

ii) Nur für konstante Funktionen g gilt

$$g(-x + x_0) = g(x + x_0) \qquad \text{für alle } x_0 \in (a,b).$$

2. Vorgelegt sei das Problem

$$J(y) = \int_{x_0}^{x_1} F(x, y, y', y'')\,dx = \text{Minimum!}$$

$$y \in C^3[x_0, x_1],\ y(x_0) = y_0,\ y'(x_0) = \tilde{y}_0,$$
$$y(x_1) = y_1,\ y'(x_1) = \tilde{y}_1,\ F \in C^3([x_0, x_1] \times \mathbb{R}^3).$$

Man zeige:

Ist f Lösung des Variationsproblems, dann muß notwendigerweise f die Eulersche Differentialgleichung erfüllen:

$$0 = F_y(x, f, f', f'') - \frac{d}{dx} F_{y'}(x, f, f', f'') + \frac{d^2}{dx^2} F_{y''}(x, f, f', f'').$$

Anleitung:

Setze $\phi(\epsilon) := \displaystyle\int_{x_0}^{x_1} F(x, f + \epsilon\tau, f' + \epsilon\tau', f'' + \epsilon\tau'')\,dx,$

$$\tau \in C_0^2[x_0, x_1],\ \tau(x_0) = \tau'(x_0) = \tau(x_1) = \tau'(x_1) = 0.$$

Nach $\phi'(0) = 0$ und zweimaliger partieller Integration liefern das Fundamentallemma und Aufgabe 1 unser Ergebnis.

3. Gesucht ist die (glatte) Verbindungskurve zwischen zwei Punkten (x_0, y_0) und (x_1, y_1), die bei Drehung der (x, y)-Ebene um die x-Achse eine Drehfläche mit minimalem Flächeninhalt J erzeugt:

$$J(y) = 2\pi \int_{x_0}^{x_1} y\sqrt{1 + y'^2}\,dx = \text{Minimum!},$$

$$y(x_0) = y_0 > 0,\ y(x_1) = y_1 > 0.$$

Man stelle die Eulersche Differentialgleichung auf.

6 Implizite Differentialgleichungen und singuläre Punkte

6.1 Differentialgleichungen und Lösungsscharen

Wir haben bei unseren vorausgehenden Untersuchungen bereits erkannt, daß Differentialgleichungen erster Ordnung im allgemeinen einparametrige Lösungsscharen $y = f(x, c)$, c reell, besitzen. Dazu können noch zusätzliche Lösungskurven kommen, die nicht in obiger Schar enthalten sind.

Differenziert man umgekehrt den Ausdruck $y = f(x, c)$ nach x und eliminiert den Parameter c, so gelangt man zu einer Differentialgleichung der Form

$$F(x, y, y') = 0 \tag{6.1}$$

Beispiele.

1. Aus $y(x) = f_1(x) + f_2(x)\,c$, $f_i \in C^1(I)$, I Intervall, $c \in \mathbb{R}$, folgt nach Differentiation

   $$y' = f_1' + f_2' c, \text{ und wegen } f_2 c = y - f_1 \text{ und } c f_2' = y' - f_1'$$

   erhält man eine lineare Differentialgleichung erster Ordnung

   $$f_2 y' - f_2' y + f_1 f_2' - f_2 f_1' = 0\,.$$

2. Ist $y = f(x, c)$ nach c auflösbar, so erhält man aus $c = F(x, y)$ nach Differentiation die exakte Differentialgleichung

   $$F_x + F_y\, y' = 0\,.$$

3. Differenziert man die n-parametrige Lösungsschar

   $$y = f(x, c_1, \ldots, c_n)$$

   n-mal und eliminiert die n Scharparameter $c_1, \ldots, c_n$, so folgt die implizite Differentialgleichung n-ter Ordnung

   $$F(x, y, y', \ldots, y^{(n)}) = 0\,.$$

4. Aus $y = cx + 1/c$ und $y' = c$ folgt die Differentialgleichung $y = xy' + 1/y'$, und die Lösung $y^2 = 4x$ ist nicht in der Lösungsschar enthalten. □

6.2 Reguläre und singuläre Linienelemente

Um den Lösungen einer Differentialgleichung $F(x, y, y') = 0$ auf die Spur zu kommen, die nicht in der Lösungsschar $y = f(x, c)$, $c \in \mathbb{R}$ enthalten sind, führen wir den Begriff des Linienelements ein (vgl. Kap. 3.4).

6.1 **Definition.** (Linienelement)

Ein Tripel (x, y, p) zum Trägerpunkt (x, y) und Richtungselement p heißt Linienelement der Differentialgleichung (6.1), wenn es $F(x, y, p) = 0$ erfüllt.

Beispiele.

Bei der expliziten Differentialgleichung $y' = g(x, y)$, $g \in C(D)$, wird einem Punkt (x, y) aus dem Gebiet D genau ein Richtungselement $y' = p$ zugeordnet.
Die Differentialgleichung $y'^2 = x^2 + y^2$ besitzt in jedem Aufpunkt $(x, y) \neq (0, 0)$ zwei zugehörige Richtungselemente $p = \pm (x^2 + y^2)^{1/2}$ und die Differentialgleichung $\sin y' - y = 0$ sogar unendlich viele Richtungselemente. □

Da wir unsere Lösungstheorie ganz auf die explizite Differentialgleichung $y' = g(x, y)$ abgestellt haben, wollen wir ein Linienelement (x_0, y_0, p_0) regulär nennen, wenn die Gleichung

$$F(x, y, p) = 0$$

in einer Umgebung von (x_0, y_0, p_0) eindeutig nach p auflösbar und damit einer expliziten Gleichung

$$p = g(x, y)$$

äquivalent ist.

6.2 **Definition.** (Reguläre und singuläre Linienelemente)

Das Linienelement (x_0, y_0, p_0) der Gleichung $F(x, y, p) = 0$, $F \in C(D)$, D Gebiet, heißt reguläres Linienelement zum regulären Trägerpunkt (x_0, y_0), wenn es eine Zylinderumgebung

$$Z = U((x_0, y_0), r) \times (p_0 - \delta, p_0 + \delta) \subseteq D$$

und eine stetige Funktion g gibt mit

$$(x, y, g(x, y)) \in Z \quad \text{für alle} \quad (x, y) \in U,$$
$$F(x, y, p) = 0 \ \text{genau dann, wenn} \ p = g(x, y), \ (x, y, p) \in Z.$$

Alle nicht-regulären Linienelemente heißen singulär zum singulären Trägerpunkt (x_0, y_0).

Die Theorie der impliziten Funktionen liefert uns ein hinreichendes, aber nicht notwendiges Kriterium für die Regularität des Linienelements (x_0, y_0, p_0) der Gleichung $F(x, y, p) = 0$ an die Hand. Ist nämlich $F(x, y, p)$ in einer Umgebung Z des Punktes (x_0, y_0, p_0) stetig partiell nach p differenzierbar mit

$$F_p(x_0, y_0, p_0) \neq 0,$$

so ist die Gleichung $F(x, y, p)$ lokal eindeutig nach p auflösbar.

6.3 **Bemerkung.** (Singuläre Linienelemente)

Für singuläre Linienelemente (x_0, y_0, p_0) ist

$$F_p(x_0, y_0, p_0) = 0.$$

Sicherlich ist (x_0, y_0, p_0) singuläres Linienelement, wenn es in jeder Umgebung U von (x_0, y_0) Punkte gibt, durch die keine Integralkurve von (6.1) geht, wie im entgegengesetzten Falle einer lokal eindeutigen Auflösung eine Anwendung des Peanoschen Existenzsatzes auf $y' = g(x, y)$ in $U((x, y), r)$ zeigt.

Wir fassen unsere Ergebnisse im folgenden Satz zusammen:

6.4 **Satz.** (Existenz- und Eindeutigkeitssatz für implizite Differentialgleichungen)

Besitzt die Funktion $F \in C(D)$ in einer Umgebung $Z(x_0, y_0, p_0)$ stetige Ableitungen nach y und p, und gilt

$$F(x_0, y_0, p_0) = 0, \quad F_p(x_0, y_0, p_0) \neq 0,$$

dann gibt es eine Umgebung I_α von x_0, in der genau eine Lösung y der Differentialgleichung $F(x, y, y') = 0$ mit $y(x_0) = y_0$, $y'(x_0) = p_0$ existiert.

Beweis.

Die lokal eindeutige Auflösung von $F(x, y, y') = 0$ nach y' zu $y' = g(x, y)$ mit in einer Umgebung $U((x_0, y_0), r)$ stetiger Funktion g ist nach dem Hauptsatz für implizite Funktionen gewährleistet. Es gilt $p_0 = g(x_0, y_0)$ und $F(x, y, g(x, y)) = 0$.
Ferner existiert $g_y = -F_y/F_p$ und ist stetig in U.
Nach dem Satz 3.9 von Picard-Lindelöf folgt die Behauptung. ■

6.5 **Beispiele.**

1. Gegeben $(y' - y)^2 = 0$; $F(x, y, p) := (p - y)^2 = 0$.
   Obwohl $\frac{\partial}{\partial p}(p - y)^2 = 2(p - y) = 0$ für $p = y$ gilt, ist die Differentialgleichung der eindeutig bestimmten expliziten Differentialgleichung $y' = y$ überall äquivalent.
2. Aus $y'^2 - y^2 = 0$ folgt $y' = \pm y$.
   In den Punkten (x, y) mit $y \neq 0$ gibt es genau zwei verschiedene Linienelemente (x, y, y) und $(x, y, -y)$. Die Differentialgleichung ist lokal eindeutig auflösbar zu $y' = y$ oder $y' = -y$. Alle diese Linienelemente sind demnach regulär.
   Die verbleibenden Linienelemente $(x, 0, 0)$ sind singulär, da in jeder beliebig kleinen Umgebung $Z(x, 0, 0)$ die beiden Auflösungen $y' = y$ und $y' = -y$ möglich sind (vgl. Bild 6.1).
   Die zugehörigen Trägerpunkte bilden zusammen die Lösungskurve $y = 0$ der Differentialgleichung $y'^2 - y^2 = 0$. $y = 0$ heißt deshalb singuläre Lösung.

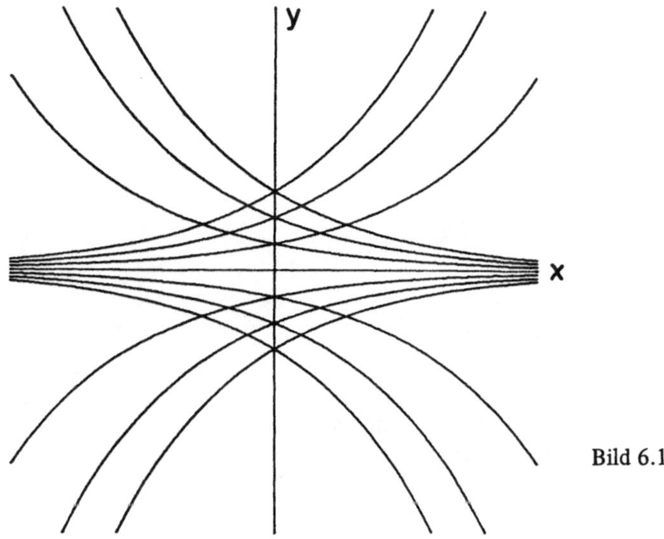

Bild 6.1

3. Gegeben sei die Differentialgleichung $y = xy' + y'^2$.
Es ist $F(x, y, p) := (p + x/2)^2 - y - x^2/4 = 0$.
Nach Auflösung ergibt sich

$$p = -x/2 \pm \sqrt{y + x^2/4}.$$

Für $y < -x^2/4$ gibt es kein, für $y > -x^2/4$ zwei Linienelemente, und zwar $(x_0, y_0, -x_0/2 + \sqrt{y_0 + x_0^2/4})$ und $(x_0, y_0, -x_0/2 - \sqrt{y_0 + x_0^2/4})$. Sie sind regulär, da dort $F_p(x_0, y_0, p_0) = \pm 2\sqrt{y_0 + x_0^2/4} \neq 0$ gilt.
Für $y = -x^2/4$ hat man ein singuläres Linienelement, denn in jeder Umgebung $U(x_0, -x_0^2/4)$ liegen Punkte, für die es keine Auflösung gibt und durch die keine Integralkurve verläuft. Sie bilden zusammen die singuläre Lösung, denn $y = -x^2/4$ erfüllt die Differentialgleichung $y = xy' + y'^2$.
Sie ist übrigens Einhüllende (Enveloppe) der anderen Lösungen $y = cx + c^2$, $c \in \mathbb{R}$, da die Enveloppenbedingung $F_p = 0$, $F_{pp} \neq 0$ für $y = -x^2/4$ erfüllt ist und ferner

$$\begin{vmatrix} F_x & F_y \\ F_{xp} & F_{yp} \end{vmatrix} = \begin{vmatrix} p & -1 \\ 1 & 0 \end{vmatrix} = 1 \neq 0$$

gilt (vgl. [E3, S. 340f]).
Die Gesamtheit der Lösungen ist in Bild 6.2 exemplarisch dargestellt.

4. Sei $F(x, y, p) := (x^2 + y^2)\,p^2 - 2p + 1 = 0$ [E2, S. 132f].
Auflösung nach p ergibt

$$p = \frac{1 \pm (1 - x^2 - y^2)^{1/2}}{x^2 + y^2}, \quad x^2 + y^2 > 0; \quad p = \tfrac{1}{2}, \quad x^2 + y^2 = 0.$$

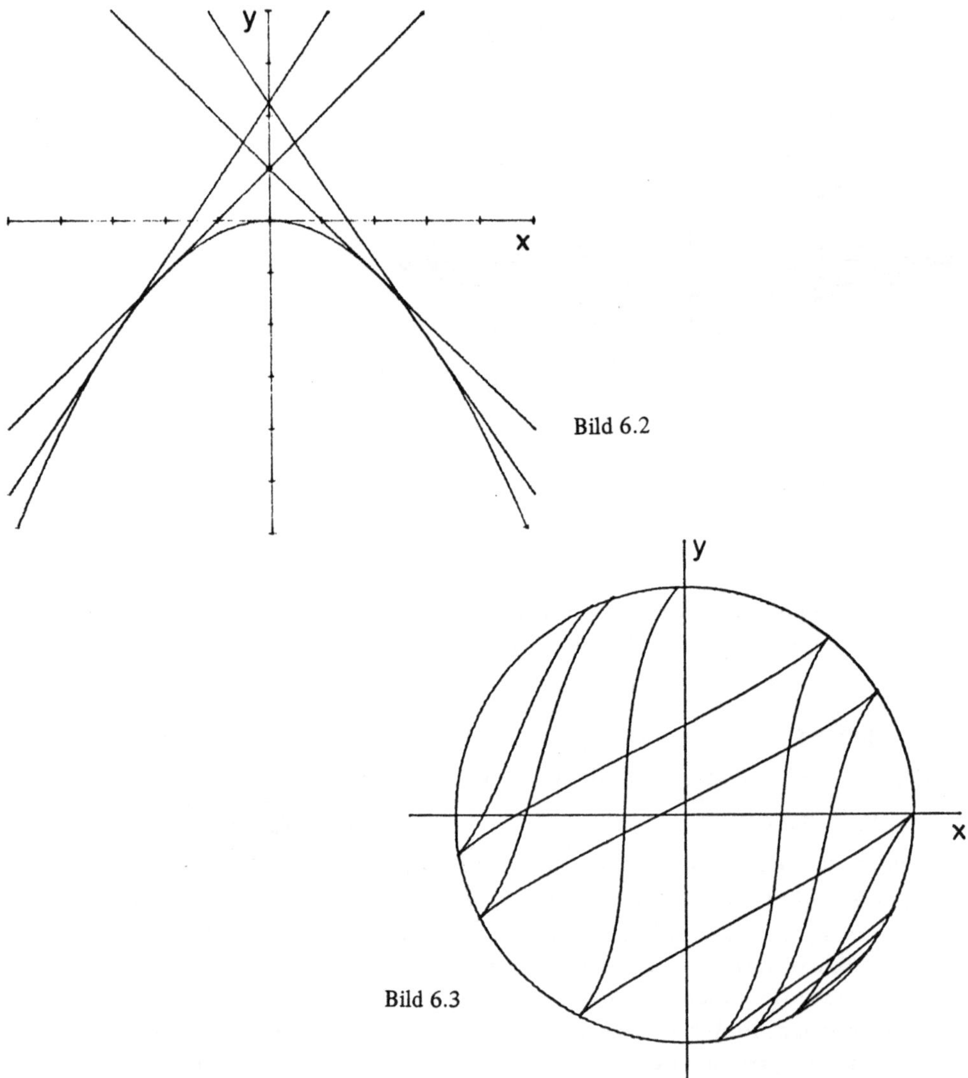

Bild 6.2

Bild 6.3

Nur innerhalb des Kreises $x^2 + y^2 = 1$ gibt es Lösungen (vgl. Bild 6.3), und zwar durch jeden Punkt mit Ausnahme des Nullpunktes genau zwei, die in Spitzen und mit der Steigung 1 auf dem Rand des Kreises enden.

Alle Punkte (x, y) des Kreisscheibenrandes mit $x^2 + y^2 = 1$ sind singuläre Punkte. Die Menge dieser Punkte ist jedoch keine Lösung. Der Nullpunkt ist regulär, da sich lokal nur folgende explizite Differentialgleichung nach Auflösung ergibt:

$$y' = \frac{1}{1 + (1 - x^2 - y^2)^{1/2}} . \qquad \square$$

Den Begriff des Linienelements kann man auch auf die verallgemeinerte exakte Differentialgleichung aus Kapitel 2, Abschnitt 2.5 übertragen:

$$g(x, y)\,dx + h(x, y)\,dy = 0\,.$$

Wir schreiben

$$g(x, y)\,q + h(x, y)\,p = 0, \quad g, h \in C(D)\,. \tag{6.2}$$

In jedem Punkt $(x_0, y_0) \in D$ gibt es bis auf einen gemeinsamen Faktor von p und q genau dann ein verallgemeinertes reguläres Linienelement

$$(x_0, y_0, -h(x_0, y_0), g(x_0, y_0))\,,$$

wenn $g^2(x_0, y_0) + h^2(x_0, y_0) > 0$ gilt.

Ist jedoch $g^2 + h^2|_{(x_0, y_0)} = 0$, so gibt es im Trägerpunkt (x_0, y_0) unendlich viele verallgemeinerte singuläre Linienelemente. □

In der Folge wollen wir einige Beispiele zur Gleichung (6.2) mit isolierten singulären Punkten diskutieren:

6.6 Beispiele.

1. $x\,dy - y\,dx = 0$

   Der Nullpunkt ist singulär, und die Lösungsschar ist in Bild 6.4 skizziert. Es handelt sich um die Funktionen $y = cx$ und $x = 0$. Wir sprechen hier von einem echten Knoten oder Stern, da die Lösungen unter einer festen Richtung in den Nullpunkt laufen und alle Richtungen vorkommen.

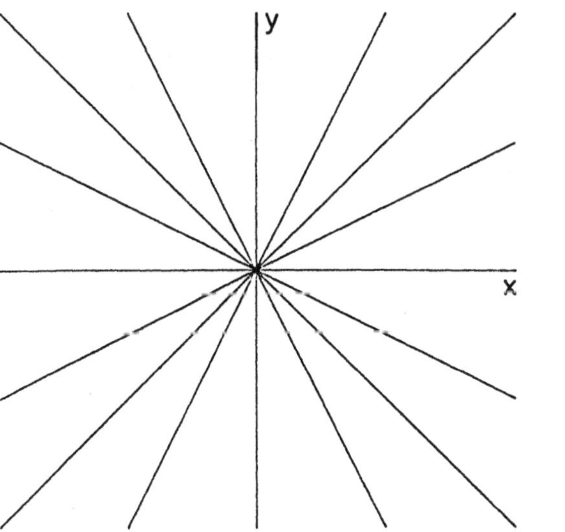

Bild 6.4

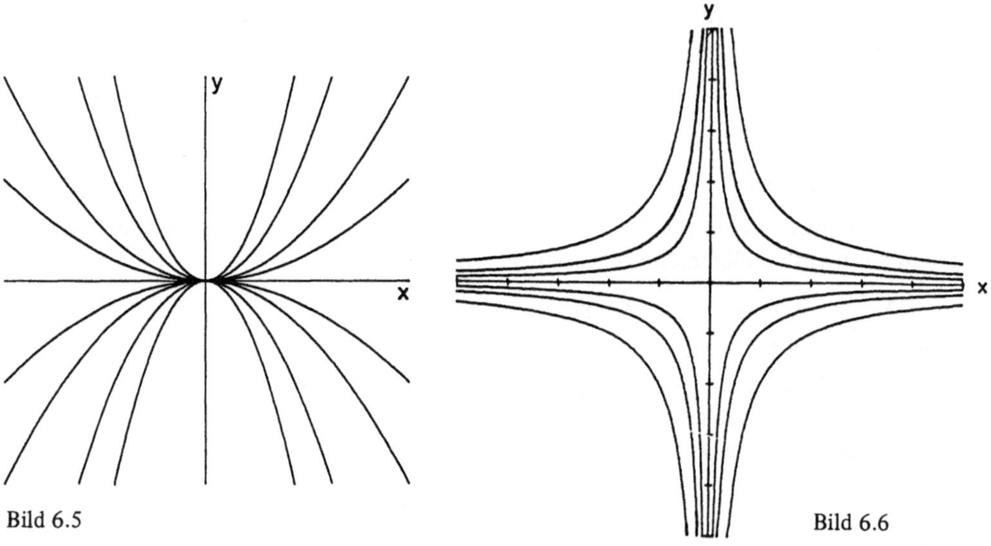

Bild 6.5

Bild 6.6

2. $xdy - 2ydx = 0$.

   Hier erhalten wir die Parabeln $y = cx^2$ und $x = 0$ als Lösungen, und der Nullpunkt ist wieder singulär (vgl. Bild 6.5).

   Parametrisiert man die Lösungskurven mit

   $$\begin{pmatrix} x(t) \\ y(t) \end{pmatrix} = \begin{pmatrix} c_1 \exp(t) \\ c_2 \exp(2t) \end{pmatrix},$$

   so läuft man für $t \to \infty$ vom Nullpunkt weg, für $t \to -\infty$ zum Nullpunkt hin.

   Es handelt sich bei der Singularität um einen unechten Knoten, da alle Lösungskurven (bis auf $x = 0$) im Nullpunkt eine gemeinsame Tangente haben.

3. $xdy + ydx = 0$.

   Wieder ist der Nullpunkt singulär, und als Lösungen haben wir die Hyperbelschar $y = c/x$, $c \neq 0$, die den Nullpunkt als Sattelpunkt meiden. Nur die Lösungskurven $x = 0$ und $y = 0$ laufen durch den Sattel (vgl. Bild 6.6).

4. Bei der Differentialgleichung $(x + y)\,dy - y\,dx = 0$ ergeben sich als Lösungen $x = y \ln |cy|$, $c \neq 0$ und $y = 0$.

   Die Kurven laufen durch den unechten Knoten $(0, 0)$, und $y = 0$ ist dort Tangente (vgl. Bild 6.7).

5. Das Beispiel $ydy + xdx = 0$ haben wir bereits in Abschnitt 2.5 und Bild 2.3 ausführlich diskutiert. Es handelt sich um einen Wirbel um den Nullpunkt.

   Das spiralförmige Analogon wird durch die Differentialgleichung

   $$(x + y)\,dy - (y - x)\,dx = 0$$

   gegeben (vgl. Bild 6.8).

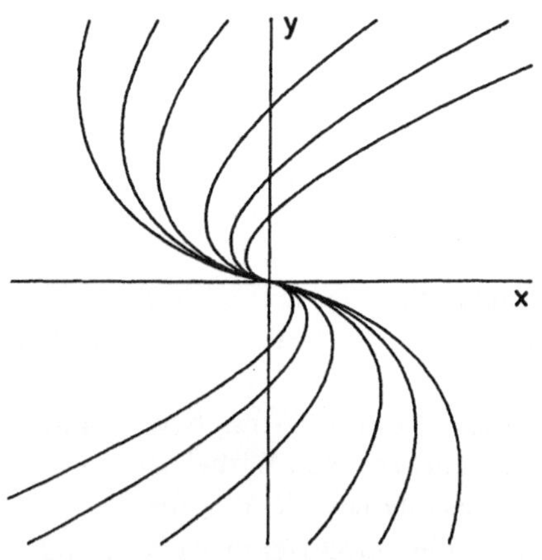

Bild 6.7

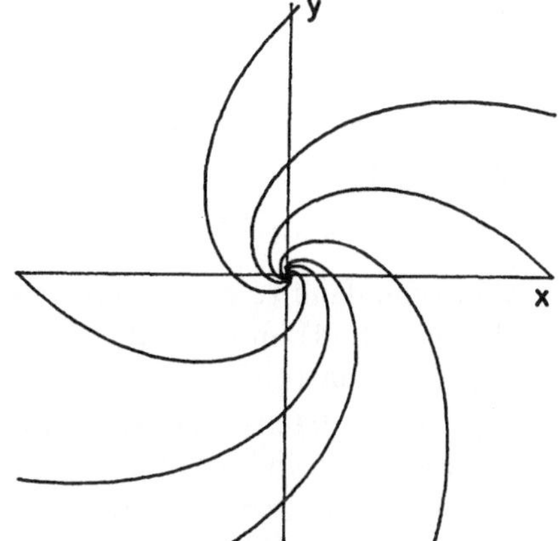

Bild 6.8

Nach Einführung von Polarkoordinaten $r\cos\phi = x$, $r\sin\phi = y$ geht die Differentialgleichung wegen $x\,dx + y\,dy = r\,dr$ und $x\,dy - y\,dx = r^2\,d\phi$ über in die Differentialgleichung

$$\frac{dr}{d\phi} = -r$$

mit der Lösungsschar

$$r = c\,e^{-\phi}, \qquad c \geqq 0\,.$$

6. Bisher haben wir typische Spezialfälle der Differentialgleichung

$$(ax + by)\,dx - (cx + dy)\,dy = 0\,, \quad ad - bc \neq 0\,, \tag{6.3}$$

betrachtet, die nach Auflösung in die homogene Differentialgleichung übergeht

$$y' = \frac{a + by/x}{c + dy/x}$$

und mit dem Ansatz $y = xu$ allgemein gelöst wird (vgl. [Kap. 2 oder W2, S. 18f]). Man kann (6.3) nach Parametrisierung auch als System mit $x = x(t)$, $y = y(t)$ schreiben:

$$\dot{x} = cx + dy$$
$$\dot{y} = ax + by\,.$$

Zur Lösung macht man dann den Ansatz $\binom{x}{y} := \binom{c_1}{c_2} e^{\lambda t}$. Weitere Anmerkungen dazu finden sich in Kapitel 10.

(6.3) ist übrigens auch linearer Spezialfall von

$$g(x, y)\,dx + h(x, y)\,dy = 0, \quad g(0, 0) = h(0, 0) = 0\,, \tag{6.4}$$

g und h haben konvergente Potenzreihenentwicklungen in einer Umgebung des Nullpunktes.

Wir setzen

$$g(x, y) = ax + by + g_1(x, y)$$
$$h(x, y) = -(cx + dy) + h_1(x, y),$$

und es gilt

$$g_1, h_1 = \mathcal{O}(r^{1+\epsilon}), \quad r = \sqrt{x^2 + y^2} \to 0, \qquad 0 < \epsilon \leqq 1 .$$

Man kann dann zeigen, daß der Charakter der Singularität der Differentialgleichung (6.4) im wesentlichen mit dem der verkürzten Differentialgleichung (6.3) übereinstimmt:

Knoten entsprechen Knoten, Sattel- und Spiralpunkte jeweils Sattel- bzw. Spiralpunkten. Nur ein Wirbelpunkt von (6.3) kann bei (6.4) in einen Wirbel- oder Spiralpunkt übergehen (vgl. [C-L, S. 377f]). Man beachte jedoch Aufgabe 1.

Es ist daher durchaus gerechtfertigt, bei der Diskussion der Differentialgleichung (6.2) in der Nähe der singulären Punkte erst einmal nur die linearen Terme von g und h zu berücksichtigen, um einen Überblick über den Lösungsverlauf zu gewinnen.

7. Manchmal ist es jedoch auch in zunächst hoffnungslos aussehenden Fällen möglich, durch Übergang zu Polarkoordinaten die Differentialgleichung $0 = g(x, y)\,dx + h(x, y)\,dy$ in eine separable zu überführen. Reutter [R4] löst die Differentialgleichung

$$y' = \frac{y[ab(x^2 + y^2) \mp cd] + x(-[a^2(x^2 + y^2) - c^2][b^2(x^2 + y^2) - d^2])^{1/2}}{x[ab(x^2 + y^2) \mp cd] - y(-[a^2(x^2 + y^2) - c^2][b^2(x^2 + y^2) - d^2])^{1/2}}$$

in Zusammenhang mit einer geometrischen Fragestellung.

Durch Einführung von Polarkoordinaten $(x = \rho \cos \phi,\ y = \rho \sin \phi)$ $x dx + y dy = \rho\, d\rho,\ y dx - x dy = -\rho^2 d\phi$ erhält er

$$\rho \frac{d\phi}{d\rho} = \frac{(-(a^2\rho^2 - c^2)(b^2\rho^2 - d^2))^{1/2}}{ab\rho^2 \mp cd} =: f_{\mp}(\rho) .$$

Diese Differentialgleichung kann man nach Substitution $ab\rho^2 \mp cd =: r$ in geschlossener Form integrieren [G-R, S. 115, 117, 118].

8. Das nicht-lineare Problem

$$x(3 - 2x/10 - y/10)\,dy - y(11 - 9x/10 - 2y/10)\,dx = 0, \quad x, y \geqslant 0, \qquad (6.5)$$

steht in Zusammenhang mit dem Bevölkerungsmodell (3.16).

Wir betrachten daher auch das äquivalente System

$$\frac{dx}{dt} = x(3 - 2x/10 - y/10)$$
$$\frac{dy}{dt} = y(11 - 9x/10 - 2y/10), \qquad x, y \geqslant 0 .$$

Es handelt sich um das Modell zweier Populationen x und y mit größerer Interaktion.

Die Lösungen des Systems kann man als Bahnkurven $\binom{x(t)}{y(t)}$ in der (x, y)-Ebene interpretieren.

Als singuläre Punkte erhalten wir

$$A := (0,0), \quad B := (15,0), \quad C := (0,55) \quad \text{und} \quad D := (10,10).$$

Zunächst diskutieren wir den Verlauf der Lösungen in der Nähe dieser Punkte und ersetzen die Differentialgleichung (6.5) durch die entsprechende verkürzte Differentialgleichung.

In der Nähe des Nullpunktes können wir (6.5) in die Näherungsdifferentialgleichung $3\,x dy - 11\,y dx = 0$ überführen, die an unser Beispiel 2 anknüpft, mit den Lösungen $y = cx^{11/3}$ und $x = 0$, oder in Parameterform für das verkürzte System

$$x = c_1\, e^{3t}, \quad y = c_2\, e^{11\,t}.$$

A ist ein unechter Knoten, und die Bahnkurven laufen vom Nullpunkt weg.

Im Punkte (15,0) erhalten wir aus (6.5)

$$(x - 15 + 15)\left(2\,\frac{(15-x)}{10} - \frac{y}{10}\right) dy - y\left(-2.5 + \frac{9\,(15-x)}{10} - \frac{2\,y}{10}\right) dx = 0\,,$$

und mit $\bar{x} := x - 15$, $\bar{y} := y$ die Näherungsdifferentialgleichung

$$3\,(-\bar{x} - 0.5\,\bar{y})\, d\bar{y} + 2.5\,\bar{y}\, d\bar{x} = 0\,.$$

Nach der Substitution $\bar{y} =: u\bar{x}$ haben wir die Differentialgleichung

$$u' = \frac{-u - 3u^2}{6 + 3u} \,/\, \bar{x}$$

zu lösen. Das geschieht mit dem Algorithmus 2.1.

Wir finden $\bar{y}^6 = \bar{c}\,(3\bar{y} + \bar{x})^5$ und $3\bar{y} + \bar{x} = 0$.

Näherungslösungen beim Punkte B sind also

$$x = 15 + cy^{6/5} - 3y \quad \text{und} \quad y = 0,\ c \in \mathbb{R}\,.$$

In parametrisierter Form erhalten wir

$$x = c_1\, e^{-3t} + 3\,c_2\, e^{-2.5\,t} + 15, \quad y = -\,c_2\, e^{-2.5\,t}.$$

Auch hier handelt es sich bei B um einen unechten Knoten, auf den alle Lösungen zulaufen.

Ein analoges Ergebnis ergibt sich für den Punkt $C = (0,55)$. Mit $\bar{y} := y - 55$ und $\bar{x} := x$ erhalten wir aus (6.5) die verkürzte Differentialgleichung

$$\bar{y}' = \frac{22\,\bar{y} + 99\,\bar{x}}{5\,\bar{x}}\,,$$

und die Lösungen sind $y = -\frac{99}{17}\,x + cx^{22/5} + 55$, $x = 0$.

Auch hier handelt es sich um einen unechten anziehenden Knoten.

Bleibt der Punkt D = (10,10) zu untersuchen. D ist der Gleichgewichtspunkt der Populationen. Hier herrscht bei x = 10 = y Koexistenz. Es fragt sich, ob und wieviele der Bahnkurven in D enden.

(6.5) geht über in

$$(x - 10 + 10)\left(2\,\frac{10-x}{10} + \frac{10-y}{10}\right)dy - (y - 10 + 10)\left(9\,\frac{10-x}{10} + 2\,\frac{10-y}{10}\right)dx = 0.$$

Wir setzen $\overline{x} := x - 10$, $\overline{y} := y - 10$ und erhalten die verkürzte Differentialgleichung

$$(2\overline{x} + \overline{y})\,d\overline{y} - (9\overline{x} + 2\overline{y})\,d\overline{x} = 0\,.$$

Ihre allgemeine Lösung ist $(3\overline{x} + \overline{y})(3\overline{x} - \overline{y})^5 = c$, und nach Rücktransformation erhalten wir

$$(3x + y - 40)(3x - y - 20)^5 = c\,.$$

D ist ein Sattelpunkt, an dem die Bahnkurven vorbeilaufen. Nur die Näherungslösungen

$$y = -3x + 40 \qquad \text{und} \qquad y = 3x - 20$$

führen vom singulären Punkt weg bzw. zu ihm hin.

Der Gleichgewichtspunkt ist, bedingt durch die hohe Interaktion der Spezies, instabil.

Unser Bild 6.9 gibt den Bahnverlauf des die Größe der Populationen bestimmenden Kurvenvektors $\binom{x(t)}{y(t)}$ wieder.

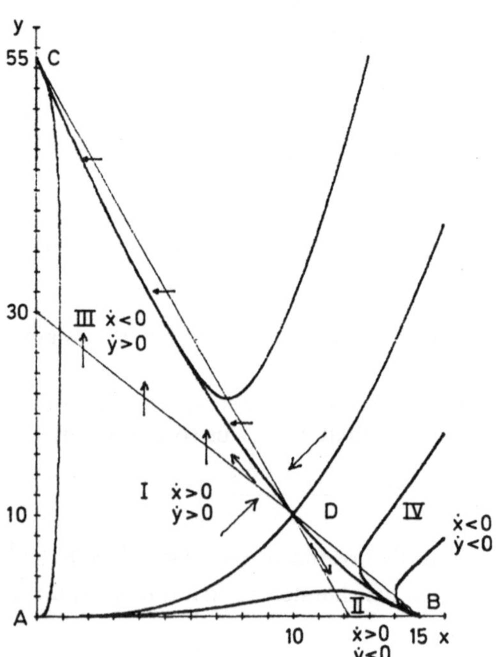

Bild 6.9

Durch die Geraden $3 - 2x/10 - y/10 = 0$ und $11 - 9x/10 - 2y/10 = 0$ sind die Orte senkrechter und waagerechter Tangente bestimmt.

Sie teilen den ersten Quadranten in vier Teilbereiche. In Bereich I nehmen x und y zu und bewegen sich vom Nullpunkt weg. Nur eine Kurve verläuft bis in den instabilen Gleichgewichtspunkt D, die anderen in die stabilen Knotenpunkte B und C je nach Ausgangspunkt. Eine Spezies erlischt also. Die Situation in den anderen Bereichen ist im Bild gekennzeichnet.

Für große x und y löst man die Näherungsdifferentialgleichung

$$(9xy + 2y^2)\,dx - (2x^2 + xy)\,dy = 0$$

mit der Lösung

$$y^2 (7x + y)^5 = cx^{14},$$

und approximativ darf man $y \sim c^{1/7} x^2$ annehmen.

Damit wollen wir die Diskussion zunächst beenden, aber im Rahmen der Behandlung von Differentialgleichungssystemen und Stabilitätsfragen werden wir auf einzelne Gesichtspunkte noch ausführlicher eingehen. □

6.3 Spezielle implizite Differentialgleichungen

Eine Möglichkeit der Lösung der impliziten Differentialgleichung

$$F(x, y, y') = 0$$

besteht darin, mit $y' = p$ einen Parameter einzuführen und die Lösung in parametrisierter Form $\binom{x(p)}{y(p)}$ anzusetzen. Dann ist

$$\frac{dy}{dp} = \frac{dy}{dx}\,\frac{dx}{dp} = p\,\frac{dx}{dp}\,.$$

Eine derartige Darstellung ist jedoch nur dann möglich, wenn y' streng monoton ist. Geraden lassen sich demnach nicht in dieser Form beschreiben; für eine Parabelschar $y = cx^2$ erhält man

$$x = \frac{p}{2c}, \quad y = \frac{1}{4c}\,p^2\,.$$

Wir untersuchen nun spezielle Gleichungstypen von (6.1), die sich mit dieser Methode lösen lassen und bei denen eine Auflösung nach y' nicht unbedingt vorteilhaft ist.

1. Wir beginnen mit der Differentialgleichung $x = g(y')$ und beweisen den

6.7 **Satz.**

Sei die Differentialgleichung

$$x = g(y'), \quad g \in C^1(a, b), \quad g \text{ streng monoton mit Bildbereich } (\alpha, \beta), \tag{6.6}$$

vorgelegt.

Dann gibt es genau eine Lösungskurve $\binom{x(p)}{y(p)}$ durch den Punkt

$$(x_0, y_0) \in (\alpha, \beta) \times \mathbb{R}$$

mit der Parameterdarstellung

$$x(p) = g(p), \quad x(p_0) = x_0$$

$$y(p) = y_0 + \int_{p_0}^{p} t\dot{g}(t)\,dt.$$

Beweis.

Für den Beweis ist die Feststellung hinreichend, daß (6.6) auf (α, β) nach y' auflösbar ist: $y' = h(x)$, $h \in C^1(\alpha, \beta)$. Der Existenz- und Eindeutigkeitssatz sowie Integration und nachfolgende Substitution $x := g(t)$ ergeben die Behauptung. ■

2. $y = g(y')$ (6.7)

g erfülle die Voraussetzungen des Satzes 6.7, und es gelte

$$0 \notin (a, b).$$

Dann ergibt sich die eindeutig bestimmte Lösungskurve durch (x_0, y_0) in Parameterdarstellung zu

$$y(p) = g(p), \quad g(p_0) = y_0$$

$$x(p) = x_0 + \int_{p_0}^{p} \frac{\dot{g}(t)}{t}\,dt.$$

6.8 **Beispiele.**

1. Die Eulersche Differentialgleichung für das Brachistochronenproblem aus (5.5) lautet

$$F_y - F_{yy'}\,y' - F_{y'y'}\,y'' = 0 \tag{6.8}$$

mit $F = ((1 + y'^2)/y)^{1/2}$.

(6.8) ist äquivalent zu

$$\frac{d}{dx}(F - y' F_{y'}) = 0, \qquad (6.9)$$

wie eine Differentiation und Division durch y' ergeben.
Man kann demnach eine erste Integration ausführen und findet

$$F - y' F_{y'} = c,$$

was in unserem Beispiel

$$1 = c\,(y\,(1 + y'^2))^{1/2}$$

bedeutet.
Das führt auf die Differentialgleichung

$$y = \frac{c_1}{1 + y'^2},$$

und wir erhalten

$$y = \frac{c_1}{1 + p^2}, \quad x = c_2 - \int \frac{2\,c_1}{(1 + p^2)^2}\,dp.$$

Setzen wir $p := \cot t$, so folgt $y = c_1 \sin^2 t$ und

$$x = 2\,c_1 \int \sin^2 t\, dt = c_2 + c_1\left(t - \frac{\sin 2t}{2}\right).$$

Ist $(x_0, y_0) = (0,0)$, so erhalten wir als Extremale

$$x(t) = \frac{c_1}{2}\,(2t - \sin 2t)$$

$$y(t) = \frac{c_1}{2}\,(1 - \cos 2t)$$

einen Zykloidenbogen, und c_1 bestimmt sich so, daß ein glattes Kurvenstück die Punkte $(0,0)$ und (x_1, y_1) verbindet.
Das ist auf eindeutige Weise möglich, indem man zunächst ein t_0 mit $0 < t_0 < \pi$ bestimmt, das die transzendente Gleichung

$$x_1/y_1 = (2t - \sin 2t)/(1 - \cos 2t)$$

erfüllt, und dann c_1 ermittelt.

2. Wir bestimmen nun die Lösung des Variationsproblems der kleinsten Drehfläche aus Aufgabe 3, Kapitel 5.

(6.9) ergibt mit $F = y\,(1 + y'^2)^{1/2}$ nach Integration

$$y\,(1 + y'^2)^{1/2} - yy'^2\,(1 + y'^2)^{-1/2} = c_1$$

$$y = c_1\,(1 + y'^2)^{1/2}.$$

Wir führen den Parameter p ein und erhalten

$$y = c_1 (1 + p^2)^{1/2}$$
$$x = \int c_1 (1 + p^2)^{-1/2} \, dp = c_2 + c_1 \operatorname{arsinh} p = c_2 + c_1 \operatorname{arcosh} (1 + p^2)^{1/2} .$$

Der Parameter p kann eliminiert werden, und als Lösungskurven erhalten wir die Kettenlinien

$$y = c_1 \cosh \frac{x - c_2}{c_1} .$$

Die Integrationskonstanten sind so zu bestimmen, daß die Randbedingungen erfüllt sind: $y(x_i) = y_i$, $i = 0, 1$ (vgl. Bild 6.10).

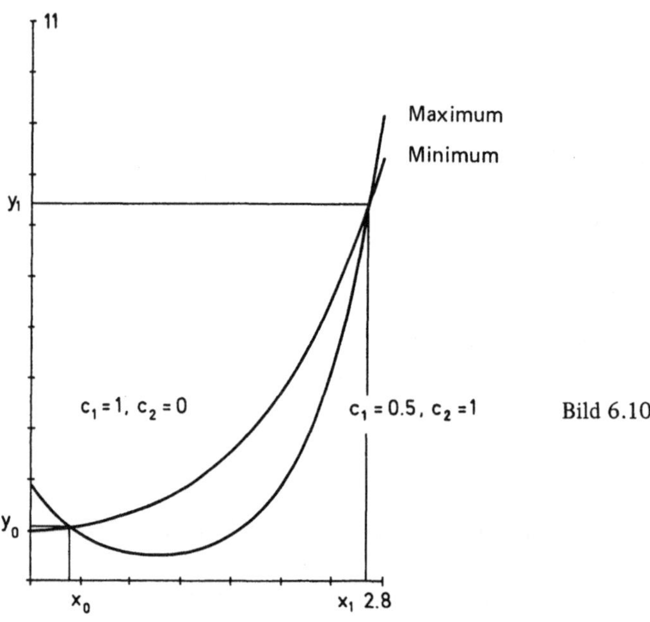

Bild 6.10

Das ist jedoch nur möglich, wenn x_0 und x_1 nicht zu weit auseinander liegen. Wir werden in Kapitel 14 noch einmal auf dieses Problem zurückkommen. □

3. Die *Clairaut*-Differentialgleichung

$$y = xy' + g(y') \tag{6.10}$$

haben wir bereits in Beispiel 6.5 Nr. 3 im Spezialfall kennengelernt.

6.9 **Satz.** (Clairaut-Differentialgleichung)

Gegeben sie die Differentialgleichung (6.10) mit $g \in C^1(a, b)$ und $\dot{g}$ streng monoton.

Die Gesamtheit der Lösungen besteht aus den Geraden

$$y = px + g(p), \quad p \in (a, b),$$

und ihrer Enveloppe.

Diese singuläre Lösungskurve wird durch die Parameterdarstellung

$$\begin{aligned} x &= -\dot{g}(p) \\ y &= -p\dot{g}(p) + g(p), \quad p \in (a, b) \end{aligned} \tag{6.11}$$

beschrieben.

Zugleich kann man aus Geraden- und Enveloppenstücken neue Lösungskurven zusammensetzen.

Beweis.

Schließen wir die Geraden $y = px + g(p)$, die offensichtlich Lösungen sind, aus und differenzieren die Gleichung

$$y = xp + g(p) \qquad (y' = p)$$

nach p, so erhalten wir

$$\frac{dy}{dp} = \frac{dx}{dp} p + x + \dot{g}(p)$$

und

$$x = -\dot{g}(p), \quad y = -p\dot{g}(p) + g(p).$$

Damit erfüllt die Kurve (6.11) auch die Enveloppenbedingung

$$F(x, y, p) := y - xp - g(p) = 0,$$

$$F_p = 0, \ \dot{g} \text{ streng monoton und } \begin{vmatrix} F_x & F_y \\ F_{xp} & F_{yp} \end{vmatrix} = \begin{vmatrix} -p & 1 \\ -1 & 0 \end{vmatrix} \neq 0.$$

Wir prüfen nun nach, daß (6.11) Integralkurve ist.

Da $\dot{g}$ streng monoton und stetig ist, kann $x = -\dot{g}(p)$ nach $p = h(x)$ mit stetigem h aufgelöst werden.

Wir haben dann $y(x) = xh(x) + g(h(x))$ und

$$\begin{aligned} \frac{y(x) - y(x_0)}{x - x_0} &= h(x) + x_0 \frac{h(x) - h(x_0)}{x - x_0} + \frac{g(h(x)) - g(h(x_0))}{x - x_0} \\ &= h(x) + (x_0 + \dot{g}(h(\overline{x}))) \frac{h(x) - h(x_0)}{x - x_0} = h(x) - \frac{\overline{x} - x_0}{x - x_0}(h(x) - h(x_0)) \\ &\to h(x_0) = y'(x_0) \text{ für } x \to x_0, \ \overline{x} \text{ zwischen } x_0 \text{ und } x. \end{aligned}$$

Man kann weiter zeigen, daß damit schon alle Lösungen gefunden sind [S-S, S. 23]. ■

Beispiel.

Gegeben ist die Schar der Geraden, bei der der im ersten Quadranten liegende Abschnitt die Länge c hat.

Man bestimme die Gleichung der Enveloppe.

Wir schreiben die Geradengleichungen in Achsenabschnittsform

$$\frac{x}{a} + \frac{y}{b} = 1, \quad a = \sqrt{c^2 - b^2}.$$

Aus $y = b - bx/a$ und $y' = -b/a = -b/\sqrt{c^2 - b^2}$ folgt die Clairaut-Differentialgleichung

$$y = xy' - cy'/\sqrt{1 + y'^2}, \quad y' < 0.$$

$\dot{g}(p) = -c/(1 + p^2)^{3/2}$ ist streng monoton, und wir erhalten

$$x = c/(1 + p^2)^{3/2}, \quad y = -cp^3/(1 + p^2)^{3/2}.$$

Daraus folgt mit

$$x^{2/3} + y^{2/3} = c^{2/3}, \quad 0 < x < c, \quad 0 < y < c,$$

die Gleichung einer Astroide im ersten Quadranten (vgl. Bild 6.11).

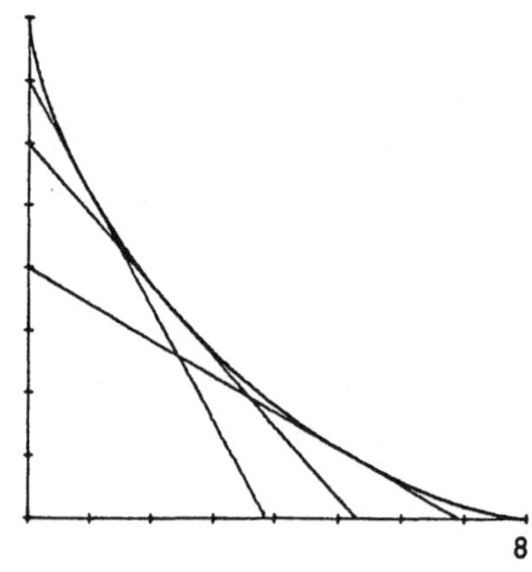

Bild 6.11

□

4. Differentialgleichung von *d'Alembert*:

$$y = x\,f(y') + g(y') \quad \text{mit} \quad f, g \in C^1(a, b). \tag{6.12}$$

Gilt $f(p_0) = p_0$, so ist die Gerade $y = x\,p_0 + g(p_0)$ Lösung.

Um weitere Lösungen zu finden, differenzieren wir wieder die Gleichung $y = x\,f(p) + g(p)$ nach p und finden mit $\frac{dy}{dp} = p\,\frac{dx}{dp}$ und

$$\frac{dy}{dp} = \frac{dx}{dp}\,f(p) + x(p)\,\dot{f}(p) + \dot{g}(p)$$

eine lineare Differentialgleichung für $x(p)$

$$\frac{dx}{dp} = \frac{x\,\dot{f}(p) + \dot{g}(p)}{p - f(p)}. \tag{6.13}$$

Man löst sie mit Algorithmus 2.5 und erhält eine Lösung von (6.12) in Parameterdarstellung zu

$$\begin{pmatrix} x(p) \\ x(p)\,f(p) + g(p) \end{pmatrix}.$$

Beispiel.

Gegeben sei die d'Alembert-Differentialgleichung $y = 2xy' + y'^2$.
Es ist $2y' \neq y'$ für $y' \neq 0$, und um eine andere Lösung außer $y = 0$ zu finden, werten wir die Differentialgleichung (6.13)

$$\frac{dx}{dp} = \frac{2x + 2p}{-p} = -2x/p - 2$$

aus und erhalten weitere Lösungen in Parameterdarstellung

$$x = -2p/3 + c/p^2, \quad y = -p^2/3 + 2c/p, \quad p \neq 0.$$

Die Linienelemente sind $(x, y, -x \pm \sqrt{y + x^2})$, d.h. für $y > -x^2$ existieren zwei reguläre Linienelemente, für $y = -x^2$ bilden die singulären Linienelemente keine Lösung und für $y < -x^2$ existieren keine Integralkurven. □

5. Wir wollen unsere bisherigen Überlegungen zusammenfassen und kommen zum Schluß noch einmal auf den allgemeinen Fall

$$F(x, y, p) = 0 \tag{6.14}$$

zurück. Als wichtiges Lösungsprinzip haben wir den Parameter p eingeführt und $\binom{x(p)}{y(p)}$ als Lösungskurve angesetzt, $(p = y')$.
Besitzt F stetige Ableitungen nach allen Variablen, so folgt

$$F_x\,\dot{x}(p) + F_y\,\dot{y}(p) + F_p = 0, \quad \dot{y}(p) = y'\,\dot{x}(p) = p\,\dot{x}(p),$$

und daraus das System

$$\begin{aligned}(F_x + pF_y)\,\dot{x}(p) &= -F_p\\ (F_x + pF_y)\,\dot{y}(p) &= -pF_p.\end{aligned} \tag{6.15}$$

Eine parametrisierte Lösung von (6.14) ist auch Lösung von (6.15).
Ist umgekehrt $x(p)$, $y(p)$ Lösung von (6.15), so sei zunächst

$$F_x + pF_y = 0.$$

Ergibt die Auflösung von $F(x, y, p) = 0$ nach y Geraden mit der Steigung p, so sind sie Lösungen von (6.14).
Gilt für die Kurve $\binom{x(p)}{y(p)}$ $F_x + pF_y = 0$, so gilt nach (6.15) auch $F_p(x(p), y(p), p) = 0$, und aus $F(x, y, p) = 0$ und $F_y(x, y, p) \neq 0$ folgt, daß p die Steigung der Tangente an die Kurve und damit $\binom{x(p)}{y(p)}$ Integralkurve von (6.14) ist.
Den Fall $F_y = 0$ behandelt ausführlich E. L. Ince [I1, S. 88].
Bleibt noch der Fall

$$F_x + pF_y \neq 0.$$

Dann folgt $\dot{y} = p\dot{x}$ und weiter

$$\frac{d}{dp}F(x(p), y(p), p) = 0 \quad \text{oder} \quad F(x(p), y(p), p) = c.$$

Wir müssen die Lösungen von (6.15) mit $c = 0$ aussondern.

Sei weiter $F_p \neq 0$. Dann ist $\frac{dx}{dp} \neq 0$, und man kann lokal nach p auflösen und y als Funktion von x darstellen.

Es ist also durchaus nützlich, zur Lösung von (6.14) das System (6.15) zu untersuchen.

6.4 Literatur zu Kapitel 6

Den Begriff der regulären und singulären Linienelemente diskutieren ausführlich E. Kamke [K1] und F. Erwe: Gewöhnliche Differentialgleichungen [E2, S. 129f]. Die Enveloppenbedingung findet man z.B. in F. Erwe: Differential- und Integralrechnung I [E3, S. 340f].

Beispiel 6.6 Nr. 7 ist ausführlich dargestellt in F. Reutter: Differentialgleichungen erster Ordnung und Berührungstransformationen im Linienraum mit Anwendungen auf die Geometrie der linearen Strahlenkongruenz [R4].

Wertvolle Hinweise zu Beispiel 6.6 Nr. 6 finden sich bei K. H. Weise: Differentialgleichungen [W2, S. 18f, 49f].

M. Braun [B3, S. 370f] und R. Haberman [H1, S. 247f] kommentieren ausführlich das Bevölkerungsproblem Nr. 8.

Zu Abschnitt 6.3 empfiehlt sich das klassische Buch von E. L. Ince: Ordinary Differential Equations [I1].

6.5 Aufgaben zu Kapitel 6

1. Man löse die Differentialgleichung $y' = \dfrac{y + x/\ln\sqrt{x^2+y^2}}{x - y/\ln\sqrt{x^2+y^2}}$, $x^2 + y^2 < 1$, diskutiere die Singularität im Nullpunkt und vergleiche das Ergebnis mit den Lösungen der verkürzten Differentialgleichung $y' = y/x$.

   Anleitung: Man benutze Polarkoordinaten wie in Beispiel 6.6 Nr. 5.

2. Man diskutiere das Differentialgleichungssystem eines Bevölkerungsmodells und skizziere die Lösungskurven von

$$\dot{x} = x(1 - x/2 - y/4)$$
$$\dot{y} = y(1 - x/4 - 3y/4), \quad x, y \geqq 0.$$

3. Man löse die folgenden Differentialgleichungen

   a) $y = xy' - \ln|1 + y'|, \; y' > -1 \; (y' < -1)$
   b) $y = y' + e^x/y'$
   c) $y = (1 + y')x + y'^2$
   d) $y = xy'^2 + y'^2$.

7 Differentialgleichungen höherer Ordnung

In den vorigen Kapiteln sind uns bereits Differentialgleichungen höherer Ordnung begegnet. Wir haben für sie einen Existenz- und Eindeutigkeitssatz in Kapitel 3 bewiesen, aber kaum Möglichkeiten zur expliziten Lösung besprochen, wie wir sie für Differentialgleichungen erster Ordnung kennengelernt haben. Die Beschäftigung mit ihnen ist daher so wichtig, weil man gerade aus physikalischen und technischen Problemstellungen heraus in den meisten Fällen auf Differentialgleichungen insbesondere zweiter Ordnung geführt wird.

Zu ihrer Lösung sollte man versuchen, die Ordnung der Differentialgleichung durch Integrationen zu erniedrigen (vgl. Beispiele 6.8), und sie auf eine vielleicht bekannte Differentialgleichung erster Ordnung zurückführen. Das geht jedoch nur in einigen Fällen.

Explizite Lösungsalgorithmen sind eigentlich nur bei der Klasse der linearen Differentialgleichungen n-ter Ordnung mit konstanten Koeffizienten oder äquivalenten Problemen anwendbar, die wir in den Kapiteln 8 und 10 studieren werden.

Bei einigen Typen kommt man mit einem Potenzreihenansatz zum Ziel (vgl. Kap. 9). Oftmals aber muß man sich mit qualitativen Betrachtungen über den Lösungsverlauf begnügen und dann auf numerische Methoden zurückgreifen.

Im Folgenden werden wir die hier angesprochenen Problemkreise an ausgewählten Beispielen erläutern.

Es geht uns um das Anfangswertproblem einer Differentialgleichung n-ter Ordnung

$$y^{(n)} = f(x, y, y', \ldots, y^{(n-1)}), \quad y^{(i)}(x_0) = y_i, \qquad i = 0, \ldots, n-1, \tag{7.1}$$

das wir in Kapitel 3 in ein Anfangswertproblem für ein System (3.18) umgeschrieben hatten. Eine Anwendung des Existenz- und Eindeutigkeitssatzes 3.10 garantiert bei der Stetigkeit der Funktion f die Lösbarkeit des Anfangswertproblems (7.1), erfüllt f eine Lipschitzbedingung in einer Umgebung von $(x_0, y_0, \ldots, y_{n-1})$, so folgt die Eindeutigkeit der Lösung.

Nunmehr werden wir einige spezielle Differentialgleichungen zweiter Ordnung diskutieren, die sich elementar integrieren oder auf eine Differentialgleichung erster Ordnung zurückführen lassen.

7.1 Lösungs- und Reduktionsmethoden spezieller Differentialgleichungen zweiter Ordnung

Wir wollen das Beispiel eines Balkens behandeln, der an einem oder beiden Enden fixiert ist oder aufliegt, und die Differentialgleichung für die Verformung z des Balkens (Lage der neutralen Faser) aus der Waagerechten untersuchen.

In der Mechanik leitet man für die Krümmung κ der Kurve z die Beziehung

$$\kappa = -\frac{M(x)}{E \cdot I} \tag{7.2}$$

her (vgl. [B4, S. 378f]).

Es ist $\kappa = \frac{z''}{(1+z'^2)^{3/2}}$, E der Elastizitätsmodul, I das Flächenträgheitsmoment, $E \cdot I$ die Biegesteifigkeit des Balkens und M das Biegemoment.
Vernachlässigt man den Term z'^2 gegenüber der Einheit

$$1 + z'^2 \approx 1,$$

so erhält man die verkürzte Differentialgleichung

$$z'' = -\frac{M(x)}{E \cdot I}. \tag{7.3}$$

Im Falle der reinen Biegung des Balkens ohne Eigengewicht mit $M = M_0$ (vgl. Bild 7.1) erhalten wir für den Verlauf der neutralen Faser nach zweifacher Integration aus (7.3)

$$z(x) = \frac{M_0}{2\,EI}\,x(\ell - x), \quad \text{da } z(0) = z(\ell) = 0 \text{ gilt.}$$

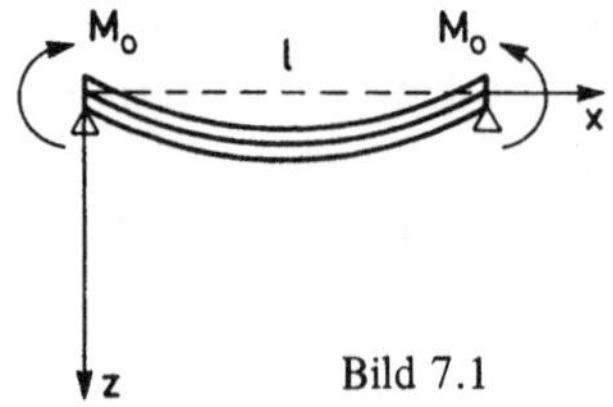

Bild 7.1

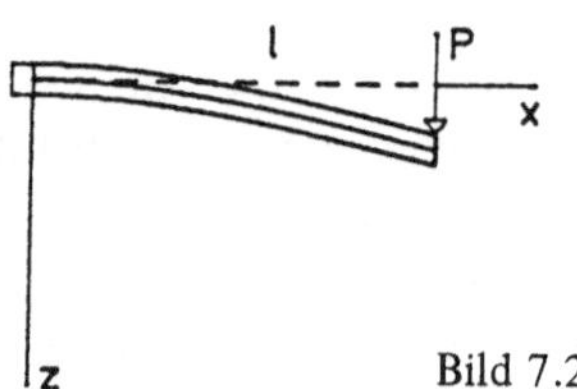

Bild 7.2

Im Belastungsfall nach Bild 7.2 folgt aus $M = -P(\ell - x)$ und $z(0) = z'(0) = 0$

$$z(x) = \frac{P\,x^2}{2\,EI}(\ell - x/3).$$

Rechnet man mit dem exakten Ausdruck für die Krümmung, so folgt im ersten Fall

$$z''/(1 + z'^2)^{3/2} = -\frac{M_0}{EI}, \tag{7.4}$$

und die Lösungskurve ist keine Parabel, sondern ein Kreisstück. Der Kreis ist nämlich die Kurve mit konstantem Krümmungsradius

$$\rho = -1/\kappa = EI/M_0.$$

Im zweiten Fall muß die Differentialgleichung

$$z''/(1 + z'^2)^{3/2} = \frac{P}{EI}(\ell - x)$$

gelöst werden.

Setzt man $y = z'$, so folgt

$$y'/(1+y^2)^{3/2} = \frac{P}{EI}(\ell - x)$$

und

$$\int \frac{dy}{(1+y^2)^{3/2}} = \frac{P}{EI}\int (\ell - x)\,dx\,.$$

Wir substituieren $y := \sinh t$ und erhalten

$$\tanh t = y/(1+y^2)^{1/2} = \frac{P}{EI}(\ell x - x^2/2) + c_1\,.$$

Auflösen nach y ergibt

$$z' = y = \frac{P}{EI}\,\frac{(\ell x - x^2/2)}{\left(1 - \left(\frac{P}{EI}\right)^2 (\ell x - x^2/2)^2\right)^{1/2}}\,,\quad (z'(0) = 0)\,. \tag{7.5}$$

Und weiter mit $u(x) := \frac{P}{EI}(\ell x - x^2/2)$

$$z = \int \frac{u(x)}{(1-u^2(x))^{1/2}}\,dx = \frac{EI}{P\ell}\int \frac{u\,du}{\sqrt{1-u^2}\,\sqrt{1-\frac{2\,EI}{P\ell^2}\,u}}\,.$$

Wir sind auf ein elliptisches Integral gestoßen und müssen nun eine Integraltafel zu Rate ziehen.

Für kleine Werte von u bietet sich eine Potenzreihenentwicklung in (7.5) an, die dann gliedweise integriert wird:

$$z(x) = \int\limits_0^x \left\{\frac{P}{EI}(\ell t - t^2/2) + \frac{1}{2}\left(\frac{P}{EI}\right)^3 (\ell t - t^2/2)^3 + \ldots\right\} dt\,,$$

da $z(0) = 0$ gilt.

Eine Auswertung ergibt

$$z(x) = \frac{P\,x^2}{2\,EI}\left(\ell - \frac{x}{3}\right) + \frac{1}{8}\left(\frac{P\ell}{EI}\right)^3 x^4 + \ldots\,.$$

Wir fassen den Lösungsweg noch einmal zusammen:

Gegeben sei eine Differentialgleichung der Form

$$z'' = f(x, z') \tag{7.6}$$

und zusätzlich eventuell eine Anfangs- oder Randwertvorschrift. Man setzt $z' = y$ und erhält so eine Differentialgleichung erster Ordnung

$$y' = f(x, y)\,.$$

Ist $z(x_0) = z_0$ und $z'(x_0) = z_1$, so löst man zunächst das Anfangswertproblem

$$y' = f(x, y),\;\; y(x_0) = z_1\,,$$

und erhält dann z aus

$$z(x) = z_0 + \int_{x_0}^{x} y(t)\, dt\,.$$

Auch die Differentialgleichung

$$y'' + f(y, y') = 0 \tag{7.7}$$

läßt sich auf eine Differentialgleichung erster Ordnung zurückführen.
Ist die Lösung y streng monoton, so kann man $x = x(y)$ und p mit $p(y) = y'(x(y))$ als neue Funktionen einführen.
Es folgt dann

$$y'' = pp'$$

und somit aus (7.7) die Differentialgleichung erster Ordnung

$$pp' + f(y, p) = 0\,. \tag{7.8}$$

Kann man $p(y)$ ermitteln, so ergibt sich

$$x(y) = \int \frac{dy}{p(y)}\,.$$

Beispiel.

Wir diskutieren die Differentialgleichung

$$yy'' + y'^2 = y'^3\,.$$

$y(x) = x + c_1$ und $y = c_2$ sind Lösungen der Differentialgleichung.
Nach (7.8) folgt

$$ypp' = p^3 - p^2\,,$$

und für $p \neq 0$ und $p \neq 1$

$$\int \frac{dp}{p^2 - p} = \int \frac{dy}{y}\,.$$

Die Auswertung der Integrationen ergibt

$$\ln\left|\frac{p-1}{p}\right| = \ln|cy|\,, \quad p = y'\,,$$

und wir erhalten für y eine Differentialgleichung erster Ordnung

$$y' = \frac{1}{1 - cy}$$

und schließlich die weiteren Lösungen

$$y - cy^2/2 = x + c_1\,.$$

□

Große physikalische Bedeutung hat auch der Spezialfall von (7.7)

$$\ddot{y} = -f(y)\,. \tag{7.9}$$

Die Differentialgleichung beschreibt die Bewegung eines Massenpunktes unter dem Einfluß einer von der Auslenkung y des Massenpunktes aus der Ruhelage abhängigen Kraft (ohne Reibung).
Nach Multiplikation mit $\dot{y}$ und Integration erhält man

$$\begin{aligned} \ddot{y}\,\dot{y} &= -f(y)\,\dot{y} \\ \dot{y}^2 &= -2\int f(y)\,dy =: -2F(y) + c\,. \end{aligned} \tag{7.10}$$

(7.10) kann als Energieerhaltungsgleichung aufgefaßt werden. Nun ist noch die Differentialgleichung

$$\dot{y} = \pm\sqrt{-2F(y)+c} \tag{7.11}$$

zu lösen, wobei das Vorzeichen vor der Wurzel von der Anfangsbedingung $\dot{y}(x_0) = y_1$ abhängt.
Ist y streng monoton, so erhält man y aus

$$t = t_0 \pm \int\limits_{y_0}^{y} \frac{du}{\sqrt{-2F(u)+c}}\,. \tag{7.12}$$

Ist dieses Integral nicht mehr explizit lösbar, so kann man zumindestens qualitativ mit Hilfe von (7.11) die Beziehung zwischen Ort y und Geschwindigkeit $\dot{y}$ in der Phasenebene diskutieren und Aussagen über Periodizität herleiten.
Den einfachsten Fall haben wir bereits in Kapitel 1, Abschnitt 1.3 kennengelernt.
Es war $f(y) = \frac{s}{m}y + g,\ y(t_0) = y_0,\ \dot{y}(t_0) = y_1$.
(7.10) lautet dann

$$\dot{y}^2 = -2\left(\frac{s}{2m}y^2 + gy\right) + c,\quad c = y_1^2 + \frac{s}{m}y_0^2 + 2gy_0\,,$$

und das Integral (7.12) ist explizit lösbar

$$t = t_0 \pm \sqrt{\frac{m}{s}}\arcsin\left.\frac{su/m + g}{\sqrt{sc/m + g^2}}\right|_{y_0}^{y}.$$

Ist die Masse zur Zeit $t_0 = 0$ gerade in der Gleichgewichtsposition $y_0 = -mg/s$, so folgt mit $c = y_1^2 - g^2 m/s$

$$\sin\sqrt{\frac{s}{m}}\,t = \frac{sy/m + g}{y_1\sqrt{(s/m)}}$$

und

$$y(t) = y_1\sqrt{\frac{m}{s}}\sin\sqrt{\frac{s}{m}}\,t - gm/s\,.$$

Ein anderer bekannter Fall ist der des Fadenpendels der Masse m und Fadenlänge L im Schwerefeld nach Bild 7.3.

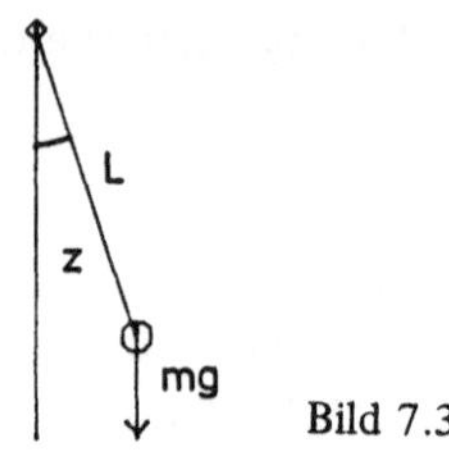

Bild 7.3

Bezeichnet z den Auslenkungswinkel, so wird die Auslenkung des Pendels in Abhängigkeit von der Zeit t durch die Differentialgleichung

$$mL^2 \ddot{z} + Lmg \sin z = 0 \qquad (7.13)$$

beschrieben.

Dabei ist mL^2 das Trägheitsmoment, $\ddot{z}$ die Winkelbeschleunigung und $Lmg \sin z$ das durch die Schwerkraft erzeugte Drehmoment. (7.13) ist demnach eine Momentengleichung.

Integration ergibt

$$\dot{z}^2 = \frac{2g}{L} \cos z + c, \qquad (7.14)$$

und Bild 7.4 beschreibt die Verhältnisse in der Phasenebene.

Geschlossene Kurven entsprechen eigentlichen periodischen Schwingungen des Pendels zwischen maximalen Auslenkungswinkeln $-z_M$ und z_M. Startet das Pendel zur Zeit $t_0 = 0$ in $z_0 = 0$ mit der Anfangsgeschwindigkeit $\dot{z}(0) = 2\sqrt{\frac{g}{L}}$, so läuft es auf die instabile Gleichgewichtslage $z = \pi$ zu, die jedoch erst nach unendlich langer Zeit erreicht sein würde.

Aus (7.14) folgt nämlich

$$t = \int_0^z \frac{du}{\sqrt{\frac{2g}{L}(\cos u + 1)}} = \sqrt{\frac{L}{g}} \int_0^z \frac{d(u/2)}{\cos(u/2)} = \sqrt{\frac{L}{g}} \ln \sqrt{\frac{1 + \sin(z/2)}{1 - \sin(z/2)}}.$$

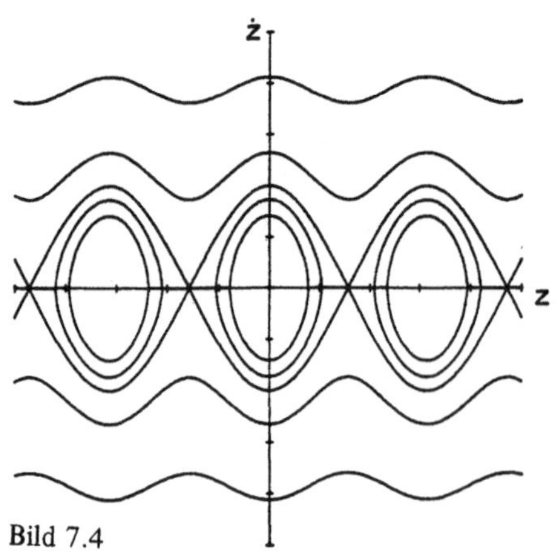

Bild 7.4

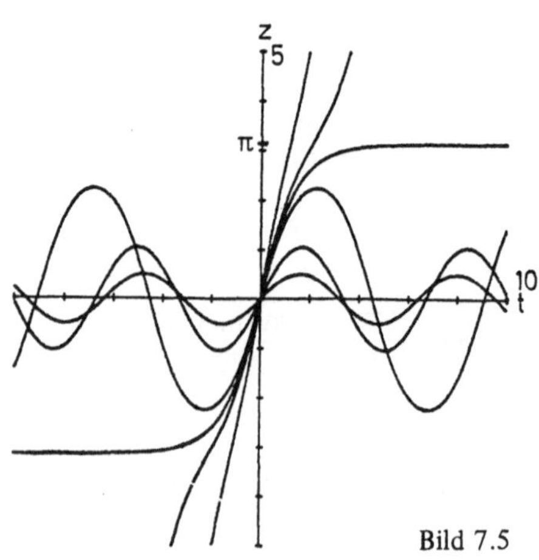

Bild 7.5

Wir lösen nach $\sin(z/2)$ auf:

$$\sin(z/2) = \frac{\exp(2\sqrt{g/L}\,t) - 1}{\exp(2\sqrt{g/L}\,t) + 1} = \tanh\sqrt{\frac{g}{L}}\,t$$

und

$$z(t) = 2\arcsin\left(\tanh\sqrt{\frac{g}{L}}\,t\right), \quad \lim_{t\to\infty} z(t) = \pi .$$

Stößt man das Pendel noch stärker an, so läuft es um.

Bild 7.5 zeigt im Winkel-Zeit Diagramm einige Lösungskurven von (7.13) durch den Nullpunkt mit verschiedenen Anfangsgeschwindigkeiten.

Für kleine Ausschläge des Pendels, d.h. z_M klein, kann man den Term $\sin z$ durch z ersetzen. Der relative Fehler ist dann kleiner als $z^2/6$. Bei $z_M = \pi/6$ ergeben sich z.B. ca. 5 %.

Eine genauere Abschätzung für die Abweichung der Näherungslösung

$$z_N(t) = z_0 \cos\left(\sqrt{\frac{g}{L}}(t-t_0)\right) + z_1\sqrt{\frac{L}{g}}\sin\left(\sqrt{\frac{g}{L}}(t-t_0)\right)$$

von $z(t)$ unter der Anfangsbedingung $z(t_0) = z_0$, $\dot{z}(t_0) = z_1$ gibt Satz 3.11.

Zur Bestimmung der exakten Lösung geht man von (7.14) aus und findet unter der Anfangsbedingung $z(0) = z_M$, $\dot{z}(0) = 0$, $z_M < 0$,

$$\dot{z}^2 = 2\frac{g}{L}(\cos z - \cos z_M)$$

und für kleine positive t

$$t = \sqrt{\frac{L}{2g}}\int_{z_M}^{z}\frac{dy}{\sqrt{\cos y - \cos z_M}} = \sqrt{\frac{L}{g}}\int_{z_M}^{z}\frac{d(y/2)}{\sqrt{\sin^2(z_M/2) - \sin^2(y/2)}} .$$

Substituieren wir $u := \sin(y/2)$, $v := \sin(z/2)$, $k := \sin(z_M/2)$, so erhalten wir das elliptische Integral

$$t = \sqrt{\frac{L}{g}}\int_{k}^{v}\frac{du}{\sqrt{1-u^2}\sqrt{k^2-u^2}} .$$

7.2 Qualitative Untersuchung der Differentialgleichung $y'' + f(y) = 0$

Im Anschluß an unsere Beispiele des vorigen Abschnittes wollen wir die Differentialgleichung (7.9) wieder aufgreifen und das Anfangswertproblem

$$\begin{aligned} &y'' + f(y) = 0,\ \ y(x_0) = y_0,\ y'(x_0) = y_1, \\ &f \in C^1(\mathbb{R}),\ \ f \text{ ungerade Funktion } (f(-y) = -f(y)) \end{aligned} \tag{7.15}$$

noch näher diskutieren.

Das Anfangswertproblem ist nach dem Existenz- und Eindeutigkeitssatz in einer Umgebung von x_0 eindeutig lösbar.

Ist y eine nicht-triviale Lösung der Differentialgleichung, so auch $-y$, $y(-x)$ und $y(x \pm c)$, $c \in \mathbb{R}$.

Erfüllt die Lösung y die Beziehung $y(x_0) = 0$, so sind $\pm y(x + x_0)$ und $\pm y(x_0 - x)$ Lösungen der Differentialgleichung, die im Nullpunkt verschwinden, und es folgt wegen der Eindeutigkeit der Lösung

$$y(x + x_0) = -y(x_0 - x).$$

Ist $y'(x_1) = 0$, so erhält man

$$y(x + x_1) = y(x_1 - x).$$

Eine Lösung y ist demnach ungerade bezüglich ihrer Nullstellen und gerade bezüglich der Nullstellen ihrer Ableitung.

Gelte nun $y(x_0) = 0$ und sei x_1 ($> x_0$) der zu x_0 nächste rechtsliegende Punkt mit $y'(x_1) = 0$. Ist $y'(x_0) > 0$, so hat y in x_1 ein Maximum, sonst ein Minimum.

Dann ist

$$y(x_1 - x) = y(x_1 + x) \quad \text{und} \quad y(x_0 - x) = -y(x_0 + x),$$

d.h.

$$y(x_1 + x_1 - x_0) = 0, \; y'(x_0 - (x_1 - x_0)) = 0 \quad \text{und} \quad y(3x_0 - 2x_1) = 0.$$

Die Punkte $3x_0 - 2x_1$ und $2x_1 - x_0$ begrenzen ein einfaches Periodenintervall (vgl. Bild 7.6).

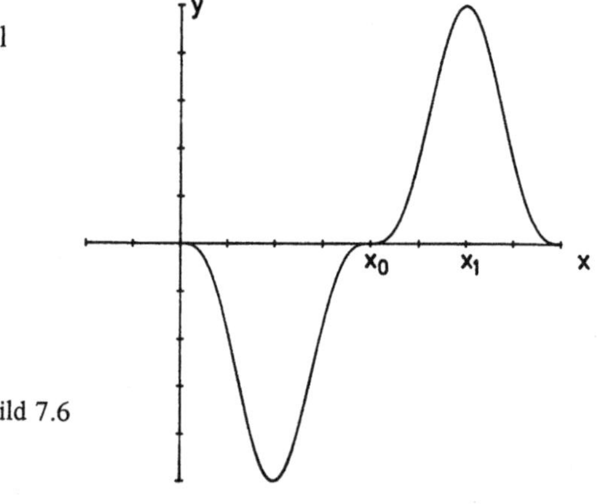

Bild 7.6

Hat f die Eigenschaften aus (7.15), so ist eine Lösung y von $y'' + f(y) = 0$ mit einer Nullstelle und einer Nullstelle der Ableitung periodisch und existiert auf ganz $\mathbb{R}$.

Wann besitzt nun eine Lösung y eine Nullstelle sowie eine Nullstelle der Ableitung?

7.1 **Lemma.**

Ist $f(y) > 0$ in $0 < y < a$, so ist jede Lösung des Anfangswertproblems (7.15) mit $0 < y(0) = y_0 < a$ und $y'(0) = 0$ periodisch.

Beweis.

Da $y''(0) < 0$ ist, hat die gerade Funktion y im Nullpunkt ein Maximum. Besitzt y auch eine Nullstelle, so ist y periodisch. Nehmen wir im Widerspruch dazu an $y(x) > 0$ für alle x. Dann ist y monoton fallend und konkav. Jede Tangente an y im Punkte $(\bar{x}, y(\bar{x}))$, $\bar{x} \neq 0$, schneidet die x-Achse, und da y unterhalb der Tangente verläuft, schneidet auch y die x-Achse. ■

Man interpretiere die Bahnkurven des Fadenpendels aus Bild 7.5 im Hinblick auf dieses Lemma.

7.2 **Lemma.**

Ist $f(y) > 0$ für alle positiven y, so existiert die Lösung des Anfangswertproblems (7.15) auf ganz $\mathbb{R}$.

Beweis.

Wegen der vorstehenden Bemerkungen dürfen wir annehmen

$$x_0 = 0,\ y(0) = y_0 > 0,\ y'(0) = y_1 > 0\,.$$

Dann gilt für alle x mit $y(x) > 0$

$$y(x) \leqq y_1 x + y_0\,,$$

und y besitzt eine Nullstelle x_0 mit $x_0 < 0$.
$y(x + x_0)$ ist ungerade, eventuell periodisch und existiert auf ganz $\mathbb{R}$. ■

7.3 **Satz.**

Gilt

$$f(y) > 0 \text{ für alle } y > 0 \text{ und } \varliminf_{y \to \infty} f(y) > 0\,, \tag{7.16}$$

so ist die Lösung des Anfangswertproblems (7.15) periodisch.

Beweis.

Wie im Beweis von Lemma 7.2 dürfen wir annehmen

$$y(0) = y_0 > 0,\ y'(0) = y_1 > 0$$

und wollen zeigen, daß y' eine Nullstelle $x_1 > 0$ besitzt.
Ist im Gegensatz dazu $y'(x) > 0$ für alle $x > 0$, so ist y streng monoton wachsend, und wir dürfen annehmen

$$y(x) \geqq y_0 \text{ für } x \geqq 0,\ f(y) \geqq c > 0 \text{ für } y \geqq y_0 \text{ wegen (7.16).}$$

Dann folgt

$$y'(0) - y'(x) = -y''(\bar{x})\, x = f(y(\bar{x}))\, x \geqq cx\,,\ y_1 - cx \geqq y'(x)$$

auch für $x > y_1/c$ im Widerspruch zur Annahme $y' > 0$.

Das zeigt die Existenz von x_1 mit $y'(x_1) = 0$, und da wegen Lemma 7.2 y auch eine Nullstelle besitzt, ist y periodisch. ■

7.4 **Beispiel.**

$y'' + y^{2k+1} = 0$ hat für $k = 0, 1, 2, \ldots$ nur periodische Lösungen.

In Bild 7.7 sehen wir die Lösungskurven der Anfangswertprobleme

$$y'' + y^3 = 0, \quad y(0) = 0, \quad y'(0) = 0.5, \ 1, \ 2.$$

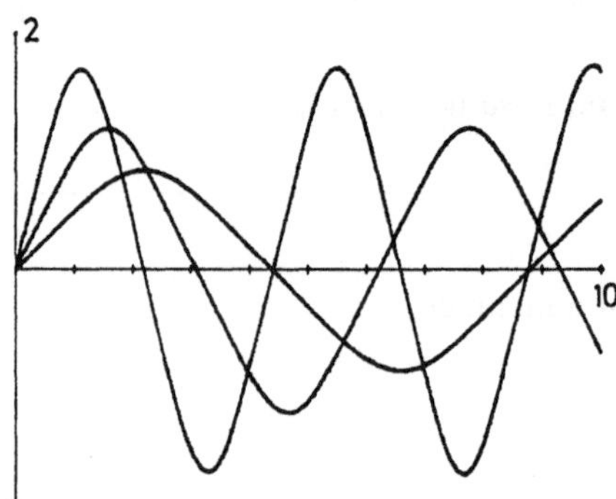

Bild 7.7

□

7.3 Autonome Systeme und geschlossene Trajektorien

Bereits in den Kapiteln 3 und 6 sind wir auf Systeme

$$\dot{\mathbf{x}} = \mathbf{f}(\mathbf{x}), \quad \mathbf{f}: D \to \mathbb{R}^p, \quad D \subseteq \mathbb{R}^p, \tag{7.17}$$

gestoßen, bei denen die Vektorfunktion $\mathbf{f}$ nicht explizit von t abhängt, und haben ihre Lösungskurven $\mathbf{x}(t)$ diskutiert (vgl. Beispiel 6.6 Nr. 8). Dabei spielte die Zeit t die Rolle des Kurvenparameters.

Bei (7.17) spricht man von einem *autonomen* System.

Das zugehörige Anfangswertproblem

$$\dot{\mathbf{x}} = \mathbf{f}(\mathbf{x}), \quad \mathbf{x}(t_0) = \mathbf{x}_0, \tag{7.18}$$

$\mathbf{f}$ sei stetig und erfülle (lokal) eine Lipschitzbedingung

ist eindeutig lösbar.

Da neben $\mathbf{x}(t)$ auch $\mathbf{x}(t - t_0)$ Lösung der Differentialgleichung $\dot{\mathbf{x}} = \mathbf{f}(\mathbf{x})$ ist, dürfen wir $t_0 = 0$ setzen.

Es ist also nur naheliegend, t die Rolle eines Parameters zuzuweisen und bei den Lösungskurven von Bahnkurven oder *Trajektorien* im Phasenraum D zu sprechen.

Zwei verschiedene Trajektorien können nicht durch ein und denselben Punkt laufen, da sich sonst ein Widerspruch zur Eindeutigkeit der Lösung des Anfangswertproblems ergibt.

Interessant sind die Punkte, an denen **f** verschwindet. Bei unseren Bevölkerungsmodellen spielten diese singulären Punkte eine wichtige Rolle (vgl. Beispiele 6.6).

7.5 **Definition.** (Gleichgewichtspunkt)

Ein Punkt $\mathbf{x}_0 \in D$ mit $\mathbf{f}(\mathbf{x}_0) = \mathbf{0}$ heißt *Gleichgewichtspunkt* oder *stationärer Punkt* des Systems.

Um die Trajektorien klassifizieren zu können, benötigen wir einen Hilfssatz aus der Gruppentheorie:

7.6 **Lemma.**

Es sei G eine abgeschlossene Menge aus $\mathbb{R}$.
Ist G eine additive Gruppe, so gilt $G = \mathbb{R}$, oder G ist zyklische Gruppe unendlicher Ordnung, also G isomorph zu $\mathbb{Z}$.

Beweis.

Gibt es in G ein kleinstes positives Element T, so erzeugt T die Gruppe G:
$G = \{nT \mid n \in \mathbb{Z}\}$, denn aus $g \in G \setminus \{nT\}$, $g > 0$ folgt für ein $n_0 \in \mathbb{N}_0$

$$n_0 T < g < (n_0 + 1)\, T ,$$

und das Element $g - n_0 T$ ist kleiner als T im Widerspruch zur Annahme. Gibt es andererseits eine Folge von Gruppenelementen (g_n) mit $\lim_{n \to \infty} g_n = 0$, so existiert zu jeder Zahl $g \in \mathbb{R}$ eine Folge ganzer Zahlen (k_n) mit $g_n k_n \leqq g < g_n (k_n + 1)$.
Daraus resultiert

$$\lim_{n \to \infty} g_n k_n = g \in G$$

da G abgeschlossen ist. ∎

7.7 **Satz.**

Es gibt genau drei Arten von Trajektorien als Lösungskurven eines autonomen Systems:

1. Geschlossene Trajektorien als homöomorphes Bild des Kreises,
2. Offene Trajektorien als stetiges Bild eines offenen Intervalls,
3. Zu einem Punkt entartete Trajektorien.

Ein Homöomorphismus ist eine umkehrbar eindeutige Abbildung, die nebst ihrer Umkehrung stetig ist.

Beweis.

1. Wir nehmen an, eine Trajektorie $\mathbf{x}$ möge sich selbst schneiden. Dann gibt es zwei verschiedene Punkte t_1 und t_2 aus ihrem maximalen Existenzintervall $I := (\underline{t}_1, \overline{t}_2)$ mit $\mathbf{x}(t_1) = \mathbf{x}(t_2)$.

Sei $\tilde{\mathbf{x}}$ die Lösung mit $\tilde{\mathbf{x}}(t) := \mathbf{x}(t + t_1 - t_2)$, so gilt $\tilde{\mathbf{x}}(t_2) = \mathbf{x}(t_2)$, und wir haben $\tilde{\mathbf{x}} = \mathbf{x}$ nach dem Existenz- und Eindeutigkeitssatz. Dann hat $\mathbf{x}$ das Existenzintervall $(\bar{t}_1 + t_1 - t_2, \bar{t}_2 + t_1 - t_2)$, und es muß $\bar{t}_1 = -\infty$ und $\bar{t}_2 = \infty$ gelten.

$\mathbf{x}$ ist periodisch mit der Periode $|t_1 - t_2|$. Die Periodenzahlen bilden eine abgeschlossene Gruppe in $\mathbb{R}$. Nach Lemma 7.6 gibt es, falls $\mathbf{x}$ nicht aus einem Punkt besteht, eine kleinste Periode T, die Fundamentalperiode. Der geschlossenen Trajektorie entspricht eine periodische Lösung $\mathbf{x}$ des Anfangswertproblems (7.18), und $t \to \mathbf{x}(t)$, $t \in [0, T]$ ist ein Homöomorphismus, wenn man die Intervallenden identifiziert.

2. Schneidet sich die Trajektorie nicht selbst, so gibt es ein maximales Existenzintervall $I := (\bar{t}_1, \bar{t}_2)$.
3. $\mathbf{x}(t) = \mathbf{x}_0$ ist genau dann Lösung, wenn $\mathbf{x}_0$ stationärer Punkt ist. ∎

7.8 **Beispiele.**

1. Wir nehmen noch einmal Gleichung (7.14) und Bild 7.4 auf. Es zeigt die Trajektorien des Fadenpendels in der $(z, \dot{z})$-Ebene, Setzt man $x := z$, $y := \dot{z}$, so ist (7.13) dem autonomen System

$$\dot{x} = y$$
$$\dot{y} = -\frac{g}{L}\sin x$$

äquivalent.

Die stationären Punkte sind $(n\pi, 0)$, $n \in \mathbb{Z}$. Die singulären Punkte $(2n\pi, 0)$ sind Wirbelpunkte, $((2n+1)\pi, 0)$ dagegen Sattelpunkte. Für $|c| < 2g/L$ treten nur geschlossene Trajektorien auf, für $|c| \geqq 2g/L$ offene.

2. Gegeben sei nun das autonome System

$$\dot{x} = y + x(1 - x^2 - y^2)/(x^2 + y^2)^{1/2}$$
$$\dot{y} = -x + y(1 - x^2 - y^2)/(x^2 + y^2)^{1/2}, \quad x^2 + y^2 > 0.$$

Wir führen Polarkoordinaten $x = r\cos\phi$, $y = r\sin\phi$ ein und erhalten mit $xdx + ydy = rdr$, $xdy - ydx = r^2\, d\phi$ das System

$$\dot{r} = 1 - r^2$$
$$\dot{\phi} = -1$$

mit der Lösung

$$r = \frac{ce^{2t} - 1}{ce^{2t} + 1}, \qquad \phi = -t + d,$$

und nach Umrechnung ist

$$x = \left(\frac{ce^{2t} - 1}{ce^{2t} + 1}\right)\cos(t - d), \quad y = -\left(\frac{ce^{2t} - 1}{ce^{2t} + 1}\right)\sin(t - d).$$

Die Trajektorien sind für $c > 0$ Spiralen im Kreis $x^2 + y^2 = 1$, für $c < 0$ außerhalb des Kreises, und für $c = 0$ ist der Kreis selbst geschlossene Lösungskurve, an den sich die Spiralen für $t \to \pm\infty$ asymptotisch anschmiegen.

In diesem Fall spricht man von einem (isolierten) Grenzzykel. □

Über die Existenz von Grenzzykeln gibt der Satz von *Poincaré* und *Bendixson* Auskunft:

7.9 **Satz.** (Poincaré – Bendixson)

Gegeben sei das autonome System

$$\begin{aligned} \dot{x} &= f(x, y) \\ \dot{y} &= g(x, y), \end{aligned} \tag{7.19}$$

und f, g seien im Gebiet D stetig partiell differenzierbar.

Sei K eine kompakte Teilmenge von D, die keinen stationären Punkt enthält. Gibt es eine Trajektorie $\binom{x}{y}$, die für $t \geq t_0$ ganz in K verbleibt, so ist $\binom{x}{y}$ entweder geschlossen oder nähert sich asymptotisch einer geschlossenen Trajektorie, dem Grenzzykel.

Im Inneren des Grenzzykels liegt übrigens immer ein stationärer Punkt.

Für den Beweis konsultiere man z.B. das Buch von Coddington und Levinson: [C-L, S. 389f].

7.10 **Bemerkung.**

Gilt im einfach zusammenhängenden Gebiet D jedoch

$$f_x + g_y \geqq 0 \quad (\leqq 0)$$

und verschwindet $f_x + g_y$ nicht identisch, so hat das System (7.19) keine geschlossenen Trajektorien, denn ist C eine geschlossene Lösungskurve in D, so ergibt eine Anwendung des Integralsatzes von Gauß

$$0 \underset{(>)}{<} \int_D \operatorname{div}\binom{f}{g}\,dx\,dy = \oint_C \{f\,dy - g\,dx\} = \int_0^T (f\dot{y} - g\dot{x})\,dt = 0$$

einen Widerspruch.

In Kapitel 12 werden wir ein Modell der eingerasteten Phasenschleife aus der Elektronik diskutieren. Man wird auf das System

$$\begin{aligned} \dot{x} &= y \\ \dot{y} &= -\sin x - \alpha y + \beta, \quad \alpha > 0, \end{aligned}$$

geführt.

Hier existieren keine geschlossenen Trajektorien, da im $\mathbb{R}^2$

$$f_x + g_y = -\alpha < 0$$

gilt.

7.4 Die Differentialgleichung von Liénard

In Verallgemeinerung von (7.9) wollen wir nun die Differentialgleichung

$$\ddot{x} + g(x)\,\dot{x} + f(x) = 0 \tag{7.20}$$

auf die Existenz von periodischen Lösungen hin untersuchen. Sie tritt als Bewegungsgleichung selbsterregter Schwingungen auf. Dabei setzen wir voraus:

a) $f, g \in C(\mathbb{R})$, f erfülle auf $\mathbb{R}$ eine lokale Lipschitzbedingung,

b) g sei gerade Funktion mit $g(0) < 0$, f ungerade mit $x\,f(x) > 0$ für $x \neq 0$,

c) $$G(x) := \int_0^x g(u)\,du \to \infty, \quad x \to \infty, \tag{7.21}$$

d) G sei streng monoton wachsend für $x \geqq \overline{x} > 0$, wobei $\overline{x}$ die einzige positive Nullstelle von G ist.

Zunächst machen wir einige qualitative Bemerkungen über die Lösungen von (7.20). Die Differentialgleichung ist leicht in folgendes System zu überführen:

$$\begin{aligned} \dot{x} &= y - G(x) \\ \dot{y} &= -f(x) \end{aligned} \tag{7.22}$$

Es handelt sich wieder um ein autonomes System, dessen Lösungen die folgenden Eigenschaften besitzen:

1. Die rechte Seite von (7.22) erfüllt nach Voraussetzung a) eine lokale Lipschitz-Bedingung, was lokale Existenz und Eindeutigkeit der Lösung eines vorgegebenen Anfangswertproblems in jedem Punkt der Ebene sichert.
2. Ist $\binom{x(t)}{y(t)}$ Lösungskurve, so auch $\binom{-x(t)}{-y(t)}$, da die rechte Seite von (7.22) aus ungeraden Funktionen aufgebaut ist.
3. Die Tangentensteigung an eine Bahnkurve $\binom{x(t)}{y(t)}$ ist gegeben durch

   $$\frac{dy}{dx} = \frac{-f(x)}{y - G(x)}\,. \tag{7.23}$$

   Das bedeutet, daß eine Trajektorie bei Durchgang durch die y-Achse waagerechte und beim Durchgang durch den Graph Γ der Funktion G eine senkrechte Tangente besitzt.
4. Besitzt (7.22) eine einfach geschlossene Lösungskurve, so muß sie symmetrisch zum Nullpunkt liegen.
5. Daher ist auch nur zu zeigen, daß es einen Halbbogen C der Lösungstrajektorie gibt, dessen Berührpunkte mit der y-Achse symmetrisch zum Nullpunkt liegen. Man kann ihn dann wegen Eigenschaft 2. sofort zu einer geschlossenen Trajektorie ergänzen.

Wir können sogar noch mehr zeigen

7.11 **Satz.**

Unter den Voraussetzungen (7.21) a) bis d) hat das System (7.22) genau eine einfach geschlossene Lösungstrajektorie C und damit die Differentialgleichung (7.20) eine bis auf Translationen eindeutige periodische Lösung x.

Beweisskizze. (vgl. Bild 7.8)

Es genügt zu zeigen, daß es in der rechten Halbebene genau einen Halbbogen C einer Lösungskurve gibt, der die y-Achse in zwei symmetrisch zum Nullpunkt liegenden Punkten $(0, y_0)$ und $(0, y_1)$, $y_1 = -y_0 < 0$ trifft.
$\dot{y} = -f(x) < 0$ für $x > 0$ bedeutet, daß y abfällt auf jedem Lösungskurvenstück mit $x > 0$, x dagegen dort zunächst monoton wächst für $y < G(x)$ und nach Durchstoßen des Graph Γ der Funktion G monoton fällt.
So tritt die Lösungskurve C in $(0, y_0)$ in die rechte Halbebene ein, schneidet den Graph Γ genau einmal im Punkte $(\alpha, G(\alpha))$ wegen (7.21) c) und 3., und da auf dem Kurvenstück unterhalb von Γ f und für $0 \leqq x \leqq \alpha - \epsilon$ auch $\frac{dy}{dx}$ beschränkt sind, muß der Bogen C die y-Achse im Punkt $(0, y_1)$ treffen. Wir schreiben also $C = C_\alpha$.
Nunmehr zeigt man die Existenz eines $\alpha > 0$, so daß $y_1 = -y_0$ gilt und daß dieser Wert α eindeutig bestimmt ist.

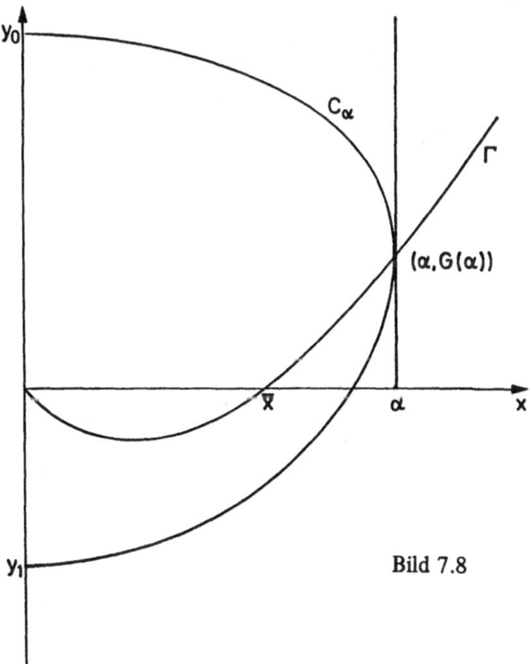

Bild 7.8

Dazu führt man die Funktion u mit

$$u(x, y) = \frac{1}{2} y^2 + F(x), \quad F(x) := \int_0^x f(v)\, dv,$$

ein und weist nach, daß es einen Lösungskurvenbogen $\binom{x}{y}$ gibt mit $u(0, y_1) - u(0, y_0) = 0$.

Aus $du = y dy + f(x)\, dx = G(x)\, dy$ wegen (7.23) folgt

$$\phi(\alpha) := u(0, y_1) - u(0, y_0) = \int_{C_\alpha} G(x)\, dy.$$

Für $\alpha \leqq \bar{x}$ gilt $\phi(\alpha) > 0$, da $G(x)$ und dy beide negativ sind. Es bleibt also noch der Fall $\alpha > \bar{x}$ zu untersuchen.

Man kann nun mit einer geometrischen Betrachtung sich überlegen, daß $\phi(\alpha)$ streng monoton fallend ist mit $\phi(\alpha) \to -\infty$, $\alpha \to \infty$.

Im Bereich $0 \leqq x \leqq \bar{x}$ haben $Q(x, y) := \dfrac{G(x) f(x)}{G(x) - y}$ und das Teilintegral

$$\int G(x)\, dy = \int_{[0, \bar{x}]} Q(x, y)\, dx$$

einen positiven Wert, der jedoch für wachsendes α abnimmt, da der Flächeninhalt innerhalb des Bogens C_α wächst und $Q(x, y)$ kleiner wird.

Im Bereich $\bar{x} \leqq x \leqq \alpha$ ist $\int G(x)\, dy$ negativ und fällt streng monoton gegen $-\infty$ für wachsendes α, da der Hauptanteil des Integrals im Bereich des Punktes $(\alpha, G(\alpha))$ durch wachsendes $G(\alpha)$ und starken Fall von y bestimmt ist.

Daher hat ϕ genau eine Nullstelle $\alpha = \alpha_0$, und wir haben den Grenzzykel gefunden. ∎

K. Magnus erläutert in seinem Buch Schwingungen [M1, S. 109f] ausführlich das Beispiel des Röhrengenerators. Dessen selbsterregte Schwingungen beschreibt die *van der Pol*sche Differentialgleichung

$$\ddot{x} + (ax^2 - b)\dot{x} + x = 0, \quad a, b > 0, \tag{7.24}$$

ein Spezialfall der Liénard-Differentialgleichung.

Satz 7.11 sichert die Existenz einer eindeutig bestimmten periodischen Lösung. Sie ist stabil, denn nach einem Einschwingvorgang wird dieser stationäre Schwingungszustand schnell erreicht. Ähnliche Ergebnisse erhält man bei der Verwendung einer Tunneldiode. Die Diskussion des *Wienschen* Brückenoszillators führt ebenfalls auf eine *Liénard*-Differentialgleichung (vgl. [B-L2, S. 182]):

$$\ddot{v} + \frac{3}{RC}\left(1 - \frac{1 + \delta}{\cosh^2 v}\right)\dot{v} + \frac{1}{(RC)^2} v = 0, \quad \delta > 0, \quad v \text{ Spannung}.$$

Bild 7.9 zeigt die Trajektorien und den Grenzzykel des Systems

$$\dot{x} = y + x - \tfrac{1}{3}x^3$$
$$\dot{y} = -x\,.$$

Es ist der Differentialgleichung (7.24) mit $a = b = 1$ äquivalent.

Bild 7.10 zeigt die Lösungen spezieller Anfangswertprobleme zur Differentialgleichung

$$\ddot{x} + (x^2 - 1)\,\dot{x} + x = 0\,.$$

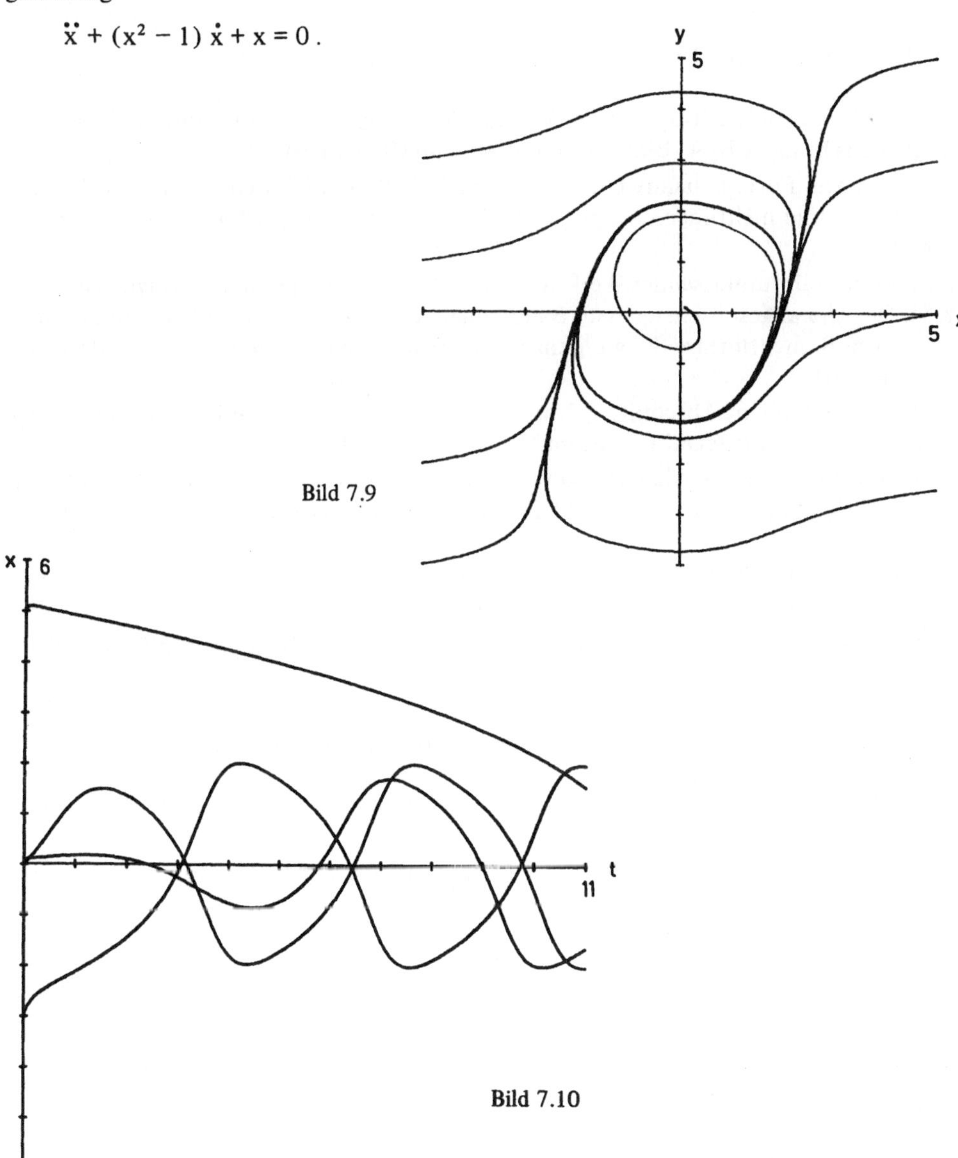

Bild 7.9

Bild 7.10

Die verwandte *Rayleigh*sche Differentialgleichung

$$\ddot{v} + G(\dot{v}) + v = 0$$

kann übrigens mit Hilfe der Substitution

$$x := \dot{v}, \quad y := -v$$

auf das System (7.22) mit $f(x) = x$ zurückgeführt werden.

7.5 Literatur zu Kapitel 7

Eine ausführliche Herleitung der Differentialgleichung (7.2) für die neutrale Faser des Balkens bringt z.B. A. Budo: Theoretische Mechanik [B4].

In elementarer Form behandelt R. Haberman [H1, S. 3–115] Schwingungsprobleme mit linearen und nichtlinearen Dgln, unter anderm auch sehr ausführlich das Fadenpendel.

Ein weiteres sehr umfassendes Werk ist: Karl Klotter: Technische Schwingungslehre [K5]. Der hier angesprochene erste Band behandelt in Teil A lineare Schwingungen und in Teil B nichtlineare Schwingungen. Ausführlich wird auch die van der Polsche Dgl diskutiert.

Unsere Darstellung in Abschnitt 7.3 und 7.4 stützt sich auf C. Corduneanu: Principles of Differential and Integral Equations [C3, S. 69f, 182f].

Ein mathematischer Übersichtsartikel zur Liénard-Differentialgleichung befindet sich in [S1] Ulrich Staude: Uniqueness of Periodic Solutions of the Liénard Equation, S. 421–429.

Als grundlegendes Werk über nichtlineare Dgln bietet sich das Buch von G. Sansone und R. Conti: Non-linear Differential Equations [S–C] an.

Eine Fortsetzung dazu ist R. Reissig, G. Sansone, R. Conti: Non-linear differential equations of higher order [R6].

Anwendungsorientiert sind die Ausführungen von K. Magnus: Schwingungen[M1] zur van der Polschen Differentialgleichung. Er erläutert verschiedene Berechnungsverfahren zu ihrer Lösung und erhält Näherungslösungen durch Linearisierung der Dgl, Reihenansätze und die van der Polsche Methode der langsam veränderlichen Amplitude.

Ein weiteres empfehlenswertes Buch ist D. W. Jordan & P. Smith: Nonlinear Ordinary Differential Equations [J–S].

7.6 Aufgaben zu Kapitel 7

1. Man berechne die Funktion z der neutralen Faser des beidseitig aufliegenden Balkens mit der Länge L und dem Eigengewicht $Q = mg$ mit der verkürzten Differentialgleichung (7.3).

   Anleitung.

   Das Moment M setzt sich aus dem Auflagemoment und dem Gewichtsmoment zu $M(x) = \frac{Q}{L} \frac{x(L-x)}{2}$ zusammen.

2. Man bestimme die allgemeine Lösung der Differentialgleichung

$$y(y-1)\,y'' + y'^2 = 0\,.$$

3. Für welche Anfangswertvorgabe ist das Anfangswertproblem

$$2\,yy'' = 1 + y'^2\,,\quad y(0) = y_0\,,\quad y'(0) = y_1\,,$$

lösbar?

Anleitung.
Man differenziere die Differentialgleichung einmal.

4. Ein Körper der Masse 1 bewegt sich im Schwerefeld entgegen der Schwerkraft durch den Punkt 0 zur Zeit $t_0 = 0$ mit der Geschwindigkeit v_0.
Die Reibungskraft sei proportional dem Quadrat der Geschwindigkeit. Man berechne die größte Höhe h_0 der Bahn des Körpers.

Anleitung.
Die Differentialgleichung lautet $\ddot{x}(t) = -g(1 + c^2\dot{x}^2(t))$.

5. Ein Körper der Masse 1 sei zwischen zwei parallelen Wänden im Abstand 2 voneinander an zwei Federn aufgehängt.
Ohne Berücksichtigung der Schwerkraft liegt die Masse im Ruhezustand mit beiden Federn der Länge 1 auf einer Geraden. Man stelle die Differentialgleichung für vertikale Schwingungen senkrecht zur Ruhelage auf, wenn die Federkonstanten 1 sind, und zeige, daß die Masse periodische Schwingungen ausführt. Man stelle eine Näherungsdifferentialgleichung für kleine Schwingungen auf.

Anleitung.
Man benutze Satz 7.3, vgl. [C1, S. 63].

6. Man zeige:
Das System $\dot{x} = y,\ \dot{y} = -x + (1 - x^2 - y^2)\,y$ hat als einzige geschlossene Lösungstrajektorie den Kreis $x^2 + y^2 = 1$.

Anleitung.
Sei $\binom{x(t)}{y(t)}$ geschlossene Bahnkurve mit $0 \leqq t \leqq T$. Dann gilt

$$0 = \int_0^T (x\dot{x} + y\dot{y})\,dt = \int_0^T (1 - x^2 - y^2)\,y^2\,dt\,.$$

7. Die Voraussetzung (7.16) aus Satz 7.3 läßt sich abschwächen in

$$f(y) > 0 \ \text{für alle}\ y > 0 \ \text{und}\ \int_0^y f(u)\,du \to \infty,\ y \to \infty, \qquad [\text{C1, S. 66f}]$$

Anleitung.
Nach den Vorbetrachtungen zu Satz 7.3 darf man annehmen $y(0) = 0,\ \dot{y}(0) = y_1 > 0$. Man zeige durch Multiplikation der Differentialgleichung mit $\dot{y}$ und Integration, daß y beschränkt bleibt, und dann, daß $\dot{y}$ eine Nullstelle besitzt.

8 Lineare Differentialgleichungen höherer Ordnung

8.1 Lösungstheorie der linearen Differentialgleichung n-ter Ordnung

Aus vielen Beispielen der vorhergehenden Kapitel wissen wir, daß gerade in den Anwendungen aus Physik und Technik die Differentialgleichungen höherer Ordnung eine große Rolle spielen. Besonders ausgezeichnet sind dabei die Gleichungen zweiter Ordnung, die mit dem *Newtonschen Kraftgesetz* zusammenhängen, und darunter vor allem die linearen Differentialgleichungen, weil man hier eine Lösungstheorie aufbauen kann.
Die Schwingungsgleichung

$$m\ddot{x} + sx = g(t) \tag{8.1}$$

haben wir bereits in den Kapiteln 1 und 7 diskutiert, die allgemeinere Schwingungsgleichung mit Dämpfungsterm

$$m\ddot{x} + r\dot{x} + sx = g(t) \tag{8.2}$$

wird uns noch beschäftigen.
Aber auch die linearen Differentialgleichungen n-ter Ordnung über dem Intervall I haben wir in Definition 1.2 bereits angesprochen und einen Existenz- und Eindeutigkeitssatz in Kapitel 3 (Satz 3.10) für das zugehörige Anfangswertproblem formuliert.
Wir fassen die Resultate in leicht modifizierter Form noch einmal zusammen:

8.1 **Definition.** (Linearer Differentialoperator)

Gegeben sei der lineare Raum $C^n(I)$ der n-mal über dem Intervall I stetig differenzierbaren Funktionen.
Dann heißt die Abbildungsvorschrift

$$L = \frac{d^n}{dx^n} + a_{n-1}(x)\frac{d^{n-1}}{dx^{n-1}} + \ldots + a_1(x)\frac{d}{dx} + a_0(x),$$

$$a_i \in C(I), \quad i = 0, 1, \ldots, n-1,$$

die jeder Funktion $y \in C^n(I)$ die Funktion

$$Ly = y^{(n)} + a_{n-1}y^{(n-1)} + \ldots + a_1 y' + a_0 y =: g \in C(I)$$

zuordnet, ein *linearer Differentialoperator n-ter Ordnung*, da für $y_1, y_2 \in C^n(I)$ und $c_1, c_2 \in \mathbb{C}$ die Gleichung

$$L(c_1 y_1 + c_2 y_2) = c_1 Ly_1 + c_2 Ly_2$$

erfüllt ist.

f heißt *Lösung* der Differentialgleichung $Ly = g$, $g \in C(I)$, wenn $f \in C^n(I)$ und $Lf = g$ gilt.

Ist $g = 0$, so sprechen wir von einer *homogenen linearen Differentialgleichung*, sonst von einer *inhomogenen Differentialgleichung*.

Das zugehörige Anfangswertproblem ist

$$Ly = g, \quad y^{(i)}(x_0) = y_i, \quad i = 0, 1, \ldots, n-1, \quad x_0 \in I. \tag{8.3}$$

Nach dem Existenz- und Eindeutigkeitssatz 3.10 gibt es genau eine Lösung von (8.3), und sie existiert auf ganz I.

Das homogene Anfangswertproblem

$$Ly = 0, \quad y^{(i)}(x_0) = 0, \qquad i = 0, 1, \ldots, n-1,$$

hat natürlich nur die triviale Lösung $f = 0$.

Unmittelbar erkennt man die Gültigkeit von

8.2 **Satz.**

Die Lösungsgesamtheit der linearen homogenen Differentialgleichung $Ly = 0$ bildet einen linearen Unterraum U in $C^n(I)$.

Ist y_p eine partikuläre Lösung der inhomogenen Differentialgleichung $Ly = g$, so läßt sich die Gesamtheit der Lösungen f von $Ly = g$ darstellen als

$$f = y_p + y, \quad y \in U.$$

Beweis.

Mit $y_1, y_2 \in U$ folgt wegen der Linearität von L

$$L(c_1 y_1 + c_2 y_2) = c_1 Ly_1 + c_2 Ly_2 = 0, \quad c_1, c_2 \in \mathbb{C},$$

auch $c_1 y_1 + c_2 y_2 \in U$.

Aus $Lf = g$ und $Ly_p = g$ folgt $L(f - y_p) = 0$ und $f - y_p \in U$. Gilt umgekehrt $Ly = 0$ und $Ly_p = g$, so ist $L(y_p + y) = g$. ■

Man muß nun ein Kriterium entwickeln, wann Lösungen linearer Differentialgleichungen als gleich oder als verschieden voneinander anzusehen sind.

8.3 **Definition.** (Lineare Abhängigkeit)

Gegeben seien die Funktionen $y_1, \ldots, y_m$ aus $C(I)$.

Sie heißen *linear abhängig* über I, wenn es Konstanten $c_1, \ldots, c_m$ gibt, die nicht alle gleich Null sind, so daß auf I

$$c_1 y_1 + \ldots + c_m y_m = 0 \tag{8.4}$$

gilt.

Andernfalls heißen sie linear unabhängig.

So sind die Funktionen $x, x^2, \dots, x^m$ über jedem Intervall I linear unabhängig, da aus

$$c_1 x + c_2 x^2 + \dots + c_m x^m = 0 \quad \text{auf} \quad I$$

$c_1 = c_2 = \dots = c_m = 0$ folgt.

Die Funktionen $e^x, e^{-x}, \cosh x$ sind linear abhängig, da

$$e^x + e^{-x} - 2\cosh x = 0$$

auf jedem Intervall I gilt. □

Für Lösungen von linearen Differentialgleichungen gibt es ein einfaches Kriterium für die lineare Unabhängigkeit:

8.4 **Satz.** *(Wronski-Determinante)*

Gegeben sei die lineare homogene Differentialgleichung n-ter Ordnung

$$\begin{aligned} &y^{(n)} + a_{n-1} y^{(n-1)} + \dots + a_1 y' + a_0 y = 0 \\ &a_i \in C(I), \quad i = 0, 1, 2, \dots, n-1. \end{aligned} \tag{8.5}$$

Dann gilt:

1. Es gibt n linear unabhängige Lösungen $y_1, \dots, y_n$.
2. Je $n+1$ Lösungen von (8.5) sind linear abhängig.
3. n Lösungen $y_1, \dots, y_n$ von (8.5) sind genau dann linear unabhängig, wenn die zugehörige Wronski-Determinante

$$W(y_1, \dots, y_n, x) := \det \begin{pmatrix} y_1(x) & y_2(x) & \dots y_n(x) \\ y_1'(x) & y_2'(x) & \dots y_n'(x) \\ \vdots & \vdots & \vdots \\ y_1^{(n-1)}(x) & y_2^{(n-1)}(x) & \dots y_n^{(n-1)}(x) \end{pmatrix} \neq 0$$

ungleich Null für alle $x \in I$ ist.

Beweis.

1. Nach Satz 3.10 existiert für $j = 0, 1, \dots, n-1$ je eine Lösung y_{j+1} der n Anfangswertprobleme

$$Ly = 0, \quad y^{(i)}(x_0) = \delta_{ij}, \quad i = 0, 1, \dots, n-1, \quad \delta_{ij} = \begin{cases} 0, & i \neq j \\ 1, & i = j. \end{cases}$$

Wir setzen nun die Beziehung (8.4) für die y_{j+1} an:

$$c_1 y_1(x) + c_2 y_2(x) + \dots + c_n y_n(x) \equiv 0.$$

Nach sukzessivem Differenzieren folgt für $i = 1, 2, \dots, n-1$

$$c_1 y_1^{(i)}(x) + c_2 y_2^{(i)}(x) + \dots + c_n y_n^{(i)}(x) \equiv 0.$$

Setzen wir jetzt $x = x_0$, so ergibt sich

$$c_1 = c_2 = \dots = c_n = 0.$$

2. Wir gehen vor wie unter 1. und geben $n + 1$ Lösungen von (8.5) $y_1, \ldots, y_{n+1}$ vor. Dann hat das Gleichungssystem

$$\begin{aligned} c_1 y_1(x_0) &+ \ldots + c_{n+1} y_{n+1}(x_0) = 0 \\ c_1 y_1'(x_0) &+ \ldots + c_{n+1} y_{n+1}'(x_0) = 0 \\ &\vdots \\ c_1 y_1^{(n-1)}(x_0) &+ \ldots + c_{n+1} y_{n+1}^{(n-1)}(x_0) = 0 \end{aligned}$$

mit n Gleichungen und $n + 1$ Unbekannten eine nicht-triviale Lösung $c_1, \ldots, c_{n+1}$. Setzt man $y := c_1 y_1 + \ldots + c_{n+1} y_{n+1}$, so löst y das Anfangswertproblem

$$Ly = 0, \quad y^{(i)}(x_0) = 0, \qquad i = 0, 1, \ldots, n-1, \tag{8.6}$$

also ist $y = 0$, und nach Definition 8.3 sind die $y_1, \ldots, y_{n+1}$ linear abhängig.

3. Seien $y_1, \ldots, y_n$ Lösungen von (8.5).
Ist die zum Gleichungssystem

$$c_1 y_1^{(i)}(x) + c_2 y_2^{(i)}(x) + \ldots + c_n y_n^{(i)}(x) = 0, \qquad i = 0, 1, \ldots, n-1 \tag{8.7}$$

gehörige Wronski-Determinante für alle $x \in I$ von Null verschieden, so hat das System (8.7) nur die triviale Lösung

$$c_1 = c_2 = \ldots = c_n = 0,$$

und die $y_1, y_2, \ldots, y_n$ sind linear unabhängig.
Verschwindet dagegen die Determinante in einem Punkt $x_0 \in I$, so hat das Gleichungssystem für $x = x_0$ eine nicht-triviale Lösung $c_1, \ldots, c_n$.
$y = c_1 y_1 + \ldots + c_n y_n$ erfüllt (8.6), ist also die Nullfunktion, und es ist $W(y_1, y_2, \ldots, y_n, x) = 0$ für alle $x \in I$. ∎

Diese Ergebnisse zeigen:

8.5 **Satz.**

Ist die Wronski-Determinante

$$W(y_1, y_2, \ldots, y_n, x_0) \neq 0$$

für ein $x_0 \in I$, so sind die Lösungen $y_1, y_2, \ldots, y_n$ der Differentialgleichung (8.5) linear unabhängig und bilden ein *Fundamentalsystem*

$$\langle y_1, y_2, \ldots, y_n \rangle$$

der Differentialgleichung $Ly = 0$, d.h. eine Basis des n-dimensionalen Lösungsunterraumes $U \subset C^n(I)$.

Jede Lösung f von (8.5) läßt sich auf genau eine Weise als Linearkombination der y_i darstellen:

$$f = c_1 y_1 + c_2 y_2 + \ldots + c_n y_n.$$

Eine wichtige Differentialgleichung erster Ordnung für die Wronski-Determinante gibt der folgende

8.6 **Satz.**

Gegeben sei wieder die lineare homogene Differentialgleichung n-ter Ordnung (8.5) und die zugehörige Wronski-Determinante $W(x)$ der n Lösungen $y_1, y_2, \ldots, y_n$.
Dann gilt

$$W'(x) = -a_{n-1}(x)\,W(x)$$

und

$$W(x) = W(x_0)\exp\left(-\int_{x_0}^{x} a_{n-1}(t)\,dt\right).$$

Beweis.

Man erhält die Ableitung der Determinantenfunktion W, indem man nacheinander alle n Zeilen von $W(x)$ differenziert und dann die entstehenden Determinanten addiert. Da aber eine Determinante, bei der zwei Zeilen übereinstimmen, den Wert 0 hat, bleibt in der Summe nur die letzte Determinante stehen und es gilt

$$W' = \det\begin{pmatrix} y_1 & y_2 & \ldots y_n \\ \vdots & \vdots & \vdots \\ y_1^{(n-2)} & y_2^{(n-2)} & \ldots y_n^{(n-2)} \\ y_1^{(n)} & y_2^{(n)} & \ldots y_n^{(n)} \end{pmatrix}.$$

Wir führen die Differentialgleichung in die Determinante ein mit

$$y_i^{(n)} = -a_{n-1}\,y_i^{(n-1)} - \ldots - a_0\,y_i$$

und erhalten

$$W' = \det\begin{pmatrix} y_1 & \ldots & y_n \\ y_1' & \ldots & y_n' \\ \vdots & & \vdots \\ -\sum\limits_{j=0}^{n-1} a_j y_1^{(j)} & \ldots & -\sum\limits_{j=0}^{n-1} a_j y_n^{(j)} \end{pmatrix}$$

Durch Subtraktion der passenden Linearkombination der ersten $n-1$ Zeilen von der letzten erhält man die Behauptung

$$W' = -\det\begin{pmatrix} y_1 & \ldots & y_n \\ y_1' & \ldots & y_n' \\ \vdots & & \vdots \\ a_{n-1}\,y_1^{(n-1)} & \ldots & a_{n-1}\,y_n^{(n-1)} \end{pmatrix} = -a_{n-1}\,W.$$

■

Im allgemeinen ist es bei einer linearen Differentialgleichung n-ter Ordnung sehr schwierig, ein Fundamentalsystem zu finden. Doch im Falle konstanter Koeffizienten kann man eine vollständige Lösung angeben.
Ansonsten führt bei Koeffizientenfunktionen a_i in Polynomform bisweilen ein Potenzreihenansatz zum Ziel.
Kennt man eine Lösung y_1, so kann man mit dem Ansatz

$$y(x) := y_1(x)\,u(x)$$

eine neue Differentialgleichung vom Grade $n-1$ herleiten. Wir wollen das an einem Beispiel zeigen. Ausgehend von

$$y'' + a_1(x)\,y' + a_0(x)\,y = 0$$

erhält man

$$u''y_1 + 2u'y_1' + uy_1'' + a_1(u'y_1 + uy_1') + a_0uy_1 = u''y_1 + (2y_1' + a_1y_1)\,u' = 0\,.$$

Schließlich setzt man $u' =: v$ und löst die entstandene lineare Differentialgleichung erster Ordnung. Eine weitere Integration ergibt eine neue Lösung y_2.

Beispiel.

Gegeben: $(1-x^2)\,y'' - 2xy' + 2y = 0$.
Eine Lösung ist $y_1(x) = x$.
Gesucht ist y_2, um das Fundamentalsystem zu vervollständigen.
Wir erhalten

$$u''x + \left(2 - \frac{2x^2}{1-x^2}\right)u' = 0$$

und

$$v' + \frac{2-4x^2}{x(1-x^2)}\,v = 0$$

oder

$$v' = -\frac{2}{x}\,v + \frac{2x}{1-x^2}\,v$$

Die Lösung ist

$$v = \frac{c}{x^2(1-x^2)}$$

Daraus folgt

$$u = -\frac{c}{x} + \frac{c}{2}\ln\left|\frac{1+x}{1-x}\right| + d$$

und

$$y_2 = y_1u = -1 + \frac{x}{2}\ln\left|\frac{1+x}{1-x}\right|.$$

□

Hat man ein Fundamentalsystem von (8.5) ermittelt, so kann man dann mit Hilfe der Methode der Variation der Konstanten wie in Algorithmus 2.5 eine partikuläre Lösung der inhomogenen Differentialgleichung

$$Ly = g$$

und damit die Gesamtheit der Lösungen finden.

Wir setzen an:

$$y_p(x) := \sum_{j=1}^{n} c_j(x)\, y_j(x), \quad \langle y_1, \dots, y_n \rangle \ \text{Fundamentalsystem}.$$

Durch sukzessives Differenzieren erzeugen wir ein Gleichungssystem mit n Gleichungen für die unbekannten Funktionen c_i'.

$$y' = \sum_{j=1}^{n} c_j' y_j + \sum_{j=1}^{n} c_j y_j', \qquad \sum_{j=1}^{n} c_j' y_j = 0,$$

$$y'' = \sum_{j=1}^{n} c_j' y_j' + \sum_{j=1}^{n} c_j y_j'', \qquad \sum_{j=1}^{n} c_j' y_j' = 0,$$

$$\vdots \qquad\qquad \vdots \qquad\qquad \vdots$$

$$y^{(n-1)} = \sum_{j=1}^{n} c_j' y_j^{(n-2)} + \sum_{j=1}^{n} c_j y_j^{(n-1)}, \qquad \sum_{j=1}^{n} c_j' y_j^{(n-2)} = 0,$$

$$y^{(n)} = \sum_{j=1}^{n} c_j' y_j^{(n-1)} + \sum_{j=1}^{n} c_j y_j^{(n)}.$$

Einsetzen in die Differentialgleichung liefert

$$y^{(n)} + \sum_{i=0}^{n-1} a_i y^{(i)} = \sum_{j=1}^{n} c_j' y_j^{(n-1)} + \sum_{j=1}^{n} c_j \left(y_j^{(n)} + \sum_{i=0}^{n-1} a_i y_j^{(i)} \right) = g.$$

Wegen $Ly_j = 0$ findet man die letzte fehlende Gleichung zur Bestimmung der c_j':

$$\sum_{j=1}^{n} c_j' y_j^{(n-1)} = g,$$

und es ergibt sich das Gleichungssystem mit der zugehörigen Wronski-Matrix

$$\begin{pmatrix} y_1 & \dots & y_n \\ y_1' & \dots & y_n' \\ \vdots & & \vdots \\ y_1^{(n-1)} & \dots & y_n^{(n-1)} \end{pmatrix} \begin{pmatrix} c_1' \\ c_2' \\ \vdots \\ c_n' \end{pmatrix} = \begin{pmatrix} 0 \\ 0 \\ \vdots \\ g \end{pmatrix}.$$

Das Gleichungssystem ist eindeutig lösbar, da $W(x) \neq 0$.

Nach der *Cramerschen Regel* (vgl. den Band „Lineare Algebra" dieser Reihe) finden wir

$$c_i'(x) = \frac{W_i(x)}{W(x)},$$

wobei W die Wronski-Determinante und

$$W_i(x) := \det \begin{pmatrix} y_1 & \dots y_{i-1} & 0 & y_{i+1} & \dots y_n \\ y_1' & \dots y_{i-1}' & 0 & y_{i+1}' & \dots y_n' \\ \vdots & \vdots & \vdots & \vdots & \vdots \\ y_1^{(n-1)} & \dots y_{i-1}^{(n-1)} & g & y_{i+1}^{(n-1)} & \dots y_n^{(n-1)} \end{pmatrix}$$

ist.

Da sowohl W wie die W_i stetige Funktionen der Variablen x sind, erhält man die c_i durch Integration, und es folgt

$$y(x) = \sum_{i=1}^{n} \left\{ \int \frac{W_i}{W} \, dx \right\} y_i(x) . \tag{8.8}$$

Es gibt noch eine weitere Methode, eine partikuläre Lösung der inhomogenen linearen Differentialgleichung

$$Ly = g$$

zu bestimmen, und zwar mit Hilfe des *Grundlösungsverfahrens.* Es gilt der

8.7 **Satz.** (Grundlösungsverfahren)

Ist y_0 eine Lösung des Anfangswertproblems

$$Ly = 0, \quad y^{(i)}(x_0) = \delta_{i,n-1},$$

so ist y_p mit

$$y_p(x) := \int_{x_0}^{x} y_0(x + x_0 - t) \, g(t) \, dt$$

partikuläre Lösung der inhomogenen Differentialgleichung

$$Ly = g$$

mit

$$y_p^{(i)}(x_0) = g(x_0)\, \delta_{in}, \quad \delta_{ij} = \begin{cases} 0, & i \neq j \\ 1, & i = j . \end{cases}$$

Beweis.

Es ist

$$y_p'(x) = \underbrace{g(x)\, y_0(x_0)}_{=0} + \int_{x_0}^{x} y_0'(x + x_0 - t)\, g(t)\, dt\,,$$

$$\vdots \qquad\qquad \vdots \qquad\qquad \vdots$$

$$y_p^{(n-1)}(x) = \underbrace{g(x)\, y_0^{(n-2)}(x_0)}_{=0} + \int_{x_0}^{x} y_0^{(n-1)}(x + x_0 - t)\, g(t)\, dt\,,$$

$$y_p^{(n)}(x) = \underbrace{g(x)\, y_0^{(n-1)}(x_0)}_{=1} + \int_{x_0}^{x} y_0^{(n)}(x + x_0 - t)\, g(t)\, dt\,.$$

Daher folgt

$$Ly_p = g(x) + \int_{x_0}^{x} \underbrace{Ly_0(x + x_0 - t)}_{=0}\, g(t)\, dt = g(x)\,.$$

■

Wir schließen den Abschnitt mit einigen Beispielen ab:

8.8 **Beispiele.**

1. Gegeben sei nochmals das Anfangswertproblem (1.4) aus Kapitel 1

$$my'' + sy = -mg,\quad y(0) = \alpha,\quad y'(0) = \beta\,.$$

Ein Fundamentalsystem zur homogenen Differentialgleichung ist

$$y_1(x) = \cos\left(\sqrt{\frac{s}{m}}\,x\right),\quad y_2(x) = \sqrt{\frac{m}{s}}\,\sin\left(\sqrt{\frac{s}{m}}\,x\right),$$

denn

$$W(y_1, y_2, x) = \det\begin{pmatrix} \cos\left(\sqrt{\frac{s}{m}}\,x\right) & \sqrt{\frac{m}{s}}\,\sin\left(\sqrt{\frac{s}{m}}\,x\right) \\ -\sqrt{\frac{s}{m}}\,\sin\left(\sqrt{\frac{s}{m}}\,x\right) & \cos\left(\sqrt{\frac{s}{m}}\,x\right) \end{pmatrix} = 1\,.$$

Wir setzen $y_0 := y_2$, denn $y_2^{(i)}(0) = \delta_{i1}$, und mit Satz 8.7 folgt

$$y_p(x) = -\sqrt{\frac{m}{s}} \int_0^x g \sin\left(\sqrt{\frac{s}{m}}\,(x-t)\right) dt = \frac{m}{s}\, g\left(\cos\left(\sqrt{\frac{s}{m}}\,x\right) - 1\right).$$

Die allgemeine Lösung ist

$$y(x) = -\frac{m}{s}\,g + c_1 \cos\left(\sqrt{\frac{s}{m}}\,x\right) + c_2 \sqrt{\frac{m}{s}}\,\sin\left(\sqrt{\frac{s}{m}}\,x\right),\qquad c_i \in \mathbb{R}\,,$$

sowie

$$c_1 = \alpha + \frac{m}{s}\,g\,,\qquad c_2 = \beta\,.$$

2. Gegeben sei die Differentialgleichung

$$y'' - 3y' + 2y = \sin x .$$

Als Lösungen der homogenen Differentialgleichung $y'' - 3y' + 2y = 0$ erhält man

$$y_1(x) = e^{2x} \quad \text{und} \quad y_2(x) = e^x$$

und findet mit unserem Lösungsverfahren und (8.8)

$$W(x) = -e^{3x}, \; W_1(x) = -e^x \sin x, \; W_2(x) = e^{2x} \sin x ,$$

$$c_1(x) = \frac{e^{-2x}}{5}(-2\sin x - \cos x) + d_1 ,$$

$$c_2(x) = \frac{e^{-x}}{2}(\sin x + \cos x) + d_2$$

sowie die allgemeine Lösung

$$y(x) = \frac{1}{10}\sin x + \frac{3}{10}\cos x + d_1 e^{2x} + d_2 e^x , \quad d_i \in \mathbb{R} .$$

3. In die Differentialgleichung $x^2 y'' - 2xy' + 2y = x$, $x > 0$, gehen wir mit dem Ansatz $y(x) := x^\lambda$ ein und erhalten

$$\lambda(\lambda - 1)x^\lambda - 2\lambda x^\lambda + 2x^\lambda = 0 .$$

Wegen $x^\lambda \neq 0$ folgt

$$\lambda^2 - 3\lambda + 2 = 0 \text{ mit den Lösungen } \lambda_1 = 2 \text{ und } \lambda_2 = 1.$$

Das Fundamentalsystem ist

$$y_1(x) = x^2 , \; y_2(x) = x .$$

Weiter folgt

$$W(x) = \det\begin{pmatrix} x^2 & x \\ 2x & 1 \end{pmatrix} = -x^2 , \; W_1(x) = \det\begin{pmatrix} 0 & x \\ 1/x & 1 \end{pmatrix} = -1, \; W_2(x) = \det\begin{pmatrix} x^2 & 0 \\ 2x & 1/x \end{pmatrix} = x,$$

und nach Integration

$$c_1(x) = -1/x + d_1 , \quad c_2(x) = -\ln x + d_2$$

ergibt sich folgende allgemeine Lösung

$$y(x) = -x\ln x + \overline{c}_1 x^2 + \overline{c}_2 x .$$

□

8.2 Lineare Differentialgleichungen mit konstanten Koeffizienten

Nehmen wir noch einmal das Feder-Masse System aus Kapitel 1 auf, fügen eine von außen wirkende Kraft zu, die durch den zeitabhängigen Term $g(t)$ beschrieben wird, und berücksichtigen die Reibung, so entsteht die allgemeine Schwingungsgleichung

$$m\ddot{y} + r\dot{y} + sy = g .$$

Wir behandeln zunächst die allgemeine homogene Gleichung

$$\ddot{y} + a\dot{y} + by = 0 . \tag{8.9}$$

Neben der Realisierung im Feder-Masse System erwähnen wir als Analogon auch den elektrischen Schwingkreis mit $a = R/L$, $b = \frac{1}{LC}$, R Ohmscher Widerstand, L Induktivität einer Spule, C Kapazität eines Kondensators.

Da bei der entsprechenden Differentialgleichung erster Ordnung $\dot{y} = \alpha y$ die Lösung $y(t) = c\, e^{\alpha t}$ ist, und bei Exponentialfunktionen sich die Ableitungen nur um konstante Vielfache voneinander unterscheiden, legt das den Ansatz

$$y(t) = e^{\lambda t}$$

nahe.

Nach Differentiation ergibt sich durch Einsetzen in (8.9) eine Beziehung für λ

$$(\lambda^2 + a\lambda + b)\, e^{\lambda t} = 0 .$$

Da $e^{\lambda t} \neq 0$, folgt

$$P(\lambda) := \lambda^2 + a\lambda + b = 0 .$$

Gesucht sind die Nullstellen des *charakteristischen Polynoms* $P(\lambda)$. Sie ergeben sich zu

$$\lambda_{1,2} = -\frac{a}{2} \pm \sqrt{\frac{a^2 - 4b}{4}} .$$

Hier treten nun drei verschiedene Fälle auf, die wir im Bild 8.1 bis 8.3 unter der Voraussetzung $a > 0$, $b > 0$ festgehalten haben und nun erläutern wollen.

1. Ist $a^2 - 4b < 0$, so sind λ_1 und λ_2 komplexe Wurzeln, und wir erhalten die allgemeine Lösung

$$y(t) = \exp\left(-\frac{a}{2}t\right)(d_1 e^{i\alpha t} + d_2 e^{-i\alpha t}), \quad \alpha = \sqrt{b - a^2/4}, \qquad t \in \mathbb{R} .$$

Wählt man $d_1 = d_2 = 1/2$, bzw. $d_1 = -d_2 = -i/2$, so ergeben sich zwei reelle linear unabhängige Lösungen

$$y_1(t) = \exp\left(-\frac{a}{2}t\right)\cos(\alpha t), \quad y_2(t) = \exp\left(-\frac{a}{2}t\right)\sin(\alpha t) .$$

Die allgemeine Lösung stellt eine (gedämpfte) Schwingung dar (Bild 8.1)

$$\begin{aligned} y(t) &= \exp\left(-\frac{a}{2}t\right)(c_1\cos(\alpha t) + c_2\sin(\alpha t)) \\ &= A\exp\left(-\frac{a}{2}t\right)\cos(\alpha t - \phi), \quad A = \sqrt{c_1^2 + c_2^2} , \\ &\quad \cos\phi = c_1/A, \ \sin\phi = c_2/A . \end{aligned}$$

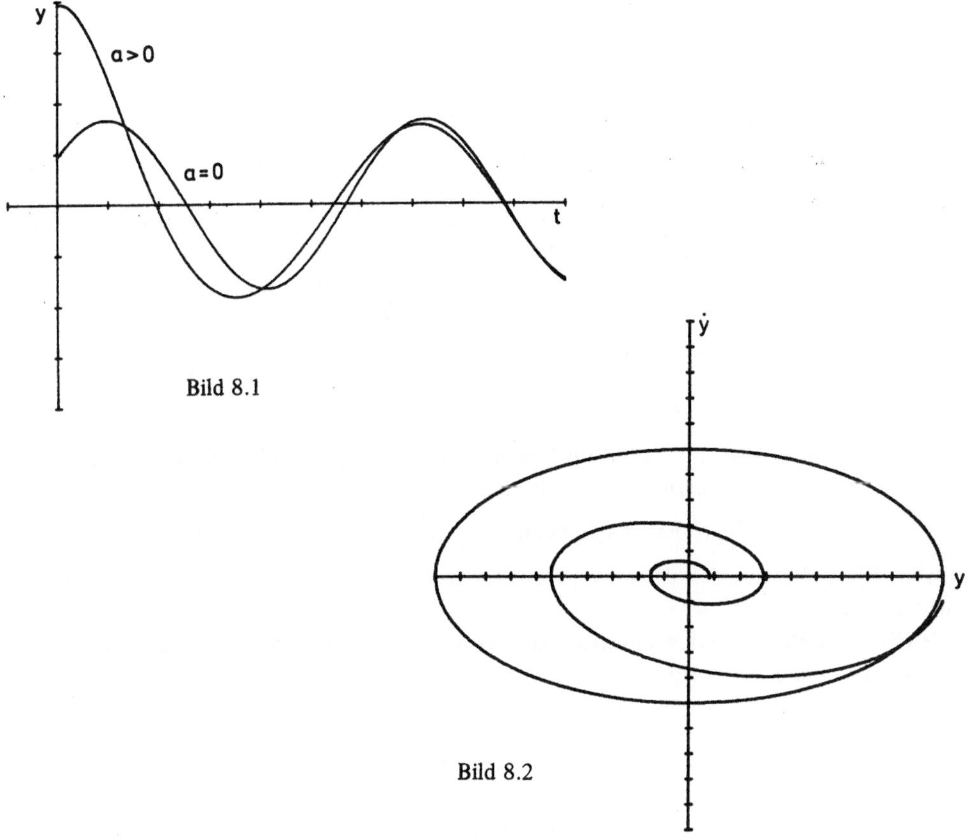

Bild 8.1

Bild 8.2

In der $(y, \dot{y})$-Phasenebene erhält man für $a = 0$ Ellipsen, für $a > 0$ Spiralen um den Nullpunkt (Bild 8.2).

2. Ist $a^2 - 4b = 0$, so lautet die Differentialgleichung

$$\ddot{y} + a\dot{y} + \frac{a^2}{4}y = \left(\frac{d}{dt} - \frac{a}{2}\right)^2 y(t) = 0,$$

und neben $\exp(-\frac{a}{2}t)$ ist auch $t\exp(-\frac{a}{2}t)$ eine Lösung, denn

$$\left(\frac{d}{dt} - \frac{a}{2}\right)\left(\frac{d}{dt} - \frac{a}{2}\right) t\exp\left(-\frac{a}{2}t\right) =$$

$$\left(\frac{d}{dt} - \frac{a}{2}\right)\left(\exp\left(-\frac{a}{2}t\right) - \frac{a}{2}t\exp\left(-\frac{a}{2}t\right) + \frac{a}{2}t\exp\left(-\frac{a}{2}t\right)\right) = 0.$$

Die allgemeine Lösung ist

$$y(t) = (c_1 + c_2 t)\exp\left(-\frac{a}{2}t\right), \qquad t \in \mathbb{R}, \qquad \textit{(aperiodischer Grenzfall)}.$$

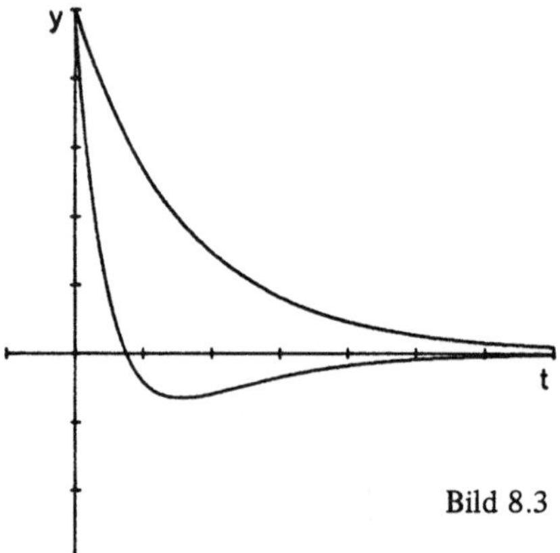

Bild 8.3

3. Sind beide Nullstellen reell und verschieden, so ergibt sich die allgemeine Lösung als eine Überlagerung von Exponentialfunktionen

$$y(t) = c_1 \exp(\lambda_1 t) + c_2 \exp(\lambda_2 t), \qquad t \in \mathbb{R}, \qquad \textit{(Kriechfall)}.$$

Unser Bild 8.3 zeigt, daß die Masse nach höchstens einem Nulldurchgang in die Ruhelage zurückkehrt.

Mit Hilfe der Methode der Variation der Konstanten kann man nun auch die inhomogene Gleichung lösen:

$$\ddot{y} + a\dot{y} + by = g.$$

Für g nimmt man oft periodische Funktionen der Form

$$g(t) := \begin{cases} A \cos(\omega t) \\ A \sin(\omega t) \end{cases} \qquad \textit{(erzwungene Schwingung)}$$

an.

Wenden wir uns nun der linearen Differentialgleichung n-ter Ordnung mit konstanten Koeffizienten zu:

$$y^{(n)} + \sum_{j=0}^{n-1} a_j y^{(j)} = 0.$$

Dabei seien die a_j reelle Zahlen. Für den Fall komplexer Koeffizienten gelten analoge Betrachtungen.

Wir setzen wieder an

$$y(x) := e^{\lambda x}$$

und erhalten wie in unserem Beispiel der Schwingungsgleichung das charakteristische Polynom

$$P(\lambda) := \lambda^n + a_{n-1}\lambda^{n-1} + \ldots + a_1\lambda + a_0.$$

Gesucht sind wiederum die Nullstellen dieses Polynoms.

Entsprechend dem Fundamentalsatz der Algebra seien

$$\lambda_1, \lambda_2, \ldots, \lambda_r$$

die Nullstellen mit den Vielfachheiten

$$k_1, k_2, \ldots, k_r, \quad k_1 + k_2 + \ldots + k_r = n.$$

Wir schreiben

$$P(\lambda) = (\lambda - \lambda_1)^{k_1} (\lambda - \lambda_2)^{k_2} \ldots (\lambda - \lambda_r)^{k_r}$$

und unterscheiden folgende Fälle:

1. Die Nullstellen sind alle einfach, d.h.

$$k_1 = k_2 = \ldots = k_r = 1, \quad r = n.$$

Dann bilden die Funktionen

$$\langle \exp(\lambda_1 x), \; \exp(\lambda_2 x), \ldots, \exp(\lambda_n x) \rangle$$

ein Fundamentalsystem, denn die Voraussetzung der Erklärung 8.5 ist erfüllt, da die Wronski-Determinante

$$W(0) = \det \begin{pmatrix} 1 & 1 & \ldots 1 \\ \lambda_1 & \lambda_2 & \ldots \lambda_n \\ \vdots & \vdots & \vdots \\ \lambda_1^{n-1} & \lambda_2^{n-1} & \ldots \lambda_n^{n-1} \end{pmatrix} = \prod_{k<j} (\lambda_j - \lambda_k) \neq 0$$

im Nullpunkt nicht verschwindet.

Es handelt sich hier um die bekannte *Vandermondesche Determinante* (vgl. Band „Lineare Algebra" dieser Reihe).

Ist $\lambda_j = \alpha_j + i\beta_j$ komplexe Nullstelle, so existiert, da $P(\lambda)$ ein Polynom mit reellen Koeffizienten ist, eine weitere zu λ_j konjugiert komplexe Nullstelle

Ist $\lambda_j = \alpha_j + i\beta_j$ komplexe Nullstelle, so existiert, wenn $P(\lambda)$ ein Polynom mit reellen Koeffizienten ist, eine weitere zu λ_j konjugiert komplexe Nullstelle

$$\lambda_k = \alpha_j - i\beta_j = \overline{\lambda}_j.$$

Dann kann man im Fundamentalsystem die komplexwertigen Lösungen

$$\exp(\lambda_j x) = \exp(\alpha_j x) (\cos(\beta_j x) + i \sin(\beta_j x))$$
$$\exp(\lambda_k x) = \exp(\alpha_j x) (\cos(\beta_j x) - i \sin(\beta_j x))$$

durch

$$\exp(\alpha_j x) \cos(\beta_j x) \quad \text{und} \quad \exp(\alpha_j x) \sin(\beta_j x)$$

ersetzen.

Wir formulieren unser Ergebnis als

8.9 **Satz.** (Fundamentalsystem, verschiedene Nullstellen)

Gegeben sei die lineare Differentialgleichung n-ter Ordnung

$$y^{(n)}(x) + \sum_{j=0}^{n-1} a_j\, y^{(j)}(x) = 0, \qquad a_j \in \mathbb{R}.$$

Sind alle n Nullstellen des zugehörigen charakteristischen Polynoms

$$\lambda^n + \sum_{j=0}^{n-1} a_j\, \lambda^j$$

verschieden und

$$\lambda_1, \lambda_2, \ldots, \lambda_r \qquad \text{reelle Nullstellen}$$

sowie

$$\begin{aligned} \lambda_{r+1} &= \overline{\lambda}_{r+s+1} = \alpha_{r+1} + i\,\beta_{r+1} \\ &\ \ \vdots \\ \lambda_{r+s} &= \overline{\lambda}_{r+2s} = \alpha_{r+s} + i\,\beta_{r+s} \quad \text{komplexe}, \quad r + 2s = n, \end{aligned}$$

dann bilden die n reellwertigen Funktionen

$$\begin{aligned} &\exp(\lambda_1 x), \exp(\lambda_2 x), \ldots, \exp(\lambda_r x), \\ &\exp(\alpha_{r+1} x)\cos(\beta_{r+1} x), \exp(\alpha_{r+1} x)\sin(\beta_{r+1} x), \ldots, \\ &\exp(\alpha_{r+s} x)\cos(\beta_{r+s} x), \exp(\alpha_{r+s} x)\sin(\beta_{r+s} x) \end{aligned}$$

ein Fundamentalsystem.

Beispiel.

Gegeben $y''' + y'' + y' + y = 0$.
Es ist

$$P(\lambda) = \lambda^3 + \lambda^2 + \lambda + 1 = (\lambda^2 + 1)(\lambda + 1).$$

Das Fundamentalsystem ist wegen $\lambda_1 = -1$, $\lambda_2 = \overline{\lambda}_3 = i$

$$\langle e^{-x}, \cos x, \sin x \rangle.$$

□

2. Betrachten wir nun den Fall teilweise gleicher Nullstellen des charakteristischen Polynoms

$$P(\lambda) = (\lambda - \lambda_1)^{k_1}(\lambda - \lambda_2)^{k_2} \ldots (\lambda - \lambda_r)^{k_r}, \qquad r < n.$$

Hier empfiehlt es sich, die Differentialgleichung

$$Ly = y^{(n)} + \sum_{j=0}^{n-1} a_j\, y^{(j)} = 0$$

unter Einführung der Bezeichnung $D = \frac{d}{dx}$ in Operatorenschreibweise zu notieren:

$$Ly = \left(D^n + \sum_{j=0}^{n-1} a_j D^j\right) y = (D - \lambda_1)^{k_1} \dots (D - \lambda_r)^{k_r} \; y = 0 \, .$$

Das heißt, wir wenden den Operator $(D - \lambda_r)$ k_r mal auf y an, sodann den Operator $(D - \lambda_{r-1})$ k_{r-1} mal bis zum Operator $(D - \lambda_1)$.
Wir können somit

$$Ly = P(D)\, y = 0$$

schreiben, und die Faktoren von $P(D)$ sind beliebig miteinander vertauschbar.
Eine für die Folge wichtige Vertauschungsrelation gibt

8.10 **Lemma.**

Für $k \geqq 1$ und $Q \in C^k(I)$ sowie $\lambda, \mu \in \mathbb{C}$ gilt

$$(D - \lambda)^k \, (e^{\mu x} Q(x)) = e^{\mu x} (D + \mu - \lambda)^k \, Q(x) \, . \tag{8.10}$$

Beweis.

Es reicht, den Beweis für $k = 1$ zu führen:

$$(D - \lambda)\,(e^{\mu x} Q(x)) = D(e^{\mu x} Q(x)) - \lambda e^{\mu x} Q(x)$$
$$= (\mu - \lambda)\, e^{\mu x} Q(x) + e^{\mu x} DQ(x) = e^{\mu x} (D + \mu - \lambda)\, Q(x) \, .$$ ■

Sei nun $k_1 \geqq 1$. Wir setzen als Lösung für

$$P(D)\, y = 0$$

an:

$$y(x) = \exp(\lambda_1 x)\, Q(x) \, .$$

Es ergibt sich

$$P(D)\, y = (D - \lambda_2)^{k_2} \dots (D - \lambda_r)^{k_r} (D - \lambda_1)^{k_1} \exp(\lambda_1 x)\, Q(x)$$
$$= (D - \lambda_2)^{k_2} \dots (D - \lambda_r)^{k_r} \exp(\lambda_1 x)\, D^{k_1} Q(x) = 0 \, ,$$

wenn Q ein Polynom höchstens $(k_1 - 1)$-ten Grades ist.
Zur Nullstelle λ_1 der Vielfachheit k_1 haben wir daher die folgenden k_1 linear unabhängigen Lösungen gefunden:

$$\exp(\lambda_1 x), \, x \exp(\lambda_1 x), \dots, x^{k_1 - 1} \exp(\lambda_1 x), \qquad x \in \mathbb{R} \, .$$

Wir fassen unsere Betrachtungen zusammen:

8.11 **Satz.** (Fundamentalsystem, gleiche Nullstellen)

Gegeben sei die lineare Differentialgleichung n-ter Ordnung

$$y^{(n)} + \sum_{j=0}^{n-1} a_j y^{(j)} = 0, \qquad a_j \in \mathbb{R},$$

mit dem charakteristischen Polynom

$$P(\lambda) = (\lambda - \lambda_1)^{k_1} \ldots (\lambda - \lambda_r)^{k_r}, \quad k_1 + \ldots + k_r = n.$$

Es seien

$$\lambda_1, \ldots, \lambda_t \quad \text{die reellen}$$

und

$$\begin{aligned} \lambda_{t+1} &= \overline{\lambda}_{t+s+1} = \alpha_{t+1} + i\,\beta_{t+1} \\ &\vdots \\ \lambda_{t+s} &= \overline{\lambda}_{t+2s} = \alpha_{t+s} + i\,\beta_{t+s}, \quad t + 2s = r, \end{aligned}$$

die zueinander konjugiert komplexen Nullstellen.

Dann bilden die Funktionen

$$\begin{array}{l} \exp(\lambda_1 x),\ x \exp(\lambda_1 x), \ldots, x^{k_1 - 1} \exp(\lambda_1 x) \\ \vdots \\ \exp(\lambda_t x),\ x \exp(\lambda_t x), \ldots, x^{k_t - 1} \exp(\lambda_t x) \\ \exp(\alpha_{t+1} x)\cos(\beta_{t+1} x),\ x \exp(\alpha_{t+1} x)\cos(\beta_{t+1} x), \ldots, \\ x^{k_{t+1}-1} \exp(\alpha_{t+1} x)\cos(\beta_{t+1} x) \\ \exp(\alpha_{t+1} x)\sin(\beta_{t+1} x),\ x \exp(\alpha_{t+1} x)\sin(\beta_{t+1} x), \ldots, \\ x^{k_{t+1}-1} \exp(\alpha_{t+1} x)\sin(\beta_{t+1} x) \\ \vdots \\ \exp(\alpha_{t+s} x)\cos(\beta_{t+s} x),\ x \exp(\alpha_{t+s} x)\cos(\beta_{t+s} x), \ldots, \\ x^{k_{t+s}-1} \exp(\alpha_{t+s} x)\cos(\beta_{t+s} x) \\ \exp(\alpha_{t+s} x)\sin(\beta_{t+s} x),\ x \exp(\alpha_{t+s} x)\sin(\beta_{t+s} x), \ldots, \\ x^{k_{t+s}-1} \exp(\alpha_{t+s} x)\sin(\beta_{t+s} x) \end{array}$$

ein Fundamentalsystem der Differentialgleichung.

Beweis.

Der Beweis der linearen Unabhängigkeit geht aus von dem Ansatz

$$\sum_{j=1}^{r} P_j(x) \exp(\lambda_j x) \equiv 0, \quad \text{grad}(P_j) \leqslant k_j - 1, \tag{8.11}$$

in Anlehnung an die Beziehung (8.4).

Es genügt zu zeigen, daß alle Polynome P_j identisch verschwinden, und dazu nehmen wir an $P_1 \neq 0$ und führen einen Widerspruch herbei.
Wir wenden sukzessive die Faktoren aus

$$P(D)/(D-\lambda_1)^{k_1} = (D-\lambda_2)^{k_2} \dots (D-\lambda_r)^{k_r}$$

auf (8.11) an. Dabei fallen nacheinander die Summanden für $j = r, r-1, \dots, 2$ weg, und es verbleibt

$$\begin{aligned} 0 &\equiv \exp(\lambda_1 x)(D+\lambda_1-\lambda_2)^{k_2} \dots (D+\lambda_1-\lambda_r)^{k_r} P_1(x) \\ &=: \exp(\lambda_1 x)\, Q_1(x), \quad \operatorname{grad} Q_1 = \operatorname{grad} P_1 . \end{aligned}$$

Da $\exp(\lambda_1 x) \neq 0$ gilt, ist das der gewünschte Widerspruch. ■

Beispiel.

Gegeben sei die Differentialgleichung

$$y^{(6)} + 2y^{(4)} + y^{(2)} = 0 ,$$

gesucht die allgemeine Lösung.
Aus $P(\lambda) = \lambda^6 + 2\lambda^4 + \lambda^2 = \lambda^2(\lambda+i)^2(\lambda-i)^2$ ergibt sich

$$\lambda_1 = 0, \ \lambda_2 = i, \ \lambda_3 = -i, \ k_1 = k_2 = k_3 = 2 .$$

Ein Fundamentalsystem ist nach Satz 8.11 daher

$$\langle 1, \ x, \ \cos x, \ x\cos x, \ \sin x, \ x \sin x \rangle .$$ □

8.3 Die Operatorenmethode zur Lösung linearer inhomogener Differentialgleichungen n-ter Ordnung mit konstanten Koeffizienten und spezieller Störfunktion

Mit der *Operatorenmethode* geben wir nun ein gut praktizierbares Verfahren an, eine partikuläre Lösung der linearen inhomogenen Differentialgleichung mit konstanten Koeffizienten $Ly = g$ zu ermitteln, wenn g die Form

$$g(x) = \sum_{j=1}^{m} \exp(\mu_j x)\, Q_j(x), \quad Q_j \text{ Polynom}, \qquad \mu_j \in \mathbb{C} ,$$

hat.
Wir können uns auf den Fall

$$y^{(n)} + \sum_{k=0}^{n-1} a_k y^{(k)} = \exp(\mu x)\, Q , \qquad a_k \in \mathbb{R} , \tag{8.12}$$

beschränken, denn

$$\sum_{j=1}^{m} y_j \ \text{ löst die Differentialgleichung } \ Ly = \sum_{j=1}^{m} \exp(\mu_j x)\, Q_j ,$$

wenn y_j der Differentialgleichung $Ly_j = \exp(\mu_j x)\, Q_j$ genügt.

Wir untersuchen also die Differentialgleichung

$$P(D)\,y = (D-\lambda_1)^{k_1}\dots(D-\lambda_r)^{k_r}\,y = \exp(\mu x)\,Q\,.$$

Dazu beginnen wir mit der einfacheren Differentialgleichung

$$(D-\lambda)^k\,y(x) = \exp(\mu x)\,Q(x)\,.$$

Rein formal erhalten wir

$$y(x) = (D-\lambda)^{-k}(\exp(\mu x)\,Q(x))\,,$$

und nach Vorschieben der Exponentialfunktion

$$y(x) = \exp(\mu x)\,(D+\mu-\lambda)^{-k}\,Q(x)\,,$$

denn

$$\begin{aligned}(D-\lambda)^k\,y(x) &= (D-\lambda)^k \exp(\mu x)\,(D+\mu-\lambda)^{-k}\,Q(x) = \\ &= \exp(\mu x)\,(D+\mu-\lambda)^k\,(D+\mu-\lambda)^{-k}\,Q(x) = e^{\mu x}\,Q(x)\,.\end{aligned}$$

Wir unterscheiden zwei Fälle:

a) $\lambda = \mu$ *(Resonanz),*

$$y(x) = \exp(\mu x)\,D^{-k}\,Q(x)\,.$$

D^{-1} ist der Umkehroperator zu D und bedeutet Integration oder Aufsuchen einer Stammfunktion. D^{-k} heißt dann k-mal integrieren, was beim Polynom Q ohne Schwierigkeiten möglich ist.

b) $\lambda \neq \mu$.

Aus

$$y(x) = \exp(\mu x)\,(\mu-\lambda+D)^{-k}\,Q(x)$$

folgt unter Nachbildung der Reihenentwicklung

$$(1+x)^{-k} = \sum_{j=0}^{\infty}\binom{-k}{j}x^j\,, \quad |x|<1\,,$$

$$\begin{aligned} y(x) &= \exp(\mu x)\,(\mu-\lambda)^{-k}\left(1+\frac{D}{\mu-\lambda}\right)^{-k} Q(x) \\ &= \exp(\mu x)\,(\mu-\lambda)^{-k}\sum_{j=0}^{\infty}\binom{-k}{j}\left(\frac{D}{\mu-\lambda}\right)^{j} Q(x) \\ &= \exp(\mu x)\,(\mu-\lambda)^{-k}\sum_{j=0}^{\operatorname{grad} Q}\binom{-k}{j}\left(\frac{D}{\mu-\lambda}\right)^{j} Q(x)\,,\end{aligned}$$

denn $D^j\,Q(x) = 0$ für $j > \operatorname{grad} Q$.

Beispiel.

Gegeben sei

$$y'' - 4y' + 4y = e^{2x} x^5 + e^x x, \tag{8.13}$$

gesucht ist eine partikuläre Lösung y_p.

Wir lösen zunächst zwei Differentialgleichungen der Form (8.12):

1) $y_1'' - 4y_1' + 4y_1 = (D-2)^2 y_1 = e^{2x} x^5$.

Es folgt

$$\begin{aligned} y_1(x) &= (D-2)^{-2} e^{2x} x^5 = e^{2x} D^{-2} x^5 \\ &= e^{2x} D^{-1} (x^6/6 + c_1) = e^{2x} (x^7/42 + c_1 x + c_2). \end{aligned}$$

Eine partikuläre Lösung ist

$$y_{1p}(x) = e^{2x} x^7/42.$$

2) $y_2'' - 4y_2' + 4y_2 = (D-2)^2 y_2 = e^x x$, grad $Q_2 = 1$

ergibt

$$\begin{aligned} y_2(x) &= (D-2)^{-2} e^x x = e^x (D-1)^{-2} x \\ &= e^x (1 + (-D))^{-2} x = e^x (1 + \tbinom{-2}{1} (-D)) x \\ &= e^x (x+2). \end{aligned}$$

Zusammenfassend lautet die gesuchte partikuläre Lösung von (8.13)

$$y_p(x) = e^{2x} x^7/42 + e^x (x+2).$$ □

Ist nun allgemeiner die Differentialgleichung von der Form

$$(D-\lambda_1)^{k_1} \dots (D-\lambda_r)^{k_r} y(x) = e^{\mu x} Q(x),$$

so gehen wir aus von

$$\begin{aligned} y(x) &= (D-\lambda_1)^{-k_1} \dots (D-\lambda_r)^{-k_r} e^{\mu x} Q(x) \\ &= e^x (D+\mu-\lambda_1)^{-k_1} \dots (D+\mu-\lambda_r)^{-k_r} Q(x), \end{aligned}$$

entwickeln die einzelnen Faktoren sukzessive in Reihen und erhalten so

$$\begin{aligned} y(x) &= e^{\mu x} (D+\mu-\lambda_1)^{-k_1} \dots (D+\mu-\lambda_{r-1})^{-k_{r-1}} Q_1 = \dots \\ &= e^{\mu x} (D+\mu-\lambda_1)^{-k_1} Q_{r-1} = e^{\mu x} Q_r, \quad Q_i \text{ Polynom.} \end{aligned}$$

Dabei führt man zweckmäßigerweise die Integration im Resonanzfall zum Schluß aus, d.h. man setzt $\mu = \lambda_1$, wenn eine Nullstelle des charakteristischen Polynoms mit μ übereinstimmt.

Ferner kann man die auftretenden Integrationskonstanten weglassen, wenn nur eine partikuläre Lösung gesucht ist.

8.12 Beispiele.

1. Gegeben sei die Differentialgleichung

$$y'' + 4\,y = x \sin(2\,x)\,,$$

deren allgemeine Lösung y gesucht ist.
Es ist

$$P(\lambda) = \lambda^2 + 4 = 0,\quad \lambda_{1,2} = \pm\, 2\,i\,,$$

und das Fundamentalsystem lautet

$$\langle \cos(2\,x), \sin(2\,x)\rangle\,.$$

Die inhomogene Differentialgleichung kann umgeschrieben werden in

$$(D^2 + 4)\, y(x) = x \operatorname{Im} e^{2\,ix} = \operatorname{Im}(x\, e^{2\,ix})\,.$$

Wir erhalten die gesuchte partikuläre Lösung y_p aus $y_p = \operatorname{Im} y_0$, wenn y_0 der Differentialgleichung

$$(D^2 + 4)\, y(x) = x\, e^{2\,ix}$$

genügt, da ihre Koeffizienten reell sind.
Es folgt

$$\begin{aligned}
y_0(x) &= (D - 2\,i)^{-1} (D + 2\,i)^{-1}\, e^{2\,ix}\, x \\
&= e^{2\,ix}\, D^{-1} (D + 4\,i)^{-1}\, x \\
&= e^{2\,ix}\, D^{-1} (4\,i)^{-1} \left(1 - \frac{D}{4\,i}\right) x \\
&= \frac{e^{2\,ix}}{4\,i}\, D^{-1} \left(x - \frac{1}{4\,i}\right) \\
&= \frac{e^{2\,ix}}{4\,i} \left(\frac{x^2}{2} - \frac{x}{4\,i}\right) = (\cos(2\,x) + i \sin(2\,x)) \left(\frac{x}{16} - i\,\frac{x^2}{8}\right), \\
y_p(x) &= \operatorname{Im} y_0(x) = \frac{x}{16} \sin(2\,x) - \frac{x^2}{8} \cos(2\,x)\,.
\end{aligned}$$

Die allgemeine Lösung lautet

$$y(x) = \frac{x}{16} \sin(2\,x) + \frac{x^2}{8} \cos(2\,x) + c_1 \cos(2\,x) + c_2 \sin(2\,x)\,.$$

2. Wir nehmen noch einmal die allgemeine Schwingungsgleichung (8.9) auf und fügen eine Störfunktion hinzu, die von einer äußeren Kraft herrührt. Einer der wichtigsten Fälle ist

$$\ddot{y} + a\dot{y} + by = A \cos(\omega t + \phi),\qquad b > a^2/4\,.$$

Das charakteristische Polynom der homogenen Gleichung hat die Nullstellen

$$\lambda_{1,2} = -\frac{a}{2} \pm i\sqrt{b - a^2/4} =: \alpha \pm i\beta\,.$$

Mit Hilfe der Operatorenmethode erhalten wir eine partikuläre Lösung der inhomogenen Differentialgleichung

$$y_p(t) = \operatorname{Re}\{A(D-\lambda_1)^{-1}(D-\lambda_2)^{-1} e^{i(\omega t+\phi)}\}.$$

Wir behandeln zunächst den Fall $\lambda_{1,2} \neq i\omega$.

$$\begin{aligned} y_p(t) &= \operatorname{Re}\{A\, e^{i(\omega t+\phi)}(D+i\omega-\lambda_1)^{-1}(D+i\omega-\lambda_2)^{-1}\,1\} \\ &= \operatorname{Re}\{A\, e^{i(\omega t+\phi)}(i\omega-\lambda_1)^{-1}(i\omega-\lambda_2)^{-1}\} \\ &= \operatorname{Re}\{A\, e^{i(\omega t+\phi)}(b-\omega^2-i\omega a)^{-1}\} \\ &= \operatorname{Re}\left\{\frac{A}{((b-\omega^2)^2+\omega^2 a^2)^{1/2}}\, e^{i(\omega t+\phi)}\, \frac{b-\omega^2+ia\omega}{((b-\omega^2)^2+\omega^2a^2)^{1/2}}\right\} \\ &= \frac{A}{((b-\omega^2)^2+\omega^2a^2)^{1/2}}\cos(\omega t+\phi+\psi), \quad e^{i\psi} := \frac{b-\omega^2+ia\omega}{((b-\omega^2)^2+\omega^2a^2)^{1/2}}. \end{aligned}$$

Es handelt sich um eine phasenverschobene reine Cosinus-Schwingung mit der Amplitude $A/\sqrt{(b-\omega^2)^2+\omega^2a^2}$, die der abklingenden gedämpften Schwingung als Lösung der homogenen Differentialgleichung überlagert ist.

Im verbleibenden Resonanzfall ist $a = 0$ und $\omega = \sqrt{b-a^2/4} = \sqrt{b}$.

Für eine partikuläre Lösung erhält man

$$\begin{aligned} y_p(t) &= \operatorname{Re} A\{e^{i(\omega t+\phi)} D^{-1}(D+2i\omega)^{-1}\,1\} \\ &= \operatorname{Re} A\left\{e^{i(\omega t+\phi)}\frac{t}{2i\omega}\right\} = \frac{At}{2\omega}\sin(\omega t+\phi), \end{aligned}$$

und die Amplituden der Schwingung wachsen linear an. □

8.4 Lineare Differentialgleichungen zweiter Ordnung mit nicht-konstanten Koeffizienten

Im allgemeinen ist es bei linearen Differentialgleichungen mit nicht-konstanten Koeffizienten wesentlich schwieriger, ein Fundamentalsystem der homogenen Gleichung zu finden. Wie schon gesagt, wird man entweder versuchen, die Ordnung der Differentialgleichung zu reduzieren, oder eine Lösung in Form einer Reihe ansetzen, worauf wir in Kapitel 9 noch zurückkommen.

Man kann jedoch bisweilen aus dem Verhalten der Koeffizientenfunktionen Merkmale über den Verlauf der Lösungskurven erschließen und sie mit den numerischen Ergebnissen vergleichen.

Ehe wir jedoch auf diese Fragestellungen zu sprechen kommen, möchten wir noch kurz die *Euler*sche Differentialgleichung

$$x^2y'' + axy' + by = 0, \quad x \neq 0, \tag{8.14}$$

untersuchen, die sich durch eine Substitution auf eine Differentialgleichung mit konstanten Koeffizienten zurückführen läßt.

Einer Lösung $y(x)$ für $x > 0$ entspricht zugleich für $x < 0$ die Lösung v mit $v(x) = y(-x)$, wie Einsetzen von

$$v'(x) = -y'(-x), \quad v''(x) = y''(-x)$$

in (8.14) ergibt.
Setzt man demnach die Lösung in der Form

$$y = y(|x|)$$

an, so führt die Substitution $|x| := e^t$ und $u(t) := y(|x(t)|)$ wegen

$$|x|\, y'(|x|) = e^t \dot{u} e^{-t} = \dot{u}$$
$$|x|^2 y''(|x|) = \ddot{u} - \dot{u}$$

auf die lineare Differentialgleichung mit konstanten Koeffizienten

$$\ddot{u} + (a-1)\dot{u} + bu = 0\,.$$

Das charakteristische Polynom $\lambda^2 + (a-1)\lambda + b$ hat die Nullstellen

$$\lambda_{1,2} = -\frac{a-1}{2} \pm \sqrt{-b + (a-1)^2/4}\,.$$

Die allgemeine Lösung von (8.14) ist somit

$$y(x) = \begin{cases} c_1 |x|^{\lambda_1} + c_2 |x|^{\lambda_2}, \; \lambda_1 \neq \lambda_2 \text{ reell} \\ (c_1 + c_2 \ln|x|)|x|^{\lambda_1}, \lambda_1 = \lambda_2, \\ |x|^{\alpha}(c_1 \cos(\beta \ln|x|) + c_2 \sin(\beta \ln|x|)), \lambda_1 = \overline{\lambda}_2 = \alpha + i\beta \text{ komplex.} \end{cases}$$

Je nach Lage der Nullstellen λ_1, λ_2 ist $y(x)$ im Nullpunkt stetig ergänzbar, stetig differenzierbar oder zweimal differenzierbar.
Die entsprechende Differentialgleichung n-ter Ordnung

$$x^n y^{(n)}(x) + a_{n-1} x^{n-1} y^{(n-1)}(x) + \ldots + a_0\, y(x) = 0$$

wird mit derselben Substitution behandelt.
Um das qualitative Verhalten der Lösungen der Differentialgleichung

$$y''(x) + a_1(x)\, y'(x) + a_0(x)\, y(x) = 0, \qquad a_i \in C^i\,[a, \infty), \tag{8.15}$$

näher zu untersuchen, wollen wir zunächst einige Aussagen über Anzahl und Lage der Nullstellen machen.
Mit Hilfe des Ansatzes

$$y(x) := u(x) \exp\left(-\frac{1}{2}\int_{x_0}^{x} a_1(t)\, dt\right)$$

folgt

$$y' = (u' - a_1 u/2) \exp\left(-\frac{1}{2}\int_{x_0}^{x} a_1(t)\, dt\right)$$

$$y'' = (u'' - u'a_1 + u\,a_1^2/4 - u\,a_1'/2)\exp\left(-\frac{1}{2}\int_{x_0}^{x} a_1(t)\,dt\right)$$

und

$$0 = y'' + a_1 y' + a_0 y = \left(u'' + \left(-\frac{1}{4}a_1^2 - \frac{1}{2}a_1' + a_0\right)u\right)\exp\left(-\frac{1}{2}\int_{x_0}^{x} a_1(t)\,dt\right).$$

Ohne Einschränkung der Allgemeinheit dürfen wir statt (8.15) die Differentialgleichung

$$-u''(x) + q(x)\,u(x) = 0 \tag{8.16}$$

untersuchen, denn y und u haben gemeinsame Nullstellen.

Der einfachste Fall ist $q = -1$.

Die beiden Lösungen $u_1 = \cos x$ und $u_2 = \sin x$ sind linear unabhängig und haben die Nullstellen $(n + 1/2)\pi$ bzw. $n\pi$, $n \in \mathbb{Z}$, die alternierend auf der x-Achse liegen.

Wir können das Ergebnis auch als allgemeinen Trennungssatz formulieren:

8.13 **Satz.**

Sind y_1 und y_2 zwei linear unabhängige Lösungen von (8.15), so liegt zwischen zwei aufeinander folgenden Nullstellen von y_1 genau eine von y_2. Die Nullstellen sind einfach und können sich im Endlichen nicht häufen.

Beweis.

Da wegen Satz 8.4 $W(y_1, y_2, x) = y_1(x)\,y_2'(x) - y_2(x)\,y_1'(x) \neq 0$ gilt, können y_1 und y_2 keine gemeinsamen und keine doppelten Nullstellen haben.

Sei

$$y_1(x_1) = y_1(x_2) = 0 \quad \text{und} \quad y_1(x) \neq 0 \quad \text{in} \quad (x_1, x_2).$$

Ist dann auch $y_2(x) \neq 0$ in $x_1 < x < x_2$, so folgt nach dem Satz von Rolle, daß $(y_1/y_2)'$ in $\bar{x} \in (x_1, x_2)$ eine Nullstelle hat, also nach Differentiation

$$0 = (y_1/y_2)'_{|\bar{x}} = \frac{-W(y_1, y_2, \bar{x})}{y_2^2(\bar{x})}.$$

Das ist aber ein Widerspruch, da die Wronski-Determinante nicht verschwindet, und y_2 hat demnach eine Nullstelle in (x_1, x_2). Es können aber nicht zwei Nullstellen von y_2 in (x_1, x_2) liegen, da es sonst dazwischen eine weitere von y_1 gäbe, was wir ausgeschlossen hatten.

Mehrfache Nullstellen einer Lösung y führen nach dem Existenz- und Eindeutigkeitssatz auf $y = 0$.

Ist c Häufungspunkt von Nullstellen x_i von y, so gilt $y(c) = 0$ und auch

$$\lim_{i \to \infty} \frac{y(c) - y(x_i)}{c - x_i} = y'(c) = 0, \text{ also } y = 0.$$

∎

Der Satz macht allerdings keine Aussagen über die Anzahl der Nullstellen.
Ist $q = 1$ in (8.16), so ist

$$\langle \cosh x, \sinh x \rangle$$

ein Fundamentalsystem, und die Lösungen haben höchstens eine Nullstelle.
Das führt auf die

8.14 **Definition.**

Die Gleichung (8.15) heißt *nicht-oszillatorisch,* wenn es zu jeder Lösung y ein $\overline{x} \geqq a$ gibt mit $y(x) \neq 0$ für alle $x \in [\overline{x}, \infty)$.
Sonst heißt (8.15) *oszillatorisch.*

Bemerkung.

(8.15) ist schon dann nicht-oszillatorisch, wenn nur eine Lösung z von (8.15) endlich viele Nullstellen im Existenzintervall $[a, \infty)$ hat.

Besitzt nämlich z keine Nullstellen mehr in $[\overline{x}, \infty)$, so haben dort die anderen Lösungen höchstens eine nach Satz 8.13.

Ein Kriterium für eine nicht-oszillatorische Gleichung gibt der folgende

8.15 **Satz.**

Gilt $q(x) \geqq 0$ im Intervall I, so hat jede nicht-verschwindende Lösung der Differentialgleichung (8.16) höchstens eine Nullstelle in I.

Beweis.

Hat die Lösung u eine Nullstelle x_0 in I, so ist x_0 einfache Nullstelle, und wir dürfen $u'(x_0) > 0$ annehmen.

Über die Taylorreihenentwicklung folgt aber

$$u(x) \geqq u'(x_0)(x - x_0), \qquad x \geqq x_0,$$

wegen $u''(x) = q(x)\,u(x) \geqq 0$, und u kann rechts von x_0 keine weitere Nullstelle haben.

Eine analoge Betrachtung gilt links von x_0 (Bild 8.4). ∎

Es wäre nun von Interesse, Kriterien zu finden, wann die Differentialgleichung (8.16) oszillatorisch ist.

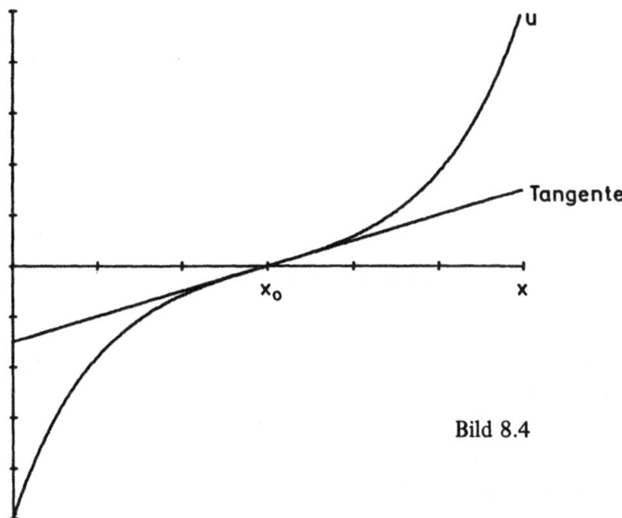

Bild 8.4

Eine Antwort geben die folgenden beide Sätze.

8.16 **Satz.** (Oszillierende Lösungen)

Gegeben sei die Differentialgleichung

$$-u'' + qu = 0, \quad q \in C\,[a, \infty).$$

Gilt dann

$$\lim_{b \to \infty} \int_a^b q(x)\,dx = -\infty\,, \tag{8.17}$$

so ist die Differentialgleichung oszillatorisch.

Wir tragen den Beweis im Zusammenhang mit dem allgemeineren Satz 8.22 nach.

Beispiel.

Bei der Eulerschen Differentialgleichung

$$u'' + \frac{2}{9\,x^2}\,u = 0, \quad x > 0,$$

ist die Bedingung (8.17) verletzt. Die Gleichung ist tatsächlich auch nicht-oszillatorisch, wie ihre Lösungen

$$u(x) = c_1\,x^{1/3} + c_2\,x^{2/3}$$

beweisen.

Die entsprechende Gleichung

$$u'' + \frac{2}{9x} u = 0, \quad x > 0,$$

ist dagegen oszillatorisch. Ihre Lösungen hängen mit den oszillierenden Besselfunktionen zusammen. □

8.17 **Satz.**

Seien u_a und u_b Lösungen der Differentialgleichungen

$$u'' + a(x)\,u = 0$$
$$u'' + b(x)\,u = 0$$

auf einem Intervall I, und gelte dort

$$a(x) - b(x) \geqq 0, \quad a \neq b.$$

Dann liegt zwischen zwei Nullstellen von u_b mindestens eine von u_a, d.h. u_a oszilliert schneller als u_b.

Beweis.

Seien x_1 und x_2 zwei aufeinander folgende Nullstellen von u_b in I und gelte für $x \in (x_1, x_2)$ immer $u_b(x) > 0$.
Wir führen nun die Annahme $u_a > 0$ in (x_1, x_2) zum Widerspruch.
Es gilt

$$u_a(x_1)\,u_b'(x_1) \geqq 0, \quad u_a(x_2)\,u_b'(x_2) \leqq 0$$

und daher

$$\begin{aligned} u_a(x_1)\,u_b'(x_1) - u_a'(x_1)\,u_b(x_1) &\geqq 0 \\ u_a(x_2)\,u_b'(x_2) - u_a'(x_2)\,u_b(x_2) &\leqq 0. \end{aligned} \tag{8.18}$$

Setzen wir

$$W(u_a, u_b, x) = u_a(x)\,u_b'(x) - u_a'(x)\,u_b(x),$$

dann folgt aus

$$W' = u_a u_b'' - u_a'' u_b = (a - b)\,u_a u_b \geqq 0,$$

daß W in (x_1, x_2) monoton wachsend und wegen $a \neq b$ nicht konstant ist im Widerspruch zu (8.18). ■

8.18 **Corollar.**

Seien u_a und u_b Lösungen von

$$u'' + a(x)\,u = 0,\quad u'' + b(x)\,u = 0,\quad a(x) \geqq b(x),\quad a \neq b,$$

und gelte

$$u_a(x_1) = u_b(x_1) = 0$$

oder

$$u_a(x_1) = u_b(x_1),\quad u_a'(x_1) = u_b'(x_1).$$

Dann liegt die nächste Nullstelle $x_2^a > x_1$ von u_a vor der nächsten von u_b und allgemein $x_n^a < x_n^b$, $n = 2, 3, \ldots$.

Die Beweisschlüsse aus Satz 8.17 übertragen sich direkt.

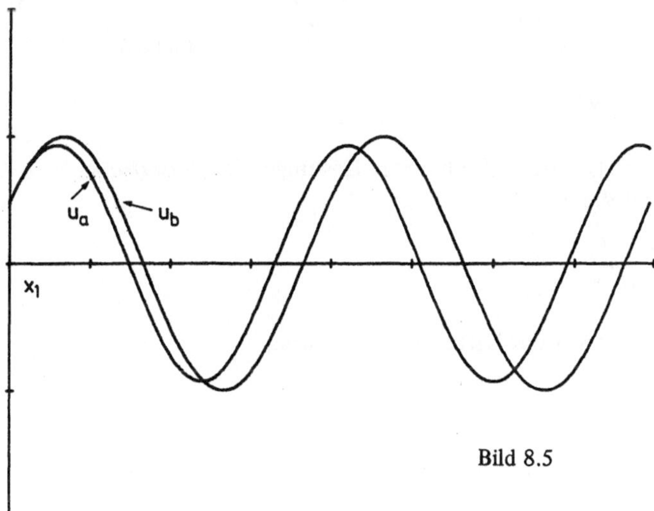

Bild 8.5

8.19 **Beispiele.**

1. Die Differentialgleichung $u'' + k^2 u = 0$ hat die Lösung $\sin(kx)$ mit den Nullstellen $n\pi/k$, $n \in \mathbb{Z}$.

   Eine Lösung u der Differentialgleichung

   $$u'' + x^2 u = 0$$

   hat für $x \geqq k$ Nullstellen x_n mit

   $$n\pi/k < x_n < (n+1)\,\pi/k,\qquad n \geqq k^2/\pi.$$

2. Die *Besselsche* Differentialgleichung

   $$x^2 y'' + xy' + (x^2 - p^2)\,y = 0,\qquad x > 0, \tag{8.19}$$

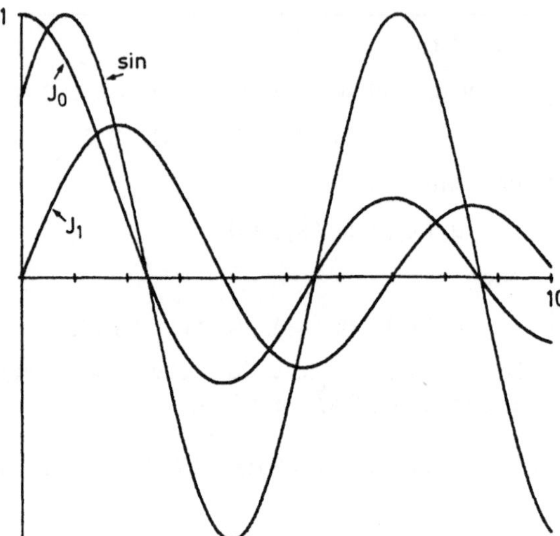

Bild 8.6

geht mit der Substitution

$$y = u/\sqrt{x}$$

über in

$$u'' + \left(1 + \frac{1 - 4\,p^2}{4\,x^2}\right) u = 0, \qquad x > 0.$$

Ist p nicht ganz, so haben wir als linear unabhängige Lösungen die *Besselfunktionen* (vgl. Kapitel 9, Beispiel 9.8)

$$J_{\pm p}(x) := \sum_{j=0}^{\infty} \frac{(-1)^j (x/2)^{2j \pm p}}{j!\,\Gamma(\pm p + j + 1)}.$$

Für $0 \leqq |p| < \frac{1}{2}$ vergleichen wir mit der Differentialgleichung

$$u'' + u = 0$$

und ihren Lösungen u mit $u(x) = \sin(x - \alpha)$.
Daher enthält jedes Intervall I der Länge π eine Nullstelle von J_p. Für zwei aufeinander folgende Nullstellen x_1 und x_2 gilt

$$x_2 - x_1 < \pi,$$

denn es ist $\sin(x_1 - x_1) = \sin(x_1 + \pi - x_1) = 0$.
Für $|p| = 1/2$ ist die allgemeine Lösung y von (8.19)

$$y(x) = \frac{c}{\sqrt{x}} \sin(x - \alpha),$$

und für $|p| > 1/2$ liegen zwei aufeinander folgende Nullstellen von J_p um mehr als π auseinander.
Da für $\epsilon > 0$ und große x dann $1 - \epsilon < 1 + \dfrac{1 - 4\,p^2}{4\,x^2} < 1 + \epsilon$ gilt, strebt die Differenz zweier aufeinander folgenden Nullstellen x_n in jedem Fall für wachsende n gegen π. □

Ohne Beweis erwähnen wir noch einen allgemeinen Vergleichssatz von *Hille* und *Wintner:*

8.20 **Satz.**

Gegeben seien die Differentialgleichungen

$$u'' + a(x)\,u = 0 \tag{8.20}$$

$$u'' + b(x)\,u = 0, \quad a, \ b \in C\,[a, \infty). \tag{8.21}$$

Es mögen die uneigentlichen Integrale

$$A(x) := \int_x^\infty a(t)\,dt \quad \text{und} \quad B(x) := \int_x^\infty b(t)\,dt$$

existieren und

$$0 \leqq B(x) \leqq A(x) \quad \text{für} \quad x \geqq \overline{x} > a$$

gelten.

Dann folgt

Ist (8.20) nicht-oszillatorisch, so auch (8.21),
ist (8.21) oszillatorisch, so auch (8.20).

8.5 Lineare Differentialgleichungen zweiter Ordnung und ihre adjungierte Form

Wir wollen noch eine andere Form der linearen Differentialgleichung zweiter Ordnung untersuchen, und zwar ihre *selbstadjungierte* Form, da sie in den Anwendungen der mathematischen Physik und bei Randwertaufgaben eine wichtige Rolle spielt.

Dazu betrachten wir das Skalarprodukt

$$(u, Lv) := \int_a^b u\,Lv\,dx$$

mit $Lv = a_2 v'' + a_1 v' + a_0 v$ und $a_i \in C^i\,[a, b]$, a_i reellwertig.

Partielle Integration ergibt

$$\int_a^b u\,Lv\,dx = [(ua_2)\,v' - (ua_2)'\,v + ua_1 v]_a^b + \int_a^b [(ua_2)'' - (ua_1)' + ua_0]\,v\,dx\,.$$

Sei

$$L^* u := (ua_2)'' - (ua_1)' + ua_0 = a_2 u'' + (2a_2' - a_1)\,u' + (a_2'' - a_1' + a_0)\,u\,.$$

Dann folgt

$$(u, Lv) - (L^* u, v) = [a_2(uv' - u'v) + (a_1 - a_2')\,uv]_a^b \tag{8.22}$$

oder die *Lagrange-Identität*

$$u\,Lv - v\,L^*u = \frac{d}{dx}\,[a_2\,(uv' - u'v) + (a_1 - a_2')\,uv] \tag{8.23}$$

L^* ist der zu L *adjungierte* Operator.
Sind L^* und L identisch, so heißt L *selbstadjungiert.*
Notwendig und hinreichend dafür ist, daß

$$a_2' = a_1$$

gilt, was gleichbedeutend ist mit

$$Lv = (a_2\,v')' + a_0\,v,\;\; (u, Lv) - (Lu, v) = [a_2\,W(u, v)]_a^b\,. \tag{8.24}$$

Sind übrigens u und v Lösungen von $Ly = 0$, so gilt für die Wronski-Determinante wegen (8.24)

$$a_2\,W(u, v) = c\,.$$

Das folgende Resultat ist nun durchaus naheliegend:

8.21 **Lemma.**

Jeder lineare Differentialoperator zweiter Ordnung L mit

$$Ly = a_2\,y'' + a_1\,y' + a_0\,y,\;\; a_i \in C\,[a, b],\;\; a_2\,(x) \neq 0\,,$$

kann durch Multiplikation mit

$$g(x) := -\frac{1}{a_2}\exp\left(\int \frac{a_1}{a_2}\,dx\right)$$

in selbstadjungierte Form überführt werden.

Beweis.

Durch Multiplikation mit g geht der Operator über in

$$\overline{a}_2\,y'' + \overline{a}_1\,y' + \overline{a}_0\,y$$

mit

$$\overline{a}_2 = -\exp\left(\int \frac{a_1}{a_2}\,dx\right) \quad \text{und} \quad \overline{a}_1 = -\frac{a_1}{a_2}\exp\left(\int \frac{a_1}{a_2}\,dx\right)\,,$$

und es gilt offensichtlich

$$\overline{a}_2' = \overline{a}_1\,.$$

■

Wir setzen nun in Verallgemeinerung von (8.16)

$$\overline{L}u = -(pu')' + qu = 0$$

$$p = \exp\left(\int \frac{a_1}{a_2}\,dx\right)\,,\quad q = -\frac{a_0}{a_2}\exp\left(\int \frac{a_1}{a_2}\,dx\right)\,. \tag{8.25}$$

Als Beispiele diskutieren wir die Differentialgleichungen von *Legendre* und *Laguerre*

$$(1-x^2)\,y''-2\,xy'+n\,(n+1)\,y=0 \tag{8.26}$$

$$xy''+(1-x)\,y'+ny=0\,. \tag{8.27}$$

(8.26) geht über in

$$-((1-x^2)\,y')'-n\,(n+1)\,y=0\,,$$

(8.27) in

$$-(x\,e^{-x}y')'-n\,e^{-x}\,y=0\,.$$

Die selbstadjungierte Form der Besselschen Differentialgleichung (8.19) lautet:

$$-(xy')'+\left(\frac{p^2}{x}-x\right)y=0\,,\qquad x>0\,.$$

Wir wollen nun unsere qualitativen Aussagen über das oszillatorische Verhalten linearer Differentialgleichungen zweiter Ordnung auch für Differentialoperatoren in selbstadjungierter Form angeben.

Eine Verallgemeinerung des Satzes 8.16 bedeutet der folgende Oszillationssatz, der auf die eben erwähnte Bessel-Differentialgleichung zugeschnitten ist.

8.22 **Satz.**

Gegeben sei die Differentialgleichung

$$-(py')'+qy=0,\;\; p\in C^1\,[a,\infty),\;\; q\in C\,[a,\infty)\,. \tag{8.28}$$

Gilt $p>0$ und

$$\lim_{b\to\infty}\int_a^b \frac{dt}{p(t)}=-\lim_{b\to\infty}\int_a^b q(t)\,dt=\infty\,, \tag{8.29}$$

so ist die Differentialgleichung (8.28) oszillatorisch, d.h. jede Lösung y hat unendlich viele Nullstellen auf $[a,\infty)$.

Beweis.

Wäre y eine Lösung von (8.28) mit $y(x)>0$ für alle $x\geqq x_0$, so setzen wir $u:=py'/y$, und u genügt der Riccati-Differentialgleichung

$$u'=\frac{p'y'+py''}{y}-\frac{py'^2}{y^2}=-\frac{u^2}{p}+q\,.$$

Wir erhalten wegen (8.29)

$$u(x)+\int_{x_0}^{x}\frac{u^2(t)}{p(t)}\,dt=u(x_0)+\int_{x_0}^{x}q(t)\,dt<0\quad\text{für alle}\quad x\geqq x_1>x_0\,.$$

Sei

$$G(x) := \int_{x_0}^{x} \frac{u^2(t)}{p(t)}\,dt, \quad x \geqq x_1 .$$

Dann ist $G'p = u^2$, und wegen $0 < G < -u$ folgt $G'p > G^2$, d.h.

$$G'/G^2 > 1/p,$$

und damit ergibt sich nach Integration dieser Ungleichung

$$\int_{x_1}^{x} \frac{dt}{p(t)} \leqq 1/G(x_1) - 1/G(x) < 1/G(x_1) \quad \text{für alle } x$$

ein Widerspruch zu (8.29). ∎

Ist $q(x) \neq 0$ und $q \in C^1[a, \infty)$, so nehmen die Amplituden einer Lösung y von (8.28) zu oder ab, je nachdem ob $p \cdot q$ monoton wachsend oder monoton fallend ist.

Zum Beweis differenziert man $u := y^2 - \dfrac{(py')^2}{p \cdot q}$.

Wir beweisen nun eine Formel von *Picone,* die wir im weiteren Verlauf noch öfter benötigen werden.

8.23 **Lemma.** (Formel von Picone)

Gegeben seien die Differentialgleichungen

$$Ly = -(py')' + qy = 0 \tag{8.30}$$

$$L_1 y = -(p_1 y')' + q_1 y = 0 \tag{8.31}$$

mit $p, p_1 \in C^1[a, b]$, $q, q_1 \in C[a, b]$, $p, p_1 > 0$ auf $[a, b]$.
Sind y und y_1 Lösungen von (8.30) und (8.31) mit

$$y(a) = y(b) = 0 \quad \text{und} \quad y_1(x) \neq 0 \quad \text{in} \quad (a, b),$$

so gilt

$$0 = \int_a^b (q - q_1)\, y^2\, dx + \int_a^b (p - p_1)\, y'^2\, dx + \int_a^b p_1 \left(y' - \frac{y}{y_1} y_1'\right)^2 dx . \tag{8.32}$$

Beweis.

Wir zeigen zunächst

$$\lim_{x \to a+} \frac{y^2(x)}{y_1(x)} = \lim_{x \to b-} \frac{y^2(x)}{y_1(x)} = 0 .$$

Da $y(a) = 0$ gilt, folgt $y^2(x) = (x - a)^2\, \overline{y}(x)$, und $\overline{y}$ ist in einer rechtsseitigen Umgebung von a beschränkt.

Da y_1 aber nicht identisch Null ist, kann es nur von erster Ordnung in a verschwinden.
Der Beweis für b ist analog.
Nunmehr folgt die Formel (8.32) aus der Identität:

$$\frac{d}{dx}\frac{y}{y_1}(py'y_1 - p_1 yy_1') = (q - q_1)\, y^2 + (p - p_1)y'^2 + p_1\left(y' - \frac{y}{y_1}\, y_1'\right)^2 \qquad (8.33)$$

durch Integration von a nach b.
(8.33) rechnet man einfach nach:

$$y\,(py')' + py'^2 - 2\,p_1\, yy'\frac{y_1'}{y_1} + p_1\frac{y^2}{y_1^2}\, y_1'^2 - \frac{y^2}{y_1}(p_1\, y_1')'$$

$$= qy^2 + py'^2 - 2\,p_1\, yy'y_1'/y_1 + p_1\, y_1'^2\, y^2/y_1^2 - q_1\, y^2\,.$$

■

Wir wollen nun einige Folgerungen aus (8.32) ziehen und verallgemeinern zunächst Satz 8.13:

8.24 **Satz.**

Gegeben sei die Differentialgleichung (8.30)

$$-(py')' + qy = 0,\quad p \in C^1[a, b],\quad q \in C[a, b],\quad p > 0.$$

Ist y eine Lösung mit $y(a) = y(b) = 0$, dann hat jede weitere von y linear unabhängige Lösung y_1 mindestens eine Nullstelle in (a, b).

Beweis.

Aus (8.32) folgt $\int_a^b p\left(y' - \frac{y}{y_1}\, y_1'\right)^2 dx = 0$, wenn y_1 in (a, b) keine Nullstelle hat.

Dann wäre aber der Integrand und damit $(y/y_1)' = 0$, also $y = y_1$ im Widerspruch zur Voraussetzung. ■

Die Verallgemeinerung des Vergleichssatzes 8.17 lautet folgendermaßen:

8.25 **Satz.** (*Sturm*scher Vergleichssatz)

Gegeben seien die Differentialgleichungen (8.30) und (8.31) mit $p, p_1 \in C^1[a, b]$, $q, q_1 \in C[a, b]$, $p \geqq p_1 > 0$ und $q \geq q_1$ für alle $x \in [a, b]$.
Außerdem sollen q und q_1 nicht gleichzeitig auf einem Teilintervall von $[a, b]$ verschwinden.
Dann liegt zwischen zwei Nullstellen einer Lösung y von (8.30) mindestens eine Nullstelle einer Lösung y_1 von (8.31) oder beide Gleichungen stimmen überein, und die Lösungen sind linear abhängig.

Beweis.

Sei y Lösung von (8.30) mit $y(a) = y(b) = 0$ und $y(x) \neq 0$ in (a, b). Ist dies nicht der Fall, so betrachtet man ein Teilintervall von $[a, b]$. Würde eine Lösung y_1 von (8.31) nicht irgendwo in (a, b) verschwinden, so ergäbe (8.32)

$$q = q_1, \quad (p - p_1) y' = 0 \quad \text{und} \quad y_1 y' - y y_1' = 0 . \tag{8.34}$$

Wäre $p \neq p_1$, so wäre $y' = 0$ auf einem Teilintervall von (a, b), woraufhin auch q dort verschwände zusammen mit q_1 im Widerspruch zur Voraussetzung des Satzes.

Also $p = p_1$, die Gleichungen (8.30) und (8.31) sind identisch, und aus (8.34) folgt die lineare Abhängigkeit von y und y_1. ∎

Beispiel.

$$-(py')' + qy = 0, \quad p > 0, \quad q \geqq 0, \tag{8.35}$$

ist nicht-oszillatorisch, denn zwischen zwei Nullstellen einer Lösung y von (8.35) liegt eine Nullstelle einer Lösung y_1 von

$$-(py_1')' = 0 .$$

Diese Differentialgleichung ist aber gleichbedeutend mit

$$py_1' = c \quad \text{und} \quad y_1' = c/p ,$$

und y_1 hat höchstens eine Nullstelle. □

8.6 Literatur zu Kapitel 8

Die Theorie der linearen Differentialgleichungen n-ter Ordnung wird in allen Lehrbüchern über gewöhnliche Differentialgleichungen ausführlich dargestellt.

Der Beweis von Satz 8.20 und weitere Oszillationssätze auch für nicht-lineare Probleme finden sich in dem Buch von S. G. Deo und V. Raghavendra: Ordinary Differential Equations and Stability Theory [D-R, S. 126f].

In diesem Zusammenhang ist auch der Übersichtsartikel von G. J. Butler: Oscillation criteria for second order nonlinear ordinary differential equations, zu erwähnen in dem Buch Qualitative Theory of Differential Equations I, II, Ed. M. Farkas (I, S. 93–109) [B5]. Unsere Darstellung stützt sich auf Corduneanu [C3, S. 177f], einen anderen Weg geht z.B. Tyn Myint-U: Ordinary Differential Equations [M2, S. 57f].

8.7 Aufgaben zu Kapitel 8

1. Man bestimme eine partikuläre Lösung der Differentialgleichung

$$y'' - 3y' + 2y = 1/\cosh x .$$

2. Man bestimme die allgemeine Lösung der Differentialgleichung

$$y'' + y = e^x \sin(2x) .$$

3. Man bestimme die allgemeine Lösung der Differentialgleichung

$$y^{(4)} + 2y'' + y = \sin x + \cos x .$$

4. Man bestimme ein Fundamentalsystem der Differentialgleichung

$$xy'' - (2x + 1) y' + (x + 1) y = 0 .$$

Anleitung: Da die Summe der Koeffizientenfunktionen gleich Null ist, ist e^x eine Lösung. Man reduziere die Ordnung der Differentialgleichung.

5. Man bestimme die allgemeinen Lösungen der Eulerschen Differentialgleichungen

$$x^2y'' + xy' + y = \ln|x| ,$$
$$x^2y'' + xy' - 4y = x, \quad x \neq 0 .$$

6. Man zeige: $y'' + \sinh(x)\, y = 0$ ist nicht-oszillatorisch auf $(-\infty, 0)$ und oszillatorisch auf $(0, \infty)$.

7. Gilt $0 < m < q(x) < M$ für alle $x \in [a, b]$, und sind x_1 und x_2 zwei aufeinander folgende Nullstellen einer Lösung u von

$$u'' + q(x)\, u = 0 ,$$

so gilt

$$\pi/\sqrt{M} < x_2 - x_1 < \pi/\sqrt{m} .$$

8. Für welche Werte von k ist die Eulersche Differentialgleichung $y'' + ky/x^2 = 0$ oszillatorisch, für welche nicht-oszillatorisch? (Man beachte hierzu die Sätze 8.16 und 8.20.)

9 Lösungen in Reihenform

Wir haben in Kapitel 3 Beispiel 3.9 bereits ausführlich die Riccatische Differentialgleichung $y' = x^2 + y^2$ studiert und festgestellt, daß man mit Hilfe eines Potenzreihenansatzes eine Lösung des Anfangswertproblems

$$y' = x^2 + y^2, \quad y(0) = y_0, \tag{9.1}$$

bestimmen kann.

Grundlegend dafür ist, daß die rechte Seite der Differentialgleichung Potenzreihenform in x und y besitzt (genaugenommen handelt es sich um eine Polynomfunktion), denn nach dem Existenz- und Eindeutigkeitssatz existiert dann auch eine in einem gewissen Kreis um $(0,0)$ konvergente, holomorphe Potenzreihenlösung.

Nachteilig hatte sich herausgestellt, daß man für die Koeffizienten der Reihe nur eine Rekursionsformel herleiten konnte, eine explizite Angabe aber Schwierigkeiten machte. Ebenso war der Konvergenzradius nur näherungsweise zu bestimmen.

Macht man den Ansatz

$$y := -u'/u,$$

so geht (9.1) über in das Anfangswertproblem

$$u'' + x^2 u = 0, \quad u(0) = u_0, \quad u'(0) = -y_0 u_0. \tag{9.2}$$

Wir sind also auf eine lineare Differentialgleichung zweiter Ordnung mit Polynom-Koeffizienten gestoßen, und auch hier legt der Existenz- und Eindeutigkeitssatz einen Potenzreihenansatz nahe.

Aus Beispiel 8.19 wissen wir bereits, daß die Lösung oszilliert und mindestens eine Nullstelle zwischen 1, $1 + \pi$ bzw. $k\pi$ und $(k+1)\pi$, $k \in \mathbb{N}$, besitzt.

Wir machen den Ansatz

$$u(x) = \sum_{j=0}^{\infty} a_j x^j, \quad a_0 = u_0, \quad a_1 = -u_0 y_0.$$

Einsetzen in die Differentialgleichung ergibt nach Indexverschiebung

$$\sum_{j=0}^{\infty} a_{j+2} (j+2)(j+1) x^j + \sum_{j=2}^{\infty} a_{j-2} x^j = 0.$$

Da diese Beziehung für alle x aus einem Intervall gelten soll, führt Koeffizientenvergleich von

$$0 = 2 \cdot 1 \cdot a_2 + 3 \cdot 2 \cdot a_3 x + \sum_{j=2}^{\infty} (a_{j+2}(j+2)(j+1) + a_{j-2}) x^j$$

auf

$$a_2 = a_3 = 0,\ a_{j+2} = -\frac{a_{j-2}}{(j+2)(j+1)}\,.$$

Mit vollständiger Induktion findet man

$$a_{4j} = (-1)^j \frac{a_0}{3 \cdot 4 \cdot 7 \cdot 8 \cdot \ldots \cdot (4j-1)(4j)}\,,$$

$$a_{4j+1} = (-1)^j \frac{a_1}{4 \cdot 5 \cdot 8 \cdot 9 \cdot \ldots \cdot (4j)(4j+1)}\,,$$

$$a_{4j+2} = a_{4j+3} = 0,\ j = 0, 1, 2, \ldots\,.$$

Die allgemeine Lösung ist demnach gegeben durch

$$\begin{aligned} u(x) &= a_0 \sum_{k=0}^{\infty} \prod_{j=1}^{k} ((4j-1)\,4j)^{-1} \quad (-1)^k x^{4k} \\ &+ a_1 \sum_{k=0}^{\infty} \prod_{j=1}^{k} (4j\,(4j+1))^{-1} \quad (-1)^k x^{4k+1} \\ &=: a_0 u_1(x) + a_1 u_2(x)\,, \end{aligned}$$

denn

$$W(u_1, u_2, 0) = \det \begin{pmatrix} 1 & 0 \\ 0 & 1 \end{pmatrix} = 1 \neq 0\,.$$

Nach dem Quotientenkriterium sind die Reihen überall konvergent, was zu erwarten war.

Sie hängen übrigens mit den Besselfunktionen aus Beispiel 9.8 zusammen über

$$\begin{aligned} u(x) &= c_0 \sqrt{x}\, J_{-1/4}(x^2/2) + c_1 \sqrt{x}\, J_{1/4}(x^2/2)\,, \\ &\quad c_0 \sqrt{2}/\Gamma(3/4) = a_0\,,\ c_1/(\sqrt{2}\,\Gamma(5/4)) = a_1\,. \end{aligned} \tag{9.3}$$

Das ergibt für die Lösung der ursprünglichen Differentialgleichung

$$y = \frac{-a_0 u_1' - a_1 u_2'}{a_0 u_1 + a_1 u_2}\,,$$

und die Lösung des Anfangswertproblems (9.1)

$$y = \frac{-u_1' + y_0 u_2'}{u_1 - y_0 u_2}\,.$$

Ist $y_0 = 0$, so folgt $y = -u_1'/u_1$ mit

$$u_1(x) = 1 - x^4/12 + x^8/672 - \ldots\,,$$

und das Existenzintervall der Lösung ist bestimmt durch die erste Nullstelle von $u_1(x)$ oder $J_{-1/4}(x^2/2)$, die bei $2.00314\ldots$ liegt.

9.1 Der allgemeine Existenzsatz

9.1 **Satz.**

Gegeben sei das Anfangswertproblem

$$y''(x) + p(x)\, y'(x) + q(x)\, y(x) = 0, \quad y(x_0) = y_0, \quad y'(x_0) = y_1, \tag{9.4}$$

mit

$$p(x) = \sum_{j=0}^{\infty} p_j (x - x_0)^j, \quad q(x) = \sum_{j=0}^{\infty} q_j (x - x_0)^j, \qquad |x - x_0| < R.$$

Dann existiert genau eine Lösung

$$y(x) = \sum_{j=0}^{\infty} a_j (x - x_0)^j$$

des Anfangswertproblems (9.4), und die Potenzreihe konvergiert in $|x - x_0| < R$.

Beweis.

Wir differenzieren die Potenzreihe für y und setzen ein:

$$\sum_{j=0}^{\infty} (j+2)(j+1)\, a_{j+2}\, x^j + \sum_{j=0}^{\infty} p_j (x - x_0)^j \sum_{k=0}^{\infty} (k+1)\, a_{k+1} (x - x_0)^k$$

$$+ \sum_{j=0}^{\infty} q_j (x - x_0)^j \sum_{k=0}^{\infty} a_k (x - x_0)^k = 0 .$$

Ausmultiplizieren und Ordnen der Terme ergibt

$$\sum_{j=0}^{\infty} \left[(j+2)(j+1)\, a_{j+2} + \sum_{k=0}^{j} (p_{j-k} (k+1)\, a_{k+1} + q_{j-k}\, a_k) \right] (x - x_0)^j = 0 .$$

Daraus berechnet man die a_j rekursiv für $j = 0, 1, 2, \ldots$

$$(j+2)(j+1)\, a_{j+2} = - \sum_{k=0}^{j} (p_{j-k} (k+1)\, a_{k+1} + q_{j-k}\, a_k) \tag{9.5}$$

mit

$$a_0 = y_0 \quad \text{und} \quad a_1 = y_1 .$$

Wir zeigen nun, daß die so gewonnene Reihe $\sum_{j=0}^{\infty} a_j (x - x_0)^j$ tatsächlich in $|x - x_0| < R$ konvergiert und eine Lösung unseres Anfangswertproblems darstellt.

Zu $r < R$ und $\epsilon > 0$ mit

$$\epsilon\, r^2 \left(1 + \frac{1}{2r}\right) < \frac{1}{2} \tag{9.6}$$

gibt es ein $j_0(\epsilon, r)$, so daß für $j \geqq j_0$ gilt

$$(|p_j| + |q_j|)\, r^j < \epsilon\,,$$

und ein K mit

$$|p_j|\, r^j < K, \quad |q_j|\, r^j < K$$

für alle j.

Nun wählen wir j_1 so groß, daß

$$\frac{K r^2}{(j_1+1)(j_1+2)} \sum_{k=j_1-j_0+1}^{j_1} \left(\frac{k+1}{r} + 1\right) < 1/2\,, \tag{9.7}$$

und K_1, so daß $|a_j|\, r^j < K_1$ für $j = 0, 1, 2, \ldots, j_1 + 1$ gilt.

Dann folgt für $j \geqq j_1$ mit Induktion aus (9.5)

$$\begin{aligned} |a_{j+2}|\, r^{j+2} &< \frac{r^2 K_1}{(j+1)(j+2)} \left(\sum_{k=0}^{j-j_0} \epsilon \left(\frac{k+1}{r} + 1\right) + \sum_{k=j-j_0+1}^{j} K\left(\frac{k+1}{r} + 1\right)\right) \\ &< K_1/2 + K_1/2 = K_1 \end{aligned}$$

wegen (9.6) und (9.7).

Damit konvergiert die Reihe für y in $|x - x_0| < r < R$ nach dem Majoranten-kriterium und somit auch in $|x - x_0| < R$. ■

Analog läßt sich zeigen, daß auch die zugehörige inhomogene Gleichung eine Potenzreihenlösung in $|x - x_0| < R$ hat, wenn nur der inhomogene Anteil g in $|x - x_0| < R$ in eine konvergente Potenzreihe zu entwickeln ist.

9.2 **Beispiel.** (vgl. Kapitel 3, Aufgabe 7)

Gegeben sei das Anfangswertproblem

$$y'' - xy = 0, \; y(0) = y_0\,, \; y'(0) = y_1\,.$$

Satz 9.1 läßt eine auf ganz $\mathbb{R}$ konvergente Potenzreihendarstellung

$$y(x) = \sum_{j=0}^{\infty} a_j x^j$$

für die Lösung y erwarten.

Differenzieren und Einsetzen ergibt

$$\sum_{j=0}^{\infty} (j+2)(j+1)\, a_{j+2}\, x^j = \sum_{j=1}^{\infty} a_{j-1}\, x^j\,,$$

und weiter

$$a_0 = y_0\,, \; a_1 = y_1\,, \; a_2 = 0$$

$$a_{j+2} = \frac{a_{j-1}}{(j+2)(j+1)}\,, \qquad j = 1, 2, \ldots\,.$$

Also

$$a_{3k+2} = 0 \quad \text{für} \quad k = 0, 1, 2, \dots ,$$

und die Lösung ist

$$y(x) = y_0 \sum_{k=0}^{\infty} \prod_{j=1}^{k} (3j(3j-1))^{-1} x^{3k}$$

$$+ y_1 \sum_{k=0}^{\infty} \prod_{j=1}^{k} ((3j+1)\,3j)^{-1} x^{3k+1}, \qquad x \in \mathbb{R}. \qquad \square$$

9.2 Singuläre Stellen bei linearen Differentialgleichungen

Wir untersuchen nun die lineare Differentialgleichung zweiter Ordnung

$$y'' + a_1(x)\,y' + a_0(x)\,y = g(x),$$

bei der die Koeffizientenfunktionen a_1, a_0 und g nicht überall definiert sind, sondern Polstellen an gewissen Punkten besitzen, also meromorphe und nicht holomorphe Funktionen sind (vgl. Appendix A.6).

Beschränkt man sich auf ein Intervall, in dem die a_i und g Potenzreihenentwicklungen haben, so kann natürlich der Satz 9.1 angewendet werden. Liegt jedoch am Rand des Intervalls ein Pol $\bar{x}$, so stellt sich die Frage, wie sich die Lösungen bei Annäherung von x an $\bar{x}$ verhalten.

Wir untersuchen zwei Beispiele:

9.3 **Beispiel.** *(Legendre-Differentialgleichung)*

Vorgelegt sei die Legendre-Differentialgleichung

$$(1 - x^2)\,y'' - 2xy' + n(n+1)\,y = 0. \tag{9.8}$$

Hier ist

$$p(x) = \frac{-2x}{1-x^2} = -2 \sum_{j=0}^{\infty} x^{2j+1}, \quad q(x) = n(n+1) \sum_{j=0}^{\infty} x^{2j},$$

für

$$|x| < 1 = R,$$

und Satz 9.1 findet Anwendung.

Diese Differentialgleichung tritt übrigens auf bei der Lösung der Potentialgleichung in Kugelkoordinaten, auf die wir in Kapitel 16 noch einmal eingehen werden.

Wir setzen an

$$y(x) = \sum_{k=0}^{\infty} a_k x^k,$$

und die Reihe wird für $|x| < 1$ konvergieren.

Wir differenzieren

$$y'(x) = \sum_{k=0}^{\infty} (k+1)\, a_{k+1}\, x^k, \quad y''(x) = \sum_{k=0}^{\infty} (k+2)(k+1)\, a_{k+2}\, x^k,$$

setzen in die Differentialgleichung ein und sortieren nach Potenzen von x :

$$\sum_{k=0}^{\infty} \left[(k+2)(k+1)\, a_{k+2} - k(k-1)\, a_k - 2k\, a_k + n(n+1)\, a_k\right] x^k = 0 .$$

Da alle Koeffizienten dieser Reihe verschwinden müssen, folgt

$$(k+2)(k+1)\, a_{k+2} - k(k+1)\, a_k + n(n+1)\, a_k = 0 ,$$

d.h.

$$a_{k+2} = \frac{(k-n)(k+n+1)}{(k+2)(k+1)}\, a_k, \qquad k = 0, 1, 2, \dots . \tag{9.9}$$

a_0 und a_1 sind frei wählbar oder ergeben sich durch die Anfangsbedingung

$$a_0 = y(0), \quad a_1 = y'(0),$$

alle weiteren Koeffizienten sind rekursiv bestimmt.
Es gilt

$$\begin{aligned} a_{2k+2} &= \frac{(2k-n)(2k+1+n)}{(2k+2)(2k+1)}\, a_{2k} \\ &= \frac{(2k-n)(2k+1+n)}{(2k+2)(2k+1)} \; \frac{(2k-2-n)(2k-1+n)}{(2k)(2k-1)}\, a_{2k-2} = \dots \\ &= \frac{\prod_{j=0}^{k} (2j-n)(2j+1+n)}{(2k+2)!}\, a_0 \quad \text{für} \quad k = 0, 1, 2, \dots , \end{aligned} \tag{9.10}$$

und analog

$$a_{2k+3} = \frac{\prod_{j=0}^{k} (2j+1-n)(2j+2+n)}{(2k+3)!}\, a_1 \quad \text{für} \quad k = 0, 1, 2, \dots . \tag{9.11}$$

Mit

$$c_0 = c_1 = 1 \quad \text{und} \quad c_{2k} = \prod_{j=0}^{k-1} (2j-n)(2j+1+n)/(2k)! \; ,$$

$$c_{2k+1} = \prod_{j=0}^{k-1} (2j+1-n)(2j+2+n)/(2k+1)!$$

ergibt sich die allgemeine Lösung zu

$$y(x) = a_0 \sum_{k=0}^{\infty} c_{2k} x^{2k} + a_1 \sum_{k=0}^{\infty} c_{2k+1} x^{2k+1}$$

$$=: a_0 y_1(x) + a_1 y_2(x),$$

und y_1 wie y_2 haben beide für $|x| < 1$ konvergente und für $|x| > 1$ divergente Reihendarstellungen; das folgt aus dem Quotientenkriterium wegen (9.9) auch direkt:

$$\lim_{k \to \infty} a_{k+2}/a_k = \lim_{k \to \infty} (k-n)(k+n+1)/(k^2+3k+2) = 1,$$

es sei denn, die Koeffizienten verschwinden von einem gewissen Index an.

y_1 und y_2 bilden auf dem Intervall $(-1, 1)$ ein Fundamentalsystem. y_1 ist eine gerade Funktion, y_2 eine ungerade; daher sind sie linear unabhängig.

Für gewisse Werte des Parameters n treten, wie schon angedeutet, Polynomlösungen auf, da hier von einem k_0 an die Koeffizienten a_k verschwinden, und zwar wegen (9.9) für $k_0 = n$ oder $k_0 = -n-1$, d.h. für alle ganzzahligen n.

Wir unterscheiden zwei Fälle:

1. Für $n \geqq 0$ und n gerade bricht die Entwicklung von y_1 ab, die von y_2 dagegen nicht, ist n ungerade, so ist es umgekehrt, und y_1 bzw. y_2 ist ein Polynom vom Grad n.

2. Ist $n < 0$ und n gerade, so bricht die Entwicklung von y_2 ab, die von y_1 aber nicht, und für ungerades n umgekehrt.

Wir erhalten jeweils für y_2 und y_1 Polynome vom Grad $-n-1$. Diese Polynome heißen *Legendre*-Polynome, und wir leiten jetzt eine einfache Darstellung von *Rodrigues* für sie her:

$$P_n(x) := \frac{1}{2^n n!} \frac{d^n}{dx^n} (x^2-1)^n, \qquad n = 0, 1, 2, \ldots \tag{9.12}$$

ist Polynomlösung der Differentialgleichung (9.8) mit $P_n(1) = 1$.

Zum Beweis notieren wir

$$P_n(1) = \frac{1}{2^n n!} \frac{d^n}{dx^n} ((x+1)^n (x-1)^n)_{|x=1}$$

$$= \frac{1}{2^n n!} \left[\frac{d^n}{dx^n} (x-1)^n_{|x=1}\right] (x+1)^n_{|x=1} + 0$$

$$= \frac{1}{2^n n!} n!\, 2^n = 1.$$

Hier haben wir die verallgemeinerte Differentiationsformel für ein Produkt benutzt:

$$(u \cdot v)^{(n)} = \sum_{j=0}^{n} \binom{n}{j} u^{(j)} v^{(n-j)}.$$

Wir zeigen nun, daß P_n der Differentialgleichung (9.8) genügt:
Mit

$$w(x) := (x^2 - 1)^n, \quad P_n = \frac{1}{2^n\, n!}\, w^{(n)},$$

folgt

$$\begin{aligned}((1 - x^2)\, w')^{(n+1)} &= (1 - x^2)\, w^{(n+2)} - 2x\,(n+1)\, w^{(n+1)} - n\,(n+1)\, w^{(n)}\\ &= (-2\,x\,n\,w)^{(n+1)} = -2\,x\,n\,w^{(n+1)} - 2\,(n+1)\,n\,w^{(n)}\,,\end{aligned}$$

und nach einer Umformung

$$(1 - x^2)\, w^{(n+2)} - 2x\,w^{(n+1)} + n\,(n+1)\, w^{(n)} = 0\,,$$

was der Differentialgleichung (9.8) entspricht.
Wendet man den Satz von *Rolle* n-mal sukzessive auf w und seine Ableitungen an, so erkennt man, daß das Polynom n-ten Grades P_n genau n einfache Nullstellen im Intervall $(-1, 1)$ besitzt.
Wir geben noch die ersten fünf Legendre-Polynome in einer Tabelle an: (vgl. Bild 9.1 und im Band „Lineare Algebra" dieser Reihe das Beispiel 5.27)

n	
P_0	1
P_1	x
P_2	$(3x^2 - 1)/2$
P_3	$(5x^3 - 3x)/2$
P_4	$(35x^4 - 30x^2 + 3)/8$

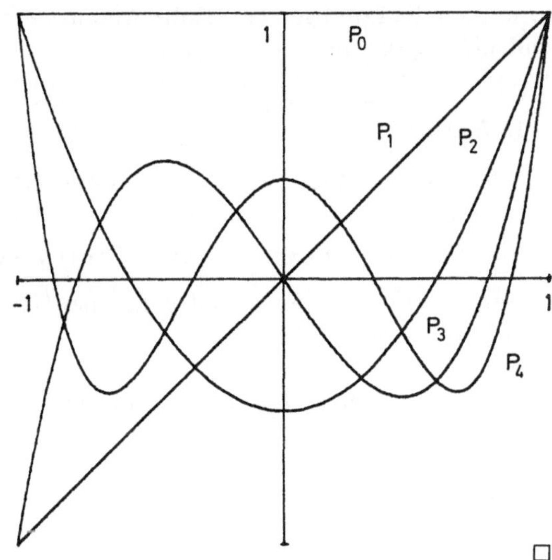

Bild 9.1

□

9.4 Beispiel.

Gegeben sei die Eulersche Differentialgleichung

$$y'' - 5y'/x + 8y/x^2 = 0\,.$$

In Kapitel 8 haben wir einen Lösungsweg skizziert, und wir erhalten die allgemeine Lösung

$$y(x) = c_1 x^2 + c_2 x^4\,.$$

Obwohl die Koeffizientenfunktionen eine Polstelle in $x = 0$ besitzen, ist die Lösung überall definiert und auf ganz $\mathbb{C}$ holomorph. □

Die allgemeine Lösung der Eulerschen Gleichung (vgl. (8.14)) aus Kapitel 8

$$(x-a)^2 y'' + (x-a)\, py' + qy = 0, \quad p, q \in \mathbb{R},$$

setzt sich zusammen aus Termen der Form

$$\begin{array}{lll} |x-a|^{\lambda_1}, & |x-a|^{\lambda_2} \quad \text{oder} & |x-a|^{\lambda_1} \ln|x-a|, \\ & \lambda_1 \neq \lambda_2 & \lambda_1 = \lambda_2 \end{array} \tag{9.13}$$

wobei λ_1 und λ_2 die Nullstellen von

$$z^2 + (p-1)\, z + q =: f(z)$$

sind.

Ersetzt man die Konstanten p und q durch die (holomorphen) Funktionen

$$p(x) = \sum_{j=0}^{\infty} p_j (x-a)^j, \quad q(x) = \sum_{j=0}^{\infty} q_j (x-a)^j,$$

so werden die Lösungen (9.13) die Anfangsterme von verallgemeinerten Potenzreihenlösungen sein.

9.5 **Definition.**

a heißt *regulär singulärer* Punkt der linearen Differentialgleichung zweiter Ordnung

$$(x-a)^2 y'' + (x-a)\, p(x)\, y' + q(x)\, y = 0, \tag{9.14}$$

wenn die Funktionen p und q in einer Umgebung von a in eine Potenzreihe entwickelt werden können.

Wir wollen nun untersuchen, wie man zu einem Fundamentalsystem von (9.14) gelangen kann.

Unsere Erfahrungen mit der Eulerschen Differentialgleichung legen es nahe, mit dem Ansatz

$$y(x) = |x-a|^z \sum_{k=0}^{\infty} c_k (x-a)^k$$

in die Differentialgleichung

$$0 = (x-a)^2 y''(x) + (x-a) \sum_{m=0}^{\infty} p_m (x-a)^m y'(x) + \sum_{m=0}^{\infty} q_m (x-a)^m y(x), \quad |x-a| < R,$$

zu gehen.

Wir dürfen uns auf den Fall $x > a$ beschränken, denn für $x < a$ setzt man $x = 2a - t$, $t > a$, und wird auf die Differentialgleichung

$$0 = (t-a)^2 \ddot{\tilde{y}}(t) + (t-a) \sum_{m=0}^{\infty} p_m (a-t)^m \dot{\tilde{y}}(t) + \sum_{m=0}^{\infty} q_m (a-t)^m \tilde{y}(t) ,$$

$$\tilde{y}(t) := y(2a-t) ,$$

geführt, und alle Rekursionsformeln bleiben in der Folge erhalten. Am besten ist es, die reelle Variable x durch die komplexe s zu ersetzen und unsere Betrachtungen in der aufgeschnittenen komplexen Ebene zu machen (vgl. Appendix A.7).

Zur Erleichterung sei noch $a = 0$, und wir erhalten

$$xy'(x) = \sum_{k=0}^{\infty} (k+z) c_k x^{k+z}, \quad x^2 y''(x) = \sum_{k=0}^{\infty} (k+z)(k+z-1) c_k x^{k+z}$$

$$0 < x < R,$$

und nach Einsetzen und Ausmultiplizieren der Potenzreihen

$$\sum_{k=0}^{\infty} (k+z)(k+z-1) c_k x^{k+z} + \sum_{k=0}^{\infty} \sum_{m=0}^{k} p_m c_{k-m} (k-m+z) x^{k+z}$$
$$+ \sum_{k=0}^{\infty} \sum_{m=0}^{k} q_m c_{k-m} x^{k+z} = 0 ,$$

und damit

$$0 \equiv x^z \Big[(z^2 + z(p_0 - 1) + q_0) c_0 + \sum_{k=1}^{\infty} ((k+z)(k+z-1) + p_0 (k+z) + q_0) c_k x^k$$
$$+ \sum_{k=1}^{\infty} \sum_{m=1}^{k} (p_m (k-m+z) + q_m) c_{k-m}) x^k \Big] . \tag{9.15}$$

Nennen wir

$$f(z+k) := (z+k)(z+k-1) + p_0 z + q_0 ,$$

so resultieren aus (9.15) die Forderungen

$$f(z) = 0 \tag{9.16}$$

und mit $j = k - m$

$$f(z+k) c_k = - \sum_{j=0}^{k-1} (p_{k-j} (j+z) + q_{k-j}) c_j . \tag{9.17}$$

Gleichung (9.16) ergibt die beiden charakteristischen Wurzeln

$$z_1, z_2 \quad \text{mit} \quad \operatorname{Re} z_1 \geqq \operatorname{Re} z_2 ,$$

und wir können mit Hilfe von (9.17) die c_k rekursiv berechnen, wenn nur alle $f(z_i + k) \neq 0$ sind, $i = 1, 2$.

Man verifiziert leicht

$$f(z_1 + k) = k(k + z_1 - z_2) \neq 0 \quad \text{für } k = 1, 2, \ldots ,$$
$$f(z_2 + k) = k(k - (z_1 - z_2)) \neq 0 \quad \text{für } k = 1, 2, \ldots \text{ und } z_1 - z_2 \notin \mathbb{N}.$$

Ist also

$$z_1 - z_2 \notin \mathbb{N} \cup \{0\} ,$$

so erhalten wir zwei formale Lösungen

$$y_1(x) = x^{z_1} \sum_{k=0}^{\infty} c_k x^k, \quad y_2(x) = x^{z_2} \sum_{k=0}^{\infty} \tilde{c}_k x^k, \tag{9.18}$$

die, falls die Konvergenz gesichert ist, voneinander linear unabhängige Lösungen sind.

Ist $z_1 = \bar{z}_2$, d.h. die Nullstellen von $f(z)$ zueinander konjugiert komplex, so bilden $\operatorname{Re} y_1$ und $\operatorname{Im} y_1$ das gesuchte reelle Fundamentalsystem.
Ist

$$z_1 = z_2 ,$$

so müssen wir uns um eine zweite linear unabhängige Lösung y_2 bemühen; ist jedoch

$$z_1 = z_2 + n, \qquad n \in \mathbb{N},$$

so erhalten wir aus $\tilde{c}_0, \tilde{c}_1, \ldots, \tilde{c}_{n-1}$ wegen (9.17)

$$0 \cdot \tilde{c}_n = \sum_{j=0}^{n-1} ((j + z_2)\, p_{n-j} + q_{n-j})\, \tilde{c}_j .$$

Nun kann man nur die Rechnung fortsetzen, wenn die rechte Seite verschwindet. Muß man dazu alle $\tilde{c}_j$, $j = 0, 1, \ldots, n-1$, zu Null setzen, so erhalten wir allerdings keine neue linear unabhängige Lösung, sondern ein Vielfaches von y_1.

Es steht dann nur noch der Konvergenzbeweis zu beiden formalen Lösungen y_1 und y_2 in $0 < x < R$ aus, der in gleicher Weise wie der Beweis zu Satz 9.1 geführt wird und daher unterbleibt.

Wir lassen die schwierigeren Fälle zunächst beiseite und fassen zusammen:

9.6 **Satz.**

Gegeben sei die Differentialgleichung

$$(x-a)^2 y''(x) + (x-a)\, p(x)\, y'(x) + q(x)\, y(x) = 0$$

mit

$$p(x) = \sum_{m=0}^{\infty} p_m (x-a)^m, \quad q(x) = \sum_{m=0}^{\infty} q_m (x-a)^m ,$$

und die Potenzreihen konvergieren in $|x-a| < R$.

Sind z_1 und z_2 die Nullstellen der charakteristischen Gleichung

$$f(z) = z(z-1) + p_0 z + q_0 = 0$$

mit

$$\operatorname{Re} z_1 \geqq \operatorname{Re} z_2 ,$$

so erhält man nach Auswertung der Rekursionsformel (9.17)

$$f(z_i + k)\, c_k = -\sum_{j=0}^{k-1} ((j + z_i)\, p_{k-j} + q_{k-j})\, c_j\,, \quad i = 1, \quad c_0 = 1,$$

eine Lösung

$$y_1(x) = |x-a|^{z_1} \sum_{k=0}^{\infty} c_k (x-a)^k, \quad 0 < |x-a| < R.$$

Ist $z_1 - z_2 \notin \mathbb{N} \cup \{0\}$, so ist nach Auswertung von (9.17) mit $i = 2$

$$y_2(x) = |x-a|^{z_2} \sum_{k=0}^{\infty} \tilde{c}_k (x-a)^k, \quad \tilde{c}_0 = 1,$$

eine von y_1 linear unabhängige Lösung.
Sind die Lösungen komplexwertig, so geht man zum Real- und Imaginärteil über.

Wir wollen noch die verbleibenden Fälle

$$z_1 = z_2 \quad \text{und} \quad z_1 - z_2 = n \in \mathbb{N}$$

studieren.

Der Fall $z_1 = z_2$:

Es geht darum, eine zweite Lösung zur Ergänzung des Fundamentalsystems zu finden.
Wir hatten mit $a = 0$ und $x > 0$ bereits hergeleitet

$$\begin{aligned} Ly(x) &= x^2 y''(x) + xp(x)\, y'(x) + q(x)\, y(x) \\ &= x^z \Big[f(z)\, c_0 + \sum_{k=1}^{\infty} \Big(f(z+k)\, c_k + \sum_{j=0}^{k-1} (p_{k-j}(j+z) + q_{k-j})\, c_j \Big) x^k \Big]. \end{aligned} \tag{9.19}$$

Da die Nullstellenmenge der $f(z+k)$, $k = 0, 1, 2, \ldots$, abzählbar ist und ohne Häufungspunkt im Endlichen, gibt es ein $z \in \mathbb{C}$ mit

$$f(z+k) \neq 0 \quad \text{für alle } k,$$

und wir erhalten mit der Rekursionsformel (9.17) aus c_0 wohlbestimmte Koeffizienten c_k, welche rationale Funktionen in z sind. Dann folgt aus (9.19)

$$L\left(x^z \sum_{k=0}^{\infty} c_k(z)\, x^k \right) = x^z c_0 f(z). \tag{9.20}$$

Differentiation von (9.20) nach z ergibt

$$\frac{\partial}{\partial z} L\left(x^z \sum_{k=0}^{\infty} c_k(z)\, x^k\right) = L\left(x^z \ln x \sum_{k=0}^{\infty} c_k(z)\, x^k + x^z \sum_{k=0}^{\infty} c_k'(z)\, x^k\right)$$

$$= c_0\,(x^z \cdot \ln x \cdot f(z) + x^z f'(z)) .$$

Ist z_1 doppelte Nullstelle von f, so verschwindet die rechte Seite für $z = z_1$. Es ergibt sich mit

$$y_2(x) = y_1(x) \ln|x| + |x|^{z_1} \sum_{k=0}^{\infty} c_k'(z_1)\, x^k$$

dann

$$Ly_2 = 0 ,$$

und wir haben eine weitere formale Lösung gefunden.
Geht man mit dem allgemeinen Ansatz

$$y_2(x) = y_1(x) \ln|x-a| + |x-a|^{z_1} \sum_{k=1}^{\infty} b_k (x-a)^k$$

in die Differentialgleichung (9.14) ein, so kann man die b_k rekursiv bestimmen. Auch hier kann man nachrechnen, daß man eine zweite linear unabhängige Lösung gefunden hat, deren Reihendarstellung in

$$0 < |x-a| < R$$

konvergiert.

Beispiel.

Für die Differentialgleichung

$$x^2 y'' + xy' + xy = 0$$

ergibt sich

$$p(x) \equiv 1,\ q(x) \equiv x,\ p_0 = 1,\ q_1 = 1,\ R = \infty$$

alle anderen p_i und q_i sind Null.

$$f(z) = z^2 ,\ z_1 = z_2 = 0 ,$$

und (9.17) lautet

$$(z+k)^2 c_k = - c_{k-1}$$

d.h.

$$c_k = (-1)^k \prod_{m=1}^{k} (z+m)^{-2} c_0 .$$

Die erste Lösung lautet

$$y_1(x) = c_0 \sum_{k=0}^{\infty} (-1)^k \frac{x^k}{1^2 \cdot 2^2 \cdot \ldots \cdot k^2}, \qquad |x| < \infty, \; c_0 = 1.$$

Die andere Lösung ergibt sich aus unseren Vorüberlegungen zu

$$y_2(x) = y_1(x) \ln|x| + \sum_{k=1}^{\infty} c_k'(0)\, x^k$$

mit

$$c_k'(0) = 2(-1)^{k+1} \frac{1}{(k!)^2} \sum_{m=1}^{k} 1/m.$$

□

Der Fall $z_1 - z_2 = n \in \mathbb{N}$:

Wir leiten wieder eine formale zweite Lösung her.
Wie schon früher gesagt, findet man hier schnell eine zweite linear unabhängige Lösung, wenn zufälligerweise

$$g_n(z_2) := \sum_{j=0}^{n-1} (p_{n-j}(j + z_2) + q_{n-j})\, c_j = 0$$

gilt.
Ist dies jedoch nicht der Fall, so muß man $c_0 = c_1 = \ldots = c_{n-1} = 0$ setzen und erhält bis auf einen Faktor wieder nur y_1.
Wir müssen daher c_0 so geschickt wählen, daß in $g_n(z)$ der Faktor $(z - z_2)$ auftritt. Das ist der Fall, wenn

$$c_0 = z - z_2$$

gesetzt wird, und es resultiert mit

$$y(x, z) = x^z \sum_{k=0}^{\infty} c_k(z)\, x^k$$

und (9.20)

$$Ly(x, z) = c_0(z)\, f(z)\, x^z = (z - z_2)\, f(z)\, x^z.$$

Differentiation nach z ergibt an der Stelle $z = z_2$

$$L\left(x^{z_2} \ln x \sum_{k=0}^{\infty} c_k(z_2)\, x^k + x^{z_2} \sum_{k=0}^{\infty} c_k'(z_2)\, x^k \right) = 0,$$

und wegen $c_0(z_2) = c_1(z_2) = \ldots = c_{n-1}(z_2) = 0$ folgt:

$$x^{z_2} \sum_{k=n}^{\infty} c_k(z_2)\, x^k$$

ist ein Vielfaches von $y_1(x)$.

Das rechtfertigt den Ansatz

$$y_2(x) = c\,y_1(x)\ln|x-a| + |x-a|^{z_2}\sum_{k=0}^{\infty} b_k(x-a)^k, \quad b_0 = 1,$$

und die nach rekursiver Berechnung der b_k gefundene Reihe konvergiert tatsächlich in

$$0 < |x-a| < R.$$

Wir fassen die Ergebnisse der Ausnahmefälle zusammen:

9.7 **Satz.**

Gegeben sei die Differentialgleichung

$$(x-a)^2 y''(x) + (x-a)\,p(x)\,y'(x) + q(x)\,y(x) = 0$$

mit

$$p(x) = \sum_{m=0}^{\infty} p_m(x-a)^m, \quad q(x) = \sum_{m=0}^{\infty} q_m(x-a)^m, \quad 0 < |x-a| < R.$$

Gilt dann für die Nullstellen z_1 und z_2 $(\operatorname{Re} z_1 \geqq \operatorname{Re} z_2)$ des Polynoms

$$f(z) = z(z-1) + p_0 z + q_0$$

$z_1 = z_2$, so erhält man zwei linear unabhängige Lösungen der Form

$$y_1(x) = |x-a|^{z_1}\sum_{k=0}^{\infty} c_k(x-a)^k, ,$$

$$y_2(x) = y_1(x)\ln|x-a| + |x-a|^{z_2}\sum_{k=1}^{\infty} b_k(x-a)^k, \quad 0 < |x-a| < R.$$

Ist $z_1 = z_2 + n$, $n \in \mathbb{N}$, so ist stattdessen

$$y_2(x) = c\,y_1(x)\ln|x-a| + |x-a|^{z_2}\sum_{k=0}^{\infty} b_k(x-a)^k, \quad b_0 = 1,$$

wobei c Null sein kann. Die Koeffizienten berechnen sich rekursiv durch Einsetzen in die Differentialgleichung.

9.8 **Beispiel.** *(Besselsche Differentialgleichung)*

Wir untersuchen nun ausführlicher die Besselsche Differentialgleichung

$$x^2 y'' + xy' + (x^2 - n^2)\,y = 0, \quad n \geqq 0, \quad n \text{ reell},$$

über deren Lösungen wir in Kapitel 8, Beispiel 8.19 bereits qualitative Aussagen gemacht haben.

Hier ist

$$a = 0,\ p(x) = 1,\ q(x) = x^2 - n^2,$$
$$p_0 = 1,\ p_m = 0 \quad \text{für} \quad m \geqq 1,\ q_0 = -n^2,$$
$$q_1 = 0,\ q_2 = 1 \quad \text{und} \quad q_m = 0 \quad \text{für} \quad m \geqq 3.$$

Damit erhalten wir

$$f(z) = z^2 - n^2$$

mit den Nullstellen

$$z_1 = n,\ z_2 = -n,$$

und die Rekursionsformel

$$c_1(1 \pm 2n) = 0,$$
$$c_k\, k(k \pm 2n) = -c_{k-2},\ k \geqq 2.$$

Aus

$$z_1 - z_2 = 2n \notin \mathbb{N} \cup \{0\}$$

folgt

$$c_1 = c_3 = c_5 = \ldots = 0,$$

und c_{2k} sowie $\tilde{c}_{2k}$ berechnen sich rekursiv aus c_0 bzw. $\tilde{c}_0$.

$$z_1 - z_2 = 2n \in \mathbb{N} \cup \{0\}$$

liefert für $n = 1/2,\ 3/2,\ 5/2, \ldots$ mit der Festlegung $c_1 = c_3 = \ldots = 0$ ebenfalls zwei Lösungen, da die Rekursionsformel für gerade k anwendbar ist:

$$c_{2k}\, 2k(2k \pm 2n) = -c_{2k-2}, \qquad k = 1, 2, 3, \ldots .$$

Setzt man also

$$\lambda = \begin{cases} n \\ -n \end{cases} \text{für} \quad \begin{matrix} z = z_1 \\ z = z_2 \end{matrix} \quad \text{mit} \quad \begin{matrix} n \geqq 0 \\ n > 0, \qquad n \notin \mathbb{N}, \end{matrix}$$

so folgt

$$c_{2k} = -\frac{1}{2k(2k + 2\lambda)}\, c_{2k-2} = \frac{(-1)^1}{2^2 k(k+\lambda)}\, c_{2k-2}$$
$$= \frac{(-1)^2}{2^4 k(k-1)(k+\lambda)(k-1+\lambda)}\, c_{2k-4} = \ldots$$
$$= \frac{(-1)^k}{2^{2k} k!\,(k+\lambda)(k-1+\lambda) \cdot \ldots \cdot (1+\lambda)}\, c_0 .$$

Abkürzend sei

$$(1+\lambda)_k := (1+\lambda)(2+\lambda) \ldots (k-1+\lambda)(k+\lambda), \qquad k \geqq 1$$
$$(1+\lambda)_0 := 1$$

gesetzt.

Dann folgt nach Satz 9.5:

$$B_\lambda(x) := c_0\, x^\lambda \sum_{k=0}^{\infty} \frac{(-1)^k}{k!\,(1+\lambda)_k} \left(\frac{x}{2}\right)^{2k}$$

mit $\lambda \neq -1, -2, -3, \ldots$ und $\lambda^2 = n^2$

ist Lösung der Besselschen Differentialgleichung für $0 < x < \infty$, d.h. für $n \notin \mathbb{N} \cup \{0\}$ bilden

$$B_n(x) \quad \text{und} \quad B_{-n}(x)$$

ein Fundamentalsystem.

Benutzt man die Gammafunktion

$$\Gamma(x) := \int_0^\infty e^{-t}\, t^{x-1}\, dt, \qquad x > 0,$$

die der Funktionalgleichung

$$\Gamma(x+1) = x\,\Gamma(x), \quad \Gamma(1) = 1, \quad (9.21)$$

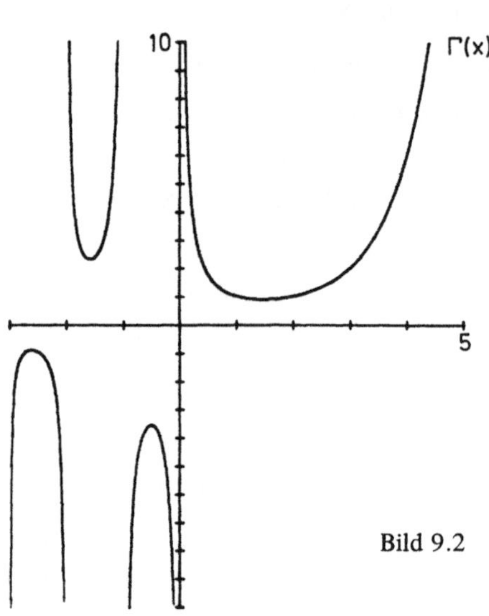

Bild 9.2

genügt, so wird man ihren Definitionsbereich durch mehrfache Anwendung von (9.21) auf $x \leqq 0$, $x \neq 0, -1, -2, \ldots$, ausdehnen:

$$\Gamma(x) = \frac{\Gamma(x+k)}{(k-1+x)(k-2+x)\ldots(1+x)\,x}, \quad -k < x < -k+1, \quad \text{(vgl. Bild 9.2).}$$

Dann wählt man

$$c_0 = \frac{1}{2^\lambda\, \Gamma(\lambda+1)}$$

und erhält nun die bekannten Besselfunktionen

$$J_\lambda(x) = \left(\left|\frac{x}{2}\right|\right)^\lambda \sum_{k=0}^{\infty} \frac{(-1)^k}{2^{2k}\, k!\, \Gamma(k+\lambda+1)}\, x^{2k}, \quad \lambda \neq -1, -2, -3, \ldots,$$

die Lösungen der Besselschen Differentialgleichung für

$$0 < |x| < \infty, \quad \lambda^2 = n^2,$$

sind.

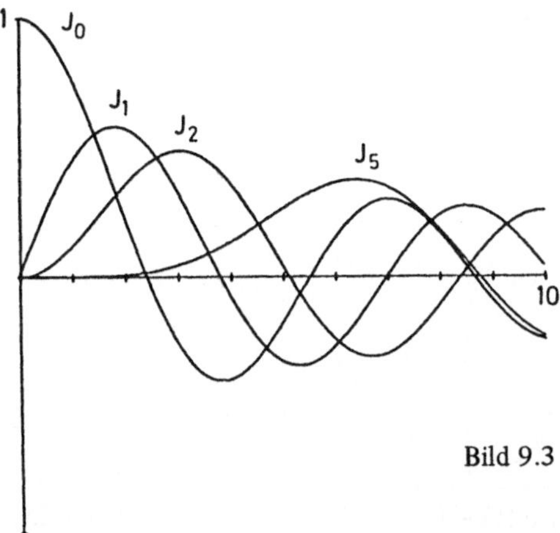

Bild 9.3

In den Fällen $n = 0, 1, 2, \ldots$ (vgl. Bild 9.3) findet man als weitere linear unabhängige Lösung der Besselschen Differentialgleichungen die Neumannschen Funktionen

$$N_n(x) = \frac{1}{\pi}\left(\frac{\partial}{\partial\lambda} J_\lambda(x) - (-1)^n \frac{\partial}{\partial\lambda} J_{-\lambda}(x)\right)_{|\lambda=n}$$

unter Benutzung von

$$J_{-n}(x) := (-1)^n J_n(x), \quad n = 1, 2, 3, \ldots,$$

bzw.

$$N_0(x) = \frac{2}{\pi}\left(\frac{\partial J_\lambda(x)}{\partial\lambda}\right)_{|\lambda=0}.$$

Es ist

$$N_0(x) = \frac{2}{\pi}\left(\gamma + \ln\left|\frac{x}{2}\right|\right) J_0(x) - \frac{2}{\pi}\sum_{k=1}^{\infty}(-1)^k \frac{(x/2)^{2k}}{(k!)^2}\left(\sum_{m=1}^{k} 1/m\right),$$

γ Eulersche Konstante, $\gamma = 0.5772\ldots$.

Weitere Einzelheiten zu den Besselfunktionen findet man z.B. in [G-R]. □

Durch Zurückführung auf die Besselsche Differentialgleichung kann man zeigen, daß die wesentlich allgemeinere Differentialgleichung

$$x^2 y'' + x(a + 2bx^r) y' + (c + dx^{2s} - b(1 - a - r) x^r + b^2 x^{2r}) y = 0,$$

$$x > 0, \ r > 0, \ s > 0, \ d \geqq 0, \ c = \left(\frac{1-a}{2}\right)^2 - s^2 p^2,$$

eine Lösung

$$y(x) = x^{(1-a)/2} \exp(-bx^r/r) J_p(\sqrt{d}x^s/s)$$

besitzt.

Der Beweis geschieht durch Einsetzen von y, y' und y'' in die Differentialgleichung.

9.3 Singularitäten im Unendlichen und irregulär singuläre Punkte

Oftmals ist es vonnöten, das Verhalten der Lösungen der Differentialgleichung

$$Ly = y'' + a_1 y' + a_2 y = 0, \quad a_i \in C\,[a, \infty), \tag{9.22}$$

für große x zu untersuchen.
Man substituiert dann

$$x = 1/t$$

und erhält wegen

$$u(t) := y(1/t) = y(x), \quad y'(x) = -t^2\,\dot{u}(t),$$
$$y''(x) = t^4\,\ddot{u}(t) + 2\,t^3\,\dot{u}(t)$$
$$\ddot{u}(t) + \left(\frac{2}{t} - a_1\left(\frac{1}{t}\right)/t^2\right)\dot{u}(t) + a_2\left(\frac{1}{t}\right)\frac{1}{t^4}\,u(t) = 0. \tag{9.23}$$

(9.22) hat demnach einen regulär singulären Punkt in $x = \infty$, wenn (9.23) einen regulär singulären Punkt in $t = 0$ besitzt.
Das ist der Fall, wenn

$$2 - \frac{1}{t}\,a_1\left(\frac{1}{t}\right) =: p(t), \quad \frac{1}{t^2}\,a_2\left(\frac{1}{t}\right) =: q(t)$$

Potenzreihenentwicklungen um den Nullpunkt besitzen.

Beispiel.

$$y'' + \frac{3}{2x}\,y' + \frac{1}{4x^3}\,y = 0$$

geht über in

$$t\,\ddot{u}(t) + \frac{1}{2}\,\dot{u}(t) + \frac{1}{4}\,u(t) = 0.$$

Null ist regulär singulärer Punkt, und es ist

$$p(t) = 1/2, \quad q(t) = t/4, \quad f(z) = z(z - 1/2), \quad z_1 = 1/2, \quad z_2 = 0.$$

(9.17) bedeutet hier

$$(z + k)(z + k - 1/2)\,c_k = -\,c_{k-1}/4,$$
$$c_k = -\frac{1}{(2z + 2k)(2z + 2k - 1)}\,c_{k-1},$$

also

$$c_k = \frac{(-1)^k}{(2k+1)!}\,c_0, \quad z = z_1 = 1/2,$$

$$\tilde{c}_k = \frac{(-1)^k}{(2k)!}\,\tilde{c}_0, \quad z = z_2 = 0.$$

Für die allgemeine Lösung u ergibt das

$$u(t) = c_0 \, |t|^{1/2} \sum_{k=0}^{\infty} \frac{(-1)^k}{(2k+1)!} t^k + \tilde{c}_0 \sum_{k=0}^{\infty} \frac{(-1)^k}{(2k)!} t^k,$$

und für die ursprüngliche Differentialgleichung

$$y(x) = c_0 \begin{Bmatrix} \sin(x^{-1/2}) \\ \sinh |x|^{-1/2} \end{Bmatrix} + \tilde{c}_0 \begin{Bmatrix} \cos(x^{-1/2}) \\ \cosh |x|^{-1/2} \end{Bmatrix}, \quad \begin{matrix} x > 0, \\ x < 0. \end{matrix}$$

Untersuchen wir noch die Differentialgleichung

$$x^3 y'' + xy' - y = 0,$$

die sich in ihrer Form von den bisher betrachteten unterscheidet. Eine Lösung ist

$$y(x) = x.$$

Wie schon in Kapitel 8 ausgeführt, macht man zur Berechnung einer zweiten linear unabhängigen Lösung den Ansatz

$$y(x) = xu(x),$$

und erhält aus

$$y' = u + xu', \quad y'' = 2u' + xu''$$
$$x^3 y'' + xy' - y = x^4 u'' + (x^2 + 2x^3) u' = 0$$

eine separable Differentialgleichung für u' mit der Lösung

$$u'(x) = \frac{c}{x^2} e^{1/x}.$$

Eine weitere Integration ergibt schließlich z.B.

$$y_2(x) = -x e^{1/x}.$$

Die Form der Lösung zeigt, daß der Nullpunkt nicht regulär singulärer Punkt sein kann.

Man spricht dann von einem *irregulär singulären* Punkt. Ist man wieder am Verhalten der Lösung y von (9.22) für große x interessiert, so macht man im Fall, daß Unendlich irregulär singulärer Punkt ist, den Ansatz

$$y(x) = e^{\lambda x} x^z \sum_{k=0}^{\infty} c_k x^{-k},$$

wenn die Koeffizientenfunktionen a_i in einer Umgebung von Unendlich Potenzreihen in $1/x$ besitzen, und berechnet die Werte von λ, z und c_k durch Einsetzen von y, y' und y'' in die Differentialgleichung.

Bisweilen hat man statt der Konvergenz der Potenzreihe nur eine asymptotische Entwicklung für y, d.h.

$$\lim_{x \to \infty} x^n \left(y(x) e^{-\lambda x} x^{-z} - \sum_{k=0}^{n} c_k x^{-k} \right) = 0 \quad \text{für alle } n.$$

9.4 Literatur zu Kapitel 9

Die Methode der Reihenlösungen für lineare Differentialgleichungen wird sehr ausführlich abgehandelt von F. Brauer und J. A. Nohel: Ordinary Differential Equations-A First Course [B-N, S. 119f]. Eine moderne Darstellung dieser Theorie im Komplexen gibt A. Peyerimhoff: Gewöhnliche Differentialgleichungen I, II [P1, Bd. II]. Die damit zusammenhängende Theorie der speziellen Funktionen findet man z.B. in I. N. Sneddon: Spezielle Funktionen der mathematischen Physik [S2] oder in dem Tafelwerk [G-R].

Mit Hilfe des Gauß-Kriteriums (M.G. Fichtenholz: Differential- und Integralrechnung II [F4] läßt sich übrigens die Divergenz der Reihendarstellungen der Lösungsfunktionen zur Legendre-Differentialgleichung y_1' und y_2' aus Beispiel 9.3 für $x = \pm 1$ zeigen, falls die Reihen nicht abbrechen.

9.5 Aufgaben zu Kapitel 9

1. Man löse das Randwertproblem

$$y'' + xy' - 3y = 0, \quad y(0) = 0, \quad y(1) = 1.$$

2. Man zeige:
   a) Die Legendre Polynome (9.12) bilden über dem Intervall $(-1, 1)$ ein orthogonales Funktionensystem:

$$(P_n, P_m) = \int_{-1}^{1} P_n(x) P_m(x)\, dx = \frac{2}{2n+1} \delta_{nm}, \qquad n, m = 0, 1, 2, \ldots .$$

   b) Jedes Polynom n-ten Grades Q ist eindeutig darstellbar als

$$Q(x) = \sum_{j=0}^{n} c_j P_j(x), \quad c_j = \frac{2j+1}{2} (Q, P_j).$$

   Anleitung: Man benutze die Rodrigues-Formel (9.12) und partielle Integration. Den zweiten Teil des Beweises führe man mit vollständige Induktion nach dem Grad von Q.

3. Man zeige: Die *Hypergeometrische Differentialgleichung*

$$x(x-1)y'' + ((\alpha + \beta + 1)x - \gamma)y' + \alpha\beta y = 0$$

   hat eine Lösung

$$F(\alpha, \beta; \gamma; x) = \sum_{j=0}^{\infty} \frac{\binom{\alpha+j-1}{j}\binom{\beta+j-1}{j}}{\binom{\gamma+j-1}{j}} x^j, \qquad |x| < 1,$$

$$\alpha, \beta, \gamma \in \mathbb{R}, \ \gamma \neq -n, \ n = 0, 1, 2, \ldots,$$

   und für $\gamma \neq n$ eine weitere Lösung

$$|x|^{1-\gamma} F(\alpha - \gamma + 1, \beta - \gamma + 1; 2 - \gamma; x), \qquad 0 < |x| < 1.$$

4. Man zeige

$$\Gamma(1/2) = \sqrt{\pi}, \quad J_{1/2}(x) = \left(\frac{2}{\pi x}\right)^{1/2} \sin x, \quad J_{-1/2}(x) = \left(\frac{2}{\pi x}\right)^{1/2} \cos x .$$

5. Man zeige: Die Laguerre-Polynome

$$L_m(x) = \sum_{j=0}^{m} (-1)^j \binom{m}{j} \frac{x^j}{j!}$$

sind Lösungen der Differentialgleichung

$$xy'' + (1 - x)\, y' + my = 0, \quad m = 0,\ 1,\ 2,\ \ldots .$$

6. Man bestimme ein Fundamentalsystem der Differentialgleichung

$$xy'' + 2y' - y = 0 .$$

7. Gesucht sind zwei linear unabhängige Lösungen der Differentialgleichung

$$(1 + x^2)\, y'' + 3xy' + y = 0 .$$

10 Differentialgleichungssysteme

10.1 Einführung

Die Bewegung eines Massenpunktes im Kraftfeld läßt sich mit Hilfe des *Newtonschen Kraftgesetzes* beschreiben:

$$m\ddot{\mathbf{x}}(t) = \mathbf{F}(\mathbf{x}(t), t),$$

oder wenn Reibungskräfte auftreten,

$$m\ddot{\mathbf{x}}(t) = \mathbf{F}(\mathbf{x}(t), \dot{\mathbf{x}}(t), t).$$

Dabei ist $\mathbf{x} = \begin{pmatrix} x_1 \\ x_2 \\ x_3 \end{pmatrix}$ eine Vektorfunktion über einem Intervall I und $\mathbf{F}$ der Kraftvektor, dessen drei Komponenten über einem Gebiet D des $\mathbb{R}^4$ bzw. $\mathbb{R}^7$ erklärt sind.

Man hat also ein Differentialgleichungssystem zweiter Ordnung zu lösen.

Wir wollen es in ein Differentialgleichungssystem erster Ordnung umwandeln, um den Existenzsatz aus Kapitel 3 anwenden zu können.

Dazu setzt man

$$\mathbf{y} := \begin{pmatrix} \mathbf{x} \\ \dot{\mathbf{x}} \end{pmatrix} = \begin{pmatrix} y_1 \\ \vdots \\ y_p \\ y_{p+1} \\ \vdots \\ y_{2p} \end{pmatrix},$$

und erhält

$$\dot{\mathbf{y}} = \begin{pmatrix} y_{p+1} \\ \vdots \\ y_{2p} \\ \frac{1}{m}\mathbf{F}\left(\begin{pmatrix} y_1 \\ \vdots \\ y_p \end{pmatrix}, \begin{pmatrix} y_{p+1} \\ \vdots \\ y_{2p} \end{pmatrix}, t\right) \end{pmatrix}, \quad p = 3,$$

also ein Differentialgleichungssystem erster Ordnung mit $2p$ Gleichungen der allgemeinen Form

$$\dot{\mathbf{y}} = \mathbf{f}(t, \mathbf{y}).$$

Wir dürfen uns daher in der Folge auf Systeme erster Ordnung beschränken.

Kommen wir noch einmal auf Beispiel 6.6 Nr. 5 zurück.

Beispiel.

Die Differentialgleichung $x + yy' = 0$ geht nach Einführung des Parameters t in das System

$$\begin{aligned}\dot{x}_1 &= x_2 \\ \dot{x}_2 &= -x_1\end{aligned} \qquad (x_1 := x,\ x_2 := y)$$

über (vgl. Beispiele 6.6, 6.).

Es handelt sich hier um ein lineares homogenes System

$$\dot{\mathbf{x}} = \mathbf{A}\mathbf{x}$$

mit konstanten Koeffizienten und der Koeffizientenmatrix

$$\mathbf{A} = \begin{pmatrix} 0 & 1 \\ -1 & 0 \end{pmatrix}.$$

Ein Lösungsweg ist nochmaliges Differenzieren beider Gleichungen:

$$\ddot{x}_1 = \dot{x}_2 = -x_1, \quad \ddot{x}_2 = -\dot{x}_1 = -x_2.$$

Das sind zwei entkoppelte Differentialgleichungen zweiter Ordnung für x_1 und x_2. Sie haben die allgemeine Lösung

$$\begin{aligned} x_1(t) &= c_1 \cos t + c_2 \sin t, \\ x_2(t) &= d_1 \cos t + d_2 \sin t. \end{aligned}$$

Nun gilt

$$x_2 = \dot{x}_1,$$

also

$$x_2 = -c_1 \sin t + c_2 \cos t, \quad d_1 = c_2, \quad d_2 = -c_1.$$

Insgesamt erhält man

$$\mathbf{x}(t) = \begin{pmatrix} x_1(t) \\ x_2(t) \end{pmatrix} = \begin{pmatrix} \cos t & \sin t \\ -\sin t & \cos t \end{pmatrix} \begin{pmatrix} c_1 \\ c_2 \end{pmatrix},$$

$$\mathbf{x}(0) = \begin{pmatrix} 1 & 0 \\ 0 & 1 \end{pmatrix} \begin{pmatrix} c_1 \\ c_2 \end{pmatrix} = \begin{pmatrix} c_1 \\ c_2 \end{pmatrix},$$

und die allgemeine Lösung des Systems hängt von zwei frei wählbaren Konstanten c_1 und c_2 ab, die sich z. B. aus einer Anfangsbedingung ergeben.

Da

$$x_1^2 + x_2^2 = c_1^2 + c_2^2$$

gilt, hat man in der (x_1, x_2)-Phasenebene Kreise um den Nullpunkt, während im (t, x_1, x_2)-Raum die Lösungskurve eine Schraubenlinie darstellt. □

Wir fassen unsere Erfahrungen in einigen Bemerkungen zusammen:

1. Jede Differentialgleichung n-ter Ordnung läßt sich in ein System umschreiben (vgl. Kapitel 3, (3.18)), aber bisweilen ist auch der umgekehrte Weg gangbar und führt auf leicht lösbare entkoppelte Differentialgleichungen höherer Ordnung.

2. Ein System höherer Ordnung kann in eines erster Ordnung umgewandelt werden, die Anzahl der Gleichungen vervielfacht sich dabei.
3. Der Existenz- und Eindeutigkeitssatz von Picard-Lindelöf (Satz 3.10) besagt, daß das Anfangswertproblem

$$\dot{\mathbf{x}} = \mathbf{f}(t, \mathbf{x}), \quad \mathbf{x}(t_0) = \mathbf{x}_0, \tag{10.1}$$

in einer Umgebung um t_0 eindeutig lösbar ist, wenn die Komponentenfunktionen f_j in einer Umgebung um $(t_0, \mathbf{x}_0)$ stetig sind und dort beschränkte partielle Ableitungen nach allen x_k besitzen.

10.2 Die Lösung linearer Systeme

Ein lineares System hat die Form

$$\begin{pmatrix} \dot{x}_1(t) \\ \vdots \\ \dot{x}_p(t) \end{pmatrix} = \begin{pmatrix} \sum_{j=1}^{p} a_{1j}(t)\, x_j(t) \\ \vdots \\ \sum_{j=1}^{p} a_{pj}(t)\, x_j(t) \end{pmatrix} + \begin{pmatrix} g_1(t) \\ \vdots \\ g_p(t) \end{pmatrix}$$

oder in Matrizenschreibweise

$$\dot{\mathbf{x}}(t) = \mathbf{A}(t)\, \mathbf{x}(t) + \mathbf{g}(t). \tag{10.2}$$

Es heißt *homogen*, wenn

$$\mathbf{g}(t) \equiv \mathbf{0}$$

ist.

Sind die Elemente der Matrix stetige Funktionen über dem Intervall I, so sind die Lösungen durch die Anfangswertvorgabe $\mathbf{x}(t_0) = \mathbf{x}_0$ eindeutig bestimmt, existieren auf ganz I und hängen stetig von den Anfangswerten ab.

Ist insbesondere $\mathbf{x}(t_0) = \mathbf{0}$, so folgt im homogenen Fall $\mathbf{x} = \mathbf{0}$.

Wir übertragen nun die Theorie der linearen Differentialgleichung n-ter Ordnung auf lineare Systeme:

10.1 **Satz.** (Fundamentalsystem)

Sei

$$\dot{\mathbf{x}}(t) = \mathbf{A}(t)\, \mathbf{x}(t) \tag{10.3}$$

ein lineares homogenes Differentialgleichungssystem und $\mathbf{A}(t)$ stetige $p \times p$ Matrix.

1. Dann existieren p linear unabhängige Lösungen $\mathbf{x}_1, \ldots, \mathbf{x}_p$ des homogenen Systems, d.h. ein *Fundamentalsystem* von Lösungen.
2. Je $p + 1$ Lösungen sind linear abhängig.

10.2 **Definition.**

$\mathbf{x}_1, \ldots, \mathbf{x}_m$ heißen linear abhängig über dem Intervall I, falls es Konstanten $c_1, \ldots, c_m$ gibt, die nicht alle gleich Null sind, so daß auf I

$$c_1 \mathbf{x}_1 + \ldots + c_m \mathbf{x}_m = \mathbf{0}$$

gilt.
Anderenfalls heißen $\mathbf{x}_1, \ldots, \mathbf{x}_m$ linear unabhängig.

Beweis zu Satz 10.1.

1. Wie im Beweis zu Satz 8.4 legt man p Lösungen $\mathbf{x}_1, \ldots, \mathbf{x}_p$ fest mit

$$\mathbf{x}_j(t_0) = \mathbf{e}_j := \begin{pmatrix} 0 \\ \vdots \\ 0 \\ 1 \\ 0 \\ \vdots \\ 0 \end{pmatrix} \leftarrow j, \; \mathbf{e}_j \text{ j-ter Einheitsvektor}, j = 1, 2, \ldots, p\,.$$

Diese Lösungen sind linear unabhängig.

2. $\mathbf{x}_1, \ldots, \mathbf{x}_{p+1}$ seien $p + 1$ Lösungen von (10.3). Für $t = t_0$ sind $\mathbf{x}_1(t_0), \ldots, \mathbf{x}_{p+1}(t_0)$ nun $p + 1$ Vektoren im $\mathbb{R}^p$.
Sie sind linear abhängig, d.h. es existieren Konstanten c_j mit

$$c_1 \mathbf{x}_1(t_0) + \ldots + c_{p+1} \mathbf{x}_{p+1}(t_0) = \mathbf{0}\,,$$

wobei nicht alle c_j gleich Null sind.
Setzt man

$$\mathbf{x} := c_1 \mathbf{x}_1 + \ldots + c_{p+1} \mathbf{x}_{p+1}\,,$$

dann ist $\mathbf{x}$ ebenfalls Lösung von (10.3), und aus $\mathbf{x}(t_0) = \mathbf{0}$ folgt

$$\mathbf{x}(t) \equiv \mathbf{0}\,.$$ ■

Wir fassen p Lösungen $\mathbf{x}_1, \ldots, \mathbf{x}_p$ des homogenen Systems zur Lösungsmatrix $\mathbf{X}(t)$ zusammen. Sind die p Lösungen linear unabhängig, so heißt $\mathbf{X}$ Fundamentalmatrix. Eine Fundamentalmatrix geht aus einer anderen durch Multiplikation mit einer regulären $p \times p$ Matrix von rechts hervor. Die Determinante $\det \mathbf{X}$ ist die bekannte Wronski-Determinante

$$W(\mathbf{x}_1, \mathbf{x}_2, \ldots, \mathbf{x}_p, t)$$

oder kürzer $W(t)$.

Es gilt der Satz

10.3 **Satz.**

Es ist

$$W(t) = W(t_0)\exp\left(\int_{t_0}^{t} \text{Spur}\,\mathbf{A}(u)\,du\right), \quad \text{Spur}\,\mathbf{A}(u) := \sum_{j=1}^{p} a_{jj}(u).$$

Beweis.

Die Funktionen $\mathbf{x}_1, \dots, \mathbf{x}_p$ genügen der Differentialgleichung

$$\dot{\mathbf{x}}(t) = \mathbf{A}(t)\,\mathbf{x}(t).$$

Da sie stetig differenzierbar sind, folgt für kleine Werte von h

$$\begin{aligned} \mathbf{x}_j(t+h) &= \mathbf{x}_j(t) + h\dot{\mathbf{x}}_j(t) + \mathbf{r}_j(h), \quad \mathbf{r}_j(h)/h \to \mathbf{0} \text{ für } h \to 0, \\ &= (\mathbf{E} + h\mathbf{A}(t))\,\mathbf{x}_j(t) + \mathbf{r}_j(h), \quad j = 1, 2, \dots, p. \end{aligned}$$

Indem wir auf beiden Seiten Determinanten bilden, folgt

$$\begin{aligned} W(t+h) &= \det((\mathbf{E} + h\mathbf{A}(t))\,\mathbf{X}(t)) + \det \mathbf{R}(h) \\ &= \det(\mathbf{E} + h\mathbf{A}(t))\,W(t) + \det \mathbf{R}(h) \\ &= W(t)\det\begin{pmatrix} 1 + ha_{11} & ha_{12} \dots & ha_{1p} \\ ha_{21} & 1 + ha_{22} \dots & ha_{2p} \\ \vdots & \vdots & \vdots \\ ha_{p1} & ha_{p2} \dots & 1 + ha_{pp} \end{pmatrix} + \det \mathbf{R}(h) \\ &= \left(1 + h\sum_{j=1}^{p} a_{jj}(t)\right) W(t) + \tilde{R}(h), \quad \tilde{R}(h)/h \to 0 \text{ für } h \to 0. \end{aligned}$$

Schließlich ergibt sich aus

$$\frac{W(t+h) - W(t)}{h} = \text{Spur}\,\mathbf{A}(t)\,W(t) + \frac{\tilde{R}(h)}{h}$$

und $h \to 0$ die Behauptung

$$\dot{W} = \text{Spur}\,\mathbf{A}\,W. \qquad \blacksquare$$

Zusammenfassend stellen wir fest:

Die aus p Lösungen $\mathbf{x}_1, \dots, \mathbf{x}_p$ gebildete Lösungsmatrix zum System $\dot{\mathbf{x}} = \mathbf{A}\mathbf{x}$ hat eine Determinante, die entweder auf ganz I verschwindet, oder dort überall von Null verschieden ist. $\langle \mathbf{x}_1, \dots, \mathbf{x}_p \rangle$ ist genau dann Fundamentalsystem, wenn die zugehörige Wronski-Determinante in einem Punkt von Null verschieden ist.

Wir kommen nun zur Lösung der allgemeinen inhomogenen Differentialgleichung in Vektorform

$$\dot{\mathbf{x}}(t) = \mathbf{A}(t)\,\mathbf{x}(t) + \mathbf{g}(t), \quad a_{ik},\ g_i \in C(I), \quad i, k = 1, \dots, p. \tag{10.4}$$

Die Lösung erfolgt in zwei Schritten:

1. Lösung des homogenen Systems

$$\dot{\mathbf{x}}(t) = \mathbf{A}(t)\,\mathbf{x}(t)\,.$$

Nach dem Existenz- und Eindeutigkeitssatz 3.10 existiert ein Fundamentalsystem aus p linear unabhängigen Lösungen $\mathbf{x}_1, \ldots, \mathbf{x}_p$. Die allgemeine Lösung des homogenen Systems lautet

$$\mathbf{x}_h(t) = c_1\,\mathbf{x}_1(t) + \ldots + c_p\,\mathbf{x}_p(t)$$

2. Lösung des inhomogenen Systems (10.4) durch Variation der Konstanten.

Mit dem Ansatz

$$\mathbf{x}(t) = \sum_{j=1}^{p} c_j(t)\,\mathbf{x}_j(t)$$

folgt

$$\begin{aligned}\dot{\mathbf{x}}(t) &= \sum_{j=1}^{p} c_j(t)\,\dot{\mathbf{x}}_j(t) + \sum_{j=1}^{p} \dot{c}_j(t)\,\mathbf{x}_j(t)\\ &= \sum_{j=1}^{p} c_j(t)\,\mathbf{A}(t)\,\mathbf{x}_j(t) + \sum_{j=1}^{p} \dot{c}_j(t)\,\mathbf{x}_j(t)\\ &= \mathbf{A}(t)\,\mathbf{x}(t) + \sum_{j=1}^{p} \dot{c}_j(t)\,\mathbf{x}_j(t)\,,\end{aligned}$$

woraus sich wegen (10.4) die Beziehung

$$\sum_{j=1}^{p} \dot{c}_j(t)\,\mathbf{x}_j(t) = \mathbf{g}(t)$$

ergibt.

Das ist ein lineares Gleichungssystem für die unbekannten Funktionen $\dot{c}_1, \ldots, \dot{c}_p$:

$$\mathbf{X}(t)\,\dot{\mathbf{c}}(t) = \mathbf{g}(t)\,.$$

$(\mathbf{x}_1(t) \ldots \mathbf{x}_p(t)) = \mathbf{W}(t)$ ist gerade die Wronski-Matrix, und die zugehörige Wronski-Determinante verschwindet nicht, da $\mathbf{x}_1, \ldots, \mathbf{x}_p$ linear unabhängig sind.

Zu $\mathbf{W}(t)$ existiert die reziproke Matrix $\mathbf{W}^{-1}(t)$. Also ist

$$\dot{\mathbf{c}}(t) = \mathbf{W}^{-1}(t)\,\mathbf{g}(t), \quad \mathbf{c}(t) = \int \mathbf{W}^{-1}(t)\,\mathbf{g}(t)\,dt\,,$$

und mit der Cramerschen Regel gilt

$$\dot{c}_j = \frac{\det(\mathbf{x}_1 \ldots \mathbf{x}_{j-1}\,\mathbf{g}\,\mathbf{x}_{j+1} \ldots \mathbf{x}_p)}{W} =: \frac{W_j}{W}\,,$$

$$c_j(t) = \int \frac{W_j(t)}{W(t)}\,dt\,.$$

Damit lautet die allgemeine Lösung des inhomogenen Systems:

$$\mathbf{x}(t) = \sum_{j=1}^{p} \int \frac{W_j(t)}{W(t)}\, dt\; \mathbf{x}_j(t)\,.$$

10.4 **Lösungsalgorithmus eines linearen Systems**

Gegeben:

$$\dot{\mathbf{x}} = \mathbf{A}\mathbf{x} + \mathbf{g}\,.$$

1. Konstruktion eines Fundamentalsystems zu $\dot{\mathbf{x}} = \mathbf{A}\mathbf{x}$:

$$\langle \mathbf{x}_1, \ldots, \mathbf{x}_p \rangle\,.$$

2. Variation der Konstanten:

$$\mathbf{x}(t) = \sum_{j=1}^{p} \int \frac{W_j}{W}\, dt\; \mathbf{x}_j(t)\,,$$

W Wronski-Determinante, $W_j = \det(\mathbf{x}_1 \ldots \mathbf{x}_{j-1}\, \mathbf{g}\, \mathbf{x}_{j+1} \ldots \mathbf{x}_p)$.

3. Zur Lösung des zugehörigen Anfangswertproblems

$$\dot{\mathbf{x}} = \mathbf{A}\mathbf{x} + \mathbf{g},\quad \mathbf{x}(t_0) = \mathbf{c}$$

wähle man das Fundamentalsystem so, daß $\mathbf{X}(t_0) = \mathbf{E}$ gilt.
Dann ist die Lösung

$$\mathbf{x}(t) = \sum_{j=1}^{p} \left(\int_{t_0}^{t} \frac{W_j(u)}{W(u)}\, du + c_j \right) \mathbf{x}_j(t)\,.$$

10.3 Lineare Systeme erster Ordnung mit konstanten Koeffizienten

Im allgemeinen erweist es sich als recht schwierig, die allgemeine Lösung des Systems (10.4) anzugeben, da man das Fundamentalsystem der homogenen Gleichung nicht in die Hand bekommt.

Im Falle konstanter Koeffizienten der Matrix **A**

$$\dot{\mathbf{x}} = \mathbf{A}\mathbf{x},\quad \mathbf{A}\ p \times p\ \text{Matrix}, \tag{10.5}$$

kann man jedoch eine vollständige Lösung angeben.

Nach dem Existenz- und Eindeutigkeitssatz sind die Vektorfunktionen des Fundamentalsystems auf ganz $\mathbb{R}$ definiert.

Um die Analogie deutlich zu machen, erinnern wir noch einmal an die Lösung einer linearen Differentialgleichung p-ter Ordnung mit konstanten Koeffizienten

$$y^{(p)} + a_{p-1}\, y^{(p-1)} + \ldots + a_0\, y = 0\,. \tag{10.6}$$

Das zugehörige charakteristische Polynom ergab sich aus dem Ansatz $y = c \exp(\lambda x)$ zu

$$\begin{aligned} P(\lambda) &= \lambda^p + a_{p-1}\lambda^{p-1} + \ldots + a_0 \\ &= (\lambda - \lambda_1)^{k_1} \ldots (\lambda - \lambda_r)^{k_r}, \quad k_1 + \ldots + k_r = p. \end{aligned}$$

Die Differentialgleichung (10.6) hat die (komplexwertigen) Lösungen

$$\exp(\lambda_j x)\, p_j(x), \quad j = 1, \ldots, r,$$

wobei die p_j Polynome mit beliebigen komplexen Koeffizienten vom Grade grad $p_j \leqq k_j - 1$ sind.

Man erhält so p linear unabhängige Lösungen. Sind die a_i reell, so ist neben $\exp(\lambda_j x)\, p_j(x)$ auch die konjugiert komplexe Funktion $\exp(\overline{\lambda}_j x)\, \overline{p}_j(x)$ Lösung, und man kann sie durch die reellwertigen Funktionen $\mathrm{Re}(\exp(\lambda_j x)\, p_j(x))$ und $\mathrm{Im}(\exp(\lambda_j x)\, p_j(x))$ ersetzen.

Diese Überlegungen legen den Ansatz

$$\mathbf{x}(t) = \mathbf{c} \exp(\lambda t)$$

zur Lösung des homogenen Systems

$$\dot{\mathbf{x}} = \mathbf{A}\mathbf{x}$$

nahe. Differentiation führt mit $\dot{\mathbf{x}}(t) = \mathbf{E}\mathbf{c}\lambda \exp(\lambda t)$ auf das Gleichungssystem

$$(\lambda\mathbf{E} - \mathbf{A})\,\mathbf{c} = \mathbf{0}.$$

Es hat nur dann einen nicht verschwindenden Lösungsvektor $\mathbf{c}$, wenn die Determinante $\det(\lambda\mathbf{E} - \mathbf{A})$ Null ist.

Wir setzen

$$P(\lambda) := \det(\lambda\mathbf{E} - \mathbf{A}),$$

und P ist das *charakteristische Polynom* p-ten Grades des homogenen Differentialgleichungssystems. Seine Nullstellen sind die Eigenwerte λ_j der Matrix $\mathbf{A}$, die nichttrivialen Lösungen von

$$(\lambda_j \mathbf{E} - \mathbf{A})\,\mathbf{c} = \mathbf{0}$$

die Eigenvektoren. Findet man zum Eigenwert λ_j der Vielfachheit k_j auch k_j linear unabhängige Eigenvektoren $\mathbf{c}_{jm}$, $1 \leqq m \leqq k_j$, so kann man ein Fundamentalsystem aufbauen. Das ist jedoch nicht immer der Fall, insbesondere, wenn die Matrix $\mathbf{A}$ nicht symmetrisch ist.

Wir schlagen daher zunächst einen etwas anderen Weg zur Konstruktion des Fundamentalsystems ein und benötigen

10.5 **Lemma.**

Es ist für beliebige komplexe $\lambda \neq \lambda_j$ $(j = 1, \ldots, r)$

$$(\lambda \mathbf{E} - \mathbf{A})^{-1} = (\mathbf{C}_0 + \mathbf{C}_1 \lambda + \ldots + \mathbf{C}_{p-1} \lambda^{p-1}) / P(\lambda), \tag{10.7}$$

wobei $P(\lambda) := \det(\lambda \mathbf{E} - \mathbf{A}) = \lambda^p + a_{p-1} \lambda^{p-1} + \ldots + a_0$ das charakteristische Polynom der Matrix $\mathbf{A}$ mit den Nullstellen λ_j ist und

$$\begin{aligned}
\mathbf{C}_{p-1} &= \mathbf{E} \\
\mathbf{C}_{p-2} &= a_{p-1} \mathbf{E} + \mathbf{A} \\
\mathbf{C}_{p-3} &= a_{p-2} \mathbf{E} + a_{p-1} \mathbf{A} + \mathbf{A}^2 \\
&\vdots \\
\mathbf{C}_{p-k} &= a_{p-k+1} \mathbf{E} + a_{p-k+2} \mathbf{A} + \ldots + a_{p-1} \mathbf{A}^{k-2} + \mathbf{A}^{k-1} \\
&\vdots \\
\mathbf{C}_0 &= a_1 \mathbf{E} + a_2 \mathbf{A} + \ldots + a_{p-1} \mathbf{A}^{p-2} + \mathbf{A}^{p-1}
\end{aligned}$$

bedeuten.

Beweis. (vgl. im Band „Lineare Algebra" Satz 4.20 und (7.21, 7.22, 7.23))

Es ist

$$\begin{aligned}
(\lambda \mathbf{E} - \mathbf{A})^{-1} &= \frac{1}{\det(\lambda \mathbf{E} - \mathbf{A})} \operatorname{adj}(\lambda \mathbf{E} - \mathbf{A}) \\
&= (\mathbf{C}_0 + \mathbf{C}_1 \lambda + \ldots + \mathbf{C}_{p-1} \lambda^{p-1}) / P(\lambda),
\end{aligned}$$

da die in den Adjunkten auftretenden Unterdeterminanten höchstens Polynome vom Grad $p - 1$ in λ sind. Die Matrizen $\mathbf{C}_k$ ergeben sich durch Koeffizientenvergleich in

$$\begin{aligned}
P(\lambda) \mathbf{E} &= (\lambda^p + a_{p-1} \lambda^{p-1} + \ldots + a_0) \mathbf{E} \\
&= (\lambda \mathbf{E} - \mathbf{A}) (\mathbf{C}_0 + \mathbf{C}_1 \lambda + \ldots + \mathbf{C}_{p-1} \lambda^{p-1})
\end{aligned}$$

zu

$$\begin{aligned}
\mathbf{C}_{p-1} &= \mathbf{E} \\
\mathbf{C}_{p-2} - \mathbf{A}\mathbf{C}_{p-1} &= a_{p-1} \mathbf{E} \\
&\vdots \\
\mathbf{C}_{p-k} - \mathbf{A}\mathbf{C}_{p-k+1} &= a_{p-k+1} \mathbf{E}, \qquad k \leqq p.
\end{aligned}$$

Daraus folgen nach Auflösung die behaupteten Formeln.

Der Koeffizient von λ^0 liefert schließlich

$$a_0 \mathbf{E} = -\mathbf{A}\mathbf{C}_0$$

und damit

$$a_0 \mathbf{E} + a_1 \mathbf{A} + a_2 \mathbf{A}^2 + \ldots + a_{p-1} \mathbf{A}^{p-1} + \mathbf{A}^p = \Omega \tag{10.8}$$

d.h. den Satz von *Cayley-Hamilton:*
Die Matrix $\mathbf{A}$ ist Lösung der Matrixgleichung

$$P(\mathbf{C}) = \Omega, \quad \Omega \text{ Nullmatrix.}$$

■

Der folgende Satz hat zunächst nur formale Bedeutung:

10.6 **Satz.**

Das Anfangswertproblem

$$\dot{\mathbf{x}} = \mathbf{A}\mathbf{x}, \quad \mathbf{x}(0) = \mathbf{x}_0, \quad \mathbf{A} \ \ p \times p \text{ Matrix}, \tag{10.9}$$

hat die Lösung

$$\mathbf{x}(t) = e^{\mathbf{A}t}\,\mathbf{x}_0 := \sum_{j=0}^{\infty} \mathbf{A}^j \frac{t^j}{j!}\,\mathbf{x}_0\,, \tag{10.10}$$

wobei die Reihe für alle t aus einem beliebigen abgeschlossenen endlichen Intervall absolut und gleichmäßig in jeder Komponente konvergiert.

Beweis.

Mit

$$\|\mathbf{A}\| := \max\{\,|a_{ik}| \mid i, k = 1, \ldots, p\} = M$$

erhält man

$$\|\mathbf{A}^2\| \leqq p\,M^2\,, \quad \|\mathbf{A}^3\| \leqq p^2\,M^3$$

und durch vollständige Induktion allgemein

$$\|\mathbf{A}^j\| \leqq p^{j-1} M^j \leqq (pM)^j\,, \qquad j = 1, 2, \ldots\,.$$

Daher ist für alle m

$$\sum_{j=0}^{m} \|\mathbf{A}^j\| \frac{|t|^j}{j!} \leqq \sum_{j=0}^{\infty} (pM)^j \frac{|t|^j}{j!} = \exp(pM\,|t|)\,,$$

und nach dem Majorantenkriterium folgt die Behauptung.
Man darf gliedweise differenzieren, und es ergibt sich sodann

$$\dot{\mathbf{x}}(t) = \sum_{j=0}^{\infty} \mathbf{A}^{j+1} \frac{t^j}{j!}\,\mathbf{x}_0 = \mathbf{A}\mathbf{x}(t), \quad \mathbf{x}(0) = \mathbf{x}_0\,.$$

$\exp(\mathbf{A}t)$ ist also die gesuchte Fundamentalmatrix des homogenen Systems, doch ist die Reihe nur in bestimmten Fällen schnell auszuwerten, da alle Produkte $\mathbf{A}^j$ zu berechnen sind. ■

Wir nehmen noch einmal Beispiel 6.6 Nr. 5 aus Abschnitt 10.1 auf:

$$\begin{pmatrix} \dot{x}_1 \\ \dot{x}_2 \end{pmatrix} = \begin{pmatrix} 0 & 1 \\ -1 & 0 \end{pmatrix} \begin{pmatrix} x_1 \\ x_2 \end{pmatrix} .$$

Für die Potenzen von $\mathbf{A}$ ergibt sich

$$\mathbf{A} = \begin{pmatrix} 0 & 1 \\ -1 & 0 \end{pmatrix}, \quad \mathbf{A}^2 = \begin{pmatrix} 0 & 1 \\ -1 & 0 \end{pmatrix} \begin{pmatrix} 0 & 1 \\ -1 & 0 \end{pmatrix} = -\mathbf{E},$$

$$\mathbf{A}^3 = -\mathbf{A}, \; \mathbf{A}^4 = \mathbf{E}, \; \mathbf{A}^5 = \mathbf{A} \quad \text{usw.},$$

also

$$\begin{aligned} \exp(\mathbf{A}t) &= \mathbf{E} + \mathbf{A}t/1! - \mathbf{E}t^2/2! - \mathbf{A}t^3/3! + \mathbf{E}t^4/4! + \mathbf{A}t^5/5! - + \ldots \\ &= \mathbf{E}(1 - t^2/2! + t^4/4! - + \ldots) + \mathbf{A}(t - t^3/3! + t^5/5! - + \ldots) \\ &= \mathbf{E}\cos t + \mathbf{A}\sin t . \end{aligned}$$

Die Lösung des Anfangswertproblems (10.9) ist daher

$$\mathbf{x}(t) = \begin{pmatrix} \cos t & \sin t \\ -\sin t & \cos t \end{pmatrix} \mathbf{x}_0 ,$$

die allgemeine Lösung erhält man, wenn man den Vektor $\mathbf{x}_0$ durch $\mathbf{c} = \binom{c_1}{c_2}$ ersetzt:

$$\mathbf{x}(t) = c_1 \begin{pmatrix} \cos t \\ -\sin t \end{pmatrix} + c_2 \begin{pmatrix} \sin t \\ \cos t \end{pmatrix} .$$

Die Reihe für $\exp(\mathbf{A}t)$ ist noch dann einfach auszuwerten, wenn die Matrix $\mathbf{A}$ Diagonalform hat, oder, wie bei symmetrischen Matrizen, leicht darauf transformiert werden kann.

Einen anderen Zugang gibt der folgende Darstellungssatz

10.7 **Satz.**

Es sei $P(\lambda) = \det(\lambda\mathbf{E} - \mathbf{A})$ das charakteristische Polynom von $\mathbf{A}$.
Die Funktionen $q_0, q_1, \ldots, q_{p-1}$ seien dasjenige Fundamentalsystem der linearen Differentialgleichung p-ter Ordnung

$$P(D)\,q = 0, \tag{10.11}$$

für das

$$q_j^{(i)}(0) = \delta_{ij}$$

gilt, (d.h. die Wronski-Matrix ist in Null gleich der Einheitsmatrix E). Dann ist

$$\exp(\mathbf{A}t) = \sum_{j=0}^{p-1} \mathbf{A}^j q_j(t),$$

und (10.10) geht über in

$$\mathbf{x}(t) = \sum_{j=0}^{p-1} \mathbf{A}^j q_j(t)\, \mathbf{x}_0 \qquad \text{(Lösung des Anfangswertproblems (10.9)).}$$

Beweis.

Man benutzt die Gleichung (10.7) aus Lemma 10.5 und wendet

$$P(D)\,E = (C_0 + C_1 D + \ldots + C_{p-1} D^{p-1})\,(DE - A) \quad \left(D = \frac{d}{dt}\right)$$

an auf eine Lösung $\mathbf{x}$ von $\dot{\mathbf{x}} = \mathbf{A}\mathbf{x}$ mit $\mathbf{x}(0) = \mathbf{x}_0$.
Dann folgt wegen

$$(DE - A)\,\mathbf{x} = \dot{\mathbf{x}} - \mathbf{A}\mathbf{x} = \mathbf{0}$$

$$P(D)\,\mathbf{x} = \mathbf{0}, \tag{10.12}$$

d.h. jede Komponente x_j der Lösung $\mathbf{x}$ genügt der charakteristischen Differentialgleichung (10.11).
Da jede Komponente x_j als Lösung der charakteristischen Differentialgleichung durch ihre Anfangswerte $x_j(0)$, $\dot{x}_j(0), \ldots, x_j^{(p-1)}(0)$ festgelegt ist, kann man

$$x_j(t) = x_j(0)\,q_0(t) + \dot{x}_j(0)\,q_1(t) + \ldots + x_j^{(p-1)}(0)\,q_{p-1}(t)$$

bzw. vektoriell geschrieben

$$\mathbf{x} = \mathbf{x}(0)\,q_0 + \dot{\mathbf{x}}(0)\,q_1 + \ldots + \mathbf{x}^{(p-1)}(0)\,q_{p-1}$$

setzen.
Nun ist aber

$$\mathbf{x}(0) = \mathbf{x}_0, \quad \dot{\mathbf{x}}(0) = \frac{d}{dt}\,(e^{\mathbf{A}t}\,\mathbf{x}_0)_{|t=0} = \mathbf{A}\mathbf{x}_0$$

und allgemein

$$\frac{d^i}{dt^i}\,\mathbf{x}_{|t=0} = \mathbf{A}^i\mathbf{x}_0, \quad i = 0,\ 1, 2, \ldots, p-1.$$

So ergibt sich

$$\mathbf{x}(t) = (\mathbf{E}q_0(t) + \mathbf{A}q_1(t) + \ldots + \mathbf{A}^{p-1}\,q_{p-1}(t))\,\mathbf{x}_0 = e^{\mathbf{A}t}\,\mathbf{x}_0.$$

■

Beispiel.

Gegeben sei das Anfangswertproblem

$$\dot{\mathbf{x}} = \mathbf{A}\mathbf{x}, \quad \mathbf{x}(0) = \mathbf{x}_0 \quad \text{mit} \quad \mathbf{A} = \begin{pmatrix} 1 & 1 \\ 0 & 1 \end{pmatrix}.$$

Das charakteristische Polynom

$$P(\lambda) = \det\begin{pmatrix} \lambda - 1 & -1 \\ 0 & \lambda - 1 \end{pmatrix} = (\lambda - 1)^2$$

hat die Nullstellen

$$\lambda_1 = \lambda_2 = 1.$$

Eigenvektoren sind Lösungen des Gleichungssystems

$$(\mathbf{E}-\mathbf{A})\,\mathbf{z}=\mathbf{0}=\begin{pmatrix}0 & -1\\ 0 & 0\end{pmatrix}\begin{pmatrix}z_1\\ z_2\end{pmatrix}.$$

Es existiert nur ein linear unabhängiger Eigenvektor $\mathbf{z}=\binom{1}{0}$. Um das Fundamentalsystem zu vervollständigen, benutzen wir Satz 10.7 und bestimmen ein normiertes Fundamentalsystem $\langle q_0, q_1\rangle$ der charakteristischen Differentialgleichung

$$P(D)\,q(t)=(D-1)^2\,q(t)=0.$$

Wir bilden Linearkombinationen der Lösungen e^t, te^t so, daß $q_j^{(i)}(0)=\delta_{ij}$ gilt, und erhalten

$$q_0(t)=e^t-te^t,\quad q_1(t)=te^t \qquad \text{(vgl. Satz 8.11)}.$$

Dann lautet die Lösung unseres Anfangswertproblems:

$$\mathbf{x}(t)=(\mathbf{E}q_0+\mathbf{A}q_1)\,\mathbf{x}_0=\left(\begin{pmatrix}1 & 0\\ 0 & 1\end{pmatrix}(e^t-te^t)+\begin{pmatrix}1 & 1\\ 0 & 1\end{pmatrix}te^t\right)\mathbf{x}_0=\begin{pmatrix}1 & t\\ 0 & 1\end{pmatrix}e^t\,\mathbf{x}_0.$$

□

Im allgemeinen kommt man schneller zum Ziel, wenn man folgenden Weg einschlägt:

10.8 **Algorithmus zur Bestimmung eines Fundamentalsystems von $\dot{\mathbf{x}}=\mathbf{A}\mathbf{x}$.**

1. Man bestimme eine Lösung y der charakteristischen Differentialgleichung

$$P(D)\,y=(D-\lambda_1)^{k_1}\dots(D-\lambda_r)^{k_r}\,y=0$$

der Form

$$y(t)=\sum_{j=1}^{r}p_j(t)\exp(\lambda_j t),\quad \operatorname{grad} p_j\leqq k_j-1,\quad \sum_{j=1}^{r}k_j=p$$

mit

$$y(0)=0,\ \dot{y}(0)=0,\dots,\ y^{(p-2)}(0)=0,\ y^{(p-1)}(0)=1.$$

2. Man setze

$$\mathbf{y}=\begin{pmatrix}y\\ \dot{y}\\ \vdots\\ \vdots\\ y^{(p-1)}\end{pmatrix},\quad \mathbf{q}=\begin{pmatrix}q_0\\ q_1\\ \vdots\\ \vdots\\ q_{p-1}\end{pmatrix},\quad \mathbf{B}=\begin{pmatrix}a_1 & a_2 & a_3\dots a_{p-1} & 1\\ a_2 & a_3 & a_4\dots 1 & 0\\ \vdots & \vdots & \ddots & \vdots\\ \vdots & \vdots & & \vdots\\ a_{p-1} & 1 & 0\dots 0 & 0\\ 1 & 0 & 0\dots 0 & 0\end{pmatrix},$$

$$P(\lambda)=\lambda^p+a_{p-1}\lambda^{p-1}+\dots+a_0$$

und berechne

$$\mathbf{q}=\mathbf{B}\mathbf{y}.$$

3. Dann gilt

$$\exp(\mathbf{A}t)=\sum_{j=0}^{p-1}q_j(t)\,\mathbf{A}^j.$$

Beweis.

Man hat wegen Satz 10.7 zu zeigen:

q_j ist Lösung der charakteristischen Differentialgleichung mit

$$q_j^{(i)}(0) = \delta_{ij}\,.$$

Da jede Komponente von y Lösung der Differentialgleichung (10.11) ist, gilt dies auch für q_j wegen der Darstellung

$$q_j = a_{j+1}\, y + a_{j+2}\, \dot{y} + \ldots + a_{p-1}\, y^{(p-j-2)} + y^{(p-j-1)}.$$

Daraus ergibt sich für $i < j$ wegen

$$q_j^{(i)} = a_{j+1}\, y^{(i)} + a_{j+2}\, y^{(i+1)} + \ldots + a_{p-1}\, y^{(p-j+i-2)} + y^{(p-j+i-1)}$$

$$q_j^{(i)}(0) = 0\,,$$

und für $i = j$

$$q_j^{(j)}(0) = y^{(p-1)}(0) = 1\,.$$

Da

$$q_j^{(j+1)} = a_{j+1}\, y^{(j+1)} + a_{j+2}\, y^{(j+2)} + \ldots + y^{(p)} = -a_0 - a_1\, \dot{y} - \ldots - a_j\, y^{(j)}$$

ist, treten bei weiterer Differentiation bis $q_j^{(p-1)}$ rechts nur Terme bis zur Differentiationsordnung $p - 2$ auf, also

$$q_j^{(i)}(0) = 0 \quad \text{für} \quad j < i \leqq p - 1\,,$$

was zu zeigen war. ■

10.9 **Beispiel.**

Gesucht ist das Fundamentalsystem $\exp(\mathbf{A}t)$ der Differentialgleichung

$$\dot{\mathbf{x}} = \mathbf{A}\mathbf{x}, \quad \mathbf{A} = \begin{pmatrix} -3 & 2 & -2 \\ -1 & 0 & -1 \\ 0 & 1 & 0 \end{pmatrix}.$$

Es ist

$$P(\lambda) = \lambda^3 + 3\lambda^2 + 3\lambda + 1 = (\lambda + 1)^3\,,$$

$$y(t) = \frac{t^2}{2} \exp(-t), \quad \mathbf{B} = \begin{pmatrix} 3 & 3 & 1 \\ 3 & 1 & 0 \\ 1 & 0 & 0 \end{pmatrix}, \quad \mathbf{q} = \frac{1}{2} e^{-t} \begin{pmatrix} 3 & 3 & 1 \\ 3 & 1 & 0 \\ 1 & 0 & 0 \end{pmatrix} \begin{pmatrix} t^2 \\ 2t - t^2 \\ 2 - 4t + t^2 \end{pmatrix}$$

$$= \frac{1}{2} e^{-t} \begin{pmatrix} t^2 + 2t + 2 \\ 2t^2 + 2t \\ t^2 \end{pmatrix}$$

und schließlich

$$e^{At} = \frac{1}{2} e^{-t} \left((t^2 + 2t + 2) \begin{pmatrix} 1 & 0 & 0 \\ 0 & 1 & 0 \\ 0 & 0 & 1 \end{pmatrix} + (2t^2 + 2t) \begin{pmatrix} -3 & 2 & -2 \\ -1 & 0 & -1 \\ 0 & 1 & 0 \end{pmatrix} + \right.$$

$$\left. + t^2 \begin{pmatrix} 7 & -8 & 4 \\ 3 & -3 & 2 \\ -1 & 0 & -1 \end{pmatrix} \right)$$

$$= e^{-t} \begin{pmatrix} t^2 - 2t + 1 & -2t^2 + 2t & -2t \\ t^2/2 - t & -t^2 + t + 1 & -t \\ -t^2/2 & t^2 + t & t + 1 \end{pmatrix} .$$

□

Wir präzisieren die Ergebnisse nun noch weiter und arbeiten die Rolle der Eigenwerte und Eigenvektoren der Matrix $\mathbf{A}$ schärfer heraus. Dabei ergibt sich eine alternative Methode zur Berechnung eines Fundamentalsystems.

10.10 **Satz.**

Ein Fundamentalsystem der Differentialgleichung $\dot{\mathbf{x}} = \mathbf{A}\mathbf{x}$, $\mathbf{A}$ $p \times p$ Matrix, enthält nur Vektoren der Form

$$\mathbf{x}(t) = \exp(\lambda_j t)\, \mathbf{p}_j(t),$$

$$\lambda_j \text{ Eigenwert der Matrix } \mathbf{A} \text{ der Vielfachheit } k_j, \quad \sum_{j=1}^{r} k_j = p,$$

wobei die Vektoren $\mathbf{p}_j$ in jeder Komponente Polynome in t vom Grad höchstens $k_j - 1$ sind.
Jeder Vektor $\mathbf{p}_j$ läßt sich als Linearkombination

$$\mathbf{p}_j(t) = \sum_{m=1}^{k_j^*} c_{jm}\, \mathbf{p}_{jm}(t)$$

schreiben, wobei die $\mathbf{p}_{jm}$ ebenfalls Polynomvektoren vom Grad $\operatorname{grad} \mathbf{p}_{jm} \leqq k_j - 1$ sind. Die Vektoren

$$\left\{ \exp(\lambda_j t)\, \mathbf{p}_{jm}(t) \mid j = 1, \ldots, r; \quad m = 1, \ldots, k_j^*; \ \sum_{j=1}^{r} k_j^* = p \right\} \tag{10.13}$$

bilden ein Fundamentalsystem.

Beweis.

Nach Satz 10.7 ist jede Lösung $\mathbf{x}$ in jeder Komponente einer Linearkombination von Fundamentallösungen der charakteristischen Differentialgleichung (10.11). Mithin ist sie von der Form

$$\mathbf{x}(t) = \sum_{j=1}^{r} \exp(\lambda_j t)\, \mathbf{p}_j(t), \quad \operatorname{grad} \mathbf{p}_j \leqq k_j - 1 . \tag{10.14}$$

Nun ist aber jeder Summand von (10.14) bereits Lösung des vorgegebenen Systems $\dot{\mathbf{x}} = \mathbf{A}\mathbf{x}$. Das folgt aus

$$\begin{aligned} \mathbf{0} = \dot{\mathbf{x}} - \mathbf{A}\mathbf{x} &= (\mathbf{D}\mathbf{E} - \mathbf{A})\,\mathbf{x} \\ &= \sum_{j=1}^{r} \exp(\lambda_j t)\,(\mathbf{D}\mathbf{E} + \lambda_j \mathbf{E} - \mathbf{A})\,\mathbf{p}_j \\ &= \sum_{j=1}^{r} \exp(\lambda_j t)\,\{\dot{\mathbf{p}}_j + (\lambda_j \mathbf{E} - \mathbf{A})\,\mathbf{p}_j\}\,. \end{aligned}$$

Dabei ist jede Komponente der rechten Seite Lösung der charakteristischen Differentialgleichung.

Da die Terme in den geschweiften Klammern ebenfalls wieder Polynomvektoren in t sind und Ausdrücke dieser Form nach Satz 8.11 bereits in jeder Komponente linear unabhängig sind, muß gelten:

$$\dot{\mathbf{p}}_j = (\mathbf{A} - \lambda_j \mathbf{E})\,\mathbf{p}_j\,. \tag{10.15}$$

Die Vektoren $\mathbf{p}_j$ müssen ihrerseits wieder als Linearkombination von k_j^* linear unabhängigen Vektoren $\mathbf{p}_{jm}$ geschrieben werden können, da insgesamt ein Fundamentalsystem von p linear unabhängigen Lösungen existiert, was noch

$$\sum_{j=1}^{r} k_j^* = p$$

bedeutet.

Jedenfalls ist $k_j^* \geqq 1$, da zu jedem Eigenwert λ_j mindestens ein Eigenvektor $\mathbf{c}_j$ existiert, der bereits Lösung von (10.15) ist. ■

Damit ist noch nicht gezeigt, daß $k_j^* = k_j$ ist, $j = 1, \ldots, r$.

Da die Vektoren (10.13) ein Fundamentalsystem bilden, sind sie auf ganz $\mathbb{R}$ linear unabhängig. Daher sind auch die

$$\{\mathbf{p}_{jm}(0) \mid j = 1, \ldots, r;\quad m = 1, \ldots, k_j^*\}$$

linear unabhängig.

Sind umgekehrt die Vektoren

$$\{\mathbf{p}_{jm}(0)\}$$

linear unabhängig, so bildet (10.13) ein Fundamentalsystem (vgl. Satz 10.3).

Zur Vereinfachung der Schreibweise betrachtet man nunmehr einen festen Eigenwert $\lambda = \lambda_j$ der Vielfachheit $k = k_j$.

Eine zugehörige nicht triviale Lösung unseres Systems hat die Form

$$e^{\lambda t} \sum_{n=0}^{\ell} \mathbf{z}_{\ell - n}\, t^n/n!\,,\quad 0 \leqq \ell \leqq k - 1\,,\quad \mathbf{z}_{\ell - n} \text{ konstante Vektoren.}$$

Da der Polynomanteil die Differentialgleichung (10.15) erfüllen muß, folgt

$$\sum_{n=1}^{\ell} \mathbf{z}_{\ell-n}\, t^{n-1}/(n-1)! = \sum_{n=0}^{\ell} (\mathbf{A} - \lambda \mathbf{E})\, \mathbf{z}_{\ell-n}\, t^n/n!\,.$$

Koeffizientenvergleich ergibt

$$\begin{aligned} (\mathbf{A} - \lambda\mathbf{E})\, \mathbf{z}_0 &= \mathbf{0} \\ (\mathbf{A} - \lambda\mathbf{E})\, \mathbf{z}_1 &= \mathbf{z}_0 \\ \vdots \quad & \quad \vdots \\ (\mathbf{A} - \lambda\mathbf{E})\, \mathbf{z}_\ell &= \mathbf{z}_{\ell-1}\,. \end{aligned} \tag{10.16}$$

Die Vektoren $\mathbf{z}_n$ sind alle von Null verschieden, da wir von einer nicht trivialen Lösung ausgegangen waren und somit $\mathbf{z}_0$ Eigenvektor ist, der nicht verschwinden kann. Man bezeichnet daher die $\mathbf{z}_n$ als Hauptvektoren n-ter Stufe der Matrix $\mathbf{A}$ zum Eigenwert λ. Sie sind linear unabhängig, da aus

$$c_0\, \mathbf{z}_0 + c_1\, \mathbf{z}_1 + \ldots + c_\ell\, \mathbf{z}_\ell = \mathbf{0} \tag{10.17}$$

durch Multiplikation mit $(\mathbf{A} - \lambda\mathbf{E})^{\ell-1}$ zunächst $c_\ell = 0$ folgt, sodann nach Multiplikation mit $(\mathbf{A} - \lambda\mathbf{E})^{\ell-2}$ auch $c_{\ell-1} = 0$, usw. bis schließlich auch $c_0 = 0$ ist. Durch so ein geordnetes System von Hauptvektoren

$$\{\mathbf{z}_0, \ldots, \mathbf{z}_\ell\} \quad 0 \leqq \ell \leqq k - 1, \quad \ell \text{ maximal bezüglich (10.16)}$$

sind mithin $\ell + 1$ linear unabhängige Lösungen von $\dot{\mathbf{x}} = \mathbf{A}\mathbf{x}$ gegeben. Sie lauten

$$\mathbf{x}_m(t) = e^{\lambda t} \sum_{n=0}^{m-1} \mathbf{z}_{m-1-n}\, t^n/n!\,, \quad m = 1, 2, \ldots, \ell + 1. \tag{10.18}$$

Ist $\ell + 1 < k^*$, so muß es mindestens ein weiteres geordnetes System von Hauptvektoren geben, bis insgesamt k^* linear unabhängige Hauptvektoren zum Eigenwert λ gefunden sind. (Dieses Argument stützt sich auf den Steinitzschen Austauschsatz im Band „Lineare Algebra" Satz 2.7.)

Das gleiche Verfahren wendet man auch auf die anderen Eigenwerte der Matrix $\mathbf{A}$ an und erhält insgesamt p linear unabhängige Hauptvektoren.

Nunmehr ordnet man sie zu einer Matrix $\mathbf{T}$ der folgenden Gestalt an:

$$\mathbf{T} = \{\underbrace{\mathbf{z}_0 \;\ldots\; \mathbf{z}_\ell}_{\text{Eigenwert } \lambda_1} \;\; \underbrace{\mathbf{z}_0^1 \;\ldots\; \mathbf{z}_{\ell_1}^1}_{\substack{\text{Eigenwert } \lambda_1 \\ \text{(eventuell)}}} \;\ldots\; \underbrace{\tilde{\mathbf{z}}_0 \;\ldots\; \tilde{\mathbf{z}}_{\tilde{\ell}}}_{\text{Eigenwert } \lambda_r}\}\,.$$

$\mathbf{T}$ ist nicht singulär, d.h. $\det \mathbf{T} \neq 0$, und es gilt

$$\mathbf{A}\mathbf{T} = \{\mathbf{A}\mathbf{z}_0 \ldots \mathbf{A}\mathbf{z}_\ell\; \mathbf{A}\mathbf{z}_0^1 \ldots \mathbf{A}\mathbf{z}_{\ell_1}^1 \ldots \mathbf{A}\tilde{\mathbf{z}}_0 \ldots \mathbf{A}\tilde{\mathbf{z}}_{\tilde{\ell}}\}\,.$$

Aus (10.16) ergibt sich weiterhin

$$\begin{aligned}
\mathbf{Az}_0 &= \lambda_1 \mathbf{z}_0 \\
\mathbf{Az}_1 &= \lambda_1 \mathbf{z}_1 + \mathbf{z}_0 \\
&\vdots \\
\mathbf{Az}_\ell &= \lambda_1 \mathbf{z}_\ell + \mathbf{z}_{\ell-1} \\
&\vdots \\
\mathbf{A\tilde{z}}_{\tilde{\ell}} &= \lambda_r \tilde{\mathbf{z}}_{\tilde{\ell}} + \tilde{\mathbf{z}}_{\tilde{\ell}-1},
\end{aligned}$$

so daß man folgende Beziehung erhält:

$$\mathbf{AT} = \mathbf{TJ} \tag{10.19}$$

mit

$$\mathbf{J} = \begin{pmatrix}
\boxed{\begin{matrix}\lambda_1 & 1 & 0\ldots0 \\ & \lambda_1 & 1\ldots0 \\ \mathbf{0} & & \ldots \\ & \lambda_1 & 1 \\ & & \lambda_1\end{matrix}}\Bigg\}\ \ell+1 & & \mathbf{0} \\
& \boxed{\begin{matrix}\lambda_1 & 1 & 0\ldots0 \\ & \lambda_1 & 1\ldots0 \\ \mathbf{0} & & \ldots \\ & \lambda_1 & 1 \\ & & \lambda_1\end{matrix}}\Bigg\}\ \ell_1+1 & \\
\mathbf{0} & & \ddots \ \boxed{\begin{matrix}\lambda_r & 1 & 0\ldots0 \\ & \lambda_r & 1\ldots0 \\ \mathbf{0} & & \ldots \\ & \lambda_r & 1 \\ & & \lambda_r\end{matrix}}\Bigg\}\ \tilde{\ell}+1
\end{pmatrix}. \tag{10.20}$$

J heißt Jordansche Normalform der Matrix **A** (vgl. im Band „Lineare Algebra" Abschnitt 7.5). Aus Gleichung (10.19) entnimmt man noch

$$\mathbf{J} = \mathbf{T}^{-1}\mathbf{AT}, \tag{10.21}$$

so daß **J** dieselben Eigenwerte in derselben Vielfachheit wie **A** besitzt. Da in **J** der Eigenwert λ_j genau k_j^*-mal auftritt, folgt

$$k_j = k_j^*.$$

Damit haben wir gezeigt

10.11 **Satz.** (Fundamentalsystem und Hauptvektoren)

Zu jedem Eigenwert $\lambda = \lambda_j$ der Matrix **A** mit der Vielfachheit k_j existieren k_j linear unabhängige geordnete Hauptvektoren

$$\{\mathbf{z}_0, \mathbf{z}_1, \ldots, \mathbf{z}_\ell, \mathbf{z}_0^1, \ldots, \mathbf{z}_{\ell_1}^1, \ldots\} \quad (\ell+1) + (\ell_1+1) + \ldots = k_j,$$

die durch die Gleichungssysteme

$$\begin{aligned} (\mathbf{A} - \lambda \mathbf{E})\, \mathbf{z}_0 &= \mathbf{0} \\ (\mathbf{A} - \lambda \mathbf{E})\, \mathbf{z}_1 &= \mathbf{z}_0 \\ &\vdots \\ (\mathbf{A} - \lambda \mathbf{E})\, \mathbf{z}_\ell &= \mathbf{z}_{\ell - 1} \end{aligned}$$

usw.

berechnet werden.

Die Gesamtheit der so bestimmten Hauptvektoren ergeben eine nicht singuläre Matrix $\mathbf{T}$, für die

$$\mathbf{T}^{-1}\,\mathbf{A}\mathbf{T} = \mathbf{J}$$

die Jordansche Normalform (10.20) der Matrix $\mathbf{A}$ ergibt.

Die aus den geordneten Hauptvektoren gebildeten Funktionen der Form

$$\{\exp(\lambda_j t) \sum_{n=0}^{m-1} \mathbf{z}_{m-1-n}\, t^n/n!\}, \qquad 1 \leqq m \leqq \ell + 1, \; (j = 1, \ldots, r), \quad (10.22)$$

und zwar für jedes Kästchen der Jordanschen Normalform $\mathbf{J}$, stellen ein Fundamentalsystem der Differentialgleichung $\dot{\mathbf{x}} = \mathbf{A}\mathbf{x}$ dar.

10.12 Beispiele.

1. Ist die Matrix $\mathbf{A}$ symmetrisch, so sind alle Eigenwerte λ_j reell. Ist λ_j ein Eigenwert der Vielfachheit k_j, so gibt es schon k_j linear unabhängige Eigenvektoren $\mathbf{c}_{jm}$. Nach dem E. Schmidtschen Orthogonalisierungsverfahren können sie untereinander orthonormiert werden. Eigenvektoren zu verschiedenen Eigenwerten sind schon orthogonal (vgl. im Band „Lineare Algebra" Sätze 5.24, 7.14). Wir können also die Eigenwerte anordnen

$$\lambda_1 \leqq \lambda_2 \leqq \lambda_3 \leqq \ldots \leqq \lambda_p$$

und von einem orthonormierten System der Eigenvektoren

$$\{\mathbf{c}_1, \mathbf{c}_2, \ldots, \mathbf{c}_p\}$$

ausgehen.

Dann ist

$$\mathbf{T} := (\mathbf{c}_1\, \mathbf{c}_2 \ldots \mathbf{c}_p)$$

eine orthogonale Matrix mit

$$\mathbf{T}^T\mathbf{T} = \mathbf{E} \quad \text{und} \quad \mathbf{T}^T\mathbf{A}\mathbf{T} = \mathbf{\Lambda} = \begin{pmatrix} \lambda_1 & & & 0 \\ & \lambda_2 & & \\ & & \ddots & \\ 0 & & & \lambda_p \end{pmatrix}.$$

Ein Fundamentalsystem ist

$$\langle \mathbf{c}_1 \exp(\lambda_1 t), \mathbf{c}_2 \exp(\lambda_2 t), \ldots, \mathbf{c}_p \exp(\lambda_p t)\rangle ,$$

und für jede Lösung x gilt

$$\|\mathbf{x}(t)\| = \mathcal{O}(\exp(\lambda_p t)), \quad t \to \infty ;$$

daher folgt auch für die Funktionalmatrix

$$\|\mathbf{X}(t)\| = \mathcal{O}(\exp(\lambda_p t)), \quad t \to \infty ,$$

während man im allgemeinen Fall der nicht symmetrischen Matrix nur auf

$$\|\mathbf{X}(t)\| = \mathcal{O}(\exp(\max\{\operatorname{Re}\lambda_j | j = 1, \ldots, r\}\ t)\exp(\epsilon t)), \quad \epsilon > 0 ,$$

schließen kann wegen (10.22).

2. Gesucht sei nun eine Fundamentalmatrix des Systems

$$\dot{\mathbf{x}} = \begin{pmatrix} 1 & 0 & 1 \\ 0 & 1 & 1 \\ 0 & 0 & 1 \end{pmatrix} \mathbf{x} .$$

Es ist

$$P(\lambda) = \det(\lambda\mathbf{E} - \mathbf{A}) = (\lambda - 1)^3 ,$$

also

$$\lambda_1 = \lambda_2 = \lambda_3 = 1 .$$

$$(\mathbf{A} - \lambda_1 \mathbf{E})\,\mathbf{z}_0 = \begin{pmatrix} 0 & 0 & 1 \\ 0 & 0 & 1 \\ 0 & 0 & 0 \end{pmatrix} \mathbf{z}_0 = \mathbf{0}$$

liefert

$$\mathbf{z}_0 = \begin{pmatrix} a \\ b \\ 0 \end{pmatrix} , \qquad a, b \in \mathbb{R} .$$

Da nur zwei linear unabhängige Eigenvektoren existieren, muß ein Hauptvektor erster Stufe ermittelt werden:

$$\begin{pmatrix} 0 & 0 & 1 \\ 0 & 0 & 1 \\ 0 & 0 & 0 \end{pmatrix} \mathbf{z}_1 = \begin{pmatrix} a \\ b \\ 0 \end{pmatrix} = \mathbf{z}_0 ,$$

und wir setzen

$$\mathbf{z}_0 = \begin{pmatrix} 1 \\ 1 \\ 0 \end{pmatrix} , \quad \mathbf{z}_1 = \begin{pmatrix} 0 \\ 0 \\ 1 \end{pmatrix} , \quad \mathbf{z}_0^1 = \begin{pmatrix} 1 \\ 0 \\ 0 \end{pmatrix} .$$

Es ist

$$\mathbf{T} = \begin{pmatrix} 1 & 0 & 1 \\ 1 & 0 & 0 \\ 0 & 1 & 0 \end{pmatrix}, \quad \mathbf{J} = \begin{pmatrix} 1 & 1 & 0 \\ 0 & 1 & 0 \\ 0 & 0 & 1 \end{pmatrix},$$

und eine Fundamentalmatrix $\mathbf{X}$ lautet

$$\mathbf{X}(t) = e^t \begin{pmatrix} 1 & t & 1 \\ 1 & t & 0 \\ 0 & 1 & 0 \end{pmatrix}.$$

3. Wir haben in den Beispielen 6.6 bereits spezielle autonome Systeme der Form

$$\begin{pmatrix} \dot{x}_1 \\ \dot{x}_2 \end{pmatrix} = \begin{pmatrix} a_{11} & a_{12} \\ a_{21} & a_{22} \end{pmatrix} \begin{pmatrix} x_1 \\ x_2 \end{pmatrix}, \quad (\dot{\mathbf{x}} = \mathbf{A}\mathbf{x})$$

diskutiert.

Für den Charakter der Singularität $\mathbf{0}$ kommt es entscheidend auf die Normalform der Matrix $\mathbf{A}$ an, die entweder

$$\mathbf{\Lambda} = \begin{pmatrix} \lambda_1 & 0 \\ 0 & \lambda_2 \end{pmatrix} \quad \text{oder} \quad \mathbf{J} = \begin{pmatrix} \lambda & 1 \\ 0 & \lambda \end{pmatrix}$$

ist.

Im ersten Fall liegt bei reellen Eigenwerten gleichen Vorzeichens ein Knotenpunkt, verschiedenen Vorzeichens ein Sattelpunkt vor. Sind die Eigenwerte gleich, so hat man im ersten Fall einen Stern, im zweiten einen unechten Knoten.

Sind die Eigenwerte zueinander konjugiert komplex, so liegt bei nicht verschwindendem Realteil ein Spiral-, sonst ein Wirbelpunkt in $\mathbf{0}$ vor. Es ist nur zu beachten, daß bei der in Satz 10.11 benutzten Transformation $\mathbf{x} = \mathbf{T}\mathbf{y}$ das Differentialgleichungssystem übergeht in

$$\dot{\mathbf{y}} = \mathbf{T}^{-1}\mathbf{A}\mathbf{T}\mathbf{y} = \mathbf{J}\mathbf{y} \quad (\text{bzw. } \dot{\mathbf{y}} = \mathbf{\Lambda}\mathbf{y})$$

4. *Abgestimmte Dämpfungsmassen*

Brücken, Wolkenkratzer und hohe Antennen neigen zu windinduzierten Schwingungen, die in der Vergangenheit sogar schon zu Katastrophen geführt haben [B3, S. 167f, Tacoma Brücke)]. Zur Dämpfung und Beschränkung der Schwingungsamplituden kann man auf die Gebäude oder Antennen eine Masse von ungefähr 1 – 2 % der Gebäudemasse installieren und sie abgestimmt schwingen lassen. Dadurch wird eine erhebliche Reduzierung der Schwingungsamplituden des Gebäudes erreicht, bei passiven Systemen bis zu vierzig Prozent. James C. H. Chang und Tsu T. Soong demonstrieren am Beispiel des Citicorp Centers in New York, daß bei einer aktiven Steuerung der Dämpfungsmasse nach Optimierung des Systems eine weitere siebzigprozentige Verringerung möglich ist.

Betrachtet man vereinfachend Gebäude und Dämpfungsmasse als Zweikörperproblem (vgl. Bild 10.1) mit Massen m_1 und m_2 ($m_2 \approx 360$ t), Feder- und Dämpfungskonstanten s_1, s_2, r_1, r_2, und bedeuten y_1 und y_2 die jeweiligen Auslenkungen, $z = y_2 - y_1$ die relative Auslenkung von m_2 bezüglich m_1, g die äußere Windkraft und u die Steuerkraft für m_2, die entsprechend den Auslenkungen des Gebäudes noch optimal einzustellen ist, so erhält man das Differentialgleichungssystem

$$m_1 \ddot{y}_1 + r_1 \dot{y}_1 + s_1 y_1 = r_2 \dot{z} + s_2 z + g - u$$
$$m_2 \ddot{z} + r_2 \dot{z} + s_2 z = u - m_2 \ddot{y}_1 \; .$$

u ist dabei als Kompressionskraft angenommen.

Man schreibt die beiden Gleichungen in ein System erster Ordnung vermittels

$$\mathbf{x} := \begin{pmatrix} y_1 \\ z \\ \dot{y}_1 \\ \dot{z} \end{pmatrix}$$

in

$$\dot{\mathbf{x}} = \mathbf{A}\mathbf{x} + \mathbf{b}u + \mathbf{g}$$

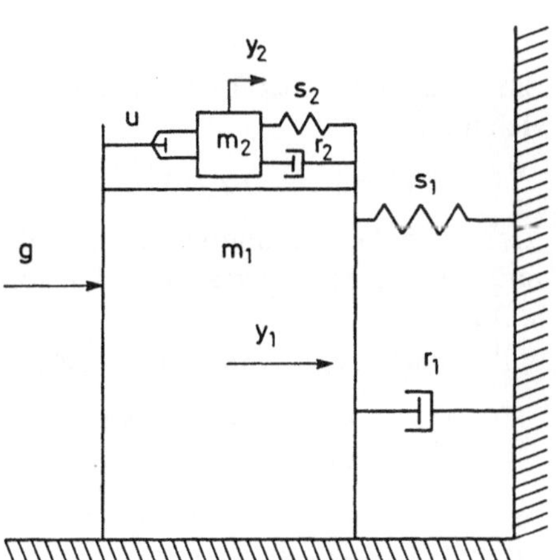

Bild 10.1

mit

$$\mathbf{A} = \begin{pmatrix} 0 & 0 & 1 & 0 \\ 0 & 0 & 0 & 1 \\ -s_1/m_1 & s_2/m_1 & -r_1/m_1 & r_2/m_1 \\ \frac{s_1}{m_1} & -s_2\left(\frac{1}{m_1}+\frac{1}{m_2}\right) & \frac{r_1}{m_1} & -r_2\left(\frac{1}{m_1}+\frac{1}{m_2}\right) \end{pmatrix}$$

$$\mathbf{b} = \begin{pmatrix} 0 \\ 0 \\ -1/m_1 \\ \frac{1}{m_1}+\frac{1}{m_2} \end{pmatrix} \qquad \mathbf{g} = \begin{pmatrix} 0 \\ 0 \\ g/m_1 \\ -\frac{g}{m_1} \end{pmatrix}$$

um und setzt $u = (\mathbf{k}, \mathbf{x})$ als Skalarprodukt mit einem optimal zu wählenden konstanten Vektor **k** an.

g(t) stellt man als Fourierpartialsumme über der Erregungsgrundfrequenz dar und löst anschließend das hinhomogene System. Chang und Soong geben ausführliche numerische Ergebnisse für den Resonanzfall (Erregungsfrequenz, Gebäude-Fundamentalfrequenz) und eine passive bzw. aktiv gesteuerte Dämpfungsmasse an. □

10.4 Lineare Gleichungen mit periodischen Koeffizienten

Bewegt man beim Fadenpendel in Bild 7.3 die Aufhängung in einer vertikalen Schiene, und ist die Bewegungsfunktion u periodisch, so geht die Bewegungsgleichung (7.13) über in

$$mL^2 \ddot{z} + m(g + \ddot{u})\, L \sin z = 0\,,$$

denn die Summe der Momente verschwindet.
Linearisierung führt auf die *Hillsche* Differentialgleichung

$$\ddot{z} + \frac{1}{L}(g + \ddot{u})\, z = 0\,.$$

Ein Spezialfall ist $u(t) = a \cos t$, und es resultiert daraus eine *Mathieusche* Differentialgleichung

$$\ddot{z} + (\lambda + \gamma \cos t)\, z = 0\,.$$

Als andere Anwendungsbeispiele erwähnen wir eine eingespannte Saite mit periodisch veränderlicher Spannkraft und Torsionsschwingungen von Kurbelwellen [K5, Bd. IA S. 309f].
Wir wollen uns hier mit dem allgemeinen Fall des homogenen periodischen Systems

$$\begin{aligned} \dot{\mathbf{x}}(t) = {} & \mathbf{A}(t)\,\mathbf{x}(t),\ \mathbf{A}\ \ p \times p \text{ Matrix},\ a_{ik} \in C(\mathbb{R}), \\ & \mathbf{A}(t + T) = \mathbf{A}(t) \quad \text{für alle reellen } t,\ T > 0 \end{aligned} \tag{10.23}$$

beschäftigen und Aussagen über seine Fundamentalmatrix machen. Es sei $\mathbf{X}(t)$ Fundamentalmatrix mit $\mathbf{X}(0) = \mathbf{E}$. Dann folgt

$$\dot{\mathbf{X}}(t + T) = \mathbf{A}(t + T)\,\mathbf{X}(t + T) = \mathbf{A}(t)\,\mathbf{X}(t + T)\,,$$

und $\mathbf{X}(t + T)$ ist ebenfalls Fundamentalmatrix, also

$$\mathbf{X}(t + T) = \mathbf{X}(t)\,\mathbf{C},\ \mathbf{C} = \mathbf{X}(T)\,.$$

Hat die Normalform von $\mathbf{X}(T)$ Diagonalgestalt, so gibt es eine nicht singuläre Matrix $\mathbf{S}$ mit

$$\mathbf{S}^{-1}\,\mathbf{X}(T)\,\mathbf{S} = \mathbf{\Lambda} = \begin{pmatrix} \lambda_1 & & & 0 \\ & \lambda_2 & & \\ & & \ddots & \\ 0 & & & \lambda_p \end{pmatrix}.$$

Wir gehen über zur Fundamentalmatrix

$$\mathbf{Y}(t) := \mathbf{X}(t)\,\mathbf{S}\,,$$

und es ist

$$\mathbf{Y}(t + T) = \mathbf{X}(t + T)\,\mathbf{S} = \mathbf{X}(t)\,\mathbf{S}\mathbf{S}^{-1}\,\mathbf{X}(T)\,\mathbf{S} = \mathbf{Y}(t)\,\mathbf{\Lambda}\,. \tag{10.24}$$

Daher gilt

$$\mathbf{y}_j(t + T) = \lambda_j\,\mathbf{y}_j(t)\,,$$

und mit

$$\mathbf{\Lambda} = e^{T\mathbf{K}}, \quad \mathbf{K} = \begin{pmatrix} k_1 & & \mathbf{0} \\ & \ddots & \\ \mathbf{0} & & k_p \end{pmatrix}, \quad \lambda_j = e^{Tk_j}, \qquad j = 1, \ldots, p,$$

dann

$$\mathbf{P}(t) := \mathbf{Y}(t)\, e^{-t\mathbf{K}}$$
$$\mathbf{P}(t+T) = \mathbf{Y}(t+T)\, e^{-(t+T)\mathbf{K}} = \mathbf{Y}(t)\, \mathbf{\Lambda}\, e^{-T\mathbf{K}}\, e^{-t\mathbf{K}} = \mathbf{P}(t)$$

für alle reellen t.
Wir haben schließlich ein Fundamentalsystem gefunden, daß sich aus Vektoren der Form

$$\mathbf{y}_j(t) = \mathbf{p}_j(t) \exp(t\, k_j), \quad \mathbf{p}_j \text{ ist für alle } j \text{ eine T-periodische Vektorfunktion,}$$

zusammensetzt.
Die k_j sind die charakteristischen Exponenten. Eine Lösung $\mathbf{y}_j$ ist periodisch, wenn $\exp(T\, k_j) = 1$ gilt.
Ist $\mathbf{X}(T)$ nicht diagonalisierbar, so erhält man mit (10.20)

$$\mathbf{S}^{-1}\, \mathbf{X}(T)\, \mathbf{S} = \mathbf{J},$$
$$\mathbf{y}_0^1(t) = \mathbf{p}_0^1(t) \exp(t\, k_1)$$

und mit (10.24)

$$\begin{aligned} \mathbf{y}_1^1(t+T) &= \lambda_1\, \mathbf{y}_1^1(t) + \mathbf{y}_0^1(t) \\ &\vdots \\ \mathbf{y}_\ell^1(t+T) &= \lambda_1\, \mathbf{y}_\ell^1(t) + \mathbf{y}_{\ell-1}^1(t). \end{aligned}$$

Der Ansatz

$$\mathbf{y}_1^1(t) = \mathbf{q}(t) \exp(t k_1), \quad \mathbf{q} \text{ Polynomvektor,}$$

führt auf

$$\mathbf{q}(t+T) - \mathbf{q}(t) = \mathbf{p}_0^1(t)/\lambda_1,$$
$$\mathbf{q}(t) = \frac{t}{\lambda_1 T}\, \mathbf{p}_0^1(t),$$

d.h.

$$\mathbf{y}_1^1(t) = \frac{t}{\lambda_1 T}\, \mathbf{p}_0^1(t) \exp(t k_1),$$

und allgemein nach Induktion

$$\mathbf{y}_k^1(t) = \frac{t(t-T)\ldots(t-(k-1)T)}{k!\,(\lambda_1 T)^k}\, \mathbf{p}_0^1(t) \exp(t k_1), \qquad k = 1, \ldots, \ell;$$

die anderen „Kästchen" der Matrix $\mathbf{J}$ werden gleichermaßen behandelt.
Das asymptotische Verhalten der Lösungen hängt daher in allen Fällen entscheidend von der Größe der $\exp(T k_j)$ ab.

10.13 Beispiel.

Gegeben sei die Mathieu-Differentialgleichung:

$$\ddot{z} + (1 + \cos(2t))\, z = 0\,.$$

Die Funktion $1 + \cos(2t)$ ist π-periodisch, also $T = \pi$.
Numerisch bestimmen wir ein Fundamentalsystem z_1, z_2 mit

$$z_1(0) = 1,\ \dot{z}_1(0) = 0,\ z_2(0) = 0,\ \dot{z}_2(0) = 1\,.$$

z_1 ist eine gerade, z_2 eine ungerade Funktion mit

$$\mathbf{C} = \begin{pmatrix} z_1(\pi) & z_2(\pi) \\ \dot{z}_1(\pi) & \dot{z}_2(\pi) \end{pmatrix}, \qquad \det \mathbf{C} = 1\,.$$

Es ist

$$\begin{aligned} z_1(t \pm \pi) &= \ z_1(\pi)\, z_1(t) \pm \dot{z}_1(\pi)\, z_2(t) \\ z_2(t \pm \pi) &= \pm\, z_2(\pi)\, z_1(t) + \dot{z}_2(\pi)\, z_2(t)\,, \end{aligned}$$

also für $t = \pi$

$$z_2(0) = 0,\ z_2(\pi)\,(\dot{z}_2(\pi) - z_1(\pi)) = 0\,,$$

d.h.

$$\dot{z}_2(\pi) = z_1(\pi)\,.$$

$\mathbf{C}$ wird auf Hauptachsen transformiert:

$$\mathbf{S}^{-1}\,\mathbf{C}\,\mathbf{S} = \begin{pmatrix} \lambda_1 & 0 \\ 0 & \lambda_2 \end{pmatrix},$$

und λ_1, λ_2 sind als Eigenwerte von $\mathbf{C}$ Nullstellen des Polynoms

$$\lambda^2 - 2\lambda z_1(\pi) + 1 = 0\,,$$

oder

$$\lambda_{1,2} = z_1(\pi) \pm \sqrt{z_1^2(\pi) - 1}\,.$$

Für unser Beispiel ergibt sich

$$\begin{aligned} z_1(\pi) &= -1.3062\ldots, & z_2(\pi) &= 0.7304\ldots \\ \lambda_1 &= -0.4658\ldots, & \lambda_2 &= -2.1465\ldots, \end{aligned}$$

und die Transformationsmatrix $\mathbf{S}$ zu

$$\mathbf{S} = \begin{pmatrix} z_2(\pi) & z_2(\pi) \\ \sqrt{z_1^2(\pi) - 1} & -\sqrt{z_1^2(\pi) - 1} \end{pmatrix}.$$

Schließlich zeigt Bild 10.2 die Lösungen y_1 und y_2 mit

$$\begin{aligned} y_1(t + \pi) &= \lambda_1\, y_1(t) \\ y_2(t + \pi) &= \lambda_2\, y_2(t)\,. \end{aligned}$$

Nur die erste Lösung strebt für wachsendes t gegen 0. □

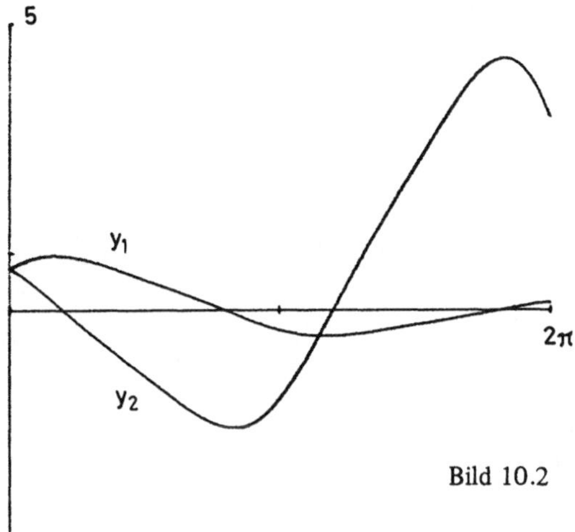

Bild 10.2

10.5 Literatur zu Kapitel 10

Lineare Differentialgleichungssysteme werden in allen bisher schon erwähnten Werken über gewöhnliche Differentialgleichungen ausführlich behandelt.

Für die zugrunde liegende Theorie der Eigenwerte, Eigenvektoren und Normalformen von Matrizen aus der linearen Algebra konsultiere man Band „Lineare Algebra" dieser Reihe.

Der Algorithmus 10.8 findet sich in E. J. Putzer: Avoiding the Jordan Canonical Form in the Discussion of Linear Systems with Constant Coefficients [P3]. Beispiel 10.12 Nr. 4 stammt von James C. H. Chang und Tsu T. Soong: Structural Control Using Active Tuned Mass Dampers [C-S]. Zu Abschnitt 10.4 verweisen wir auf das Werk von Karl Klotter [K5 IA S. 279–326], das ausführlich die lineare Differentialgleichung zweiter Ordnung mit periodischen Koeffizientenfunktionen behandelt und viele instruktive Beispiele anführt.

10.6 Aufgaben zu Kapitel 10

1. Man bestimme die allgemeine Lösung des Systems

$$\dot{x}_1 = -\frac{1}{t(t^2+1)}x_1 + \frac{1}{t^2(t^2+1)}x_2 + \frac{1}{t}$$

$$\dot{x}_2 = -\frac{t^2}{t^2+1}x_1 + \frac{2t^2+1}{t(t^2+1)}x_2 + 1, \qquad t \neq 0.$$

Anleitung. Man bestimme zunächst ein Fundamentalsystem der homogenen Gleichung mit Hilfe der Ansätze

$$x_1 = x_2/t, \quad x_1 = -x_2/t^3.$$

2. Gegeben sei das System

$$\begin{pmatrix}\dot{x}_1\\ \dot{x}_2\\ \dot{x}_3\end{pmatrix} = \begin{pmatrix}0 & 1 & 1\\ 1 & 0 & 1\\ 1 & 1 & 0\end{pmatrix}\begin{pmatrix}x_1\\ x_2\\ x_3\end{pmatrix}.$$

Man bestimme ein Fundamentalsystem.

3. Man löse mit Hilfe des Algorithmus 10.8

$$\begin{pmatrix}\dot{x}_1\\ \dot{x}_2\\ \dot{x}_3\end{pmatrix} = \begin{pmatrix}0 & 0 & 1\\ -1 & 0 & 0\\ 1 & 1 & 1\end{pmatrix}\begin{pmatrix}x_1\\ x_2\\ x_3\end{pmatrix} + \begin{pmatrix}1+t\\ -t\\ 2+t\end{pmatrix} e^t.$$

4. Man löse mit Hilfe von Satz 10.11

$$\begin{pmatrix}\dot{x}_1\\ \dot{x}_2\\ \dot{x}_3\end{pmatrix} = \begin{pmatrix}1 & 1 & 0\\ 0 & 2 & -1\\ 0 & 1 & 0\end{pmatrix}\begin{pmatrix}x_1\\ x_2\\ x_3\end{pmatrix} + \begin{pmatrix}-t^3/6\\ t\\ 1\end{pmatrix} e^t.$$

5. Ein geladener Massenpunkt der Masse m und Ladung Q bewegt sich im örtlich und zeitlich konstanten elektrischen Feld **E** und magnetischen Feld **B**.

Unter Berücksichtigung der Voraussetzung, daß **E** und **B** senkrecht aufeinander stehen und daß sich die auf den Massenpunkt wirkende Kraft zu $\mathbf{F} = Q(\mathbf{E} + \dot{\mathbf{x}} \times \mathbf{B})$ ergibt, löse man das Anfangswertproblem

$$\ddot{\mathbf{x}} = \mathbf{F}/m, \quad \mathbf{x}(0) = \dot{\mathbf{x}}(0) = \mathbf{0}.$$

Anleitung. Mit $E = \|\mathbf{E}\|$ und $B = \|\mathbf{B}\|$ setze man $\mathbf{x} = x_1 \frac{1}{E}\mathbf{E} + x_2 \frac{1}{B}\mathbf{B} + x_3 \frac{1}{EB}\mathbf{E} \times \mathbf{B}$ und löse nach Integration das System

$$\dot{x}_1 = -\frac{QB}{m} x_3 + \frac{QE}{m} t, \quad \dot{x}_2 = 0, \quad \dot{x}_3 = \frac{QB}{m} x_1.$$

6. Man stelle die Bewegungsgleichungen des Masse-Feder-Systems aus Bild 10.3 auf und passe die allgemeine Lösung an die Anfangsbedingung

$$\mathbf{x}(0) = \begin{pmatrix}0\\ 0\\ 0\end{pmatrix}, \quad \dot{\mathbf{x}}(0) = \begin{pmatrix}v\\ 0\\ 0\end{pmatrix}, \quad s/m = 1\ \text{sec}^{-2},$$

an.

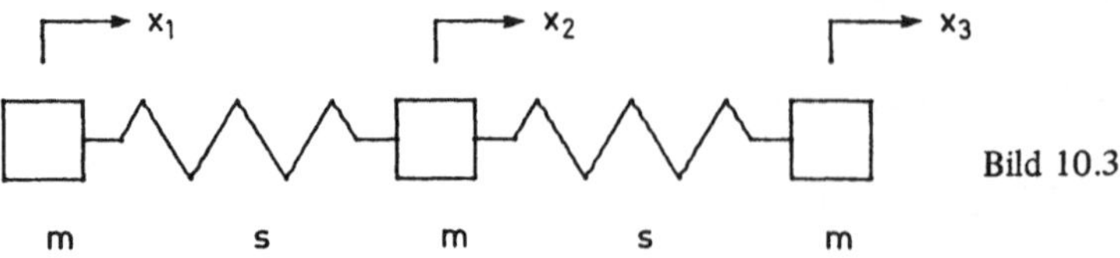

Bild 10.3

11 Die Laplace-Transformation

11.1 Einführung

Sei **B** ein linearer Raum integrierbarer (komplexwertiger) Funktionen über einem endlichen oder unbeschränkten Intervall (a, b) und $k\colon \mathbb{R} \to \mathbb{C}$ eine stückweise stetige Funktion.

Dann kann man mit Hilfe der Kernfunktion k eine Integraltransformation definieren

$$F(x) = \int_a^b k(xt)\, f(t)\, dt\,, \tag{11.1}$$

die eine lineare Abbildung des Raumes **B** in einen Funktionenraum **F** vermittelt.

Wählt man

$$k(t) = e^{-t}, \quad a = 0, \quad b = \infty,$$

$$F(x) = \int_0^\infty e^{-xt}\, f(t)\, dt =: \hat{f}(x)\,, \tag{11.2}$$

so spricht man von der *Laplace-Transformation* und darf statt x auch das komplexe Argument z zulassen; ist

$$k(t) = \exp(-2\pi i t), \quad a = -\infty, \quad b = \infty\,, \quad (i^2 = -1)\,,$$

$$F(x) = \int_{-\infty}^\infty \exp(-2\pi i x t)\, f(t)\, dt\,,$$

so von der *Fourier-Transformation*.

Andere bekannte Beispiele sind die *Mellin-Transformation*

$$F(x) = \int_0^\infty t^{x-1}\, f(t)\, dt\,,$$

und die *Hankel-Transformation*

$$F(x) = \int_0^\infty \sqrt{xt}\, J_p(xt)\, f(t)\, dt, \quad p \geqq -1/2.$$

In jedem Fall muß man den zugrunde gelegten Integralbegriff näher erläutern. Entweder setzt man f als *Riemann*-integrierbar bei endlichem Intervall oder uneigentlich integrierbar bei unbeschränkter Funktion oder Intervall voraus, oder absolute Integrierbarkeit im Sinne von *Lebesgue*. Da die betrachteten Funktionen f jedoch fast immer bis auf Ausnahmepunkte stetig sind, kann man den Begriff des Lebesgue-Integrals meist umgehen.

Wir wollen in der Folge die Laplace-Transformation (LT) näher untersuchen, ihre Eigenschaften und Anwendungsmöglichkeiten kennenlernen. Mit ihrer Hilfe kann man z.B. Differentialgleichungen und Anfangswertprobleme lösen. Berechnet man nämlich die Transformierte einer stetig differenzierbaren Funktion $f \in C^1[0, \infty)$, so findet man mit partieller Integration

$$\hat{\dot{f}}(z) = \int_0^\infty e^{-zt}\,\dot{f}(t)\,dt = \lim_{b \to \infty} f(t)\,e^{-zt}\Big|_0^b + z\int_0^\infty e^{-zt}\,f(t)\,dt = z\,\hat{f}(z) - f(0)\,,$$

falls $\lim\limits_{b \to \infty} f(b)\exp(-zb) = 0$ gilt und $\hat{f}$ existiert.

$\hat{\dot{f}}$ läßt sich demnach mit Hilfe von $\hat{f}$ selbst ausdrücken.

Die Differentialgleichung $\dot{y}(t) = y(t)$ geht also, wenn man die Laplace-Transformation auf beide Seiten anwendet, in eine algebraische Gleichung im Funktionenraum **F** über:

$$z\,\hat{y}(z) - y(0) = \hat{y}(z)\,.$$

Schreibt man noch die Anfangsbedingung $y(0) = y_0$ vor und löst nach $\hat{y}$ auf, so folgt

$$\hat{y}(z) = y_0/(z-1)\,.$$

Es gilt nun, aus der Darstellung für $\hat{y}$ die Ausgangsfunktion y zu finden. Da aber

$$1/(z-1) = \int_0^\infty e^{-zt}\,e^t\,dt$$

gilt, setzen wir

$$y(t) = y_0\,e^t$$

und haben die Lösung des Anfangswertproblems gefunden.

Zusammenfassend kann man die Lösungsprozedur eines Anfangswertproblems mit Hilfe der Laplace-Transformation in drei Schritte zerlegen:

1. Man transformiere beide Seiten der linearen Differentialgleichung für y.
2. Man löse die entstehende algebraische Gleichung nach $\hat{y}$ auf und berücksichtige die Anfangsbedingungen.
3. Man bestimme die Ausgangsfunktion. Dazu benutze man gegebenenfalls eine geeignete Umkehrtransformation vom Funktionenraum **F** zurück in **B**.

Damit ist unser Programm für die nächsten Abschnitte schon vorgezeichnet. Wir werden einige grundlegende Eigenschaften der Laplace-Transformation näher untersuchen, den Funktionenraum **F** charakterisieren, die Umkehrtransformation und Methoden zu ihrer Auswertung kennenlernen.

11.1 **Beispiele.**

1. Gegeben: $f(t) \equiv c$, gesucht $\hat{f}$.
   Es ist

$$\hat{f}(z) = c \int_0^\infty e^{-zt}\,dt = c/z, \quad \operatorname{Re} z > 0.$$

2. Gegeben: $f(t) = \exp(ct)$, $c \in \mathbb{C}$, gesucht $\hat{f}$.
   Hier ist

$$\hat{f}(z) = \int_0^\infty e^{-zt} e^{ct}\,dt = 1/(z-c), \quad \operatorname{Re} z > \operatorname{Re} c.$$

3. Gegeben: $f(t) = t^{\alpha-1}$, $\alpha > 0$, gesucht $\hat{f}(x)$, $x > 0$.

$$\hat{f}(x) = \int_0^\infty e^{-xt} t^{\alpha-1}\,dt = \Gamma(\alpha)/x^\alpha.$$

4. Gegeben: $f(t) = \Theta(t-c) := \begin{cases} 1, & t \geqq c \\ 0, & t < c \end{cases}$, $c \geqq 0$, gesucht $\hat{f}$.

$$\hat{f}(z) = \int_c^\infty e^{-zt}\,dt = e^{-cz}/z, \quad \operatorname{Re} z > 0.$$

11.2 Einige elementare Eigenschaften der Laplace-Transformation

Um Eigenschaften von $\hat{f}$ herzuleiten, müssen wir erst sicherstellen, daß das Integral $\int_0^\infty e^{-zt} f(t)\,dt$ existiert, und definieren:

11.2 **Definition.** (Exponentialklasse)

Eine Funktion $f: [0, \infty) \to \mathbb{C}$ ist aus der Exponentialklasse $E(a)$, $a \in \mathbb{R}$, wenn $|f|$ für jedes $T > 0$ über das Intervall $[0, T]$ integrierbar ist und

$$f(t) = \mathcal{O}(e^{at}), \quad t \to \infty, \quad a \in \mathbb{R}, \qquad (\text{d.h. } e^{-at} f(t) \text{ beschränkt für } t \to \infty)$$

gilt.

Alle unsere Beispielfunktionen f aus Beispiel 11.1 sind aus Exponentialklassen.

Es folgt sogleich der Satz

11.3 **Satz.** (Existenz der Laplace-Transformierten)

Es gelte $f \in E(a)$.

a) Dann existiert $\hat{f}$ für $\operatorname{Re} z > a$.

b) $\hat{f}$ ist für $z \in \mathbb{C}$ mit $\operatorname{Re} z > a$ holomorph,

c) $\hat{f}^{(n)}(z) = \int\limits_0^\infty (-1)^n t^n e^{-zt} f(t)\, dt, \quad \operatorname{Re} z > a.$

Beweis.

a) Wegen $f(t) = \mathcal{O}(e^{at}),\ t \to \infty$ gibt es ein $T > 0$ und ein $M > 0$ mit $|f(t)| \leqq M e^{at}$ für alle $t \geqq T$.

Dann gilt wegen $|e^{-zt}| = e^{-t \operatorname{Re} z}$ für $b \geqq T$

$$\left| \int\limits_0^b e^{-zt} f(t)\, dt \right| \leqq \left| \int\limits_0^T e^{-zt} f(t)\, dt \right| + \left| \int\limits_T^b e^{-zt} f(t)\, dt \right|$$

$$\leqq \int\limits_0^T e^{-t \operatorname{Re} z} |f(t)|\, dt + \int\limits_T^b e^{-t \operatorname{Re} z} M e^{at}\, dt$$

$$\leqq (1 + e^{-T \operatorname{Re} z}) \int\limits_0^T |f(t)|\, dt + M \frac{e^{-T(\operatorname{Re} z - a)}}{\operatorname{Re} z - a}, \quad \operatorname{Re} z > a,$$

und nach dem Majorantenkriterium existiert das Integral und konvergiert gleichmäßig und absolut für $\operatorname{Re} z \geqq a + \epsilon,\ \epsilon > 0$.

b) $\hat{f}$ ist für $\operatorname{Re} z > a$ definiert und komplexwertig. Es gilt dort

$$\lim_{z \to z_0} \frac{\hat{f}(z) - \hat{f}(z_0)}{z - z_0} = \lim_{z \to z_0} \int\limits_0^\infty \frac{e^{-zt} - e^{-z_0 t}}{z - z_0} f(t)\, dt\,.$$

Wegen der absoluten gleichmäßigen Konvergenz der Integrale dürfen Limesbildung und Integration vertauscht werden, und es folgt

$$\hat{f}'(z) = -\int\limits_0^\infty t\, e^{-zt} f(t)\, dt, \quad \operatorname{Re} z > a.$$

c) Wendet man die Überlegung aus b) n-mal an, so resultiert die Behauptung. ∎

Beispiel.

Aus $f(t) = e^{ct}$ und $\hat{f}(z) = 1/(z-c)$ folgt für $g(t) = t^n e^{ct}$

$$\hat{g}(z) = (-1)^n \left(\frac{1}{z-c}\right)^{(n)} = \frac{n!}{(z-c)^{n+1}} .$$

□

An dieser Stelle wollen wir bemerken, daß die Voraussetzungen des Satzes 11.3 erheblich abgeschwächt werden können.

Existiert $\hat{f}(z) = \int_0^\infty e^{-zt} f(t)\, dt$ als uneigentliches Integral für $z = z_0$, so auch für alle z mit $\operatorname{Re} z > \operatorname{Re} z_0$, und $\hat{f}$ ist in der rechten Halbebene $\operatorname{Re} z > \operatorname{Re} z_0$ holomorph.

Die Zahl

$$\sigma_0 := \inf\{x \in \mathbb{R} \mid \hat{f}(z) \text{ existiert für } z = x + iy\} \tag{11.3}$$

heißt *Konvergenzabszisse* des Laplace-Integrals,

$$\sigma_a := \inf\left\{x \in \mathbb{R} \,\middle|\, \int_0^\infty e^{-t \operatorname{Re} z} |f(t)|\, dt \text{ existiert für } z = x + iy\right\}$$

dagegen Abszisse der absoluten Konvergenz, rechts davon liegt (absolute) Konvergenz, links Divergenz des Integrals vor. Natürlich ist $\sigma_0 \leqq \sigma_a$, und in gewissen Fällen gilt auch das Ungleichheitszeichen, wie das Beispiel $f(t) := e^t \sin(e^t)$ zeigt:

$$F(\epsilon) = \int_0^\infty e^{(1-\epsilon)t} \sin(e^t)\, dt = \int_1^\infty u^{-\epsilon} \sin u\, du, \quad \epsilon > 0, \quad e^t = u$$

liefert

$$\sigma_0 = 0;$$

dagegen ist

$$\sigma_a = 1,$$

da

$$\int_1^\infty u^{-\epsilon} |\sin u|\, du < \infty \quad \text{nur für} \quad \epsilon > 1$$

gilt.

Die wichtigsten elementaren Eigenschaften der Laplace-Transformation fassen wir in folgendem Satz zusammen:

11.4 **Satz.**

Es mögen $\hat{f}$ und $\hat{g}$ existieren. Dann gilt

a) $\widehat{c_1 f + c_2 g} = c_1 \hat{f} + c_2 \hat{g}$, $c_i \in \mathbb{C}$.

b) Aus $g(t) = e^{ct} f(t)$ folgt $\hat{g}(z) = \hat{f}(z - c)$.

c) Wenn $g(t) = f(ct)$, $c > 0$, dann $\hat{g}(z) = \hat{f}(z/c)/c$.

d) Aus $g(t) = \Theta(t - c) f(t - c)$ folgt $\hat{g}(z) = e^{-cz} \hat{f}(z)$, $c \geqq 0$.

e) f sei periodisch mit der Periode T. Dann gilt

$$\hat{f}(z) = \frac{1}{1 - e^{-zT}} \int_0^T e^{-zt} f(t)\, dt .$$

f) $\lim_{|z| \to \infty} \hat{f}(z) = 0$ gleichmäßig in $\operatorname{Re} z \geqq \sigma_a + \epsilon$, $\epsilon > 0$.

Beweis.

Die Beweise zu a) bis c) unterbleiben wegen ihrer Einfachheit, f) ist auch als Lemma von *Riemann-Lebesgue* bekannt und für $\operatorname{Re} z \to \infty$ unmittelbar einsichtig, sonst jedoch schwieriger zu beweisen. d) folgt direkt durch Nachrechnen:

$$\hat{g}(z) = \int_0^\infty e^{-zt} \Theta(t - c) f(t - c)\, dt = e^{-cz} \int_c^\infty e^{-z(t-c)} f(t - c)\, dt = e^{-cz} \hat{f}(z),$$

e) aus

$$\hat{f}(z) = \int_0^\infty e^{-zt} f(t)\, dt = \sum_{j=0}^\infty \int_{jT}^{(j+1)T} e^{-zt} f(t)\, dt$$

$$= \sum_{j=0}^\infty \int_0^T e^{-z(u+jT)} f(u + jT)\, du = \sum_{j=0}^\infty e^{-jzT} \int_0^T e^{-zu} f(u)\, du$$

$$= \frac{1}{1 - e^{-zT}} \int_0^T e^{-zt} f(t)\, dt,$$

da f periodisch ist. ∎

Beispiele.

1. Aus $\sin t = \frac{e^{it} - e^{-it}}{2i}$ folgt mit Satz 11.4 a) und b)

$$\widehat{\sin}(z) = \frac{1}{2i}\left(\frac{1}{z-i} - \frac{1}{z+i}\right) = \frac{1}{(z^2+1)},$$

und nach c) lautet die Laplace-Transformierte zu $\sin(ct)$ dann $c/(z^2 + c^2)$.

2. Ist $f(t) := \min\{|t - 2n| \mid n \in \mathbb{Z}\}$ die Sägezahnfunktion aus Bild 11.1 so erhalten wir mit Satz 11.4 e) und T = 2 nach partieller Integration

$$\begin{aligned}\hat{f}(z) &= \frac{1}{1-e^{-2z}}\left(\int_0^1 t\,e^{-zt}\,dt + \int_1^2 (2-t)\,e^{-zt}\,dt\right)\\ &= \frac{1}{1-e^{-2z}}\,z^{-2}(1 - 2e^{-z} + e^{-2z}) = \frac{1}{z^2}\,\frac{(1-e^{-z})^2}{(1-e^{-z})(1+e^{-z})}\\ &= \frac{1}{z^2}\,\frac{e^{z/2} - e^{-z/2}}{e^{z/2} + e^{-z/2}} = \frac{1}{z^2}\tanh\left(\frac{z}{2}\right), \quad \mathrm{Re}\, z > 0.\end{aligned}$$

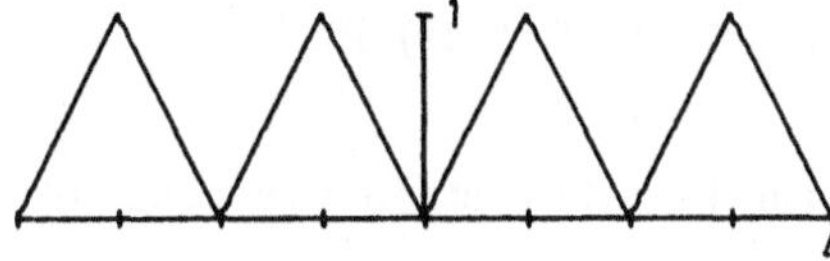

Bild 11.1

$\hat{f}$ kann als Funktion auf ganz $\mathbb{C}$ verstanden werden und ist dann meromorph mit abzählbar vielen Polen erster Ordnung in 0 und

$$z_j = (2j+1)\pi i, \quad j \in \mathbb{Z}, \qquad \text{(vgl. Appendix A.6)}$$ □

Wir haben bereits festgestellt, wie die Laplace-Transformierten $\hat{f}$ und $\hat{\dot{f}}$ miteinander zusammenhängen, und wollen das Ergebnis noch einmal als Satz formulieren.

11.5 **Satz.** (Differentiation)

Es gelte $f, \dot{f} \in E(a)$. Dann folgt für $\mathrm{Re}\, z > a$

$$\hat{\dot{f}}(z) = z\hat{f}(z) - f(0).$$

Beweis.

Aus

$$\int_0^b e^{-zt}\dot{f}(t)\,dt = e^{-zt}f(t)\Big|_0^b + z\int_0^b e^{-zt}f(t)\,dt$$

folgt mit $b \to \infty$ für $\mathrm{Re}\, z > a$ die Behauptung. ■

Man zeigt nun leicht mit Induktion:
Gilt

$$f^{(j)} \in E(a) \quad \text{für} \quad j = 0, 1, \ldots, n,$$

so folgt

$$\widehat{f^{(n)}} = z^n \hat{f} - z^{n-1} f(0) - z^{n-2} \dot{f}(0) - \ldots - f^{(n-1)}(0). \tag{11.4}$$

Die Integration behandelt

11.6 **Satz.** (Integration)

Es sei $f \in E(a)$. Dann gilt für $\operatorname{Re} z > \max\{0, a\}$ und $g(t) := \int_0^t f(u)\,du$

$$\hat{g}(z) = \hat{f}(z)/z.$$

Beweis.

Partielle Integration ergibt

$$\int_0^b e^{-zt} \int_0^t f(u)\,du\,dt = -\frac{1}{z} e^{-zt} \int_0^t f(u)\,du\Big|_0^b + \frac{1}{z} \int_0^b e^{-zt} f(t)\,dt.$$

Für $b \to \infty$ und $\operatorname{Re} z > \max\{0, a\}$ geht der ausintegrierte Bestandteil gegen Null, d.h. es gilt

$$\hat{g}(z) = \hat{f}(z)/z.$$ ∎

Für die Rücktransformation ist der folgende Eindeutigkeitssatz von Wichtigkeit.

11.7 **Satz.** (Eindeutigkeit)

Sind $f, g\colon [0, \infty) \to \mathbb{R}$ stetige Funktionen mit $f, g \in E(a)$, und gilt für $\operatorname{Re} z > a$

$$\hat{f}(z) = \hat{g}(z),$$

dann folgt

$$f = g.$$

Beweis.

Es sei $h := f - g$. Dann folgt $\hat{h}(z) \equiv 0$ für $\operatorname{Re} z > a$, und wir zeigen $h = 0$. Insbesondere gilt aber für $n \in \mathbb{N}$

$$\hat{h}(\tilde{a} + n) = \int_0^\infty e^{-(\tilde{a}+n)t} h(t)\,dt = 0, \quad \tilde{a} > a,$$

und mit $e^{-t} = x$ und $e^{-\tilde{a}t} h(t) =: H(x)$ folgt

$$\int_0^1 x^m H(x)\, dx = 0 \quad \text{für alle} \quad m = 0, 1, \ldots\,. \tag{11.5}$$

Die stetige Funktion $H(x)$ mit $H(0) = 0$ kann aber nach dem Approximationssatz von Weierstraß gleichmäßig auf $[0, 1]$ durch Polynome P_j approximiert werden, und wegen (11.5) gilt

$$\int_0^1 P_j(x) H(x)\, dx = 0 \quad \text{für alle} \quad j.$$

Daraus resultiert

$$0 = \lim_{j \to \infty} \int_0^1 P_j(x) H(x)\, dx = \int_0^1 \lim_{j \to \infty} P_j(x) H(x)\, dx = \int_0^1 H^2(x)\, dx,$$

also

$$H(x) \equiv 0 \quad \text{und auch} \quad h = 0.$$

Der Beweis kann leicht auf komplexwertige Funktionen f und g ausgedehnt werden. Haben f und g Sprungstellen, so kann dort die Gleichheit nicht mehr gezeigt werden. ■

Eine der wichtigsten Eigenschaften der Laplace-Transformation ergibt der Faltungssatz.

Unter der Faltung zweier Funktionen f und g mit $f, g\colon [0, \infty) \to \mathbb{C}$ versteht man die Funktion h mit

$$h(t) := \int_0^t f(t-u)\, g(u)\, du =: f * g(t), \tag{11.6}$$

wenn das Integral existiert (Bild 11.2).

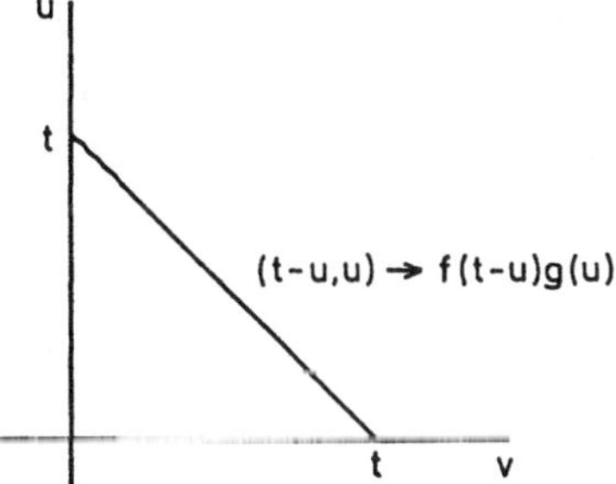

Bild 11.2

Dabei besteht eine deutliche Analogie zur Potenzreihenmultiplikation:

$$\sum_{j=0}^{\infty} a_j x^j \cdot \sum_{j=0}^{\infty} b_j x^j = \sum_{j=0}^{\infty} c_j x^j = \sum_{j=0}^{\infty} \sum_{m=0}^{j} a_{j-m} b_m x^j$$

$$f \leftrightarrow (a_j), \; g \leftrightarrow (b_j), \; h \leftrightarrow (c_j) \leftrightarrow \left(\sum_{m=0}^{j} a_{j-m} b_m \right).$$

Wenn die Funktionen f und g über $(0, \infty)$ absolut integrierbar sind, dann existiert $f * g$ fast überall und ist auch absolut integrierbar über $(0, \infty)$. Man spricht in diesem Zusammenhang von $L^1(0, \infty)$, dem Raum der über $(0, \infty)$ absolut integrierbaren Funktionen und von der „$*$“-Operation als *verallgemeinertem Produkt*. Dies Produkt ist kommutativ und assoziativ:

$$f * g = g * f,$$
$$f * (g * h) = (f * g) * h.$$

Zum Beweis aller dieser Aussagen bedarf es doch einiger Sätze der Lebesgueschen Integrationstheorie.
Ohne große Schwierigkeiten sieht man jedoch folgendes ein:

Bemerkung.

a) Aus $f \in E(a)$ folgt $e^{-(a+\epsilon)t} f \in L^1(0, \infty)$, $\epsilon > 0$.

b) Seien $f, g \in E(a)$ und f stetig bis auf endlich viele Sprungstellen in jedem Intervall $[0, T]$, $T > 0$, d.h. stückweise stetig. Dann existiert $h = f * g$ und ist aus $E(a + \epsilon)$, $\epsilon > 0$.
$\hat{h}$ ist wegen Satz 11.3 holomorph für $\operatorname{Re} z > a$.

Es gilt der

11.8 **Satz.** (Faltungssatz)

Unter der Voraussetzung $f, g \in E(a)$ (bzw. $e^{-at} f$, $e^{-at} g \in L^1(0, \infty)$) folgt mit $h = f * g$

$$\hat{h}(z) = \hat{f}(z) \cdot \hat{g}(z), \quad \operatorname{Re} z > a, \quad (\text{bzw. } \operatorname{Re} z \geqq a).$$

Beweis.

Wir definieren f und g auf ganz $\mathbb{R}$, indem wir die Funktionen für $t < 0$ zu Null setzen. Es ist dann mit

$$h(t) = \int_0^\infty f(t-u)\, g(u)\, du$$

$$\hat{h}(z) = \int_0^\infty e^{-zt} \int_0^\infty f(t-u)\, g(u)\, du\, dt = \int_0^\infty \int_0^\infty e^{-z(t-u)} f(t-u)\, e^{-zu} g(u)\, du\, dt$$

$$= \int_0^\infty \int_0^\infty e^{-z(t-u)} f(t-u)\, dt\, g(u)\, e^{-zu}\, du = \int_0^\infty e^{-zv} f(v)\, dv \int_0^\infty e^{-zu} g(u)\, du$$

$$= \hat{f}(z) \cdot \hat{g}(z), \quad \operatorname{Re} z > a \quad (\text{bzw. } \operatorname{Re} z \geqq a),$$

denn die Integrationsreihenfolge darf hier vertauscht werden.

Die Begründung hierfür liefert der Satz von *Fubini-Tonelli*, da eines der iterierten Integrale, nämlich

$$\int_0^\infty \int_0^\infty |e^{-z(t-u)} f(t-u) e^{-zu} g(u)| \, dt \, du$$

existiert und endlich ist.

Sind f und g stückweise stetig, so kann die Vertauschung auch unter Ausnutzung der gleichmäßigen und absoluten Konvergenz der Integrale gezeigt werden. ■

11.9 **Beispiele.**

1. Gegeben $f(t) := \cos(ct)$, $c > 0$, gesucht $\hat{f}(z)$.

   Sei $g(t) := \int_0^t c \cos(cu) \, du$, dann folgt $g(t) = \sin(ct)$, $\hat{g}(z) = c/(z^2 + c^2)$ und nach Satz 11.6 $\hat{f}(z) = z/(z^2 + c^2)$, $\operatorname{Re} z > 0$.

2. Gegeben sei das Anfangswertproblem

   $$\ddot{y} + 4\dot{y} + 4y = f, \quad y(0) = 0, \quad \dot{y}(0) = 1,$$

   gesucht y.

   Anwendung der Laplace-Transformation auf beiden Seiten ergibt wegen (11.4)

   $$z^2 \hat{y}(z) - zy(0) - \dot{y}(0) + 4z\hat{y}(z) - 4y(0) + 4\hat{y}(z) = \hat{f}(z),$$
   $$(z+2)^2 \hat{y}(z) = \hat{f}(z) + 1,$$
   $$\hat{y}(z) = \hat{f}(z)/(z+2)^2 + 1/(z+2)^2.$$

   Zur Rücktransformation benutzen wir die Sätze 11.8, 11.3 und 11.7 und erhalten

   $$y(t) = \int_0^t (t-u) e^{-2(t-u)} f(u) \, du + t e^{-2t}.$$

   Die Korrektheit des Ergebnisses kann man durch Differenzieren und Einsetzen in die Differentialgleichung leicht nachweisen.

3. Gegeben $\hat{g}(z) = z^2/(z^2 + c^2)^2$, gesucht $g(t)$.

   Es ist $\hat{g}(z) = (z/(z^2 + c^2))^2$, also nach Satz 11.8

   $$\begin{aligned} g(t) &= \int_0^t \cos(c(t-u)) \cos(cu) \, du \\ &= \frac{1}{2}\left(\int_0^t \cos(ct) \, du + \int_0^t \cos(ct - 2cu) \, du\right) \\ &= \frac{t}{2} \cos(ct) - \frac{\sin(ct - 2cu)}{4c}\Big|_0^t = \frac{t}{2}\cos(ct) + \frac{\sin(ct)}{2c}. \end{aligned}$$ □

Wir fassen alle Überlegungen und Beispiele in einer Tafel zusammen:

11.10 Tabelle.

$g(t)$	$\hat{g}(z)$
1	$1/z$
t^α	$\Gamma(\alpha+1)/z^{\alpha+1}, \quad \alpha > -1$
e^{ct}	$1/(z-c)$
$t^n e^{ct}$	$n!/(z-c)^{n+1}$
$\sin(ct)$	$c/(z^2+c^2)$
$\cos(ct)$	$z/(z^2+c^2)$
$e^{bt}\cos(ct)$	$(z-b)/((z-b)^2+c^2)$
$\sinh(ct)$	$c/(z^2-c^2)$
$\cosh(ct)$	$z/(z^2-c^2)$
$\sin(ct)+ct\cos(ct)$	$2cz^2/(z^2+c^2)^2$
$e^{ct} f(t)$	$\hat{f}(z-c)$
$f(ct)$	$\hat{f}(z/c)/c$
$\Theta(t-c)\, f(t-c)$	$e^{-cz}\hat{f}(z)$
$f(t+T)=f(t)$	$(1-e^{-Tz})^{-1}\int_0^T e^{-zt} f(t)\,dt$
$f^{(n)}(t)$	$z^n\hat{f}(z) - z^{n-1}f(0) - \ldots - f^{(n-1)}(0)$
$t^n f(t)$	$(-1)^n \hat{f}^{(n)}(z)$
$f(t)/t$	$\int_z^\infty \hat{f}(\zeta)\,d\zeta$
$\int_0^t f(u)\,du$	$(1/z)\hat{f}(z)$
$f * h(t)$	$\hat{f}(z)\cdot\hat{h}(z)$
$c_1 f(t) + c_2 h(t)$	$c_1\hat{f}(z) + c_2\hat{h}(z)$

11.3 Die Umkehrtransformation

Bisher können wir die Ausgangsfunktion f zu gegebenem $F(z) = \hat{f}(z)$ nur mit Hilfe der hergeleiteten Sätze oder mit Tabelle 11.10 bestimmen, in der aber fast nur rationale Funktionen F auftreten. Während man für kompliziertere Funktionen tatsächlich eine Umkehrtransformation definieren und dann auswerten muß, kann man bei rationalen Funktionen R die Ausgangsfunktion f leicht direkt angeben: Wir schreiben

$$R(z) = P(z)/Q(z), \qquad P \text{ und } Q \text{ Polynome},$$
$$Q(z) = (z-z_1)^{k_1}(z-z_2)^{k_2}\cdot\ldots\cdot(z-z_r)^{k_r},$$

und wegen Satz 11.4 f) gilt

$$\text{grad } P < \text{grad } Q.$$

Mit Hilfe der Partialbruchzerlegung (vgl. Abschnitt 10.2 im ersten Band dieser Reihe) erhält man dann

$$R(z) = \sum_{j=1}^{r} \sum_{m=1}^{k_j} \frac{a_{jm}}{(z - z_j)^m} =: \hat{f}(z),$$

und Tabelle 11.10 ergibt sofort

$$f(t) = \sum_{j=1}^{r} \sum_{m=1}^{k_j} \exp(z_j t)\, a_{jm}\, t^{m-1}/(m-1)!\,.$$

Kommen wir nun zur allgemeinen Definition der Umkehrtransformation zu

$$F(z) = \hat{f}(z) = \int_0^\infty e^{-zt} f(t)\, dt.$$

11.11 **Definition.** (Umkehrtransformation)

Unter der *inversen Laplace-Transformation* versteht man den Hauptwert

$$f(t) = \lim_{A \to \infty} \frac{1}{2\pi i} \int_{c-iA}^{c+iA} e^{tz} F(z)\, dz =: \check{F}(t). \tag{11.7}$$

Dabei sei $F(z)$ holomorph in der Halbebene $\operatorname{Re} z > a$, es gelte $c > a$, das Integral erstrecke sich über den geradlinigen Weg von $c - iA$ bis $c + iA$ und der Limes möge existieren.

Es handelt sich bei der Rücktransformation um ein komplexes Linienintegral, das in Appendix A3 erklärt wird. Gilt $f \in E(a)$, so folgt $F(z) \to 0$ gleichmäßig in $\operatorname{Re} z \geqq a + \epsilon$, $\epsilon > 0$, für $|z| \to \infty$, und der Integralsatz von Cauchy A.3 zeigt, daß $\check{F}$ nicht von der Wahl von c abhängt (vgl. Bild 11.3 und den folgenden Satz 11.12).

Wir kommen nun zu einem ersten Umkehrsatz.

11.12 **Satz.** (Laplace-Umkehrtransformation)

Es gelte

1. F sei holomorph für $\operatorname{Re} z > a$,
2. $|F(z)| \to 0$ gleichmäßig für $|z| \to \infty$ in $\operatorname{Re} z \geqq a + \epsilon$, $\epsilon > 0$,
3. $\int_{-\infty}^{\infty} |F(c + iy)|\, dy < \infty$ für alle $c > a$.

Dann folgt:

$$F(z) = \int_0^\infty e^{-zt} f(t)\, dt$$

mit

$$f(t) = \check{F}(t) = \frac{1}{2\pi i} \int_{c-i\infty}^{c+i\infty} e^{tz} F(z)\, dz .$$

Beweis.

Mit der Voraussetzung 3. folgt nach dem Majorantenkriterium, daß f(t) für alle $t \geqq 0$ existiert, denn mit $z = c + iy$ gilt

$$\left| \int_{c-iA}^{c+iA} e^{tz} F(z)\, dz \right| \leqq e^{tc} \int_{-\infty}^{\infty} |F(c+iy)|\, dy < \infty .$$

Wir zeigen weiter, daß der Wert des Integrals nicht von der Wahl von $c > a$ abhängt. Nach dem Integralsatz A.3 von Cauchy gilt (vgl. Bild 11.3)

$$-\oint_C e^{tz} F(z)\, dz := \left(\int_{C_1} + \int_{C_2} + \int_{C_3} + \int_{C_4} \right) e^{tz} F(z)\, dz = 0 ,$$

und da die Teilintegrale über C_2 und C_4 für $A \to \infty$ verschwinden wegen Voraussetzung 2. und

$$\left| \int_{C_2, C_4} e^{tz} F(z)\, dz \right| \leqq e^{ct} (c - c') \max \{ |F(x \pm iA)| \mid c' \leqq x \leqq c \} \to 0 \quad \text{für } A \to \infty,$$

gilt, folgt

$$\int_{c-i\infty}^{c+i\infty} e^{tz} F(z)\, dz = \int_{c'-i\infty}^{c'+i\infty} e^{tz} F(z)\, dz .$$

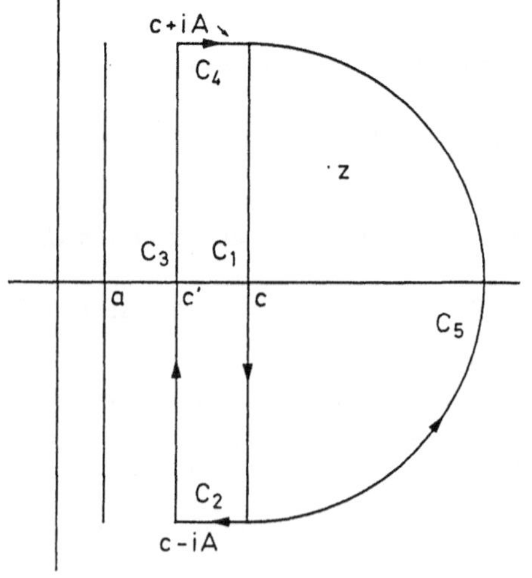

Bild 11.3

Sei nun $\operatorname{Re} z > c$. Dann folgt (vgl. Bild 11.3)

$$\int_0^\infty e^{-zt}\,\check{F}(t)\,dt = \frac{1}{2\pi i}\int_0^\infty e^{-zt}\int_{c-i\infty}^{c+i\infty} e^{tu}\,F(u)\,du\,dt$$

$$= \frac{1}{2\pi i}\int_{c-i\infty}^{c+i\infty} F(u)\int_0^\infty e^{(u-z)t}\,dt\,du = -\frac{1}{2\pi i}\int_{c-i\infty}^{c+i\infty}\frac{F(u)}{u-z}\,du$$

$$= \lim_{A\to\infty}\frac{1}{2\pi i}\int_{c+iA}^{c-iA}\frac{F(u)}{u-z}\,du = \lim_{A\to\infty}\frac{1}{2\pi i}\left(\int_{C_1}+\int_{C_5}\right)\frac{F(u)}{u-z}\,du$$

$$= F(z)$$

nach der Integralformel A.4 von Cauchy.
Die Integralvertauschung kann wieder wegen

$$\int_{c-i\infty}^{c+i\infty} |F(u)|\int_0^\infty e^{-\operatorname{Re}(z-u)t}\,dt\,d|u| < \infty$$

nach dem Satz von Fubini oder mit gleichmäßiger Konvergenz der Integrale begründet werden. ■

Wie berechnet man nun $\check{F}(t)$?

Auskunft darüber gibt der folgende Satz, der auf dem Residuensatz A.5 aus dem Appendix beruht (vgl. Bild 11.4).

11.13 **Satz.**

Es sei F holomorph in der komplexen Ebene bis auf endlich viele Pole z_j, $j = 1, \ldots, r$, $\max\{\operatorname{Re} z_j \mid j = 1, \ldots, r\} =: \sigma_0$.
Weiter gebe es positive Zahlen M, β, R, so daß

$$|F(z)| \leqq M/|z|^\beta \quad \text{für alle } |z| \geqq R \tag{11.8}$$

gilt. Existiert dann

$$2\pi i\, f(t) = \lim_{A\to\infty}\int_{c-iA}^{c+iA} e^{tz}\,F(z)\,dz, \quad c > \sigma_0\,, \tag{11.9}$$

so gilt

$$f(t) = \sum_{j=1}^{r} \operatorname{Res}_{z_j}\{e^{tz}\,F(z)\},$$

und es ist

$$\hat{f}(z) = F(z) \quad \text{für } \operatorname{Re} z > \sigma_0.$$

Bemerkungen.

1. Im Falle unendlich vieler Pole und einer meromorphen Funktion F gilt der Satz, wenn in (11.9) gleichmäßige Konvergenz für alle t_0 mit $0 < t_0 \leqq t \leqq 1/t_0$ vorliegt und (11.8) auf Kreisbögen zwischen den Polstellen erfüllt ist. f hat dann eine Darstellung in Form einer unendlichen Reihe.
2. Ist $F(z) = P(z)/Q(z)$, grad Q > grad P, und besitzt Q die einfachen Nullstellen $z_1, z_2, \ldots, z_r$, r = grad Q, so folgt

$$f(t) = \sum_{j=1}^{r} \exp(z_j t)\, P(z_j)/Q'(z_j) \tag{11.10}$$

$\sigma_0 = \max\{\operatorname{Re} z_j \mid j = 1, \ldots, r\} = \operatorname{Re} z_{j_0}$, wobei $P(z_{j_0}) \neq 0$ gelten soll.

3. Der Beweis benutzt den Residuensatz A.5 (vgl. Bild 11.4) und Teile des Beweises zu Satz 11.12.
   Es ist

$$\frac{1}{2\pi i}\left(\int_{C_1} + \int_{C_2}\right) e^{tz} F(z)\, dz = \sum_{j=1}^{r} \operatorname*{Res}_{z_j}\{e^{tz} F(z)\},$$

und für $A \to \infty$ strebt das Integral über C_1 gegen $\check{F}(t)$ und das über C_2 gegen Null.

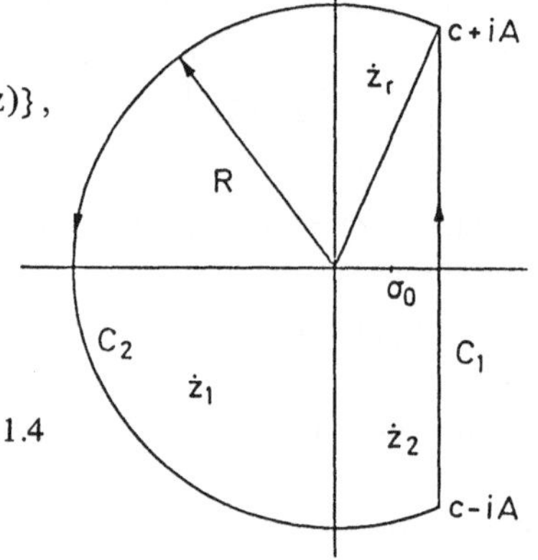

Bild 11.4

11.14 Beispiele.

1. Es sei $F(z) = 1/(z^2+1)$. Dann ist F holomorph in $\mathbb{C} \setminus \{i, -i\}$, mit einfachen Polen in $z_1 = i$ und $z_2 = -i$, und es gilt nach (11.10)

$$f(t) = e^{it}/(2i) + e^{-it}/(-2i) = \sin t.$$

2. Gegeben $F(z) = \dfrac{z^2+1}{z^3+2z^2+z}$, gesucht $\check{F}(t)$.

Es ist $F(z) = (z-i)(z+i)/(z(z+1)^2)$, d.h. F hat einen einfachen Pol in $z_1 = 0$ und einen zweifachen in $z_2 = -1$.
Dann folgt nach Satz 11.13 und Satz A.5

$$\begin{aligned}\check{F}(t) &= \operatorname*{Res}_{0}\{e^{tz} F(z)\} + \operatorname*{Res}_{-1}\{e^{tz} F(z)\}\\ &= 1 + \lim_{z\to -1} \frac{d}{dz}\left(e^{tz}(z^2+1)/z\right)\\ &= 1 + \lim_{z\to -1}\left(te^{tz}(z^2+1)/z + e^{tz}(1 - 1/z^2)\right)\\ &= 1 - 2te^{-t}.\end{aligned}$$

3. Wir betrachten nun einen Balken der Länge L, der mit einem Heizstrahler an einem Ende mit der Koordinate L auf konstanter Temperatur T gehalten wird und am anderen Ende mit der Koordinate 0 die Temperatur 0 besitzen soll, was durch entsprechende Kühlung gewährleistet ist. Sonst ist die Oberfläche isoliert. Die Temperaturverteilung u als Funktion der Zeit t, $t \geqq 0$, und des Ortes x, $0 \leqq x \leqq L$, wird mit Hilfe der partiellen Dgl. (1.6a) beschrieben

$$u_t = \alpha^2 u_{xx},$$

in der wir zur Vereinfachung noch $\alpha = 1$ setzen wollen.
Bedingt durch die Versuchsanordnung haben wir die Randbedingungen

$$u(t, 0) = 0$$
$$u(t, L) = T \quad \text{für alle } t \geqq 0,$$

und die Anfangsbedingung

$$u(0, x) = 0, \quad 0 \leqq x < L \qquad \text{(Beginn des Versuchs)}$$

zu berücksichtigen.
Die Lösung des Problems soll mit Hilfe der Laplace-Transformation erfolgen.
Es folgt

$$z\hat{u}(z, x) - 0 = \hat{u}_{xx}(z, x),$$

und die entstandene gewöhnliche Dgl $\hat{u}'' = z\hat{u}$ hat die allgemeine Lösung

$$\hat{u}(z, x) = c_1(z) \sinh(z^{1/2} x) + c_2(z) \cosh(z^{1/2} x).$$

Aus

$$\hat{u}(z, 0) = 0 \text{ und } \hat{u}(z, L) = T/z$$

folgt

$$c_2(z) = 0, \quad c_1(z) = \frac{T}{z} \frac{1}{\sinh(z^{1/2} L)}$$

und

$$\hat{u}(z, x) = \frac{T}{z} \frac{\sinh(z^{1/2} x)}{\sinh(z^{1/2} L)} =: F(z), \quad 0 \leqq x < L.$$

Man berechnet nun $\check{F}(t)$ mit Hilfe von Satz 11.13.
Wegen der auf ganz $\mathbb{C}$ gültigen Reihenentwicklung

$$\sinh y = \sum_{j=0}^{\infty} y^{2j+1}/(2j+1)!$$

ist F meromorph, da sich der Term $z^{1/2}$ im Zähler und Nenner herauskürzt und dann nur gerade Potenzen von $z^{1/2}$ verbleiben.

Aus

$$F(z) \sim \frac{T}{z}\frac{z^{1/2}x}{z^{1/2}L} = \frac{T}{z}\frac{x}{L}, \quad z \to 0,$$

ergibt sich

$$\operatorname*{Res}_0 \{e^{tz} F(z)\} = Tx/L.$$

Weitere (einfache) Pole können nur für

$$z_j = -\frac{j^2 \pi^2}{L^2}$$

vorliegen.
Daher ist, da 11.9 für $c > 0$ absolut konvergiert,

$$f(t) = \sum_{j=0}^{\infty} \operatorname*{Res}_{z_j} \left\{e^{tz} \frac{T}{z} \frac{\sinh(z^{1/2} x)}{\sinh(z^{1/2} L)}\right\}$$

$$= \frac{Tx}{L} - \sum_{j=1}^{\infty} \exp\left(-\frac{j^2 \pi^2}{L^2} t\right) \frac{TL^2}{j^2 \pi^2} \frac{\sinh(xij\pi/L)}{L \cosh(Lij\pi/L)} \left(\frac{2\, ij\pi}{L}\right)$$

in Analogie zu (11.10).
Wegen $\sinh(iy) = i\sin y$ und $\cosh(iy) = \cos y$ folgt schließlich

$$u(t,x) = T\left(\frac{x}{L} + \sum_{j=1}^{\infty} \exp\left(-\frac{j^2\pi^2}{L^2} t\right)(-1)^j \frac{2}{j\pi} \sin\left(\frac{j\pi}{L} x\right)\right), \quad 0 \leqq x < L,$$

und die Reihe konvergiert für $t > 0$ nebst allen Ableitungen. u erfüllt tatsächlich die partielle Differentialgleichung, wie termweise Differentiation und Einsetzen ergibt. Wie erwartet gilt

$$\lim_{t \to \infty} u(t,x) = Tx/L.$$

Für $t = 0$ hat man die Fourierreihe der Funktion $-x/L$, die in $0 \leqq x < L$ konvergiert:

$$u(0,x) = 0, \ 0 \leqq x < L, \ u(0,L) = T.$$

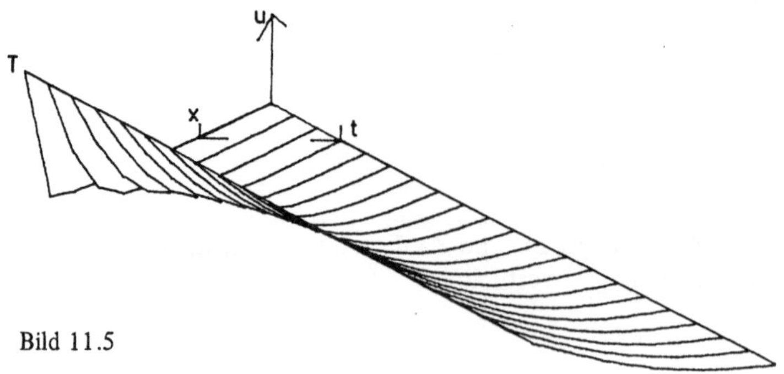

Bild 11.5

4. Gegeben sei die lineare inhomogene Differentialgleichung n-ter Ordnung mit konstanten Koeffizienten

$$y^{(n)} + a_{n-1}\, y^{(n-1)} + \ldots + a_0 y = P(D)\, y = (D - \lambda_1)^{k_1} \ldots (D - \lambda_r)^{k_r}\, y$$
$$= b e^{ct} \frac{t^{k-1}}{(k-1)!}.$$

Die Anwendung der Laplace-Transformation ergibt

$$P(z)\, \hat{y}(z) - Q(z) = b/(z - c)^k,$$

und die Koeffizienten des Polynoms Q, das höchstens den Grad $n - 1$ hat, berechnen sich mit Hilfe der Anfangsbedingungen $y(0), \dot{y}(0), \ldots, y^{(n-1)}(0)$ entsprechend (11.4).

Auflösung ergibt

$$\hat{y}(z) = \frac{Q(z)}{P(z)} + \frac{b}{(z - c)^k\, P(z)},$$

$\hat{y}$ ist eine rationale Funktion. Daher kann y direkt nach einer Partialbruchzerlegung oder mit Satz 11.13 angegeben werden und ist von der Form $(c \neq \lambda_j, j = 1, \ldots, r)$

$$y(t) = \sum_{j=1}^{r} \exp(\lambda_j t) \sum_{m=1}^{k_j} c_{jm}\, t^{m-1}/(m-1)! + e^{ct} \sum_{m=1}^{k} c_{om} \frac{t^{m-1}}{(m-1)!}. \qquad \square$$

11.4 Laplace-Transformation und Delta-Funktion

Bei der physikalischen Modellbildung benutzt man oft den Begriff der verallgemeinerten Funktionen und insbesondere die von *Dirac* eingeführte „δ-Funktion“. Eine zugehörige umfassende mathematische Begründung wurde von *Laurent Schwartz* mit Hilfe der *Distributionentheorie* gegeben. Betrachtet man die zu einem Elektron gehörige Ladungsverteilung, so liegt es nahe, die gesamte Ladung in einem Punkt $\mathbf{x}_0$ zu konzentrieren und die Ladungsdichte ρ sonst als Null anzunehmen.

Es gilt also $\rho(\mathbf{x}) = 0,\ \mathbf{x} \neq \mathbf{x}_0$ und

$$\int \rho(\mathbf{x})\, d\mathbf{x} = -e_0 \quad \text{(Ladung des Elektrons).}$$

Nehmen wir noch einmal die Bewegungsgleichung des Feder-Masse Systems (1.4) aus Kapitel 1 auf und fügen eine momentane äußere Kraft zu, die nur zur Zeit t_0 wirkt:

$$m\ddot{y}(t) = -sy(t) + P\delta(t - t_0) - mg. \tag{11.11}$$

Dabei hat die verallgemeinerte Funktion δ für $t \neq t_0$ den „Wert“ Null und ergibt mit einer stetigen Funktion g integriert den Wert $g(t_0)$

$$\int_I g(t)\, \delta(t - t_0)\, dt = g(t_0).$$

Im Falle der Gleichung (11.11) resultiert gerade der Impuls P. Es ist daher sinnvoller, vom δ-Funktional und seiner Wirkung auf stetige oder differenzierbare Funktionen zu sprechen. Oft nähert man die δ-Funktion durch beliebig oft differenzierbare Funktionen an.
Einige dieser Näherungsfolgen (δ_j) bestehen aus bekannten Faltungskernen:

$$\delta_j(t) := \begin{cases} (\pi/j)^{-1/2} \exp(-t^2 j) \\ \frac{j}{\pi}\left(\frac{\sin(jt)}{jt}\right)^2 \\ \frac{1}{\pi}\frac{j}{j^2t^2+1}. \end{cases}$$

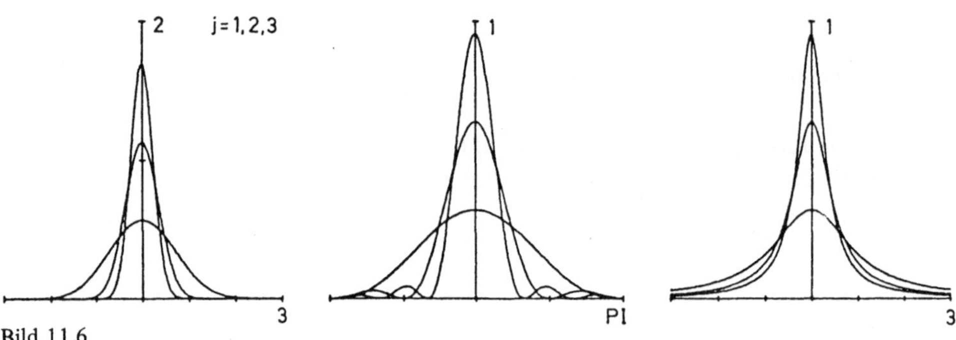

Bild 11.6

Wendet man das δ-Funktional auf Testfunktionen $f \in C_K^1(-\infty, \infty)$ an (vgl. Kap. 5, Aufgabe 1) partiell, so kann man eine formale Ableitung der δ-Funktion definieren:

$$\int_{-\infty}^{\infty} f(t)\,\dot{\delta}(t-t_0)\,dt := -\int_{-\infty}^{\infty} \dot{f}(t)\,\delta(t-t_0)\,dt = -\dot{f}(t_0).$$

Man überlegt sich, daß man so auch die Beziehung

$$\dot{\Theta}(t-t_0) = \delta(t-t_0)$$

rechtfertigt.
Wendet man die Laplace-Transformation auf $\delta(t-t_0)$ an, so erhält man

$$\int_0^{\infty} e^{-zt}\,\delta(t-t_0)\,dt = \exp(-zt_0), \quad t_0 \geqq 0.$$

Lösen wir noch die Gleichung (11.11) mit der LT.
Mit

$$x(t) := y(t) + gm/s$$

geht sie über in

$$\ddot{x}(t) = -\frac{s}{m} x(t) + \frac{P}{m} \delta(t - t_0).$$

Sei nun z.B.

$$x(0) = \dot{x}(0) = 0, \quad t_0 = 1,$$

so folgt

$$z^2 \hat{x}(z) = -\frac{s}{m} \hat{x}(z) + \frac{P}{m} e^{-z}.$$

Nach der Auflösung

$$\hat{x}(z) = \frac{P}{m} \frac{e^{-z}}{z^2 + s/m}$$

ergibt Satz 11.4 d)

$$x(t) = \frac{P}{(sm)^{1/2}} \sin\left(\sqrt{\frac{s}{m}}(t-1)\right) \Theta(t-1).$$

Es ist $x(1) = 0$ und

$$\lim_{t \to 1+} m\dot{x}(t) = P \neq \lim_{t \to 1-} m\dot{x}(t) = 0,$$

das Moment ist also unstetig und springt im Punkte 1 von Null nach P. x erfüllt die Anfangswertvorgaben und die Differentialgleichung, wie Einsetzen ergibt:

$$\dot{x}(t) = \frac{P}{m} \Theta(t-1) \cos\left(\sqrt{\frac{s}{m}}(t-1)\right) + \frac{P}{(sm)^{1/2}} \delta(t-1) \sin\left(\sqrt{\frac{s}{m}}(t-1)\right),$$

$\delta(t-1) \sin\left(\sqrt{\frac{s}{m}}(t-1)\right)$ ist aber das „0"-Funktional und kann weggelassen werden.

$$\ddot{x}(t) = -\frac{P}{m}\sqrt{\frac{s}{m}}\, \Theta(t-1) \sin\left(\sqrt{\frac{s}{m}}(t-1)\right) + \frac{P}{m} \delta(t-1) \cos\left(\sqrt{\frac{s}{m}}(t-1)\right)$$

$$= -\frac{Ps}{m}(ms)^{-1/2} \sin\left(\sqrt{\frac{s}{m}}(t-1)\right) \Theta(t-1) + \frac{P}{m} \delta(t-1),$$

was zu zeigen war.

11.5 Literatur zu Kapitel 11

Eine elementare Einführung in die Theorie der Laplace-Transformation gibt Peter K. F. Kuhfittig [K6]. Hierher kommen die Aufgaben 5 und 6 (S. 68f, S. 134f). Das umfangreiche Standardwerk stammt von G. Doetsch [D2].

Einen guten Einstieg in die Maß- und Integrationstheorie liefert Norman B. Haaser, Joseph A. Sullivan [H-S, S. 107–156].

Die Bemerkungen über die Deltafunktion sind entnommen aus S. Großmann [G5]. Ein anwendungsorientiertes Werk insbesondere für die Belange der Elektrotechnik stammt von W. Ameling [A4]. Es enthält umfangreiche Tabellen zur LT.

11.6 Aufgaben zu Kapitel 11

1. Man bestimme die Umkehrtransformation $\check{F}$ zu

$$\frac{b}{(z-c)^2+b^2} \quad \text{und} \quad \frac{1}{z(z^2+c^2)}\,.$$

2. Man löse die Volterrasche Integralgleichung mit der LT

$$y(t) = t + \int_0^t \cos(t-u)\,y(u)\,du, \quad y \in C(\mathbb{R}).$$

3. Man löse mit Hilfe der LT das AWP

$$\ddot{x} = 3x + 4y, \quad x(0) = 1, \quad \dot{x}(0) = 0,$$
$$\ddot{y} = -x - y, \quad y(0) = 0, \quad \dot{y}(0) = 1.$$

Anleitung.
Die Laplacetransformierten lauten

$$\hat{x}(z) = \frac{z^3+z+4}{(z-1)^2\,(z+1)^2}, \quad \hat{y}(z) = \frac{z^2-z-3}{(z-1)^2\,(z+1)^2}.$$

4. Gegeben sei

$$J_0(t) = \sum_{j=0}^{\infty} (-1)^j \frac{t^{2j}}{2^{2j}(j!)^2}.$$

Man bestimme die Laplace-Transformierte $\hat{J}_0$, indem man einmal das Integral termweise auswertet oder aber aus der Differentialgleichung

$$t\ddot{J}_0(t) + \dot{J}_0(t) + tJ_0(t) = 0$$

eine Differentialgleichung für $\hat{J}_0$ herleitet und löst.
Weiter beachte man (vgl. 7.)

$$\lim_{z\to\infty} (z\hat{J}_0(z) - J_0(0)) = 0.$$

5. Man löse das Randwertproblem für die Durchbiegung y eines beidseitig eingespannten Balkens der Länge L mit der Einzellast P in der Mitte L/2:

$$y^{(4)}(t) = \frac{P}{EI}\,\delta(t - L/2), \quad y(0) = \dot{y}(0) = y(L) = \dot{y}(L) = 0.$$

6. Man löse die Integralgleichung des elektrischen Schwingkreises mit $U(t) = |\sin(\omega t)|$

$$R\,I(t) + \frac{1}{C}\int_0^t I(u)\,du = |\sin(\omega t)|\,.$$

7. Anfangs- und Endwerttheorem:

Mit $zF(z) = \int_0^\infty f(u/z)\,e^{-u}\,du, \quad f \in C[0,\infty]$ zeige man:

$$\lim_{\substack{z \to \infty \\ [z \to 0]}} zF(z) = \lim_{\substack{t \to 0 \\ [t \to \infty]}} f(t).$$

12 Stabilitätsprobleme

In Kapitel 3 haben wir bewiesen, daß das Anfangswertproblem

$$\dot{\mathbf{x}} = \mathbf{f}(t, \mathbf{x}), \quad \mathbf{x}(t_0) = \mathbf{x}_0$$

in einem Gebiet D dann genau eine Lösung besitzt, wenn **f** dort Lipschitz-stetig ist. Eine kleine Änderung der Anfangswertvorgabe und der rechten Seite der Differentialgleichung führte in einer Umgebung von t_0 nur zu einer wenig veränderten Lösung **x**. Es stellt sich sofort die Frage, ob die beiden Lösungen auch für große t benachbart bleiben oder dann stärker auseinander laufen. Ein typisches Beispiel haben wir mit dem Pendelproblem bereits in Kapitel 7 diskutiert. Für kleine v_0 verhalten sich die Lösungen der AWPe

$$\ddot{x} + \sin x = 0, \quad x(0) = 0, \quad \dot{x}(0) = v_0,$$

$$\ddot{x} + x = 0, \quad x(0) = 0, \quad \dot{x}(0) = v_0,$$

gleich, für große v_0 ganz verschieden (vgl. Bild 7.5).

12.1 Globale Stabilität

Wir gehen wieder aus vom AWP

$$\dot{\mathbf{x}} = \mathbf{f}(t, \mathbf{x}), \quad \mathbf{x}(t_0) = \mathbf{x}_0, \tag{12.1}$$

$f_j \in C(I \times \mathbb{R}^p)$, $I := [t_0, \infty)$, **f** erfülle eine Eindeutigkeitsbedingung.

Obwohl die folgenden Aussagen unabhängig von der gewählten Norm sind, wollen wir wieder mit der Maximumnorm arbeiten:

$$\|\mathbf{A}\| := \max\{|a_{ij}| \mid i, j = 1, \ldots, p\}, \quad \mathbf{A}\ p \times p \text{ Matrix},$$

$$\|\mathbf{x}\| := \max\{|x_j| \mid j = 1, \ldots, p\}.$$

12.1 **Definition.** (Stabilität)

a) Eine Lösung **y** von (12.1) mit Definitionsbereich I heißt *stabil*, wenn zu jedem $\epsilon > 0$ ein $\delta(\epsilon, t_0)$ existiert, so daß für jede andere Lösung **x** der Differentialgleichung aus (12.1) mit

$$\|\mathbf{y}(t_0) - \mathbf{x}(t_0)\| < \delta,$$

die auf I existiert,

$$\|\mathbf{y}(t) - \mathbf{x}(t)\| < \epsilon$$

für alle t aus I gilt. Hängt die Wahl von δ nicht von t_0 ab, so heißt **y** *gleichmäßig stabil.*

b) $\mathbf{y}$ heißt *asymptotisch stabil*, wenn es ein $\delta(t_0) > 0$ gibt, so daß für jede andere auf I existierende Lösung $\mathbf{x}$ mit

$$\|\mathbf{y}(t_0) - \mathbf{x}(t_0)\| < \delta$$

dann

$$\lim_{t \to \infty} \|\mathbf{y}(t) - \mathbf{x}(t)\| = 0$$

folgt.

Ist $\mathbf{y}$ stabil und asymptotisch stabil, so heißt $\mathbf{y}$ *strikt stabil.*

c) $\mathbf{y}$ heißt *instabil*, wenn es nicht stabil ist.

Bemerkungen.

1. Man kann sich theoretisch auf die Untersuchung der Stabilität der Null-Lösung $\mathbf{y} = \mathbf{0}$ beschränken, denn mit der Transformation

$$\mathbf{z} := \mathbf{x} - \mathbf{y}$$

folgt

$$\dot{\mathbf{x}} = \dot{\mathbf{z}} + \dot{\mathbf{y}} = \mathbf{f}(t, \mathbf{z} + \mathbf{y})$$

$$\dot{\mathbf{z}} = \mathbf{f}(t, \mathbf{z} + \mathbf{y}) - \dot{\mathbf{y}} =: \tilde{\mathbf{f}}(t, \mathbf{z}),$$

und $\tilde{\mathbf{f}}$ hat dieselben Eigenschaften wie $\mathbf{f}$.

2. Bild 12.1 soll die obige Stabilitätsdefinition erläutern: Es ist $\mathbf{y} = \mathbf{0}$ angenommen.

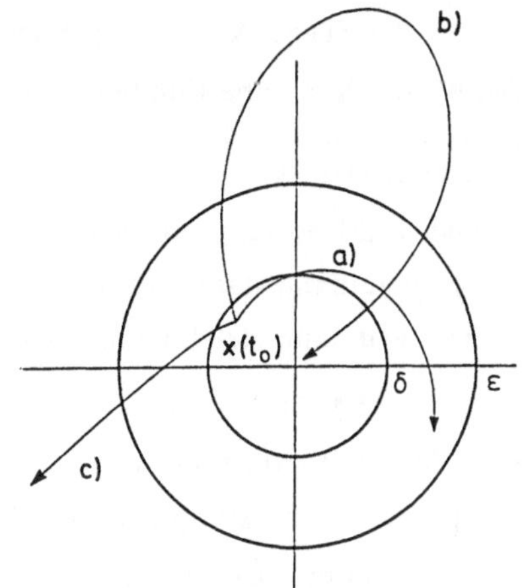

Bild 12.1

3. Als Beispiel wollen wir die Stabilität der Null-Lösung der linearen Differentialgleichung erster Ordnung untersuchen:

$$\dot{x}(t) = a(t)\, x(t), \quad a \text{ stetig auf } [t_0, \infty)\,.$$

Die allgemeine Lösung lautet

$$x(t) = x_0 \exp\left(\int_{t_0}^{t} a(u)\, du\right).$$

Offensichtlich ist die Lösung $y = 0$ nur stabil, wenn

$$\int_{t_0}^{t} a(u)\, du \leqq M(t_0)$$

für alle $t \geqq t_0$ gilt, und gleichmäßig stabil, wenn die Konstante M nicht von t_0 abhängt.

y = 0 ist asymptotisch stabil genau dann, wenn

$$\int_{t_0}^{t} a(u)\,du \to -\infty, \quad t \to \infty$$

gilt.

4. Wie Beispiele zeigen, sind die Begriffe stabil und asymptotisch stabil voneinander unabhängig (vgl. Aufgabe 2).

12.2 Stabilität bei linearen Systemen

Viele Probleme aus den Anwendungen führen, wie schon gesagt, auf ein Differentialgleichungssystem der Form

$$\dot{\mathbf{x}} = \mathbf{A}(t)\,\mathbf{x}, \quad \mathbf{A} \text{ sei } p \times p \text{ Matrix stetiger Funktionen auf } I := [t_0, \infty). \tag{12.2}$$

Sei weiter $\mathbf{X}(t)$ eine Fundamentalmatrix von (12.2). Es gilt dann der folgende

12.2 **Stabilitätssatz.**

Die Null-Lösung $\mathbf{y} = \mathbf{0}$ des Systems (12.2) ist

a) genau dann stabil, wenn $\|\mathbf{X}(t)\| \leqq M$ für alle $t \geqq t_0$,

b) genau dann gleichmäßig stabil, wenn

$$\|\mathbf{X}(t)\,\mathbf{X}^{-1}(\tilde{t}_0)\| \leqq M$$

für alle $t \geqq \tilde{t}_0$ und $t_0 \leqq \tilde{t}_0$ beliebig,

c) genau dann asymptotisch stabil, wenn

$$\lim_{t\to\infty} \|\mathbf{X}(t)\| = 0.$$

Beweis.

Für eine Lösung $\mathbf{x}$ von (12.2) mit $\mathbf{x}(t_0) = \mathbf{x}_0$ gilt

$$\mathbf{x}(t) = \mathbf{X}(t)\,\mathbf{X}^{-1}(t_0)\,\mathbf{x}_0.$$

a) Aus $\|\mathbf{X}(t)\| \leqq M$ für $t \geqq t_0$ folgt

$$\|\mathbf{x}(t)\| \leqq Mp^2\, \|\mathbf{X}^{-1}(t_0)\|\, \|\mathbf{x}_0\|,$$

und mit $\delta = \epsilon\,(Mp^2\, \|\mathbf{X}^{-1}(t_0)\|)^{-1}$ folgt Stabilität von $\mathbf{y} = \mathbf{0}$.

Ist die Null-Lösung jedoch stabil, so sind alle Lösungen $\mathbf{x}$ mit $\mathbf{x}(t_0) = \mathbf{x}_0$ und $\|\mathbf{x}_0\| \leqq \delta$ beschränkt.

Dann ist aber wegen der Linearität von (12.2) jede Lösung beschränkt, daher auch jedes Element von $\mathbf{X}(t)$ und somit $\|\mathbf{X}(t)\|$.

b) Ist $\mathbf{y} = \mathbf{0}$ gleichmäßig stabil, so folgt genauso

$$\|\mathbf{X}(t)\,\mathbf{X}^{-1}(\tilde{t}_0)\,\tilde{\mathbf{x}}_0\| < 1$$

für $\|\tilde{x}_0\| < \delta$ unabhängig von t und $\tilde{t}_0$, oder für die Standard-Einheitsvektoren

$$\|\mathbf{X}(t)\,\mathbf{X}^{-1}(\tilde{t}_0)\,\mathbf{e}_j\| < 1/\delta, \; j = 1, \ldots, p,$$

und das bedeutet

$$\|\mathbf{X}(t)\,\mathbf{X}^{-1}(\tilde{t}_0)\| < 1/\delta.$$

Die Normbedingung aus b) ist natürlich auch hinreichend für gleichmäßige Stabilität.

c) Der Beweis geht analog zu dem von a). ∎

Aus asymptotischer Stabilität folgt hier übrigens auch Stabilität. Der folgende Satz gibt ein Kriterium für strikte Stabilität von $\mathbf{y} = \mathbf{0}$.

12.3 **Satz.**

Gegeben sei das System (12.2), und $\lambda(t)$ sei der größte Eigenwert der Matrix $\mathbf{A}(t) + \mathbf{A}^T(t)$. Gilt dann

$$\lim_{t \to \infty} \int_{t_0}^{t} \lambda(u)\,du = -\infty,$$

so strebt jede Lösung $\mathbf{x}$ von (12.2), die auf I definiert ist, gegen Null.

Beweis.

Wir differenzieren das Skalarprodukt $(\mathbf{x}, \mathbf{x})$:

$$\frac{d}{dt}(\mathbf{x}, \mathbf{x}) = (\dot{\mathbf{x}}, \mathbf{x}) + (\mathbf{x}, \dot{\mathbf{x}}) = (\mathbf{A}\mathbf{x}, \mathbf{x}) + (\mathbf{x}, \mathbf{A}\mathbf{x}) =$$
$$= (\mathbf{x}, (\mathbf{A}^T + \mathbf{A})\,\mathbf{x}) \leqq \lambda(t)\,(\mathbf{x}, \mathbf{x}),$$

woraus nach Integration

$$(\mathbf{x}, \mathbf{x}) \leqq (\mathbf{x}_0, \mathbf{x}_0) \exp\left(\int_{t_0}^{t} \lambda(u)\,du\right) \to 0, \quad t \to \infty$$

folgt. ∎

Wir wollen nun unsere Ergebnisse auf den Fall des linearen autonomen Systems mit konstanten Koeffizienten anwenden:

$$\dot{\mathbf{x}} = \mathbf{A}\mathbf{x}, \quad \mathbf{A} \text{ konstante } p \times p \text{ Matrix.} \tag{12.3}$$

In Satz 10.6 haben wir bereits eine Fundamentalmatrix bestimmt:

$$\mathbf{X}(t) = e^{\mathbf{A}t},$$

und man erhält sogleich

$$\mathbf{X}^{-1}(t_0) = \exp(-\mathbf{A}t_0)$$

$$\mathbf{X}(t)\,\mathbf{X}^{-1}(t_0) = \exp(\mathbf{A}(t - t_0)).$$

Nach Beispiel 10.12 Nr. 1 gibt es zu

$$\sigma > \max\{\operatorname{Re}\lambda_j \mid j = 1, \ldots, r\} \tag{12.4}$$

ein $M > 0$ mit

$$\|\exp(\mathbf{A}(t - t_0))\| \leqq M \exp(\sigma(t - t_0)), \quad \text{für alle } t \geqq t_0.$$

Existiert unter den Eigenwerten λ_j der Matrix **A** einer mit positivem Realteil oder ein rein imaginärer (einschließlich der Null), bei dem ein zugehöriges Jordankästchen aus (10.20) mehr als ein Element hat, so bleibt mindestens eine Lösung unbeschränkt.
Aus diesen Überlegungen ergibt sich

12.4 **Satz.**

Gegeben sei das System (12.3) $\dot{\mathbf{x}} = \mathbf{A}\mathbf{x}$ mit konstanter Matrix.
Dann ist die Null-Lösung

a) gleichmäßig stabil und asymptotisch stabil genau dann, wenn alle Realteile der Eigenwerte von **A** kleiner als Null sind,
b) gleichmäßig stabil genau dann, wenn kein Eigenwert positiven Realteil hat und bei verschwindendem Realteil kein zugehöriges Jordankästchen aus (10.20) mehr als ein Element besitzt,
c) in allen anderen Fällen instabil.

Wir weisen hier noch auf ein wichtiges Kriterium von *Routh* und *Hurwitz* hin; das den Zusammenhang zwischen den Koeffizienten des charakteristischen Polynoms $\det(\lambda\mathbf{E} - \mathbf{A})$ und der Lage seiner Nullstellen und damit der Eigenwerte von **A** herstellt.

12.5 **Lemma.** (Strikte Stabilität)

Das Polynom

$$\lambda^p + a_1\lambda^{p-1} + \ldots + a_{p-1}\lambda + a_p$$

hat genau dann nur Nullstellen mit negativem Realteil, wenn alle Hauptunterdeterminanten der folgenden $p \times p$ Matrix positiv sind:

$$\begin{pmatrix} a_1 & a_3 & a_5 & \ldots & 0 & 0 \\ 1 & a_2 & a_4 & \ldots & & 0 \\ 0 & a_1 & a_3 & a_5 \;\ldots & & 0 \\ 0 & 1 & a_2 & a_4 \;\ldots & & 0 \\ \vdots & \vdots & \vdots & \vdots \;\vdots & & \vdots \\ 0 & 0 & 0 & 0 & a_{p-2} & a_p \end{pmatrix}.$$

12.6 Beispiel.

Bei dem Stabilitätsverhalten der Lösung $\binom{x}{y} = \binom{0}{0}$ des bereits in den Kapiteln 6 und 10 ausführlich behandelten autonomen Systems

$$\dot{x} = ax + by$$
$$\dot{y} = cx + dy$$

kommt es also entscheidend auf die Lage der Eigenwerte der (reellen) Matrix $\mathbf{A} = \begin{pmatrix} a & b \\ c & d \end{pmatrix}$ an.

Wegen

$$\det(\lambda \mathbf{E} - \mathbf{A}) = \lambda^2 - (a + d)\lambda + \det \mathbf{A} = (\lambda - \lambda_1)(\lambda - \lambda_2)$$

gilt

$$\lambda_1 + \lambda_2 = a + d, \quad \lambda_1 \lambda_2 = \det \mathbf{A} =: \Delta.$$

Strikt stabil ist die Null-Lösung genau dann, wenn $a + d < 0$ und $\Delta > 0$ gilt. Gleichmäßige Stabilität liegt vor bei $a + d = 0$ und $\Delta > 0$ oder bei $a + d < 0$ und $\Delta = 0$.
Ist $a + d = 0$ und $\Delta = 0$, so kann Stabilität $(a = b = c = d = 0)$ oder aber Instabilität $(a = c = d = 0,\ b = 1)$ vorliegen.
Gilt jedoch $a + d > 0$ oder $\Delta < 0$, so hat man Instabilität der Null-Lösung.
Damit ist dem Verhalten des isolierten singulären Punktes $\mathbf{0}$ $(\Delta \neq 0)$ als Knoten, Sattel-, Spiral- oder Wirbelpunkt das Stabilitätskonzept zur Seite gestellt.

□

12.3 Gestörte lineare Systeme

Geht man von dem autonomen System

$$\dot{x} = h(x, y)$$
$$\dot{y} = g(x, y), \quad h(0, 0) = g(0, 0) = 0$$

h und g stetig partiell differenzierbar nach x und y in einer Umgebung des Nullpunktes $U(\mathbf{0}, R)$

aus, dann gilt

$$\dot{x} = h_x(0, 0)\, x + h_y(0, 0)\, y + \tilde{h}(x, y)$$
$$\dot{y} = g_x(0, 0)\, x + g_y(0, 0)\, y + \tilde{g}(x, y)$$

und

$$\frac{\tilde{h}}{r} \to 0, \ \frac{\tilde{g}}{r} \to 0 \ \text{ für } \ r = \sqrt{x^2 + y^2} \to 0, \ \tilde{h}, \tilde{g} \text{ stetig in } U(\mathbf{0}, R)\,.$$

Sei weiter

$$a := h_x(0, 0), \ b := h_y(0, 0), \ c := g_x(0, 0) \ \text{ und } \ d := g_y(0, 0).$$

Dann ist man auf ein Problem der Form

$$\dot{\mathbf{x}} = \mathbf{A}\mathbf{x} + \mathbf{f}(\mathbf{x}), \ \frac{\mathbf{f}(\mathbf{x})}{\|\mathbf{x}\|} \to \mathbf{0}, \ \ \mathbf{x} \to \mathbf{0} \tag{12.5}$$

mit $\mathbf{f} = \binom{\tilde{h}}{\tilde{g}}$ gestoßen, wobei zum linearen System noch der Störterm **f** gekommen ist, der in einer Umgebung von **0** stetig ist. Gilt det $\mathbf{A} \neq 0$, so bleibt der Nullpunkt isolierte Singularität, es stellt sich jedoch die Frage, ob sich die Natur des stationären Punktes oder sein Stabilitätsverhalten beim Übergang vom linearen zum nicht-linearen System ändert.

In Beispiel 6.6 Nr. 8 waren $\tilde{h}$ und $\tilde{g}$ Polynome, und Verlauf wie Stabilitätscharakter der Lösungen in der Nähe der Gleichgewichtspunkte wurden durch das verkürzte lineare System bestimmt. Im Gegensatz dazu steht jedoch das Resultat der Aufgabe 1 aus Kapitel 6: Das System

$$\dot{x} = -x - y/\ln r$$
$$\dot{y} = -y + x/\ln r, \quad r < 1$$

erfüllt unsere Voraussetzungen. Nach Einführung von Polarkoordinaten $x = r\cos\Phi$ und $y = y = r\sin\Phi$ erhält man

$$\dot{r} = -r, \quad \dot{\Phi} = 1/\ln r \quad \text{und} \quad \frac{d\Phi}{dr} = -\frac{1}{r\ln r}.$$

Es ist

$$\Phi = c - \ln|\ln r|$$

oder

$$\ln r = c_1 e^{-\Phi}, \quad c_1 < 0,$$

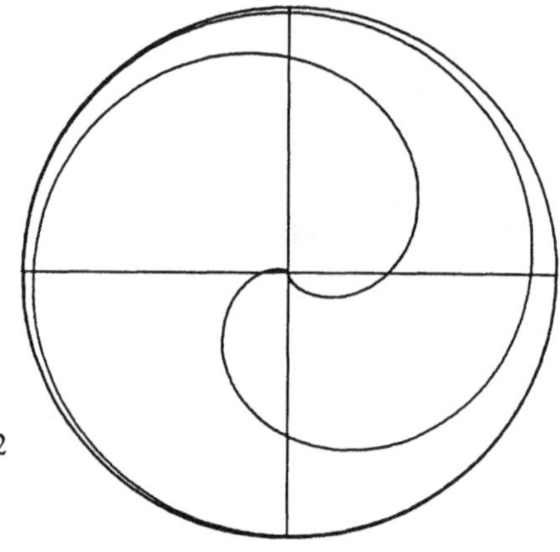

Bild 12.2

und aus dem strikt stabilen Knotenpunkt des verkürzten linearen Systems $\dot{x} = -x$, $\dot{y} = -y$ ist ein strikt stabiler Spiralpunkt geworden. Dazu muß eigentlich noch bemerkt werden, daß sich die anschaulichen Begriffe Knoten, Spiralpunkt, Sattelpunkt und Wirbel auch beim gestörten System (12.5) definieren und verwenden lassen. Betrachtet man eine beliebige Trajektorie, die für $t = t_0$ in der Nähe des Nullpunktes startet, und läuft sie für $t \to \infty$ ($t \to -\infty$) unter einer festen Richtung gegen **0**, so spricht man von einem Knoten, nähert sie sich ihm, indem sie sich unendlich oft um ihn herumwindet, von einem Spiralpunkt; gibt es eine Folge sich auf den Nullpunkt zusammenziehender geschlossener Bahnkurven, so von einem Wirbel, meiden die Trajektorien bis auf Ausnahmekurven **0**, so von einem Sattelpunkt.

Während die Voraussetzung aus (12.5) an die Störfunktion **f** noch verschärft werden muß, um den Charakter des stationären Punktes **0** zu erhalten (vgl. Beispiel 6.6 Nr. 6), zeigt der nachfolgende Satz 12.7, daß sich die strikte Stabilität vom linearen System auf das gestörte (12.5) überträgt.

12.7 **Satz.**

Gegeben sei das System

$$\dot{\mathbf{x}}(t) = \mathbf{A}\mathbf{x}(t) + \mathbf{f}(t, \mathbf{x}(t)). \tag{12.6}$$

Dabei habe $\mathbf{A}$ nur Eigenwerte λ_j mit negativem Realteil, und es gelte

$$\max\{\operatorname{Re}\lambda_j \mid j = 1, \ldots, r\} =: \eta < 0.$$

Weiter sei $\mathbf{f}$ stetig in $[t_0, \infty) \times U(\mathbf{0}, R)$, und es gelte

$$\frac{\mathbf{f}(t, \mathbf{x})}{\|\mathbf{x}\|} \to \mathbf{0} \text{ für } \mathbf{x} \to \mathbf{0} \text{ gleichmäßig für } t \geqq t_0 \geqq 0.$$

Dann ist die Null-Lösung strikt stabil.

Beweis.

Eine Lösung $\mathbf{x}$ von (12.6), die dicht bei Null beginnt, existiert rechts von t_0 und kann solange fortgesetzt werden, wie $\|\mathbf{x}\|$ klein bleibt. Mit der Methode der Variation der Konstanten erhält man unter Benutzung der Dreiecksungleichung

$$\|\mathbf{x}(t)\| \leqq \|\exp(\mathbf{A}(t - t_0))\,\mathbf{x}(t_0)\| + \int_{t_0}^{t} \|e^{\mathbf{A}(t-u)}\,\mathbf{f}(u, \mathbf{x}(u))\|\,du,$$

und wegen (12.4)

$$\|\exp(\mathbf{A}(t-u))\| \leqq M\exp(-\sigma(t-u)), \quad 0 < \sigma < \eta, \quad t \geqq u,$$

folgt

$$\begin{aligned}\|\mathbf{x}(t)\| &\leqq pM\exp(-\sigma(t - t_0))\,\|\mathbf{x}(t_0)\| \\ &\quad + pM\int_{t_0}^{t} \exp(-\sigma(t-u))\,\|\mathbf{f}(u, \mathbf{x}(u)\|\,du.\end{aligned}$$

Nach Voraussetzung gibt es zu $\sigma > \epsilon > 0$ ein $\delta > 0$, so daß für

$\|\mathbf{x}\| \leqq \delta$ dann unabhängig von t

$\|\mathbf{f}(t, \mathbf{x})\| \leqq \epsilon\|\mathbf{x}\|/(pM)$

gilt. Daraus resultiert die Abschätzung

$$\|\exp(\sigma(t - t_0))\,\mathbf{x}(t)\| \leqq pM\,\|\mathbf{x}(t_0)\| + \epsilon\int_{t_0}^{t} \exp(\sigma(u - t_0))\,\|\mathbf{x}(u)\|\,du.$$

Wie im Beweis zu Satz 3.11 bedeutet das

$$\|\exp(\sigma(t - t_0))\,\mathbf{x}(t)\| \leqq pM\,\|\mathbf{x}(t_0)\|\,\exp(\epsilon(t - t_0))$$

oder

$$\|\mathbf{x}(t)\| \leqq pM\,\|\mathbf{x}(t_0)\|\,\exp((\epsilon - \sigma)(t - t_0)). \tag{12.7}$$

Wird nur

$$\|\mathbf{x}(t_0)\| \leqq \delta/(pM)$$

gewählt, so gilt (12.7) für alle $t \geqq t_0$, da $\|\mathbf{x}(t)\| \leqq \delta$ bleibt. ■

Mit Hilfe von (12.7) folgt:
Es gilt

$$\overline{\lim_{t \to \infty}} \ln \|\mathbf{x}(t)\|/t \leqq \eta ,$$

für jede Lösung von (12.6), die mit $t \to \infty$ gegen Null strebt.

Man kann weiter zeigen, daß die Null-Lösung instabil ist, wenn nur ein Eigenwert von **A** positiven Realteil hat [C-L, S. 317].

Eine Verallgemeinerung der Sätze 12.2 und 12.7 ist das folgende Resultat, das wir nicht ausführlich beweisen wollen.

12.8 **Satz.**

Gegeben sei das System

$$\dot{\mathbf{x}} = \mathbf{A}(t)\,\mathbf{x} + \mathbf{f}(t, \mathbf{x}), \quad \mathbf{f} \text{ stetig in } (t_0, \infty) \times U(\mathbf{0}, R), \tag{12.8}$$

und es gelte dort

$$\|\mathbf{f}(t, \mathbf{x})\| \leqq g(t)\, \|\mathbf{x}\|, \quad g \text{ positiv und stetig}, \quad \int_{t_0}^{\infty} g(u)\, du < \infty.$$

Ist dann die Null-Lösung vom verkürzten System (12.2) $\dot{\mathbf{x}} = \mathbf{A}(t)\,\mathbf{x}$ gleichmäßig stabil, so auch die von (12.8), ist sie darüber hinaus noch asymptotisch stabil, so ist auch die Null-Lösung von (12.8) asymptotisch stabil.

Der Beweis benutzt die Integralgleichungsdarstellung einer Lösung **x** von (12.8)

$$\mathbf{x}(t) = \mathbf{X}(t)\,\mathbf{X}^{-1}(\tilde{t}_0)\,\mathbf{x}(\tilde{t}_0) + \int_{\tilde{t}_0}^{t} \mathbf{X}(t)\,\mathbf{X}^{-1}(u)\,\mathbf{f}(u, \mathbf{x}(u))\, du.$$

Dabei ist $\mathbf{X}(t)$ eine Fundamentalmatrix des verkürzten Systems

$$\dot{\mathbf{x}} = \mathbf{A}(t)\,\mathbf{x}.$$

Es folgt nach Satz 12.2 wie im Beweis zu Satz 12.7

$$\begin{aligned} \|\mathbf{x}(t)\| &\leqq pM\, \|\mathbf{x}(\tilde{t}_0)\| + pM \int_{\tilde{t}_0}^{t} \|\mathbf{f}(u, \mathbf{x}(u))\|\, du \\ &\leqq pM\, \|\mathbf{x}(\tilde{t}_0)\| + pM \int_{\tilde{t}_0}^{t} g(u)\, \|\mathbf{x}(u)\|\, du \end{aligned}$$

und wie in Satz 3.11

$$\|x(t)\| \leqq pM \, \|x(\tilde{t}_0)\| \, \exp\left(\int_{\tilde{t}_0}^{t} pMg(u)\,du\right).$$

■

Das folgende Beispiel soll noch einmal wichtige Begriffe aus den vorangegangenen Kapiteln wie „nicht-lineare Differentialgleichung", „autonomes System", „Bahnkurven in der Phasenebene" und „globale Stabilität in Gleichgewichtspunkten" aufnehmen und erläutern.

12.9 **Beispiel.**

Ein Phase-Locked Loop ist ein Regelsystem, das einen Oszillator in Frequenz und Phase mit einem vorgegebenen Signal synchronisieren soll. Derartige Regelkreise kommen in vielen elektrischen Geräten vor, wie zum Beispiel im Fernseher zur Regelung des Vertikalablenksignals oder im Stereodekoder eines Radiogerätes.

Wenn zwischen den Signalen eine Phasenverschiebung auftritt, z.B. durch eine Frequenzänderung am Eingang, so versucht der Oszillator, die Phasenverschiebung durch Nachregelung zu stabilisieren, was unter gewissen Umständen immer gelingt.

Die Differentialgleichung des PLL (Phase-Locked Loop) (Bild 12.3)

$$\dot{\phi} + K_p K_0 \, F\left(\frac{d}{dt}\right) g(\phi) = \dot{\phi}_1 , \qquad (12.9)$$

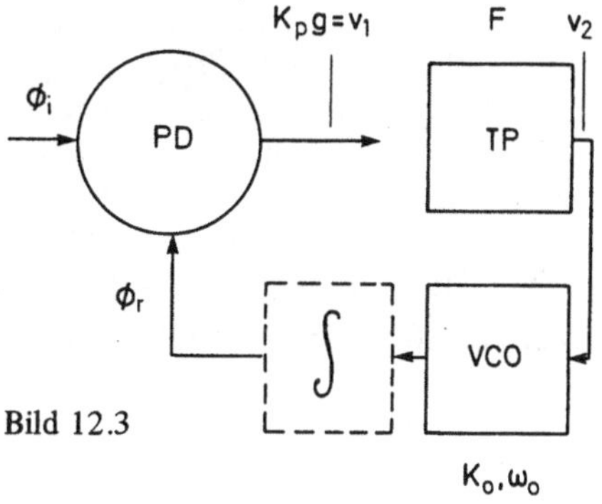

Bild 12.3

wobei

$\phi = \phi_i - \phi_r$ Phasenfehler; K_p, K_0 Verstärkungsfaktoren des Phasendetektors PD und des VCO (Voltage Controlled Oscillator); F Übertragungsfunktion des Tiefpasses TP; $\dot{\phi}_1$ Frequenzänderung am Eingang, $\phi_1 = \phi_i - \omega_0 t$; f_0 Zentralfrequenz des VCO,

soll von uns nun im Blick auf die bekannte Literatur für den Fall des PLL zweiter Ordnung

$$F(p) = \frac{1 + \tau_2 p}{\delta + \tau p}, \quad \tau_1 = (R_1 + R_2)\,C, \quad \tau_2 = R_2 C, \quad \tau = \tau_1 + (\delta - 1)\,\tau_2$$

$\delta = 0$ aktives, $\delta = 1$ passives Filter 1. Ordnung

mit der Charakteristik g des PD, g stetig, 2π-periodisch, ungerade, $g' > 0$ auf $(-\Phi_M, \Phi_M)$, $g' < 0$ auf $(\Phi_M, 2\pi - \Phi_M)$, $g(\Phi_M) = 1$ ausgiebig untersucht werden.

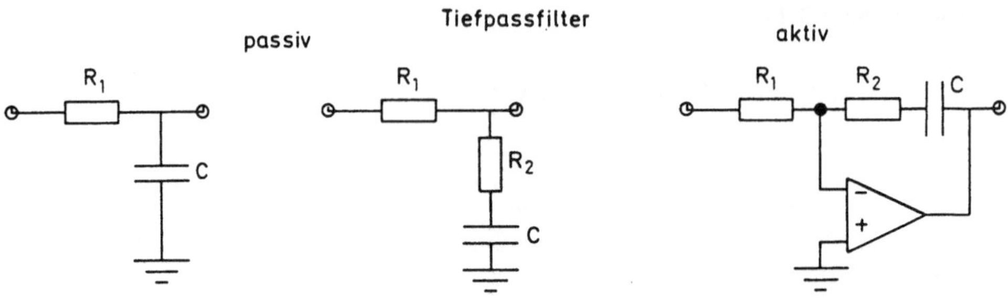

Bild 12.4

Dabei steht das Einrastverhalten des PLL für Frequenzsprünge am Eingang

$$\dot{\phi}_1 = \Delta\Omega, \quad t > 0,$$

oder im Falle des aktiven Filters ($\delta = 0$) für eine rampenförmige Frequenzmodulation (Parameter $r = 1$ gesetzt)

$$\dot{\phi}_1 = \Delta\dot{\Omega}\, t, \quad t > 0,$$

im Vordergrund. Es werden kritische Frequenzgrößen wie Haltefrequenz f_H, Pull-in Frequenz f_{PI}, Pull-out Frequenz f_{PO}, Fangfrequenz f_L (relativ zu f_0) und die kritische Frequenzrampe $\Delta\dot{\Omega}_C$ eingeführt. Überraschenderweise findet sich bis heute gerade auch in der deutschsprachigen Literatur [B6] keine einheitliche Definition dieser Größen, die zugleich mathematisch fundiert wie auch den Anforderungen des Anwenders angemessen ist mit handhabbaren Näherungsformeln zu ihrer Berechnung und deren Geltungsbereich. Das soll nun diskutiert werden.
Dazu transformieren wir (12.9) in

$$y'' + \left(A\delta + \frac{F}{A} g'(y)\right) y' + g(y) = y_1'' + A\,\delta y_1' \tag{12.10}$$

$K_p K_0 = \omega_H$ Haltefrequenz, $\Omega_n = \sqrt{\omega_H/\tau}$ Resonanzfrequenz, $x = \Omega_n t$, $y(x) = \phi(x/\Omega_n)$, $A = \Omega_n/\omega_H$ Fangbereichskonstante und $F := F(\infty) = \tau_2/\tau$.
Setzt man

$$B = \Delta\Omega/\omega_H \quad (r = 0), \quad B = \Delta\dot{\Omega}/\Omega_n^2 \ (\delta = 0, \ r = 1 \ \text{Rampe}),$$

so ist (12.10) mit $y' = z$ einem autonomen System äquivalent, das nur für $|B| \leqq 1$ stationäre Punkte hat, eine notwendige Bedingung für das Einrasten des PLL.
Kürzer schreibt man dann [B-B]

$$z\frac{dz}{dy} = -\left(A\delta + \frac{F}{A} g'(y)\right) z + (\delta + r)\, B - g(y) \tag{12.11}$$

und untersucht nunmehr diese Differentialgleichung 1. Ordnung, deren Lösung die Trajektorien in der Phasenebene sind.

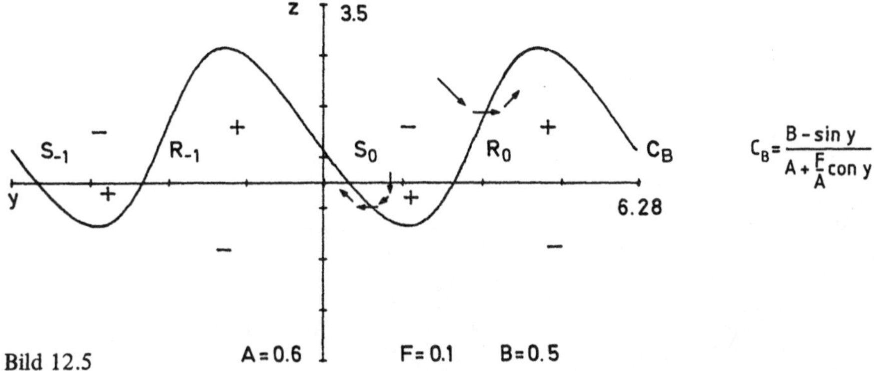

Bild 12.5

Wegen der Periodizität von g hat die Gleichung für $B < 1$ (O.B.d.A. $B \geqq 0$) abwechselnd stabile und instabile Gleichgewichtspunkte

$$S_k = (\Phi_S + 2\pi k, 0), \quad 0 \leqq \Phi_S = g^{-1}(B(\delta + r)) < \Phi_M, \text{ Spiralpunkt}$$

$$R_k = (\Phi_{IS} + 2\pi k, 0), \Phi_M < \Phi_{IS} = g^{-1}(B(\delta + r)) \leqq 2\pi - \Phi_M, \text{ Sattelpunkt.}$$

(12.11) hat keine geschlossenen Trajektorien, wie man mit Hilfe der Lyapunovfunktion (vgl. Abschnitt 12.4 weiter hinten)

$$L(z, y) = \left(z - \frac{F}{A}(B(\delta + r) - g)\right)^2 / 2 + \int_{\Phi_S}^{y} (g - B(\delta + r))\, du$$

zeigt.

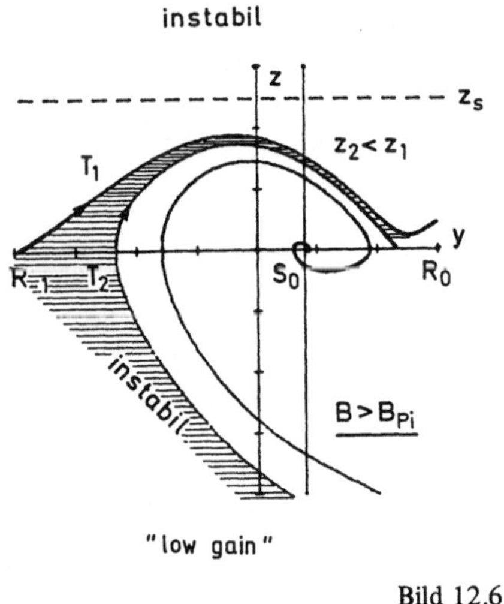

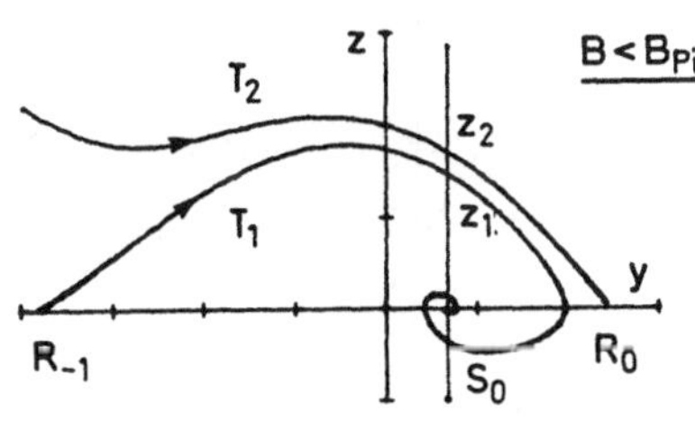

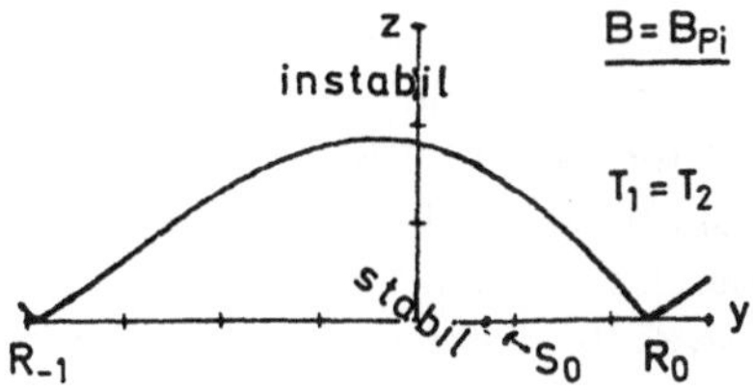

Bild 12.6

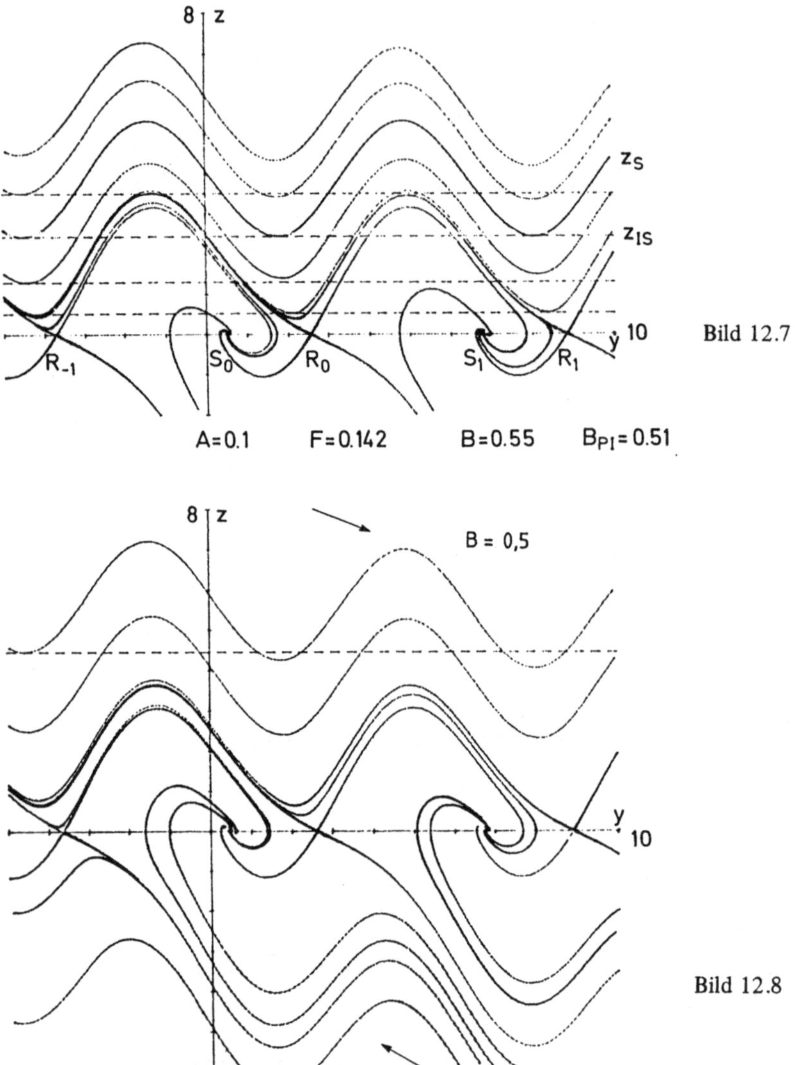

Bild 12.7

Bild 12.8

Es existiert ferner ein eindeutig bestimmter Parameterpunkt B_C, für den eine Sattelcharakteristik, die die Sattelpunkte R_k und R_{k+1} in $z > 0$ verbindet, auftritt ($\delta + r = 1$), sowie ein eindeutig bestimmter Wert $B_{PI} \leqq B_C$, $B_{PI} = f_{PI}/f_H$, so daß (12.11) für $B < B_{PI}$ K-Struktur hat (alle Trajektorien enden in stationären Punkten – der PLL rastet immer ein, unabhängig von den Anfangswerten $y\,(0)$, $y'\,(0\,+)$). Es ist $B_{PI} = 0$ für $r = 1$ und $B_{PI} = 1$ für $\delta = 0$, $r = 0$. Im Falle $B_{PI} < B < 1$ und des Frequenzsprunges ($r = 0$) existiert eine stabile periodische Lösung $z_S > 0$, die sich für wachsendes B gegen Unendlich verlagert, der PLL rastet nur bedingt ein, für $B_{PI} \leqq B < B_C$ existiert eine instabile periodische Lösung $0 < z_{IS} < z_S$, die für $B \uparrow B_C$ zur y-Achse herabsinkt, Sattelcharakteristik wird und dann verschwindet.

Nur für Trajektorien, die unterhalb von z_{IS} verlaufen, rastet der PLL ein. Nimmt man $B_C < B \uparrow 1$ an, so werden die Bereiche, für die der PLL nicht einrastet, auch in der Halb-Halbebene $z < 0$ immer größer. Für $r = 1$ gibt es genau eine (instabile) periodische Lösung z_{IS}, und zwar in $0 < B < B_C$.

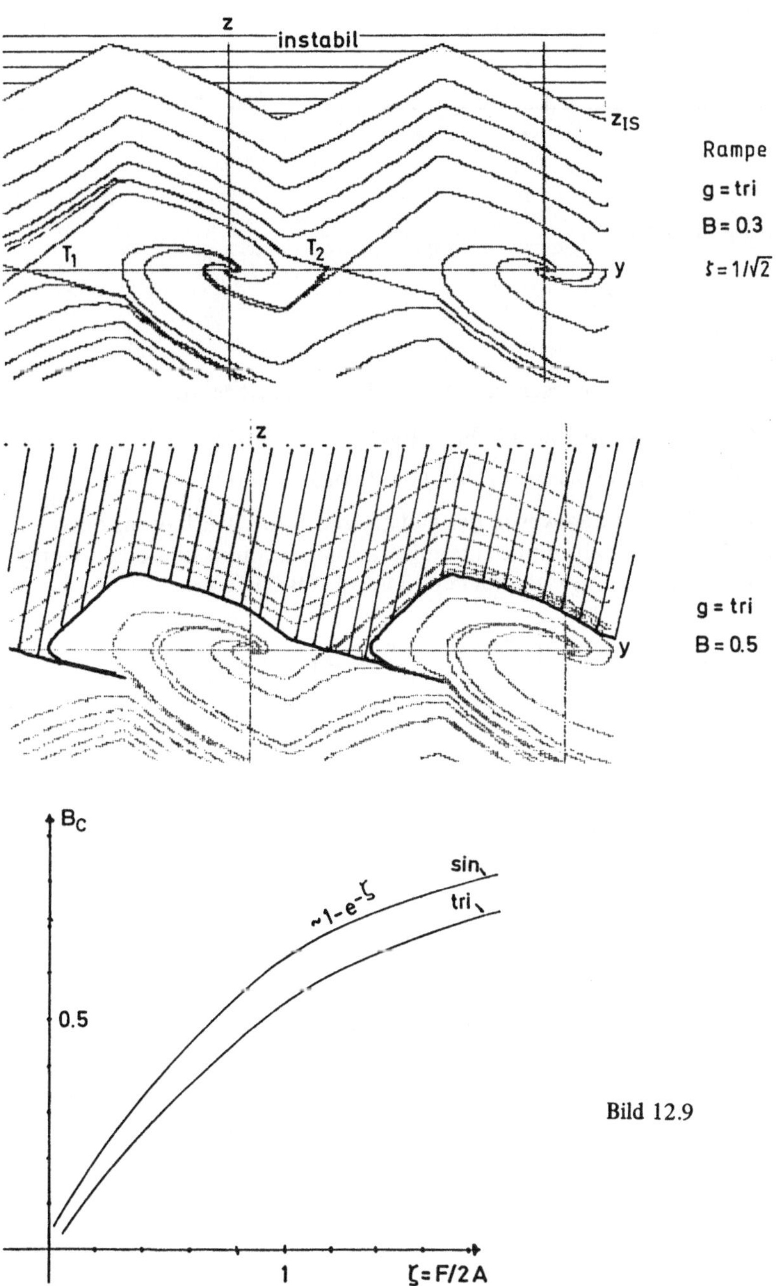

Bild 12.9

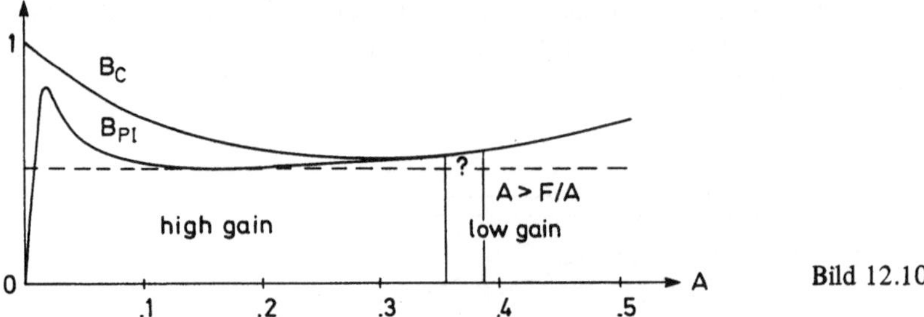

Bild 12.10

Der PLL heißt „low gain loop" für

$$A\delta + \frac{F}{A} g'(\Phi_{IS}) \geqq 0, \quad B = B_C,$$

sonst „high gain loop".

Für den Anwender ist folgende eingeschränkte Definition hinreichend:

$0.2 \leqq A \leqq 0.8, \; A \geqq F/A$ „low gain" ($B_C = B_{PI}$)

$A < 0.2, \; A \ll F/A \; (1 \leqq F/A)$ „high gain" ($B_{PI} < B_C$).

Wir behandeln in der Folge nur den wegen des günstigeren Rauschverhaltens bevorzugten „high gain" PLL und erhalten mit einem Iterationsverfahren und einer asymptotischen Potenzreihenentwicklung entsprechend (12.11) [B-L1]

$$z_n(y) = \frac{C}{A} - \left(A\,\delta y + \frac{F}{A} g(y)\right) + \int_0^y \frac{B(\delta + r) - g(u)}{z_{n-2}(u)}\,du$$

schließlich

$$f_{PI}/f_H \cong \sqrt{4\langle g^2\rangle\, F(1 - 2A_1 + B_1)} \quad (\delta = 1)$$

$$A_1 = F + \frac{A^2\langle G\rangle}{F\langle g^2\rangle}, \quad B_1 = \frac{F\langle g^4\rangle}{\langle g^2\rangle^2} + \frac{A^2}{F\langle g^2\rangle^2}(\langle gG_2\rangle + 2\langle g^2G\rangle)$$

$$\langle f\rangle = \frac{1}{2\pi}\int_0^{2\pi} f\,du, \quad G(y) = \int_0^y g\,du, \quad G_2(y) = \int_0^y (g^2 - \langle g^2\rangle)\,du\,,$$

eine Verbesserung des Resultats von Mengali [L-S1].

Die Pull-out Frequenz begrenzt den Frequenzsprung Δf, für den der PLL ohne „cycle slip" ($|\phi(\infty) - \phi(0)| < 2\pi$) wieder einrastet, wenn er eingerastet auf f_0 („high gain") bzw. auf der Nachbarfrequenz f mit $|f - f_0| < f_{PO}$ („low gain") startet.

Für den „high gain" PLL gilt näherungsweise

$$f_{PO}/f_H \cong \frac{F - A^2\delta/g'(0)}{2} + \sqrt{2G(\pi)A^2 + \left(\frac{F - A^2\delta/g'(0)}{2}\right)^2}.$$

Dies erscheint angemessener als das Ergebnis von Viterbi [G6]

$$B_{PO} \cong 1.8\, A\,(1+\zeta),\ \zeta = \left(A\delta + \frac{F}{A}\, g'(0)\right)/2,$$

da es den Grenzfall $\delta = 0$, $F \to 0$ enthält.

Unter der Fangfrequenz f_L verstehen wir den maximalen Frequenzsprung (Supremum), für den der PLL ohne cycle slip wieder einrastet. Dabei sei er zur Zeit $t = 0$ entweder ein- oder ausgerastet, d.h. für die Anfangsbedingungen gilt:

$\phi(0) = y(0)$ beliebig

$|y'(0+)| = |(\Delta\Omega - K_0 v_2(0))/\Omega_n| \leqq (B + CI)/A,$

CI maximale Startauslenkung:

$CI = 1$ „low gain" – $CI = F + A^2\delta$ „high gain".

Eine Näherungsformel für den high gain Fall lautet:

$$\frac{f_L}{f_H} \cong \frac{(B_{PO} - F - CI)/A^2 + (2\pi - \Phi_M)\,(\delta + F\langle g^2\rangle/B_{PO}^2) - G(\Phi_M)/B_{PO} - FG_2(\Phi_M)/B_{PO}^2}{1/A^2 + \delta\,(2\pi - \Phi_M)/B_{PO} - F\,\delta G(\Phi_M)/B_{PO}^2}$$

oder kürzer für den PD mit sinusoidaler oder triangulärer Charakteristik g ($\langle g^2\rangle = 1/2\ (1/3)$, $\langle g^4\rangle = 3/8\ (1/5)$, $G_2(\pi/2) = 0$)

$$B_L \cong B_{PO} - F - CI + \frac{3\pi}{2} A^2\delta.$$

Eine gute Näherungsformel für B_C ($r = 1$, $\delta = 0$, Rampe, $g = \sin$) ist

$$B_C \cong 1 - e^{-\zeta}.$$

Mit einem einfachen Basic-Programm für den Tischrechner werden die kritischen Frequenzgrößen in Abhängigkeit von A, F und g berechnet, ebenso wie die Eindrehzeit

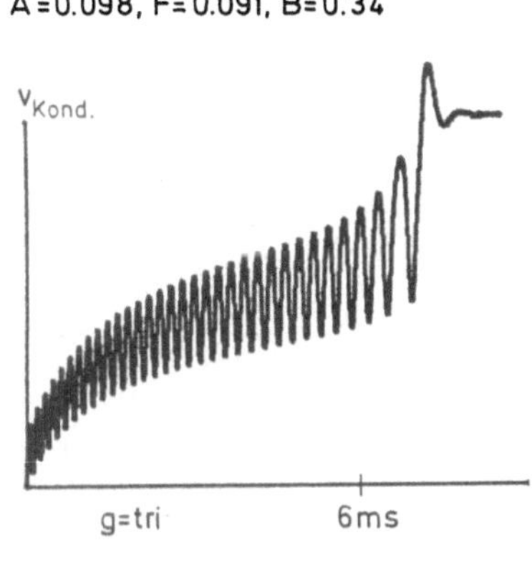

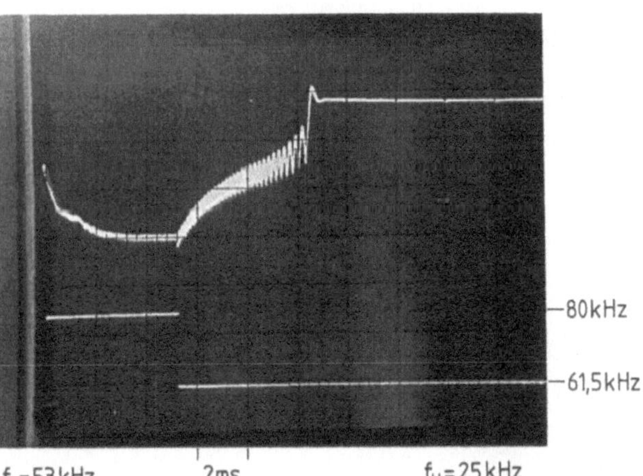

Bild 12.11

und die Anzahl der cycle slips, und mit den Näherungsfunktionen verglichen. Dabei lassen sich Phasen- und Frequenzfehler sowie die Trajektorien in der Phasenebene auf einem Drucker oder Plotter zusätzlich sichtbar machen, wie die beigefügten Bilder zur Veranschaulichung der theoretischen Definitionen und Ergebnisse zeigen.

12.4 Die Methode von Lyapunov für nicht-lineare autonome Systeme

Wir haben bereits gesehen, daß es nur in den wenigsten Fällen möglich ist, die Lösungen eines nicht linearen autonomen Systems

$$\dot{\mathbf{x}} = \mathbf{f}(\mathbf{x}),\ \mathbf{f}(\mathbf{0}) = \mathbf{0},\ \mathbf{f} \in C(U(\mathbf{0}, r))^p \tag{12.12}$$

in geschlossener Form anzugeben. Daher sind qualitative Aussagen über den Verlauf der Trajektorien unbedingt erforderlich, und wir wollen die Lyapunov-Methode kennenlernen, um zu Stabilitätsaussagen zu gelangen.

Da ein mechanisches System sich auf einen stabilen Zustand hinbewegt, wenn die Summe E aus kinetischer und potentieller Energie abnimmt, und der stabile Zustand erreicht ist, wenn E = 0 gilt, wird eine verallgemeinerte Potentialfunktion V konstruiert mit

$$V \in C^1(U(\mathbf{0}, r)),\ V(\mathbf{0}) = 0,\ V(\mathbf{x}) > 0 \text{ für } \mathbf{x} \neq \mathbf{0}\,. \tag{12.13}$$

V heißt dann positiv definit.

Man definiert dann:

12.10 **Definition.**

Ist V positiv definit über $U(\mathbf{0}, r)$, und gilt längs einer Trajektorie des Systems $\dot{\mathbf{x}} = \mathbf{f}(\mathbf{x})$

$$\dot{V}(t) = \frac{d}{dt} V(\mathbf{x}(t)) = (\operatorname{grd} V, \dot{\mathbf{x}}) = (\operatorname{grd} V, \mathbf{f}(\mathbf{x})) \leqq 0,$$

dann heißt V *Lyapunov Funktion* des Systems (12.12).

Beispiel.

Gegeben sei das System

$$\dot{x} = -y + xy$$
$$\dot{y} = x - x^2.$$

Mit $V(x, y) := (x^2 + y^2)/2$ gilt (vgl. Bild 12.12)

$$\dot{V} = x(-y + xy) + y(x - x^2) = 0,$$

und V ist Lyapunov Funktion des Systems mit dem Gleichgewichtspunkt $\mathbf{0}$.

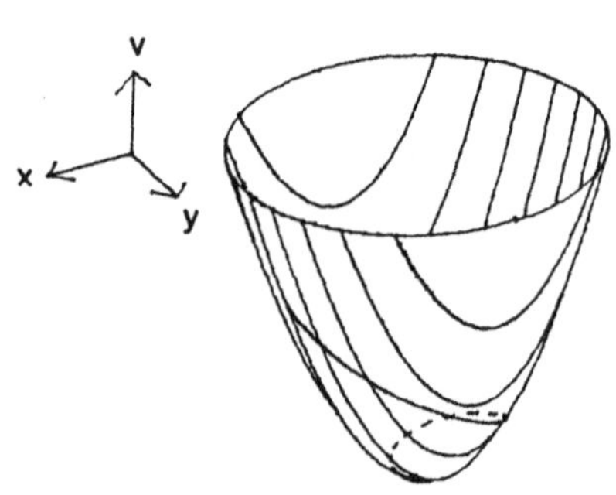

Bild 12.12 Kurve x(t)

Die Gleichung $V(x, y) = (x^2 + y^2)/2 = \epsilon/2$ beschreibt den Rand der kreisförmigen ϵ-Umgebung $U(\mathbf{0}, \epsilon)$ um den Nullpunkt.

Gilt für eine Lösungskurve $\binom{x(t)}{y(t)}$ dann $\binom{x(t_0)}{y(t_0)} \in U(\mathbf{0}, \epsilon)$, so bedeutet $\dot{V}(x(t), y(t)) = 0$, daß V konstant auf der Kurve ist, die Trajektorie verläßt nicht die Umgebung $U(\mathbf{0}, \epsilon)$, der Nullpunkt ist also stabil. □

Wir beweisen den allgemeinen Satz

12.11 **Satz.**

Existiert eine Lyapunov Funktion V für das System (12.12) $\dot{\mathbf{x}} = \mathbf{f}(\mathbf{x})$, $\mathbf{f}(\mathbf{0}) = \mathbf{0}$ in einer Umgebung $U(\mathbf{0}, r)$ des Nullpunktes, so ist der Nullpunkt gleichmäßig stabil.

Ist auch die Funktion $-(\text{grd}\, V, \mathbf{f})$ dort positiv definit, so ist der Nullpunkt zusätzlich asymptotisch stabil.

Beweis.

Ist $U(\mathbf{0}, \epsilon)$ eine ϵ-Kreisumgebung des Nullpunktes, $\epsilon < r$, und m das Minimum aller Funktionswerte von V auf dem Rand von $U(\mathbf{0}, \epsilon)$, dann ist m größer als Null. Weiter gibt es wegen $V(\mathbf{0}) = 0$ ein $\delta < \epsilon$, so daß $V(\mathbf{x}) < m$ für $\mathbf{x} \in U(\mathbf{0}, \delta)$ gilt.

Ist nun $\mathbf{x}$ eine Lösung von (12.12) mit $\mathbf{x}(t_0) \in U(\mathbf{0}, \delta)$, so gilt

$$V(\mathbf{x}(t_0)) < m,$$

und weil $\dot{V}(\mathbf{x}(t)) \leqq \mathbf{0}$ für $t \geqq t_0$ erfüllt ist, folgt auch

$$V(\mathbf{x}(t)) \leqq V(\mathbf{x}(t_0)) < m.$$

Da wir aber $V(\mathbf{x}) \geqq m$ auf dem Rand von $U(\mathbf{0}, \epsilon)$ haben, muß $\mathbf{x}$ im Inneren von $U(\mathbf{0}, \epsilon)$ verlaufen. t_0 war beliebig. Daher ist der Ursprung gleichmäßig stabil.

Sei nun die Funktion $-(\text{grd}\, V, \mathbf{f})$ positiv definit. Auf einer Trajektorie $\mathbf{x}(t)$ ist $V(\mathbf{x}(t))$ dann streng monoton fallend, und es ist noch zu zeigen

$$\lim_{t \to \infty} V(\mathbf{x}(t)) =: E = 0, \quad \text{falls } \mathbf{x}(t_0) \in U(\mathbf{0}, \delta). \quad \text{(Bild 12.12)}$$

Wäre der Grenzwert $E > 0$, so gäbe es eine Umgebung $U(\mathbf{0}, \alpha)$ mit

$$V(\mathbf{x}) < E \text{ in } U(\mathbf{0}, \alpha).$$

Sei nun m_1 der Minimalwert von $-(\text{grd}\, V, \mathbf{f})$ für $\mathbf{x} \in \overline{U}(\mathbf{0}, \epsilon) \setminus U(\mathbf{0}, \alpha)$. Dann folgt mit

$$V(\mathbf{x}(t)) - V(\mathbf{x}(t_0)) = \int_{t_0}^{t} \dot{V}\, dt \leqq -m_1(t - t_0)$$

ein Widerspruch für $t \to \infty$. ■

12.12 Bemerkung.

Sind V und (grd V, **f**) positiv definit in U(**0**, r), dann ist der Ursprung instabil.

V ist streng monoton wachsend längs einer Trajektorie mit $\mathbf{x}(t_0) = \mathbf{x}_0 \neq \mathbf{0}$, und man erhält wie im Beweis zu Satz 12.11

$$V(\mathbf{x}(t)) - V(\mathbf{x}(t_0)) \geqq m(t - t_0),$$

d.h. **x** verläßt jede vorgegebene ϵ-Umgebung.

Beispiel.

Die van der Polsche Gleichung (7.24)

$$\ddot{x} + (ax^2 - b)\dot{x} + x = 0, \quad a, b > 0,$$

ist dem System

$$\dot{x} = y + bx - ax^3/3$$
$$\dot{y} = -x$$

äquivalent. Mit

$$V(x, y) := (x^2 + y^2)/2, \quad (\text{grd}\, V, f) = \frac{a}{3}\left(\frac{3b}{a} - x^2\right) x^2$$

sind die Voraussetzungen von Bemerkung 12.12 in $U(\mathbf{0}, (3b/a)^{1/2})$ erfüllt, und der Nullpunkt ist instabil. □

12.5 Literatur zu Kapitel 12

Die bereits erwähnten Bücher von Myint-U [M2], Coddington & Levinson [C-L], Corduneanu [C3] und Deo & Raghavendra [D-R] behandeln die Stabilitätstheorie im ersten Fall einführend, in den drei anderen Fällen recht ausführlich unter Einschluß der nicht-autonomen Systeme, für die wir die Lyapunov Methode nicht dargestellt haben. Hierzu verweisen wir auf [C3, S. 98f] oder [D-R, S. 202f] bzw. auf die dort zitierte Spezialliteratur.

Für die Stabilität periodischer Lösungen oder geschlossener Trajektorien konsultiere man [C-L, S. 321f].

Ein Beweis von Lemma 12.5 findet sich z.B. in M. A. Lawrentjew und B. W. Schabat [L-S2, S. 528f].

Eine ausführliche Darstellung der Stabilitätstheorie mit vielen Literaturangaben liefert das Buch von N. Rouche & J. Mawhin [R-M].

12.6 Aufgaben zu Kapitel 12

1. Gegeben sei die Dgl

$$\ddot{x} + a(t)\,x = 0,\quad a \in C^1[t_0, \infty),\quad a > 0,\quad \dot{a} \geqq 0.$$

Dann ist die Null-Lösung stabil.

Anleitung.

Durchmultiplizieren mit $\dot{x}$ und Integration ergibt

$$\dot{x}^2(t) + 2\int_{t_0}^{t} a(u)\,\dot{x}(u)\,x(u)\,du = c$$

$$a(t)\,x^2(t) + \dot{x}^2(t) = c_1 + \int_{t_0}^{t} (\dot{a}(u)/a(u))\,a(u)\,x^2(u)\,du.$$

Nun wende man die Schlußweise von Satz 3.11 an.

2. Man zeige:

Die Null-Lösung der Dgl

$$\dot{x}(t) = (\sin(\ln t) + \cos(\ln t) - c)\,x(t),\quad 1 < c < \sqrt{2},\quad t \geqq 1,$$

ist asymptotisch, aber nicht gleichmäßig stabil.

Anleitung.

Es gibt ein Intervall $[u_1, u_2]$ und ein $c_1 > c$ mit

$$\sin u + \cos u \geqq \sqrt{2}\,\sqrt{2 \sin u \cos u} \geqq c_1,\quad \text{für alle}\ u \in [u_1 u_2]$$

und

$$\int_{\exp(2\pi n + u_1)}^{\exp(2\pi n + u_2)} a(s)\,ds \geqq (c_1 - c)\exp(2\pi n)(\exp(u_2) - \exp(u_1)) \to \infty$$

aber

$$\int_1^t a(s)\,ds = t\sin(\ln t) - c(t-1) \to -\infty,\quad t \to \infty.$$

3. Man untersuche auf Stabilität der Null-Lösung

$$\dot{x} = ax + bx^3,\quad a, b \in \mathbb{R}.$$

4. Man untersuche auf Stabilität des Nullpunktes $\dot{\mathbf{x}} = \mathbf{A}\mathbf{x}$ mit

$$\mathbf{A} = \begin{pmatrix} -1 & -1 & -2 \\ 0 & -2 & -2 \\ -1 & 1 & 0 \end{pmatrix},\quad \mathbf{A} = \begin{pmatrix} -1 & -2 & -2 \\ 0 & -2 & -2 \\ -1 & 0 & 0 \end{pmatrix},\quad \mathbf{A} = \begin{pmatrix} -3 & -1 & 1 \\ -1 & -3 & 1 \\ -3 & -3 & 1 \end{pmatrix}.$$

5. Gegeben sei die Dgl von Liénard (7.20)

$$\ddot{x} + g(x)\,\dot{x} + f(x) = 0, \quad f, g \in C(\mathbb{R}), \quad xf(x) > 0, \quad x \neq 0, \quad g(x) \geqq 0.$$

Mit Hilfe der Lyapunov Funktion

$$V(x, y) = y^2/2 + \int_0^x f(u)\, du$$

zeige man, daß der Nullpunkt stabil ist.

6. Vorgelegt sei das autonome System

$$\begin{aligned} \dot{x} &= \quad y - xf(x, y) \\ \dot{y} &= -x - yf(x, y), \quad f \in C(U(\mathbf{0}, r)), \quad f(0, 0) = 0. \end{aligned}$$

Mit Hilfe der Funktion $V(x, y) := (x^2 + y^2)/2$ untersuche man die Stabilität des Ursprungs in Abhängigkeit von f.

13 Numerik steifer Differentialgleichungen

In Kapitel 4 sind Verfahren zur näherungsweisen Lösung von Anfangswertproblemen der Form

$$\mathbf{y}' = \mathbf{f}(x, \mathbf{y}), \quad \mathbf{y}(x_0) = \mathbf{y}_0 \tag{13.1}$$

behandelt worden. Dort wurde gezeigt, daß für gegen Null strebende Schrittweiten die Verfahren immer Näherungslösungen erzeugen, die unter Vernachlässigung von Rundefehlern gegen die exakte Lösung **y** konvergieren, solange die rechte Seite **f** der Differentialgleichung auf einer Umgebung um die gesuchte Lösung gewissen Glattheitsbedingungen genügt. Man könnte deshalb vermuten, daß sich zu allen vernünftig gestellten Anfangswertproblemen mit diesen Verfahren brauchbare Näherungslösungen berechnen lassen. Dies trifft allerdings nicht zu.

Es gibt eine Vielzahl für die Praxis wichtiger Anfangswertprobleme der Form (13.1), bei denen die in Kapitel 4 behandelten expliziten Verfahren versagen. Charakteristisch für solche Differentialgleichungen ist oft, daß sie sowohl langsam als auch schnell veränderliche Lösungen besitzen, die nahe beieinanderliegen. So etwas kann sich bei einem System der Form (13.1) durch ein stark unterschiedliches Wachstumsverhalten einzelner Komponenten der Lösung **y** zeigen. Wegen ihres Lösungsverhaltens bezeichnet man solche Anfangswertprobleme als *steif.*

Der Ausdruck „steif" geht auf eine spezielle Klasse von Differentialgleichungssystemen aus der Regelungstechnik zurück, nämlich auf solche Systeme, die eine enge Kopplung zwischen Antriebskraft und Rückstellkraft bei Servomechanismen beschreiben. Steife Differentialgleichungssysteme tauchen zum Beispiel auch bei der Berechnung elektrischer Netzwerke, in denen die Bauelemente sehr unterschiedliche Reaktionsgeschwindigkeiten haben, oder in der chemischen Kinetik auf, die die zeitliche Entwicklung chemischer Reaktionen beschreibt.

13.1 Probleme bei steifen Systemen

Als ein einfach zu analysierendes Beispiel sei die skalare Differentialgleichung

$$y' = \lambda(y - g(x)) + g'(x) \tag{13.2}$$

mit der allgemeinen Lösung

$$y(x) = c\,e^{\lambda x} + g(x) \quad (c \in \mathbb{R}) \tag{13.3}$$

gegeben. Die skalare Größe λ und die differenzierbare Funktion g seien dabei bekannt. Bild 13.1 zeigt Lösungen y dieser Differentialgleichung für $\lambda = -10$ und $g(x) = \arctan x$.

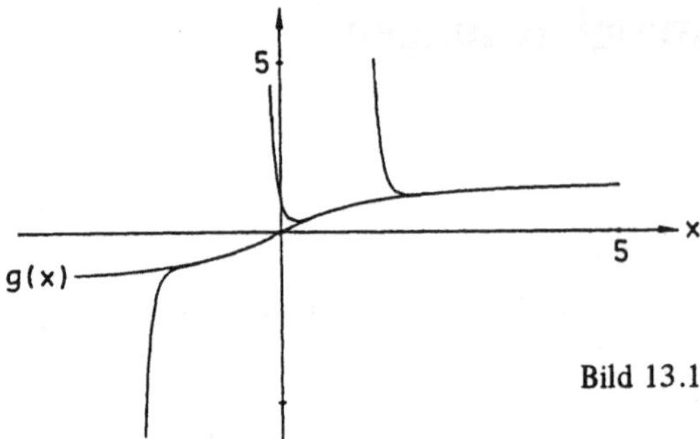

Bild 13.1

Eine spezielle Lösung der Differentialgleichung (13.2) ist $y(x) = g(x)$. Ist $\lambda < 0$, so streben mit wachsendem x alle Lösungen (13.3) gegen diese spezielle Lösung, und zwar umso schneller, je größer $|\lambda|$ ist. Ist g eine „glatte" Funktion, so ist auch jede Lösung y für genügend große x glatt, während sich eine Lösung in der Nähe von Punkten $(x, y(x))$, die abseits dieser Grenzkurve liegen, rasch ändert. Dies ist ein typisch steifes Verhalten.

Ein ideales numerisches Verfahren sollte dieses Verhalten korrekt simulieren. Zumindest muß man erwarten, daß entsprechend zum tatsächlichen Verhalten die Näherungen von Lösungen zu verschiedenen Anfangswerten für wachsendes x gegeneinander streben, auf keinen Fall sich aber voneinander entfernen.

Das einfachste aller Verfahren, das Euler-Cauchy-Verfahren, liefert ausgehend von dem Anfangswert $y(0) = y_0$ bei fester Schrittweite h die Näherungen

$$\begin{aligned} Y_{k+1} &= Y_k + h\{\lambda(Y_k - g(x_k)) + g'(x_k)\} \\ &= (1 + h\lambda) Y_k + h(g'(x_k) - \lambda g(x_k)), \end{aligned}$$

$k = 0, 1, \ldots$, mit $Y_0 = y_0$ und $x_k = k \cdot h$.

Bezeichnen Z_k die Näherungen zu einem anderen Anfangswert $y(0) = z_0$, so gilt

$$\begin{aligned} Y_{k+1} - Z_{k+1} &= (1 + h\lambda)(Y_k - Z_k) \\ &= (1 + h\lambda)^2 (Y_{k-1} - Z_{k-1}) \\ &= \ldots \\ &= (1 + h\lambda)^{k+1} (y_0 - z_0). \end{aligned}$$

Diese Näherungen verlaufen mit wachsendem k nur dann nicht auseinander, wenn

$$|1 + h\lambda| \leqslant 1,$$

also

$$-1 \leqslant 1 + h\lambda \leqslant 1$$

beziehungsweise wegen $\lambda < 0$

$$0 \leqslant h \leqslant -\frac{2}{\lambda} = \frac{2}{|\lambda|}$$

erfüllt ist. Dies ist gerade für größeres $|\lambda|$ eine starke Einschränkung an die Schrittweite h. Dadurch ist h über die Größe λ an die Differentialgleichung und nicht an das Verhalten der Lösung y gekoppelt!

Ist diese Bedingung verletzt, so ist $1 + h\lambda < -1$, und die Differenz der beiden Näherungslösungen oszilliert und schaukelt sich auf.

Bild 13.2 zeigt die Lösung

$$y = e^{-10x} + \arctan x$$

des Anfangswertproblems

$$y' = \lambda(y - g(x)) + g'(x), \qquad y(0) = 1$$

mit $\lambda = -10$ und $g(x) = \arctan x$ sowie Näherungslösungen zu verschiedenen Schrittweiten h.

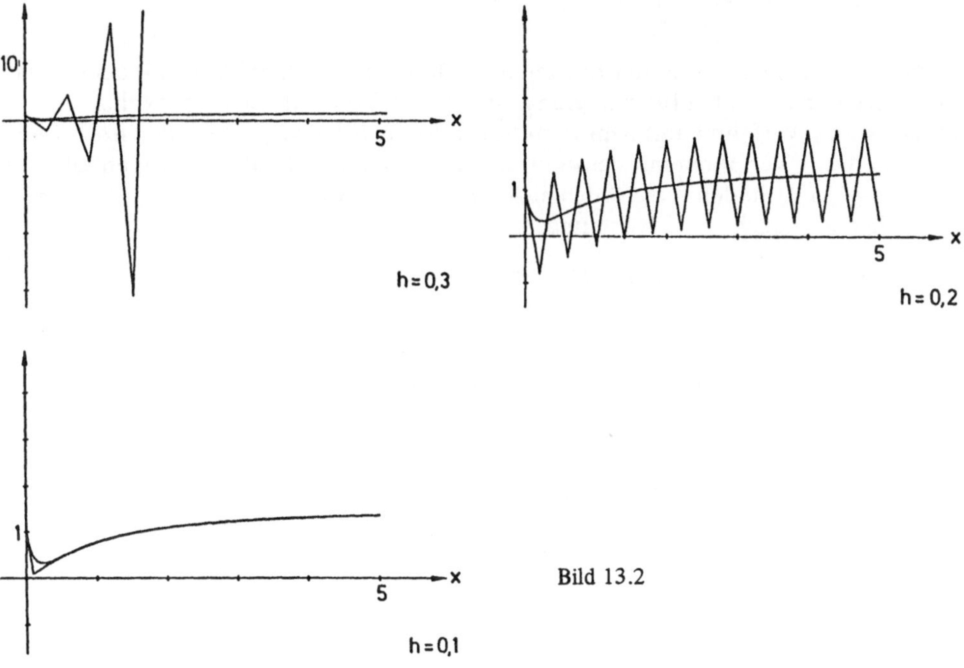

Bild 13.2

Die mit h = 0.3 bestimmte Näherungslösung aus Bild 3.2 ist, wie es unsere Analyse vorhersagt, total unbrauchbar. Der mit h = 0.2 bestimmte Polygonzug als Näherung zeigt den Grenzfall: Die Näherungslösung bleibt beschränkt. Erst bei noch kleinerer Schrittweite, etwa h = 0.1, sind die Näherungswerte brauchbar; die Näherungslösung verhält sich qualitativ so wie die exakte Lösung.

Diese Verhaltensweise der Näherungslösung bei steifen Problemen ist typisch für alle in Kapitel 4 angesprochenen expliziten Runge-Kutta-Verfahren und Adams-Verfahren. Bei allen diesen Verfahren muß $h|\lambda|$ unterhalb eines bestimmten Schwellenwertes liegen, und diese Bedingung an die benutzte Schrittweite h kann so stark sein, daß der benötigte Rechenaufwand in keinem vernünftigen Verhältnis zum Verhalten der tatsächlichen Lösung steht und die Anhäufung der unvermeidbaren Rundefehler eine weitere Genauigkeitsverbesserung unterbindet.

Verfahren, die diese Schranke überwinden und in Bereichen, in denen die Lösung glatt verläuft, angemessen große Schrittweiten zulassen, müssen notwendigerweise implizit sein. Solche Verfahren werden in diesem Kapitel behandelt.

Das einfachste implizite Verfahren ist das *implizite Euler-Cauchy-Verfahren*

$$\mathbf{Y}_{k+1} = \mathbf{Y}_k + h_k \, \mathbf{f}(x_{k+1}, \mathbf{Y}_{k+1}), \qquad k = 0, 1, \ldots, \tag{13.4}$$

mit $\mathbf{Y}_0 = \mathbf{y}(x_0)$ und $x_{k+1} = x_k + h_k$. Man gewinnt dieses Verfahren aus der mit dem Anfangswertproblem gleichwertigen Integralbeziehung

$$\mathbf{y}(x_{k+1}) = \mathbf{y}(x_k) + \int_{x_k}^{x_{k+1}} \mathbf{f}(t, \mathbf{y}(t)) \, dt,$$

indem man das Integral auf der rechten Seite durch die Rechteckregel mit dem Funktionswert an der rechten Intervallgrenze annähert (und nicht wie beim expliziten Euler-Cauchy-Verfahren mit dem Funktionswert an der linken Intervallgrenze). Wendet man dieses Verfahren mit der konstanten Schrittweite h auf die Differentialgleichung (13.2) zu den verschiedenen Anfangswerten $y(0) = y_0$ und $y(0) = z_0$ an, so erfüllen die zugehörigen Näherungen

$$Y_{k+1} = Y_k + h\{\lambda(Y_{k+1} - g(x_{k+1})) + g'(x_{k+1})\}$$

beziehungsweise

$$Y_{k+1} = \frac{1}{1 - h\lambda}\{Y_k - h\lambda g(x_{k+1}) + hg'(x_{k+1})\}$$

und genauso

$$Z_{k+1} = \frac{1}{1 - h\lambda}\{Z_k - h\lambda g(x_{k+1}) + hg'(x_{k+1})\}.$$

Daher gilt

$$\begin{aligned} Y_{k+1} - Z_{k+1} &= \frac{1}{1 - h\lambda}(Y_k - Z_k) \\ &= \left(\frac{1}{1 - h\lambda}\right)^{k+1} (y_0 - z_0). \end{aligned}$$

Wegen $\lambda < 0$ ist für alle $h > 0$

$$0 < \frac{1}{1 - h\lambda} < 1,$$

das heißt die Differenz der beiden Näherungen strebt unabhängig von der gewählten Schrittweite h für wachsendes x gegen Null und vollzieht so das Verhalten der Differenz der zu den gewählten Anfangswerten gehörenden Lösungen nach. Man kann nun wieder die Schrittweiten dem lokalen Verhalten der Lösung anpassen, um mit möglichst geringem Aufwand eine möglichst genaue Näherungslösung zu erhalten.

Der Preis, der für diese äußerst vorteilhafte Eigenschaft des impliziten Euler-Cauchy-Verfahrens zu zahlen ist, besteht darin, daß sich die Näherung $\mathbf{Y}_{k+1}$ für $\mathbf{y}(x_{k+1})$ aus der Verfahrensvorschrift (13.4) nur als Lösung eines im allgemeinen nichtlinearen Gleichungssystems ergibt. Im hier behandelten Beispiel ließ sich die Berechnungsvorschrift (13.4) nach Y_{k+1} auflösen, da die Differentialgleichung (13.2) linear in y ist.

Um das Verhalten numerischer Verfahren etwas besser zu verstehen, betrachten wir als nächstes eine Testdifferentialgleichung der Form

$$y' = \lambda y \tag{13.5}$$

mit einem komplexen Parameter λ. Dies entspricht dem Modellproblem (13.2) mit $g(x) = 0$, aber komplexem λ. Solche skalaren Differentialgleichungen mit einer komplexen Größe λ treten etwa bei der Entkopplung reeller Differentialgleichungssysteme auf. Ein einfaches Beispiel hierfür ist die Schwingungsgleichung

$$y'' + \omega^2 y = 0,$$

die mit $\mathbf{y} = \binom{y}{y'}$ in Systemform

$$\mathbf{y}' = \begin{pmatrix} 0 & 1 \\ -\omega^2 & 0 \end{pmatrix} \mathbf{y}$$

lautet. Die transformierte Funktion

$$\mathbf{u} = \begin{pmatrix} i\omega & 1 \\ -i\omega & 1 \end{pmatrix} \mathbf{y}, \quad i = \sqrt{-1},$$

erfüllt dann das entkoppelte System

$$\mathbf{u}' = \begin{pmatrix} i\omega & 0 \\ 0 & -i\omega \end{pmatrix} \mathbf{u};$$

dies entspricht genau zwei skalaren Differentialgleichungen der Form (13.5) mit komplexen Werten für λ.

Wendet man zum Beispiel das Euler-Cauchy-Verfahren auf das ursprüngliche System an, so erhält man aus der Näherung $\mathbf{Y}_k$ für $\mathbf{y}(x_k)$

$$\mathbf{Y}_{k+1} = \mathbf{Y}_k + h \begin{pmatrix} 0 & 1 \\ -\omega^2 & 0 \end{pmatrix} \mathbf{Y}_k$$

als Näherung für $\mathbf{y}(x_{k+1})$. Transformiert man wie im kontinuierlichen Fall

$$\mathbf{U}_k = \begin{pmatrix} i\omega & 1 \\ -i\omega & 1 \end{pmatrix} \mathbf{Y}_k,$$

so geht diese Berechnungsvorschrift über in

$$\mathbf{U}_{k+1} = \mathbf{U}_k + h \begin{pmatrix} i\omega & 0 \\ 0 & -i\omega \end{pmatrix} \mathbf{U}_k.$$

Dies entspricht genau den Näherungen, die das Euler-Cauchy-Verfahren, angewandt auf das entkoppelte System, liefert.

Um also zu verstehen, wie sich zum Beispiel das Euler-Cauchy-Verfahren für entkoppelbare lineare Differentialgleichungssysteme mit konstanten Koeffizienten verhält, reicht es aus, das Verhalten des Verfahrens für skalare Differentialgleichungen der Form (13.5) zu untersuchen.

Die allgemeine Lösung von (13.5) ist

$$y(x) = y_0 e^{\lambda(x-x_0)} = y_0 e^{\mathrm{Re}(\lambda)(x-x_0)}\, e^{i\,\mathrm{Im}(\lambda)(x-x_0)} .$$

Sämtliche Lösungen von (13.5) bleiben genau dann für wachsendes x beschränkt, wenn

$$\mathrm{Re}(\lambda) \leqslant 0 \tag{13.6}$$

gilt.

Das Euler-Cauchy-Verfahren liefert, ausgehend von $y(x_0) = y_0$, für die Lösung y von (13.5) in den Gitterpunkten $x_{k+1} = x_0 + (k+1)h$ die Näherungen

$$Y_{k+1} = Y_k + h\lambda Y_k = (1 + h\lambda) Y_k = (1 + h\lambda)^{k+1} Y_0 = (1 + h\lambda)^{k+1} y_0 .$$

Damit diese diskreten Werte unter der Einschränkung (13.6) genauso wie die exakte Lösung y für wachsendes x_k dem Betrage nach nicht anwachsen, muß

$$|1 + h\lambda| \leqslant 1$$

sein. Die Menge aller komplexen Werte $h\lambda$, die diese Beziehung erfüllen, nennt man den *Stabilitätsbereich* des Euler-Cauchy-Verfahrens; es handelt sich hierbei um das Innere eines Kreises einschließlich seinem Rand um den Mittelpunkt -1 mit dem Radius 1.

Mit dem klassischen Runge-Kutta-Verfahren aus Kapitel 4 ergeben sich, ausgehend von $Y_0 = y(x_0)$, rekursiv die Werte

$$Y_{k+1} = p(h\lambda) Y_k = \{p(h\lambda)\}^{k+1} Y_0$$

mit

$$p(h\lambda) = 1 + h\lambda + \frac{1}{2}(h\lambda)^2 + \frac{1}{6}(h\lambda)^3 + \frac{1}{24}(h\lambda)^4 .$$

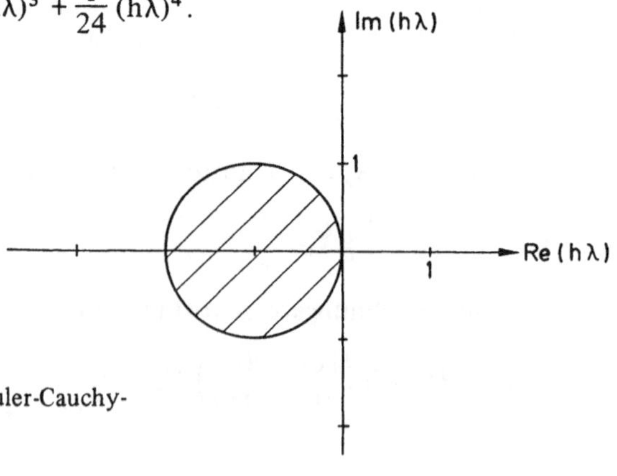

Im (hλ)

1

Re (hλ)

1

Bild 13.3
Stabilitätsbereich des Euler-Cauchy-Verfahrens

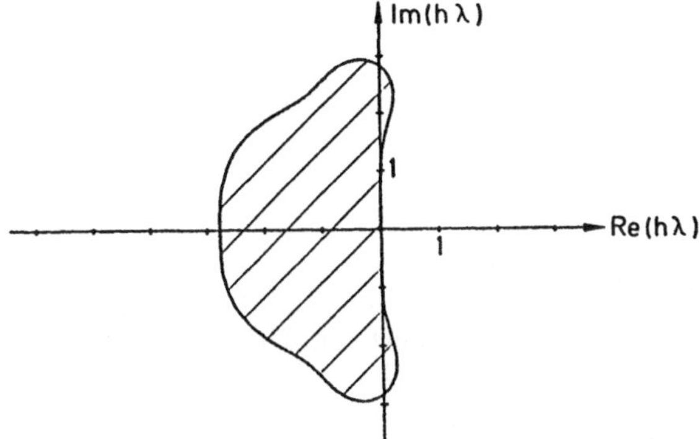

Bild 13.4
Stabilitätsbereich des klassischen Runge-Kutta-Verfahrens

Der Stabilitätsbereich ist demnach durch diejenigen komplexen Werte hλ gegeben, für die

$$|p(h\lambda)| \leqslant 1$$

gilt. Nur wenn die Schrittweite h so gewählt ist, daß hλ im Stabilitätsbereich liegt, wird das klassische Runge-Kutta-Verfahren brauchbare Näherungswerte für die Lösung y der Differentialgleichung (13.5) liefern.

Wie das Euler-Cauchy-Verfahren und das klassische Runge-Kutta-Verfahren haben alle expliziten Runge-Kutta-Verfahren beschränkte Stabilitätsgebiete; sie sind damit für die näherungsweise Lösung steifer Systeme kaum geeignet. Die in Kapitel 4 behandelten Mehrschrittverfahren vom Adams-Typ verhalten sich ähnlich.

Im Gegensatz dazu liefert das implizite Euler-Cauchy-Verfahren, angewandt auf die Differentialgleichung (13.5) mit dem Anfangswert $y_0 = y(x_0)$, die Näherungswerte

$$Y_{k+1} = Y_k + h\lambda Y_{k+1}$$

beziehungsweise

$$Y_{k+1} = \frac{1}{1-h\lambda} Y_k = \left(\frac{1}{1-h\lambda}\right)^{k+1} Y_0,$$

und die „Stabilitätsbedingung“

$$\left|\frac{1}{1-h\lambda}\right| \leqslant 1$$

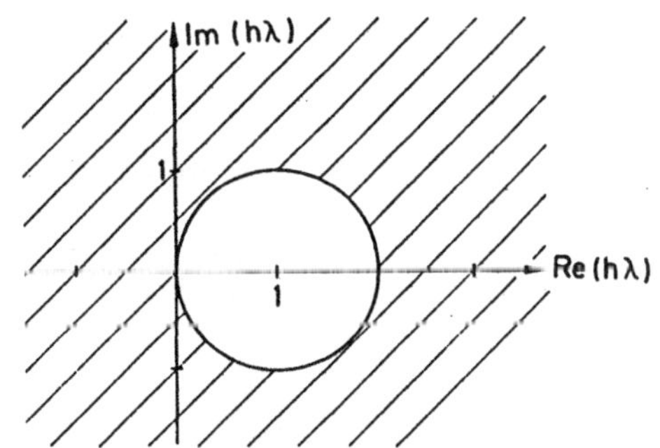

Bild 13.5 Stabilitätsbereich des impliziten Euler-Cauchy-Verfahrens

ist unter der Einschränkung (13.6) für alle $h > 0$ erfüllt! Sein Stabilitätsbereich ist der Rand und das Äußere des Kreises um den Punkt 1 mit dem Radius 1 in der komplexen hλ-Ebene.

Ein Verfahren, dessen Stabilitätsbereich die Menge aller komplexen Zahlen mit negativem Realteil, das heißt die linke Halbebene der komplexen $h\lambda$-Ebene umfaßt, nennt man *A-stabil*. Ein weiteres einfaches A-stabiles Verfahren ist die *Trapezregel*

$$\mathbf{Y}_{k+1} = \mathbf{Y}_k + h_k \tfrac{1}{2} \{\mathbf{f}(x_k, \mathbf{Y}_k) + \mathbf{f}(x_{k+1}, \mathbf{Y}_{k+1})\} \tag{13.7}$$

mit

$$\mathbf{Y}_0 = \mathbf{y}(x_0) \quad \text{und} \quad x_{k+1} = x_k + h_k.$$

Sie ergibt sich aus der zum Anfangswertproblem gleichwertigen Beziehung

$$\mathbf{y}(x_{k+1}) = \mathbf{y}(x_k) + \int_{x_k}^{x_{k+1}} \mathbf{f}(t, \mathbf{y}(t))\, dt$$

durch Anwendung der bekannten Trapezregel auf das Integral.

Im Gegensatz zum impliziten Euler-Cauchy-Verfahren mit der Konsistenzordnung 1 besitzt dieses Verfahren die Konsistenzordnung 2. Wendet man die Trapezregel auf die Differentialgleichung (13.5) mit konstanter Schrittweite h an, so erhält man die Näherungen

$$Y_{k+1} = Y_k + h \tfrac{1}{2} \{\lambda Y_k + \lambda Y_{k+1}\}$$

beziehungsweise

$$Y_{k+1} = \frac{1 + \frac{1}{2} h\lambda}{1 - \frac{1}{2} h\lambda} Y_k = \left(\frac{1 + \frac{1}{2} h\lambda}{1 - \frac{1}{2} h\lambda}\right)^{k+1} Y_0.$$

Die Bedingung

$$\left|\frac{1 + \frac{1}{2} h\lambda}{1 - \frac{1}{2} h\lambda}\right| \leqslant 1$$

ist genau dann erfüllt, wenn der Realteil von $h\lambda$ kleiner oder gleich Null ist.

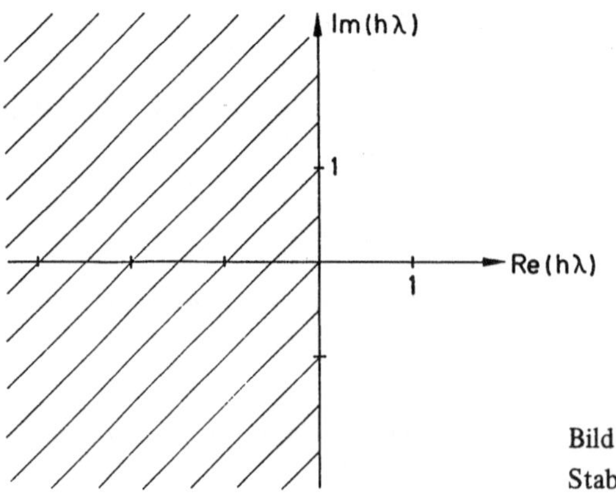

Bild 13.6
Stabilitätsbereich der Trapezregel

13.2 Implizite Runge-Kutta-Verfahren

Lokal läßt sich die Empfindlichkeit einer Differentialgleichung $\mathbf{y}' = \mathbf{f}(x, \mathbf{y})$ gegenüber Störungen durch das linearisierte Problem

$$\boldsymbol{\epsilon}' = \mathbf{f}_{\mathbf{y}} \cdot \boldsymbol{\epsilon}$$

mit der Funktionalmatrix $\mathbf{f}_{\mathbf{y}}$ beschreiben. Sind nämlich $\mathbf{y}(x)$ und $\mathbf{y}(x) + \boldsymbol{\epsilon}(x)$ Lösungen der Differentialgleichung, so gilt

$$\begin{aligned} \mathbf{y}'(x) + \boldsymbol{\epsilon}'(x) &= \mathbf{f}(x, \mathbf{y}(x) + \boldsymbol{\epsilon}(x)) \\ &= \mathbf{f}(x, \mathbf{y}(x)) + \mathbf{f}_{\mathbf{y}}(x, \mathbf{y}(x))\, \boldsymbol{\epsilon}(x) + \mathcal{O}(\|\boldsymbol{\epsilon}(x)\|^2)\,, \end{aligned}$$

und wegen $\mathbf{y}'(x) = \mathbf{f}(x, \mathbf{y}(x))$ erfüllt die Störung $\boldsymbol{\epsilon}$ unter Vernachlässigung höherer Terme das obige linearisierte Problem. Nimmt man an, daß f sich nur langsam ändert, so kann man lokal von einer linearen Differentialgleichung der Form

$$\boldsymbol{\epsilon}' = \mathbf{A}\, \boldsymbol{\epsilon}$$

mit einer konstanten Matrix $\mathbf{A}$ ausgehen, was letztendlich auf die skalare Testgleichung

$$\epsilon' = \lambda\epsilon \tag{13.8}$$

des letzten Abschnitts führt. Ein numerisches Verfahren, das zumindest nicht anwachsende Lösungen dieser Testgleichung, also für Werte λ mit $\text{Re}(\lambda) \leqslant 0$ (vgl. auch Satz 12.4), bei fester Schrittweite h durch gute Näherungswerte approximiert, sollte auch Lösungen der ursprünglichen Differentialgleichung einigermaßen korrekt wiedergeben.

Dieser heuristische Bezug einer Differentialgleichung zu der skalaren Testgleichung besteht nur, wenn sich die Funktionalmatrix $\mathbf{f}_{\mathbf{y}}$ nur wenig ändert. Als ein allgemeineres Testproblem bietet sich daher

$$\epsilon' = \lambda(x)\, \epsilon \tag{13.9}$$

an. Dieses Problem hat die allgemeine Lösung

$$\epsilon(x) = \epsilon_0 \cdot \exp\left(\int_{x_0}^{x} \lambda(t)\, dt\right),$$

und zwei zu verschiedenen Anfangswerten gehörende Lösungen laufen genau dann nicht auseinander, wenn

$$\text{Re}(\lambda(x)) \leqslant 0 \tag{13.10}$$

erfüllt ist. Von einem brauchbaren numerischen Verfahren sollte man erwarten, daß es solch ein Verhalten nachvollzieht. Aber schon die Trapezregel, die für das Testproblem (13.8) mit $\text{Re}(\lambda) \leqslant 0$ zufriedenstellend funktioniert, versagt hier unter Umständen. Sie liefert angewandt auf (13.9) die Näherungswerte

$$E_{k+1} = E_k + h_k\, \tfrac{1}{2}\, \{\lambda(x_k)\, E_k + \lambda(x_{k+1})\, E_{k+1}\}$$

oder umgeschrieben

$$E_{k+1} = \frac{1 + \frac{1}{2} h_k \lambda(x_k)}{1 - \frac{1}{2} h_k \lambda(x_{k+1})} E_k, \quad k \geqslant 0.$$

Zum Beispiel für $h_k \lambda(x_k) = -8$ und $h_k \lambda(x_{k+1}) = -1$ ergibt sich

$$E_{k+1} = -2 E_k,$$

offenbar ein Widerspruch zum Verhalten der exakten Lösung.

Statt immer unfassendere Klassen von Testproblemen zu betrachten und ähnliche unliebsame Überraschungen zu erleben, kann man für Differentialgleichungen, deren Lösungen nicht auseinanderlaufen, numerische Verfahren angeben, die dieses Lösungsverhalten korrekt wiedergeben. Dazu braucht man den Begriff der Kontraktivität.

13.1 **Definition.** (Kontraktive Differentialgleichungen)

Eine Differentialgleichung

$$\mathbf{y}' = \mathbf{f}(x, \mathbf{y})$$

heißt *kontraktiv* bezüglich eines gegebenen Skalarproduktes $(.,.)$, falls für zwei beliebige, auf einem gemeinsamen Intervall $[x_0, x_0 + a]$ definierte Lösungen $\mathbf{u}, \mathbf{v}$ dieser Differentialgleichung

$$\|\mathbf{u}(x_2) - \mathbf{v}(x_2)\| \leqslant \|\mathbf{u}(x_1) - \mathbf{v}(x_1)\|$$

für alle $x_1, x_2 \in [x_0, x_0 + a]$ mit $x_1 \leqslant x_2$ gilt. Hierbei bedeutet $\|\mathbf{z}\| = \sqrt{(\mathbf{z}, \mathbf{z})}$ die durch das gegebene Skalarprodukt induzierte Norm.

Ist etwa

$$(\mathbf{a}, \mathbf{c}) = \sum_{i=1}^{p} a_i c_i$$

das übliche Skalarprodukt zweier Vektoren $\mathbf{a} = \begin{pmatrix} a_1 \\ \vdots \\ a_p \end{pmatrix}$, $\mathbf{c} = \begin{pmatrix} c_1 \\ \vdots \\ c_p \end{pmatrix}$, so führt die dadurch induzierte Norm

$$\|\mathbf{c}\| = \sqrt{\sum_{i=1}^{p} c_i^2}$$

auf den bekannten euklidischen Abstand.

Beispiele kontraktiver Differentialgleichungen sind alle bisher angesprochenen steifen Testprobleme.

Anschaulich bedeutet Kontraktivität, daß der Abstand zweier Lösungen der Differentialgleichung nie zunimmt. Diese Eigenschaft einer Differentialgleichung ist gleichbedeutend damit, daß für beliebige Lösungen $\mathbf{u}$, $\mathbf{v}$ der Differentialgleichung die Funktion

$$\psi(x) = \|\mathbf{u}(x) - \mathbf{v}(x)\|^2$$

in $[x_0, x_0 + a]$ monoton fällt oder ihre Ableitung

$$\begin{aligned}\psi'(x) &= 2(\mathbf{u}(x) - \mathbf{v}(x), \mathbf{u}'(x) - \mathbf{v}'(x)) \\ &= 2(\mathbf{u}(x) - \mathbf{v}(x), \mathbf{f}(x, \mathbf{u}(x)) - \mathbf{f}(x, \mathbf{v}(x)))\end{aligned}$$

nirgends positiv wird. Damit hat man folgende Charakterisierung der Kontraktivität:

13.2 **Satz.**

Eine Differentialgleichung

$$\mathbf{y}' = \mathbf{f}(x, \mathbf{y})$$

ist genau dann kontraktiv, wenn für alle $(x, \mathbf{u})$, $(x, \mathbf{v})$ aus dem Definitionsbereich von $\mathbf{f}$

$$(\mathbf{u} - \mathbf{v}, \mathbf{f}(x, \mathbf{u}) - \mathbf{f}(x, \mathbf{v})) \leqslant 0$$

gilt.

Beispielsweise ist die skalare Differentialgleichung

$$y' = \lambda(x)\, y$$

mit reellem $\lambda(x)$ wegen

$$(u - v, \lambda(x)\, u - \lambda(x)\, v) = \lambda(x)\, |u - v|^2$$

genau dann kontraktiv, wenn $\lambda(x) \leqslant 0$ gilt.

Eine bestimmte Klasse impliziter Verfahren vom Runge-Kutta-Typ ist in der Lage, das Verhalten der Kontraktivität einer Differentialgleichung im Diskreten nachzuvollziehen. Ein allgemeines *m-stufiges implizites Runge-Kutta-Verfahren* berechnet, ausgehend vom vorgegebenen Anfangswert $\mathbf{Y}_0 = \mathbf{y}(x_0)$, auf einem Gitter $x_{k+1} = x_k + h_k$, $k \geqslant 0$, aus der Näherung $\mathbf{Y}_k$ für $\mathbf{y}(x_k)$ als Näherung für $\mathbf{y}(x_{k+1})$

$$\mathbf{Y}_{k+1} = \mathbf{Y}_k + h_k\, \mathbf{\Phi}(x_k, \mathbf{Y}_k, h_k) \tag{13.11a}$$

mit der Verfahrensfunktion

$$\mathbf{\Phi}(x, \mathbf{Y}, h) = \sum_{i=1}^{m} c_i \mathbf{K}_i(x, \mathbf{Y}, h)\,, \tag{13.11b}$$

wobei sich die sogenannten K-Werte $\mathbf{K}_i$ als Lösung des im allgemeinen nichtlinearen Gleichungssystems

$$\mathbf{K}_i(x, \mathbf{Y}, h) = \mathbf{f}\left(x + a_i h, \mathbf{Y} + h \sum_{l=1}^{m} b_{il} \mathbf{K}_l(x, \mathbf{Y}, h)\right)\,, \quad i = 1, 2, \ldots, m\,, \tag{13.11c}$$

ergeben. Die Koeffizienten a_i, b_{il} und c_i eines m-stufigen impliziten Runge-Kutta-Verfahrens, die es eindeutig festlegen, werden im allgemeinen in einem Rechteckschema der Form

$$\begin{array}{c|ccc} a_1 & b_{11} & \dots & b_{1m} \\ \vdots & \vdots & & \vdots \\ a_m & b_{m1} & \dots & b_{mm} \\ \hline & c_1 & \dots & c_m \end{array}$$

angegeben. Die in Kapitel 4 behandelten expliziten Runge-Kutta-Verfahren sind ganz spezielle Verfahren dieser Art, bei denen sich die Werte $\mathbf{K}_i$ einfach rekursiv berechnen lassen.

Ein Runge-Kutta-Verfahren der Form (13.11) heißt *halbimplizit* oder *semiimplizit*, falls für die Werte $\mathbf{K}_i$ statt (13.11c)

$$\mathbf{K}_i(x, \mathbf{Y}, h) = \mathbf{f}\left(x + a_i h, \mathbf{Y} + h \sum_{l=1}^{i} b_{il} \mathbf{K}_l(x, \mathbf{Y}, h)\right), \quad i = 1, 2, \dots, m, \quad (13.12)$$

gilt. Das zugehörige Koeffizientenschema hat dann die Form

$$\begin{array}{c|ccc} a_1 & b_{11} & & \\ \vdots & \vdots & \ddots & \\ a_m & b_{m1} & \dots & b_{mm} \\ \hline & c_1 & \dots & c_m \end{array},$$

und das Gleichungssystem (13.11c) zerfällt in m kleinere Gleichungssysteme (13.12), die nacheinander gelöst werden können.

Beispielsweise ist das implizite Euler-Cauchy-Verfahren ein 1-stufiges implizites Runge-Kutta-Verfahren mit dem Koeffizientenschema

$$\begin{array}{c|c} 1 & 1 \\ \hline & 1 \end{array},$$

das heißt es genügt einer Verfahrensvorschrift der Form

$$\mathbf{Y}_{k+1} = \mathbf{Y}_k + h_k \mathbf{K}_1(x_k, \mathbf{Y}_k, h_k),$$

wobei der K-Wert die Gleichung

$$\mathbf{K}_1(x, \mathbf{Y}, h) = \mathbf{f}(x + h, \mathbf{Y} + h\mathbf{K}_1(x, \mathbf{Y}, h))$$

erfüllt. Daraus folgt nämlich

$$\begin{aligned} \mathbf{K}_1(x_k, \mathbf{Y}_k, h_k) &= \mathbf{f}(x_k + h_k, \mathbf{Y}_k + h_k \mathbf{K}_1(x_k, \mathbf{Y}_k, h_k)) \\ &= \mathbf{f}(x_k + h_k, \mathbf{Y}_{k+1}), \end{aligned}$$

also die bekannte Darstellung

$$\mathbf{Y}_{k+1} = \mathbf{Y}_k + h_k \mathbf{f}(x_k + h_k, \mathbf{Y}_{k+1})$$

des impliziten Euler-Cauchy-Verfahrens.

Auch die Trapezregel (13.7) läßt sich als implizites 2-stufiges Runge-Kutta-Verfahren interpretieren. Ihr Koeffizientenschema lautet

$$\begin{array}{c|cc} 0 & 0 & \\ 1 & \frac{1}{2} & \frac{1}{2} \\ \hline & \frac{1}{2} & \frac{1}{2} \end{array}$$

denn dies bedingt die Verfahrensvorschrift

$$\begin{aligned} \mathbf{Y}_{k+1} &= \mathbf{Y}_k + h_k \{\tfrac{1}{2}\mathbf{K}_1 + \tfrac{1}{2}\mathbf{K}_2\} \\ &= \mathbf{Y}_k + h_k \tfrac{1}{2} \{\mathbf{f}(x_k, \mathbf{Y}_k) + \mathbf{f}(x_k + h_k, \mathbf{Y}_k + h_k \{\tfrac{1}{2}\mathbf{K}_1 + \tfrac{1}{2}\mathbf{K}_2\})\} \\ &= \mathbf{Y}_k + h_k \tfrac{1}{2} \{\mathbf{f}(x_k, \mathbf{Y}_k) + \mathbf{f}(x_k + h_k, \mathbf{Y}_{k+1})\}. \end{aligned}$$

Es gibt eine einfach nachvollziehbare algebraische Bedingung, mit der man implizite Runge-Kutta-Verfahren auswählen kann, die kontraktive Differentialgleichungen in der richtigen Weise integrieren.

13.3 **Satz.**

Gegeben sei ein m-stufiges Runge-Kutta-Verfahren (13.11). Die aus seinen Koeffizienten gebildete symmetrische m × m-Matrix $\mathbf{M} = (m_{il})$ mit

$$m_{il} = c_i b_{il} + c_l b_{li} - c_i c_l, \qquad i, l = 1, \ldots, m,$$

sei positiv semidefinit, und für die Koeffizienten c_i gelte

$$c_i \geqslant 0, \qquad i = 1, \ldots, m.$$

Dann vollzieht das Runge-Kutta-Verfahren das Lösungsverhalten kontraktiver Differentialgleichungen nach, das heißt sind **y** und **z** Lösungen einer kontraktiven Differentialgleichung zu verschiedenen Anfangswerten und sind $\mathbf{Y}_k$ und $\mathbf{Z}_k$, $k \geqslant 0$, die mit diesem Runge-Kutta-Verfahren bestimmten Näherungswerte für diese Lösungen in gegebenen Gitterpunkten x_k, so gilt für alle k

$$\|\mathbf{Y}_{k+1} - \mathbf{Z}_{k+1}\| \leqslant \|\mathbf{Y}_k - \mathbf{Z}_k\|.$$

Beweis.

Der Beweis ist rein algebraischer Natur und besteht im Prinzip nur aus geschickten, wenn auch etwas langwierigen Umformungen. Sind $\mathbf{Y}_k$ und $\mathbf{Z}_k$ bereits berechnete Näherungswerte in einem beliebigen Gitterpunkt x_k, so läßt sich die Verfahrensvorschrift zur Berechnung der nächsten Näherungswerte

$$\mathbf{Y}_{k+1} = \mathbf{Y}_k + h_k \sum_{i=1}^{m} c_i \mathbf{K}_i(x_k, \mathbf{Y}_k, h_k)$$

$$\mathbf{Z}_{k+1} = \mathbf{Z}_k + h_k \sum_{i=1}^{m} c_i \mathbf{K}_i(x_k, \mathbf{Z}_k, h_k)$$

mit Hilfe der Größen

$$\mathbf{y}_i = \mathbf{Y}_k + h_k \sum_{l=1}^{m} b_{il} \mathbf{K}_l(x_k, \mathbf{Y}_k, h_k)$$

$$\mathbf{z}_i = \mathbf{Z}_k + h_k \sum_{l=1}^{m} b_{il} \mathbf{K}_l(x_k, \mathbf{Z}_k, h_k)$$

wegen

$$\mathbf{K}_i(x_k, \mathbf{Y}_k, h_k) = \mathbf{f}(x_k + a_i h_k, \mathbf{y}_i)$$

$$\mathbf{K}_i(x_k, \mathbf{Z}_k, h_k) = \mathbf{f}(x_k + a_i h_k, \mathbf{z}_i)$$

umschreiben in

$$\mathbf{Y}_{k+1} = \mathbf{Y}_k + h_k \sum_{i=1}^{m} c_i \mathbf{f}(x_k + a_i h_k, \mathbf{y}_i)$$

$$\mathbf{Z}_{k+1} = \mathbf{Z}_k + h_k \sum_{i=1}^{m} c_i \mathbf{f}(x_k + a_i h_k, \mathbf{z}_i).$$

Die Größen $\mathbf{y}_i$ und $\mathbf{z}_i$ erfüllen für $i = 1, 2, \ldots, m$ die Gleichungen

$$\mathbf{y}_i = \mathbf{Y}_k + h_k \sum_{l=1}^{m} b_{il} \mathbf{f}(x_k + a_l h_k, \mathbf{y}_l)$$

$$\mathbf{z}_i = \mathbf{Z}_k + h_k \sum_{l=1}^{m} b_{il} \mathbf{f}(x_k + a_l h_k, \mathbf{z}_l).$$

Mit den Abkürzungen

$$\mathbf{v}_0 = \mathbf{Y}_k - \mathbf{Z}_k$$

$$\mathbf{v}_i = \mathbf{y}_i - \mathbf{z}_i$$

$$\mathbf{w}_i = h_k \mathbf{f}(x_k + a_i h_k, \mathbf{y}_i) - h_k \mathbf{f}(x_k + a_i h_k, \mathbf{z}_i),$$

$i = 1, 2, \ldots, m$, gilt nun

$$\|\mathbf{Y}_{k+1} - \mathbf{Z}_{k+1}\|^2 = \|\mathbf{v}_0 + \sum_{i=1}^{m} c_i \mathbf{w}_i\|^2$$

$$= \|\mathbf{v}_0\|^2 + 2 \sum_{i=1}^{m} c_i (\mathbf{v}_0, \mathbf{w}_i) + \sum_{i=1}^{m} \sum_{l=1}^{m} c_i c_l (\mathbf{w}_i, \mathbf{w}_l).$$

Da

$$\mathbf{v}_i = \mathbf{y}_i - \mathbf{z}_i$$

$$= \mathbf{Y}_k - \mathbf{Z}_k + h_k \sum_{l=1}^{m} b_{il} \{\mathbf{f}(x_k + a_l h_k, \mathbf{y}_l) - \mathbf{f}(x_k + a_l h_k, \mathbf{z}_l)\}$$

$$= \mathbf{v}_0 + \sum_{l=1}^{m} b_{il} \mathbf{w}_l$$

ist, ergibt sich

$$\|\mathbf{Y}_{k+1} - \mathbf{Z}_{k+1}\|^2$$

$$= \|\mathbf{v}_0\|^2 + 2 \sum_{i=1}^{m} c_i \left(\mathbf{v}_i - \sum_{l=1}^{m} b_{il} \mathbf{w}_l, \mathbf{w}_i\right) + \sum_{i=1}^{m} \sum_{l=1}^{m} c_i c_l (\mathbf{w}_i, \mathbf{w}_l)$$

$$= \|\mathbf{v}_0\|^2 + 2 \sum_{i=1}^{m} c_i (\mathbf{v}_i, \mathbf{w}_i) - 2 \sum_{i=1}^{m} \sum_{l=1}^{m} c_i b_{il} (\mathbf{w}_l, \mathbf{w}_i) + \sum_{i=1}^{m} \sum_{l=1}^{m} c_i c_l (\mathbf{w}_i, \mathbf{w}_l)$$

$$= \|\mathbf{v}_0\|^2 + 2 \sum_{i=1}^{m} c_i (\mathbf{v}_i, \mathbf{w}_i) - \sum_{i=1}^{m} \sum_{l=1}^{m} c_i b_{il} (\mathbf{w}_l, \mathbf{w}_i)$$

$$- \sum_{l=1}^{m} \sum_{i=1}^{m} c_l b_{li} (\mathbf{w}_i, \mathbf{w}_l) + \sum_{i=1}^{m} \sum_{l=1}^{m} c_i c_l (\mathbf{w}_i, \mathbf{w}_l)$$

$$= \|\mathbf{v}_0\|^2 + 2 \sum_{i=1}^{m} c_i (\mathbf{v}_i, \mathbf{w}_i) - \sum_{i=1}^{m} \sum_{l=1}^{m} \{c_i b_{il} + c_l b_{li} - c_i c_l\} (\mathbf{w}_i, \mathbf{w}_l)$$

$$= \|\mathbf{v}_0\|^2 + 2 \sum_{i=1}^{m} c_i (\mathbf{v}_i, \mathbf{w}_i) - \sum_{i=1}^{m} \sum_{l=1}^{m} m_{il} (\mathbf{w}_i, \mathbf{w}_l).$$

Wenn man jetzt noch zeigt, daß die beiden Ungleichungen

$$\sum_{i=1}^{m} c_i (\mathbf{v}_i, \mathbf{w}_i) \leqslant 0$$

$$\sum_{i=1}^{m} \sum_{l=1}^{m} m_{il} (\mathbf{w}_i, \mathbf{w}_l) \geqslant 0$$

gelten, hat man die behauptete Abschätzung

$$\|\mathbf{Y}_{k+1} - \mathbf{Z}_{k+1}\|^2 \leqslant \|\mathbf{v}_0\|^2 = \|\mathbf{Y}_k - \mathbf{Z}_k\|^2$$

bewiesen. Wegen der Kontraktivität der Differentialgleichung ist

$$(\mathbf{v}_i, \mathbf{w}_i) = h_k (\mathbf{y}_i - \mathbf{z}_i, \mathbf{f}(x_k + a_i h_k, \mathbf{y}_i) - \mathbf{f}(x_k + a_i h_k, \mathbf{z}_i)) \leqslant 0$$

für alle $i = 1, 2, \ldots, m$, so daß mit der Voraussetzung $c_i \geqslant 0$ für alle i die erste dieser beiden Ungleichungen gilt. Um die Gültigkeit der anderen Ungleichung einzusehen, nutzt man aus, daß sich die positiv semidefinite und symmetrische Matrix **M** als Produkt

$$\mathbf{M} = \mathbf{Q}^2$$

einer positiv semidefiniten und symmetrischen Matrix **Q** mit sich selbst darstellen läßt (was aus dem Spektralsatz der Linearen Algebra folgt). Nutzt man nämlich diese Tatsache aus, so ist mit $\mathbf{Q} = (q_{ij})$

$$\begin{aligned}
\sum_{i=1}^{m} \sum_{l=1}^{m} m_{il} (\mathbf{w}_i, \mathbf{w}_l) &= \sum_{i=1}^{m} \sum_{l=1}^{m} \{ \sum_{j=1}^{m} q_{ij} q_{jl} \} (\mathbf{w}_i, \mathbf{w}_l) \\
&= \sum_{j=1}^{m} \left(\sum_{i=1}^{m} q_{ij} \mathbf{w}_i, \sum_{l=1}^{m} q_{jl} \mathbf{w}_l \right) \\
&= \sum_{j=1}^{m} \left(\sum_{i=1}^{m} q_{ji} \mathbf{w}_i, \sum_{l=1}^{m} q_{jl} \mathbf{w}_l \right) \\
&= \sum_{j=1}^{m} \left\| \sum_{i=1}^{m} q_{ji} \mathbf{w}_i \right\|^2 \geqslant 0,
\end{aligned}$$

und der Beweis ist damit endgültig abgeschlossen. ■

Satz 13.3 ist in dem Sinne zu verstehen, daß wenn $\mathbf{Y}_{k+1}$ und $\mathbf{Z}_{k+1}$ bei gegebenen $\mathbf{Y}_k$, $\mathbf{Z}_k$, x_k und h_k den Bedingungsgleichungen (13.11) des dort angegebenen Runge-Kutta-Verfahrens genügen, die Abschätzung $\|\mathbf{Y}_{k+1} - \mathbf{Z}_{k+1}\| \leqslant \|\mathbf{Y}_k - \mathbf{Z}_k\|$ erfüllt ist. Der Satz macht keine Aussage darüber, ob die Bedingungsgleichungen (13.11c) für die zugehörigen K-Werte überhaupt lösbar oder sogar eindeutig lösbar sind. Wenn man die Anforderungen an das Runge-Kutta-Verfahren gegenüber Satz 13.3 leicht verschärft, sind gleichzeitig Existenz und Eindeutigkeit der Lösung der nichtlinearen Gleichungen (13.11c) für die K-Werte gewährleistet. Dies ist zum Beispiel dann der Fall, wenn die Matrix **M** positiv definit ist und alle Koeffizienten c_i echt positiv sind.

13.4 **Beispiel.**

Das implizite Euler-Cauchy-Verfahren mit den Koeffizienten $a_1 = 1$, $b_{11} = 1$ und $c_1 = 1$ hat die in Satz 13.3 verlangten Eigenschaften. Es ist nämlich $c_1 > 0$, und die 1×1-Matrix $\mathbf{M} = (m_{11})$ mit $m_{11} = 1$ ist positiv definit.

Damit sind auch Existenz und Eindeutigkeit der Näherungen für beliebige Gitterweiten $h_k > 0$ gewährleistet. □

13.5 **Beispiel.**

Die Trapezregel als implizites Runge-Kutta-Verfahren geschrieben hat das Koeffizientenschema

$$\begin{array}{c|cc} 0 & 0 & 0 \\ 1 & \frac{1}{2} & \frac{1}{2} \\ \hline & \frac{1}{2} & \frac{1}{2} \end{array}$$

Damit ergibt sich

$$\mathbf{M} = \begin{pmatrix} -\frac{1}{4} & 0 \\ 0 & \frac{1}{4} \end{pmatrix},$$

und diese Matrix ist nicht positiv semidefinit. Daß die Trapezregel das Lösungsverhalten kontraktiver Differentialgleichungen nicht unbedingt nachvollziehen kann, wurde bereits vorher bei ihrer Anwendung auf das skalare Testproblem (13.9), (13.10) festgestellt. □

13.6 **Beispiel.**

Im Gegensatz zur Trapezregel

$$\mathbf{Y}_{k+1} = \mathbf{Y}_k + h_k \tfrac{1}{2} \{\mathbf{f}(x_k, \mathbf{Y}_k) + \mathbf{f}(x_{k+1}, \mathbf{Y}_{k+1})\}$$

erfüllt ihre Zwillingsschwester

$$\mathbf{Y}_{k+1} = \mathbf{Y}_k + h_k \mathbf{f}(x_k + \tfrac{1}{2} h_k, \tfrac{1}{2} \mathbf{Y}_k + \tfrac{1}{2} \mathbf{Y}_{k+1})$$

die Bedingungen des Satzes 13.3. Sie läßt sich nämlich als 1-stufiges Runge-Kutta-Verfahren mit dem Koeffizientenschema

$$\begin{array}{c|c} \frac{1}{2} & \frac{1}{2} \\ \hline & 1 \end{array}$$

auffassen, denn dies bedeutet die Verfahrensvorschrift

$$\mathbf{Y}_{k+1} = \mathbf{Y}_k + h_k \mathbf{K}_1(x_k, \mathbf{Y}_k, h_k)$$

mit

$$\begin{aligned} \mathbf{K}_1(x_k, \mathbf{Y}_k, h_k) &= \mathbf{f}(x_k + \tfrac{1}{2} h_k, \mathbf{Y}_k + \tfrac{1}{2} h_k \mathbf{K}_1(x_k, \mathbf{Y}_k, h_k)) \\ &= \mathbf{f}(x_k + \tfrac{1}{2} h_k, \tfrac{1}{2} \mathbf{Y}_k + \tfrac{1}{2} (\mathbf{Y}_k + h_k \mathbf{K}_1(x_k, \mathbf{Y}_k, h_k)) \\ &= \mathbf{f}(x_k + \tfrac{1}{2} h_k, \tfrac{1}{2} \mathbf{Y}_k + \tfrac{1}{2} \mathbf{Y}_{k+1}) . \end{aligned}$$

Es ist $c_1 > 0$, und die 1×1-Matrix $\mathbf{M} = (m_{11})$ mit $m_{11} = 0$ ist positiv semidefinit. □

13.7 Beispiel.

Das durch

$$\begin{array}{c|cc} \vartheta & \vartheta & \\ 1-\vartheta & 1-2\vartheta & \vartheta \\ \hline & \frac{1}{2} & \frac{1}{2} \end{array}$$

gegebene halbimplizite 2-stufige Runge-Kutta-Verfahren

$$\mathbf{Y}_{k+1} = \mathbf{Y}_k + h_k \{\tfrac{1}{2}\, \mathbf{K}_1 (x_k, \mathbf{Y}_k, h_k) + \tfrac{1}{2}\, \mathbf{K}_2 (x_k, \mathbf{Y}_k, h_k)\}$$

mit

$$\mathbf{K}_1 = f(x_k + \vartheta h_k, \mathbf{Y}_k + h_k\, \vartheta \mathbf{K}_1)$$
$$\mathbf{K}_2 = f(x_k + (1-\vartheta)\, h_k, \mathbf{Y}_k + h_k\, \{(1-2\vartheta)\, \mathbf{K}_1 + \vartheta \mathbf{K}_2\})$$

erfüllt $c_1 > 0$, $c_2 > 0$ und besitzt die Matrix

$$\mathbf{M} = \begin{pmatrix} \vartheta - \frac{1}{4} & \frac{1}{4} - \vartheta \\ \frac{1}{4} - \vartheta & \vartheta - \frac{1}{4} \end{pmatrix} = (\vartheta - \tfrac{1}{4}) \begin{pmatrix} 1 & -1 \\ -1 & 1 \end{pmatrix}.$$

Sie hat die Eigenwerte 0 und $2(\vartheta - \frac{1}{4})$, so daß sie für alle $\vartheta \geqslant \frac{1}{4}$ positiv semidefinit ist.

Das angegebene Verfahren verhält sich nach Satz 13.3 für diese Werte von ϑ kontraktiv. Es hat formal die Konsistenzordnung 2, und für die spezielle Wahl

$$\vartheta = \tfrac{1}{6}(3 + \sqrt{3})$$

erhöht sie sich auf 3. □

13.8 Beispiel.

Zu dem impliziten 2-stufigen Runge-Kutta-Verfahren

$$\mathbf{Y}_{k+1} = \mathbf{Y}_k + h_k \{\tfrac{1}{2}\, \mathbf{K}_1 (x_k, \mathbf{Y}_k, h_k) + \tfrac{1}{2}\, \mathbf{K}_2 (x_k, \mathbf{Y}_k, h_k)\}$$

mit

$$\mathbf{K}_1 = \mathbf{f}(x_k + \tfrac{3-\sqrt{3}}{6}\, h_k, \mathbf{Y}_k + h_k\, \{\tfrac{1}{4}\, \mathbf{K}_1 + \tfrac{3-2\sqrt{3}}{12}\, \mathbf{K}_2\})$$
$$\mathbf{K}_2 = \mathbf{f}(x_k + \tfrac{3+\sqrt{3}}{6}\, h_k, \mathbf{Y}_k + h_k\, \{\tfrac{3+2\sqrt{3}}{12}\, \mathbf{K}_1 + \tfrac{1}{4}\, \mathbf{K}_2\})$$

gehört das Koeffizientenschema

$$\begin{array}{c|cc} \frac{3-\sqrt{3}}{6} & \frac{1}{4} & \frac{3-2\sqrt{3}}{12} \\ \frac{3+\sqrt{3}}{6} & \frac{3+2\sqrt{3}}{12} & \frac{1}{4} \\ \hline & \frac{1}{2} & \frac{1}{2} \end{array}$$

Die zugehörige Matrix **M** ist gegeben durch

$$\mathbf{M} = \begin{pmatrix} 0 & 0 \\ 0 & 0 \end{pmatrix}$$

und offensichtlich positiv semidefinit. Da auch $c_1 \geqslant 0$, $c_2 \geqslant 0$ erfüllt ist, läßt sich Satz 13.3 auf dieses Verfahren anwenden.

Dieses Verfahren hat formal die höchstmögliche Konsistenzordnung, die ein 2-stufiges Runge-Kutta-Verfahren überhaupt erreichen kann, nämlich 4. □

Der in diesem Beispielen auftauchende Begriff der Konsistenzordnung ist im Prinzip genauso zu verstehen, wie er bei den expliziten Verfahren in Kapitel 4 eingeführt wurde. Für ein allgemeines Runge-Kutta-Verfahren (13.11) mit der Verfahrensfunktion $\boldsymbol{\Phi}$ ist der *Abbruchfehler* im Punkt x_k gegeben durch

$$\boldsymbol{\tau}_k = \frac{y(x_{k+1}) - y(x_k)}{h_k} - \boldsymbol{\Phi}(x_k, y(x_k), h_k)\,, \tag{13.13}$$

und Konsistenzordnung q bedeutet

$$\|\boldsymbol{\tau}_k\| = \mathcal{O}(h_k^q)\,.$$

Man muß allerdings beachten, daß dieses asymptotische Verhalten von Ableitungen der rechten Seite der Differentialgleichung abhängt, die gerade bei steifen Problemen sehr groß werden können. Dies hat praktisch eine Reduktion der Genauigkeit zur Folge.

Die Definition (13.13) enthält indirekt, daß sich das implizite Gleichungssystem (13.11c) für die K-Werte in der Verfahrensfunktion $\boldsymbol{\Phi}$ eindeutig lösen läßt. Für unsere weiteren Überlegungen setzen wir dies voraus. Dann gilt nämlich:

13.9 **Satz.**

y (x) sei die exakte Lösung des kontraktiven Anfangswertproblems

$$y' = \mathbf{f}(x, y), \qquad y(x_0) = y_0$$

auf dem Intervall $[x_0, x_0 + a]$.

Zur näherungsweisen Lösung dieses Problems sei auf einem Gitter $x_0 < x_1 < \ldots < x_N = x_0 + a$ ein m-stufiges Runge-Kutta-Verfahren mit den in Satz 13.3 genannten Eigenschaften gegeben.

Bezeichnet $\boldsymbol{\tau}_k$ den Abbruchfehler dieses Verfahrens und $\mathbf{Y}_k$ die damit gewonnenen Näherungen, so gilt die Fehlerabschätzung

$$\|\mathbf{Y}_k - y(x_k)\| \leqslant \sum_{j=0}^{k-1} h_j \|\boldsymbol{\tau}_j\|, \quad k = 1, 2, \ldots, N,$$

das heißt der globale Verfahrensfehler ist höchstens so groß wie der Abbruchfehler und konvergiert mit der Ordnung des Abbruchfehlers gegen Null.

Beweis.

Es ist

$$\begin{aligned}
&\| \mathbf{Y}_{k+1} - \mathbf{y}(x_{k+1}) \| \\
&= \| \{ \mathbf{Y}_k + h_k \boldsymbol{\Phi}(x_k, \mathbf{Y}_k, h_k) \} - \{ \mathbf{y}(x_k) + h_k \boldsymbol{\Phi}(x_k, \mathbf{y}(x_k), h_k) + h_k \boldsymbol{\tau}_k \} \| \\
&\leqslant \| \{ \mathbf{Y}_k + h_k \boldsymbol{\Phi}(x_k, \mathbf{Y}_k, h_k) \} - \{ \mathbf{y}(x_k) + h_k \boldsymbol{\Phi}(x_k, \mathbf{y}(x_k), h_k) \} \| + h_k \| \boldsymbol{\tau}_k \| \\
&\leqslant \| \mathbf{Y}_k - \mathbf{y}(x_k) \| + h_k \| \boldsymbol{\tau}_k \| ,
\end{aligned}$$

wobei in die letzte Abschätzung die Aussage des Satzes 13.3 eingeht. Durch Induktion folgt daraus die Behauptung. ■

Bemerkenswert an der Fehlerabschätzung dieses Satzes ist vor allem, daß sie im Gegensatz zu den Fehlerabschätzungen aus Kapitel 4 völlig unabhängig von der Lipschitz-Konstanten der Verfahrensfunktion und damit der Steifheit des Problems ist. Explizite Runge-Kutta-Verfahren fallen übrigens nicht unter die in den Sätzen 13.3 und 13.9 betrachteten Runge-Kutta-Verfahren, denn eine notwendige Bedingung für die positive Semidefinitheit der Matrix $\mathbf{M} = (m_{il})$, nämlich $m_{ii} \geqslant 0$ für alle i, ist hierfür wegen

$$m_{ii} = -c_i^2$$

für mindestens ein i verletzt.

13.10 **Beispiel.**

Das Anfangswertproblem

$$y' = -3x^2 y, \quad y(0) = 5$$

ist wegen

$$(u - v, -3x^2 u + 3x^2 v) = -3x^2 |u - v|^2 \leqslant 0$$

nach Satz 13.2 kontraktiv. Seine Lösung ist gegeben durch

$$y(x) = 5\, e^{-x^3}.$$

Das implizite Euler-Cauchy-Verfahren liefert, ausgehend von $Y_0 = 5$, auf einem Gitter $x_{k+1} = x_k + h_k$, $k \geqslant 0$, die Näherungswerte

$$Y_{k+1} = Y_k + h_k(-3x_{k+1}^2 Y_{k+1})$$

oder nach Y_{k+1} aufgelöst

$$Y_{k+1} = \frac{1}{1 + 3h_k x_{k+1}^2} Y_k, \quad k \geqslant 0.$$

Für die Trapezregel lautet die rekursive Berechnungsvorschrift

$$Y_{k+1} = Y_k + \frac{1}{2} h_k (-3x_k^2 Y_k - 3x_{k+1}^2 Y_{k+1})$$

beziehungsweise

$$Y_{k+1} = \frac{1 - \frac{3}{2} h_k x_k^2}{1 + \frac{3}{2} h_k x_{k+1}^2} Y_k, \quad k \geqslant 0 .$$

Die damit verwandte Formel aus Beispiel 13.6 ergibt

$$Y_{k+1} = Y_k + h_k \{-3(x_k + \tfrac{1}{2} h_k)^2 (\tfrac{1}{2} Y_k + \tfrac{1}{2} Y_{k+1})\}$$

oder damit gleichbedeutend

$$Y_{k+1} = \frac{1 - \frac{3}{2} h_k (x_k + \frac{1}{2} h_k)^2}{1 + \frac{3}{2} h_k (x_k + \frac{1}{2} h_k)^2} Y_k, \quad k \geqslant 0 .$$

Auch die beiden Runge-Kutta-Verfahren aus den Beispielen 13.7 und 13.8 lassen sich zu einer expliziten Berechnungsvorschrift auflösen. Für das halbimplizite Runge-Kutta-Verfahren aus Beispiel 13.7 ist nämlich mit $\vartheta = \frac{1}{6}(3 + \sqrt{3})$

$$K_1 = -3(x_k + \vartheta h_k)^2 (Y_k + h_k \vartheta K_1),$$

das heißt

$$K_1 = \frac{-3(x_k + \vartheta h_k)^2}{1 + 3\vartheta h_k (x_k + \vartheta h_k)^2} Y_k,$$

und

$$K_2 = -3(x_k + (1 - \vartheta) h_k)^2 (Y_k + (1 - 2\vartheta) h_k K_1 + \vartheta h_k K_2),$$

das heißt

$$K_2 = \frac{-3(x_k + (1 - \vartheta) h_k)^2}{1 + 3\vartheta h_k (x_k + (1 - \vartheta) h_k)^2} (Y_k + (1 - 2\vartheta) h_k K_1),$$

und die rekursive Berechnungsformel lautet damit

$$Y_{k+1} = Y_k + \tfrac{1}{2} h_k \{K_1 + K_2\}, \quad k \geqslant 0.$$

Das implizite Runge-Kutta-Verfahren aus Beispiel 13.8 läßt sich ähnlich auflösen.

Benutzt man diese Verfahren zur näherungsweisen Lösung des Anfangswertproblems auf äquidistanten Gittern zu verschiedenen konstanten Schrittweiten h, so erhält man folgende maximale Abweichungen zwischen den zu im Intervall [0,8] liegenden Gitterpunkten berechneten Näherungswerten und den Werten der exakten Lösung in diesen Punkten:

Schrittweite h	Implizites Euler-Cauchy Verfahren (Ordnung 1)	Trapezregel (Ordnung 2)	Verfahren aus Beispiel 13.6 (Ordnung 2)	Verfahren aus Beispiel 13.7 (Ordnung 3)	Verfahren aus Beispiel 13.8 (Ordnung 4)
0.5	$7.76 \cdot 10^{-1}$	$2.02 \cdot 10^{-1}$	$3.18 \cdot 10^{-1}$	$1.86 \cdot 10^{-1}$	$1.40 \cdot 10^{-2}$
0.1	$1.98 \cdot 10^{-1}$	$8.05 \cdot 10^{-3}$	$1.00 \cdot 10^{-2}$	$2.92 \cdot 10^{-3}$	$3.19 \cdot 10^{-5}$
0.05	$1.01 \cdot 10^{-1}$	$2.05 \cdot 10^{-3}$	$2.45 \cdot 10^{-3}$	$4.50 \cdot 10^{-4}$	$2.01 \cdot 10^{-6}$
0.01	$2.07 \cdot 10^{-2}$	$8.22 \cdot 10^{-5}$	$9.82 \cdot 10^{-5}$	$4.43 \cdot 10^{-6}$	$3.22 \cdot 10^{-9}$
0.005	$1.04 \cdot 10^{-2}$	$2.05 \cdot 10^{-5}$	$2.45 \cdot 10^{-5}$	$5.70 \cdot 10^{-7}$	$2.01 \cdot 10^{-10}$
0.001	$2.08 \cdot 10^{-3}$	$8.22 \cdot 10^{-7}$	$9.82 \cdot 10^{-7}$	$4.67 \cdot 10^{-9}$	$3.50 \cdot 10^{-13}$

Entsprechend ihrer angegebenen Ordnung erhöht sich die Genauigkeit dieser Verfahren bei Verkleinerung der Schrittweite, das heißt zum Beispiel bei Halbierung der Schrittweite verkleinert sich der maximale absolute Fehler etwa um den Faktor $(\frac{1}{2})^q$, wobei q die Ordnung des Verfahrens ist.

Mit dem klassischen Runge-Kutta-Verfahren, einem expliziten Verfahren aus Kapitel 4, ergeben sich folgende maximale Abweichungen:

Schrittweite h	klassisches Runge-Kutta-Verfahren (Ordnung 4)
0.5	$1.21 \cdot 10^{56}$ (!)
0.1	$1.75 \cdot 10^{99}$ (!)
0.05	$1.48 \cdot 10^{76}$ (!)
0.01	$2.89 \cdot 10^{-8}$
0.005	$1.76 \cdot 10^{-9}$
0.001	$2.19 \cdot 10^{-12}$

Erst wenn die Schrittweite eine gewisse, vom Problem abhängige Schranke unterschritten hat, greift dieses Verfahren und liefert vernünftige Näherungswerte. Diese Schranke ist im voraus meistens nicht angebbar und kann so klein sein, daß die unvermeidbaren Rundefehlereinflüsse das Ergebnis total verfälschen. Solche möglichen unangenehmen Begleiterscheinungen sind im Gegensatz zu den in diesem Kapitel angegebenen Verfahren kennzeichnend für die in Kapitel 4 behandelten expliziten Verfahren. □

13.3 Mehrschrittverfahren vom Gear-Typ

Die impliziten Runge-Kutta-Verfahren des letzten Abschnitts haben den Nachteil, daß der Aufwand pro Schritt relativ hoch ist. Ein m-stufiges Verfahren, angewandt auf ein System von p Differentialgleichungen, erfordert in jedem Schritt das Lösen eines nichtlinearen Gleichungssystems der Dimension $m \cdot p$, das bei einem halbimpliziten Verfahren in m Gleichungssysteme der Dimension p zerfällt. Mit der Fehlerordnung des Verfahrens wächst auf jeden Fall auch die Anzahl der Stufen, denn ein m-stufiges Runge-Kutta-Verfahren kann höchstens die Fehlerordnung 2m haben.

Grundlegend anders aufgebaut sind Mehrschrittverfahren, bei denen man unabhängig von der Fehlerordnung in jedem Schritt nur ein nichtlineares Gleichungssystem der Dimension p zu lösen hat.

Bei einem allgemeinen *linearen Mehrschrittverfahren*

$$\sum_{j=0}^{m} \alpha_{k,j} \mathbf{Y}_{k+1-j} = h_k \sum_{j=0}^{m} \beta_{k,j} \mathbf{f}(x_{k+1-j}, \mathbf{Y}_{k+1-j}) \tag{13.14}$$

wird aus den Näherungen $\mathbf{Y}_{k+1-m}, \ldots, \mathbf{Y}_k$ für die Werte $\mathbf{y}(x_{k+1-m}), \ldots, \mathbf{y}(x_k)$ der Lösung der Differentialgleichung $\mathbf{y}' = \mathbf{f}(x, \mathbf{y})$ die Näherung $\mathbf{Y}_{k+1}$ für die Lösung im Gitterpunkt x_{k+1} berechnet. Die dieses Verfahren beschreibenden Koeffizienten $\alpha_{k,j}, \beta_{k,j}$ hängen im allgemeinen von den gewählten lokalen Schrittweiten h_k ab, nicht aber von der rechten Seite $\mathbf{f}$ der Differentialgleichung. Neben dem vorgegebenen Anfangswert $\mathbf{y}(x_0) = \mathbf{y}_0$ benötigt ein solches Verfahren noch Näherungswerte $\mathbf{Y}_1, \ldots, \mathbf{Y}_{m-1}$, ehe man es einsetzen kann; es ist also für $m > 1$ nicht selbststartend. Das sogenannte *Anlaufstück* $\mathbf{Y}_0, \mathbf{Y}_1, \ldots, \mathbf{Y}_{m-1}$ besorgt man sich meistens über ein Einschrittverfahren gleicher Fehlerordnung. Die Analyse solcher allgemeinen Mehrschrittverfahren bereitet größte Schwierigkeiten. Sie vereinfacht sich wesentlich, wenn die Gitterweiten h_k konstant, etwa gleich h, gehalten werden. Dann hat ein lineares Mehrschrittverfahren die Form

$$\sum_{j=0}^{m} \alpha_j \mathbf{Y}_{k+1-j} = h \sum_{j=0}^{m} \beta_j \mathbf{f}(x_{k+1-j}, \mathbf{Y}_{k+1-j}) \tag{13.15}$$

mit Konstanten $\alpha_0, \ldots, \alpha_m$ und $\beta_0, \ldots, \beta_m$, die dieses Verfahren festlegen. Solche Mehrschrittverfahren sind, beginnend mit den Arbeiten von Dahlquist seit 1956, ausführlich untersucht worden. Es stellt sich heraus, daß ein Mehrschrittverfahren (13.15) genau dann Näherungswerte liefert, die für $h \to 0$ gegen die exakte Lösung konvergieren, wenn das aus seinen Koeffizienten α_j gebildete Polynom

$$q(z) = \sum_{j=0}^{m} \alpha_{m-j} z^j \tag{13.16}$$

die sogenannte *Wurzelbedingung* erfüllt:

> Die womöglich komplexen Nullstellen $\zeta_1, \ldots, \zeta_m$ von q erfüllen $|\zeta_j| \leq 1$, und die Nullstellen ζ_l mit $|\zeta_l| = 1$ sind einfache Nullstellen.

Ist diese Bedingung verletzt, braucht man sich über katastrophale Ergebnisse nicht zu wundern. Für die Konvergenz ist (wegen der Wurzelbedingung) nur die linke Seite von (13.15) verantwortlich. Die Koeffizienten β_j der rechten Seite von (13.15) beeinflussen die Fehlerordnung des Verfahrens. Durch die Wurzelbedingung ist die maximal erreichbare Fehlerordnung eines Mehrschrittverfahrens (13.15) auf m + 1, falls m ungerade ist, und m + 2, falls m gerade ist, beschränkt. Beispiele von konvergenten linearen Mehrschrittverfahren sind die Adams-Verfahren aus Kapitel 4, das implizite Euler-Cauchy-Verfahren (13.4) und die Trapezregel (13.7).

Allgemeine Stabilitätsuntersuchungen wie im letzten Abschnitt, die sich am Begriff der Kontraktivität orientieren und die damit auf große Klassen von Differentialgleichungen angewendet werden können, sind für Mehrschrittverfahren vom Typ (13.15) nicht direkt durchführbar, wohl aber für ihre ‚Zwillingsverfahren'

$$\sum_{j=0}^{m} \alpha_j \mathbf{Y}_{k+1-j} = h\,\mathbf{f}\left(\sum_{j=0}^{m} \beta_j x_{k+1-j}, \sum_{j=0}^{m} \beta_j \mathbf{Y}_{k+1-j}\right); \tag{13.17}$$

sie tragen in der Literatur die etwas merkwürdige Bezeichnung ‚one-leg-methods'. Wenn diese Verfahren das Lösungsverhalten kontraktiver Differentialgleichungen ohne Einschränkung nachvollziehen, ist ihre Fehlerordnung auf 2 begrenzt. Diese Fehlerordnung wird schon von der ‚one-leg'-Form der Trapezregel aus Beispiel 13.6 erreicht.

Wenn man Verfahren höherer Ordnung zulassen möchte, muß man in irgendeiner Weise die Anforderungen an das Verhalten abschwächen. Wir schließen hier an die Überlegungen aus Abschnitt 13.1 an und untersuchen die Anwendbarkeit auf das Testproblem

$$y' = \lambda y, \quad \operatorname{Re}(\lambda) \leqslant 0. \tag{13.18}$$

Als besonders brauchbar haben sich Mehrschrittverfahren der Form

$$\sum_{j=0}^{m} \alpha_j \mathbf{Y}_{k+1-j} = h\,\beta_0\,\mathbf{f}(x_{k+1}, \mathbf{Y}_{k+1}), \tag{13.19}$$

die sogenannten *Mehrschrittverfahren von Gear*, erwiesen, die sowohl unter die Klasse (13.15) linearer Mehrschrittverfahren als auch unter die Klasse (13.17) der ‚one-leg'-Verfahren fallen. Im Gegensatz zum Vorgehen bei der Konstruktion von Mehrschrittverfahren vom Adams-Typ in Kapitel 4.4, die Differentialgleichung in eine äquivalente Integralgleichung umzuformen und das auftretende Integral numerisch anzugreifen, gewinnt man diese Verfahren durch numerische Differentiation. Das Interpolationspolynom durch die Punkte $(x_{k+1-m}, \mathbf{Y}_{k+1-m}), \ldots, (x_{k+1}, \mathbf{Y}_{k+1})$ ist in der Lagrangeschen Darstellung gegeben durch

$$\mathbf{P}_k(x) = \sum_{j=0}^{m} \ell_j\left(\frac{x_{k+1} - x}{h}\right) \mathbf{Y}_{k+1-j}$$

mit

$$\ell_j(t) = \prod_{\substack{\nu=0\\ \nu \neq j}}^{m} \frac{t-\nu}{j-\nu},$$

denn es gilt für alle $i, j = 0, 1, \ldots, m$

$$\ell_j\left(\frac{x_{k+1} - x_{k+1-i}}{h}\right) = \ell_j(i) = \begin{cases} 1 & i = j \\ 0, & i \neq j. \end{cases}$$

Als Näherung für $\mathbf{y}'(x_{k+1})$ wählt man

$$\mathbf{P}'(x_{k+1}) = \sum_{j=0}^{m} \left(-\frac{1}{h}\right) \ell_j'(0)\, \mathbf{Y}_{k+1-j}.$$

Wegen $y'(x_{k+1}) = f(x_{k+1}, y(x_{k+1}))$ lautet damit das Verfahren

$$\sum_{j=0}^{m} (-\ell_j'(0))\, Y_{k+1-j} = h\, f(x_{k+1}, Y_{k+1}),$$

ist also ein Verfahren der Form (13.19), das nach Konstruktion die Fehlerordnung m, das heißt $\mathcal{O}(h^m)$ hat. Für m = 1, 2, ..., 6 sind seine Koeffizienten in Tabelle 13.11 wiedergegeben; nur für diese Werte von m ist die Wurzelbedingung (die gleichbedeutend mit der Konvergenz für gegen Null gehende Schrittweiten h ist) erfüllt.

13.11 **Tabelle.** Koeffizienten der Gear-Formeln $\sum_{j=0}^{m} \alpha_j Y_{k+1-j} = h\, f(x_{k+1}, Y_{k+1})$

m	$\alpha_0, \ldots, \alpha_m$						
1	1	-1					
2	$\frac{3}{2}$	-2	$\frac{1}{2}$				
3	$\frac{11}{6}$	$-\frac{18}{6}$	$\frac{9}{6}$	$-\frac{2}{6}$			
4	$\frac{25}{12}$	$-\frac{48}{12}$	$\frac{36}{12}$	$-\frac{16}{12}$	$\frac{3}{12}$		
5	$\frac{137}{60}$	$-\frac{300}{60}$	$\frac{300}{60}$	$-\frac{200}{60}$	$\frac{75}{60}$	$-\frac{12}{60}$	
6	$\frac{147}{60}$	$-\frac{360}{60}$	$\frac{450}{60}$	$-\frac{400}{60}$	$\frac{225}{60}$	$-\frac{72}{60}$	$\frac{10}{60}$

Wendet man diese Verfahren auf das Testproblem (13.18) an, so genügen die Näherungen Y_k der Differenzengleichung

$$\sum_{j=0}^{m} \alpha_j Y_{k+1-j} - h\lambda Y_{k+1} = 0.$$

Man ist nun an der Menge derjenigen Werte $h\lambda$ mit $\mathrm{Re}(\lambda) \leqslant 0$ interessiert, für die sämtliche Lösungen dieser Differenzengleichung in Analogie zu den Lösungen der Differentialgleichung beschränkt bleiben. Die Menge dieser Werte $h\lambda$ nennt man das *Stabilitätsgebiet des Verfahrens.* Die Stabilitätsgebiete der brauchbaren Gear-Formeln (m = 1, 2, ..., 6) sind in Bild 13.7 schraffiert dargestellt.

Man sieht, daß die Stabilitätsgebiete für m = 1, dem impliziten Euler-Cauchy-Verfahren, und für m = 2 die gesamte negative Halbebene umfassen. Diese Verfahren sind deshalb im Sinne von Abschnitt 13.1 A-stabil. Ab m = 3 gehören Teile der negativen Halbebene nicht mehr zum Stabilitätsgebiet. Es umfaßt aber noch eine relativ große Teilmenge davon der Form

$$\mathrm{Re}(h\lambda) \leqslant S$$

mit einer Größe $S < 0$. Außerdem liegt $h\lambda$ für alle λ mit $\mathrm{Re}(\lambda) \leqslant 0$ im Stabilitätsgebiet, wenn man nur h klein genug wählt. Ein Verfahren, dessen Stabilitätsgebiet solche Eigenschaften hat, nennt man übrigens *steif stabil.*

Die Gear-Formeln bilden die Basis vieler in der Praxis gut bewährter Programme zur automatischen Integration insbesondere steifer Anfangswertprobleme.

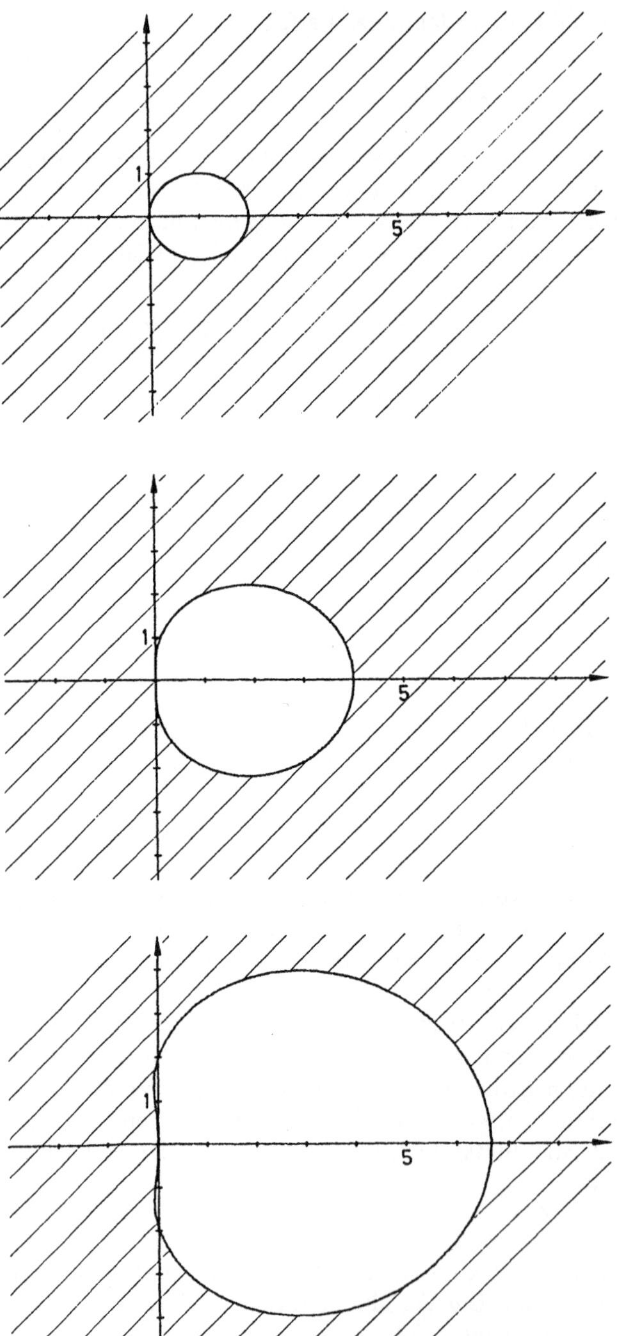

Bild 13.7 Stabilitätsgebiete der Gear-Formeln m-ter Ordnung für m = 1, ... , 6 in fortlaufender Reihenfolge

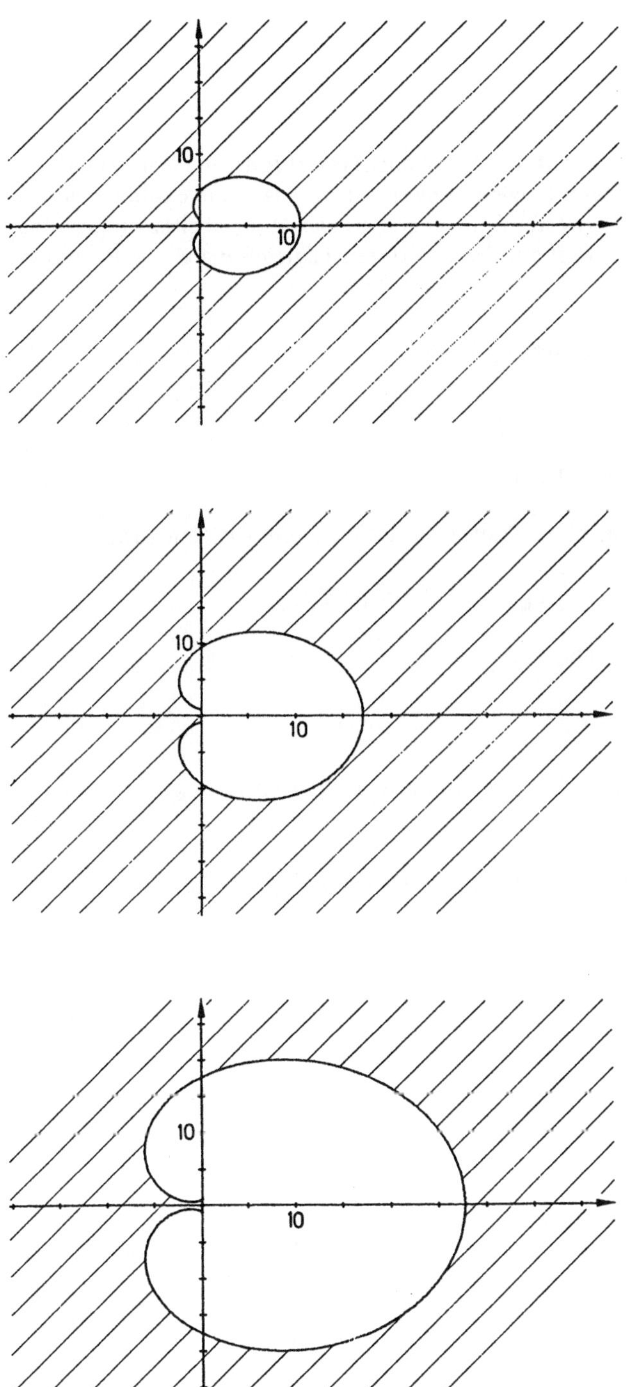

Bild 13.7 Fortsetzung

13.12 Beispiel.

Löst man das Anfangswertproblem

$$y' = -3x^2 y, \quad x \in [0{,}8], \quad y(0) = 5$$

aus Beispiel 13.10 näherungsweise mit den Mehrschrittverfahren von Gear, so läßt sich, da die rechte Seite der Differentialgleichung linear in y ist, eine explizite Berechnungsvorschrift für die Näherungswerte Y_{k+1} angeben. Das Mehrschrittverfahren für $m = 2$ zum Beispiel ergibt angewandt auf diese Differentialgleichung als Berechnungsvorschrift für Y_{k+1}

$$\frac{3}{2} Y_{k+1} - 2 Y_k + \frac{1}{2} Y_{k-1} = -3 h x_{k+1}^2 Y_{k+1}$$

oder nach Y_{k+1} aufgelöst

$$Y_{k+1} = \frac{1}{3 + 6 h x_{k+1}^2} \{4 Y_k - Y_{k-1}\},$$

und das Mehrschrittverfahren für $m = 3$ lautet für diese Differentialgleichung

$$\frac{11}{6} Y_{k+1} - \frac{18}{6} Y_k + \frac{9}{6} Y_{k-1} - \frac{2}{6} Y_{k-2} = -3 h x_{k+1}^2 Y_{k+1},$$

so daß der Näherungswert Y_{k+1} über

$$Y_{k+1} = \frac{1}{11 + 18 h x_{k+1}^2} \{18 Y_k - 9 Y_{k-1} + 2 Y_{k-2}\}$$

gegeben ist. Genauso gewinnt man die Berechnungsvorschriften für Y_{k+1} nach den Mehrschrittverfahren für $m = 4$

$$Y_{k+1} = \frac{1}{25 + 36 h x_{k+1}^2} \{48 Y_k - 36 Y_{k-1} + 16 Y_{k-2} - 3 Y_{k-3}\},$$

für $m = 5$

$$Y_{k+1} = \frac{1}{137 + 180 h x_{k+1}^2} \{300 Y_k - 300 Y_{k-1} + 200 Y_{k-2} - 75 Y_{k-3} + 12 Y_{k-4}\}$$

und für $m = 6$

$$Y_{k+1} = \frac{1}{147 + 180 h x_{k+1}^2} \{360 Y_k - 450 Y_{k-1} + 400 Y_{k-2} - 225 Y_{k-3} + 72 Y_{k-4} - 10 Y_{k-5}\}.$$

Wendet man diese Verfahren mit verschiedenen konstanten Schrittweiten h zur näherungsweisen Bestimmung der Lösung $y(x) = 5 e^{-x^3}$ des Anfangswertproblems in den im Intervall $[0{,}8]$ liegenden Gitterpunkten $x_k = k \cdot h$, $k \geq 0$, an, so ergeben sich folgende maximale Abweichungen von den exakten Werten in diesen Gitterpunkten:

Schrittweite h	Gear-Mehrschrittverfahren m = 2 (Ordnung 2)	m = 3 (Ordnung 3)	m = 4 (Ordnung 4)	m = 5 (Ordnung 5)	m = 6 (Ordnung 6)
0.5	$2.69 \cdot 10^{-1}$	$1.25 \cdot 10^{-1}$	$6.43 \cdot 10^{-2}$	$6.59 \cdot 10^{-2}$	$8.20 \cdot 10^{-1}$
0.1	$2.38 \cdot 10^{-2}$	$1.15 \cdot 10^{-2}$	$2.77 \cdot 10^{-3}$	$1.34 \cdot 10^{-3}$	$5.04 \cdot 10^{-4}$
0.05	$7.11 \cdot 10^{-3}$	$1.58 \cdot 10^{-3}$	$1.76 \cdot 10^{-4}$	$4.20 \cdot 10^{-5}$	$9.91 \cdot 10^{-6}$
0.01	$3.21 \cdot 10^{-4}$	$1.33 \cdot 10^{-5}$	$2.88 \cdot 10^{-7}$	$1.31 \cdot 10^{-8}$	$7.08 \cdot 10^{-10}$
0.005	$8.12 \cdot 10^{-5}$	$1.67 \cdot 10^{-6}$	$1.81 \cdot 10^{-8}$	$4.09 \cdot 10^{-10}$	$1.10 \cdot 10^{-11}$

Als Anlaufstück sind neben dem Anfangswert jeweils die exakten Lösungswerte in den fehlenden ersten Gitterpunkten vorgegeben worden. Bei Verkleinerung der Schrittweite verbessert sich die Genauigkeit dieser Verfahren so, wie man es von ihrer Ordnung her erwarten kann, das heißt der maximale Fehler der zur Schrittweite $s \cdot h$, $0 < s < 1$, berechneten Näherungslösung ist ungefähr das s^q-fache der maximalen Abweichung der zur Schrittweite h bestimmten Näherungslösung von der exakten Lösung, wobei q die Ordnung des Verfahrens ist.

Auch wenn die Genauigkeit dieser Verfahren gegenüber den der impliziten Runge-Kutta-Verfahren gleicher Ordnung aus Beispiel 13.10 etwas schlechter ist, kann man auch mit diesen Formeln den Lösungsverlauf sehr genau nachvollziehen. Der einmalige Vorteil der Mehrschrittverfahren liegt in dem geringen Aufwand, gemessen an der Anzahl der Funktionsauswertungen: Egal, welche Ordnung das Verfahren hat, in diesem Beispiel ist in jedem Schritt nur eine Funktionsauswertung der rechten Seite der Differentialgleichung erforderlich! □

13.4 „Kinetik einer autokatalytischen Reaktion"

Die Kinetik einer autokatalytischen (das heißt in Gegenwart eines Katalysators automatisch ablaufenden) Reaktion mit drei Substanzen A, B und C sei über folgende Struktur beschrieben:

$$A \xrightarrow{k_1} B$$

$$B + C \xrightarrow{k_2} A + C$$

$$2B \xrightarrow{k_3} C + B.$$

Die Konstanten k_1, k_2 und k_3 sind ein Maß für die Geschwindigkeit, mit der die einzelnen am Gesamtprozeß beteiligten Reaktionen ablaufen. Nach dem Massenwirkungsgesetz kann man diesen Vorgang über folgendes System von Differentialgleichungen erster Ordnung

$$\begin{aligned} y_1'(t) &= -k_1 y_1(t) + k_2 y_2(t)\, y_3(t), && y_1(0) = 1, \\ y_2'(t) &= k_1 y_1(t) - k_2 y_2(t)\, y_3(t) - k_3 y_2^2(t), && y_2(0) = 0, \\ y_3'(t) &= k_3 y_2^2(t), && y_3(0) = 0, \end{aligned}$$

$t \geq 0$, beschreiben, wobei die Funktionen $y_k(t)$ die Konzentrationen der drei beteiligten Substanzen zum Zeitpunkt t angeben. Durchaus realistische Zeitkonstanten sind zum Beispiel

$$k_1 = 0.04, \quad k_2 = 10^4, \quad k_3 = 3 \cdot 10^7.$$

Da

$$y_1'(t) + y_2'(t) + y_3'(t) = 0$$

für alle $t \geq 0$ gilt, muß die Summe der Konzentrationen $y_k(t)$ für alle $t \geq 0$ konstant, also gleich der Summe der Konzentrationen zum Zeitpunkt $t = 0$ sein:

$$y_1(t) + y_2(t) + y_3(t) = 1, \quad t \geq 0.$$

Diese Eigenschaft könnte man zur Reduktion des Systems auf ein System von zwei Differentialgleichungen erster Ordnung einsetzen, was das Problem allerdings nicht übersichtlicher macht.

Nach einer gewissen Zeit kann man erwarten, daß sich die Konzentrationen der drei beteiligten Substanzen kaum noch ändern, also einem stationären Wert entgegenstreben. Man muß daher die Reaktion über einen angemessenen Zeitraum, etwa $t \in [0,1000]$ verfolgen.

Macht man sich keine Gedanken über die Eigenschaften des Systems, könnte man versucht sein, zum Beispiel mit dem sehr einfachen, expliziten klassischen Runge-Kutta-Verfahren den Ablauf der Reaktion näherungsweise zu verfolgen. Mit der konstanten Schrittweite 0.01 erhält man so die Näherungen

t_k	Y_k		
0.00	1.0000	0.0000	0.0000
0.01	$-1.6959 \cdot 10^3$	$-5.0870 \cdot 10^6$	$5.0887 \cdot 10^6$
0.02	$-3.8961 \cdot 10^{181}$	$-1.1681 \cdot 10^{185}$	$1.1684 \cdot 10^{185}$

und bei der Berechnung von Y_3 steigt der Rechner wegen Zahlenbereichsüberschreitung aus. Die berechneten Werte sind natürlich völlig indiskutabel, da aus physikalischen Gründen die Konzentrationen zwischen Null und Eins liegen müssen. Mit der benutzten Zeitschrittweite kann man den schnellen Ablauf der Reaktion nicht nachvollziehen. Reduziert man die Schrittweite auf 0.001, so wird erstmals zwischen $t = 30.25$ und $t = 30.5$ die Näherung für eine Konzentration, hier für y_2, negativ, und kurz darauf bricht die Rechnung wieder wegen Zahlenbereichsüberschreitung zusammen. Wie sich im Vergleich zur später berechneten Lösung herausstellt, sind die Näherungen nur noch bis ungefähr zum Zeitpunkt $t = 17$ brauchbar. Einen Überblick über den Reaktionsverlauf im interessierenden Zeitintervall $[0,1000]$ kann man auf diese Weise sicher nicht erreichen, denn eine weitere Verkleinerung der Zeitschrittweite etwa auf 0.0001 würde 10 000 000 Zeitschritte bedeuten, eine schon aus Rechenzeit- und Rundefehlergründen sicherlich indiskutable Zahl.

Der schnelle Ablauf der Reaktion zu Beginn und die Größenordnungsunterschiede der Zeitkonstanten in dem Differentialgleichungssystem legen den Verdacht nahe,

daß es sich um ein steifes System handelt. Daher scheinen die in diesem Kapitel behandelten impliziten Verfahren zur näherungsweisen Lösung dieses Anfangswertproblems angemessen zu sein. Die einfachste Struktur zumindest bei fester Zeitschrittweite haben die in Abschnitt 13.3 besprochenen Mehrschrittverfahren vom Gear-Typ. Dabei muß in jedem Schritt ein nichtlineares Gleichungssystem in drei Unbekannten gelöst werden. Dazu bietet sich das Newton-Verfahren an.
Die Gear-Formel lautet

$$\alpha_0 \mathbf{Y}_{k+1} + \sum_{j=1}^{m} \alpha_j \mathbf{Y}_{k+1-j} = h\,\mathbf{f}(t_{k+1}, \mathbf{Y}_{k+1})$$

oder umgeschrieben

$$\alpha_0 \mathbf{Y}_{k+1} - h\,\mathbf{f}(t_{k+1}, \mathbf{Y}_{k+1}) + \sum_{j=1}^{m} \alpha_j \mathbf{Y}_{k+1-j} = \mathbf{0}.$$

Bei gegebenen $\mathbf{Y}_{k+1-m}, \ldots, \mathbf{Y}_k$ ergibt sich die nächste Näherung $\mathbf{Y}_{k+1}$ als Lösung dieses nichtlinearen Gleichungssystems. Benutzt man die Abkürzung

$$\mathbf{F}(\mathbf{Y}) = \alpha_0 \mathbf{Y} - h\,\mathbf{f}(t_{k+1}, \mathbf{Y}) + \sum_{j=1}^{m} \alpha_j \mathbf{Y}_{k+1-j},$$

so erhält man als Verfahrensvorschrift des Newton-Verfahrens

$$\mathbf{Y}^{(i+1)} = \mathbf{Y}^{(i)} - \mathbf{F}'(\mathbf{Y}^{(i)})^{-1}\,\mathbf{F}(\mathbf{Y}^{(i)})$$

mit der Funktionalmatrix

$$\mathbf{F}'(\mathbf{Y}) = \left(\frac{\partial F_i}{\partial Y_j}\right),$$

wobei $\mathbf{F}$ die Komponenten F_i und $\mathbf{Y}$ die Komponenten Y_j habe. Natürlich braucht man nicht tatsächlich die Inverse der Funktionalmatrix bestimmen, denn aus der Lösung des linearen Gleichungssystems

$$\mathbf{F}'(\mathbf{Y}^{(i)})\,\Delta\mathbf{Y}^{(i)} = -\mathbf{F}(\mathbf{Y}^{(i)})$$

läßt sich über

$$\Delta\mathbf{Y}^{(i)} = \mathbf{Y}^{(i+1)} - \mathbf{Y}^{(i)}$$

aus $\mathbf{Y}^{(i)}$ der Vektor $\mathbf{Y}^{(i+1)}$ berechnen. Als Startwert $\mathbf{Y}^{(0)}$ für die Newton-Iteration bietet sich die zuletzt berechnete Näherung $\mathbf{Y}_k$ an. Die Frage nach einem Abbruchkriterium für diese Iteration ist schon schwieriger zu beantworten. Man könnte etwa die Anzahl der Iterationen fest vorgeben, wobei diese Anzahl proportional zur Ordnung der benutzten Gear-Formel gewählt werden sollte. Bessere Abbruchkriterien berücksichtigen die erreichte Genauigkeit und brechen die Iteration etwa dann ab, wenn

$$\|\Delta\mathbf{Y}^{(i)}\| \leqslant \epsilon ps\,\|\mathbf{Y}^{(i)}\|$$

mit einer geeigneten Genauigkeitsschranke ϵps erfüllt ist.

Die Funktionalmatrix $\mathbf{F}'(\mathbf{Y})$ steht mit der Funktionalmatrix $\mathbf{f}'(t_{k+1}, \mathbf{Y})$ des Differentialgleichungssystems über

$$\mathbf{F}'(\mathbf{Y}) = \alpha_0 \mathbf{E} - h \cdot \mathbf{f}'(t_{k+1}, \mathbf{Y})$$

mit der Einheitsmatrix $\mathbf{E}$ in Beziehung.

In unserem Fall ist mit $\mathbf{Y} = (Y_1, Y_2, Y_3)^T$

$$\mathbf{f}'(t_{k+1}, \mathbf{Y}) = \begin{pmatrix} -k_1 & k_2 Y_3 & k_2 Y_2 \\ k_1 & -k_2 Y_3 - 2k_3 Y_2 & -k_2 Y_2 \\ 0 & 2k_3 Y_2 & 0 \end{pmatrix} .$$

Bei größeren Differentialgleichungssystemen ist das Aufstellen dieser Funktionalmatrix sehr aufwendig, und es ist angebracht, die in dieser Matrix vorkommenden partiellen Ableitungen über Differenzenquotienten anzunähern.

Es gibt fertige Programmpakete, die steife Anfangswertprobleme auf dieser Basis integrieren, wobei zur Erhöhung der Effizienz sowohl die aktuelle Schrittweite als auch die Ordnung der benutzten Gear-Formel dem Problem angepaßt gesteuert werden. Löst man das gegebene Differentialgleichungssystem auf diese Weise, so erhält man die im Bild 13.8 wiedergegebenen Lösungskurven.

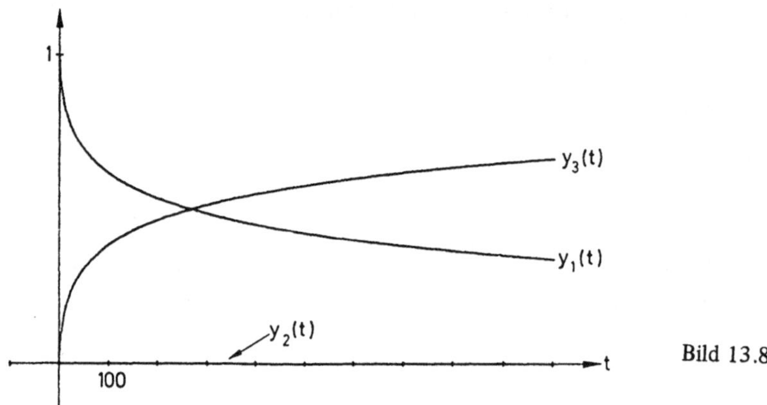

Bild 13.8

Der maximale Wert der Konzentration y_2 liegt weit unter 10^{-3}, so daß sich deren Näherung in Bild 13.8 von der t-Achse nicht unterscheidet. Bei Verschärfung der vorgebbaren Toleranzgenauigkeiten ändert sich die Näherungslösung nicht mehr – ein Indiz dafür, daß die richtige Lösung eingefangen wurde.

Daß es sich tatsächlich um ein sehr steifes Differentialgleichungssystem handelt, erkennt man an den Eigenwerten der Funktionalmatrix $\mathbf{f}'$ dieses Systems. Längs der berechneten Lösungskurve ergeben sich zu verschiedenen Zeiten t die folgenden Eigenwerte $\lambda_i(t)$:

t	$\lambda_1(t)$	$\lambda_2(t)$	$\lambda_3(t)$
0.0	0	0	−0.004
10^{-9}	0	−0.0024	−0.04
10^{-7}	0	−0.04	−0.24
10^{-5}	0	−0.044	−23.99
10^{-3}	0	−0.33	−1750.0
1	0	−0.29	−2179.6
10	0	−0.077	−2560.0
100	0	−0.009	−4196.8

Man sieht, daß der Eigenwert $\lambda_3(t)$ sich zu Beginn der Reaktion rapide ändert. Negative Werte (zumindest des Realteils) und die völlig unterschiedliche Größenordnung der Eigenwerte der Funktionalmatrix sind charakteristisch für steife Differentialgleichungssysteme.

13.5 Literatur zu Kapitel 13

Ausführliche theoretische Stabilitätsanalysen von Ein- und Mehrschrittverfahren, die sich am Testproblem $y' = \lambda y$, $\lambda \in \mathbb{C}$, orientieren, findet man in [G2] und [G3]. Diese beiden Bücher sowie das entsprechende Kapitel in [E-R1] enthalten auch viele nützliche praktische Hinweise. Ein ebenfalls in diesen Rahmen passendes, mittlerweile klassisches Lehrbuch ist [G1].

Eine Monographie, die die neueren Untersuchungen von Runge-Kutta-Verfahren für kontraktive Differentialgleichungen zusammenfaßt, ist [D-V]. Neben den hier behandelten Verfahren gibt es eine Reihe weiterer zum Teil sehr effizienter Verfahren zur näherungsweisen Lösung steifer Anfangswertprobleme, etwa die in [D-V] behandelten Rosenbrock-Methoden, die in [G3] beschriebenen Mehrschrittverfahren von Enright und das auf einer semiimpliziten Mittelpunktsregel beruhende Extrapolationsverfahren von Bader und Deuflhard ([B-D]).

Verschiedene Verfahren zur Lösung steifer Anfangswertprobleme sind an einer Klasse von Testproblemen in [E1] verglichen worden.

13.6 Aufgaben zu Kapitel 13

1. Analysieren Sie das Verhalten des impliziten Einschrittverfahrens

$$Y_{k+1} = Y_k + h_k f(x_k + \tfrac{1}{2} h_k, \tfrac{1}{2} Y_k + \tfrac{1}{2} Y_{k+1})$$

bei Anwendung auf die skalare Differentialgleichung

$$y'(x) = \lambda(x)\, y(x), \quad \lambda(x) \leqslant 0,$$

Vergleichen Sie dieses Verhalten mit dem Verhalten der Trapezregel

$$\mathbf{Y}_{k+1} = \mathbf{Y}_k + h_k\left(\tfrac{1}{2}\,\mathbf{f}(x_k, \mathbf{Y}_k) + \tfrac{1}{2}\,\mathbf{f}(x_{k+1}, \mathbf{Y}_{k+1})\right),$$

das zu Beginn von Abschnitt 13.2 untersucht wurde.

2. Weisen Sie nach, daß das durch das Koeffizentenschema

$$\begin{array}{c|cc} 0 & \frac{1}{4} & -\frac{1}{4} \\[4pt] \frac{2}{3} & \frac{1}{4} & \frac{5}{12} \\[4pt] \hline & \frac{1}{4} & \frac{3}{4} \end{array}$$

gegebene Runge-Kutta-Verfahren die Bedingungen aus Satz 13.3 erfüllt und damit das Lösungsverhalten kontraktiver Differentialgleichungen richtig wiedergibt.
Dieses Verfahren hat übrigens die Konsistenzordnung 3 und lautet ausgeschrieben

$$\mathbf{K}_1 = \mathbf{f}(x_k, \mathbf{Y}_k + \tfrac{1}{4}\,h_k \mathbf{K}_1 - \tfrac{1}{4}\,h_k \mathbf{K}_2)$$

$$\mathbf{K}_2 = \mathbf{f}(x_k + \tfrac{2}{3}\,h_k, \mathbf{Y}_k + \tfrac{1}{4}\,h_k \mathbf{K}_1 + \tfrac{5}{12}\,h_k \mathbf{K}_2)$$

$$\mathbf{Y}_{k+1} = \mathbf{Y}_k + h_k\,\{\tfrac{1}{4}\,\mathbf{K}_1 + \tfrac{3}{4}\,\mathbf{K}_2\}\,.$$

3. Das Differentialgleichungssystem $\mathbf{y}' = \mathbf{f}(x, \mathbf{y})$ erfülle die Kontraktivitätsbedingung

$$(\mathbf{u} - \mathbf{v}, \mathbf{f}(x, \mathbf{u}) - \mathbf{f}(x, \mathbf{v})) \leqslant 0$$

aus Satz 13.2 für alle $(x, \mathbf{u})$ und $(x, \mathbf{v})$ aus dem Definitionsbereich von $\mathbf{f}$. Zeigen Sie, daß es dann zu gegebenen x_k, $\mathbf{Y}_k$ und h_k maximal ein $\mathbf{Y}_{k+1}$ mit

$$\mathbf{Y}_{k+1} = \mathbf{Y}_k + h_k\,\mathbf{f}(x_k + \tfrac{1}{2}\,h_k, \tfrac{1}{2}\,\mathbf{Y}_k + \tfrac{1}{2}\,\mathbf{Y}_{k+1})$$

geben kann. Welche Rückschlüsse lassen sich für eine Differentialgleichung der Form

$$\mathbf{y}'(x) = \mathbf{A}(x)\,\mathbf{y}(x) + \mathbf{g}(x)$$

ziehen?

4. Das Differentialgleichungssystem $\mathbf{y}' = \mathbf{f}(x, \mathbf{y})$ erfülle die Kontraktivitätsbedingung

$$(\mathbf{u} - \mathbf{v}, \mathbf{f}(x, \mathbf{u}) - \mathbf{f}(x, \mathbf{v})) \leqslant 0$$

aus Satz 13.2 für alle $(x, \mathbf{u})$ und $(x, \mathbf{v})$ aus dem Definitionsbereich von $\mathbf{f}$. Zeigen Sie auf direktem Wege, daß dann für alle Folgen $(\mathbf{Y}_k)$ und $(\mathbf{Z}_k)$ mit

$$\mathbf{Y}_{k+1} = \mathbf{Y}_k + h_k\,\mathbf{f}(x_k + \tfrac{1}{2}\,h_k, \tfrac{1}{2}\,\mathbf{Y}_k + \tfrac{1}{2}\,\mathbf{Y}_{k+1})$$

$$\mathbf{Z}_{k+1} = \mathbf{Z}_k + h_k\,\mathbf{f}(x_k + \tfrac{1}{2}\,h_k, \tfrac{1}{2}\,\mathbf{Z}_k + \tfrac{1}{2}\,\mathbf{Z}_{k+1})$$

für $k = 0, 1, 2, \ldots$ in der entsprechenden Norm

$$\|\mathbf{Y}_{k+1} - \mathbf{Z}_{k+1}\| \leqslant \|\mathbf{Y}_k - \mathbf{Z}_k\|$$

gilt, das heißt, daß das Einschrittverfahren aus Beispiel 13.6 das Lösungsverhalten kontraktiver Differentialgleichungen richtig nachvollzieht.

5. Für dreimal stetig differenzierbare Funktionen y gilt

$$\frac{y(x+2h) - 4y(x+h) + 3y(x)}{h} = -2y'(x) + \mathcal{O}(h^2).$$

Diese Tatsache legt das Mehrschrittverfahren

$$\mathbf{Y}_{k+2} - 4\mathbf{Y}_{k+1} + 3\mathbf{Y}_k = -2h\mathbf{f}(x_k, \mathbf{Y}_k)$$

zur Lösung des Anfangswertproblems

$$\mathbf{y}' = \mathbf{f}(x, \mathbf{y}), \quad \mathbf{y}(x_0) = \mathbf{y}_0,$$

auf einem Gitter der festen Gitterweite h nahe. Untersuchen Sie, was geschieht, wenn Sie dieses Verfahren auf das skalare Anfangswertproblem

$$y' = -y, \quad y(0) = 1,$$

anwenden und $Y_1 = y(x_1)$ setzen.

14 Randwertprobleme

Bisher standen meistens Lösungsmethoden des Anfangswertproblems

$$y' = f(x, y), \quad y(x_0) = y_0,$$

im Vordergrund unserer Betrachtungen, jedoch haben wir bereits bei der Diskussion der Variationsprobleme in Kapitel 5, 6 und 7 gesehen, daß gerade bei physikalischen und technischen Fragestellungen wie Schwingungs- oder Biegungsproblemen andere Forderungen sinnvoll sein können, die zu einer Auswahl aus der Lösungsgesamtheit der Differentialgleichung führen, sei es eine Randwertvorgabe, Beschränktheit oder Periodizität der Lösung.

Untersucht man die partielle Differentialgleichung (1.6b) für die Auslenkung u der schwingenden Saite

$$c^2 \frac{\partial^2 u}{\partial x^2} = \frac{\partial^2 u}{\partial t^2} \tag{14.1}$$

im Intervall $0 \leqq x \leqq L$ für Zeiten $t \geqq 0$, so kann man z.B. annehmen, daß die Saite an den Endpunkten eingespannt ist:

$$u(0, t) = u(L, t) = 0, \quad t \geqq 0.$$

Es handelt sich hier um eine Randwertvorgabe.

Mit Hilfe des Separationsansatzes

$$u(x, t) := y(x) \cdot v(t)$$

folgt aus (14.1)

$$c^2 y''(x)\, v(t) = y(x)\, \ddot{v}(t)$$

oder

$$y''(x)/y(x) = c^{-2}\, \ddot{v}(t)/v(t) =: \lambda,$$

denn da der linke Term nur von x, der rechte nur von t abhängt, müssen beide konstant sein.

(14.1) führt so auf zwei lineare Differentialgleichungen zweiter Ordnung

$$y''(x) + \lambda y(x) = 0, \quad y(0) = y(L) = 0,$$

$$\ddot{v}(t) + \lambda c^2 v(t) = 0.$$

Beide Gleichungen haben wir bereits in Kapitel 8 ausführlich untersucht.

Zur Behandlung des Randwertproblems (RWP)

$$y'' + \lambda y = 0, \quad y(0) = y(L) = 0$$

gehen wir von der allgemeinen Lösung der Differentialgleichung aus

$$y(x) = \tilde{c}_1 \cos(\sqrt{\lambda}x) + \tilde{c}_2 \sin(\sqrt{\lambda}x)$$

und passen sie an die Randwertvorgabe an:

$$\tilde{c}_1 = y(0) = 0, \quad \tilde{c}_2 \sin(\sqrt{\lambda}L) = y(L) = 0.$$

Es zeigt sich, daß das Problem nur für gewisse Werte von λ nichttriviale Lösungen besitzt, und zwar für

$$\lambda_n = (n\pi/L)^2.$$

Man nennt sie Eigenwerte des Randwertproblems, und die zugehörigen Lösungen

$$y_n(x) = c_n \sin(n\pi x/L), \quad c_n \neq 0,$$

Eigenlösungen zum Eigenwert λ_n.
Mit

$$v(t) = a \sin(n\pi ct/L) + b \cos(n\pi ct/L)$$

folgt

$$u_n(x, t) = \sin(n\pi x/L)\,[a_n \cos(n\pi ct/L) + b_n \sin(n\pi ct/L)].$$

Nach dem Superpositionsprinzip setzt man die Lösung u in Form einer Fourierreihe an

$$u(x, t) = \sum_{n=1}^{\infty} \sin(n\pi x/L)\,[a_n \cos(n\pi ct/L) + b_n \sin(n\pi ct/L)].$$

Zur Bestimmung der noch freien Konstanten a_n und b_n kann man noch Aussagen über die Lage und Geschwindigkeit der Saite zur Zeit $t = 0$ vorschreiben:

$$u(x, 0) = u_0(x), \quad u_0(0) = u_0(L) = 0 \quad \text{Ausgangslage}$$

$$u_t(x, 0) = u_1(x), \quad u_1(0) = u_1(L) = 0 \quad \text{Ausgangsgeschwindigkeit}.$$

Ohne weiteres dürfen wir die Funktionen u_i auf ganz $\mathbb{R}$ fortsetzen:

$$u_i(-x) = -u_i(x) \quad \text{und} \quad u_i(x + 2L) = u_i(x), \qquad i = 0, 1.$$

Sie sind dann ungerade und 2 L-periodisch. Gilt ferner

$$u_0 \in C^2(\mathbb{R}), \quad u_1 \in C^1(\mathbb{R}),$$

dann folgt

$$u_0(x) = \sum_{n=1}^{\infty} a_n \sin\frac{n\pi x}{L}, \quad a_n = \frac{2}{L}\int_0^L u_0(x) \sin\frac{n\pi x}{L}\,dx,$$

$$u_1(x) = \sum_{n=1}^{\infty} \frac{cn\pi b_n}{L} \sin\frac{n\pi x}{L}, \quad b_n = \frac{2}{n\pi c}\int_0^L u_1(x) \sin\frac{n\pi x}{L}\,dx.$$

Die Formel

$$\sin\alpha\cos\beta = \frac{1}{2}(\sin(\alpha+\beta) + \sin(\alpha-\beta))$$

ergibt schließlich die einfache Darstellung

$$u(x, t) = \frac{1}{2}\left[u_0(x+ct) + u_0(x-ct) + \frac{1}{c}\int_{x-ct}^{x+ct} u_1(s)\,ds\right]. \tag{14.2}$$

14.1 Das Randwertproblem eines linearen Differentialoperators n-ter Ordnung

Wir gehen aus von einem linearen Differentialoperator n-ter Ordnung und betrachten die Gleichung

$$\begin{aligned} &L\tilde{y} = a_n\tilde{y}^{(n)} + a_{n-1}\tilde{y}^{(n-1)} + \ldots + a_0\tilde{y} = \tilde{g}, \\ &a_i,\ \tilde{g} \in C[a, b],\ i = 0, 1, \ldots, n \ \text{ und } \ a_n(x) \neq 0 \ \text{ für alle } x, \end{aligned} \tag{14.3}$$

und die n linear unabhängigen Randbedingungen

$$R_i\tilde{y} = \sum_{j=0}^{n-1}\{\alpha_{ij}\tilde{y}^{(j)}(a) + \beta_{ij}\tilde{y}^{(j)}(b)\} = \gamma_i, \quad i = 1, \ldots, n. \tag{14.4}$$

Wir dürfen sogleich $\gamma_i = 0$, $i = 1, \ldots, n$, annehmen, denn erfüllt eine Funktion $z \in C^n[a, b]$ die Randbedingungen, so gilt für

$$\begin{aligned} &y := \tilde{y} - z \\ &R_i(\tilde{y} - z) = R_i\tilde{y} - R_i z = 0 = R_i y \\ &L(\tilde{y} - z) = L\tilde{y} - Lz = \tilde{g} - Lz =: g = Ly, \end{aligned}$$

oder schließlich

$$\begin{aligned} &Ly = g, \quad x \in [a, b] \\ &R_i y = 0, \ i = 1, \ldots, n. \end{aligned} \tag{14.5}$$

So kann man in der Folge von (14.5) ausgehen.

In Analogie zur Bezeichnungsweise in Kapitel 8 spricht man von einem homogenen Randwertproblem, wenn $g = 0$ ist, ansonsten von einem inhomogenen Randwertproblem. Bezeichnet

$$y = y_0 + \sum_{k=1}^{n} c_k y_k$$

die allgemeine Lösung der inhomogenen Differentialgleichung $Ly = g$, die sich aus einer partikulären Lösung y_0 und dem zu L gehörenden Fundamentalsystem

$$\langle y_1, \ldots, y_n\rangle$$

aufbaut, so ist $R_i y = 0$ gleichbedeutend mit

$$R_i\left(y_0 + \sum_{k=1}^{n} c_k y_k\right) = 0$$

$$\sum_{k=1}^{n} c_k R_i y_k = -R_i y_0, \quad i = 1, \dots, n. \tag{14.6}$$

Ob dieses Gleichungssystem eine Lösung besitzt, hängt entscheidend von der Matrix $(R_i y_k)$ und dem Wert der zugehörigen Determinante ab.

Der Rang der Matrix $(R_i y_k)$ ist übrigens von der Wahl des Fundamentalsystems unabhängig.

Es gilt dann der Alternativsatz

14.1 **Satz.**

Gegeben sei das Randwertproblem (14.5) $Ly = g$, $R_i y = 0$ mit dem Fundamentalsystem $\langle y_1, \dots, y_n\rangle$ zur homogenen Gleichung $Ly = 0$.

Ist die Determinante $\det(R_i y_k)$ von Null verschieden, so ist das Randwertproblem eindeutig lösbar; das homogene Randwertproblem hat dann nur die Null-Lösung $y = 0$.

Gilt $\operatorname{rang}(R_i y_k) = r < n$, so hat der Lösungsraum des homogenen Problems die Dimension r, und das inhomogene Problem ist nur dann lösbar, wenn der Rang der Matrix mit dem der erweiterten übereinstimmt:

$$\operatorname{rang}(R_i y_k) = \operatorname{rang}(R_i y_k;\ -R_i y_0).$$

Beispiel. [K1, S. 231]

Gegeben sei das Randwertproblem

$$y''(x) + \lambda^2 y(x) = x$$

mit den Randbedingungen der Periodizität

$$R_1 y = y(0) - y(\pi) = 0$$

$$R_2 y = y'(0) - y'(\pi) = 0.$$

Hier ist

$$\begin{pmatrix}\alpha_{10} & \alpha_{11}\\ \alpha_{20} & \alpha_{21}\end{pmatrix} = \begin{pmatrix}1 & 0\\ 0 & 1\end{pmatrix}, \quad \begin{pmatrix}\beta_{10} & \beta_{11}\\ \beta_{20} & \beta_{21}\end{pmatrix} = \begin{pmatrix}-1 & 0\\ 0 & -1\end{pmatrix},$$

und ein Fundamentalsystem ist

$$\langle\cos(\lambda x),\ \sin(\lambda x)/\lambda\rangle, \quad [\langle 1, x\rangle \text{ für } \lambda = 0].$$

Eine partikuläre Lösung ergibt sich zu

$$y_0(x) = \begin{cases} x/\lambda^2, & \lambda \neq 0\\ x^3/6, & \lambda = 0\end{cases}.$$

Nun ermittelt man die Matrix

$$(R_i y_k) = \begin{pmatrix} 1-\cos(\lambda\pi) & -\sin(\lambda\pi)/\lambda \\ \lambda\sin(\lambda\pi) & 1-\cos(\lambda\pi) \end{pmatrix} \left[\begin{pmatrix} 0 & -\pi \\ 0 & 0 \end{pmatrix}\right]$$

und

$$\begin{pmatrix} R_1 y_0 \\ R_2 y_0 \end{pmatrix} = \begin{pmatrix} -\pi/\lambda^2 \\ 0 \end{pmatrix} \left[\begin{pmatrix} -\pi^3/6 \\ -\pi^2/2 \end{pmatrix}\right].$$

Es ist

$$\det(R_i y_k) = (1-\cos(\lambda\pi))^2 + \sin^2(\lambda\pi),$$

und man hat folgende Fälle:

$$\operatorname{rang}(R_i y_k) = \begin{cases} 2 \text{ für } \lambda \neq 2n, & \text{eindeutige Lösbarkeit} \\ 1 \text{ für } \lambda = 0, & \text{keine Lösbarkeit} \\ 0 \text{ für } \lambda = 2n \neq 0, & \text{keine Lösbarkeit} \end{cases}$$

des inhomogenen Problems, $n \in \mathbb{Z}$. □

14.2 Die Greensche Funktion

Ist das Randwertproblem (14.5) eindeutig lösbar, so bildet der Operator L den linearen Raum **V** der Funktionen aus $C^n[a, b]$, die die Randbedingungen $R_i y = 0$ erfüllen, umkehrbar eindeutig auf $C[a, b]$ ab. Es ist daher eine durchaus naheliegende Idee, einen Umkehroperator L^{-1} zu konstruieren mit

$$L^{-1}: C[a, b] \to \mathbf{V}.$$

Beispiel.

Wir untersuchen das Randwertproblem

$$y'' = g, \quad y(0) = y'(0) = 0, \quad g \in C[0,1].$$

Es folgt dann (vgl. Satz 8.7)

$$y(x) = \int_0^x \int_0^u g(t)\,dt\,du = \int_0^x (x-u)\,g(u)\,du.$$

Wenn man

$$G(x, u) = \begin{cases} x-u, & 0 \leqq u \leqq x \\ 0, & x \leqq u \leqq 1 \end{cases}$$

setzt, kann man

$$y(x) = \int_0^1 G(x, u)\,g(u)\,du =: (L^{-1} g)(x)$$

schreiben.

Der Umkehroperator L^{-1} zu L ist ein Integraloperator mit Kernfunktion G, der auf C [0, 1] definiert ist.

Die Bildfunktionen sind zweimal stetig differenzierbar und erfüllen die Randbedingungen. Die Kernfunktion G genügt der homogenen Differentialgleichung, ist stetig auf [0, 1] × [0, 1], erfüllt die Randbedingungen, und es gilt die Sprungrelation

$$\frac{\partial G}{\partial x}\Big|_{x=u+0} - \frac{\partial G}{\partial x}\Big|_{x=u-0} = 1$$ □

Wir wollen nun auch allgemein formulieren, welche Voraussetzungen man über die Kernfunktion G, die *Greensche Funktion* macht, um den Umkehroperator L^{-1} des Problems (14.5) zu konstruieren.

14.2 **Konstruktionsvorschrift der Greenschen Funktion.**

Es sei das inhomogene Problem (14.5) eindeutig lösbar.

(1) Man setzt an

$$G(x,u) := \begin{cases} G_1(x,u) = \sum_{k=1}^{n} c_k(u)\, y_k(x) + \sum_{k=1}^{n} d_k(u)\, y_k(x)\,, & a \leqq x \leqq u \leqq b \\ G_2(x,u) = \sum_{k=1}^{n} c_k(u)\, y_k(x) - \sum_{k=1}^{n} d_k(u)\, y_k(x), & a \leqq u \leqq x \leqq b\,, \end{cases} \tag{14.7}$$

mit einem beliebigen Fundamentalsystem $\langle y_1, \dots, y_n\rangle$ zu $Ly = 0$.

(2) Dann sind die Teilfunktionen G_1 und G_2 n-mal stetig differenzierbar nach x und erfüllen die Differentialgleichung $LG_i = 0$, $i = 1, 2$.

Die Funktionen c_k und d_k bestimmt man so, daß gilt:

(3) G genügt den Randbedingungen aus (14.5)

$$\sum_{j=0}^{n-1} \{\alpha_{ij} G_1^{(j)}(a,u) + \beta_{ij} G_2^{(j)}(b,u)\} = 0, \quad i = 1, \dots, n\,, \qquad (\text{vgl. } (14.9)).$$

(4) $$\frac{\partial^j G}{\partial x^j}\Big|_{x=u+0} - \frac{\partial^j G}{\partial x^j}\Big|_{x=u-0} = \begin{cases} 0, & j = 0, \dots, n-2, \\ 1/a_n(u), & j = n-1\,, \end{cases} \qquad (\text{vgl. } (14.8))\,.$$

Man kann nun nachweisen, daß

a) eine derartige Greensche Funktion existiert,

b) mit

$$y(x) = \int_a^b G(x,u)\, g(u)\, du$$

die eindeutig bestimmte Lösung des Randwertproblem (14.5) gegeben ist.

Zu a):

Mit dem Ansatz (14.7) sind die Bedingungen aus (2) bereits erfüllt, und die Sprungrelation (4) bedeutet:

$$
\begin{aligned}
&-2\sum_{k=1}^{n} d_k(u)\, y_k^{(j)}(u) = 0, \quad j = 0, \ldots, n-2, \\
&-2\sum_{k=1}^{n} d_k(u)\, y_k^{(n-1)}(u) = 1/a_n(u).
\end{aligned}
\tag{14.8}
$$

Das Gleichungssystem (14.8) ist eindeutig lösbar, da die Wronskideterminante der $y_1, \ldots, y_n$ nirgends verschwindet.

Es ist daher nur noch die Bedingung (3) zu erfüllen, die dem folgenden Gleichungssystem entspricht:

$$
\sum_{k=1}^{n} c_k(u)\, R_i y_k = -\sum_{j=0}^{n-1} \alpha_{ij} \sum_{k=1}^{n} d_k(u)\, y_k^{(j)}(a) + \sum_{j=0}^{n-1} \beta_{ij} \sum_{k=1}^{n} d_k(u)\, y_k^{(j)}(b), \quad i = 1, \ldots, n,
\tag{14.9}
$$

das die $c_k(u)$ ebenfalls eindeutig bestimmt, da $\det(R_i y_k) \neq 0$ ist.

Zu b):

Es ist zu zeigen, daß

$$
y(x) = \int_a^b G(x, u)\, g(u)\, du
$$

Lösung von (14.5) ist.

Man darf wegen (2) und (4) $(n-2)$-mal unter dem Integralzeichen differenzieren, d.h.

$$
y^{(j)}(x) = \int_a^b \frac{\partial^j G}{\partial x^j}(x, u)\, g(u)\, du, \quad j = 0, 1, \ldots, n-2.
$$

Weiter erhält man aus

$$
y^{(n-2)}(x) = \int_a^x \frac{\partial^{n-2} G_2}{\partial x^{n-2}}(x, u)\, g(u)\, du + \int_x^b \frac{\partial^{n-2} G_1}{\partial x^{n-2}}(x, u)\, g(u)\, du
$$

nach Differentiation

$$
\begin{aligned}
y^{(n-1)}(x) = {} & g(x)\left[\frac{\partial^{n-2} G}{\partial x^{n-2}}(x, x-0) - \frac{\partial^{n-2} G}{\partial x^{n-2}}(x, x+0)\right] \\
& + \int_a^x \frac{\partial^{n-1} G_2}{\partial x^{n-1}}(x, u)\, g(u)\, du + \int_x^b \frac{\partial^{n-1} G_1}{\partial x^{n-1}}(x, u)\, g(u)\, du,
\end{aligned}
$$

und die ausintegrierten Bestandteile heben sich noch weg.

Genauso folgt

$$y^{(n)}(x) = g(x)\left[\frac{\partial^{n-1} G}{\partial x^{n-1}}(x, x-0) - \frac{\partial^{n-1} G}{\partial x^{n-1}}(x, x+0)\right] + \int_a^b \frac{\partial^n G}{\partial x^n}(x, u)\, g(u)\, du,$$

und diesmal ist der erste Term auf der rechten Seite wegen (4) gleich $g(x)/a_n(x)$. Insgesamt gilt unsere Behauptung

$$Ly = \int_a^x LG_2\, g du + \int_x^b LG_1\, g du + a_n g/a_n = g\,,$$

und weiter

$$R_i y = \int_a^b \left[\sum_{j=0}^{n-1} \alpha_{ij}\, G_1^{(j)}(a, u) + \beta_{ij}\, G_2^{(j)}(b, u)\right] g(u)\, du = 0.$$

Damit ist der Beweis abgeschlossen. ■

Als Beispiel nehmen wir noch einmal das Problem der schwingenden Saite (14.1) auf und betrachten

$$y'' + \lambda y = g,\ \ y(0) = a(L) = 0,\ \ (\lambda \neq 0)\,. \tag{14.10}$$

Das homogene Problem besitzt für $\lambda \neq (n\pi/L)^2$ nur die Null-Lösung, das inhomogene Problem ist demnach eindeutig lösbar.

Als Fundamentalsystem der homogenen Differentialgleichung wählen wir

$$y_1(x) = \cos(\sqrt{\lambda} x) \ \text{ und } \ y_2 = \sin(\sqrt{\lambda} x)/\sqrt{\lambda}\,.$$

y_1 und y_2 sind übrigens überall konvergente Potenzreihen in λ.

Die d_k ergeben sich aus (14.8)

$$\begin{pmatrix} \cos(\sqrt{\lambda} u) & \sin(\sqrt{\lambda} u)/\sqrt{\lambda} \\ -\sqrt{\lambda}\sin(\sqrt{\lambda} u) & \cos(\sqrt{\lambda} u) \end{pmatrix} \begin{pmatrix} d_1(u) \\ d_2(u) \end{pmatrix} = \begin{pmatrix} 0 \\ -1/2 \end{pmatrix}$$

zu

$$d_1(u) = \frac{\sin(\sqrt{\lambda} u)}{2\sqrt{\lambda}}, \qquad d_2(u) = -\frac{1}{2}\cos(\sqrt{\lambda} u).$$

Wir notieren nun das Gleichungssystem (14.9) für die c_k:

$$\begin{pmatrix} R_1 y_1 & R_1 y_2 \\ R_2 y_1 & R_2 y_2 \end{pmatrix} \begin{pmatrix} c_1(u) \\ c_2(u) \end{pmatrix} = \begin{pmatrix} -d_1(u)\, y_1(0) - d_2(u)\, y_2(0) \\ d_1(u)\, y_1(L) + d_2(u)\, y_2(L) \end{pmatrix},$$

$$\begin{pmatrix} 1 & 0 \\ \cos(\sqrt{\lambda} L) & \dfrac{\sin(\sqrt{\lambda} L)}{\sqrt{\lambda}} \end{pmatrix} \begin{pmatrix} c_1(u) \\ c_2(u) \end{pmatrix} = \begin{pmatrix} -\sin(\sqrt{\lambda} u)/(2\sqrt{\lambda}) \\ \dfrac{\sin(\sqrt{\lambda} u)}{2\sqrt{\lambda}}\cos(\sqrt{\lambda} L) - \dfrac{\sin(\sqrt{\lambda} L)}{2\sqrt{\lambda}}\cos(\sqrt{\lambda} u) \end{pmatrix}.$$

Es folgt

$$c_1(u) = -\frac{\sin(\sqrt{\lambda}u)}{2\sqrt{\lambda}},$$

$$c_2(u) = \frac{\cos(\sqrt{\lambda}L)}{\sin(\sqrt{\lambda}L)}\sin(\sqrt{\lambda}u) - \frac{1}{2}\cos(\sqrt{\lambda}u),$$

und als Greensche Funktion ergibt sich

$$G(x,u,\lambda) = \begin{cases} \left(\dfrac{\cos(\sqrt{\lambda}L)}{\sin(\sqrt{\lambda}L)}\sin(\sqrt{\lambda}u) - \cos(\sqrt{\lambda}u)\right)\dfrac{\sin(\sqrt{\lambda}x)}{\sqrt{\lambda}}, & 0 \leqq x \leqq u \leqq L, \\ \left(\dfrac{\cos(\sqrt{\lambda}L)}{\sin(\sqrt{\lambda}L)}\sin(\sqrt{\lambda}x) - \cos(\sqrt{\lambda}x)\right)\dfrac{\sin(\sqrt{\lambda}u)}{\sqrt{\lambda}}, & 0 \leqq u \leqq x \leqq L, \end{cases}$$

oder

$$G(x,u,\lambda) = \frac{\sin(\sqrt{\lambda}(u-L))}{\sin(\sqrt{\lambda}L)}\,\frac{\sin(\sqrt{\lambda}x)}{\sqrt{\lambda}}, \qquad x \leqq u,$$

mit der Symmetriebeziehung

$$G(x,u,\lambda) = G(u,x,\lambda).$$

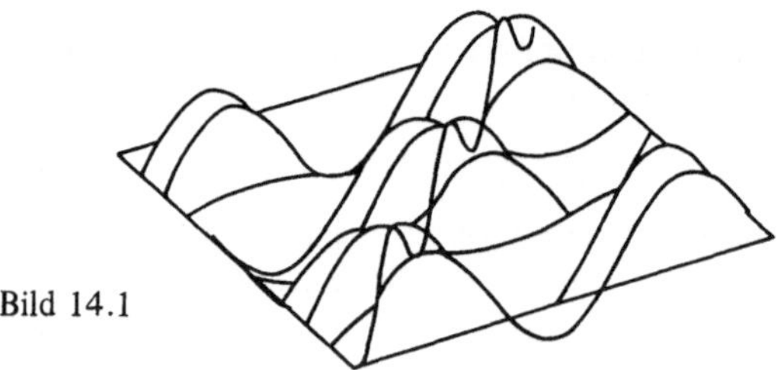

Bild 14.1

Für $\lambda \to 0$ erhält man die Greensche Funktion des Problems

$$y'' = g, \quad y(0) = y(L) = 0:$$

$$G(x,u,0) = \frac{u-L}{L}x, \quad x \leqq u, \quad G(x,u,0) = \frac{x-L}{L}u, \quad u \leqq x.$$

Ist $\lambda = (n\pi/L)^2$, $n \in \mathbb{N}$, so ist das inhomogene Randwertproblem nach Satz 14.5 (weiter hinten) genau dann lösbar, wenn $\int_0^L g(x)\sin(n\pi/L)\,dx = 0$ gilt.

An diesem Beispiel kann man auch sehr leicht die Beziehung

$$LG(x,u) = \delta(x-u) \Longleftrightarrow \frac{d^2}{dx^2}G(x,u) = \delta(x-u)$$

verifizieren (vgl. Kapitel 11) und das δ-Funktional auf Funktionen aus $C_K^\infty(a,b)$ anwenden.

14.3 Selbstadjungierte Randwertprobleme

In Abschnitt 8.4 haben wir bereits den adjungierten Operator zu einem linearen Differentialoperator zweiter Ordnung eingeführt und die selbstadjungierte Form angegeben.

Man kann den Vorgang auf den Differentialoperator n-ter Ordnung

$$Ly(x) = a_n(x)\, y^{(n)}(x) + a_{n-1}(x)\, y^{(n-1)}(x) + \ldots + a_0(x)\, y(x), \quad a_j \in C^j[a, b],$$

übertragen und erhält für $u, v \in C^n[a, b]$ nach partieller Integration

$$(u, Lv) := \int_a^b uLv\,dx = \int_a^b u(x) \sum_{j=0}^{n} a_j(x)\, v^{(j)}(x)\,dx$$

$$= \sum_{j=1}^{n} \sum_{k=0}^{j-1} (-1)^k [u(x)\, a_j(x)]^{(k)}\, v^{(j-1-k)}(x) \Big|_a^b$$

$$+ \int_a^b v(x) \sum_{j=0}^{n} (-1)^j [u(x)\, a_j(x)]^{(j)}\,dx,$$

und wir erhalten wieder die Lagrange Identität

$$(u, Lv) - (v, L^*u) = M(u, v)\big|_a^b \tag{14.11}$$

$$L^*u = \sum_{j=0}^{n} (-1)^j [ua_j]^{(j)}, \quad M(u, v) = \sum_{j=1}^{n} \sum_{k=0}^{j-1} (-1)^k [ua_j]^{(k)}\, v^{(j-1-k)}.$$

Sind L und L* identisch, so heißt L *selbstadjungiert*, und im Falle $n = 2m$ hat L die Form

$$Ly = L^*y = \sum_{j=0}^{m} (-1)^j [p_j y^{(j)}]^{(j)}, \quad p_j \in C^j[a, b], \tag{14.12}$$

in Verallgemeinerung von (8.25).

14.3 **Definition.** (Selbstadjungiertes Randwertproblem)

Das Randwertproblem (13.5)

$$Ly = g, \quad R_i y = 0, \quad i = 1, \ldots, n,$$

heißt *selbstadjungiert*, wenn

$$Ly = L^*y$$

ist, und für zwei *Vergleichsfunktionen* $u, v \in C^n[a, b]$, das sind Funktionen, die die Randbedingungen erfüllen,

$$(u, Lv) - (Lu, v) = M(u, v)\big|_a^b = 0$$

gilt.

Bei Randwertproblemen zweiter Ordnung kann man leicht feststellen, wann sie selbstadjungiert sind.
Ausgehend von

$$Ly = -(p_1 y')' + p_0 y = 0, \quad R_i y = 0, \tag{14.13}$$

ist nach (8.24)

$$M(u, v) = -p_1 W(u, v) = -p_1 (uv' - u'v)$$

und

$$M(u, v)|_a^b = 0$$

gleichbedeutend mit

$$\begin{aligned} p_1(a) \det \begin{pmatrix} u(a) & v(a) \\ u'(a) & v'(a) \end{pmatrix} &= p_1(a) W(u, v, a) \\ = p_1(b) \det \begin{pmatrix} u(b) & v(b) \\ u'(b) & v'(b) \end{pmatrix} &= p_1(b) W(u, v, b) . \end{aligned} \tag{14.14}$$

Weiter hat man wegen $R_i u = R_i v = 0$

$$\begin{pmatrix} \alpha_{10} & \alpha_{11} \\ \alpha_{20} & \alpha_{21} \end{pmatrix} \begin{pmatrix} u(a) & v(a) \\ u'(a) & v'(a) \end{pmatrix} + \begin{pmatrix} \beta_{10} & \beta_{11} \\ \beta_{20} & \beta_{21} \end{pmatrix} \begin{pmatrix} u(b) & v(b) \\ u'(b) & v'(b) \end{pmatrix} = \begin{pmatrix} 0 & 0 \\ 0 & 0 \end{pmatrix}$$

oder kurz

$$\mathbf{A} W(u, v, a) + \mathbf{B} W(u, v, b) = \mathbf{0}$$

oder

$$\det \mathbf{A}\, W(u, v, a) = \det \mathbf{B}\, W(u, v, b) . \tag{14.15}$$

Die Bedingung (14.14) ist aber äquivalent zu

$$p_1(a) \det \mathbf{B} = p_1(b) \det \mathbf{A} . \tag{14.16}$$

Zum Beweis beachtet man, daß

$$\det \mathbf{A} = \det \mathbf{B} = 0$$

genau dann gilt, wenn die Randbedingungen $R_i y = 0$ zerfallenden äquivalent sind:

$$\alpha y(a) + \beta y'(a) = 0, \quad \gamma y(b) + \delta y'(b) = 0, \quad |\alpha| + |\beta| > 0, \quad |\gamma| + |\delta| > 0 ,$$

was wiederum genau dann der Fall ist, wenn

$$W(u, v, a) = W(u, v, b) = 0$$

für Vergleichsfunktionen u und v gilt.
Bedeutet

⊥ *Senkrecht stehen*
‖ *Parallel sein,*

so folgt in den verbleibenden Fällen die Behauptung

$$(14.14) \Longleftrightarrow (14.16)$$

aus (14.15) $\begin{pmatrix} \det \mathbf{A} \\ -\det \mathbf{B} \end{pmatrix} \perp \begin{pmatrix} W(u, v, a) \\ W(u, v, b) \end{pmatrix}$:

$$\begin{pmatrix} p_1(a) \\ -p_1(b) \end{pmatrix} \perp \begin{pmatrix} W(u, v, a) \\ W(u, v, b) \end{pmatrix} \Longleftrightarrow \begin{pmatrix} p_1(a) \\ -p_1(b) \end{pmatrix} \parallel \begin{pmatrix} \det \mathbf{A} \\ -\det \mathbf{B} \end{pmatrix}.$$

Das Randwertproblem (14.13) ist daher selbstadjungiert bei folgenden Randbedingungen:

(1) $y(a) = y(b) = 0$

(2) $y'(a) = y'(b) = 0$

(3) $\alpha_{10} y(a) + \alpha_{11} y'(a) = 0, \quad \beta_{20} y(b) + \beta_{21} y'(b) = 0$

(4) $\alpha_{10} y(a) + \beta_{10} y(b) = 0, \quad \beta_{10} p_1(a) y'(a) + \alpha_{10} p_1(b) y'(b) = 0$.

Unser Beispiel aus (14.10) ist also ein selbstadjungiertes Randwertproblem, bei dem die Greensche Funktion symmetrisch ist. Das gilt jedoch auch allgemein.

14.4 **Satz.**

Die selbstadjungierte Randwertaufgabe

$$Ly = g, \quad R_i y = 0$$

sei eindeutig lösbar.

Dann ist die zugehörige Greensche Funktion G symmetrisch:

$$G(x, t) = G(t, x).$$

Beweis.

Es seien $f, h \in C[a, b]$ beliebig vorgegeben.

Dann sind u und v mit

$$u(x) = \int_a^b G(x, t) f(t)\, dt, \qquad v(x) = \int_a^b G(x, t) h(t)\, dt$$

Vergleichsfunktionen, und es ist

$$Lu = f, \qquad Lv = h.$$

Weiter erhält man

$$(u, Lv) = \int_a^b \int_a^b G(x, t) f(t)\, dt\, h(x)\, dx = (Lu, v)$$

$$= \int_a^b \int_a^b G(x, t) h(t)\, dt\, f(x)\, dx = \int_a^b \int_a^b G(t, x) f(t) h(x)\, dx dt,$$

und nach Vertauschung der Integrationsreihenfolge bei gleichmäßig stetigen Funktionen

$$(u, Lv) - (Lu, v) = 0 = \int_a^b \int_a^b (G(x,t) - G(t,x))\, f(t)\, h(x)\, dt\, dx\,.$$

Wie im Fundamentallemma 5.1 schließt man daraus

$$G(x,t) = G(t,x) \quad \text{für alle } x, t \in [a, b]\,. \qquad \blacksquare$$

Zum Schluß dieses Abschnittes diskutieren wir noch den Fall, daß das homogene Randwertproblem nicht eindeutig lösbar ist.

Man kann dann eine verallgemeinerte Greensche Funktion konstruieren.

14.5 **Satz.**

Gegeben sei das selbstadjungierte Randwertproblem

$$Ly = g, \quad R_i y = 0\,.$$

Hat das homogene Problem k linear unabhängige Lösungen $y_1, \ldots, y_k$, so ist das inhomogene Problem dann und nur dann lösbar, wenn

$$\int_a^b g(x)\, y_j(x)\, dx = (g, y_j) = 0, \quad j = 1, \ldots, k\,, \tag{14.17}$$

gilt.

Beweis.

Die Notwendigkeit der Bedingung (14.17) ist leicht einzusehen. Ist y Lösung des inhomogenen Problems, so folgt

$$(g, y_j) = (Ly, y_j) = (Ly, y_j) - (y, Ly_j) = 0.$$

Wir zeigen, daß die Bedingung (14.17) hinreichend ist, nur im Falle $n = 2$

$$Ly = -(p_1 y')' + p_0 y = g, \quad p_1(x) \neq 0 \text{ für alle } x \in [a, b]\,,$$

mit den Randbedingungen

$$\mathbf{A}\begin{pmatrix} y(a) \\ y'(a) \end{pmatrix} + \mathbf{B}\begin{pmatrix} y(b) \\ y'(b) \end{pmatrix} = \begin{pmatrix} 0 \\ 0 \end{pmatrix}.$$

Es sei $\langle y_1, y_2 \rangle$ ein Fundamentalsystem von $Ly = 0$, und es gelte

$$R_1 y_1 = R_2 y_1 = 0, \quad (g, y_1) = 0\,.$$

Für zwei Lösungen y_1 und y_2 von $Ly = 0$ ist aber (vgl. (8.24))

$$p_1(x)\, W(y_1, y_2, x) = \text{const.}\,,$$

und wir setzen die Konstante zu -1.

Wie man verifizieren kann, ist dann

$$\tilde{y}(x) := \int_a^x g(t) \det\begin{pmatrix} y_1(t) & y_2(t) \\ y_1(x) & y_2(x) \end{pmatrix} dt$$

eine Lösung der inhomogenen Differentialgleichung.

Man berechnet:

$$R_1 \tilde{y} = -(\beta_{10} y_1(b) + \beta_{11} y_1'(b))\,(g, y_2)$$
$$R_2 \tilde{y} = -(\beta_{20} y_1(b) + \beta_{21} y_1'(b))\,(g, y_2)\,.$$

Nach Satz 14.1 ist nur noch zu zeigen:

Es gibt Zahlen c_1, c_2 mit

$$\begin{aligned} c_1 R_1 y_1 + c_2 R_1 y_2 + R_1 \tilde{y} &= 0 \\ c_1 R_2 y_1 + c_2 R_2 y_2 + R_2 \tilde{y} &= 0\,. \end{aligned} \tag{14.18}$$

Zunächst ist $R_1 y_1 = R_2 y_1 = 0$.

Gilt auch $R_1 y_2 = R_2 y_2 = 0$, so folgt $(g, y_2) = 0$, $R_1 \tilde{y} = R_2 \tilde{y} = 0$, und (14.18) ist erfüllbar. Gelte also $R_1 y_2 \neq 0$ oder $R_2 y_2 \neq 0$ und $(g, y_2) \neq 0$.

(14.18) ist genau dann lösbar, wenn $R_1 y_2\; R_2 \tilde{y} - R_2 y_2\; R_1 \tilde{y} = 0$ gilt.

Mit $\binom{y_i}{y_i'} =: \mathbf{y}_i$ verifizieren wir

$$\begin{aligned}
&-(g, y_2)\,(R_1 y_2\; R_2 \tilde{y} - R_2 y_2\; R_1 \tilde{y}) \\
&= \det(\mathbf{A}\,\mathbf{y}_2(a) + \mathbf{B}\,\mathbf{y}_2(b),\; \mathbf{B}\,\mathbf{y}_1(b)) \\
&= \det(\mathbf{A}\,\mathbf{y}_2(a),\; \mathbf{B}\,\mathbf{y}_1(b)) + \det(\mathbf{B}\,\mathbf{y}_2(b),\; \mathbf{B}\,\mathbf{y}_1(b)) \\
&= -\det(\mathbf{A}\,\mathbf{y}_2(a),\; \mathbf{A}\,\mathbf{y}_1(a)) + \det(\mathbf{B}\,\mathbf{y}_2(b),\; \mathbf{B}\,\mathbf{y}_1(b)) \\
&= \det(\mathbf{A}\,\mathbf{y}_1(a),\; \mathbf{A}\,\mathbf{y}_2(a)) - \det(\mathbf{B}\,\mathbf{y}_1(b),\; \mathbf{B}\,\mathbf{y}_2(b)) \\
&= \det \mathbf{A}\; W(y_1, y_2, a) - \det \mathbf{B}\; W(y_1, y_2, b) \\
&= -\det \mathbf{A}/p_1(a) + \det \mathbf{B}/p_1(b) = 0 \quad \text{wegen (14.16).}
\end{aligned}$$

■

14.4 Nichtlineare Randwertprobleme

Wir sind bereits in den Kapiteln 5, 6 und 7 bei der Diskussion von Variations-, Biege- und Schwingungsproblemen auf Randwertaufgaben mit nichtlinearer Differentialgleichung gestoßen.

Erinnert sei an die Differentialgleichung (7.15)

$$y'' + f(y) = 0, \quad y f(y) > 0 \quad \text{für } y \neq 0\,,$$

die periodische Lösungen besitzt.

Gilt

$$\varliminf_{y \to \infty} f(y) > 0\,,$$

so erwarten wir wegen Satz 7.3 bei Vorgabe der Randwertbedingungen

$$y(0) = 0 = y(b)$$

eine Folge von Lösungen ($\pm y_n$), bei der die Ableitungen $y_n'(0)$ streng monoton gegen Unendlich wachsen.

Das Problem der Bestimmung der kleinsten Drehfläche bei Rotation der Kurve $\binom{x}{y(x)}$, $a \leqq x \leqq b$, um die x-Achse mit $y(a) = y_0$, $y(b) = y_1$ aus Beispiel 6.8 Nr. 2 führt auf die Differentialgleichung

$$yy'' = 1 + y'^2$$

oder nach einer Integration auf

$$y = c_1(1 + y'^2)^{1/2}$$

mit der Lösung

$$y(x) = c_1 \cosh\left(\frac{x - c_2}{c_1}\right), \quad \text{Kettenlinie}.$$

Dabei müssen die Konstanten c_1 und c_2 so bestimmt werden, daß die Randbedingungen erfüllt sind.

Das ist jedoch durchaus nicht immer möglich, wie schon der Spezialfall der symmetrischen Vorgabe

$$y(-a) = y(a) = y_0 > 0$$

zeigt.

Es folgt dann $c_2 = 0$, und wir erhalten die Bestimmungsgleichung für c_1:

$$c_1 \cosh(a/c_1) = y_0, \quad \cosh(a/c_1)/(a/c_1) = y_0/a.$$

Die Funktion f mit

$$f(u) = \frac{\cosh u}{u}$$

ist für $u > 0$ erklärt, fällt zunächst monoton in $0 < u < u_0$, hat in

$$u_0 = 1.1997$$

den Minimalwert

$$f(u_0) = 1.5089$$

und wächst dann monoton gegen Unendlich für $u \to \infty$.

Ist

$$y_0 < f(u_0)\,a,$$

so hat das Randwertproblem keine Lösung, für $y_0 = f(u_0)\,a$ eine und für

$$y_0 > f(u_0)\,a$$

zwei Lösungen c_1 und $\tilde{c}_1$ mit $a/c_1 < u_0 < a/\tilde{c}_1$.

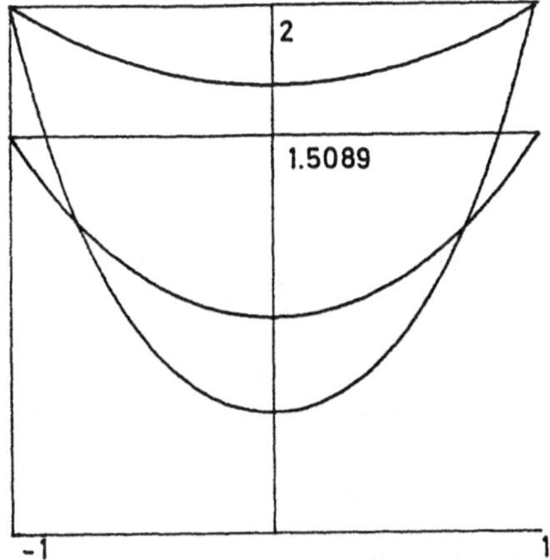

Bild 14.2

Die Minimallösung ist dann (vgl. Bild 14.2)

$$y(x) = c_1 \cosh(x/c_1) .$$

Kommen wir nun zum allgemeineren Randwertproblem

$$y'' + f(x, y, y') = 0, \quad y(a) = y(b) = 0, \quad f \in C([a, b] \times \mathbb{R}^2) . \tag{14.19}$$

Es ist einer Integralgleichung äquivalent:

$$y(x) = \int_a^b G(x, u)\, f(u, y(u), y'(u))\, du$$

mit

$$(b-a)\, G(x, u) := \begin{cases} (b-x)(u-a), & a \leqq u \leqq x \leqq b \\ (b-u)(x-a), & a \leqq x \leqq u \leqq b \end{cases} . \tag{14.20}$$

Schreibt man

$$(b-a)\, y(x) = \int_a^x (b-x)(u-a)\, f(u, y(u), y'(u))\, du$$

$$+ \int_x^b (b-u)(x-a)\, f(u, y(u), y'(u))\, du ,$$

so verifiziert man leicht durch Differentiation, daß y (14.19) erfüllt, da offensichtlich $y(a) = 0 = y(b)$ gilt.

Die Umkehrung folgt aus der Integration der Differentialgleichung:

$$y(x) = \frac{1}{b-a}\left(\int_a^b (x-a)(b-u)\,f\,du - \int_a^x \int_a^t (b-a)\,f\,du\,dt\right)$$

$$= \frac{1}{b-a}\left(\int_a^b (x-a)(b-u)\,f\,du - \int_a^x (x-u)(b-a)\,f\,du\right) = \int_a^b G(x,u)\,f\,du\,.$$

Wir zeigen nun den

14.6 **Satz.** (Picard)

Gegeben sei das Randwertproblem

$$y'' + f(x,y) = 0,\ \ y(a) = y(b) = 0,\ \ f \in C([a,b] \times \mathbb{R})\,,$$

und es gelte die Lipschitzbedingung

$$\|f(x,v) - f(x,w)\| \leqq k\,\|v-w\| \quad \text{für alle } x \in [a,b],\ v,w \in \mathbb{R}$$

mit

$$k < 8/(b-a)^2\,.$$

Erfüllt y_0 die Randbedingungen, dann konvergiert die Folge (y_n) der Funktionen mit G aus (14.20)

$$y_n(x) := \int_a^b G(x,u)\,f(u, y_{n-1}(u))\,du,\ \ n = 1, 2, \ldots$$

gleichmäßig gegen die eindeutig bestimmte Lösung des vorgegebenen Randwertproblems.

Beweis.

Es gelten die Beziehungen

$$0 \leqq G(x,u) \leqq (b-x)(x-a)/(b-a) \leqq (b-a)/4\,,$$

und, da $y = (b-x)(x-a)/2$ das Randwertproblem (14.19) mit $f = 1$ löst,

$$\int_a^b G(x,u)\,du = \frac{(b-x)(x-a)}{2} \leqq (b-a)^2/8\,.$$

Dann folgt die Aussage des Satzes genau wie im Beweis zum Satz 3.9 von Picard-Lindelöf mit Hilfe des Fixpunkttheorems. Dazu beachtet man, daß mit der Supremumnorm

$$\|y_{n+1} - y_n\| \leqq \int_a^b G(x, u)\| f(u, y_n(u)) - f(u, y_{n-1}(u))\| \, du$$

$$\leqq k \|y_n - y_{n-1}\| \frac{(b-a)^2}{8} \leqq p \|y_n - y_{n-1}\|, \; p < 1 ,$$

ist.

Das bedeutet

$$\|y_{n+1} - y_n\| \leqq p^n \|y_1 - y_0\|, \; \|y_{n+m} - y_n\| \leqq \frac{p^n}{1-p} \|y_1 - y_0\| ,$$

und die Folge (y_n) konvergiert gleichmäßig gegen die eindeutig bestimmte Lösung der Integralgleichung

$$y(x) = \int_a^b G(x, u) f(u, y(u)) \, du .$$ ■

Die Konstante k ist nicht bestmöglich; mit einer geeigneteren Norm kann man sie bis auf $k < \pi^2/(b-a)^2$ verbessern. Wie Aufgabe 7 zeigt, wird Satz 14.6 für $k = \pi^2/(b-a)^2$ falsch.

Die Anwendungsmöglichkeiten des Satzes sind doch recht eingeschränkt. Das folgende Kapitel liefert wesentlich wirksamere numerische Methoden zur Lösung von Randwertproblemen.

14.5 Literatur zu Kapitel 14

Unsere Darlegung der Randwertprobleme stützt sich auf die Bücher von Weise [W2, S. 143f] und Kamke [K1], der eine grundlegende Darstellung der allgemeinen Theorie liefert. Über die schon erwähnten Lehrbücher [C-L], [C1], [D-R], [M2] etc. der gewöhnlichen Differentialgleichungen hinaus, die sich alle mit Randwertaufgaben beschäftigen, erwähnen wir die Werke von I. Stakgold [S3], und von G. F. Roach [R5].

Verallgemeinerungen des Problems (14.19) behandelt der Übersichtsartikel von John V. Baxley [B7, S. 46–54].

Die allgemeine Lösung zur minimalen Rotationsfläche findet sich z.B. bei G. Bliss [B8, S. 85f.].

14.6 Aufgaben zu Kapitel 14

1. Man bestimme die Greensche Funktion des Randwertproblems

$$y'' + y = g, \; y(0) - y'(\pi) = 0, \; y(\pi) = 0.$$

2. Man löse das Randwertproblem

$$xy''(x) + y'(x) = g(x), \; y(1) = 0, \; \overline{\lim_{x \to 0}}(|y(x)| + |y'(x)|) < \infty .$$

Ist es selbstadjungiert?

3. Man löse das Randwertproblem

$$y'' + 4y = e^x, \; y(0) = 0, \; y'(\pi) = 0 .$$

4. Man bestimme die zum Randwertproblem

$$y'' + f(x, y, y') = 0, \; y(a) = 0, \; y'(b) = 0$$

äquivalente Integralgleichung.

5. Man berechne näherungsweise $y_j'(0)$, $j = 1, 2, 3$, für die ersten drei Lösungen des Randwertproblems

$$y'' + y^3 = 0, \; y(0) = y(1) = 0 ,$$

mit positiver Steigung im Nullpunkt.

Anleitung: Mit einem Potenzreihenansatz berechne man eine Näherung für $y_1'(0)$ und zeige $y_j'(0) = j^2 y_1'(0)$.

6. Man löse das Problem der Minimalen Rotationsfläche F:

$$yy'' = 1 + y'^2, \; y(-1) = y(1) = c, \; c = \frac{e + 1/e}{2} ; 2 .$$

7. Man zeige:
Das Randwertproblem

$$y'' + |y| = 0, \; y(0) = 0, \; y(b) = A ,$$

hat eine eindeutige Lösung für $b^2 < 8$. Man gebe eine Lösung für $b < \pi$ an. Ist das für $b = \pi$ immer möglich?

15 Numerische Behandlung von Randwertproblemen

Allgemeine Randwertprobleme n-ter Ordnung für eine gesuchte reellwertige Funktion y lassen sich in der Form

$$\begin{aligned} & y^{(n)}(x) = f(x, y(x), y'(x), \ldots, y^{(n-1)}(x)), \quad x \in [a, b], \\ & r_i(y(a), y'(a), \ldots, y^{(n-1)}(a); y(b), y'(b), \ldots, y^{(n-1)}(b)) = 0, \end{aligned} \tag{15.1}$$

$i = 1, 2, \ldots, n$, schreiben. Über die Standardtransformation

$$y_1(x) = y(x), \quad y_2(x) = y'(x), \ldots, y_n(x) = y^{(n-1)}(x)$$

läßt sich (15.1) als Sonderfall eines allgemeinen Systems 1. Ordnung

$$\begin{aligned} & \mathbf{y}'(x) = \mathbf{f}(x, \mathbf{y}(x)), \quad x \in [a, b], \\ & \mathbf{r}(\mathbf{y}(a), \mathbf{y}(b)) = \mathbf{0} \end{aligned} \tag{15.2}$$

auffassen, nämlich mit

$$\mathbf{y} = \begin{pmatrix} y_1 \\ \vdots \\ y_n \end{pmatrix}, \quad \mathbf{f}(x, \mathbf{y}) = \begin{pmatrix} y_2 \\ \vdots \\ y_n \\ f(x, y_1, \ldots, y_n) \end{pmatrix}$$

und

$$\mathbf{r}(\mathbf{y}(a), \mathbf{y}(b)) = \begin{pmatrix} r_1(y_1(a), \ldots, y_n(a); y_1(b), \ldots, y_n(b)) \\ \vdots \\ r_n(y_1(a), \ldots, y_n(a); y_1(b), \ldots, y_n(b)) \end{pmatrix}.$$

Speziell die im letzten Kapitel behandelten linearen Randwertprobleme n-ter Ordnung der Form

$$\begin{aligned} & y^{(n)}(x) + a_{n-1}(x)\, y^{(n-1)}(x) + \ldots + a_0(x)\, y(x) = g(x) \\ & \sum_{j=0}^{n-1} \{\alpha_{ij} y^{(j)}(a) + \beta_{ij} y^{(j)}(b)\} = \gamma_i, \quad i = 1, \ldots, n, \end{aligned}$$

lauten in Systemform

$$\begin{aligned} & \mathbf{y}' = \mathbf{A}(x)\,\mathbf{y} + \mathbf{g}(x) \\ & \mathbf{B}_a\,\mathbf{y}(a) + \mathbf{B}_b\,\mathbf{y}(b) = \boldsymbol{\gamma} \end{aligned} \tag{15.3}$$

mit

$$\mathbf{A}(x) = \begin{pmatrix} 0 & 1 & & \bigcirc \\ & & \ddots & \\ & \bigcirc & & 1 \\ -a_0(x) & \ldots & & -a_{n-1}(x) \end{pmatrix}, \quad \mathbf{g}(x) = \begin{pmatrix} 0 \\ \vdots \\ 0 \\ g(x) \end{pmatrix},$$

$$\mathbf{B}_a = \begin{pmatrix} \alpha_{1,0} & \cdots & \alpha_{1,n-1} \\ \vdots & & \vdots \\ \alpha_{n,0} & \cdots & \alpha_{n,n-1} \end{pmatrix}, \quad \mathbf{B}_b = \begin{pmatrix} \beta_{1,0} & \cdots & \beta_{1,n-1} \\ \vdots & & \vdots \\ \beta_{n,0} & \cdots & \beta_{n,n-1} \end{pmatrix}.$$

Entsprechend zum Alternativsatz 14.1 ist ein allgemeines lineares Randwertproblem der Form (15.3) (das heißt mit beliebiger Matrix $\mathbf{A}(x)$ und beliebiger rechter Seite $\mathbf{g}(x)$) genau dann eindeutig lösbar, wenn das homogene Problem

$$\begin{aligned} &\mathbf{y}' = \mathbf{A}(x)\,\mathbf{y}, \quad x \in [a, b] \\ &\mathbf{B}_a \mathbf{y}(a) + \mathbf{B}_b \mathbf{y}(b) = \mathbf{0} \end{aligned} \tag{15.4}$$

nur die triviale Lösung $\mathbf{y}(x) \equiv \mathbf{0}$ besitzt.

Allgemeine Randwertprobleme in der Systemform (15.2) werden hier numerisch behandelt. Man hat so alle 2-Punkt-Randwertprobleme erfaßt und vermeidet unnötige Fallunterscheidungen.

Im folgenden setzen wir die rechte Seite f in (15.2) als stetig differenzierbar voraus, so daß zumindest die lokale Eindeutigkeit der Lösungen der Differentialgleichung gesichert ist.

Bei einem Anfangswertproblem

$$\mathbf{y}'(x) = \mathbf{f}(x, \mathbf{y}(x)), \quad x \geqslant x_0, \quad \mathbf{y}(x_0) = \mathbf{y}_0$$

startet ein numerisches Verfahren zur Bestimmung einer Näherungslösung mit dem vorgegebenen Anfangswert und schreitet sukzessive über bereits bekannte Näherungswerte zu neuen Näherungen für die Lösung in Richtung größerer x-Werte fort.

Bei *2-Punkt-Randwertproblemen* der Form (15.2) ist eine solche natürliche Richtung nicht mehr gegeben. Hinzu kommt, daß Existenz- und Eindeutigkeitsfragen für Randwertprobleme sehr viel komplexer sind als für Anfangswertprobleme, wo ja zumindest in einem gewissen Intervall um x_0 die Existenz einer eindeutigen Lösung unter gewissen Glattheitsbedingungen an die rechte Seite $\mathbf{f}$ der Differentialgleichung gesichert ist. So hat das Differentialgleichungssystem

$$\begin{pmatrix} y_1 \\ y_2 \end{pmatrix}' = \begin{pmatrix} y_2 \\ -y_1 \end{pmatrix}$$

die auf ganz $\mathbb{R}$ existierende Lösung

$$\begin{pmatrix} y_1(x) \\ y_2(x) \end{pmatrix} = c_1 \begin{pmatrix} \sin x \\ \cos x \end{pmatrix} + c_2 \begin{pmatrix} \cos x \\ -\sin x \end{pmatrix}, \quad c_1, c_2 \in \mathbb{R},$$

aber die Randbedingung

$$\begin{pmatrix} y_1(0) - 1 \\ y_1(2\pi) \end{pmatrix} = \mathbf{0}$$

ist nicht zu erfüllen.

Um zumindest eine lokale Eindeutigkeit der Lösung des Randwertproblems (15.2) zu garantieren, setzen wir voraus, daß es sich um eine isolierte Lösung handelt.

15.1 **Definition.**

Die Lösung $\mathbf{y}$ des Randwertproblems

$$\mathbf{y}' = \mathbf{f}(x, \mathbf{y}), \quad x \in [a, b], \quad \mathbf{r}(\mathbf{y}(a), \mathbf{y}(b)) = \mathbf{0}$$

heißt *isoliert*, wenn das in der Lösung linearisierte Randwertproblem

$$\mathbf{u}' = \mathbf{A}(x)\,\mathbf{u}, \quad x \in [a, b], \quad \mathbf{B}_a\mathbf{u}(a) + \mathbf{B}_b\mathbf{u}(b) = \mathbf{0}$$

mit den Matrizen

$$\mathbf{A}(x) = \frac{\partial}{\partial \mathbf{y}}\mathbf{f}(x, \mathbf{y}),$$

$$\mathbf{B}_a = \frac{\partial}{\partial \mathbf{y}(a)}\mathbf{r}(\mathbf{y}(a), \mathbf{y}(b)), \quad \mathbf{B}_b = \frac{\partial}{\partial \mathbf{y}(b)}\mathbf{r}(\mathbf{y}(a), \mathbf{y}(b))$$

nur die triviale Lösung $\mathbf{u}(x) \equiv \mathbf{0}$ besitzt.

$\mathbf{A}(x)$ ist hierbei die an der Stelle $(x, \mathbf{y}(x))$ ausgewertete Funktionalmatrix von $\mathbf{f}(x, \mathbf{y})$ bezüglich $\mathbf{y}$, also

$$\mathbf{A}(x) = \left(\frac{\partial f_i(x, \mathbf{y})}{\partial y_j}\right),$$

wenn $\mathbf{f}$ die Komponenten f_i und $\mathbf{y}$ die Komponenten y_j hat. Entsprechend sind

$$\mathbf{B}_a = \left(\frac{\partial r_i(\mathbf{y}(a), \mathbf{y}(b))}{\partial y_j(a)}\right), \quad \mathbf{B}_b = \left(\frac{\partial r_i(\mathbf{y}(a), \mathbf{y}(b))}{\partial y_j(b)}\right),$$

wobei r_i die Komponenten des Vektors $\mathbf{r}$ bezeichnen. Ist das Randwertproblem selbst linear, das heißt von der Form

$$\mathbf{y}' = \mathbf{A}(x)\,\mathbf{y} + \mathbf{g}(x), \quad x \in [a, b]$$
$$\mathbf{B}_a\,\mathbf{y}(a) + \mathbf{B}_b\,\mathbf{y}(b) - \boldsymbol{\gamma} = \mathbf{0}$$

mit Matrizen $\mathbf{A}$, $\mathbf{B}_a$ und $\mathbf{B}_b$, so ist das in der Lösung $\mathbf{y}$ linearisierte Problem gegeben durch

$$\mathbf{u}' = \mathbf{A}(x)\,\mathbf{u}, \quad x \in [a, b]$$
$$\mathbf{B}_a\,\mathbf{u}(a) + \mathbf{B}_b\,\mathbf{u}(b) = \mathbf{0}$$

und hängt garnicht mehr von der Lösung $\mathbf{y}$ ab. Für das Beispiel

$$\begin{pmatrix} y_1 \\ y_2 \end{pmatrix}' = \begin{pmatrix} y_2 - 1 \\ -y_1 + x \end{pmatrix}, \; x \in [0, \pi], \quad \begin{pmatrix} y_1(0) + y_1(\pi) \\ y_2(0) - y_2(\pi) \end{pmatrix} = \mathbf{0}$$

erhält man als linearisiertes Problem

$$\begin{pmatrix} u_1 \\ u_2 \end{pmatrix}' = \begin{pmatrix} 0 & 1 \\ -1 & 0 \end{pmatrix}\begin{pmatrix} u_1 \\ u_2 \end{pmatrix} = \begin{pmatrix} u_2 \\ -u_1 \end{pmatrix}, \quad x \in [0, \pi]$$

$$\begin{pmatrix} 1 & 0 \\ 0 & 1 \end{pmatrix}\begin{pmatrix} u_1(0) \\ u_2(0) \end{pmatrix} + \begin{pmatrix} 1 & 0 \\ 0 & -1 \end{pmatrix}\begin{pmatrix} u_1(\pi) \\ u_2(\pi) \end{pmatrix} = \begin{pmatrix} u_1(0) + u_1(\pi) \\ u_2(0) - u_2(\pi) \end{pmatrix} = \mathbf{0};$$

alle Funktionen der Form

$$\begin{pmatrix} u_1(x) \\ u_2(x) \end{pmatrix} = c \begin{pmatrix} \cos x \\ -\sin x \end{pmatrix}, \quad c \in \mathbb{R},$$

lösen dieses lineare homogene Randwertproblem, so daß keine Lösung $\mathbf{y}$ des gegebenen Randwertproblems isoliert ist.

Ist eine Lösung $\mathbf{y}$ des Randwertproblems (15.2) isoliert, so gibt es in einem gewissen Schlauch um diese Lösung zumindest keine weitere Lösung des Randwertproblems. Denn wäre neben der Funktion $\mathbf{y}$ auch $\mathbf{y} + \boldsymbol{\epsilon}$ eine Lösung, das heißt gilt

$$\begin{aligned} &\mathbf{y}' = \mathbf{f}(x, \mathbf{y}), \quad x \in [a, b], \\ &\mathbf{r}(\mathbf{y}(a), \mathbf{y}(b)) = \mathbf{0} \end{aligned} \tag{15.5}$$

und

$$\begin{aligned} &\mathbf{y}' + \boldsymbol{\epsilon}' = \mathbf{f}(x, \mathbf{y} + \boldsymbol{\epsilon}), \ x \in [a, b], \\ &\mathbf{r}(\mathbf{y}(a) + \boldsymbol{\epsilon}(a), \ \mathbf{y}(b) + \boldsymbol{\epsilon}(b)) = \mathbf{0}, \end{aligned} \tag{15.6}$$

so folgt unter entsprechenden Differenzierbarkeitseigenschaften von $\mathbf{f}$ durch Taylorentwicklung

$$\mathbf{y}' + \boldsymbol{\epsilon}' = \mathbf{f}(x, \mathbf{y}) + \frac{\partial \mathbf{f}(x, \mathbf{y})}{\partial \mathbf{y}} \boldsymbol{\epsilon} + \mathcal{O}(\|\boldsymbol{\epsilon}\|^2)$$

$$\mathbf{r}(\mathbf{y}(a), \mathbf{y}(b)) + \frac{\partial \mathbf{r}(\mathbf{y}(a), \mathbf{y}(b))}{\partial \mathbf{y}(a)} \boldsymbol{\epsilon}(a) + \frac{\partial \mathbf{r}(\mathbf{y}(a), \mathbf{y}(b))}{\partial \mathbf{y}(b)} \boldsymbol{\epsilon}(b) + \mathcal{O}(\|\boldsymbol{\epsilon}\|^2) = \mathbf{0},$$

also mit (15.5)

$$\begin{aligned} &\boldsymbol{\epsilon}' - \frac{\partial \mathbf{f}(x, \mathbf{y})}{\partial \mathbf{y}} \boldsymbol{\epsilon} = \mathcal{O}(\|\boldsymbol{\epsilon}\|^2). \\ &\frac{\partial \mathbf{r}(\mathbf{y}(a), \mathbf{y}(b))}{\partial \mathbf{y}(a)} \boldsymbol{\epsilon}(a) + \frac{\partial \mathbf{r}(\mathbf{y}(a), \mathbf{y}(b))}{\partial \mathbf{y}(b)} \boldsymbol{\epsilon}(b) = \mathcal{O}(\|\boldsymbol{\epsilon}\|^2). \end{aligned} \tag{15.7}$$

Das linearisierte Problem stellt ein homogenes lineares Randwertproblem dar. Da es nur die triviale Lösung besitzt, ist das zugehörige inhomogene Problem stets eindeutig lösbar. Unter diesen Umständen läßt sich die Lösung des inhomogenen linearen Randwertproblems (15.7) durch die rechten Seiten abschätzen: Es gibt eine Konstante $c > 0$ mit

$$\max\{\|\boldsymbol{\epsilon}(x)\|; x \in [a, b]\} \leqslant c(\max\{\|\boldsymbol{\epsilon}(x)\|; x \in [a, b]\})^2,$$

und dies ist nur möglich, wenn $\boldsymbol{\epsilon}(x) \equiv \mathbf{0}$ oder

$$\max\{\|\boldsymbol{\epsilon}(x)\|; x \in [a, b]\} \geqslant \frac{1}{c}$$

ist. Im letzteren Fall verläuft die Lösung $\mathbf{y} + \boldsymbol{\epsilon}$ nicht ganz im Inneren des Schlauches mit dem Radius kleiner als $\frac{1}{c}$ um die Lösung $\mathbf{y}$.

Die Tatsache, daß eine Lösung $\mathbf{y}$ des Randwertproblems (15.2) isoliert ist, läßt sich bei nichtlinearen Problemen frühestens dann mit Definition 15.1 nachprüfen, wenn man die Lösung bereits kennt. Diese Bedingung ist daher in folgendem Sinn zu verstehen: Die Isoliertheit der Lösung $\mathbf{y}$ ist eine Anständigkeitsvoraussetzung, die erfüllt sein muß, wenn man die Lösung numerisch berechnen will. Nur dann sind die in diesem Kapitel behandelten Verfahren sinnvoll. Wir gehen dabei von 2-Punkt-Randwertproblemen der Form (15.2) aus. Man kann die hier behandelten Verfahren ohne weiteres leicht so modifizieren, daß sie sich auch auf Differentialgleichungssysteme erster Ordnung mit einer Mehrpunkt-Randbedingung

$$\mathbf{r}(\mathbf{y}(\tau_1), \ldots, \mathbf{y}(\tau_m)) = \mathbf{0}$$

mit Punkten $\tau_1, \ldots, \tau_m$ aus $[a, b]$ anwenden lassen.

15.1 Schießverfahren

Schießverfahren versuchen Nutzen aus der Tatsache zu ziehen, daß man Anfangswertprobleme numerisch einfach lösen kann. Dazu ordnet man dem Randwertproblem (15.2)

$$\begin{aligned} \mathbf{y}' &= \mathbf{f}(x, \mathbf{y}), \quad x \in [a, b], \\ \mathbf{r}(\mathbf{y}(a), \mathbf{y}(b)) &= \mathbf{0} \end{aligned}$$

das Anfangswertproblem

$$\begin{aligned} \mathbf{z}' &= \mathbf{f}(x, \mathbf{z}), \quad x \in [a, b], \\ \mathbf{z}(a) &= \mathbf{s} \end{aligned} \tag{15.8}$$

zu, das für alle $\mathbf{s}$ aus einer Umgebung des Anfangswertes $\mathbf{y}(a)$ der gesuchten Lösung $\mathbf{y}$ des Randwertproblems eine auf dem gesamten Intervall eindeutige Lösung $\mathbf{z}(x; \mathbf{s})$ besitzt. Mit diesen Bezeichnungen ist

$$\mathbf{z}(x; \mathbf{s}^*) = \mathbf{y}(x), \quad \mathbf{s}^* = \mathbf{y}(a)$$

die gesuchte Lösung des Randwertproblems. $\mathbf{s} = \mathbf{s}^*$ erfüllt deshalb das Gleichungssystem

$$\mathbf{F}(\mathbf{s}) = \mathbf{r}(\mathbf{z}(a; \mathbf{s}), \ \mathbf{z}(b; \mathbf{s})) = \mathbf{0}\,. \tag{15.9}$$

Die Grundidee des Schießverfahrens besteht darin, die Lösung $\mathbf{s}^*$ des im allgemeinen nichtlinearen Gleichungssystems (15.9) zu bestimmen und damit die gesuchte Lösung $\mathbf{y}$ des Randwertproblems (15.2) über die Lösung des Anfangswertproblems (15.8) mit dem Anfangswert $\mathbf{s} = \mathbf{s}^*$ anzugeben.

Das Gleichungssystem (15.9) kann man im allgemeinen nur mit einem Iterationsverfahren lösen, wobei die zusätzliche Schwierigkeit auftritt, daß bei vorgegebenem $\mathbf{s}$ zwar $\mathbf{z}(a; \mathbf{s}) = \mathbf{s}$, nicht aber $\mathbf{z}(b; \mathbf{s})$ explizit bekannt ist; $\mathbf{z}(b; \mathbf{s})$ muß man in der Regel näherungsweise durch die numerische Lösung des Anfangswertproblems (15.8) im Punkt $x = b$ bei gegebenem $\mathbf{s}$ bestimmen. Um die üblichen Iterationsverfahren auf das System (15.9) mit Erfolg anwenden zu können, ist es wesentlich, daß die Funktionalmatrix $\mathbf{F}'(\mathbf{s})$ in der gesuchten Lösung $\mathbf{s} = \mathbf{s}^*$ nichtsingulär ist. Dies ist eine Forderung an das kontinuierliche Randwertproblem und garantiert, daß es in einer gewissen Umgebung um $\mathbf{s}^*$ nur eine Lösung des Gleichungssystems $\mathbf{F}(\mathbf{s}) = \mathbf{0}$, nämlich $\mathbf{s} = \mathbf{s}^*$ selbst, gibt.

15.2 **Satz.**

y sei eine Lösung des Randwertproblems

$$\mathbf{y}' = \mathbf{f}(x, \mathbf{y}), \quad x \in [a, b], \quad \mathbf{r}(\mathbf{y}(a), \mathbf{y}(b)) = \mathbf{0}.$$

$\mathbf{z}(x; \mathbf{s})$ sei die für alle $\mathbf{s}$ aus einer Umgebung um $\mathbf{s}^* = \mathbf{y}(a)$ definierte eindeutige Lösung des Anfangswertproblems

$$\mathbf{z}' = \mathbf{f}(x, \mathbf{z}), \quad x \in [a, b], \quad \mathbf{z}(a) = \mathbf{s},$$

und es sei

$$\mathbf{F}(\mathbf{s}) = \mathbf{r}(\mathbf{s}, \mathbf{z}(b; \mathbf{s})).$$

Dann ist die Matrix $\mathbf{F}'(\mathbf{s})$ in $\mathbf{s} = \mathbf{s}^*$ genau dann nichtsingulär, wenn die Lösung y des Randwertproblems isoliert ist.

Beweis.

Da $\mathbf{z}(x; \mathbf{s})$ unter entsprechenden Glattheitsbedingungen der rechten Seite f zweimal stetig differenzierbar von dem vorgegebenen Anfangswert s abhängt, genügt die Matrix

$$\mathbf{Z}(x; \mathbf{s}) = \frac{\partial}{\partial \mathbf{s}} \mathbf{z}(x; \mathbf{s})$$

als Funktion von x dem linearen Differentialgleichungssystem

$$\begin{aligned}\frac{d}{dx} \mathbf{Z}(x; \mathbf{s}) &= \frac{\partial}{\partial x} \frac{\partial}{\partial \mathbf{s}} \mathbf{z}(x; \mathbf{s}) = \frac{\partial}{\partial \mathbf{s}} \frac{\partial}{\partial x} \mathbf{z}(x; \mathbf{s}) = \frac{\partial}{\partial \mathbf{s}} \mathbf{f}(x, \mathbf{z}(x; \mathbf{s})) \\ &= \frac{\partial}{\partial \mathbf{z}} \mathbf{f}(x, \mathbf{z}(x; \mathbf{s})) \mathbf{Z}(x; \mathbf{s}).\end{aligned}$$

Wegen $\mathbf{z}(a; \mathbf{s}) = \mathbf{s}$ ist $\mathbf{Z}(a; \mathbf{s})$ die Einheitsmatrix.
Damit ist

$$\begin{aligned}\mathbf{F}'(\mathbf{s}) &= \frac{d}{d\mathbf{s}} \mathbf{r}(\mathbf{s}, \mathbf{z}(b; \mathbf{s})) \\ &= \frac{\partial}{\partial \mathbf{s}} \mathbf{r}(\mathbf{s}, \mathbf{z}(b; \mathbf{s})) + \frac{\partial}{\partial \mathbf{z}} \mathbf{r}(\mathbf{s}, \mathbf{z}(b; \mathbf{s})) \frac{\partial}{\partial \mathbf{s}} \mathbf{z}(b; \mathbf{s}) \qquad (15.10) \\ &= \frac{\partial}{\partial \mathbf{s}} \mathbf{r}(\mathbf{s}, \mathbf{z}(b; \mathbf{s})) \mathbf{Z}(a; \mathbf{s}) + \frac{\partial}{\partial \mathbf{z}} \mathbf{r}(\mathbf{s}, \mathbf{z}(b; \mathbf{s})) \mathbf{Z}(b; \mathbf{s}).\end{aligned}$$

Die Matrix $\mathbf{Z}(x; \mathbf{s}^*)$ ist nun gerade die Wronski-Matrix des in der Lösung y des Randwertproblems linearisierten Problems, und $\mathbf{F}'(\mathbf{s}^*)$ ist daher genau dann nichtsingulär, wenn die Matrix auf der rechten Seite von (15.10) für $\mathbf{s} = \mathbf{s}^*$ Höchstrang hat, das heißt das linearisierte Problem zu homogenen Daten nur die triviale Lösung besitzt.

Dies bedeutet nach Definition 15.1 gerade die Isoliertheit der Lösung y des Randwertproblems. ■

Im Beispiel der Bestimmung der kleinsten Drehfläche aus Kapitel 14.4 laufen im Grenzfall $u_0 = 1.1997$ zwei Lösungen zu einer dann nicht mehr isolierten Lösung zusammen. Die zugehörige Funktionalmatrix $\mathbf{F}'(\mathbf{s}^*)$ ist singulär, und das Schießverfahren gerät in arge Schwierigkeiten.

Die Lösung des Gleichungssystems (15.9) läßt sich im Fall einer isolierten Lösung etwa mit dem Newton-Verfahren bestimmen.

15.3 **Algorithmus.** (*Schießverfahren*)

Ausgehend von $j = 1$ und einem geeigneten Startvektor $\mathbf{s}_1$ bestimme man $\mathbf{s}_2, \mathbf{s}_3, \ldots$ nach folgendem Schema:

1. Man löst die Anfangswertprobleme

$$z_j'(x) = f(x, z_j(x)), \quad z_j(a) = \mathbf{s}_j$$

$$Z_j'(x) = \frac{\partial}{\partial z} f(x, z_j(x))\, Z_j(x), \quad Z_j(a) = E$$

mit der Einheitsmatrix E auf dem Intervall [a, b] und bestimmt so $z_j(b)$, $Z_j(b)$.

2. Man berechnet

$$\mathbf{F}(\mathbf{s}_j) = r(\mathbf{s}_j, z_j(b))$$

$$\mathbf{F}'(\mathbf{s}_j) = \frac{\partial}{\partial \mathbf{s}} r(\mathbf{s}_j, z_j(b)) + \frac{\partial}{\partial z} r(\mathbf{s}_j, z_j(b))\, Z_j(b)$$

und damit die neue Näherung

$$\mathbf{s}_{j+1} = \mathbf{s}_j - (\mathbf{F}'(\mathbf{s}_j))^{-1}\, \mathbf{F}(\mathbf{s}_j)$$

über die Lösung $d_j = \mathbf{s}_{j+1} - \mathbf{s}_j$ des linearen Gleichungssystems

$$\mathbf{F}'(\mathbf{s}_j)\, d_j = -\mathbf{F}(\mathbf{s}_j)\,.$$

Ist die Randbedingung hinreichend genau erfüllt, das heißt $\|\mathbf{F}(\mathbf{s}_j)\|$ nahe Null, so bricht man das Verfahren ab und akzeptiert $z_j(x)$ als Lösung y des Randwertproblems. Die in Schritt 1. angegebenen Anfangswertprobleme löst man näherungsweise mit numerischen Verfahren, wie sie etwa im Kapitel 4 und Kapitel 13 besprochen wurden.

In der angegebenen Form ist der Aufwand des Schießverfahrens sehr groß, da man in jedem Iterationsschritt nicht nur das Anfangswertproblem für die Funktion z_j, sondern auch das viel größere Anfangswertproblem für die Matrix Z_j lösen muß. Man wird daher bestrebt sein, $\mathbf{F}'(\mathbf{s}_j)$ (und damit die Matrix $Z_j(x)$) nur dann neu zu berechnen, wenn Konvergenzschwierigkeiten auftreten. Die restlichen Schritte erfordern dann nur die Bestimmung der Lösung $z_j(x)$.

Bei komplizierteren Differentialgleichungen und Randbedingungen bereiten die Berechnungen der partiellen Ableitungen von **f** und **r** meistens Schwierigkeiten. In solchen Fällen kann man die Funktionalmatrix $\mathbf{F}'(s)$ numerisch approximieren:

Bezeichnen $\mathbf{z}(x; s)$ und $\mathbf{z}(x; s^{(1)})$ bis $\mathbf{z}(x; s^{(p)})$ die Lösungen des dem Randwertproblem zugeordneten Anfangswertproblems zu den Anfangswerten

$$\mathbf{s} = (s_1, \ldots, s_p)^T \ , \quad \mathbf{s}^{(1)} = (s_1 + \Delta s_1, s_2, \ldots, s_p)^T \ , \ldots, \mathbf{s}^{(p)} = (s_1, \ldots, s_{p-1}, s_p + \Delta s_p)^T$$

mit geeigneten Inkrementen Δs_i, so läßt sich wegen

$$\mathbf{F}(s) = \mathbf{r}(\mathbf{s}, \mathbf{z}(b; \mathbf{s}))$$

die i-te Spalte der Funktionalmatrix $\mathbf{F}'(\mathbf{s})$ durch

$$\frac{1}{\Delta s_i} \{\mathbf{r}(\mathbf{s}^{(i)}, \mathbf{z}(b; \mathbf{s}^{(i)})) - \mathbf{r}(\mathbf{s}, \mathbf{z}(b; \mathbf{s}))\}$$

annähern. Statt des Anfangswertproblems für die Matrixfunktion Z muß man daher neben dem Anfangswertproblem für **z** n weitere Anfangswertprobleme mit der ursprünglichen Differentialgleichung lösen; der Aufwand ist in etwa gleich. Der kritische Punkt dabei ist die Bestimmung der Inkremente Δs_i, die einerseits nicht zu groß gewählt werden dürfen, um eine genügend genaue Approximation von F′ zu gewährleisten, und andererseits aus Rundungsfehlergründen auch nicht eine gewisse Schranke unterschreiten dürfen.

Die Bestimmung einer geeigneten Startnäherung s_1 ist oft problematisch, da die Lösung sehr empfindlich von der Vorgabe des Anfangswertes abhängen kann. Viel mehr Aussicht auf Erfolg besteht, wenn man das Newton-Verfahren geeignet dämpft und so seinen Konvergenzeinzugsbereich vergrößert, ohne seine asymptotisch günstigen Konvergenzeigenschaften zu beeinflussen. Verwendet man in Algorithmus 15.3 das *gedämpfte Newton-Verfahren* zur Bestimmung von s_{j+1}, so bestimmt man zunächst die Korrekturrichtung $\mathbf{d}_j$ als Lösung des linearen Gleichungssystems

$$\mathbf{F}'(\mathbf{s}_j)\,\mathbf{d}_j = -\mathbf{F}(\mathbf{s}_j)$$

und akzeptiert

$$\mathbf{s}_{j+1} = \mathbf{s}_j + \theta\mathbf{d}_j, \qquad 0 < \theta \leqslant 1 \ ,$$

nur dann als neue Näherung, wenn

$$\|\mathbf{F}(\mathbf{s}_{j+1})\| \leqslant \left(1 - \frac{\theta}{2}\right) \|\mathbf{F}(\mathbf{s}_j)\|$$

erfüllt ist. Dazu beginnt man etwa mit $\theta = 1$, was dem gewöhnlichen Newton-Verfahren entspricht, und halbiert θ solange, bis diese Abfrage erfüllt ist. Liegt s_j hinreichend nahe bei s^*, so wird diese Abfrage stets schon mit $\theta = 1$ erfüllt sein. Die Berechnung von $\mathbf{F}(s_{j+1})$ erfordert dabei jedesmal das Lösen eines Anfangswertproblems, so daß das gedämpfte Newton-Verfahren ziemlich aufwendig ist. Effizientere Techniken sind in [D1] beschrieben.

In wichtigen Spezialfällen vereinfacht sich das Schießverfahren. Betrachtet man etwa das skalare Randwertproblem 2. Ordnung

$$y'' = f(x, y, y'), \quad x \in [a, b],$$
$$y(a) = \gamma_1, \quad y(b) = \gamma_2,$$

so lautet es in Systemform

$$\begin{pmatrix} y_1 \\ y_2 \end{pmatrix}' = \begin{pmatrix} y_2 \\ f(x, y_1, y_2) \end{pmatrix}, \quad x \in [a, b],$$
$$\begin{pmatrix} y_1(a) - \gamma_1 \\ y_1(b) - \gamma_2 \end{pmatrix} = \mathbf{0},$$

und das zu lösende Gleichungssystem $\mathbf{F}(\mathbf{s}) = \mathbf{0}$ ist mit

$$\mathbf{s} = \begin{pmatrix} s_1 \\ s_2 \end{pmatrix} \text{ und } \mathbf{z}(x; \mathbf{s}) = \begin{pmatrix} z_1(x; \mathbf{s}) \\ z_2(x; \mathbf{s}) \end{pmatrix}$$

gegeben durch

$$\begin{pmatrix} z_1(a; \mathbf{s}) - \gamma_1 \\ z_2(b; \mathbf{s}) - \gamma_2 \end{pmatrix} = \mathbf{0}.$$

Wegen $\mathbf{z}(a; \mathbf{s}) = \mathbf{s}$ ist die erste Komponente s_1 der Lösung $\mathbf{s}$ durch γ_1 gegeben, und man braucht nur noch die zweite Komponente s_2 von $\mathbf{s}$ als Lösung der skalaren Gleichung $z_2(b; \mathbf{s}) - \gamma_2 = 0$ zu bestimmen. Dazu kann man statt des Newton-Verfahrens auch einfachere Nullstellenverfahren wie die regula falsi oder sogar die Bisektion benutzen, die ableitungsfrei arbeiten.

15.4 **Beispiel.** (vgl. Beispiel 7.4)

Dem Randwertproblem

$$y'' + y^3 = 0, \quad y(0) = 0, \quad y(1) = 0$$

ist das Anfangswertproblem

$$z'' + z^3 = 0, \quad z(0) = 0, \quad z'(0) = s$$

mit der von s abhängigen Lösung $z = z(x; s)$ zugeordnet. Die zu den Nullstellen $s = s^*$ der Funktion

$$F(s) = z(1; s) - 0$$

gehörenden Lösungen des Anfangswertproblems sind die Lösungen des Randwertproblems: $y(x) = z(x; s^*)$.

Da mit $y(x)$ auch $\tilde{y}(x) = -y(x)$ eine Lösung des Randwertproblems ist, ist die Funktion $F(s)$ eine ungerade Funktion, das heißt es gilt $F(-s) = -F(s)$, und mit s^* ist auch $-s^*$ eine Lösung der Gleichung $F(s) = 0$. Bild 15.1 zeigt den Graphen von $F(s)$ im Bereich $0 \leqslant s \leqslant 100$. Da die Steigungen von F in den Nullstellen s^* von Null verschieden sind, handelt es sich um einfache Nullstellen, und die entsprechenden Lösungen des Randwertproblems sind isoliert. Kennt man zwei Startnäherungen

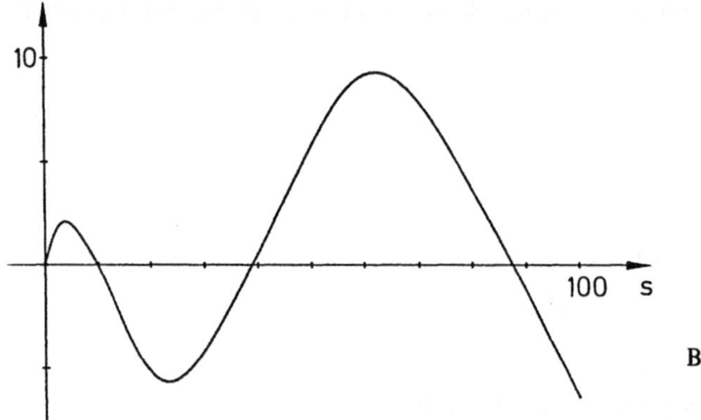

Bild 15.1

s_1 und s_2 für eine Nullstelle s^* von F (s), lassen sich verbesserte Näherungen für s^* etwa nach der regula falsi

$$s_{j+1} = s_j - F(s_j)\,\frac{s_j - s_{j-1}}{F(s_j) - F(s_{j-1})}$$

$$= s_j - z(1;s_j)\,\frac{s_j - s_{j-1}}{z(1;s_j) - z(1;s_{j-1})}, \quad j \geqslant 1$$

bestimmen. Neben $s^* = 0$, was der trivialen Lösung $y \equiv 0$ des Randwertproblems entspricht, gewinnt man auf diese Weise

$s^* = 9.7229810\ldots$
$s^* = 38.8919241\ldots$
$s^* = 87.5068292\ldots$

als die ersten drei positiven Nullstellen.

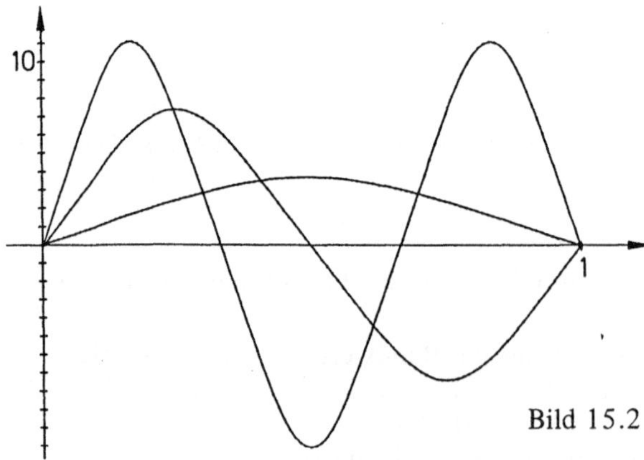

Bild 15.2

Bild 15.2 zeigt die diesen Anfangssteigungen entsprechenden Lösungen des Randwertproblems. □

In seiner in Algorithmus 15.3 formulierten ursprünglichen Form kann das Schießverfahren zu Schwierigkeiten führen. Obwohl die Lösung des Randwertproblems selbst nur sehr unempfindlich gegenüber kleineren Änderungen in der Randbedingung ist, kann die Lösung des zugeordneten Anfangswertproblems sehr empfindlich auf Störungen im Anfangswert gerade bei längeren Intervallen reagieren. Hier kann man sich folgendermaßen behelfen: Man stellt dazu die Lösung nicht nur durch einen Anfangswert, sondern zusätzlich durch eine Reihe von Zwischenwerten innerhalb des Intervalls dar und hat so statt eines Anfangswertproblems auf dem gesamten Intervall mehrere Anfangswertprobleme auf kleineren Intervallen zu lösen. Man nennt diese Vorgehensweise *Mehrzielmethode* oder *Mehrfachschießverfahren.*

Zur Lösung des Randwertproblems

$$\begin{aligned} &\mathbf{y}' = \mathbf{f}(x; \mathbf{y}), \quad x \in [a, b] \\ &\mathbf{r}(\mathbf{y}(a), \mathbf{y}(b)) = \mathbf{0} \end{aligned}$$

gibt man dazu eine Reihe von Punkten

$$a = t_1 < t_2 < \ldots < t_m < t_{m+1} = b$$

aus dem Intervall [a, b] vor und ordnet diesem Randwertproblem die m Anfangswertprobleme

$$\begin{aligned} &\mathbf{u}_k' = \mathbf{f}(x, \mathbf{u}_k), \quad x \in [t_k, t_{k+1}], \\ &\mathbf{u}_k(t_k) = \boldsymbol{\sigma}_k, \end{aligned} \tag{15.11}$$

$k = 1, 2, \ldots, m$, zu. Die Anfangswerte $\boldsymbol{\sigma}_2, \ldots, \boldsymbol{\sigma}_m$ sind dabei so zu wählen, daß die aus den Lösungsstücken $\mathbf{u}_k$ zusammengesetzte Lösung über die Zwischenpunkte t_k hinweg stetig ist, also

$$\mathbf{u}_k(t_{k+1}) = \mathbf{u}_{k+1}(t_{k+1}) = \boldsymbol{\sigma}_{k+1} \tag{15.12}$$

für $k = 1, \ldots, m-1$ erfüllt ist. Die zusammengesetzte Lösung

$$\mathbf{u}(x) = \mathbf{u}_k(x), \quad x \in [t_k, t_{k+1}], \tag{15.13}$$

$k = 1, \ldots, m$, ist dann eine Lösung der Differentialgleichung auf dem gesamten Intervall [a, b], da wegen

$$\mathbf{u}_k'(t_{k+1}) = \mathbf{f}(t_{k+1}, \mathbf{u}_k(t_{k+1})) = \mathbf{f}(t_{k+1}, \mathbf{u}_{k+1}(t_{k+1})) = \mathbf{u}_{k+1}'(t_{k+1})$$

auch die Ableitungen der Teilfunktionen $\mathbf{u}_k$ in den Zwischenpunkten stetig ineinander übergehen. Die so bestimmte Funktion $\mathbf{u}$ löst das Randwertproblem genau dann, wenn

$$\mathbf{r}(\mathbf{u}_1(a), \mathbf{u}_m(b)) = \mathbf{r}(\boldsymbol{\sigma}_1, \mathbf{u}_m(b)) = \mathbf{0} \tag{15.14}$$

gilt. Da $\mathbf{u}_m(b)$ von dem Anfangswert $\boldsymbol{\sigma}_m$ abhängt, stellt (15.14) zusammen mit (15.12) ein im allgemeinen nichtlineares Gleichungssystem für die Anfangswerte $\boldsymbol{\sigma}_1$ bis $\boldsymbol{\sigma}_m$ dar.

Formal läßt sich die Mehrzielmethode als Schießverfahren, angewandt auf ein aufgeblähtes System, auffassen. Dazu führt man die Funktion

$$\mathbf{z}(x) = \begin{pmatrix} \mathbf{u}_1(t_1 + (t_2 - t_1)\,x) \\ \vdots \\ \mathbf{u}_m(t_m + (b - t_m)\,x) \end{pmatrix}$$

ein. Für sie gilt

$$\mathbf{z}'(x) = \begin{pmatrix} \mathbf{u}_1'(t_1 + (t_2 - t_1)\,x) \cdot (t_2 - t_1) \\ \vdots \\ \mathbf{u}_m'(t_m + (b - t_m)\,x) \cdot (b - t_m) \end{pmatrix},$$

so daß $\mathbf{z}$ mit (15.11) Lösung des Anfangswertproblems

$$\begin{aligned} \mathbf{z}' &= \mathbf{\Psi}(x, \mathbf{z}), \quad x \in [0, 1] \\ \mathbf{z}(0) &= \mathbf{s} \end{aligned} \tag{15.15}$$

mit

$$\mathbf{\Psi}(x, \mathbf{z}) = \begin{pmatrix} \mathbf{f}(t_1 + (t_2 - t_1)\,x, \mathbf{u}_1) \cdot (t_2 - t_1) \\ \vdots \\ \mathbf{f}(t_m + (b - t_m)\,x, \mathbf{u}_m) \cdot (b - t_m) \end{pmatrix}$$

und

$$\mathbf{s} = \begin{pmatrix} \boldsymbol{\sigma}_1 \\ \vdots \\ \boldsymbol{\sigma}_m \end{pmatrix} \tag{15.16}$$

ist. Die Anschlußbedingungen (15.12) bilden zusammen mit (15.14) das Gleichungssystem

$$\mathbf{F}(\mathbf{s}) = \mathbf{z}(1) - \begin{pmatrix} \boldsymbol{\sigma}_2 \\ \vdots \\ \boldsymbol{\sigma}_m \\ \mathbf{u}_m(b) - \mathbf{r}(\boldsymbol{\sigma}_1, \mathbf{u}_m(b)) \end{pmatrix} = \mathbf{0}\,. \tag{15.17}$$

Da die Lösung $\mathbf{z}$ des auf diese Weise erzeugten Systems, die sich aus einer isolierten Lösung $\mathbf{y}$ des ursprünglichen Problems aufbaut, selbst wieder isoliert ist, ist die Funktionalmatrix von $\mathbf{F}$ in

$$\mathbf{s}^* = \begin{pmatrix} \mathbf{y}(t_1) \\ \vdots \\ \mathbf{y}(t_m) \end{pmatrix}$$

nichtsingulär.

Wendet man das gewöhnliche Schießverfahren nach Algorithmus 15.3 auf das erweiterte System (15.15) an, so erhält man bei Ausnutzung der speziellen Struktur dieses Systems den folgenden Algorithmus, der die Umformung zum System (15.15) ausschreibt und deshalb mit den m Anfangswertproblemen (15.11) arbeitet.

15.5 **Algorithmus.** (*Mehrfachschießverfahren*)

Ausgehend von Näherungen $\boldsymbol{\sigma}_1, \ldots, \boldsymbol{\sigma}_m$ für die Werte $\mathbf{y}(t_1), \ldots, \mathbf{y}(t_m)$ bestimmt man verbesserte Näherungen $\tilde{\boldsymbol{\sigma}}_1, \ldots, \tilde{\boldsymbol{\sigma}}_m$ nach folgendem Schema:

1. Man löst die Anfangswertprobleme

$$\mathbf{u}_k'(x) = \mathbf{f}(x, \mathbf{u}_k(x)), \; x \in [t_k, t_{k+1}], \; \mathbf{u}_k(t_k) = \boldsymbol{\sigma}_k$$

$$\mathbf{U}_k'(x) = \frac{\partial}{\partial \mathbf{u}} \mathbf{f}(x, \mathbf{u}_k(x)) \, \mathbf{U}_k(x), \; x \in [t_k, t_{k+1}], \; \mathbf{U}_k(t_k) = \mathbf{E}$$

mit der Einheitsmatrix $\mathbf{E}$ auf den m Intervallen $[t_k, t_{k+1}]$, $k = 1, 2, \ldots, m$, und bestimmt so $\mathbf{u}_k(t_{k+1})$, $\mathbf{U}_k(t_{k+1})$.

2. Um die verbesserte Näherung

$$\tilde{\mathbf{s}} = (\tilde{\boldsymbol{\sigma}}_1, \ldots, \tilde{\boldsymbol{\sigma}}_m)^T$$

für $\mathbf{s} = (\boldsymbol{\sigma}_1, \ldots, \boldsymbol{\sigma}_m)^T$ zu erhalten, berechnet man zunächst den Vektor

$$\mathbf{F}(\mathbf{s}) = \begin{pmatrix} \mathbf{u}_1(t_2) - \boldsymbol{\sigma}_2 \\ \vdots \\ \mathbf{u}_{m-1}(t_m) - \boldsymbol{\sigma}_m \\ \mathbf{r}(\boldsymbol{\sigma}_1, \mathbf{u}_m(b)) \end{pmatrix}$$

und die blockweise gegebene Matrix

$$\mathbf{F}'(\mathbf{s}) = \begin{pmatrix} \mathbf{U}_1(t_2) & -\mathbf{E} & 0 & \cdots & 0 \\ 0 & \ddots & \ddots & & \vdots \\ \vdots & & & & 0 \\ 0 & \cdots & 0 & \mathbf{U}_{m-1}(t_m) & -\mathbf{E} \\ \mathbf{A} & 0 & \cdots & 0 & \mathbf{B} \end{pmatrix}$$

mit den Teilmatrizen

$$\mathbf{A} = \frac{\partial}{\partial \boldsymbol{\sigma}} \mathbf{r}(\boldsymbol{\sigma}_1, \mathbf{u}_m(b)),$$

$$\mathbf{B} = \frac{\partial}{\partial \mathbf{u}} \mathbf{r}(\boldsymbol{\sigma}_1, \mathbf{u}_m(b)) \, \mathbf{U}_m(b)$$

und bestimmt dann über die Lösung $\mathbf{d} = \tilde{\mathbf{s}} - \mathbf{s}$ des linearen Gleichungssystems

$$\mathbf{F}'(\mathbf{s}) \, \mathbf{d} = -\mathbf{F}(\mathbf{s})$$

die Größe

$$\tilde{\mathbf{s}} = \mathbf{s} + \mathbf{d}.$$

Das Mehrfachschießverfahren ist in der in diesem Algorithmus angegebenen Form sicher sehr aufwendig; es läßt sich auf die gleiche Weise wie das gewöhnliche Schießverfahren vereinfachen. Bei der Lösung des linearen Gleichungssystems im 2. Schritt sollte man die spezielle Struktur der Matrix ausnutzen.

15.2 Differenzenverfahren

Eine andere Möglichkeit, Randwertprobleme der Form

$$\mathbf{y}' = \mathbf{f}(x, \mathbf{y}), \quad x \in [a, b], \quad \mathbf{r}(\mathbf{y}(a), \mathbf{y}(b)) = \mathbf{0} \tag{15.18}$$

näherungsweise zu lösen, stellen *Differenzenverfahren* dar. Man approximiert dabei die Ableitungen in der Differentialgleichung durch finite Differenzenformeln und erhält so ein Gleichungssystem für die Näherungswerte der Lösung in vorgegebenen Gitterpunkten.

Gibt man sich etwa ein *Gitter*

$$a = x_0 < x_1 < x_2 < \ldots < x_N = b$$

auf dem Intervall [a, b] vor, so stellt

$$\frac{1}{h_k}\{\mathbf{y}(x_{k+1}) - \mathbf{y}(x_k)\}, \quad h_k = x_{k+1} - x_k,$$

eine Näherung 1. Ordnung für $\mathbf{y}'(x_k)$ und $\mathbf{y}'(x_{k+1})$ und eine Näherung 2. Ordnung für

$$\mathbf{y}'\left(\frac{x_k + x_{k+1}}{2}\right)$$

dar. Es liegt daher nahe, die Differentialgleichung in (15.18) durch

$$\frac{1}{h_k}\{\mathbf{Y}_{k+1} - \mathbf{Y}_k\} = \mathbf{f}(x_k + \tfrac{1}{2} h_k, \tfrac{1}{2}\{\mathbf{Y}_k + \mathbf{Y}_{k+1}\}), \tag{15.19a}$$

$k = 0, 1, \ldots, N-1$, zu ersetzen, wobei $\mathbf{Y}_k$ eine Näherung für $\mathbf{y}(x_k)$ bezeichne und auf der rechten Seite ausgenutzt ist, daß $\frac{1}{2}\{\mathbf{y}(x_k) + \mathbf{y}(x_{k+1})\}$ eine Näherung 2. Ordnung für $\mathbf{y}\left(x_k + \frac{1}{2} h_k\right)$ ist. Zusammen mit der Randbedingung

$$\mathbf{r}(\mathbf{Y}_0, \mathbf{Y}_N) = \mathbf{0} \tag{15.19b}$$

erhält man so N + 1 Bedingungsgleichungen für die N + 1 Unbekannten $\mathbf{Y}_0, \mathbf{Y}_1, \ldots, \mathbf{Y}_N$. (15.19) stellt ein nichtlineares Gleichungssystem dar, dessen Größe entscheidend durch die Feinheit des Gitters bestimmt ist.

Ist die Lösung $\mathbf{y}$ des Randwertproblems (15.18) isoliert und die rechte Seite $\mathbf{f}$ auf einer Umgebung der Lösung hinreichend oft differenzierbar, so besitzt das Gleichungssystem (15.19) bei hinreichend feinem Gitter, das heißt hinreichend kleinen lokalen Schrittweiten $h_k = x_{k+1} - x_k$, in einer bestimmten Umgebung um die auf die Gitterpunkte eingeschränkte Lösung $\mathbf{y}$ genau eine Lösung. Für den Fehler zwischen den Näherungen und den exakten Werten der Lösung in den Gitterpunkten gilt dann

$$\|\mathbf{Y}_k - \mathbf{y}(x_k)\| \leqslant C \cdot h_{max}^2, \quad k = 0, 1, \ldots, N, \tag{15.20}$$

mit einer vom Gitter unabhängigen Konstanten C oder anders geschrieben

$$\mathbf{Y}_k - \mathbf{y}(x_k) = \mathcal{O}(h_{max}^2), \quad k = 0, 1, \ldots, N,$$

wobei

$$h_{max} = \max\{h_k \mid k = 0, 1, \ldots, N-1\}$$

die größte der lokalen Schrittweiten bezeichne.

Das Gleichungssystem (15.19) kann man mit dem Newton-Verfahren lösen. Mit der Abkürzung

$$\mathbf{Y} = \begin{pmatrix} \mathbf{Y}_0 \\ \vdots \\ \mathbf{Y}_N \end{pmatrix}$$

lautet es, wenn man die Gleichungen (15.19a) mit h_k multipliziert,

$$\mathbf{F}(\mathbf{Y}) = \begin{pmatrix} \{\mathbf{Y}_1 - \mathbf{Y}_0\} - h_0 \mathbf{f}(x_0 + \frac{1}{2} h_0, \frac{1}{2}\{\mathbf{Y}_0 + \mathbf{Y}_1\}) \\ \vdots \\ \{\mathbf{Y}_N - \mathbf{Y}_{N-1}\} - h_{N-1} \mathbf{f}(x_{N-1} + \frac{1}{2} h_{N-1}, \frac{1}{2}\{\mathbf{Y}_{N-1} + \mathbf{Y}_N\}) \\ \mathbf{r}(\mathbf{Y}_0, \mathbf{Y}_N) \end{pmatrix} = 0 .$$

Die Funktionalmatrix von $\mathbf{F}$ hat eine einfache Gestalt und ist in Blockschreibweise gegeben durch

$$\mathbf{F}'(\mathbf{Y}) = \begin{pmatrix} (-\mathbf{E}-h_0\mathbf{A}_0) & (\mathbf{E}-h_0\mathbf{A}_0) & 0 & \ldots & & 0 \\ 0 & \ddots & \ddots & & & \vdots \\ \vdots & & & \ddots & & 0 \\ 0 & \ldots & & 0 & (-\mathbf{E}-h_{N-1}\mathbf{A}_{N-1}) & (\mathbf{E}-h_{N-1}\mathbf{A}_{N-1}) \\ \mathbf{B}_0 & 0 & \ldots & & 0 & \mathbf{B}_N \end{pmatrix}$$

mit der Einheitsmatrix $\mathbf{E}$ und den Teilmatrizen

$$\mathbf{A}_k = \frac{1}{2} \frac{\partial}{\partial \mathbf{y}} \mathbf{f}(x_k + \frac{1}{2} h_k, \frac{1}{2}\{\mathbf{Y}_k + \mathbf{Y}_{k+1}\}),$$

$$\mathbf{B}_0 = \frac{\partial}{\partial \mathbf{Y}_0} \mathbf{r}(\mathbf{Y}_0, \mathbf{Y}_N), \quad \mathbf{B}_N = \frac{\partial}{\partial \mathbf{Y}_N} \mathbf{r}(\mathbf{Y}_0, \mathbf{Y}_N).$$

Ein Newton-Iterationsschritt lautet damit

$$\mathbf{Y}^{(j+1)} = \mathbf{Y}^{(j)} + \mathbf{d}^{(j)},$$

wobei sich die Korrektur $\mathbf{d}^{(j)}$ als Lösung des linearen Gleichungssystems

$$\mathbf{F}'(\mathbf{Y}^{(j)})\, \mathbf{d}^{(j)} = -\mathbf{F}(\mathbf{Y}^{(j)})$$

ergibt. Die Schwierigkeit besteht wieder in der Angabe einer geeigneten Ausgangsnäherung $\mathbf{Y}^{(0)}$. Durch Anwendung einer geeigneten Dämpfungsstrategie für das Newton-Verfahren wird man schon mit relativ groben Startnäherungen $\mathbf{Y}^{(0)}$ Konvergenz erzielen können.

15.6 Beispiel.

Das in Beispiel 15.4 behandelte Randwertproblem lautet mit $y_1(x) = y(x)$ und $y_2(x) = y'(x)$ in Systemform

$$\begin{pmatrix} y_1 \\ y_2 \end{pmatrix}' = \begin{pmatrix} y_2 \\ -y_1^3 \end{pmatrix}, \quad \begin{pmatrix} y_1(0) \\ y_1(1) \end{pmatrix} = \begin{pmatrix} 0 \\ 0 \end{pmatrix}.$$

Damit ist

$$\mathbf{f}\left(x, \begin{pmatrix} y_1 \\ y_2 \end{pmatrix}\right) = \begin{pmatrix} y_2 \\ -y_1^3 \end{pmatrix}, \quad \mathbf{r}\left(\begin{pmatrix} y_1(0) \\ y_2(0) \end{pmatrix}, \begin{pmatrix} y_1(1) \\ y_2(1) \end{pmatrix}\right) = \begin{pmatrix} y_1(0) \\ y_1(1) \end{pmatrix}$$

und weiter

$$\frac{\partial \mathbf{f}}{\partial \mathbf{y}} = \begin{pmatrix} 0 & 1 \\ -3y_1^2 & 0 \end{pmatrix}.$$

Die Teilmatrizen $\mathbf{A}_k$, $\mathbf{B}_0$ und $\mathbf{B}_N$ lauten mit $\mathbf{Y}_k = \begin{pmatrix} \zeta_k \\ \chi_k \end{pmatrix}$ in diesem Fall

$$\mathbf{A}_k = \frac{1}{2}\begin{pmatrix} 0 & 1 \\ -3\left(\frac{1}{2}\{\zeta_k + \zeta_{k+1}\}\right)^2 & 0 \end{pmatrix},$$

$$\mathbf{B}_0 = \begin{pmatrix} 1 & 0 \\ 0 & 0 \end{pmatrix}, \quad \mathbf{B}_N = \begin{pmatrix} 0 & 0 \\ 1 & 0 \end{pmatrix}.$$

□

Mathematisch unterscheiden sich Differenzenverfahren wie das hier ausführlich besprochene (15.19), auch *Box-Schema* genannt, nicht so sehr von Schießverfahren, wie es zunächst den Anschein hat. Löst man nämlich das Anfangswertproblem

$$\mathbf{y}' = \mathbf{f}(x, \mathbf{y}), \quad x \in [a, b], \quad \mathbf{y}(a) = \mathbf{s}$$

auf dem vorgegebenen Gitter mit dem impliziten Einschrittverfahren

$$\mathbf{Y}_0 = \mathbf{s}, \quad \mathbf{Y}_{k+1} = \mathbf{Y}_k + h_k\,\mathbf{f}\left(x_k + \tfrac{1}{2}h_k, \tfrac{1}{2}\{\mathbf{Y}_k + \mathbf{Y}_{k+1}\}\right),$$

$k = 0, 1, \ldots, N-1$, so sind diese Näherungen genau dann Lösungen des Gleichungssystems $\mathbf{F}(\mathbf{Y}) = \mathbf{0}$, wenn die Randbedingung

$$\mathbf{r}(\mathbf{s}, \mathbf{Y}_N) = \mathbf{r}(\mathbf{Y}_0, \mathbf{Y}_N) = \mathbf{0}$$

erfüllt ist. So gesehen ist das Schießverfahren eine bestimmte Methode, das System $\mathbf{F}(\mathbf{Y}) = \mathbf{0}$ zu lösen!

Ähnlich wie das Box-Schema (15.19) ist auch das auf der Trapezregel beruhende Verfahren

$$\begin{aligned} &\frac{1}{h_k}\{\mathbf{Y}_{k+1} - \mathbf{Y}_k\} = \frac{1}{2}\{\mathbf{f}(x_k, \mathbf{Y}_k) + \mathbf{f}(x_{k+1}, \mathbf{Y}_{k+1})\}, \quad k = 0, 1, \ldots, N-1 \\ &\mathbf{r}(\mathbf{Y}_0, \mathbf{Y}_N) = \mathbf{0} \end{aligned} \tag{15.21}$$

ein Verfahren 2. Ordnung, wobei man aus Stabilitätsgründen (vgl. Kapitel 13) das Box-Schema vorziehen sollte.

Randwertprobleme höherer Ordnung kann man auch direkt durch Differenzenverfahren lösen, ohne sie auf ein System 1. Ordnung umschreiben zu müssen. Nähert man etwa in dem skalaren Randwertproblem 2. Ordnung

$$y'' = f(x, y, y'), \quad x \in [a, b],$$
$$y(a) = \gamma_1, \quad y(b) = \gamma_2$$

die auftretenden Ableitungen y' und y'' auf einem äquidistanten Gitter $x_k = a + k \cdot h$, $k = 0, 1, \ldots, N$, mit der Schrittweite $h = \frac{b-a}{N}$ durch zentrale Differenzenformeln 2. Ordnung an, so wird man auf das Schema

$$\frac{1}{h^2}\{Y_{k+1} - 2Y_k + Y_{k-1}\} = f\left(x_k, Y_k, \frac{1}{2h}\{Y_{k+1} - Y_{k-1}\}\right),$$
$$k = 1, \ldots, N-1, \qquad Y_0 = \gamma_1, \quad Y_N = \gamma_2$$

geführt. Ersetzt man in der Gleichung für $k = 1$ Y_0 durch γ_1 und in der Gleichung für $k = N - 1$ Y_N durch γ_2, so hat bei der Lösung des resultierenden Schemas mit dem Newton-Verfahren die zugehörige Funktionalmatrix Tridiagonalgestalt, eine sehr wünschenswerte Eigenschaft, da sich das zugeordnete Gleichungssystem dann sehr einfach lösen läßt.

15.7 **Beispiel.**

Das Randwertproblem

$$y'' + y^3 = 0, \quad x \in [0, 1], \quad y(0) = y(1) = 0$$

führt auf das Gleichungssystem

$$\frac{1}{h^2}\{Y_2 - 2Y_1\} + Y_1^3 = 0$$

$$\frac{1}{h^2}\{Y_{k+1} - 2Y_k + Y_{k-1}\} + Y_k^3 = 0, \quad k = 2, \ldots, N-2,$$

$$\frac{1}{h^2}\{-2Y_{N-1} + Y_{N-2}\} + Y_{N-1}^3 = 0$$

oder in Vektorschreibweise mit $\mathbf{Y} = (Y_1, \ldots, Y_{N-1})^T$

$$\mathbf{F}(\mathbf{Y}) = \mathbf{0}.$$

Die zur Lösung dieses Systems mit dem Newton-Verfahren benötigte Funktionalmatrix von $\mathbf{F}$ ist gegeben durch

$$\mathbf{F}'(\mathbf{Y}) = \frac{1}{h^2}\begin{pmatrix} (-2 + 3h^2Y_1^2) & 1 & & \bigcirc \\ 1 & \ddots & \ddots & \\ & \ddots & \ddots & 1 \\ \bigcirc & & 1 & (-2 + 3h^2Y_{N-1}^2) \end{pmatrix}.$$

Wählt man zu h = 0.02 als Startnäherung $Y_k = 12\, x_k(1 - x_k)$, so zeigt Bild 15.3 links diese Näherung (0) sowie die ersten drei Iterierten (1, 2, 3), die das Newton Verfahren liefert, wobei sich die letzte Iterierte von der aus Beispiel 15.4 bekannten zugehörigen „exakten" Lösung praktisch nicht mehr unterscheidet. Bild 15.3 rechts zeigt das analoge Geschehen mit der Startnäherung $Y_k = 20\, x_k(1 - x_k)$.

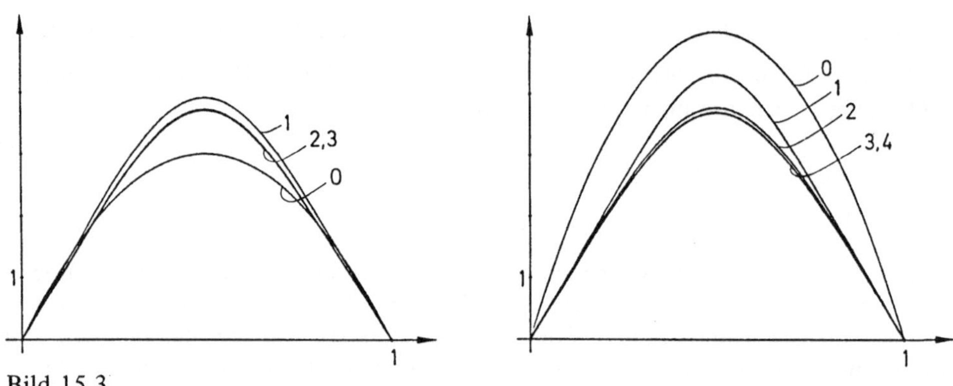

Bild 15.3

Bild 15.4 zeigt Gleiches mit der Startnäherung $Y_k = 6 \sin(2\pi x_k)$ und Bild 15.5 mit der Startnäherung $Y_k = 8 \sin(3\pi x_k)$. Auch in diesen Fällen unterscheidet sich die letzte Iterierte praktisch nicht mehr von der jeweiligen schon im Beispiel 15.4 erhaltenen Lösung des Randwertproblems.

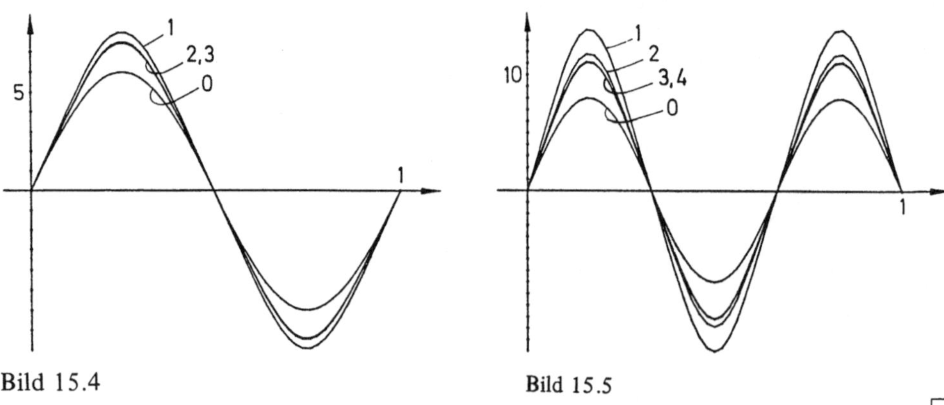

Bild 15.4

Bild 15.5

□

Die bisher behandelten Differenzenverfahren 2. Ordnung genügen höheren Genauigkeitsanforderungen nur in den seltensten Fällen. Man kann die Genauigkeit der Verfahren erhöhen, indem man Differenzenverfahren betrachtet, die sich auf Einschrittverfahren höherer Ordnung für Anfangswertprobleme, etwa Runge-Kutta-Verfahren, zurückführen lassen. Die im nächsten Abschnitt behandelten Kollokationsverfahren lassen sich als solche Verfahren interpretieren.

Eine andere Möglichkeit zur Erhöhung der Genauigkeit besteht darin, die Ableitungen in der Differentialgleichung in (15.18) durch Differenzenformeln höherer Ordnung unter Benutzung weiterer Punkte anzunähern. So ist zum Beispiel auf dem äquidistanten Gitter $x_k = a + k \cdot h$, $k = 0, 1, \ldots, N$, mit der Schrittweite $h = \frac{b-a}{N}$ für fünfmal stetig differenzierbares y

$$\frac{1}{24\,h}\,\{y(x_{j-1}) - 27\,y(x_j) + 27\,y(x_{j+1}) - y(x_{j+2})\}$$

eine Näherung 4. Ordnung für $y'\left(x_j + \frac{1}{2}h\right)$ und

$$\frac{1}{16}\,\{-y(x_{j-1}) + 9\,y(x_j) + 9\,y(x_{j+1}) - y(x_{j+2})\}$$

eine Näherung 4. Ordnung für $y\left(x_j + \frac{1}{2}h\right)$, so daß man in den Punkten $x_1 + \frac{h}{2}$ bis $x_{N-2} + \frac{h}{2}$ die Differentialgleichung durch

$$\begin{aligned} &\frac{1}{24\,h}\,\{\mathbf{Y}_{j-1} - 27\,\mathbf{Y}_j + 27\,\mathbf{Y}_{j+1} - \mathbf{Y}_{j+2}\} \\ &= \mathbf{f}\left(x_j + \frac{h}{2}, \frac{1}{16}\,\{-\mathbf{Y}_{j-1} + 9\,\mathbf{Y}_j + 9\,\mathbf{Y}_{j+1} - \mathbf{Y}_{j+2}\}\right), \end{aligned} \qquad (15.22a)$$

$j = 1, \ldots, N-2$, approximieren kann. Zusammen mit der Randbedingung

$$\mathbf{r}(\mathbf{Y}_0, \mathbf{Y}_N) = \mathbf{0} \qquad (15.22b)$$

erhält man auf diese Weise $N - 1$ Gleichungen für die $N + 1$ Näherungen $\mathbf{Y}_0, \mathbf{Y}_1, \ldots, \mathbf{Y}_N$. Die fehlenden Bedingungsgleichungen kann man sich durch folgende Diskretisierung niedrigerer Ordnung der Differentialgleichung

$$\begin{aligned} &\frac{1}{h}\,\{\mathbf{Y}_1 - \mathbf{Y}_0\} = \mathbf{f}\left(x_0 + \frac{h}{2}, \frac{1}{2}\,\{\mathbf{Y}_0 + \mathbf{Y}_1\}\right) \\ &\frac{1}{h}\,\{\mathbf{Y}_N - \mathbf{Y}_{N-1}\} = \mathbf{f}\left(x_{N-1} + \frac{h}{2}, \frac{1}{2}\,\{\mathbf{Y}_{N-1} + \mathbf{Y}_N\}\right) \end{aligned} \qquad (15.22c)$$

in den Punkten $x_0 + \frac{h}{2}$ und $x_{N-1} + \frac{h}{2}$ verschaffen. Dadurch geht die globale Fehlerordnung nicht verloren; die Diskretisierung (15.22) liefert Näherungen 4. Ordnung für die exakte Lösung in den vorgegebenen Gitterpunkten:

$$\mathbf{Y}_k - \mathbf{y}(x_k) = \mathcal{O}(h^4), \quad k = 0, 1, \ldots, N\,.$$

Ähnlich wie bei Mehrschrittverfahren für Anfangswertprobleme ist das Verhalten solcher Formeln höherer Ordnung schwierig zu analysieren, da eine Differentialgleichung 1. Ordnung durch eine Differenzengleichung höherer Ordnung approximiert wird. Wie bei Mehrschrittverfahren kann es dabei zu katastrophalen Instabilitäten kommen, wenn die Diskretisierung gewisse Bedingungen außer acht läßt.

Eine weitere Möglichkeit, die Genauigkeit von Differenzenverfahren zu verbessern, ist *Extrapolation.* Extrapolationsverfahren beruhen auf einer detaillierten Kenntnis des Verhaltens des Diskretisierungsfehlers. Auf einem äquidistanten Gitter mit der Schrittweite $h = \frac{b-a}{N}$ gilt etwa für das Box-Schema (15.19) und das auf der Trapezregel beruhende Verfahren (15.21) in den Gitterpunkten $x_k = a + k \cdot h$ unter entsprechenden Differenzierbarkeitsvoraussetzungen an die rechte Seite f der Differentialgleichung eine Fehlerentwicklung der Form

$$y(x_k) - \mathbf{Y}_h(x_k) = \sum_{\nu=1}^{m-1} \mathbf{e}_\nu(x_k)\, h^{2\nu} + \mathcal{O}(h^{2m}),$$

wobei y die exakte Lösung des Randwertproblems und $\mathbf{Y}_h(x_k)$ die nach (15.19) bzw. (15.21) berechnete Näherung in den Gitterpunkten x_k bezeichne; die Funktionen $\mathbf{e}_\nu(x)$ hängen nicht von der benutzten Gitterweite h ab. Sind daher die Näherungen $\mathbf{Y}_h(x_k)$ zur Schrittweite h in den Gitterpunkten $x_k = a + kh$, $k = 0, 1, \ldots, N$, und $\mathbf{Y}_{h/2}(x_j)$ zur Schrittweite $\frac{h}{2}$ in den Gitterpunkten $x_j = a + j\frac{h}{2}$, $j = 0, 1, \ldots, 2N$, bekannt, so hat man in den auf den beiden Gittern gemeinsamen Punkten x

$$y(x) - \mathbf{Y}_h(x) = \mathbf{e}_1(x)\, h^2 + \mathbf{e}_2(x)\, h^4 + \ldots + \mathbf{e}_{m-1}(x)\, h^{2m-2} + \mathcal{O}(h^{2m})$$

$$y(x) - \mathbf{Y}_{h/2}(x) = \mathbf{e}_1(x)\left(\frac{h}{2}\right)^2 + \mathbf{e}_2(x)\left(\frac{h}{2}\right)^4 + \ldots + \mathbf{e}_{m-1}(x)\left(\frac{h}{2}\right)^{2m-2} + \mathcal{O}(h^{2m}).$$

Damit ist in diesen Punkten

$$\begin{aligned} & y(x) - \frac{1}{3}\{4\,\mathbf{Y}_{h/2}(x) - \mathbf{Y}_h(x)\} \\ &= \frac{1}{3}\{4\,(y(x) - \mathbf{Y}_{h/2}(x)) - (y(x) - \mathbf{Y}_h(x))\} \\ &= \frac{1}{3}\left\{\left(4\,\mathbf{e}_1(x)\left(\frac{h}{2}\right)^2 + 4\,\mathbf{e}_2(x)\left(\frac{h}{2}\right)^4 + \ldots\right) - \left(\mathbf{e}_1(x)\, h^2 + \mathbf{e}_2(x)\, h^4 + \ldots\right)\right\} \\ &= \frac{1}{4}\,\mathbf{e}_2(x)\, h^4 + \ldots, \end{aligned}$$

so daß

$$\frac{1}{3}\{4\,\mathbf{Y}_{h/2}(x_k) - \mathbf{Y}_h(x_k)\}$$

eine Näherung 4. Ordnung in den Punkten $x_k = a + kh$, $k = 0, 1, \ldots, N$, darstellt. Genauso wie bei der numerischen Differentiation und bei der Romberg-Quadratur (vergleiche etwa Kapitel 6.5 und Kapitel 11.9 im ersten Band dieser Reihe) lassen sich auf diese Weise weitere Fehlerterme eliminieren, so daß man etwa mit einer weiteren Näherung $\mathbf{Y}_{h/4}(x)$ zur Schrittweite $\frac{h}{4}$ Näherungen der Ordnung $\mathcal{O}(h^6)$ auf dem groben Gitter zur Gitterweite h erzeugen kann. Die Bestimmung von Näherungen höherer Ordnung wird allerdings sehr aufwendig.

Wirksamer als solche Extrapolationsverfahren sind Defekt-Korrekturverfahren, die auf ähnlichen Überlegungen beruhen, aber mit einem einzigen Gitter arbeiten, auf dem mehrere Randwertprobleme sukzessive gelöst werden.

15.3 Kollokationsverfahren

Bei *Kollokationsverfahren* wird für die Lösung y des Randwertproblems

$$\mathbf{y}' = \mathbf{f}(x, \mathbf{y}), \quad x \in [a, b], \quad \mathbf{r}(\mathbf{y}(a), \mathbf{y}(b)) = \mathbf{0}$$

ein Ansatz der Form

$$\mathbf{y}(x) \approx \boldsymbol{\Psi}(x; \boldsymbol{\alpha}_0, \ldots, \boldsymbol{\alpha}_L) \tag{15.23}$$

gewählt. $\boldsymbol{\Psi}$ ist dabei eine leicht zu handhabende Funktion, die von freien Vektor-Parametern $\boldsymbol{\alpha}_0$ bis $\boldsymbol{\alpha}_L$ gleicher Länge p wie y und f abhängt und von der man hofft, daß sie bei richtiger Wahl dieser Parameter in der Lage ist, die Lösung y gut zu approximieren. Man kann natürlich nicht erwarten, daß ein solcher Ansatz die Differentialgleichung auf dem gesamten Intervall [a, b] erfüllt. Stattdessen fordert man hier, daß $\boldsymbol{\Psi}$ neben der Randbedingung

$$\mathbf{r}(\boldsymbol{\Psi}(a; \boldsymbol{\alpha}_0, \ldots, \boldsymbol{\alpha}_L), \boldsymbol{\Psi}(b; \boldsymbol{\alpha}_0, \ldots, \boldsymbol{\alpha}_L)) = \mathbf{0} \tag{15.24a}$$

auch die Differentialgleichung in L vorgegebenen Punkten $\xi_1, \ldots, \xi_L \in (a, b)$ erfüllt:

$$\boldsymbol{\Psi}'(\xi_j; \boldsymbol{\alpha}_0, \ldots, \boldsymbol{\alpha}_L) = \mathbf{f}(\xi_j, \boldsymbol{\Psi}(\xi_j; \boldsymbol{\alpha}_0, \ldots, \boldsymbol{\alpha}_L)), \quad j = 1, 2, \ldots, L\,. \tag{15.24b}$$

(15.24) sind insgesamt (L + 1) p nichtlineare Gleichungen für die L + 1 unbekannten Vektoren $\boldsymbol{\alpha}_0, \ldots, \boldsymbol{\alpha}_L$ der Länge p, deren (eindeutige) Lösbarkeit selbst bei linearen Ansätzen der Form

$$\boldsymbol{\Psi}(x; \boldsymbol{\alpha}_0, \ldots, \boldsymbol{\alpha}_L) = \boldsymbol{\alpha}_0\, \varphi_0(x) + \ldots + \boldsymbol{\alpha}_L\, \varphi_L(x)$$

mit reellwertigen Funktionen φ_j nicht gewährleistet zu sein braucht.

15.8 **Beispiel.**

Das Randwertproblem

$$y'' + y^3 = 0, \quad x \in [0, 1]\,,$$
$$y(0) = y(1) = 0$$

hat in Systemform umgeschrieben die Gestalt

$$\begin{pmatrix} y_1 \\ y_2 \end{pmatrix}' = \begin{pmatrix} y_2 \\ -y_1^3 \end{pmatrix}, \; x \in [0, 1], \quad \begin{pmatrix} y_1(0) \\ y_1(1) \end{pmatrix} = \begin{pmatrix} 0 \\ 0 \end{pmatrix}.$$

Der polynomiale Ansatz

$$\boldsymbol{\Psi}(x) = \boldsymbol{\alpha}_0 + \boldsymbol{\alpha}_1 x + \boldsymbol{\alpha}_2 x^2$$

als Näherung für $\mathbf{y} = \begin{pmatrix} y_1 \\ y_2 \end{pmatrix}$ lautet in Komponentenschreibweise

$$\psi_1(x) = \alpha_{0,1} + \alpha_{1,1} x + \alpha_{2,1} x^2$$
$$\psi_2(x) = \alpha_{0,2} + \alpha_{1,2} x + \alpha_{2,2} x^2$$

und erfüllt genau dann die Randbedingung

$$\psi_1(0) = 0, \quad \psi_1(1) = 0$$

und die Kollokationsbedingungen

$$\psi_1'(\xi_1) = \psi_2(\xi_1), \quad \psi_2'(\xi_1) = -(\psi_1(\xi_1))^3$$
$$\psi_1'(\xi_2) = \psi_2(\xi_2), \quad \psi_2'(\xi_2) = -(\psi_1(\xi_2))^3$$

in zwei verschiedenen Punkten $\xi_1, \xi_2 \in (0, 1)$, falls die folgenden Bedingungen erfüllt sind:

$$\begin{aligned}
&\alpha_{0,1} &&= 0\\
&\alpha_{0,1} + \alpha_{1,1} + \alpha_{2,1} &&= 0\\
&\alpha_{1,1} + 2\alpha_{2,1}\xi_1 &&= \alpha_{0,2} + \alpha_{1,2}\xi_1 + \alpha_{2,2}\xi_1^2\\
&\alpha_{1,2} + 2\alpha_{2,2}\xi_1 &&= -[\alpha_{0,1} + \alpha_{1,1}\xi_1 + \alpha_{2,1}\xi_1^2]^3\\
&\alpha_{1,1} + 2\alpha_{2,1}\xi_2 &&= \alpha_{0,2} + \alpha_{1,2}\xi_2 + \alpha_{2,2}\xi_2^2\\
&\alpha_{1,2} + 2\alpha_{2,2}\xi_2 &&= -[\alpha_{0,1} + \alpha_{1,1}\xi_2 + \alpha_{2,1}\xi_2^2]^3.
\end{aligned}$$

Durch geeignete Umformungen sind diese Bedingungen äquivalent zu folgenden Gleichungen:

$$\begin{aligned}
\alpha_{0,1} &= 0\\
\alpha_{2,1} &= -\alpha_{1,1}\\
\alpha_{0,2} &= (1 - 2\xi_1)\alpha_{1,1} - \xi_1\alpha_{1,2} - \xi_1^2\alpha_{2,2}\\
\alpha_{1,2} &= -2\alpha_{1,1} + (\xi_1 + \xi_2)\alpha_{2,2}\\
\alpha_{2,2} &= \frac{\alpha_{1,1}}{\xi_1 - \xi_2}\{2 - (\xi_1 - \xi_1^2)\alpha_{1,1}^2\}\\
&\alpha_{1,1}[\{(\xi_1 - \xi_1^2)^3 + (\xi_2 - \xi_2^2)^3\}\alpha_{1,1}^2 - 4] = 0\,.
\end{aligned}$$

Die letzte Gleichung besitzt die drei Lösungen

$$\alpha_{1,1} = 0, \quad \alpha_{1,1} = \pm\sqrt{\frac{4}{(\xi_1 - \xi_1^2)^3 + (\xi_2 - \xi_2^2)^3}}\,.$$

Unter Kenntnis von $\alpha_{1,1}$ folgen die restlichen Koeffizienten durch rekursives Einsetzen. Die Wahl $\xi_1 = 0.4$ und $\xi_2 = 0.6$ zum Beispiel führt damit auf die drei auf fünf Dezimalstellen gerundeten Lösungen

$$\boldsymbol{\Psi}(x) = \mathbf{0}$$
$$\boldsymbol{\Psi}(x) = \begin{pmatrix} 0 \\ 12.02813 \end{pmatrix} + \begin{pmatrix} 12.02813 \\ -24.05626 \end{pmatrix} x + \begin{pmatrix} -12.02813 \\ 0 \end{pmatrix} x^2$$
$$\boldsymbol{\Psi}(x) = \begin{pmatrix} 0 \\ -12.02813 \end{pmatrix} + \begin{pmatrix} -12.02813 \\ 24.05626 \end{pmatrix} x + \begin{pmatrix} 12.02813 \\ 0 \end{pmatrix} x^2\,.$$

Jede dieser Funktionen approximiert eine andere Lösung des Randwertproblems. □

Solche einfachen Funktionenansätze mit nur wenigen Freiheitsgraden wie in diesem Beispiel sind nur dann sinnvoll, wenn man schon eine recht konkrete Vorstellung von der Lösung hat und diese im Funktionenansatz berücksichtigt. Große Genauigkeiten lassen sich auf diese Weise sicher nicht erzielen.

Ein flexibler Ansatz, der zudem keine Vorkenntnisse über die Lösung $\mathbf{y}$ des Randwertproblems erfordert, besteht darin, $\mathbf{y}$ durch einen Spline, das heißt durch eine stückweise aus Polynomen zusammengesetzte Funktion anzunähern. Dazu teilt man das zugrundeliegende Intervall $[a, b]$ durch ein Gitter

$$a = x_0 < x_1 < x_2 < \ldots < x_N = b$$

wieder in Teilintervalle $[x_k, x_{k+1}]$ der Länge $h_k = x_{k+1} - x_k$ ein. Auf jedem Teilintervall $[x_k, x_{k+1}]$ wird die Lösung durch ein Polynom $\mathbf{P}_k$ vom Grad m angenähert, und damit lautet der approximierende Spline

$$\mathbf{S}(x) = \mathbf{P}_k(x), \quad x \in [x_k, x_{k+1}] \quad (k = 0, 1, \ldots, N-1). \tag{15.25}$$

Die Forderung, daß diese Splinefunktion auf dem Intervall $[a, b]$ stetig ist, führt auf folgende Anschlußbedingungen der stückweisen Polynome in den inneren Gitterpunkten:

$$\mathbf{P}_{k-1}(x_k) = \mathbf{P}_k(x_k), \quad k = 1, \ldots, N-1. \tag{15.26a}$$

Da jede der p Komponenten des Polynoms $\mathbf{P}_k$ $m + 1$ Freiheitsgrade besitzt, enthält die Funktion $\mathbf{S}$ aus (15.25) unter Berücksichtigung von (15.26a) in jeder Komponente noch

$$N(m+1) - (N-1) = mN + 1$$

Freiheitsgrade. Die noch fehlenden Bedingungsgleichungen werden durch die Randbedingung

$$\mathbf{r}(\mathbf{P}_0(a), \mathbf{P}_{N-1}(b)) = \mathbf{0} \tag{15.26b}$$

und die Kollokationsbedingungen

$$\mathbf{P}_k'(x_k + h_k a_j) = \mathbf{f}(x_k + h_k a_j, \mathbf{P}_k(x_k + h_k a_j)), \quad j = 1, \ldots, m, \tag{15.26c}$$

$k = 0, 1, \ldots, N-1$, abgedeckt. Die reellen Zahlen $a_j \in [0, 1]$ sind dabei fest vorgegeben und paarweise verschieden; sie hängen weder von der Differentialgleichung noch von dem gewählten Gitter ab und legen das Kollokationsverfahren fest. Wählt man etwa

$$\mathbf{P}_k(x) = \boldsymbol{\beta}_{k,0} + \boldsymbol{\beta}_{k,1}(x - x_k) + \ldots + \boldsymbol{\beta}_{k,m}(x - x_k)^m$$

als Ansatz des Splines auf dem Teilintervall $[x_k, x_{k+1}]$, so lassen sich über das nichtlineare Gleichungssystem (15.26) alle Koeffizienten $\boldsymbol{\beta}_{k,0}, \ldots, \boldsymbol{\beta}_{k,m}$ $(k = 0, 1, \ldots, N-1)$, die den Spline beschreiben, bestimmen.

Erstaunlicherweise erweisen sich solche Verfahren als äquivalent zu Runge-Kutta-Verfahren. Dazu betrachtet man die Darstellung

$$\mathbf{P}_k(x) = \mathbf{P}_k(x_k) + h_k \sum_{j=1}^{m} L_j\left(\frac{x - x_k}{h_k}\right) \mathbf{P}_k'(x_k + h_k a_j) \tag{15.27}$$

der Polynome $\mathbf{P}_k$, wobei L_j durch

$$L_j(t) = \int_0^t \prod_{\substack{i=1\\ i \neq j}}^{m} \frac{s - a_i}{a_j - a_i} \, ds$$

gegeben ist und wegen

$$L_j'(t) = \prod_{\substack{i=1\\ i \neq j}}^{m} \frac{t - a_i}{a_j - a_i}$$

die Gleichungen

$$L_j'(a_\ell) = \begin{cases} 1, & \text{falls } j = \ell \\ 0, & \text{sonst} \end{cases}$$

erfüllt. Deshalb stimmen die Polynome m-ten Grades auf der linken und der rechten Seite in (15.27) im Punkt x_k und ihre Ableitungen in den Punkten $x_k + h_k a_j$, $j = 1, \ldots, m$, überein und sind damit überall gleich. Führt man auf dem Intervall $[x_k, x_{k+1}]$ die Bezeichnungen

$$\mathbf{Y}_k = \mathbf{P}_k(x_k), \qquad \mathbf{Y}_{k+1} = \mathbf{P}_k(x_{k+1})$$
$$\mathbf{K}_j = \mathbf{P}_k'(x_k + h_k a_j)$$

ein, so geht (15.27) über in

$$\mathbf{P}_k(x) = \mathbf{Y}_k + h_k \sum_{j=1}^{m} L_j\left(\frac{x - x_k}{h_k}\right) \mathbf{K}_j .$$

Damit gilt nach (15.26c) für $l = 1, \ldots, m$

$$\begin{aligned} \mathbf{K}_l &= \mathbf{P}_k'(x_k + h_k a_l) = \mathbf{f}(x_k + h_k a_l, \mathbf{P}_k(x_k + h_k a_l)) \\ &= \mathbf{f}\left(x_k + h_k a_l, \mathbf{Y}_k + h_k \sum_{j=1}^{m} L_j(a_l) \mathbf{K}_j\right). \end{aligned} \tag{15.28a}$$

Außerdem ist

$$\mathbf{Y}_{k+1} = \mathbf{P}_k(x_k + h_k) = \mathbf{Y}_k + h_k \sum_{j=1}^{m} L_j(1) \mathbf{K}_j . \tag{15.28b}$$

(15.28) entspricht genau einem impliziten Runge-Kutta-Verfahren mit dem Koeffizientenschema

$$\begin{array}{c|ccc} a_1 & L_1(a_1) & \ldots & L_m(a_1) \\ \vdots & \vdots & & \vdots \\ a_m & L_1(a_m) & \ldots & L_m(a_m) \\ \hline & L_1(1) & \ldots & L_m(1) \end{array} .$$

Auf diese Weise läßt sich die Konvergenz dieser Kollokationsverfahren bei Verfeinerung des Gitters nachweisen und gleichzeitig zeigen, daß die Näherungen $\mathbf{S}(x_k)$ des approximierenden Splines (15.25) in den Gitterpunkten dann mit der Fehlerordnung des entsprechenden Runge-Kutta-Verfahrens gegen die exakte Lösung streben.

15.9 **Beispiel.**

Setzt man den Spline stückweise aus Polynomen 2. Grades zusammen und wählt

$$a_1 = \frac{3-\sqrt{3}}{6}, \quad a_2 = \frac{3+\sqrt{3}}{6},$$

so ergibt sich das zweistufige implizite Runge-Kutta-Verfahren aus Beispiel 13.8, das die Konvergenzordnung 4 hat. Wendet man das dazugehörige Kollokationsverfahren auf das Randwertproblem

$$\begin{pmatrix} y_1 \\ y_2 \end{pmatrix}' = \begin{pmatrix} y_2 \\ -y_1^3 \end{pmatrix}, \quad x \in [0, 1], \quad \begin{pmatrix} y_1(0) \\ y_1(1) \end{pmatrix} = \begin{pmatrix} 0 \\ 0 \end{pmatrix}$$

aus Beispiel 15.8 an, so erhält man bei Unterteilung des Intervalls [0, 1] in zwei Teilintervalle gleicher Länge als eine Lösung auf 4 Dezimalstellen gerundet

$$\mathbf{S}(x) = \begin{cases} \begin{pmatrix} 0 \\ 9.7470 \end{pmatrix} + \begin{pmatrix} 12.3160 \\ 11.3333 \end{pmatrix} x + \begin{pmatrix} -\ 9.7470 \\ -61.6548 \end{pmatrix} x^2, & x \in \left[0, \frac{1}{2}\right] \\ \begin{pmatrix} 3.7212 \\ 0 \end{pmatrix} + \begin{pmatrix} -\ 2.5690 \\ -50.3215 \end{pmatrix} \left(x - \frac{1}{2}\right) + \begin{pmatrix} -9.7470 \\ 61.6548 \end{pmatrix} \left(x - \frac{1}{2}\right)^2, & x \in \left[\frac{1}{2}, 1\right]. \end{cases}$$

Die erste Komponente von $\mathbf{S}$ approximiert eine Lösung des Randwertproblems

$$y'' + y^3 = 0, \quad x \in [0, 1], \quad y(0) = y(1) = 0.$$

Bild 15.6 zeigt die erste Komponente von $\mathbf{S}$ sowie die zugehörige Lösung des Rand- wertproblems nach Beispiel 15.4.

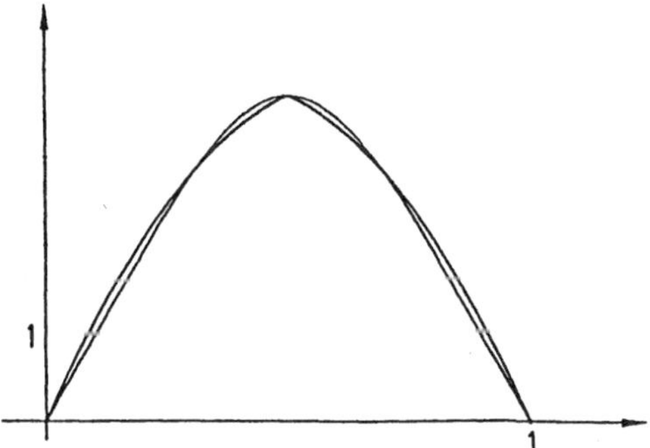

Bild 15.6

Die approximierende Funktion ist, wie von der Konstruktion her zu erwarten, im einzigen Gitterpunkt $\frac{1}{2}$ nicht differenzierbar. In diesem Punkt stimmt die Näherungslösung besonders gut mit der zugehörigen Lösung des Randwertproblems überein, was durch die hohe Konvergenzordnung des zugeordneten Runge-Kutta-Verfahrens erklärt werden kann. □

15.4 „Ein nichtlinearer Oszillator"

In elektrischen Schwingkreisen tauchen oft Halbleiterbauelemente wie etwa Tunneldioden auf, die nicht dem Ohmschen Gesetz gehorchen, das heißt bei denen Strom und Spannung nicht in linearem Zusammenhang stehen. Ein Beispiel hierfür zeigt Bild 15.7.

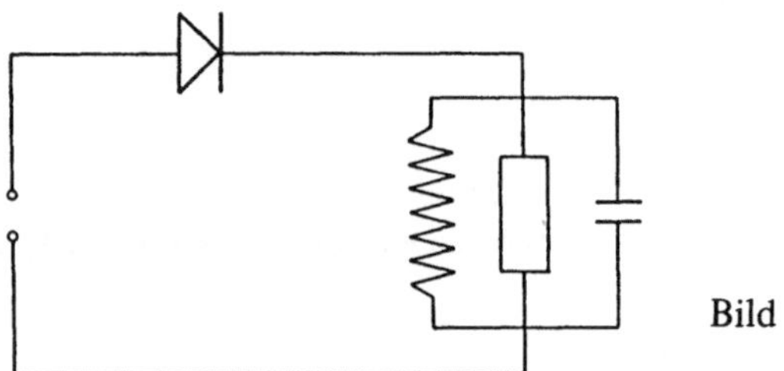

Bild 15.7

Approximiert man die Kennlinie eines solchen nichtlinearen Bauelementes durch einen einfachen polynomialen Ansatz, so wird man auf nichtlineare Schwingungsgleichungen wie die *van der Pol-Gleichung* (vgl. Kapitel 7.4)

$$y'' + \mu(y^2 - 1)\, y' + y = 0 \tag{15.29}$$

geführt, wobei y in diesem Fall eine normierte Spannung darstellt.

Die van der Pol-Differentialgleichung (15.29) ist ein einfaches Modell für viele nichtlineare Oszillatoren. Von Interesse ist der periodische Grenzzustand des Oszillators; insbesondere will man seine Periodenlänge und damit seine Frequenz kennen.

Auf ein Differentialgleichungssystem erster Ordnung umgeschrieben lautet (15.29) mit

$$u = y, \quad v = y',$$

wenn man sich auf den Fall $\mu = 1$ zurückzieht,

$$\begin{aligned} u' &= v \\ v' &= (1 - u^2)\, v - u\,. \end{aligned} \tag{15.30}$$

Bild 15.8 zeigt die Lösungskomponente u in Abhängigkeit von der Zeit t für die Anfangswerte

$$u(0) = 0, \quad v(0) = 0.05$$

beziehungsweise

$$u(0) = -2.5, \quad v(0) = -1.5$$

auf dem Intervall $0 \leqslant t \leqslant 30$.

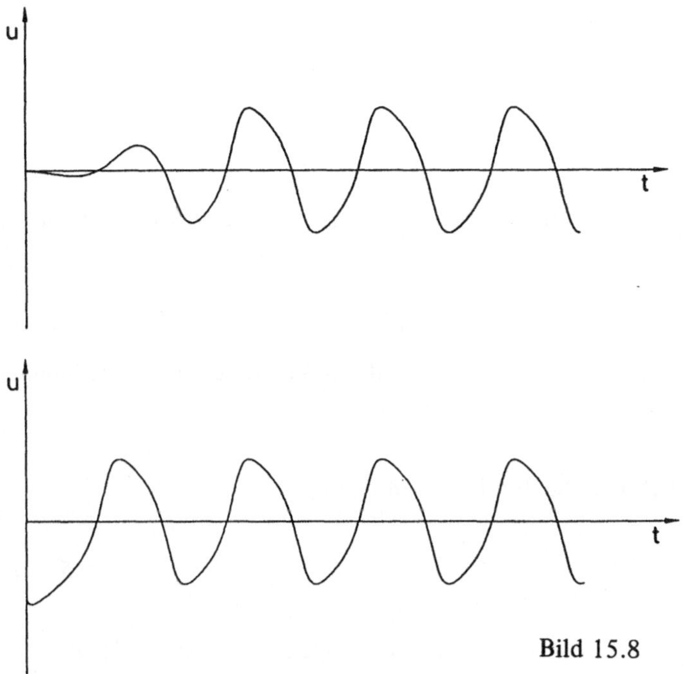

Bild 15.8

Die entsprechenden Kurven $\binom{u(t)}{v(t)}$ in der uv-Ebene (Phasenebene) sind in Bild 15.9 zu sehen.

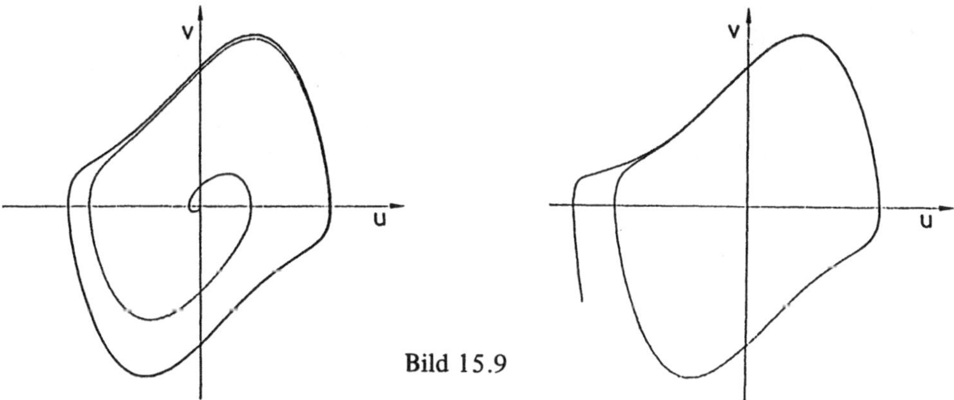

Bild 15.9

Die geschlossene Kurve, in die diese Lösungen einmünden, repräsentiert den gesuchten periodischen Grenzzustand. Bilden die Startwerte u(0) und v(0) einen Punkt dieser Grenzkurve, so ist die Lösung der Differentialgleichung periodisch und überstreicht in der Phasenebene die geschlossene Kurve.

Bezeichnet T die unbekannte Periodenlänge der gesuchten Grenzlösung $\begin{pmatrix} u(t) \\ v(t) \end{pmatrix}$, so gelten die Periodizitätsbedingungen

$$\begin{aligned} u(T) - u(0) &= 0 \\ v(T) - v(0) &= 0 \,. \end{aligned} \tag{15.31}$$

Da mit jeder Lösung $\begin{pmatrix} u(t) \\ v(t) \end{pmatrix}$ der Differentialgleichung (15.30), die diesen Bedingungen genügt, auch

$$\begin{pmatrix} \tilde{u}(t) \\ \tilde{v}(t) \end{pmatrix} = \begin{pmatrix} u(t + t_0) \\ v(t + t_0) \end{pmatrix}$$

für beliebiges t_0 eine Lösung von (15.30), (15.31) ist, muß man durch eine Bedingung wie

$$v(0) = 0$$

dieses t_0 fixieren. Damit hat man die drei Randbedingungen

$$\begin{aligned} u(T) - u(0) &= 0 \\ v(0) &= 0 \\ v(T) &= 0 \,. \end{aligned} \tag{15.32}$$

Dies ist eine Randbedingung mehr als es das Differentialgleichungssystem (15.30) erfordert; allerdings ist im Gegensatz zu einem üblichen Randwertproblem der Endzeitpunkt T eine der gesuchten unbekannten Größen.

Um dieses Problem in ein gewöhnliches Randwertproblem zu transformieren, betrachten wir die Funktionen

$$\begin{aligned} u_1(\tau) &= u(\tau T) \\ u_2(\tau) &= v(\tau T) \\ u_3(\tau) &= T \,, \end{aligned}$$

die auf dem Intervall $0 \leqslant \tau \leqslant 1$ definiert sind. Wegen (15.30) erfüllen diese Funktionen das Differentialgleichungssystem

$$\begin{aligned} u_1' &= u_2 u_3 \\ u_2' &= (1 - u_1^2)\, u_2 u_3 - u_1 u_3 \\ u_3' &= 0 \end{aligned} \tag{15.33a}$$

und wegen (15.32) die Randbedingung

$$\begin{aligned} u_1(1) - u_1(0) &= 0 \\ u_2(0) &= 0 \\ u_2(1) &= 0 \,. \end{aligned} \tag{15.33b}$$

Das Randwertproblem (15.33) kann man mit dem Schießverfahren nach Algorithmus 15.3 lösen. Die in den einzelnen Iterationsschritten auftretenden Matrizen **Z** genügen dem Differentialgleichungssystem

$$\mathbf{Z}' = \begin{pmatrix} 0 & u_3 & u_2 \\ -(1+2u_1u_2)\,u_3 & (1-u_1^2)\,u_3 & (1-u_1^2)\,u_2 - u_1 \\ 0 & 0 & 0 \end{pmatrix} \cdot \mathbf{Z} \tag{15.34a}$$

und der Anfangsbedingung

$$\mathbf{Z}(0) = \begin{pmatrix} 1 & 0 & 0 \\ 0 & 1 & 0 \\ 0 & 0 & 1 \end{pmatrix} . \tag{15.34b}$$

Bezeichnet man die in der Matrix **Z** auftretenden Funktionen in folgender Weise

$$\mathbf{Z} = \begin{pmatrix} u_4 & u_5 & u_6 \\ u_7 & u_8 & u_9 \\ u_{10} & u_{11} & u_{12} \end{pmatrix} ,$$

so erfüllen die einzelnen Funktionen das zu (15.34a) äquivalente Differentialgleichungssystem

$$\begin{aligned}
u_4' &= u_3u_7 + u_2u_{10} \\
u_5' &= u_3u_8 + u_2u_{11} \\
u_6' &= u_3u_9 + u_2u_{12} \\
u_7' &= -(1+2u_1u_2)\,u_3u_4 + (1-u_1^2)\,u_3u_7 + (1-u_1^2)\,u_2u_{10} - u_1u_{10} \\
u_8' &= -(1+2u_1u_2)\,u_3u_5 + (1-u_1^2)\,u_3u_8 + (1-u_1^2)\,u_2u_{11} - u_1u_{11} \\
u_9' &= -(1+2u_1u_2)\,u_3u_6 + (1-u_1^2)\,u_3u_9 + (1-u_1^2)\,u_2u_{12} - u_1u_{12} \\
u_{10}' &= 0 \\
u_{11}' &= 0 \\
u_{12}' &= 0
\end{aligned}$$

mit den Anfangsbedingungen nach (15.34b)

$$\begin{array}{lll}
u_4(0) = 1, & u_5(0) = 0, & u_6(0) = 0\,, \\
u_7(0) = 0, & u_8(0) = 1, & u_9(0) = 0\,, \\
u_{10}(0) = 0, & u_{11}(0) = 0, & u_{12}(0) = 1\,.
\end{array}$$

Die Anfangswertprobleme für die Funktionen u_{10}, u_{11} und u_{12} sind von den übrigen Gleichungen losgelöst und ergeben sofort

$$u_{10}(\tau) = 0, \quad u_{11}(\tau) = 0, \quad u_{12}(\tau) = 1\,.$$

Die restlichen Funktionen genügen damit unter Berücksichtigung von (15.33a) dem Differentialgleichungssystem

$$\begin{aligned}
u_1' &= u_2u_3 \\
u_2' &= (1-u_1^2)\,u_2u_3 - u_1u_3 \\
u_3' &= 0
\end{aligned}$$

$$
\begin{aligned}
u_4' &= u_3 u_7 \\
u_5' &= u_3 u_8 \\
u_6' &= u_3 u_9 + u_2 \\
u_7' &= -(1 + 2u_1 u_2)\, u_3 u_4 + (1 - u_1^2)\, u_3 u_7 \\
u_8' &= -(1 + 2u_1 u_2)\, u_3 u_5 + (1 - u_1^2)\, u_3 u_8 \\
u_9' &= -(1 + 2u_1 u_2)\, u_3 u_6 + (1 - u_1^2)\, u_3 u_9 + (1 - u_1^2)\, u_2 - u_1 \,,
\end{aligned}
$$

das gemäß Algorithmus 15.3 in jedem Schritt unter der Anfangsbedingung

$$
\begin{aligned}
&u_1(0) = s_1 \\
&u_2(0) = s_2 \\
&u_3(0) = s_3 \\
u_4(0) = 1, \quad &u_5(0) = 0, \quad u_6(0) = 0 \\
u_7(0) = 0, \quad &u_8(0) = 1, \quad u_9(0) = 0
\end{aligned}
$$

zu lösen ist. Die im zweiten Schritt in Algorithmus 15.3 auftretende Funktion $\mathbf{F}(\mathbf{s})$ ist mit $\mathbf{s} = \begin{pmatrix} s_1 \\ s_2 \\ s_3 \end{pmatrix}$ gegeben durch

$$
\mathbf{F}(\mathbf{s}) = \begin{pmatrix} u_1(1) - s_1 \\ s_2 \\ u_2(1) \end{pmatrix},
$$

und für die Funktionalmatrix $F'(s)$ erhält man

$$
\begin{aligned}
\mathbf{F}'(\mathbf{s}) &= \begin{pmatrix} -1 & 0 & 0 \\ 0 & 1 & 0 \\ 0 & 0 & 0 \end{pmatrix} + \begin{pmatrix} 1 & 0 & 0 \\ 0 & 0 & 0 \\ 0 & 1 & 0 \end{pmatrix} \begin{pmatrix} u_4(1) & u_5(1) & u_6(1) \\ u_7(1) & u_8(1) & u_9(1) \\ 0 & 0 & 1 \end{pmatrix} \\
&= \begin{pmatrix} u_4(1) - 1 & u_5(1) & u_6(1) \\ 0 & 1 & 0 \\ u_7(1) & u_8(1) & u_9(1) \end{pmatrix} .
\end{aligned}
$$

Die Korrekturen $\mathbf{d} = \begin{pmatrix} d_1 \\ d_2 \\ d_3 \end{pmatrix}$ als Lösung des Gleichungssystems

$$
\mathbf{F}'(\mathbf{s})\, \mathbf{d} = -\mathbf{F}(\mathbf{s})
$$

ergeben dann über

$$
\begin{pmatrix} s_1 + d_1 \\ s_2 + d_2 \\ s_3 + d_3 \end{pmatrix}
$$

den neuen, verbesserten Anfangswert für den nächsten Schritt des Schießverfahrens. Im ersten Schritt erhält man

$$
d_2 = -s_2 \,,
$$

und in jedem weiteren Schritt wird dann der verbesserte Anfangswert für s_2 stets 0 sein. Berücksichtigt man dies und startet sofort mit

$$s_2 = 0\,,$$

so sind die Korrekturen d_1 und d_3 für s_1 bzw. s_3 über

$$\begin{pmatrix} u_4(1) - 1 & u_6(1) \\ u_7(1) & u_9(1) \end{pmatrix} \begin{pmatrix} d_1 \\ d_3 \end{pmatrix} = \begin{pmatrix} s_1 - u_1(1) \\ -u_2(1) \end{pmatrix}$$

gegeben. Auf diese Weise sind sogar die Differentialgleichungen mit u_5' und u_8' überflüssig, und man braucht in jedem Schritt des Schießverfahrens nur ein System von 7 Differentialgleichungen 1. Ordnung zu lösen.
Als sinnvolle Lösungen $\mathbf{s}^* = (s_1^*, s_2^*, s_3^*)^T$ von $\mathbf{F}(\mathbf{s}) = \mathbf{0}$, das heißt solchen mit $s_1^* \neq 0$, findet man auf diese Weise

$$s_1^* = \pm\, 2.00862$$
$$s_2^* = 0$$
$$s_3^* = 6.66329\,.$$

Die gesuchte Periode ist also T = 6.66 ..., und Punkte auf der periodischen Grenzlösung in der Phasenebene sind in etwa (2.01, 0) und (− 2.01, 0).

15.5 Literatur zu Kapitel 15

Die Numerik von Randwertproblemen gewöhnlicher Differentialgleichungen ist ein recht junges Gebiet der angewandten Mathematik und in vielfacher Hinsicht noch in Fluß. Viele neuere Ergebnisse findet man daher nur in Fachzeitschriften wie SIAM *Journal on Numerical Analysis, Numerische Mathematik* und *Mathematics of Computation* oder in Tagungsberichten wie [L1]. Zwei allgemein gehaltene Lehrbücher, die den Stoff dieses Kapitels in theoretischer Hinsicht umfassen, sind die Bücher von Keller [K3] und [K4]. Einen ausführlichen Abschnitt über das Schießverfahren (shooting) und das Mehrfachschießverfahren (multiple shooting, parallel shooting) findet man in Stoer-Bulirsch [S-B]. Dieses Buch enthält neben nützlichen Hinweisen zur Realisierung des Mehrfachschießverfahrens auch einen Abschnitt über die Zurückführung von parameterabhängigen Problemen auf Randwertprobleme. So wird zum Beispiel beschrieben, daß man ein System von p Differentialgleichungen

$$\mathbf{y}' = \mathbf{f}(x, \mathbf{y}; \lambda)$$

mit einem unbekannten Parameter λ unter in Vektorform zusammengefaßten p + 1 Randbedingungen

$$\mathbf{r}(\mathbf{y}(a), \mathbf{y}(b); \lambda) = \mathbf{0}$$

durch Einführen einer neuen Differentialgleichung

$$u'(x) = 0$$

für die Funktion

$$u(x) = \lambda$$

auf ein System von p + 1 Differentialgleichungen mit p + 1 Randbedingungen transformieren und somit mit den in diesem Kapitel behandelten Verfahren näherungsweise lösen kann. Taucht der Parameter λ nur linear auf, so spricht man von *Eigenwertproblemen*, andernfalls von *Verzweigungsproblemen*. Die direkte Behandlung von Eigenwertproblemen wird in Keller [K3], [K4] besprochen.

In die Klasse parameterabhängiger Probleme fallen auch die Probleme mit „freiem Rand"; Abschnitt 15.4 behandelt ausführlich ein Beispiel hierfür.

Eine sorgfältige Analyse von Differenzenverfahren für eine bestimmte Klasse von Randwertproblemen 2. Ordnung findet man in dem Buch von Bohl [B1].

Auch Randwertprobleme höherer Ordnung lassen sich mit Kollokationsverfahren behandeln, ohne daß man das Problem vorher auf ein System erster Ordnung transformiert. Informationen über diese Vorgehensweise und FORTRAN-Quellprogramme hierfür findet man in dem Standardwerk über Splinefunktionen von de Boor [B2].

Die nichtlinearen Gleichungssysteme, die bei der numerischen Lösung von Randwertproblemen insbesondere mit Schießverfahren auftreten, sind mitunter recht bösartig. Schlagkräftige Techniken zur Behandlung dieser Systeme findet man in der Originalarbeit von Deuflhard [D1].

Ausgereifte Programmpakete zur näherungsweisen Lösung von Randwertproblemen zu erstellen ist eine schwierige Aufgabe, die nicht unterschätzt werden darf. Ein allgemein zugängliches Programmpaket für Kollokationsverfahren ist etwa COLSYS von Ascher, Christiansen und Russel [A3], das in der Zeitschrift ACM *Transactions on Mathematical Software* veröffentlicht wurde.

15.6 Aufgaben zu Kapitel 15

1. Das lineare Randwertproblem 2. Ordnung

$$y'' - 6y' + 5y = 0, \quad x \in [-10,0]$$
$$y(-10) = e^{-10}, \qquad y(0) = 1$$

soll mit Hilfe des Schießverfahrens gelöst werden.

(a) Man gebe die exakte Lösung des Randwertproblems an.

(b) Wie muß man die Steigung s wählen, damit die Lösung des Anfangswertproblems

$$u'' - 6u' + 5u = 0, \quad x \in [-10,0]$$
$$u(-10) = e^{-10}, \qquad u'(-10) = s$$

das gegebene Randwertproblem löst?

Wie ändert sich die Lösung im rechten Randpunkt, wenn s um eine kleine Größe ϵ gestört wird?

(c) Wer Teil (b) gelöst hat, wird feststellen, daß eine (auf Rechnern unvermeidbare) minimale Störung ϵ des Startwertes $u'(-10) = s$ die Lösung katastrophal beeinflußt. Was geschieht stattdessen, wenn man „von rechts schießt", das heißt wenn man eine Größe $\tilde{s}$ so bestimmt, daß die Lösung von

$$v'' - 6v' + 5v = 0, \qquad x \in [-10,0]$$
$$v(0) = 1, \qquad v'(0) = \tilde{s}$$

mit der Lösung des gegebenen Randwertproblems übereinstimmt? Wie empfindlich reagiert die Lösung auf kleine Störungen von $\tilde{s}$?

2. Man löse das Randwertproblem

$$y'' + \frac{x}{1+x^2}\,y' - 3y^{1/3} = 0, \qquad x \in [0,1],$$
$$y(0) = 1, \quad y(1) = \sqrt{8}$$

mit Hilfe des Schießverfahrens. Die dabei auftretenden Anfangswertprobleme sollen (nach Transformation auf ein System 1. Ordnung) mit dem klassischen Runge-Kutta-Verfahren gelöst werden, und die Nullstelle der wie in Beispiel 15.4 auftretenden skalaren Gleichung $F(s) = 0$ bestimme man mit der regula falsi.

3. Man löse das Randwertproblem aus Aufgabe 1, indem man die Ableitungen über die finiten Differenzenformeln

$$y''(x) = \frac{1}{h^2}\{y(x-h) - 2y(x) + y(x+h)\} + \mathcal{O}(h^2)$$
$$y'(x) = \frac{1}{2h}\{-y(x-h) + y(x+h)\} + \mathcal{O}(h^2)$$

ersetzt und so ein Gleichungssystem der Näherungen Y_k für $y(x_k)$ auf einem äquidistanten Gitter $x_k = -10 + k \cdot h$ aufstellt.

(a) Wie verhalten sich die Näherungen zur exakten Lösung für $h = \frac{1}{2}, \frac{1}{5}$ und $\frac{1}{10}$?

(b) Wie genau approximiert man die exakte Lösung, wenn man aus den Näherungen zu $h = \frac{1}{5}$ und $h = \frac{1}{10}$ eine Näherung 4. Ordnung extrapoliert?

4. (a) Wie lautet die Lösung des Randwertproblems

$$y'' + 50y' = 0, \qquad x \in [0,1],$$
$$y(0) = 0, \qquad y(1) = 1.$$

(b) Wie verhält sich die Näherungslösung zur exakten Lösung, wenn man die Ableitungen von y auf äquidistanten Gittern mit den Schrittweiten $h = \frac{1}{10}, \frac{1}{20}, \frac{1}{25}$ und $\frac{1}{50}$ über zentrale Differenzenformeln wie in Aufgabe 3 annähert?

(c) Was geschieht, wenn man stattdessen y' durch die einseitige Differenzenformel

$$y'(x_k) = \frac{1}{h}\{-y(x_k) + y(x_{k+1})\} + \mathcal{O}(h)$$

approximiert und auf den gleichen Gittern die Näherungslösung bestimmt?

5. W. Mackens hat uns eine einfachere, wenn auch nicht so universell einsetzbare Methode zur Lösung des Problems aus Abschnitt 15.4 vorgeschlagen. Die Idee seines Verfahrens ist, das zu der van der Pol-Gleichung äquivalente System

$$u' = v$$
$$v' = (1 - u^2)\,v - u$$

in der Phasenebene (uv-Ebene) zu betrachten und statt der Zeit den Winkel φ als unabhängige Variable zu verwenden. Die Grenzperiode ist dann die Zeit, die asymptotisch für einen Umlauf gebraucht wird.

Führen Sie seine Idee aus, indem Sie u und v in Polarkoordinaten

$$u = r\cos\varphi, \quad v = r\sin\varphi$$

darstellen und zunächst ein Differentialgleichungssystem für r und φ als Funktionen der Zeit t aufstellen. Wandeln Sie dieses Differentialgleichungssystem dann in ein System für den Radius r und die Zeit t als Funktion des Winkels φ um.

Lösen Sie dieses Differentialgleichungssystem für die Anfangswerte

$$u(0) = 0, \quad v(0) = -0.05$$

numerisch und stellen Sie so die asymptotische Umlaufzeit fest.

16 Eigenwertprobleme

Bereits in Kapitel 14 haben wir bei der Diskussion der Wellengleichung gesehen, daß im Randwertproblem ein Parameter λ auftreten kann. Man spricht dann von einem *Rand-* und *Eigenwertproblem* (REWP). Seine allgemeine Form für lineare Differentialoperatoren n-ter Ordnung ist

$$Ly = \lambda L_1 y + g, \quad R_i(y, \lambda) = 0, \quad i = 1, \ldots, n,$$

und die Randbedingungen dürfen noch von λ abhängen.

Probleme dieser Art spielen in mechanischen Systemen eine große Rolle.

Wir wollen hier nur als einfachen Spezialfall das selbstadjungierte Rand- und Eigenwertproblem

$$Ly = \lambda \rho y + g, \quad R_i y = 0$$

ausführlich diskutieren.

Hat das homogene Randwertproblem ($g = 0$) nur die triviale Lösung, dann ist das inhomogene Problem eindeutig lösbar. Parameterwerte $\lambda \in \mathbb{C}$, für die es eine nicht-verschwindende Lösung des homogenen Randwertproblems gibt, heißen *Eigenwerte.* Für sie muß

$$\det(R_i y_k) = 0, \quad \langle y_k(x, \lambda) \rangle \text{ Fundamentalsystem} \tag{16.1}$$

gelten. Die zugehörigen Lösungen heißen *Eigenfunktionen.*

Das inhomogene Randwertproblem ist dann nur unter Zusatzvoraussetzungen an g lösbar (vgl. Satz 14.5).

Beispiel.

Das Rand- und Eigenwertproblem

$$-y'' = \lambda y + g, \quad y(0) = 0, \quad y'(\pi) = 0,$$

ist selbstadjungiert, da (14.16) erfüllt ist.

Mit dem Fundamentalsystem

$$\left\langle \cos(\sqrt{\lambda}x), \frac{\sin(\sqrt{\lambda}x)}{\sqrt{\lambda}} \right\rangle$$

folgt

$$\det(R_i y_k) = \det\begin{pmatrix} 1 & 0 \\ -\sqrt{\lambda}\sin(\sqrt{\lambda}\pi) & \cos(\sqrt{\lambda}\pi) \end{pmatrix} = \cos(\sqrt{\lambda}\pi),$$

und die Determinante verschwindet genau für

$$\lambda = \lambda_n = \left(\frac{2n-1}{2}\right)^2, \quad n = 1, 2, 3, \ldots .$$

Zu den Eigenwerten λ_n erhält man die Eigenfunktionen

$$y_n(x) = c_n \frac{\sin((2n-1)x/2)}{(2n-1)/2}, \quad c_n \neq 0,$$

und die Lösbarkeitsbedingung für das inhomogene Randwertproblem im Falle $\lambda = \lambda_n$ ist

$$\int_0^{\pi} \sin\left(\frac{2n-1}{2}x\right) g(x)\,dx = 0.$$

□

16.1 Das reguläre Sturm-Liouville Rand- und Eigenwertproblem

Unsere folgenden Betrachtungen betreffen das reguläre *Sturm-Liouville* Rand- und Eigenwertproblem

$$\begin{aligned} &Ly = -(p_1 y')' + p_0 y = \lambda \rho y, \quad p_j \in C^j[a,b], \quad \rho \in C[a,b], \\ &p_1, \rho > 0 \text{ auf } [a,b], \\ &R_1 y = \alpha_{10} y(a) + \alpha_{11} y'(a) = 0, \quad |\alpha_{10}| + |\alpha_{11}| > 0 \\ &R_2 y = \beta_{20} y(b) + \beta_{21} y'(b) = 0, \quad |\beta_{20}| + |\beta_{21}| > 0. \end{aligned} \tag{16.2}$$

Nicht enthalten sind zunächst die Fälle periodischer Randbedingungen, wie

$$R_1 y = y(a) - y(b) = 0, \quad R_2 y = y'(a) - y'(b) = 0,$$

und in den Randpunkten a oder b verschwindender Funktionen p_1 oder ρ (*singuläre* Sturm-Liouville Probleme).

Da die Bedingung (14.16) erfüllt ist, handelt es sich bei (16.2) um ein selbstadjungiertes Randwertproblem.

Zunächst leiten wir einige Eigenschaften regulärer Sturm-Liouville Rand- und Eigenwertproblem her. Dazu benötigt man

16.1 **Definition.** (Orthogonalität)

Seien u und v reellwertig und integrierbar über dem Intervall I. Dann heißen u und v orthogonal auf I ($u \perp v$) bezüglich der positiven Gewichtsfunktion ρ, wenn das Integral

$$(u, v)_\rho := \int_I u(x)\, v(x)\, \rho(x)\, dx$$

existiert und

$$(u, v)_\rho = 0$$

gilt.

Ist $u = v$, so spricht man von der gewichteten Integralnorm von u:

$$(u, u)_\rho =: \|u\|^2.$$

16.2 **Satz.**

Gegeben sei das reguläre Sturm-Liouville Rand- und Eigenwertproblem (16.2)

$$-(p_1 y')' + p_0 y = \lambda \rho y, \quad R_i y = 0 .$$

Dann gilt:

a) Alle Eigenwerte sind reell,

b) Zu verschiedenen Eigenwerten gehörige Eigenfunktionen sind orthogonal,

c) Zu jedem Eigenwert existiert nur eine linear unabhängige Eigenfunktion.

(c) gilt nicht unbedingt bei periodischen Randbedingungen.)

Beweis.

Für Vergleichsfunktionen u und v gilt

$$(Lv, u) - (v, Lu) = 0 \quad ((Lv, u) = (Lv, u)_1) ,$$

wenn das Randwertproblem selbstadjungiert ist (vgl. Def. 14.3).

Zu a): Sei $\lambda = \alpha + i\beta$ ein Eigenwert mit der Eigenfunktion $u + iv$. Da p_0, p_1 und ρ reelle Funktionen sind, ist auch $\overline{\lambda} = \alpha - i\beta$ Eigenwert mit der Eigenfunktion $u - iv$. Die Randbedingungen $R_j(u \pm iv) = 0$ sind erfüllt; daher sind u sowie v Vergleichsfunktionen.

Es gilt

$$-(p_1(u + iv)')' + p_0(u + iv) = (\alpha + i\beta)\, \rho\, (u + iv) ,$$

also

$$\begin{aligned} -(p_1 v')' + p_0 v &= \beta\rho u + \alpha\rho v = Lv \qquad |\cdot u \\ -(p_1 u')' + p_0 u &= \alpha\rho u - \beta\rho v = Lu \qquad |\cdot v , \end{aligned}$$

und nach Subtraktion und Integration

$$\beta \int_a^b \rho\,(u^2 + v^2)\,dx = \int_a^b uLv\,dx - \int_a^b vLu\,dx = (Lv, u) - (v, Lu) = 0 ,$$

woraus $\beta = 0$ resultiert.

Zu b): Sei nun

$$Lu_1 = \lambda_1 \rho u_1 , \quad Lu_2 = \lambda_2 \rho u_2 \quad \text{und} \quad \lambda_1 \neq \lambda_2 .$$

Dann folgt

$$\begin{aligned} (\lambda_1 - \lambda_2) \int_a^b \rho u_1 u_2\,dx &= (u_1, u_2)_\rho\,(\lambda_1 - \lambda_2) \\ &= (Lu_1, u_2)_1 - (u_1, Lu_2)_1 = 0 ; \end{aligned}$$

das heißt

$$(u_1, u_2)_\rho = 0 .$$

Zu c): Sind u_1 und u_2 zwei Lösungen zum Eigenwert λ, so folgt nach (8.24)

$$0 = \int_a^x u_1 L u_2 \, dt - \int_a^x u_2 L u_1 \, dt = -p_1 W(u_1, u_2)|_a^x$$

für alle $x \in [a, b]$.
Im Anschluß an Definition 14.3 haben wir bereits festgestellt, daß zerfallende Randbedingungen äquivalent sind zu

$$W(u, v, a) = 0 = W(u, v, b)$$

für Vergleichsfunktionen u und v. Daraus folgt die lineare Abhängigkeit zweier Lösungsfunktionen zum selben Eigenwert λ. ■

Zur leichteren technischen Behandlung führen wir jetzt die *Liouville* Transformation ein:

16.3 **Lemma.**

Gegeben sei das reguläre Sturm-Liouville Rand- und Eigenwertproblem (16.2) mit

$$p_1 \rho \in C^2 [a, b] .$$

Mit Hilfe der *Liouville* Transformation

$$z(x) := \frac{1}{K} \int_a^x \left(\frac{\rho(t)}{p_1(t)} \right)^{1/2} dt, \quad K = \int_a^b \left(\frac{\rho(t)}{p_1(t)} \right)^{1/2} dt$$

und

$$u := (\rho p_1)^{1/4} y$$

geht (16.2) über in das reguläre Sturm-Liouville Rand- und Eigenwertproblem

$$-\frac{d^2u}{dz^2} + qu = \Lambda u, \quad \alpha u(0) + \beta u'(0) = \gamma u(1) + \delta u'(1) = 0 \qquad (16.3)$$

mit

$$\Lambda = K^2 \lambda$$

$$q = (\rho p_1)^{-1/4} \frac{d^2}{dz^2} (\rho p_1)^{1/4} + K^2 p_0 / \rho .$$

Dabei sei q eine Funktion der neuen Variablen $z = z(x)$.

Zum Beweis beachten wir, daß z eine streng monoton wachsende Funktion von x mit Bildbereich [0, 1] ist und sich die Eigenwerte bis auf einen konstanten Faktor entsprechen.

Auch die Orthogonalität bleibt erhalten:

$$0 = (u, u_1)_1 = \int_0^1 u u_1 \, dz = \frac{1}{K} \int_a^b (\rho p_1)^{1/2} y y_1 (\rho/p_1)^{1/2} \, dx = \frac{1}{K} (y, y_1)_\rho ,$$

die Gewichtsfunktion ρ wurde zu 1 normiert.
Für die technische Umrechnung der Differentialgleichung verweisen wir auf [C2, S. 110f]. ∎

Wir können also in der Folge ohne große Einschränkungen vom Randwertproblem

$$\begin{aligned} & -y'' + qy = \lambda y, \quad q \in C[0, 1] \\ & \alpha y(0) + \beta y'(0) = 0, \quad \gamma y(1) + \delta y'(1) = 0 , \end{aligned} \tag{16.4}$$

ausgehen und dürfen voraussetzen

$$\alpha = -1 \text{ für } \beta = 0, \text{ oder } \beta > 0; \; \gamma = 1 \text{ für } \delta = 0, \text{ oder } \delta > 0 .$$

Wie man auch schon aus den Betrachtungen aus Kapitel 8 vermutet, schließt sich das Verhalten des Rand- und Eigenwertproblems (16.4) eng an den für spezielle Randwertvorgaben schon untersuchten Spezialfall mit $q = 0$ an. Auch jetzt stellt sich wieder die Frage nach der Lösbarkeit des Rand- und Eigenwertproblems, der Anzahl der Eigenwerte, nach ihrer Ermittlung und der Bestimmung der Eigenfunktionen.
In der Folge ermitteln wir zunächst eine Lösung des AWP

$$-y'' + qy = \lambda y, \quad y(0) = \beta, \quad y'(0) = -\alpha, \quad \text{also } R_1 y = 0 ,$$

die noch von λ abhängt, und sehen dann nach, ob für gewisse Werte von λ auch $R_2 y = 0$ erfüllt ist.

16.4 **Lemma.**

Gegeben sei das Rand- und Eigenwertproblem (16.4).
Dann gibt es genau eine Lösung $y = y(x, \lambda)$ der Differentialgleichung mit

$$y(0) = \beta, \quad y'(0) = -\alpha, \quad \text{d.h. } R_1 y = 0 .$$

$y(x, \lambda)$ ist erklärt für $(x, \lambda) \in [0, 1] \times \mathbb{R}$, und $y(x, \lambda)$ sowie $y'(x, \lambda)$ sind Potenzreihen in λ mit dem Konvergenzradius ∞.

Beweis.

Wir wenden Satz 3.10 von Picard-Lindelöf für Systeme an:

$$\begin{aligned} y' &= z, & y(0) &= \beta =: y_0 \\ z' &= (q - \lambda) y, & z(0) &= y'(0) = -\alpha =: z_0 \end{aligned}$$

und erhalten die Iterationsfolge

$$\begin{pmatrix} y_{n+1} \\ z_{n+1} \end{pmatrix} := \begin{pmatrix} \beta \\ -\alpha \end{pmatrix} + \int_0^x \begin{pmatrix} z_n(t) \\ (q(t) - \lambda) y_n(t) \end{pmatrix} dt .$$

y_{n+1} und z_{n+1} sind Polynome in λ.

Mit Induktion erhält man die Maximumnormabschätzung

$$\left\| \begin{pmatrix} y_{n+1} \\ z_{n+1} \end{pmatrix} - \begin{pmatrix} y_n \\ z_n \end{pmatrix} \right\|_\infty \leqq (1 + |\lambda| + \max\{|q(t)| \mid t \in [0,1]\})^{n+1} (|\alpha| + |\beta|) \frac{|x|^{n+1}}{(n+1)!}.$$

Es ist

$$y_n \to y, \; z_n \to z \text{ für } n \to \infty \text{ und}$$

$$\begin{pmatrix} y(x,\lambda) \\ z(x,\lambda) \end{pmatrix} = \sum_{n=0}^{\infty} \begin{pmatrix} y_{n+1}(x,\lambda) - y_n(x,\lambda) \\ z_{n+1}(x,\lambda) - z_n(x,\lambda) \end{pmatrix} + \begin{pmatrix} \beta \\ -\alpha \end{pmatrix}.$$

Nach dem Majorantenkriterium folgt gleichmäßige Konvergenz der Reihe auf $[0,1] \times [-r_1, r_2]$, $r_i \in \mathbb{R}$.

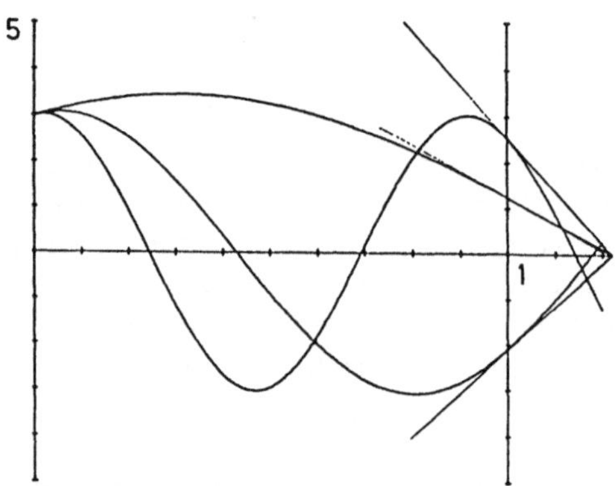

Bild 16.1

y und y' sind Potenzreihen in λ mit Konvergenzradius ∞, also ganze Funktionen (vgl. Appendix A.5). ∎

Eigenwerte λ sind nun gerade die Werte, für die $R_2(y(x,\lambda)) = 0$ gilt. Wir wollen die Lage möglicher Eigenwerte näher bestimmen. In Analogie zum Schießverfahren wird der Parameter λ dazu so variiert, daß sich die Lösung in das Strahlenbündel einpaßt mit einem Strahl als Tangente in $(1, y(1))$ (vgl. Bild 16.1).

Dabei wird die Lösungskurve bei wachsendem λ vor dem Einpaßvorgang immer schneller oszillieren.

16.5 **Lemma.**

Es gibt ein $\hat{\lambda}_1$ mit

a) $y(x,\lambda) > 0$ auf $[0,1]$ für $\lambda \leqq \hat{\lambda}_1$ (16.5)

b) $y(1,\lambda) \to \infty$ und $\dfrac{y'(1,\lambda)}{y(1,\lambda)} \to \infty$ für $\lambda \to -\infty$ (16.6)

c) $R_2 y = \begin{cases} y(1,\lambda), & \delta = 0 \\ \left(\gamma + \delta \dfrac{y'(1,\lambda)}{y(1,\lambda)}\right) y(1,\lambda), & \delta > 0 \end{cases} \to \infty$ für $\lambda \to -\infty$.

Beweis.

a) Ist $\lambda < -\max\{|q(t)| \mid t \in [0, 1]\}$, so hat nach Satz 8.15 $y(x, \lambda)$ höchstens eine Nullstelle, denn wir haben die Differentialgleichung

$$y'' + (\lambda - q)\, y = 0$$

vorliegen.
Ist $y(0) = 0$, so folgt $y'(0) = 1$, y ist streng monoton wachsend und konvex. (16.5) ist in diesem Fall klar.
Gilt $y(0) = \beta > 0$, so zeigen wir

$$y(x) > \beta/2 \text{ für alle } x \text{ und } \lambda \leqq \hat{\lambda}_1 .$$

Die Taylorformel mit Restglied ergibt

$$y(x) = (\beta - \alpha x) + \frac{x^2}{2}\,(q(\theta x) - \lambda)\, y(\theta x), \quad 0 < \theta < 1 ,$$

und der erste Term rechts ist für $x < \beta/(2\alpha)$ größer als $\beta/2$.
Ist $x \geqq \beta/(2\alpha)$, so überwiegt der quadratische Term, wenn nur $\hat{\lambda}_1$ klein genug gewählt wird.
Zugleich erhalten wir auch die erste Aussage aus b)

$$y(1, \lambda) \to \infty \text{ für } \lambda \to -\infty .$$

y ist streng konvex und hat höchstens ein Minimum in $x_0 \in (0, 1)$. Im Falle eines Randminimums sei $x_0 = 0$.
Integration der Differentialgleichung ergibt

$$\frac{1}{2}\left((y'(1))^2 - (y'(x_0))^2\right) = \int_{x_0}^{1} (q - \lambda)\, y y'\, dx \geqq (|\lambda| - \max |q|)\,\frac{y^2(1) - y^2(x_0)}{2},$$

und wegen $0 < y(x_0) \leqq \beta$ folgt

$$\frac{y'(1, \lambda)}{y(1, \lambda)} \left(\sim \sqrt{|\lambda|}\right) \to \infty \text{ für } \lambda \to -\infty .$$

c) ist dann unmittelbar klar wegen (16.5) und (16.6). ∎

Es gibt also eine untere Schranke für die Eigenwerte.
Das folgende Lemma erteilt Auskunft über die Lage eventueller Nullstellen von $y(x, \lambda)$.

16.6 **Lemma.**

Bezeichnet $N(\lambda)$ die Anzahl der Nullstellen von $y(x, \lambda)$ auf $(0, 1)$, so gilt

$$N(\lambda) \to 0, \quad \lambda \to -\infty, \tag{16.7}$$

$$N(\lambda) < \infty \quad \text{für alle } \lambda \in \mathbb{R}, \tag{16.8}$$

$$\overline{\lim_{\lambda \to \tilde{\lambda}}} N(\lambda) \leq N(\tilde{\lambda}) + 1, \tag{16.9}$$

und wenn das Gleichheitszeichen steht, folgt $y(1, \tilde{\lambda}) = 0$.

Genauer:

$N(\lambda)$ ist eine monoton wachsende Treppenfunktion, und die Sprünge (der Höhe 1) liegen in den Punkten $\tilde{\lambda}$ mit $y(1, \tilde{\lambda}) = 0$ (vgl. Bild 16.2).

Beweis.

Aus (16.5) folgt (16.7).

Da die Nullstellen von $y(., \lambda)$ (y als Funktion von λ) sich wegen Satz 8.13 nicht häufen dürfen und einfach sind, gilt (16.8).

Wegen Lemma 16.4 sind y und y' stetige Funktionen von λ.

Daher liegen die Nullstellen von $y(., \lambda)$ für $\lambda \in (\tilde{\lambda} - \epsilon, \tilde{\lambda} + \epsilon) =: I_\lambda$ in kleinen disjunkten Intervallen um die Nullstellen von $y(., \tilde{\lambda})$. Es ist $y(0, \lambda) = y(0, \tilde{\lambda}) = \beta$, aber $y(1, \lambda) \neq y(1, \tilde{\lambda})$ für $\lambda \in I_\lambda$, $\lambda \neq \tilde{\lambda}$. Wir dürfen die Intervalle so annehmen, daß $y'(x, \lambda)$ dort von Null verschieden ist.

Das bedeutet, daß höchstens eine Nullstelle von $y(., \lambda)$ einer von $y(., \tilde{\lambda})$ entspricht. Damit ist (16.9) bewiesen, und die Präzisierung folgt aus Corollar 8.18, denn für $\lambda_1 > \lambda_2$ oszilliert $y(., \lambda_1)$ schneller als $y(., \lambda_2)$, d.h. die Nullstellen von $y(., \lambda_1)$ liegen links vor denen von $y(., \lambda_2)$ (vgl. Bilder 16.2, 16.3). ∎

Wir fassen noch einmal zusammen:

$y(x, \lambda)$ ist Eigenlösung zum Eigenwert λ genau dann, wenn

$$0 = R_2 y = \gamma y(1) + \delta y'(1) =: \Delta(\lambda).$$

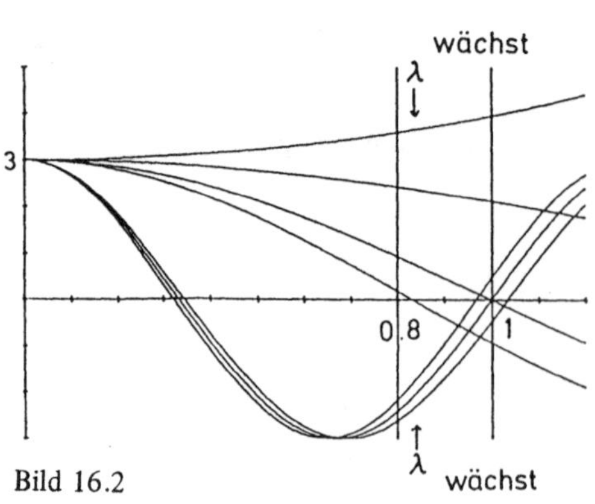

Bild 16.2

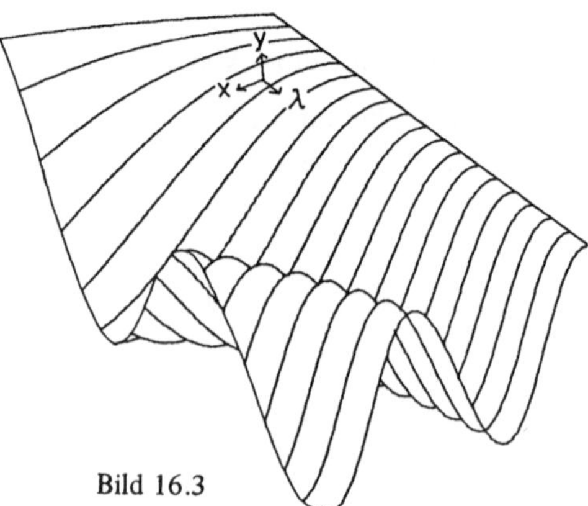

Bild 16.3

Wegen Lemma 16.5 c gilt

$$\Delta(\lambda) \to \infty \quad \text{für } \lambda \to -\infty .$$

Die Nullstellen von $\Delta(\lambda)$ sind die Eigenwerte λ_k, $k = 1, 2, \ldots$, mit

$$\lambda_0 := -\infty < \lambda_1 < \lambda_2 < \ldots < \lambda_k < \ldots .$$

Gibt es nur endlich viele Eigenwerte, d.h. n Stück, so setzen wir $\lambda_{n+1} = \infty$.
Zur Erleichterung untersuchen wir noch das einfachere Vergleichsproblem

$$\begin{aligned} &\tilde{y}'' + (\lambda - q)\tilde{y} = 0 \\ &R_1\tilde{y} = 0, \ \tilde{y}(1) = 0 , \end{aligned} \tag{16.10}$$

mit den Eigenwerten $\tilde{\lambda}_k$ und den Eigenfunktionen $\tilde{y}_k$.
Dann muß die erste Nullstelle von Δ vor $\tilde{\lambda}_1$ liegen

$$\lambda_1 \leqq \tilde{\lambda}_1$$

wegen

$$\Delta(\tilde{\lambda}_1) = \delta\tilde{y}'(1, \tilde{\lambda}_1) \leqq 0 ,$$

oder man hat $\tilde{\lambda}_1 = \infty$.
Genauer schließt man:
Entweder ist

$$\Delta(\tilde{\lambda}_{k+1})(-1)^k < 0$$

und

$$\lambda_{k+1} < \tilde{\lambda}_{k+1}, \quad k = 0, 1, 2, \ldots$$

oder (16.11)

$$\lambda_k = \tilde{\lambda}_k \quad \text{für alle } k \ (\delta = 0) .$$

Man zählt nämlich einfach die Vorzeichenwechsel von $\tilde{y}'(., \tilde{\lambda}_{k+1})$ an den Nullstellen von $\tilde{y}(., \tilde{\lambda}_{k+1})$ ab und benutzt Lemma 16.6.
Es ist nun noch die Existenz der Eigenwerte zu zeigen.
Dazu benutzt man die Formel von *Picone*, die in etwas anderer Form schon in Lemma 8.23 aufgetreten ist.
Ist y Lösung von

$$Ly = -y'' + qy = \lambda y$$

und

$$z \in C^2\,[0, 1], \quad \text{(z zweimal stetig differenzierbar)}$$

so folgt, falls $y(x) \neq 0$ ist,

$$\frac{d}{dx}\left(\frac{z}{y}(y'z - yz')\right) + \left(z' - \frac{y'z}{y}\right)^2 = (Lz - \lambda z)\, z . \tag{16.12}$$

Wir betrachten folgende Situation:
Es sei

$$z = u + v, \quad v \in C^2[0,1], \quad u = \sum_{k=1}^{n} c_k u_k, \quad n \geqq 0,$$

u_k Eigenfunktion zum Eigenwert ρ_k mit

$Lu_k = \rho_k u_k, \ (u_k, u_k)_1 = \|u_k\|^2 = 1$,

u_k, v paarweise orthogonal: $u_k \perp u_i, k \neq i, u_k \perp v$.

Gilt $z(x_i) = 0$, wenn $y(x_i, \lambda) = 0$ ist, dann folgt wie in Lemma 8.23 durch Integration

$$\int_0^1 (Lv - \lambda v)\, v\, dx = \sum_{k=1}^{n} c_k^2(\lambda - \rho_k) + \int_0^1 \left(z' - \frac{y'}{y} z\right)^2 dx + T(x)\Big|_0^1 \tag{16.13}$$

mit

$$T := \frac{z}{y}(y'z - yz') + uv' - u'v.$$

Zur Erklärung beachtet man

$$(Lu - \lambda u, u) = \left(\sum_{k=1}^{n} c_k(\rho_k - \lambda) u_k, \sum_{k=1}^{n} c_k u_k\right) = \sum_{k=1}^{n} (\rho_k - \lambda) c_k^2$$

und nach (8.24)

$$0 = (Lu - \lambda u, v) = (Lv - \lambda v, u) + W(u,v)\Big|_0^1.$$

Dann ist

$$\begin{aligned}(Lz - \lambda z, z) &= (L(u+v) - \lambda(u+v), u+v)\\ &= \sum_{k=1}^{n} (\rho_k - \lambda) c_k^2 - W(u,v)\Big|_0^1 + (Lv - \lambda v, v).\end{aligned}$$

Wann verschwinden nun die ausintegrierten Bestandteile (evtl. nach Anwendung der Regel von l'Hôpital)?
Hinreichende Bedingungen an u und v gibt

16.7 **Lemma.**

Mit $z = u + v$ und $T = \frac{z}{y}(y'z - yz') + uv' - u'v$ $(y = y(x, \lambda))$ wird (stetig ergänzt)

$$T(0) = 0, \text{ wenn } R_1 u = R_1 v \cdot v(0) = 0, \tag{16.14}$$

und aus $y(0) = 0$ folgt dann auch $z(0) = 0$,

$$T(1) = 0, \text{ wenn } u(1) = v(1) = 0, \tag{16.15}$$

$$T(1) = 0, \text{ wenn } R_2 u = R_2 v \cdot v(1) = 0 \text{ und } \lambda = \lambda_k, \tag{16.16}$$

und aus $y(1) = 0$ folgt dann auch $z(1) = 0$.

Beweis.

Wir zeigen zunächst (16.14).
Ist $\beta = 0$, so gilt

$$y(0) = 0 \text{ und } u(0) = v(0) = 0, \text{ also auch } z(0) = 0 ,$$

und nach der Regel von l'Hôpital folgt $T(0) = 0$.
Gilt jedoch $y(0) = \beta > 0$, so resultiert aus $R_1 u = R_1 v = 0$ auch $R_1 z = 0$. Wegen $R_1 y = 0$ sind die zwei Spaltenvektoren

$$\begin{pmatrix} y(0) \\ y'(0) \end{pmatrix} \begin{pmatrix} z(0) \\ z'(0) \end{pmatrix} \quad \text{und} \quad \begin{pmatrix} u(0) \\ u'(0) \end{pmatrix} \begin{pmatrix} v(0) \\ v'(0) \end{pmatrix}$$

jeweils linear abhängig, d.h. $T(0) = 0$.
Gilt dagegen $R_1 u = v(0) = 0$, so ist $z(0) = u(0)$ und

$$\begin{aligned} T(0) &= \frac{u(0)}{y(0)} (y'(0)\, u(0) - y(0)\, u'(0) - y(0)\, v'(0)) + v'(0)\, u(0) \\ &= \frac{u(0)}{y(0)} (y'(0)\, u(0) - y(0)\, u'(0)) = 0 \end{aligned}$$

wegen $R_1 y = R_1 u = 0$.
(16.15) folgt aus $z(1) = u(1) = v(1) = 0$.
Der Beweis von (16.16) entspricht wegen $\lambda = \lambda_k$ und $R_2 y = 0$ dem von (16.14). ■

Nunmehr wenden wir die Picone Formel zunächst auf das leichtere Problem (16.10) an:

16.8 **Lemma.**

Ausgehend von

$$L\tilde{y} = \lambda\tilde{y}, \; R_1\tilde{y} = 0, \; \tilde{y}(1) = 0 ,$$
$$u_k = \tilde{y}_k, \; v = 0, \; \rho_k = \tilde{\lambda}_k, \; \tilde{\lambda}_n < \lambda \leqq \tilde{\lambda}_{n+1}, \; n \geqq 0 ,$$

gilt

$$N(\lambda) = n . \tag{16.17}$$

Sind $x_1, \ldots, x_n$ die Nullstellen von $y(., \lambda)$ in $(0, 1)$, so folgt

$$\det(\tilde{y}_k(x_i)) \neq 0 . \tag{16.18}$$

Beweis.

(16.17) folgt direkt aus Lemma 16.6.
Sei nun

$$z = \sum_{k=1}^{n} c_k \tilde{y}_k ,$$

und die c_k so bestimmt, daß $z(x_i) = 0$ für $i = 1, \ldots, n$ gilt.

Dann folgt aus (16.13) und Lemma 16.7

$$0 \geqq \sum_{k=1}^{n} c_k^2(\lambda - \rho_k) + 0\,,$$

also

$$c_k = 0 \text{ für } k = 1, \ldots, n\,.$$

Da unser Gleichungssystem nur die triviale Lösung hat, folgt (16.18). ∎

Bleibt noch zu zeigen, daß es tatsächlich unendlich viele (endliche) Eigenwerte gibt. Dazu verwenden wir

16.9 **Definition.** (Rayleighquotient)

Es sei $u \in C^2[0, 1]$, $u \neq 0$. Dann bezeichnet

$$\mathscr{R}u := \frac{\int_0^1 uLu\,dx}{\int_0^1 u^2\,dx} = \frac{(Lu, u)}{(u, u)_1}$$

den *Rayleighquotienten.*

Im allgemeinen Fall ist $\mathscr{R}u = (Lu, u)/(u, u)_\rho$.

Mit diesem Quotient kann man die Eigenwerte approximieren und setzt dazu

$$z = u + v,\ u_k = \tilde{y}_k,\ \rho_k = \tilde{\lambda}_k\,,$$

$$v(1) = R_1 v \cdot v(0) = 0,\ \tilde{\lambda}_n < \lambda \leqq \tilde{\lambda}_{n+1} \leqq \infty\,.$$

Dann gilt

16.10 **Satz.**

Es ist

$$\inf\{\mathscr{R}v \mid v \perp \tilde{y}_1, \ldots, \tilde{y}_n,\ v(1) = R_1 v \cdot v(0) = 0\} \geqq \tilde{\lambda}_{n+1}\,. \tag{16.19}$$

Beweis.

Wegen Lemma 16.7 gilt

$$T(x)\Big|_0^1 = 0\,,$$

und wir können (16.13) anwenden, wenn wir $c_1, \ldots, c_n$ so wählen, daß $z(x_i) = 0$, wenn $y(x_i, \lambda) = 0$ (wegen Lemma 16.8).

Wir finden

$$\int_0^1 (Lv - \lambda v)\,v\,dx \geqq \sum_{k=1}^{n} c_k^2\,(\lambda - \tilde{\lambda}_k) \geqq 0\,,$$

also

$$(Lv, v) \geqq \lambda (v, v)_1 ,$$

und diese Beziehung gilt insbesondere für $\lambda = \tilde{\lambda}_{n+1}$.

Damit ist (16.19) gezeigt. ■

Da wir eine endliche obere Schranke gefunden haben für $\tilde{\lambda}_{n+1}$ beginnend bei $n = 0$, ergibt sich als Existenzaussage:

Es gibt unendlich viele Eigenwerte $\tilde{\lambda}_n$ und λ_n, $n = 1, 2, \ldots$.

Genauso folgt der allgemeine *Oszillationssatz*:

16.11 **Satz.** (Oszillationssatz)

Es ist

$$N(\lambda_{n+1}) = n ,$$

und seien $x_1, \ldots, x_n$ die Nullstellen von $y(\,.\,, \lambda_{n+1})$ in $(0, 1)$, so gilt

$$\det (y_k(x_i)) \neq 0, \quad i, k = 1, \ldots, n .$$

Beweis.

Wir wenden die Formel von Picone (16.13) an mit

$$u_k = y_k, \quad \rho_k = \lambda_k, \quad v = 0 .$$

Lemma 16.7 ergibt $T(x)|_0^1 = 0$.

Seien $x_1, \ldots, x_m$ die Nullstellen von $y(\,.\,, \lambda_{n+1})$ auf $(0, 1)$, so folgt nach (16.17) $m \leqq n$.

Wir wählen $c_1, \ldots, c_n$ wieder so, daß $z(x_i) = 0$, $i = 1, \ldots, m$, und nach (16.13)

$$\sum_{k=1}^{n} c_k^2 (\lambda_{n+1} - \lambda_k) \leqq 0$$

muß

$$c_1 = c_2 = \ldots = c_n = 0 \text{ gelten.}$$

Das lineare homogene Gleichungssystem hat demnach nur die triviale Lösung, und wir finden

$$m = n = \mathrm{rg}\,(y_k(x_i)) .$$ ■

Aus Lemma 16.8 und Satz 16.11 erhält man den

16.12 **Satz.** (Vergleichssatz)

Es ist

$$\lambda_n \leqq \tilde{\lambda}_n < \lambda_{n+1} .$$

Analog zu Satz 16.10 formulieren wir nun Satz 16.13 für unser Ausgangsproblem (16.4) mit der Picone Formel und

$$u_k = y_k, \; \rho_k = \lambda_k, \; \lambda = \lambda_{n+1}:$$

16.13 **Satz.**

Es ist

$$\inf \{\mathscr{R}v \,|\, v \perp y_1, \ldots, y_n, \; v(0)\, R_1 v = v(1)\, R_2 v = 0\} \geqq \lambda_{n+1}. \qquad (16.20)$$

Ist insbesondere $v = y_{n+1}$, so folgt das

Korollar zu Satz 16.13 (*Rayleighsches Variationsprinzip*)

Es ist

$$\min \{\mathscr{R}v \,|\, v \perp y_1, \ldots, y_n, \; R_1 v = R_2 v = 0\} = \lambda_{n+1}. \qquad (16.21)$$

Zum Schluß wollen wir noch das Problem der Vollständigkeit des Orthonormalsystems der Eigenfunktionen y_k und das der verallgemeinerten Fourierentwicklung nach Eigenfunktionen aufgreifen. Es geht dabei darum, eine vorgegebene Funktion z als Summe über y_k mit geeigneten Entwicklungskoeffizienten c_k zu schreiben. In Anlehnung an die Beziehung $z = \sum_{k=1}^{n} c_k y_k + v$ erwartet man, falls $z \in C^2[0, 1]$ und $R_1 z = R_2 z = 0$ für $n \to \infty$, wegen (16.20) $v = 0$. Tatsächlich gilt

16.14 **Satz.** (Entwicklungssatz)

Vorgelegt sei das Rand- und Eigenwertproblem (16.4) mit den Eigenwerten λ_k und den zu Eins normierten Eigenfunktionen y_k.
Ist dann $z \in C^2[0, 1]$, $R_1 z = R_2 z = 0$ und $c_k := (z, y_k)_1$, so gilt

a) $\lim\limits_{n \to \infty} \sum\limits_{k=1}^{n} c_k^2 = (z, z)_1 = \|z\|^2$ (*Parsevalsche Gleichung*),

b) $$\lim_{n \to \infty} \int_0^1 \left(z - \sum_{k=1}^{n} c_k y_k\right)^2 dx = 0 \qquad (16.22)$$

$$\left(\|z - \sum_{k=1}^{n} c_k y_k\| \to 0, \; n \to \infty\right).$$

Für das ursprüngliche Problem muß man zur Bestimmung der Skalarprodukte mit der Gewichtsfunktion ρ über [a, b] integrieren.

Beweis.

Es gilt die Besselsche Ungleichung

$$0 \leqq \left(z - \sum_{k=1}^{n} c_k y_k, z - \sum_{k=1}^{n} c_k y_k\right)_1$$

$$= (z, z)_1 - 2 \sum_{k=1}^{n} c_k^2 + \sum_{k=1}^{n} c_k^2 ,$$

also

$$\sum_{k=1}^{n} c_k^2 \leqq (z, z)_1 = \| z \|^2 .$$

Sei

$$v_n := z - \sum_{k=1}^{n} c_k y_k ,$$

dann ist

$$v_n \perp y_1, y_2, \ldots, y_n \quad \text{und} \quad R_i v_n = 0 .$$

(16.20) ergibt

$$\int_0^1 v_n^2 dx = \| z \|^2 - \sum_{k=1}^{n} c_k^2 \leqq \frac{1}{\lambda_{n+1}} \int_0^1 L v_n v_n \, dx$$

$$= \frac{1}{\lambda_{n+1}} \left(\int_0^1 Lz \, z \, dx - \sum_{k=1}^{n} c_k^2 \lambda_k \right) .$$

Mit der Besselschen Ungleichung finden wir zu $\epsilon > 0$ ein N_0, so daß

$$\sum_{k=N_0}^{n} c_k^2 < \epsilon \quad \text{für } n \geqq N_0 ,$$

und ein $N_1 \geqq N_0$, so daß wegen $\lambda_n \to \infty$

$$\frac{\lambda_k}{\lambda_{n+1}} < \epsilon \quad \text{für } k < N_0 \text{ und } n \geqq N_1 .$$

Insgesamt folgt

$$(v_n, v_n)_1 \to 0, \quad n \to \infty .$$

Damit sind a) und b) bewiesen. ∎

Wir sagen, die Reihe $\sum_{k=1}^{\infty} (z, y_k)_1 \, y_k$ konvergiert im Mittel oder in der euklidischen Quadratnorm gegen z, was aber nicht punktweise Konvergenz zu bedeuten braucht.

16.15 **Beispiel.**

Gegeben sei das Rand- und Eigenwertproblem

$$y'' + \lambda y = 0, \quad y(0) = y(1) = 0 .$$

Es ist

$$\lambda_k = k^2 \pi^2 \quad \text{und} \quad y_k = \sqrt{2} \sin(k\pi x) .$$

Für

$$z \in C^2[0, 1], \quad z(0) = z(1) = 0$$

folgt

$$z(x) = \sum_{k=1}^{\infty} c_k \sqrt{2} \sin(k\pi x) ,$$

$$c_k = \sqrt{2} \int_0^1 z(x) \sin(k\pi x)\, dx ,$$

und die Fourierreihe für z konvergiert nicht nur in der Norm gegen z, sondern sogar gleichmäßig. □

Das Beispiel legt es nahe, auch die gleichmäßige Konvergenz für die verallgemeinerte Fourierreihenentwicklung zu beweisen. Dazu untersuchen wir zunächst das etwas speziellere Problem

$$L\hat{y} + \lambda \hat{y} = 0, \quad \hat{y}(0) = \hat{y}(1) = 0 \tag{16.23}$$

mit den Eigenwerten $\hat{\lambda}_k$ und den Eigenfunktionen $\hat{y}_k$ und

$$c := \max \{ |q(x)| \mid 0 \leqq x \leqq 1 \} .$$

16.16 **Lemma.**

Sei $u_1, \ldots, u_{n-1}$ irgendein Orthonormalsystem. Dann gilt

a) $\inf \{ \mathscr{R} v \mid v \perp u_1, \ldots, u_{n-1},\ v(0) = v(1) = 0 \} \leqq \hat{\lambda}_n$,

b) $\inf \{ \mathscr{R} v \mid v \perp u_1, \ldots, u_{n-1},\ v(0) = v(1) = 0 \} \leqq \lambda_{n+2}$.

Beweis.

a) Wir setzen $v = \sum_{k=1}^{n} c_k \hat{y}_k$, also $v(0) = v(1) = 0$, und wählen c_1 bis c_n so, daß

$$(v, u_k)_1 = 0, \quad k = 1, 2, \ldots, n-1 ,$$

gilt.

Da $n-1$ homogene Gleichungen mit n Unbekannten vorliegen, existiert eine nicht triviale Lösung $v \neq 0$.

Es folgt

$$(Lv, v) = \sum_{k=1}^{n} c_k^2 \hat{\lambda}_k \leqq \hat{\lambda}_n (v, v)_1 \ .$$

b) Man setzt

$$v = \sum_{k=1}^{n+2} c_k y_k \ .$$

Die Bedingungen $v(0) = v(1) = 0$ und $v \perp u_1, \ldots, u_{n-1}$ ergeben $n + 1$ homogene lineare Gleichungen mit $n + 2$ Unbekannten. Wie unter a) existiert eine nicht triviale Lösung, und es ist

$$(Lv, v) = \sum_{k=1}^{n+2} \lambda_k c_k^2 \leqq \lambda_{n+2} (v, v)_1 \ .$$ ■

Damit folgt dann der

16.17 **Satz.**

Vorgelegt seien die Rand- und Eigenwertprobleme (16.4) und (16.23).
Dann gilt

$$n^2\pi^2 - c \leqq \hat{\lambda}_n < \lambda_{n+2} \leqq \hat{\lambda}_{n+2} \leqq (n+2)^2 \pi^2 + c \ . \tag{16.24}$$

Beweis.

Nach Lemma 16.16 ergibt sich mit $u_k = \sqrt{2} \sin(k\pi x)$

$$n^2\pi^2 = \inf \left\{ \frac{-\int_0^1 vv'' \, dx}{(v, v)_1} \right\} \leqq c + \inf \{\mathscr{R} v\} \leqq c + \hat{\lambda}_n \ ,$$

wobei das Infimum über alle $v \in C^2[0, 1]$ mit $v(0) = v(1) = 0$ und $v \perp u_1, \ldots, u_{n-1}$ zu nehmen ist.

Daher ist

$$n^2\pi^2 - c \leqq \hat{\lambda}_n \ .$$

Mit $u_k = \hat{y}_k$ folgt analog

$$\hat{\lambda}_n \leqq n^2\pi^2 + c$$

und

$$\hat{\lambda}_n = \inf \{\mathscr{R} v \,|\, v \perp \hat{y}_1, \ldots, \hat{y}_{n-1}, \ v(0) = v(1) = 0\} \leqq \lambda_{n+2} \ ,$$

aber das Gleichheitszeichen kann nicht gelten, wie der Beweis von Lemma 16.16b ergibt.

Weiter folgt nach Satz 16.10

$$\lambda_n \leqq \tilde{\lambda}_n \leqq \inf\{\mathscr{R}v \mid v \perp \tilde{y}_1, \ldots, \tilde{y}_{n-1},\ v(0) = v(1) = 0\} \leqq \hat{\lambda}_n\ . \qquad \blacksquare$$

Wir formulieren (16.24) noch etwas anders:

Korollar zu Satz 16.17

Es gilt

$$\lambda_n/(n^2\pi^2) = 1 + \mathcal{O}(1/n),\ n \to \infty\ . \tag{16.25}$$

Wir stellen für $\lambda_n > 0$ und $y_n'' + \lambda_n y_n = q y_n$ die Lösung von (16.4) nach der Methode der Variation der Konstanten aus Kapitel 8 in Form einer Integralgleichung dar (vgl. auch Beweis zu Satz 14.5):

$$y_n(x) = a_n \cos(\sqrt{\lambda_n}\,x) + b_n \sin(\sqrt{\lambda_n}\,x) + \int_0^x \frac{\sin(\sqrt{\lambda_n}(x-t))}{\sqrt{\lambda_n}}\, q(t)\, y_n(t)\, dt\ .$$

Mit Hilfe der Schwarzschen Ungleichung $(u, v)_1 \leqq \|u\|\,\|v\|$ und $\|y_n\| = 1$ erkennt man

$$y_n(x) = a_n \cos(\sqrt{\lambda_n}\,x) + b_n \sin(\sqrt{\lambda_n}\,x) + \mathcal{O}(1/\sqrt{\lambda_n}),\ n \to \infty\ .$$

Quadrieren und Integration über [0, 1] ergibt

$$a_n^2 + b_n^2 = \mathcal{O}(1),\ n \to \infty$$

und somit für alle n

$$\max\{|y_n(x)| \mid 0 \leqq x \leqq 1\} \leqq M + \mathcal{O}(1/\sqrt{\lambda_n}) \leqq M_1\ . \tag{16.26}$$

Die Eigenfunktionen sind also gleichmäßig beschränkt.
Wir verschärfen nun Satz 16.14 zu

16.18 **Satz.**

Sei $z \in C^2[0, 1]$, $R_i z = 0$.

Dann konvergiert die Reihe $\sum_{k=1}^{\infty} (z, y_k)_1\, y_k$ gleichmäßig auf [0, 1] gegen z.

Beweis.

Es ist

$$(z, y_k)_1 = c_k = \frac{1}{\lambda_k}\int_0^1 z\, L y_k\, dx = \frac{1}{\lambda_k}\int_0^1 y_k\, Lz\, dx =: \frac{d_k}{\lambda_k}\ ,$$

und wegen (16.26)

$$d_k = \mathcal{O}(1),\ k \to \infty\ .$$

Also

$$\left(\sum_{k=m}^{n} c_k y_k\right)^2 \leqq \sum_{k=m}^{n} d_k^2/\lambda_k \sum_{k=m}^{n} y_k^2/\lambda_k < \epsilon$$

für m, n $\geqq N_0$ aufgrund der Schwarzschen Ungleichung, (16.25) und (16.26). Es folgt die gleichmäßige Konvergenz der Reihe, und wir setzen

$$z^* := \sum_{k=1}^{\infty} c_k y_k \,.$$

Schließlich ist wegen Satz 16.14

$$\int_0^1 (z - z^*)^2 \, dx = \int_0^1 z^2 dx - 2 \sum_{k=1}^{\infty} c_k \int_0^1 z y_k dx + \sum_{k=1}^{\infty} c_k^2$$

$$= \|z\|^2 - \sum_{k=1}^{\infty} c_k^2 = 0 \,,$$

also

$$z = z^* \,. \qquad \blacksquare$$

Der Satz gilt übrigens sogar für stetige, stückweise glatte Funktionen z, die nur die Randbedingungen erfüllen müssen, in denen z′ nicht vorkommt [C-L, S. 298f].

16.19 **Satz.**

$$\sum_{\substack{k=1 \\ \lambda_k \neq 0}}^{\infty} \frac{y_k(x)\, y_k(t)}{\lambda_k} \text{ konvergiert gleichmäßig auf } [0, 1] \times [0, 1]$$

gegen die Greensche Funktion G des Problems $Ly = g$, $R_i y = 0$.

Beweis.

Für eine Lösung gilt (vgl. Sätze 14.2 und 14.4)

$$y(x) = \sum_{k=1}^{\infty} c_k y_k(x) = \int_0^1 G(x, t)\, g(t)\, dt, \quad G \text{ symmetrisch}\,.$$

Dann folgt

$$y(x) = \sum_{k=1}^{\infty} \int_0^1 y_k(t)\, y(t)\, dt\, y_k(x) = \sum_{k=1}^{\infty} \int_0^1 Ly(t) \frac{y_k(t)}{\lambda_k}\, dt\, y_k(x)$$

$$= \int_0^1 \sum_{k=1}^{\infty} \frac{y_k(x)\, y_k(t)}{\lambda_k}\, g(t)\, dt \,,$$

d.h.

$$\int_0^1 \left(G(x,t) - \sum_{k=1}^{\infty} \frac{y_k(x)\,y_k(t)}{\lambda_k}\right) g(t)\,dt = 0\,,$$

und nach dem Fundamentallemma 5.1 folgt die Behauptung. ■

Zum Abschluß wollen wir noch einen Existenzsatz für das Rand- und Eigenwertproblem (16.2) mit periodischen Randbedingungen ohne Beweis angeben.

16.20 **Satz.**

Gegeben sei das reguläre Sturm Liouville Rand- und Eigenwertproblem (16.2) mit periodischen Randbedingungen

$$y(a) = y(b),\quad y'(a) = y'(b)\,.$$

Dann bilden die unendlich vielen Eigenwerte eine aufsteigende Folge

$$\lambda_1 < \lambda_2 \leqq \lambda_3 < \lambda_4 \leqq \lambda_5 < \ldots < \lambda_{2k} \leqq \lambda_{2k+1} \ldots .$$

Die normierte Eigenfunktion y_1 hat keine Nullstelle in $[a, b)$. Sie ist bis aufs Vorzeichen eindeutig bestimmt.

Gilt $\lambda_{2k} < \lambda_{2k+1}$, so gibt es jeweils eindeutige normierte Eigenfunktionen y_{2k} und y_{2k+1}, gilt jedoch $\lambda_{2k} = \lambda_{2k+1}$, so existieren zwei linear unabhängige Eigenfunktionen. Sie haben jeweils $2k$ Nullstellen auf $[a, b)$.

Ein Beweis findet sich z.B. im Buche [C-L].

16.2 Singuläre Sturm-Liouville Randwertprobleme

Ein Sturm-Liouville Rand- und Eigenwertproblem (16.2) heißt *singulär*, wenn die Differentialgleichung über einem unbeschränkten Intervall erklärt ist oder eine der Koeffizientenfunktionen p_1 oder ρ in einem oder beiden Endpunkten verschwinden, aber auch, wenn p_0 dort unbeschränkt ist.

In diesen Fällen müssen die Randbedingungen modifiziert werden. Es wird vor allem darum gehen, die Bedingungen für die Selbstadjungiertheit zu erhalten, d.h. für Vergleichsfunktionen u und v soll weiter

$$\int_a^b (vLu - uLv)\,dx = 0$$

gelten.

Nehmen wir beispielsweise $p_1(a) = 0$ an, so folgt für $\epsilon > 0$

$$\int_{a+\epsilon}^b (vLu - uLv)\,dx = p_1(x)\,W(x, u, v)\big|_{a+\epsilon}^b,$$

und für die Selbstadjungiertheit müssen wir fordern

$$\lim_{x \to a+} p_1(x)(u(x)v'(x) - u'(x)v(x)) = p_1(b)(u(b)v'(b) - u'(b)v(b)) .$$

Ist $p_1(a) = 0$, so würden die Randbedingungen

$$\begin{aligned} &\overline{\lim_{x \to a+}} |y(x)| < \infty, \quad \overline{\lim_{x \to a+}} |y'(x)| < \infty \\ &\gamma y(b) + \delta y'(b) = 0, \quad |\gamma| + |\delta| > 0 \end{aligned} \tag{16.27}$$

die Selbstadjungiertheit entsprechend Definition 14.3 zur Folge haben.

16.20 Beispiel. (Legendre-Differentialgleichung)

Wir haben bereits ausführlich in Kapitel 9 die Legendre Differentialgleichung

$$-\frac{d}{dx}((x^2 - 1)y') + \lambda y = 0, -1 < x < 1$$

mit den Randbedingungen

$$\overline{\lim_{x \to \pm 1}} |y(x)| < \infty \text{ und } \overline{\lim_{x \to \pm 1}} |y'(x)| < \infty$$

untersucht.

p_1 verschwindet in $x = \pm 1$, und für $\lambda = n(n+1)$ erhalten wir Lösungen, und zwar die Legendrepolynome

$$P_n(x) = \frac{1}{2^n n!} \frac{d^n}{dx^n} (x^2 - 1)^n, \quad n = 0, 1, \dots,$$

die ein vollständiges Orthonormalsystem über $[-1, 1]$ mit der Gewichtsfunktion $\rho = 1$ bilden (vgl. Beispiel 9.3, Abschnitt 9.4).

Es bleibt der Satz 16.2 richtig: Die Eigenwerte eines selbstadjungierten Sturm-Liouville Rand- und Eigenwertproblem mit (16.27) sind reell und die Eigenfunktionen zu verschiedenen Eigenwerten orthogonal bezüglich der Gewichtsfunktion ρ.

Im Fall der Legendre Differentialgleichung überträgt sich auch der Entwicklungssatz 16.14. □

16.21 Beispiel. (Besselsche Differentialgleichung)

Gegeben sei die *Quantenmechanische Schrödingergleichung*

$$\Delta\psi - \frac{2m}{\hbar^2} V\psi = -\frac{2im}{\hbar}\frac{\partial\psi}{\partial t} . \qquad (i^2 = -1) \tag{16.28}$$

Dabei ist ψ als Funktion des Ortes $\vec{x}$ und der Zeit t die Wellenfunktion eines Teilchens der Masse m, V die potentielle Energie und h das Plancksche Wirkungsquantum, $2\pi\hbar = h$.

Mit Hilfe des Separationsansatzes

$$\psi(x, y, z, t) = u(x, y, z) v(t)$$

geht (16.28) über in

$$\left(\Delta - \frac{2m}{\hbar^2} V\right) u/u = -\frac{2im}{\hbar} \dot{v}/v =: -E \frac{2m}{\hbar^2} .$$

Es ist

$$v(t) = c e^{-iEt/\hbar} ,$$

und u genügt der partiellen Differentialgleichung

$$\Delta u + \frac{2m}{\hbar^2} (E - V) u = 0 . \tag{16.29}$$

Betrachtet man ein ebenes Problem mit radialsymmetrischem V, so erhält man nach Einführung von Polarkoordinaten aus (16.29)

$$\frac{1}{r} \frac{\partial}{\partial r} \left(r \frac{\partial \tilde{u}}{\partial r} \right) + \frac{1}{r^2} \frac{\partial^2}{\partial \phi^2} \tilde{u} + \frac{2m}{\hbar^2} (E - V) \tilde{u} = 0 ,$$

und der erneute Separationsansatz

$$\tilde{u}(r, \phi) = f(r) g(\phi)$$

führt auf

$$f'' + \frac{1}{r} f' + \frac{2m}{\hbar^2} \left(E - V(r) - \frac{n^2}{r^2} \right) f = 0 \tag{16.30}$$

und

$$g(\phi) = c_1 \cos \left(n \left(\frac{2m}{\hbar^2} \right)^{1/2} \phi \right) + c_2 \sin \left(n \left(\frac{2m}{\hbar^2} \right)^{1/2} \phi \right) .$$

Ist V = 0, so entspricht (16.30) der Besselschen Differentialgleichung (vgl. Beispiel 9.8). Dazu setzen wir

$$p = \left(\frac{2m}{\hbar^2} \right)^{1/2} n, \quad \lambda = \frac{2m}{\hbar^2} E, \quad x = r, \quad y = f$$

und (16.30) wird zu

$$-\frac{d}{dx} (xy') + \frac{p^2}{x} y = \lambda xy .$$

Auf diese Gleichung stößt man übrigens auch bei der Behandlung einer eingespannten kreisförmigen Membran, die Schwingungen senkrecht zur Einspannebene ausführt [G-L II, S. 102 f].

Daher fügt man die Randbedingungen (16.27) mit $\delta = 0$ hinzu. Offensichtlich gilt

$$p_1(0) = \rho(0) = 0, \quad p_0(x) \to \infty \quad \text{für } x \to 0+ ,$$

und wir haben wieder ein singuläres Sturm-Liouville Rand- und Eigenwertproblem vorliegen. Ist $\lambda = k^2$, so kommen als Eigenfunktionen nur die Besselfunktionen J_p infrage, die in 0 nebst ihrer Ableitung beschränkt sind, d.h.

$$y(x) = J_p(kx), \quad p \geqq 1, \quad p = 0 .$$

Eigenwerte sind demnach die k_n^2 mit $J_p(k_n b) = 0$.

Es gibt abzählbar unendlich viele k_n (vgl. Kap. 8), und die $J_p(k_n x)$ zu verschiedenen k_n sind orthogonal bezüglich der Gewichtsfunktion x, die Energie ist gequantelt.

Auch der Vollständigkeitssatz 16.18 läßt sich übertragen [G-L II, S. 31]. □

16.22 **Beispiel.** (Tschebyscheffsche Differentialgleichung)

Die *Tschebyscheffpolynome*

$$T_n(x) = \cos(n(\arccos x)), \quad -1 \leqq x \leqq 1\,,$$

sind orthogonal zur Gewichtsfunktion

$$\rho(x) = (1 - x^2)^{-1/2}$$

für alle $n \geqq 0$.

Sie gehören zum Eigenwertproblem

$$-((1 - x^2)^{1/2}\, y')' = \lambda (1 - x^2)^{-1/2}\, y, \quad -1 < x < 1\,,$$

mit Randbedingungen wie bei der Legendre Differentialgleichung.

Als Eigenwerte findet man

$$\lambda_n = n^2, \quad n = 0, 1, 2, \ldots,$$

und es gilt

$$(1 - x^2)\, T_n'' - x T_n' + n^2 T_n = 0\,.$$

□

16.23 **Beispiel.** (Laguerresche Differentialgleichung)

Zur Gewichtsfunktion

$$\rho(x) = e^{-\alpha x}\, x^{\beta - 1}, \; \alpha, \beta > 0$$

im Intervall $(0, \infty)$ sind die *Laguerrepolynome*

$$L_n(x, \alpha, \beta) = e^{\alpha x}\, x^{1-\beta} \frac{d^n}{dx^n} (e^{-\alpha x}\, x^{n+\beta-1})$$

Lösungen der Differentialgleichung

$$x L_n'' + (\beta - \alpha x)\, L_n' + \alpha n L_n = 0$$

bzw.

$$-(e^{-\alpha x}\, x^{\beta}\, y')' = \lambda e^{-\alpha x}\, x^{\beta-1}\, y, \quad \lambda = \alpha n, \quad n = 0, 1, 2, \ldots\,.$$

Sie können als normierbare Polynomlösungen eines singulären Sturm-Liouville Rand- und Eigenwertproblems angesehen werden.

Man hat dann mit

$$l_n(x) := e^{-\alpha x/2}\, x^{(\beta-1)/2}\, L_n(x)$$

einen Entwicklungssatz in $L^2[0, \infty)$, dem Raum der quadratintegrablen Funktionen über $[0, \infty)$. □

16.24 Beispiel. (Hermitesche Differentialgleichung)

In Beispiel 16.21 haben wir bereits die Schrödingergleichung

$$\Delta u + \frac{2m}{\hbar^2}(E - V)\, u = 0$$

kennengelernt. Wir wollen nun den eindimensionalen Fall des quantenmechnischen harmonischen Oszillators behandeln mit

$$V(x) = \frac{1}{2} m \omega^2 x^2 .$$

Wir setzen

$$k^2 = \frac{2mE}{\hbar^2}, \quad \alpha = \frac{m\omega}{\hbar}$$

und erhalten

$$u'' + (k^2 - \alpha^2 x^2)\, u = 0. \tag{16.31}$$

Als Randbedingung wollen wir die Normierbarkeit der Lösungen über $(-\infty, \infty)$ fordern

$$(u, u)_1 = 1 .$$

Mit dem Ansatz

$$u(x) = e^{-\alpha x^2/2}\, v(x)$$

geht (16.31) über in

$$-v'' + 2\alpha x v' = (k^2 - \alpha)\, v =: \lambda v . \tag{16.32}$$

Wie in Abschnitt 9.1 erklärt, gehen wir mit dem Reihenansatz

$$v(x) = \sum_{j=0}^{\infty} a_j x^j$$

in die Differentialgleichung ein und finden die rekursive Beziehung

$$a_{j+2} = \frac{\alpha(2j+1) - k^2}{(j+2)(j+1)}\, a_j . \tag{16.33}$$

Für $j \to \infty$ gilt näherungsweise

$$a_{j+2} \sim 2\alpha\, a_j/(j+2)$$

oder z.B.

$$a_{2k+2} \sim \alpha^{k+1} a_0/(k+1)!, \quad v(x) \sim e^{\alpha x^2} a_0 .$$

Die Lösungen sind also nicht normierbar, wenn die Reihen nicht abbrechen. $a_{n+2} = 0$ gilt aber nur, wenn

$$k^2 = \alpha(2n+1), \quad \lambda = 2\alpha n \quad \text{oder} \quad E = \hbar\omega\left(n + \frac{1}{2}\right), \quad n \in N_0 . \tag{16.34}$$

Mit Hilfe von (16.33) ergeben sich die normierten Eigenfunktionen u_n zu

$$u_0(x) = C_0 e^{-\alpha x^2/2}$$
$$u_1(x) = C_1\, x e^{-\alpha x^2/2}$$
$$u_2(x) = C_2 (1 - 2\alpha x^2)\, e^{-\alpha x^2/2}$$
$$u_3(x) = C_3 \left(x - \frac{2}{3}\alpha x^3\right) e^{-\alpha x^2/2}$$
$$u_4(x) = C_4 \left(1 - 4\alpha x^2 + \frac{4}{3}\alpha^2 x^4\right) e^{-\alpha x^2/2}$$

mit

$$C_n = \pm (\alpha/\pi)^{1/4} c_n,\ c_0 = 1,\ c_1 = \sqrt{2\alpha},\ c_2 = 1/\sqrt{2},\ c_3 = \sqrt{3\alpha},\ c_4 = \sqrt{3/8}\,.$$

Benutzt man die Hermiteschen Polynome

$$H_n(x, \alpha) := (-1)^n e^{\alpha x^2} \frac{d^n}{dx^n} (e^{-\alpha x^2}),\ n = 0, 1, 2, \dots,$$

als Lösungen des Rand- und Eigenwertproblems

$$-(e^{-\alpha x^2} y')' = \lambda y e^{-\alpha x^2}$$

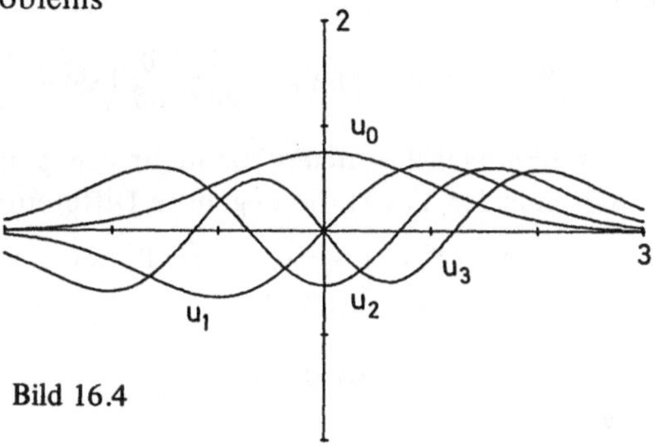

Bild 16.4

mit der Bedingung des Polynomwachstums in $\pm\infty$ und den Eigenwerten $\lambda_n = 2\alpha n$, so ergibt sich unser vollständiges Orthonormalsystem zu (vgl. Bild 16.4 mit $\alpha = 1$)

$$u_n(x) = \pm \left(\frac{1}{2^n n!}\sqrt{\alpha/\pi}\right)^{1/2} H_n(x, \alpha)\, e^{-\alpha x^2/2},\ n = 0, 1, 2, \dots,$$

und es gilt der Entwicklungssatz in $L^2(-\infty, \infty)$. □

16.25 **Beispiel.** (Kugelfunktionen)

Bei der Lösung des ersten Randwertproblems für die Kugel K_R mit Radius R schreibt man die Potentialgleichung

$$\Delta u = \frac{\partial^2}{\partial x^2} u + \frac{\partial^2}{\partial y^2} u + \frac{\partial^2}{\partial z^2} u = 0$$

in Kugelkoordinaten um:

Mit

$$x = r \sin\theta \cos\phi, \; y = r \sin\theta \sin\phi, \; z = r \cos\theta \,,$$
$$0 \leqq r \leqq R, \; 0 \leqq \phi \leqq 2\pi, \; 0 \leqq \theta \leqq \pi$$

und mit

$$u(x, y, z) = v(r, \theta, \phi)$$

und der Randbedingung

$$v(R, \theta, \phi) = g(\theta, \phi)$$

erhalten wir die partielle Differentialgleichung

$$r \frac{\partial^2 (rv)}{\partial r^2} + \frac{1}{\sin\theta} \frac{\partial}{\partial\theta}\left(\sin\theta \frac{\partial v}{\partial\theta}\right) + \frac{1}{\sin^2\theta} \frac{\partial^2 v}{\partial\phi^2} = 0 \,.$$

Der Separationsansatz

$$v(r, \theta, \phi) = r^n Y_n(\theta, \phi)$$

ergibt

$$LY_n := n(n+1) Y_n + \frac{1}{\sin\theta} \frac{\partial}{\partial\theta}\left(\sin\theta \frac{\partial Y_n}{\partial\theta}\right) + \frac{1}{\sin^2\theta} \frac{\partial^2 Y_n}{\partial\phi^2} = 0 \,.$$

Fragt man nach Lösungen, die nicht von ϕ abhängen, und substituiert $x = \cos\theta$, so erhält man für $Y_n(\theta)$ die Legendre Differentialgleichung

$$n(n+1) P_n(x) = -((1 - x^2) P_n'(x))', \; P_n(\cos\theta) = Y_n(\theta) \,;$$

setzt man jedoch

$$Y_n(\theta, \phi) = \Phi(\phi)\,\Theta(\theta) \,,$$

so folgen mit

$$0 = \frac{\sin^2\theta}{Y_n} LY_n = \frac{\Phi''}{\Phi} + \left(\sin^2\theta \frac{\Theta''}{\Theta} + \sin\theta\cos\theta \frac{\Theta'}{\Theta} + n(n+1)\sin^2\theta\right)$$

die beiden Rand- und Eigenwertprobleme

$$\Phi'' + \nu^2 \Phi = 0, \; \Phi, \Phi' \; 2\pi\text{-periodisch},$$

$$-((1 - x^2) P_{n,\nu}')' + \left(\frac{\nu^2}{1 - x^2} - n(n+1)\right) P_{n,\nu} = 0 \,,$$

$$P_{n,\nu} \text{ und } (1 - x^2)^{1/2} P_{n,\nu}' \text{ stetig in } \pm 1 \,.$$

Die Eigenwerte sind ν^2, $\nu = 0, 1, 2, 3, \ldots$, und die Lösungen

$$P_{n,\nu}(x) := \frac{(1 - x^2)^{\nu/2}}{2^n n!} \frac{d^{n+\nu}}{dx^{n+\nu}} (x^2 - 1)^n, \; n = \nu, \; \nu + 1, \ldots$$

heißen *assoziierte Legendre Funktionen.*

Sie sind bei festem ν zueinander orthogonal.

Mit

$$v_{n,\nu}(\theta, \phi) := P_{n,\nu}(\cos\theta)\cos(\nu\phi), \quad \nu = 0, 1, \ldots, n$$
$$v_{n,-\nu}(\theta, \phi) := P_{n,\nu}(\cos\theta)\sin(\nu\phi), \quad \nu = 1, 2, \ldots, n$$

haben wir ein vollständiges Orthogonalsystem der Kugeloberfläche.
Es wird

$$Y_n(\theta, \phi) = \frac{\alpha_{n0}}{2} v_{n,0}(\theta, \phi) + \sum_{\nu=1}^{n} (\alpha_{n\nu} v_{n,\nu}(\theta, \phi) + \beta_{n\nu} v_{n,-\nu}(\theta, \phi))$$

und schließlich

$$v(r, \theta, \phi) = \sum_{n=0}^{\infty} \left(\frac{r}{R}\right)^n Y_n(\theta, \phi).$$

Durch geeignete Wahl der $\alpha_{n\nu}$, $\beta_{n\nu}$ kann jede stetige Funktion g über K_R dargestellt werden

$$g(\theta, \phi) = \sum_{n=0}^{\infty} Y_n(\theta, \phi),$$

wenn die Reihe konvergiert. □

16.3 Literatur zu Kapitel 16

Die Darstellung der Sturm-Liouvilleschen Rand- und Eigenwertprobleme lehnt sich mit freundlicher Genehmigung eng an die Arbeit von W. Kratz und A. Peyerimhoff: An elementary Treatment of the Theory of Sturmian Eigenvalue Problems [K-P] an und benutzt Ideen von Gröbner und Lesky [G-L].

Die bis zum heutigen Tag sehr weit verallgemeinerte Theorie wird umrissen in G. Heisecke: Rand- und Eigenwertprobleme $N(y) = \lambda P(y)$ mit λ-abhängigen Randbedingungen [H4].

Wir erwähnen weiterhin die sehr lesenswerte und anschauliche Darstellung von K. Jänich: Analysis für Physiker und Ingenieure [J1] und das klassische anwendungsorientierte Werk von L. Collatz: Eigenwertaufgaben mit technischen Anwendungen [C2].

Beispiel 16.24 ist entnommen aus S. Flügge: Practical Quantum Mechanics I, II (I, S. 68f) [F5].

Zum Studium der speziellen Funktionen weisen wir auf folgende Werke hin: Pocketbook of Mathematical Functions, M. Abramowitz, I. Stegun (eds.) [A-S], Jahnke-Emde-Lösch: Tafeln höherer Funktionen [J2], W. Magnus, F. Oberhettinger, R. P. Soni: Formulas and Theorems for the Special Functions of Mathematical Physics [M4].

16.4 Aufgaben zu Kapitel 16

1. Man löse das Randwertproblem

$$y'' + \lambda y = 0 ,$$
$$y(0) = 0, \; y(1) + \delta y'(1) = 0 ,$$

und diskutiere dabei die Fälle $\delta \geqq 0, \delta < 0$.

2. Eulersche Knicklast:

Ein senkrecht stehender, am Boden fixierter Balken der Länge L mit Elastizitätsmodul E und Flächenträgheitsmoment I wird an der Spitze durch die senkrecht wirkende Kraft k belastet, die das Moment k y bewirkt.

Man löse das Rand- und Eigenwertproblem für die Auslenkung der Spitze des Balkens aus der Gleichgewichtslage

$$y'' = -\frac{M(y)}{EI} = -\lambda y, \; \lambda = \frac{k}{EI}, \; y(0) = 0, \; y'(L) = 0 .$$

Gesucht sind die Parameterwerte für k, die Gleichgewichtslagen ermöglichen.

3. [C1, S. 166] Knicklast eines Balkens mit variabler Biegesteifigkeit:

Gegeben sei das Rand- und Eigenwertproblem

$$-y'' = \lambda(2 + \sin x)\, y, \; y(0) = y(\pi) = 0 .$$

Mit Hilfe des Ansatzes

$$v(x) = a \sin x + \sin 3x$$

und Satz 16.13 bestimme man eine obere Schranke für den ersten Eigenwert λ_1 durch optimale Wahl des Parameters a.

4. Erzeugende Funktion der Legendre Polynome P_n:

Bezeichne $\|\mathbf{x} - \mathbf{x}_0\|$ den euklidischen Abstand zweier Punkte $\mathbf{x}$ und $\mathbf{x}_0$ im $\mathbb{R}^3$, $\|\mathbf{x}_0\| = R$, so ist

$$R/\|\mathbf{x} - \mathbf{x}_0\| = 1/\sqrt{1 + u^2 - 2u\cos\theta} \quad \text{mit } \|\mathbf{x}\|/R = u, \; \sphericalangle(\mathbf{x}, \mathbf{x}_0) = \theta .$$

Man beweise:

$$F(u, \cos\theta) := 1/\sqrt{1 + u^2 - 2u\cos\theta} = \sum_{n=0}^{\infty} P_n(\cos\theta)\, u^n, \; |u(2\cos\theta - u)| < 1 .$$

Anleitung.

Man zeige: F(u, x) genügt der Differentialgleichung

$$u^2 \frac{\partial^2 F}{\partial u^2} + 2u \frac{\partial F}{\partial u} + (1 - x^2) \frac{\partial^2 F}{\partial x^2} - 2x \frac{\partial F}{\partial x} = 0 ,$$

und nach Einsetzen der Potenzreihenentwicklung erfüllt P_n die Legendre Differentialgleichung (9.8), und es gilt $P_n(1) = 1$.

Appendix

Grundlagen der Funktionentheorie

A.1 Die komplexen Zahlen

Die natürliche Erweiterung des Körpers $\mathbb{R}$ der reellen Zahlen sind die komplexen Zahlen $\mathbb{C}$. Sie bilden ebenfalls einen Körper, in dem alle Polynome mit ganzzahligen Koeffizienten in Linearfaktoren zerfallen.

Man schreibt

$$\mathbb{C} := \{z \mid z = x + iy,\ x, y \in \mathbb{R}\}$$

und erklärt die Addition und Multiplikation mit

$$z_1 + z_2 = (x_1 + iy_1) + (x_2 + iy_2) := (x_1 + x_2) + i(y_1 + y_2)$$

$$z_1 \cdot z_2 = (x_1 + iy_1) \cdot (x_2 + iy_2) := (x_1 x_2 - y_1 y_2) + i(x_1 y_2 + y_1 x_2)\,.$$

Wir können $\mathbb{C}$ veranschaulichen durch die Zahlenebene

$$\mathbb{R}^2 := \{(x, y) \mid x, y \in \mathbb{R}\}, \quad \text{(vgl. Bild A.1)}\,.$$

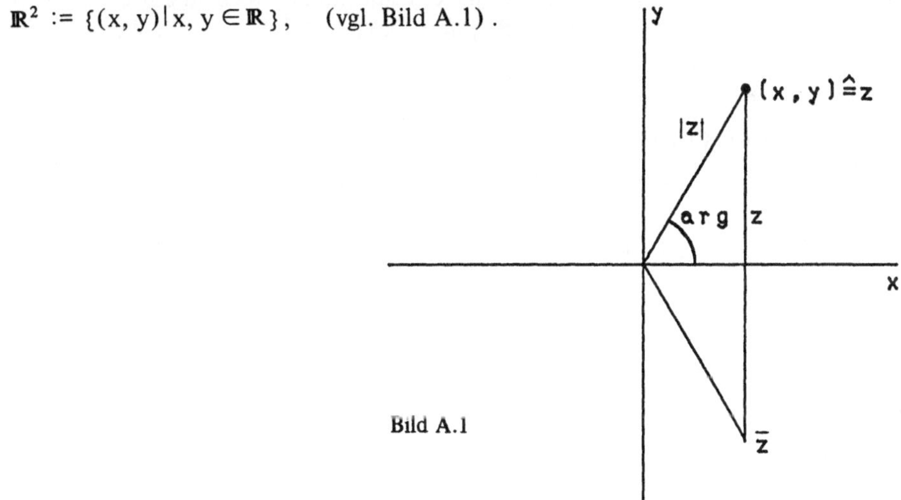

Bild A.1

Dabei entspricht das Paar (x, y) der Zahl $z = x + iy$, $|z| = \sqrt{x^2 + y^2}$ der Länge des Vektors mit den Koordinaten x und y, $\overline{z} := x - iy$ ist die zu z konjugiert komplexe Zahl und arg z bedeutet den Winkel zwischen x-Achse und Vektor im Bogenmaß modulo 2π.

Es gilt auch

$$z = |z| e^{i \arg z} = |z| (\cos(\arg z) + i \sin(\arg z)) .$$

Benutzt man den Abstand

$$\rho(z_1, z_2) := |z_1 - z_2| ,$$

so bildet $(\mathbb{C}, \rho)$ einen metrischen Raum, und alle Begriffe wie Häufungspunkt, Folgenkonvergenz, offene und abgeschlossene Menge, Kompaktheit usw. können leicht übertragen werden.

Beispielsweise heißt die Folge (z_j) komplexer Zahlen konvergent gegen $z \in \mathbb{C}$,

$$z_j = x_j + iy_j \to z = x + iy ,$$

wenn

$$\rho(z_j, z) = |z_j - z| \to 0 \quad \text{für } j \to \infty$$

gilt, was gleichbedeutend ist mit

$$x_j \to x \quad \text{und} \quad y_j \to y \quad \text{für } j \to \infty .$$

Die Vollständigkeit von $\mathbb{R}$ überträgt sich somit auf $\mathbb{C}$: Jede Cauchy-Folge konvergiert.

A.2 Holomorphie komplexwertiger Funktionen

Wie im Reellen erklärt man auch komplexe Funktionen. Sie sind auf einer Teilmenge der komplexen Zahlen definiert, z.B. einem Gebiet $D \subseteq \mathbb{C}$, und ihr Wertebereich liegt wieder in $\mathbb{C}$.

Oft schreibt man

$$f(z) = u(x, y) + i v(x, y) ;$$

dabei sind u und v reellwertige Funktionen zweier reeller Veränderlicher.

f heißt stetig in einem Punkt $z \in D$, wenn für jede Folge (z_j) aus D, die gegen z konvergiert, $\lim_{j \to \infty} f(z_j) = f(z)$ gilt.

Da $\mathbb{C}$ ein Körper ist, kann man auch den Begriff der Differenzierbarkeit aus dem Reellen übernehmen:

Gilt $z_0 \in D$ und ist

$$\lim_{z \to z_0} \frac{f(z) - f(z_0)}{z - z_0} = a$$

bei beliebiger Annäherung von z an z_0 mit einer festen komplexen Zahl a, so setzt man

$$a =: f'(z_0) ,$$

und f heißt in z_0 differenzierbar.

Wir erwähnen den folgenden grundlegenden Satz A.1, der ein Kriterium für die Differenzierbarkeit einer Funktion f in z_0 an die Hand gibt, ohne Beweis:

A.1 **Satz.**

$f = u + iv$ sei in einer Umgebung des Punktes $z_0 = x_0 + iy_0$ definiert. Dann ist f genau dann in z_0 differenzierbar, wenn u und v in (x_0, y_0) reell differenzierbar sind und dort den Cauchy-Riemannschen Differentialgleichungen genügen:

$$u_x(x_0, y_0) = v_y(x_0, y_0)$$
$$u_y(x_0, y_0) = -v_x(x_0, y_0).$$

Die elementaren Sätze über stetige und differenzierbare Funktionen der reellen Analysis übertragen sich direkt.

Der Kernbegriff der komplexen Funktionentheorie ist der der Holomorphie.

A.2 **Definition** (Holomorphie).

$f: D \to \mathbb{C}$ heißt im Punkte $z_0 \in D$, D Gebiet, holomorph, wenn es eine Umgebung

$$U(z_0, r) := \{z \in \mathbb{C} \mid |z - z_0| < r\}$$

gibt, in der f differenzierbar ist; f heißt in D holomorph, wenn f überall differenzierbar ist.

Mit f und g sind auch $f \pm g$, fg, f/g $(g'(z_0) \neq 0)$ in z_0 holomorph.

Beispiele für holomorphe Funktionen sind

$$P(z) = a_n z^n + a_{n-1} z^{n-1} + \ldots + a_1 z + a_0, \quad a_j \in \mathbb{C},$$
$$e^z := e^x (\cos y + i \sin y)$$
$$\sin z := \sin x \cosh y + i \cos x \sinh y .$$

A.3 Der Cauchysche Integralsatz

Ist $f: D \to \mathbb{C}$ stetig, so können wir den Begriff des Wegintegrals (vgl. Kapitel 2, Abschnitt 2.5) übertragen:

Ist

$$C: \{z(t) \mid a \leqq t \leqq b\}$$

ein Weg in D, so setzen wir

$$\int_C f(z)\, dz := \int_C \{u(x, y)\, dx - v(x, y)\, dy\} + i \int_C \{u(x, y)\, dy + v(x, y)\, dx\}$$
$$= \int_a^b f(z(t))\, \dot{z}(t)\, dt .$$

Besitzt f in D eine Stammfunktion F mit $F'(z) = f(z)$, so ist das Integral $\int_C f(z)\,dz$ in D vom Weg unabhängig, ist das Integral vom Weg unabhängig, so besitzt f (lokal) eine Stammfunktion. Die zentrale Aussage über die Existenz einer Stammfunktion bei holomorphen Funktionen f macht der folgende Satz:

A.3 **Cauchyscher Integralsatz.**

Vorgelegt sei ein einfach zusammenhängendes Gebiet $D \subset \mathbb{C}$, dessen Rand ∂D ein (einfach geschlossener) Weg C ist.
Gelte

$$f\colon \partial D \cup D = \bar{D} \to \mathbb{C}, \quad f \text{ holomorph in } D \text{ und stetig auf } \bar{D}\,.$$

Dann folgt

$$\oint_C f(z)\,dz = 0\,,$$

wobei der Weg so zu durchlaufen ist, daß das Gebiet D links liegt.

Eine wichtige Folgerung ist die Cauchysche Integralformel:

A.4 **Integralformel von Cauchy.**

Es gelten die Voraussetzungen aus Satz A.3.
Dann folgt für alle $z \in D$:

a) $$f(z) = \frac{1}{2\pi i} \oint_C \frac{f(\zeta)}{\zeta - z}\,d\zeta\,,$$

b) f ist in z beliebig oft differenzierbar, und es gilt

$$f^{(n)}(z) = \frac{n!}{2\pi i} \oint_C \frac{f(\zeta)}{(\zeta - z)^{n+1}}\,d\zeta\,.$$

A.4 Weitere Folgerungen

f ist daher mit allen seinen Ableitungen durch Vorgabe der Werte auf der Randkurve C bestimmt, eine besondere Eigenschaft holomorpher Funktionen, die bei reellen Funktionen nicht gilt, selbst wenn sie beliebig oft differenzierbar sind.

Weiter bemerken wir noch, daß aus der gleichmäßigen Konvergenz einer Folge holomorpher Funktionen auch die Holomorphie der Grenzfunktion resultiert, was man mit Hilfe der Integralformel A.4 beweisen kann.

Cauchyscher Integralsatz und Integralformel sind besonders in Kapitel 11 von Bedeutung bei der komplexen Laplacetransformation und ihrer Umkehrung.

A.5 Potenzreihenentwicklungen holomorpher Funktionen

Mit Hilfe der Formel A.4 kann man eine in z_0 holomorphe Funktion in eine Potenz- oder Taylorreihe entwickeln, die in einer Umgebung $U(z_0, r)$ konvergiert.

Beispiele sind

$$e^z = \sum_{j=0}^{\infty} z^j/j! = e^{z_0} \sum_{j=0}^{\infty} (z - z_0)^j/j!\ ,$$

$$\sin z = \sum_{j=0}^{\infty} (-1)^j\, z^{2j+1}/(2j+1)!$$

$$\cosh z = \sum_{j=0}^{\infty} z^{2j}/(2j)!$$

$$1/(z^2+1) = \sum_{j=0}^{\infty} (-1)^j\, z^{2j},\ |z| < 1\ .$$

Es handelt sich um natürliche, eindeutig bestimmte Fortsetzungen der bekannten reellen Potenzreihen ins Komplexe. (Zwei Potenzreihen, die auf einem Intervall übereinstimmen, sind schon identisch.)

Ist die Funktion in ganz $\mathbb{C}$ holomorph, so spricht man von einer ganzen Funktion, und die Potenzreihe konvergiert auf ganz $\mathbb{C}$. Liegt dagegen am Rand des Holomorphiegebietes von f eine „singuläre" Stelle z_1, wo f nicht holomorph ist, so ist der Konvergenzradius der Reihe gegeben durch den Abstand vom Entwicklungspunkt z_0 zur nächsten singulären Stelle.

Die Funktion $1/(z^2+1)$ ist in $\mathbb{C} \setminus \{-i, i\}$ holomorph. Entwickelt man sie in eine Potenzreihe um $z_0 = 0$, so ist der Konvergenzradius r gegeben durch $r = |0 \pm i| = 1$.

A.6 Isolierte Singularitäten und Laurentreihenentwicklungen

Ist f im Kreisring $r_1 < |z - z_0| < r_2$ holomorph, so kann man f in Form einer Laurentreihe

$$f(z) = \sum_{j=-\infty}^{-1} a_j(z - z_0)^j + \sum_{j=0}^{\infty} a_j(z - z_0)^j =: H(z) + G(z)$$

darstellen.

H ist in $|z - z_0| > r_1$ und G in $|z - z_0| < r_2$ konvergent und holomorph. Der Beweis benutzt wieder die Integralformel A.4.

Ist f in $0 < |z - z_0| < r_2$ holomorph (und eindeutig), so gibt die Form von H darüber Aufschluß, um was für eine Art von isolierter Singularität es sich im Punkte z_0 für die Funktion f handelt. Verschwindet der Hauptteil ganz, so ist f in z_0 holomorph ergänzbar

$$f(z_0) := a_0 ,$$

und z_0 ist *hebbare Singularität,* gilt

$$H(z) = \sum_{j=-n}^{-1} a_j(z - z_0)^j, \quad a_{-n} \neq 0 ,$$

so hat f in z_0 einen *Pol n-ter Ordnung,* ist

$$H(z) = \sum_{j=-\infty}^{-1} a_j(z - z_0)^j, \text{ und sind unendlich viele } a_j \neq 0 ,$$

so heißt z_0 *wesentliche Singularität.*

$1/(z^2 + 1)^2$ hat zwei doppelte Pole in $z = \pm i$.

Eine Funktion f, die bis auf isolierte Polstellen, die sich im Endlichen nicht häufen, holomorph ist, heißt meromorph, wie zum Beispiel $\cot z$, $\frac{1}{z^2} \tanh(z/2)$ und $\Gamma(z)$.

$\exp(1/z^2)$ hat eine wesentliche Singularität in $z_0 = 0$, und $\frac{\sin z}{z}$ ist in Null holomorph ergänzbar.

Der Koeffizient a_{-1} heißt *Residuum* von f in z_0:

$$a_{-1} = \operatorname*{Res}_{z_0} \{f(z)\} ,$$

und spielt eine wesentliche Rolle im folgenden

A.5 **Residuensatz.**

Sei D ein einfach zusammenhängendes Gebiet aus $\mathbb{C}$ mit Rand ∂D, der ein (einfach geschlossener) Weg C sei.

f sei stetig auf $\overline{D}$ und holomorph in D bis auf endlich viele isolierte Singularitäten $z_1, z_2, \ldots, z_r \in D$.

Dann gilt

$$\oint_C f(z)\,dz = 2\pi i \sum_{j=1}^{r} \operatorname*{Res}_{z_j} \{f(z)\} \qquad \text{(vgl. Bild 11.4)} .$$

Hat f einen Pol n-ter Ordnung in z_j, so ist

$$\operatorname*{Res}_{z_j} \{f(z)\} = \lim_{z \to z_j} \frac{1}{(n-1)!} \frac{d^{n-1}}{dz^{n-1}} ((z - z_j)^n f(z)) .$$

A.7 Umkehrfunktionen

Löst man die Gleichung

$$z^n = w$$

im Komplexen, so schreibt man zunächst $z = re^{i\phi}$, also $z^n = r^n e^{in\phi}$ und $w = r_0 e^{i\psi}$. Es folgt dann

$$r^n e^{in\phi} = r_0 e^{i\psi} ,$$

d.h.

$$r = (r_0)^{1/n} \quad \text{und} \quad n\phi = \psi + 2k\pi, \; k \in \mathbb{Z} .$$

Für $k = 0, 1, \ldots, n-1$ erhält man schon ein vollständiges Lösungssystem

$$z_k = (r_0)^{1/n} \exp\left(i\left(\frac{\psi}{n} + \frac{2k\pi}{n}\right)\right) .$$

Will man daher eine Umkehrfunktion zu $w = z^n$ erklären, so gibt es n verschiedene Möglichkeiten, $z = (w)^{1/n}$ zu definieren. Die Wurzelfunktionen sind daher mehrdeutig.

Schneidet man jedoch die komplexe Ebene längs eines Strahls $\arg w = \alpha$ von Null an auf und beschränkt sich auf einen Zweig der mehrdeutigen Umkehrfunktion, so ist

$$z = (w)^{1/n} := (|w|)^{1/n} \exp\left(i \frac{\arg w + 2k\pi}{n}\right), \quad 0 \leqq k \leqq n-1, \; k \text{ fest},$$

im Restgebiet holomorph.

Der Nullpunkt ist n-facher Verzweigungspunkt.

Für die komplexe e-Funktion gilt wie im Reellen die Funktionalgleichung

$$\exp(z_1 + z_2) = \exp(z_1) \cdot \exp(z_2) , \quad z_j \in \mathbb{C} ,$$

sie ist $2\pi i$-periodisch, und man hat

$$\exp(z_1 + 2k\pi i) = \exp(z_1) \exp(2k\pi i) = \exp(z_1) , \quad k \in \mathbb{Z} .$$

Die Umkehrfunktion, der komplexe Logarithmus $\log w$ ist daher mehrdeutig:

$$\log w := \log|w| + i \arg w + 2k\pi i , \quad k \in \mathbb{Z} .$$

Auch hier schneidet man die w-Ebene längs eines Strahls $\arg w = \alpha$ auf und erhält bei Beschränkung auf einen festen Wert von k eine holomorphe Logarithmusfunktion in $\mathbb{C} \setminus \{re^{i\alpha} | 0 \leqq r < \infty\}$.

Lösungen der Aufgaben

Kapitel 1

1. $y(x) = \ln|x| + c, \; x \neq 0, \; c \in \mathbb{R}$.

2. $N(t) = N_0 \exp(-\lambda t)$. $4.51 \cdot 10^9$ Jahre ist die Halbwertszeit von ^{238}U.

3. Mit $\lambda = \ln 2/5568$ a und $t = 1950$ a n. Chr. folgt aus $t - t_0 = (1/\lambda) \ln(6.68/0.97)$ dann $t_0 \approx 13550$ a v. Chr.

5. a) lineare Differentialgleichung dritter Ordnung; b) Differentialgleichung erster Ordnung; c) lineare partielle Differentialgleichung erster Ordnung.

Kapitel 2

1. $$y(t) = \frac{b/k}{1 + \frac{b - ky_0}{ky_0} e^{-b(t-t_0)}}$$

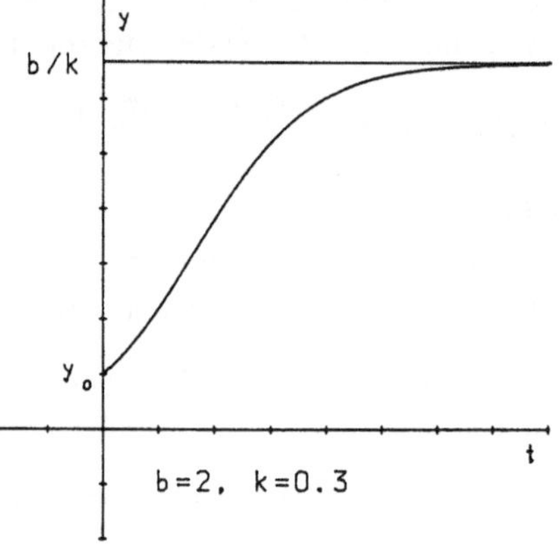

Zahlenbeispiel: *Pearl* und *Reed* geben 1920 eine Formel für die US-Bevölkerung an:

$$y(t) = \frac{197.273 \cdot 10^6}{1 + e^{-0.03134(t-1913.25)}} .$$

Bis 1950 stimmen die prognostizierten Werte gut mit den Ergebnissen der Volkszählungen überein, wie M. Braun [B3] in einer Tabelle aufzeigt.

2. Nach Substitution $u := y/x$ folgt $y = ce^{-y/x}, c \in \mathbb{R}$.

3. Die Substitution $u(x) := ax + by(x) + c$ führt auf eine separable Differentialgleichung. Der Fall $b = 0$ ist unmittelbar klar.

4. $y(x) = x^2 - xe^{x-1}$.

6. a) $A\dot{x}_a + h(x_a) = g(x_e, z)$, und mit $x = x_a - \overline{x}_a$, $y = x_e - \overline{x}_e$, $u = z - \overline{z}$, $(\overline{x}_a, \overline{x}_e, \overline{z})$ Arbeitspunkt, folgt $A\dot{x}(t) + c_1 x(t) = c_2 y(t) + c_3 u(t)$.

b) $x_a(t) = Kc(t - T + Te^{-t/T})$, $t \geqq 0$; $x_a(t) = 0$, $t < 0$.

7. a) Homogene oder Bernoulli-Differentialgleichung; $y = \dfrac{x}{c - \ln|x|}$, $y = 0$.

b) Riccatische Differentialgleichung; $y = -1/x$, $y = -1/x + \left[x + x^2 e^{-x^2}\left(c - 2\int\limits_0^x e^{t^2}\,dt\right)\right]^{-1}$, numerische Auswertung erforderlich.

c) Exakte Differentialgleichung mit $M(y) = 1/y^4$; $y^2 - x = cy^3$, $y = 0$.

d) Exakte Differentialgleichung mit $M(y) = e^{-y}$; $(x^2 - 2x + 2)\,e^x + (1 + y)\,e^{-y} = c$.

e) Bernoulli-Differentialgleichung; $y(x) = (-4x^3 + c/x^2)^{-1/4}$, $y = 0$.

f) Separable Differentialgleichung;

$\arcsin x + \arcsin y = \frac{\pi}{4} C$, $y = \pm 1$

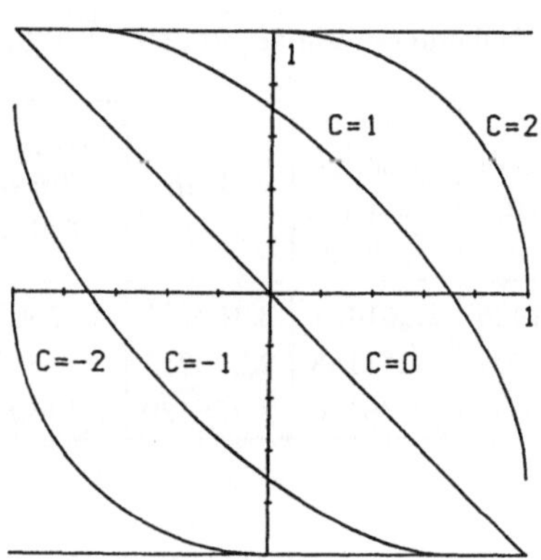

8. $y_o(x) = \frac{1}{10} e^x \geqq y(x) \geqq y_u(x) = \left(\frac{1}{3} + \frac{299}{3} e^{-2x}\right)^{-1/2}$. $y_u(0.2) = 0.122040\ldots =: \tilde{y}$,

$y_o(0.2) = 0.122140\ldots$, $\Delta < 10^{-4}$.

Wir werden später bessere numerische Methoden kennenlernen.

Kapitel 3

1. $y_{max} = \begin{cases} x^3, & x \geqq 0 \\ 0, & x < 0 \end{cases}$, $y_{min} = \begin{cases} 0, & x \geqq 0 \\ x^3, & x < 0 \end{cases}$.

3. a) Eindeutig lösbar; $I_\alpha = \mathbb{R}$

b) Eindeutig lösbar; $I_\alpha = [-0.0758, 0.0758]$

c) Eindeutig lösbar auf $[x_0, x_0 + a]$.

4. $y_0(x) \equiv 1$, $y_n(x) = 1 + \frac{x^2}{2} + \frac{1}{2!}\left(\frac{x^2}{2}\right)^2 + \ldots + \frac{1}{n!}\left(\frac{x^2}{2}\right)^n$, $y(x) = e^{x^2/2}$

6. Das Resultat ergibt sich mit Hilfe von Satz 3.11.

7. Mit $y(x) = 1 + \sum_{j=2}^{\infty} a_j x^j$ folgt:

$$y(x) = 1 + \sum_{i=1}^{\infty} \left(\prod_{m=1}^{i} 3m(3m-1) \right)^{-1} x^{3i} \text{ ist eindeutige Lösung auf ganz } \mathbb{R}.$$

8. Es gilt $\frac{\pi}{4} \leqq \rho \leqq 1$. Der genaue Wert für ρ liegt bei 0.96981 ….

Kapitel 4

1. $y(x) = \sqrt{2x+1}$; Näherungswerte für $y(2) = \sqrt{5} = 2.236067977$:

Schritt-weite	Euler-Cauchy	verbesserter Euler-Cauchy	Heun	klassisches Runge-Kutta	PECE-2. Ordnung	PECE-4. Ordnung
0.2	2.664026	2.261421	2.363385	2.236624	identisch	2.242240
0.1	2.504709	2.242188	2.270717	2.236102	mit	2.236859
0.01	2.271044	2.236126	2.236429	2.236068	Heun	2.236068

2. $y(x) = e^{-x(5-x)}$

$\epsilon = 10^{-4}$: minimale Schrittweite: 0.0022, maximale Schrittweite: 0.6536; maximaler Fehler $|y(x_k) - Y_k|$: 0.0484

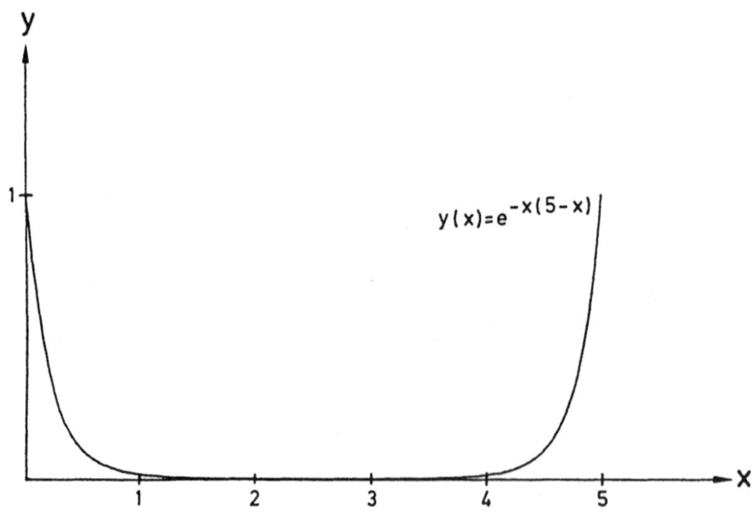

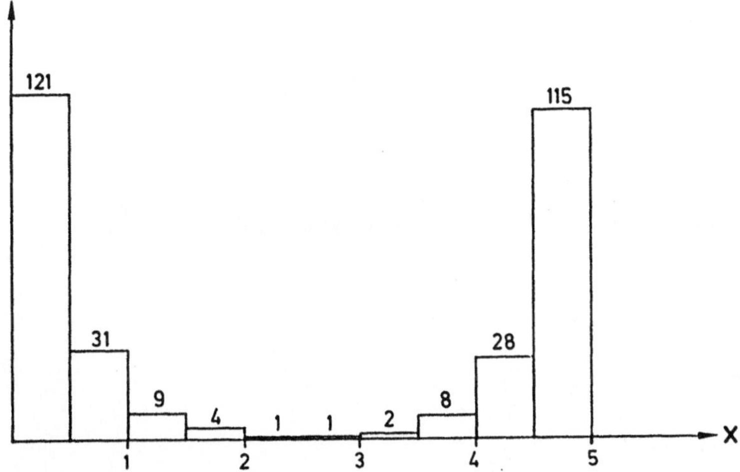

Anzahl der Gitterpunkte pro Teilintervall

Aufwand: 1294 Funktionsauswertungen

3. Sei

$$\tau(x_k, h) = \frac{y(x_k + h) - y(x_k)}{h} - \Phi(x_k, y(x_k), h) = \mathcal{O}(h^q)$$

der Abbruchfehler des Runge-Kutta-Verfahrens q-ter Ordnung. Dann folgt für den Abbruchfehler $\tilde{\tau}_k$ des Runge-Kutta-Verfahrens mit der Verfahrensfunktion $\tilde{\Phi}$

$$\tilde{\tau}_k = \frac{y(x_k + h) - y(x_k)}{h} - \tilde{\Phi}(x_k, y(x_k), h)$$

$$= \frac{1}{h} \int_{x_k}^{x_k+h} y'(t)\,dt - \tilde{\Phi}(x_k, y(x_k), h)$$

$$= \frac{1}{h} \int_{x_k}^{x_k+h} f(t, y(t))\,dt - \sum_{i=1}^{m} c_i K_i(x_k, y(x_k), h)$$

$$= \sum_{i=1}^{m} \{c_i f(x_k + a_i h, y(x_k + a_i h))$$

$$- c_i f(x_k + a_i h, y(x_k) + h a_i \Phi(x_k, y(x_k), a_i h))\} + \mathcal{O}(h^{q+1}) .$$

Damit gilt

$$|\tilde{\tau}_k| \leqslant \sum_{i=1}^{m} |c_i| \cdot |f(x_k + a_i h, y(x_k + a_i h)) - f(x_k + a_i h, y(x_k) + h a_i\, \Phi(x_k, y(x_k), a_i h))|$$

$$+ \mathcal{O}(h^{q+1})$$

$$\leqslant \sum_{i=1}^{m} |c_i|\, L\, |y(x_k + a_i h) - \{y(x_k) + h a_i\, \Phi(x_k, y(x_k), a_i h)\}| + \mathcal{O}(h^{q+1})$$

$$= \sum_{i=1}^{m} |c_i|\, L\, a_i h\, |\tau(x_k, a_i h)| + \mathcal{O}(h^{q+1})$$

$$= \mathcal{O}(h^{q+1}) .$$

4. a) $h = 1$: Näherung für $v(20)$: 84.025 …
Näherung für $v(21)$: -47567.38 …
Näherung für $v(22)$: *arithmetic overflow*

$h = 0.5$:

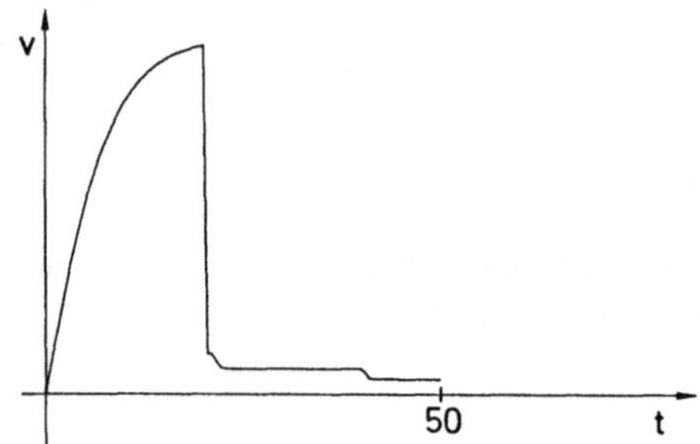

Aufwand: 400 Funktionsauswertungen

b) $\epsilon = 10^{-2}$:

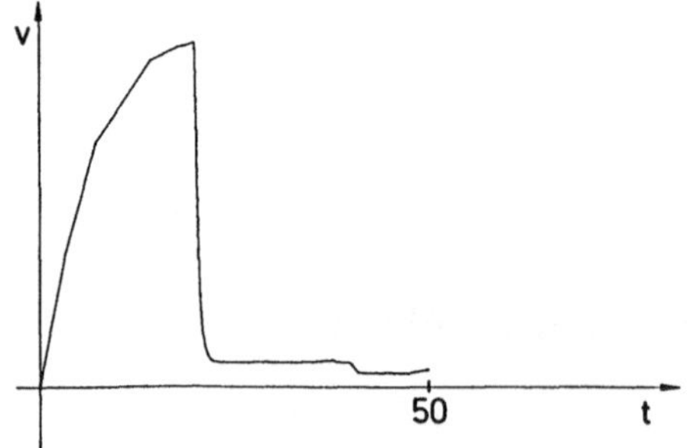

Aufwand: 1525 Funktionsauswertungen, 45 Gitterpunkte, minimale Schrittweite $0.2211 \cdot 10^{-1}$, maximale Schrittweite $0.3845 \cdot 10^{1}$

$\epsilon = 10^{-4}$:

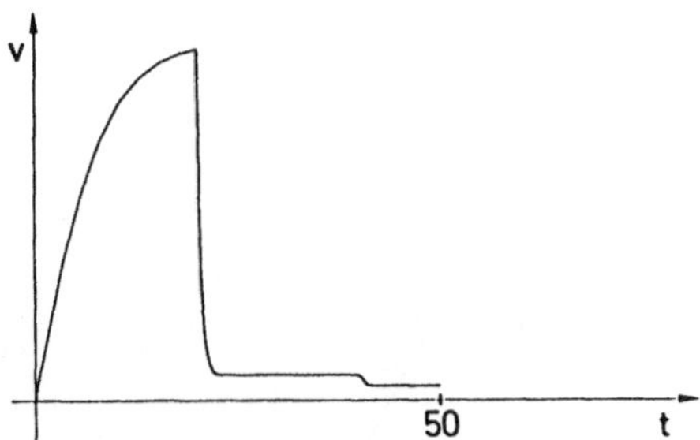

Aufwand: 2628 Funktionsauswertungen, 108 Gitterpunkte, minimale Schrittweite $0.1557 \cdot 10^{-3}$, maximale Schrittweite $0.2535 \cdot 10^{1}$

c) $\epsilon = 10^{-2}$:

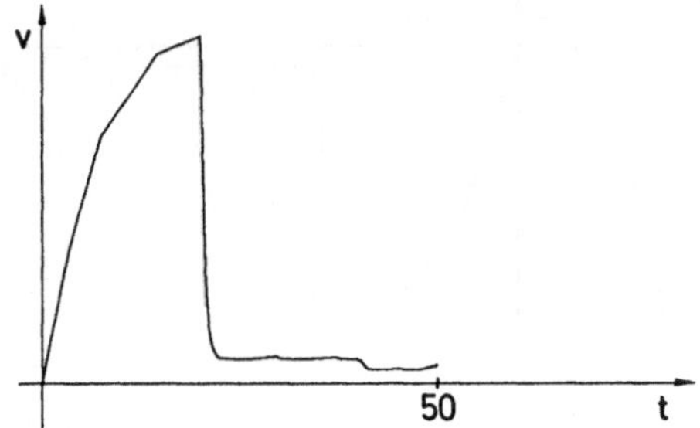

Aufwand: 1500 Funktionsauswertungen, 50 Gitterpunkte, minimale Schrittweite $0.7082 \cdot 10^{-3}$, maximale Schrittweite $0.3845 \cdot 10^{1}$

$\epsilon = 10^{-4}$:

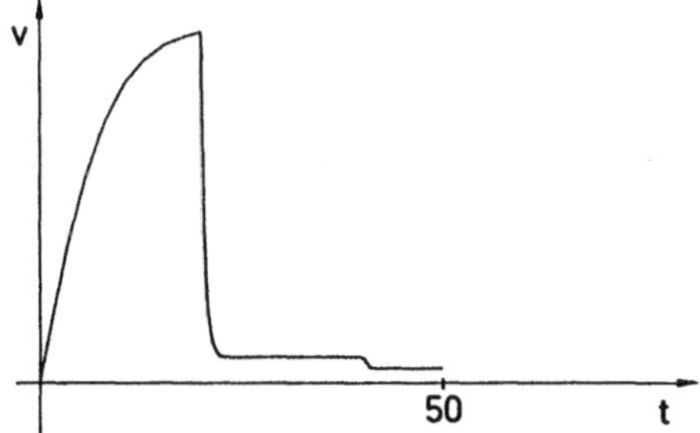

Aufwand: 1962 Funktionsauswertungen, 82 Gitterpunkte, minimale Schrittweite $0.4915 \cdot 10^{-2}$, maximale Schrittweite $0.2549 \cdot 10^{1}$

5. Die Näherungslösungen der beiden Verfahren zu gleichen Schrittweiten unterscheiden sich praktisch nicht.

Schrittweite 0.5:

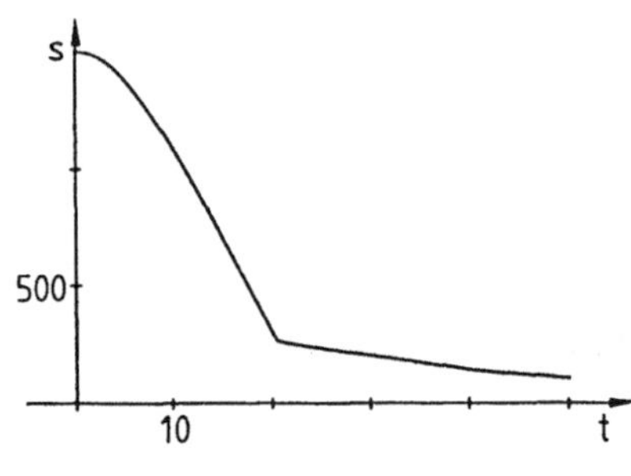

Schrittweite 0.1:

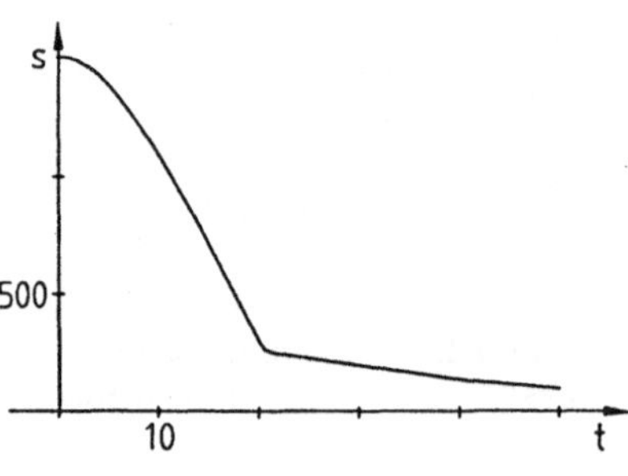

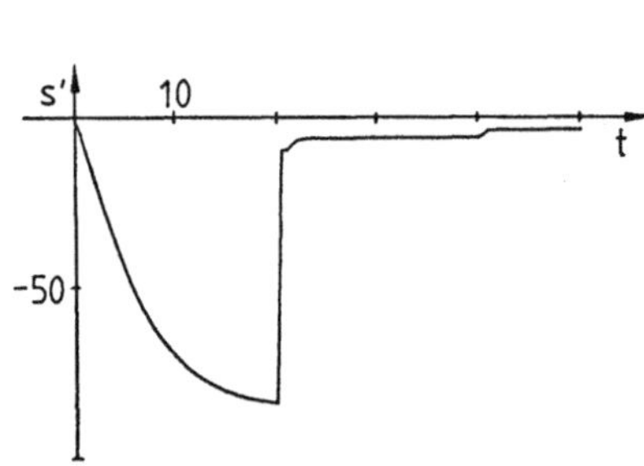

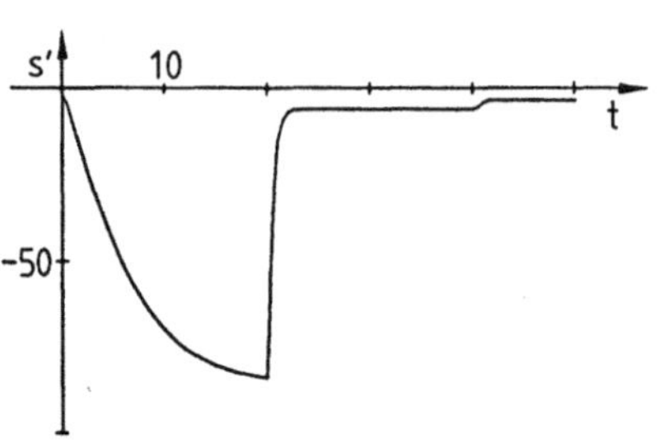

Kapitel 5

3. $1 + y'^2 - yy'' = 0.$

Kapitel 6

1. $\phi = \ln|\ln r| - \ln|\ln r_0|$, die Lösungen laufen spiralförmig um den Nullpunkt. Die verkürzte Differentialgleichung hat bei Null einen Stern (Knoten) als Singularität. Es liegt kein Widerspruch zu Beispiel 6.6 Nr. 6 vor, da z.B.

$$g_1(x, y) = x/\ln(x^2 + y^2)^{1/2} \neq \mathcal{O}(r^{1+\epsilon}), \quad r \to 0, \quad \epsilon > 0 .$$

Das Beispiel stammt von Perron.

2. Die singulären Punkte sind (0, 0) (Stern), (2, 0), (0, 4/3) (Sattelpunkte) und (8/5, 4/5). Letzterer ist ein stabiler Knotenpunkt. Die Kurven laufen in den Koexistenzpunkt der beiden Spezies x und y.

3. a) $y = 1 - x + \ln|x|$, $x > 0\,(x < 0)$

$y = xp - \ln|1 + p|,\ p > -1\,(p < -1)$

b) $y = p + e^x/p,\ p \neq 0,\ y^2 = 4\,e^x$.

c) $x(p) = 2(1 - p) + ce^{-p}$

$y(p) = 2 - p^2 + c(1 + p)\,e^{-p},\quad c \in \mathbb{R}$.

d) $y(x) = (x + 1)\left(1 \pm \left(\frac{c}{x+1}\right)^{1/2}\right)^2,\quad y = 0,\quad c \in \mathbb{R}$.

Kapitel 7

1. Da $z(0) = z'(L/2) = 0$, erhalten wir

$$z(x) = \frac{Q}{2\,EIL}\,(x^4/12 - Lx^3/6 + L^3x/12)\,.$$

2. $y = c_1,\ \ln|y| - y = c(x + c_2)$

3. $y_0 = y_1 = 0$ und $y = 0$ oder $y_0 \neq 0, y = y_0 + y_1x + y_2x^2$ und $4y_0y_2 = 1 + y_1^2$.

4. $x(t) = \frac{1}{gc^2}\ln\left(\sqrt{1 + c^2v_0^2}\cos(cgt - \arctan(cv_0))\right)$,

$$h_0 = x\left(\frac{1}{cg}\arctan(cv_0)\right) = \frac{1}{2\,gc^2}\ln(1 + c^2\,v_0^2)\,.$$

5. Die Differentialgleichung lautet

$$\ddot{x} = 2(-x + x/(1 + x^2)^{1/2})\,.$$

Für kleine Auslenkungen x entwickelt man die Wurzel und erhält die verkürzte Differentialgleichung

$$\ddot{x} = -x^3\,.$$

Kapitel 8

1. $y_p = e^x(\ln(1 + e^{2x}) - 2x) - 2e^{2x}\arctan e^x$, ein Fundamentalsystem ist $\langle e^x, e^{2x}\rangle$.

2. $y = c_1, \ln|y| - y = c(x + c_2)$

3. $y(x) = (c_1 + c_2x)\cos x + (c_3 + c_4x)\sin x - \frac{x^2}{8}(\sin x + \cos x)$.

4. Ein Fundamentalsystem ist $\langle e^x, x^2e^x\rangle$.

5. $y(x) = c_1\sin(\ln|x|) + c_2\cos(\ln|x|) + \ln|x|;\ y(x) = c_1x^2 + c_2x^{-2} - x/3$.

6. Die Behauptungen folgen aus den Sätzen 8.15 und 8.16.

7. Die Behauptung folgt aus dem Vergleich mit den Differentialgleichungen $u'' + mu = 0$, $u'' + Mu = 0$ und dem Satz 8.17.

8. Mit Hilfe der Lösungsformel für die Eulersche Differentialgleichung erhält man: Die Differentialgleich ist oszillatorisch für $k > 1/4$ und nicht-oszillatorisch für $k \leqq 1/4$.

Kapitel 9

1. $y(x) = \frac{3}{4}(x + x^3/3)$.

6. $$y_1(x) = \sum_{k=0}^{\infty} \frac{1}{k!\,(k+1)!}\, x^k,$$

$$y_2(x) = y_1(x) \ln|y| + \frac{1}{|x|}\left(1 - x - \sum_{k=2}^{\infty} \frac{\phi(k-1) + \phi(k)}{(k-1)!\,k!}\, x^k\right),$$

$$\phi(k) := \sum_{j=1}^{k} \frac{1}{j}.$$

7. $y_1(x) = (1 + x^2)^{-1/2}$, $y_2(x) = y_1(x) \operatorname{arsinh} x$.

Kapitel 10

1. $\mathbf{x}_1 = \begin{pmatrix} 1 \\ t \end{pmatrix}$, $\mathbf{x}_2 = \begin{pmatrix} -1/t \\ t^2 \end{pmatrix}$, $\mathbf{x}_p = \begin{pmatrix} \ln|t| \\ t \ln|t| \end{pmatrix}$ partikuläre Lösung.

2. $$\mathbf{x}_1 = \begin{pmatrix} 0 \\ 1 \\ -1 \end{pmatrix} e^{-t}, \quad \mathbf{x}_2 = \begin{pmatrix} 1 \\ 0 \\ -1 \end{pmatrix} e^{-t}, \quad \mathbf{x}_3 = \begin{pmatrix} 1 \\ 1 \\ 1 \end{pmatrix} e^{2t}.$$

3. $$\mathbf{x}_h = \left(\frac{1}{4} e^{-t} \begin{pmatrix} 2 & 1 & -1 \\ 2 & 1 & -1 \\ -2 & -1 & 1 \end{pmatrix} + \frac{1}{4} e^t \begin{pmatrix} 2 & -1+2t & 1+2t \\ -2 & 3-2t & 1-2t \\ 2 & 1+2t & 3+2t \end{pmatrix}\right) \mathbf{x}_0,$$

$$\mathbf{x}_p = e^t \begin{pmatrix} t + t^2 \\ -t^2 \\ 2t + t^2 \end{pmatrix}.$$

4. $$\mathbf{x}(t) = c_1 e^t \begin{pmatrix} 1 \\ 0 \\ 0 \end{pmatrix} + c_2 e^t \begin{pmatrix} t \\ 1 \\ 1 \end{pmatrix} + c_3 e^t \begin{pmatrix} t^2/2 \\ t \\ t-1 \end{pmatrix} + e^t \begin{pmatrix} 0 \\ t^3/6 \\ t^3/6 - t^2/2 + t \end{pmatrix}.$$

5. $\mathbf{x}(t) = (B\omega)^{-1}(1 - \cos(\omega t))\,\mathbf{E} + (B^2\omega)^{-1}(\omega t - \sin(\omega t))\,\mathbf{E} \times \mathbf{B}$, $\omega = QB/m$.

Kapitel 11

1. $\check{F}(t) = e^{ct}\sin(bt)$, $\check{F}(t) = \frac{1}{c^2} - \frac{1}{c^2}\cos(ct)$.

2. $y(t) = t + 1 - \exp(t/2)\cos\left(\frac{\sqrt{3}}{2}t\right) + \frac{1}{\sqrt{3}}\exp(t/2)\sin\left(\frac{\sqrt{3}}{2}t\right)$.

3. $x(t) = \frac{3}{2}t\,e^t - \frac{1}{2}e^t + \frac{1}{2}t\,e^{-t} + \frac{3}{2}e^{-t}$,

   $y(t) = -\frac{3}{4}t\,e^t + e^t - \frac{1}{4}t\,e^{-t} - e^{-t}$.

4. $\hat{J}_0(z) = \frac{1}{z}\sum_{j=0}^{\infty}\binom{-1/2}{j}1/z^{2j} = (z^2+1)^{-1/2}$, $\operatorname{Re} z > 0$, $|z| > 1$,

   $(z^2+1)\hat{J}_0'(z) + z\hat{J}_0(z) = 0$.

5. $y(t) = \frac{P}{EI}\left(Lt^2/16 - t^3/12 + \left(t - \frac{L}{2}\right)^3\theta\left(t - \frac{L}{2}\right)/6\right)$.

6. $I(t) = C\omega\left(\frac{8}{\pi}\sum_{j=1}^{\infty}\frac{j}{4j^2-1}\,\frac{\sin(2j\omega t) - 2RCj\omega\cos(2j\omega t)}{1+4j^2R^2C^2\omega^2} + \frac{\exp(-t/(RC))}{1+\omega^2R^2C^2}\coth\frac{\pi}{2\omega RC}\right)$

Kapitel 12

1. $x^2(t) \leqq c_1/a(t_0)$.

2. Der Beweis folgt aus den Bemerkungen zu Definition 12.1.

3. $a < 0$: strikt stabil; $a > 0$: instabil; $a = 0, b < 0$: strikt stabil; $a = 0, b = 0$: stabil; $a = 0, b > 0$: instabil.

4. Stabil; instabil; strikt stabil.

5. Die Behauptung folgt nach Satz 12.11.

6. Gilt in $U(\mathbf{0}, r)\setminus\{\mathbf{0}\}$

   $f(x, y) > 0$, so ist der Nullpunkt strikt stabil,
   $f(x, y) \geqq 0$, so ist der Ursprung stabil,
   $f(x, y) < 0$, so ist der Nullpunkt instabil.

Kapitel 13

1. Das angegebene Verfahren führt auf

$$Y_{k+1} = \frac{1 + \frac{1}{2} h_k \lambda \left(x_k + \frac{1}{2} h_k \right)}{1 - \frac{1}{2} h_k \lambda \left(x_k + \frac{1}{2} h_k \right)} Y_k .$$

Wegen $h_k \lambda \left(x_k + \frac{1}{2} h_k \right) \leqslant 0$ liegt der Vorfaktor immer zwischen -1 und 1, so daß unabhängig von der Wahl der Schrittweiten in Analogie zum Verhalten der exakten Lösungen der Differentialgleichung

$$|Y_{k+1}| \leqslant |Y_k|$$

gilt. Die Trapezregel führt auf

$$Y_{k+1} = \frac{1 + \frac{1}{2} h_k \lambda (x_k)}{1 - \frac{1}{2} h_k \lambda (x_{k+1})} Y_k ,$$

was zum Beispiel für $h_k \lambda (x_k) = -10$ und $h_k \lambda (x_{k+1}) = -2$ auf

$$Y_{k+1} = -2 Y_k$$

führt, ein Widerspruch zum Verhalten der exakten Lösung.

2. Die Matrix M aus Satz 13.3 lautet

$$M = \frac{1}{16} \begin{pmatrix} 1 & -1 \\ -1 & 1 \end{pmatrix} .$$

Ihre Eigenwerte sind die Nullstellen ihres charakteristischen Polynoms

$$p(\lambda) = \frac{1}{16} \begin{vmatrix} 1-\lambda & -1 \\ -1 & 1-\lambda \end{vmatrix} = \frac{1}{16} ((1-\lambda)^2 - 1)$$

und gegeben durch $\lambda = 0$ und $\lambda = 2$.

Damit ist M positiv semidefinit. Da außerdem $c_1 = \frac{1}{4}$ und $c_2 = \frac{3}{4}$ nichtnegativ sind, erfüllt das Verfahren die Voraussetzungen von Satz 13.3.
Wendet man das Verfahren auf das Testproblem $y' = \lambda y$ mit $\operatorname{Re}(\lambda) \leqslant 0$ aus Abschnitt 13.1 an, so erfüllen K_1 und K_2 das lineare Gleichungssystem

$$\begin{pmatrix} 1 - \frac{1}{4}\mu & \frac{1}{4}\mu \\ -\frac{1}{4}\mu & 1 - \frac{5}{12}\mu \end{pmatrix} \begin{pmatrix} K_1 \\ K_2 \end{pmatrix} = \lambda Y_k \begin{pmatrix} 1 \\ 1 \end{pmatrix},$$

wobei zur Abkürzung $\mu = h_k \lambda$ gesetzt wurde.

Seine Lösung ist

$$K_1 = \frac{1 - \frac{2}{3}\mu}{1 - \frac{2}{3}\mu + \frac{1}{6}\mu^2}\,\lambda Y_k\,, \quad K_2 = \frac{1}{1 - \frac{2}{3}\mu + \frac{1}{6}\mu^2}\,\lambda Y_k\,.$$

Mit

$$R(\mu) = \frac{1 + \frac{1}{3}\mu}{1 - \frac{2}{3}\mu + \frac{1}{6}\mu^2}$$

gilt deshalb

$$Y_{k+1} = R(h_k\lambda)\,Y_k\,.$$

Wegen $R(\mu) \to 0$ für $\mu \to -\infty$ ist

$$\lim_{h_k\lambda \to -\infty} \frac{Y_{k+1}}{Y_k} = 0\,,$$

eine sehr wünschenswerte Eigenschaft, die dem Verhalten der kontinuierlichen Lösung entspricht.

3. Für die Vektoren $\mathbf{Y}$ und $\mathbf{Z}$ gelte

$$\mathbf{Y} = \mathbf{Y}_k + h_k \mathbf{f}\left(x_k + \frac{1}{2}h_k, \frac{1}{2}\mathbf{Y}_k + \frac{1}{2}\mathbf{Y}\right)$$

$$\mathbf{Z} = \mathbf{Y}_k + h_k \mathbf{f}\left(x_k + \frac{1}{2}h_k, \frac{1}{2}\mathbf{Y}_k + \frac{1}{2}\mathbf{Z}\right).$$

Dann gilt für die Vektoren

$$\mathbf{u} = \frac{1}{2}\mathbf{Y}_k + \frac{1}{2}\mathbf{Y}\,, \qquad \mathbf{v} = \frac{1}{2}\mathbf{Y}_k + \frac{1}{2}\mathbf{Z}$$

wegen

$$\mathbf{u} = \mathbf{Y}_k + \frac{1}{2}h_k \mathbf{f}\left(x_k + \frac{1}{2}h_k, \mathbf{u}\right)$$

$$\mathbf{v} = \mathbf{Y}_k + \frac{1}{2}h_k \mathbf{f}\left(x_k + \frac{1}{2}h_k, \mathbf{v}\right)$$

nach Voraussetzung

$$(\mathbf{u} - \mathbf{v}, \mathbf{u} - \mathbf{v}) = \frac{1}{2}\left(\mathbf{u} - \mathbf{v}, \mathbf{f}\left(x_k + \frac{1}{2}h_k, \mathbf{u}\right) - \mathbf{f}\left(x_k + \frac{1}{2}h_k, \mathbf{v}\right)\right) \leqslant 0\,,$$

also $\mathbf{u} - \mathbf{v} = 0$ oder gleichbedeutend damit $\mathbf{Y} = \mathbf{Z}$.

Ist $\mathbf{f}(x, \mathbf{y}) = \mathbf{A}(x)\,\mathbf{y} + \mathbf{g}(x)$, so ist das Gleichungssystem für $\mathbf{Y}_{k+1}$ linear. In diesem Fall folgt aus der Eindeutigkeit der Lösung nach den Prinzipien der Linearen Algebra sofort die Existenz, so daß das Verfahren für beliebige Starwerte $\mathbf{Y}_0$ und beliebige Schrittweiten $h_k > 0$ durchführbar ist.

4. Führt man für gegebenes k die Abkürzungen

$$u = \frac{1}{2} Y_k + \frac{1}{2} Y_{k+1}, \quad v = \frac{1}{2} Z_k + \frac{1}{2} Z_{k+1}$$

ein, so gilt

$$\begin{aligned}
&\| Y_{k+1} - Z_{k+1} \|^2 - \| Y_k - Z_k \|^2 \\
&= ((Y_{k+1} - Z_{k+1}) + (Y_k - Z_k), (Y_{k+1} - Z_{k+1}) - (Y_k - Z_k)) \\
&= ((Y_{k+1} + Y_k) - (Z_{k+1} + Z_k), (Y_{k+1} - Y_k) - (Z_{k+1} - Z_k)) \\
&= 2 h_k \left(u - v, f\left(x_k + \frac{1}{2} h_k, u\right) - f\left(x_k + \frac{1}{2} h_k, v\right) \right) \\
&\leqslant 0 .
\end{aligned}$$

5. Angewandt auf das gegebene Anfangswertproblem führt das Verfahren auf die Differenzengleichung

$$Y_{k+2} - 4 Y_{k+1} + 3 Y_k = -2 h Y_k .$$

Deren allgemeine Lösung ist, wie man leicht nachrechnen kann,

$$\begin{aligned}
Y_k &= a(2 - \sqrt{1-2h})^k + b(2 + \sqrt{1-2h})^k \\
&= \left\{ \left(\frac{2 - \sqrt{1-2h}}{2 + \sqrt{1-2h}} \right)^k \cdot a + b \right\} (2 + \sqrt{1-2h})^k ,
\end{aligned}$$

wobei die Konstanten a und b durch die vorgegebenen Anfangswerte Y_0 und Y_1 festgelegt sind. Ist b auch nur geringfügig von Null verschieden, verhält sich Y_{k+1} sehr schnell wie

$$Y_{k+1} \approx (2 + \sqrt{1-2h})\, Y_k ,$$

wächst also ganz im Gegensatz zu der exakten Lösung sehr schnell über alle Grenzen. Wie dramatisch dieser Effekt ist, zeigt das Zahlenbeispiel

$$h = 0.001, \quad Y_0 = 1, \quad Y_1 = e^{-h} .$$

In der folgenden Tabelle sind einige der resultierenden „Näherungen“ Y_k wiedergegeben. Zum Vergleich sind auch die exakten Werte $y(x_k)$ und die Näherungswerte, die das explizite Euler-Cauchy-Verfahren bei gleicher Schrittweite liefert, abgedruckt.

k	e^{-x_k}	Y_k	expl. Euler-Cauchy
5	0.9950	0.76	0.9960
10	0.9900	−57.90	0.9910
11	0.9891	−175.66	0.9900
12	0.9881	−528.84	0.9891
13	0.9871	−1588.00	0.9881
14	0.9861	−4764.44	0.9871
15	0.9851	−14290.58	0.9861

Folgerung: Nicht jedes Mehrschrittverfahren ist konvergent! Das charakteristische Polynom $q(z) = z^2 - 4z + 3$ des gegebenen Mehrschrittverfahrens hat die Nullstellen $\zeta_1 = 1$ und $\zeta_2 = 3$ und erfüllt deshalb nicht die Wurzelbedingung aus Abschnitt 13.3.

Kapitel 14

1. $G(x,u) = \begin{cases} \sin(u-x) - \sin x \sin u, & 0 \leqq x \leqq u \leqq \pi, \\ -\sin x \sin u, & 0 \leqq u \leqq x \leqq \pi. \end{cases}$

2. Das Randwertproblem ist selbstadjungiert mit der verallgemeinerten Greenschen Funktion

$$G(x,u) = \begin{cases} \ln u, & 0 \leqq x \leqq u \leqq 1, \\ \ln x, & 0 \leqq u \leqq x \leqq 1. \end{cases}$$

3. $y(x) = -\frac{1}{5}\cos(2x) - \frac{1}{10}e^{\pi}\sin(2x) + \frac{1}{5}e^{x}.$

4. $y(x) = \int_a^x (u-a)\, f(u, y(u), y'(u))\, du + \int_x^b (x-a)\, f(u, y(u), y'(u))\, du.$

5. Zum Beweis zeigt man:

1) y ist ungerade Funktion

2) $y(x) = \sum_{k=0}^{\infty} a_k x^{1+4k}$, $y(1-x) = \pm y(x)$

3) $a_k = c_k a_0^{2k+1}$, $c_0 = 1$, c_k eindeutig bestimmt

4) $y(x) = y'(0)x \sum_{k=0}^{\infty} c_k (y'(0)x^2)^{2k}$

5) $y_j\left(\frac{1}{j}\right) = 0$, $y_j'\left(\frac{1}{2j}\right) = 0$, $y_1'(0) \cdot 1 = y_j'(0)\frac{1}{j^2}$.

Ein Polynomansatz mit vier Termen ergibt $y_1'(0) = 9.39$.

Mit dem Runge-Kutta-Verfahren (1000 Schritte) folgt (vgl. Bild 15.2 und Beispiel 15.4)

$y_1'(0) = 9.72298104$, $y_1(1) = -9.9132933 \cdot 10^{-9}$

$y_2'(0) = 38.8919241$, $y_2(1) = 2.48417109 \cdot 10^{-9}$

$y_3'(0) = 87.5068292$, $y_3(1) = -1.17818649 \cdot 10^{-8}$.

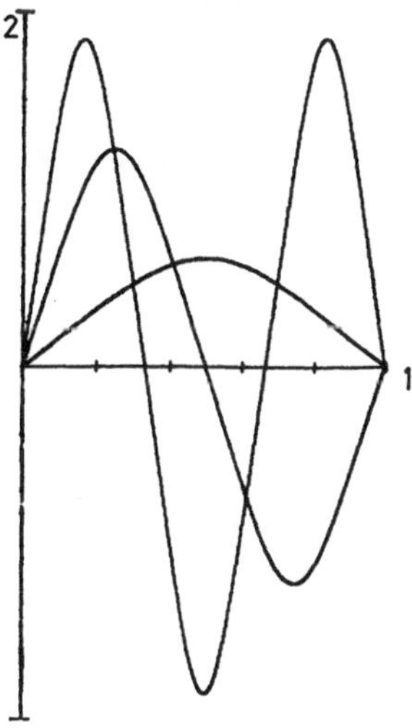

Mit einem Potenzreihenansatz kann man für das allgemeinere Problem $y'' + y^{2n+1} = 0$, $y(0) = y(1) = 0$ zeigen:

$$y_j'(0) = y_1'(0) \cdot j^{1+1/n} .$$

6. Es ist $y(x) = c_1 \cosh(x/c_1)$, $F = 2\pi c_1 \left(1 + \frac{\sinh(2/c_1)}{2/c_1}\right)$, und man erhält $c_1 = 1$ bzw. $c_1 \sim 1.6967$.

7. Man benutzt Satz 14.6. Siehe auch [D-R, S. 156f].
Es ist

$$y(x) = \begin{cases} \frac{A}{\sin b} \sin x , & A > 0 , \\ 0 & A = 0 \text{ und } b < \pi . \\ \frac{A}{\sinh b} \sinh x , & A < 0 \end{cases}$$

Sei dann $b = \pi$:
$A = 0$, $y(x) = c \sin x$ unendlich viele Lösungen; $A > 0$ keine Lösung; $A < 0$, $y(x) = A \frac{\sinh x}{\sinh \pi}$.

Kapitel 15

1. Allgemeine Lösung der Differentialgleichung: $y(x) = c_1 e^x + c_2 e^{5x}$
   a) Lösung des Randwertproblems: $y(x) = e^x$
   b) Mit $u(x) = c_1 e^x + c_2 e^{5x}$, $u'(x) = c_1 e^x + 5 c_2 e^{5x}$ folgt aus $u(-10) = e^{-10}$, $u'(-10) = s$:

$$c_1 = \frac{5}{4} - \frac{s}{4} e^{10} , \quad c_2 = \frac{s}{4} e^{50} - \frac{1}{4} e^{10} .$$

   Damit erfüllt

$$u(x) = \left(\frac{5}{4} - \frac{s}{4} e^{10}\right) e^x + \left(\frac{s}{4} e^{50} - \frac{1}{4} e^{10}\right) e^{5x}$$

   die Randbedingung $u(0) = 1$, falls man

$$s = e^{-10}$$

   wählt. Gibt man stattdessen einen leicht gestörten Wert $e^{-10} + \epsilon$ vor, so erhält man anstelle von $u(0) = 1$ im rechten Randpunkt den Wert $1 + \epsilon\left(\frac{1}{4} e^{50} - \frac{1}{4} e^{10}\right)$, das heißt eine kleine Störung (die bei Rechnung auf Computern unvermeidbar ist) des Steigungswertes s im linken Randpunkt wird um den Faktor $\frac{1}{4} e^{50} - \frac{1}{4} e^{10} \approx 1.3 \cdot 10^{21}$ verstärkt und verfälscht so das Ergebnis im rechten Randpunkt total.

c) $v(x) = c_1 e^x + c_2 e^{5x}$ genügt $v(0) = 1$, $v'(0) = \tilde{s}$, falls man

$$c_1 = \frac{1}{4}(5 - \tilde{s}), \quad c_2 = \frac{1}{4}(\tilde{s} - 1)$$

wählt. Für

$$\tilde{s} = 1$$

ist auch die Randbedingung $v(-10) = e^{-10}$ erfüllt. Gibt man stattdessen einen leicht gestörten Wert $1 + \epsilon$ vor, so erhält man anstelle von $v(-10) = e^{-10}$ im linken Randpunkt den Wert $e^{-10} + \epsilon\left(\frac{1}{4}e^{-50} - \frac{1}{4}e^{-10}\right)$; in diesem Fall wird eine kleine Störung um den Faktor $\frac{1}{4}e^{-50} - \frac{1}{4}e^{-10} \approx -1.1 \cdot 10^{-5}$ gedämpft!

2. Zugeordnetes Anfangswertproblem

$$\begin{pmatrix} u_1 \\ u_2 \end{pmatrix}' = \begin{pmatrix} u_2 \\ \frac{x}{1+x^2} u_2 + 3 u_1^{1/3} \end{pmatrix}, \quad \begin{pmatrix} u_1(0) \\ u_2(0) \end{pmatrix} = \begin{pmatrix} 1 \\ s \end{pmatrix}.$$

$F(s) = u_1(1) - \sqrt{8}$; Nullstelle $s^* = 0.40085508833$.

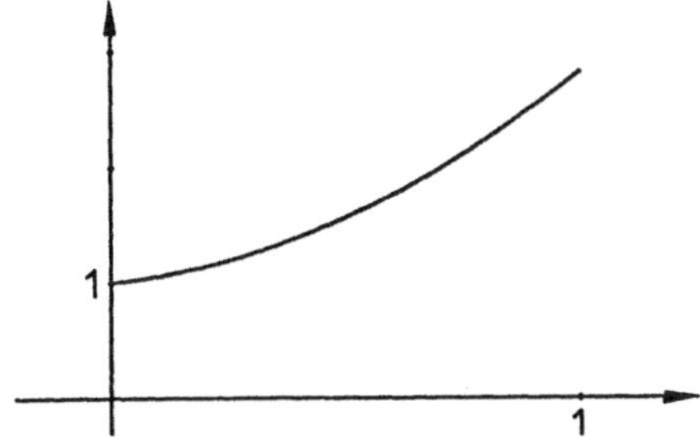

Lösung y des Randwertproblems

3. Exakte Lösung $y(x) = e^x$.
Maximaler Fehler der Näherungswerte in den äquidistant verteilten Gitterpunkten zur exakten Lösung:

Näherung zu $h = \frac{1}{2}$: 0.35260

Näherung zu $h = \frac{1}{5}$: 0.04713

Näherung zu $h = \frac{1}{10}$: 0.01167

Extrapolierte Näherung zu $h = \frac{1}{5}$ und $h = \frac{1}{10}$: 0.0007255

4. Allgemeine Lösung: $y(x) = c_1 + c_2 e^{-50x}$, $c_1, c_2 \in \mathbb{R}$.

a) Lösung des Randwertproblems: $y(x) = \dfrac{1 - e^{-50x}}{1 - e^{-50}}$.

b) Ersetzen der Ableitungen in der Differentialgleichung durch zentrale Differenzenformeln führt auf die Differenzengleichung $\left(h = \dfrac{1}{N}\right)$

$$\frac{1}{h^2}\{Y_{k+1} - 2Y_k + Y_{k-1}\} + 50 \cdot \frac{1}{2h}\{Y_{k+1} - Y_{k-1}\} = 0$$

mit der allgemeinen Lösung

$$Y_k = \alpha + \beta\left(\frac{1-25h}{1+25h}\right)^k, \quad \alpha, \beta \in \mathbb{R}.$$

Mit der Randbedingung $Y_0 = 0$, $Y_N = 1$ folgt schließlich als Näherungslösung in den Punkten $x_k = kh$

$$Y_k = \frac{1}{1 - \left(\dfrac{1-25h}{1+25h}\right)^N}\left\{1 - \left(\frac{1-25h}{1+25h}\right)^k\right\}, \quad k = 0, 1, \ldots, N.$$

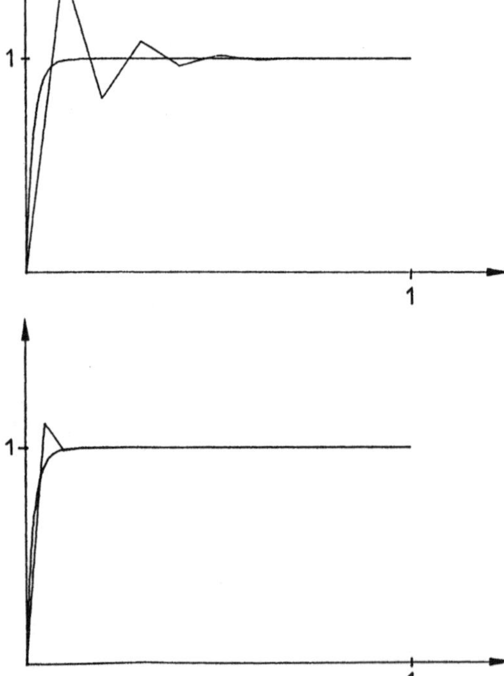

Exakte Lösung und Näherungslösung (als Polygonzug), einmal zu $h = \dfrac{1}{10}$ und einmal zu $h = \dfrac{1}{20}$.

Für $h = \frac{1}{25}$ erhält man die konstanten Näherungen $Y_k = 1$.

Für $h = \frac{1}{50}$ unterscheidet sich die numerische Lösung graphisch nicht mehr von der exakten Lösung.

c) Die Differenzengleichung

$$\frac{1}{h^2}\{Y_{k+1} - 2Y_k + Y_{k-1}\} + 50 \cdot \frac{1}{h}\{Y_{k+1} - Y_k\} = 0$$

hat die allgemeine Lösung

$$Y_k = \alpha + \beta\left(\frac{1}{1+50h}\right)^k,$$

und die diskrete Lösung des Randwertproblems lautet damit $\left(h = \frac{1}{N}\right)$

$$Y_k = \frac{1}{1 - \left(\frac{1}{1+50h}\right)^N}\left\{1 - \left(\frac{1}{1+50h}\right)^k\right\}, \quad k = 0, 1, \ldots, N.$$

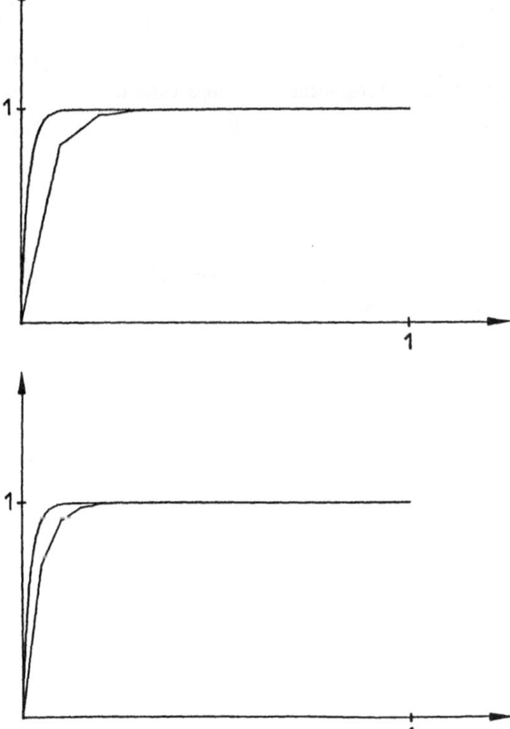

Exakte Lösung und Näherungslösung (als Polygonzug), einmal zu $h = \frac{1}{10}$ und einmal zu $h = \frac{1}{20}$

Im Gegensatz zu den mit den zentralen Differenzenformeln aus Teil b) berechneten Näherungen können diese Lösungen wegen

$$0 < \frac{1}{1+50\,h} < 1$$

für alle $h > 0$ nicht oszillieren und verhalten sich qualitativ genau wie die exakte Lösung. Dies wird dadurch erreicht, daß die erste Ableitung durch eine einseitige Differenzenformel in „upwind"-Richtung ersetzt wird, bedingt aber leider für $h < \frac{1}{25}$ eine reduzierte Genauigkeit, da es sich um eine Formel nur von 1. Ordnung handelt.

5. Zur Abkürzung sei $f(u, v) = (1 - u^2)\,v - u$. Wegen

$$\begin{pmatrix} u \\ v \end{pmatrix}' = \begin{pmatrix} \cos\varphi & -\sin\varphi \\ \sin\varphi & \cos\varphi \end{pmatrix} \begin{pmatrix} r' \\ r\varphi' \end{pmatrix}$$

ist zunächst

$$\begin{pmatrix} r' \\ r\varphi' \end{pmatrix} = \begin{pmatrix} \cos\varphi & \sin\varphi \\ -\sin\varphi & \cos\varphi \end{pmatrix} \begin{pmatrix} u' \\ v' \end{pmatrix}$$

und damit

$$\begin{aligned} rr' &= u'r\cos\varphi + v'r\sin\varphi &&= u'u + v'v \\ r^2\varphi' &= -u'r\sin\varphi + v'r\cos\varphi &&= -u'v + v'u\,. \end{aligned}$$

Nutzt man $u' = v$, $v' = f(u, v)$ aus, so ergibt sich das Differentialgleichungssystem

$$r' = \frac{v f(u,v) + uv}{r}$$

$$\varphi' = \frac{u f(u,v) - v^2}{r^2}$$

für die Größen r und φ, wobei $u = r\cos\varphi$ und $v = r\sin\varphi$ als Abkürzungen aufzufassen sind. Mit der Kettenregel der Differentialrechnung erhält man

$$t'(\varphi) = \frac{1}{\varphi'(t(\varphi))}$$

und damit

$$r'(\varphi) = \frac{v f(u,v) + uv}{r}\;\frac{1}{\varphi'(t(\varphi))}\,,$$

das heißt das Differentialgleichungssystem

$$r' = r\,\frac{v f(u,v) + uv}{u f(u,v) - v^2}$$

$$t' = \frac{r^2}{u f(u,v) - v^2}$$

für r und t als Funktion des Winkels φ.

Dabei muß man berücksichtigen, daß im Fall der van der Pol-Gleichung die Lösungskurve in der Phasenebene im Uhrzeigersinn durchlaufen wird, also in negative φ-Richtung zu integrieren ist.

Löst man das resultierende Differentialgleichungssystem zu den Anfangswerten $u(0) = 0$, $v(0) = -0.05$, das heißt

$$r\left(\frac{3}{2}\pi\right) = 0.05\,, \quad t\left(\frac{3}{2}\pi\right) = 0$$

etwa mit dem verbesserten Euler-Cauchy-Verfahren zur Schrittweite $h = -\frac{2\pi}{200}$ numerisch, so erhält man als Gesamtzeiten

$$T_k = t\left(2k\pi + \frac{3}{2}\pi\right) - t\left(2k\pi - \frac{1}{2}\pi\right)$$

für den k-ten Umlauf die Werte:

k	T_k
1	7.0445
2	6.5060
3	6.6563
4	6.6567
5	6.6567
6	6.6567

Diese Werte streben sehr schnell gegen

$$T = 6.6567\ldots,$$

also ungefähr die Zeit, die in Abschnitt 15.4 berechnet wurde. Die Differenz ist durch das relativ unvollkommene numerische Verfahren (ein Verfahren nur 2. Ordnung) zu erklären, das hier benutzt wurde.

Kapitel 16

1. Die Eigenwerte ergeben sich als Lösungen der transzendenten Gleichung

$$\tan\sqrt{\lambda} = -\delta\sqrt{\lambda}\,, \quad \lambda \neq 0\,,$$

und die Eigenfunktionen sind

$$y_n(x) = \sin\sqrt{\lambda_n}\,x\,, \quad \lambda_n > 0\,.$$

$\lambda = 0$ ist Eigenwert für $\delta = -1$.
Ein negativer Eigenwert λ_1 existiert für $-1 < \delta < 0$.

2. Die Parameterwerte sind:

$$k = 0\,, \quad k_n = \frac{\pi^2}{L^2}\,EI\left(\frac{2n-1}{2}\right)^2, \quad n = 1, 2, 3, \ldots$$

k_1 heißt Eulersche Knicklast.

3.

$$\mathfrak{R}v = \frac{a^2\pi/2 + 9\pi/2}{a^2(\pi + 4/3) - 8a/15 + 36/35 + \pi}\,, \quad a = -135.5$$

$$\lambda_1 \leqq 0.3509$$

4. Durch Differentiation von F (u, x) nach u zeigt man übrigens leicht die Rekursionsformel

$$(n+1)\,P_{n+1} - (2n+1)\,xP_n + nP_{n-1} = 0\,, \quad n = 1, 2, 3, \ldots$$

$$(P_0 = 1,\ P_1(x) = x)\,.$$

Literatur

[A1] Albrecht, P.: Die numerische Behandlung gewöhnlicher Differentialgleichungen. Hanser München 1979

[A2] Amann, H.: Gewöhnliche Differentialgleichungen. de Gruyter, Berlin 1983

[A3] Ascher, U. – Christiansen, J. – Russell, R. D.: Algorithm 569 COLSYS: Collocation Software for Boundary-Value ODEs. ACM Trans Math Software 7, 223–229 (1981)

[A4] Ameling, W.: Laplace-Transformation, 2. Aufl. Vieweg, Braunschweig-Wiesbaden 1979

[A-S] Abramowitz, M. – Stegun, I.: Pocketbook of Mathematical Functions. H. Deutsch, Thun-Frankfurt 1984

[B1] Bohl, E.: Finite Modelle gewöhnlicher Randwertaufgaben. Teubner, Stuttgart 1981

[B2] Boor, Carl de: A Practical Guide to Splines. Springer, Berlin-Heidelberg-New York 1978

[B3] Braun, M.: Differential Equations and Their Applications: An Introduction to Applied Mathematics 2 ed. 1978 inzwischen 3 ed. Springer, Berlin-Heidelberg-New York 1983. Deutsche Ausgabe: Springer 1979

[B4] Budo, A.: Theoretische Mechanik, 3. Aufl. DVW, Berlin 1965

[B5] Butler, G. J.: Oscillation criteria for second order nonlinear ordinary differential equations in Farkas, M. Ed.: Qualitative Theory of Differential Equations I. North-Holland, Amsterdam-Oxford-New York 1981

[B6] Best, R.: Theorie und Anwendungen des Phase-Locked Loops, 2. ed. AT Verlag, Aarau 1981

[B7] Baxley, J. V.: Nonlinear two-point boundary value problems. In Lecture Notes in Mathematics 846, Springer, Berlin-Heidelberg-New York 1981

[B8] Bliss, G.: Calculus of Variations, 4. Ed. The Open Court Publishing Company, La Salle Illinois 1944

[B-B] Belyustina, L. N. – Belykh, V. N.: A qualitative investigation of dynamic system on a cylinder. Diff. Equat. 9, 309–318 (1975)

[B-D] Bader, G. – Deuflhard, P.: A Semiimplicit Mid-Point Rule for Stiff Systems of Ordinary Differential Equations. Numerische Mathematik 41, 373–398 (1983)

[B-L1] Beaufils, P. M. – Luther, W.: Les boucles à verrouillage de phase. Erscheint 1987 bei Editions SORACOM, Bruz.

[B-L2] Beaufils, P. M. – Luther, W.: Algorithmes. Sybex, Paris 1985

[B-N] Brauer, F. – Nohel, J. A.: Ordinary Differential Equations A First Course. Benjamin, New York 1967

[C1] Collatz, L.: Differentialgleichungen 6 ed. Teubner, Stuttgart 1981

[C2] Collatz, L.: Eigenwertaufgaben mit technischen Anwendungen 2 ed. Akademische Verlagsgesellschaft, Leipzig 1963

[C3] Corduneanu, C.: Principles of Differential and Integral Equations 2 ed. Chelsea, New York 1977

[C4] Collatz, L.: Numerische Behandlung von Differentialgleichungen. Springer-Verlag, Berlin-Göttingen-Heidelberg 1951

[C-B] Conte, S. D. – de Boor, C.: Elementary Numerical Analysis. McGraw-Hill, Singapore 1983

[C-L] Coddington, E. – Levinson, N.: Theory of Ordinary Differential Equations. McGraw-Hill, New York 1955

[C-S] Chang, C. H. – Soong, T. T.: Structural Control Using Active Tuned Mass Dampers. Journal of the Engineering Mechanics Division ASCE 106, 1091–1098 (1980)

[D1] Deuflhard, P.: A Modified Newton Method for the Solution of Ill Conditioned Systems of Nonlinear Equations with Application to Multiple Shooting. Numer. Math. 22, 289–315 (1974)

[D2] Doetsch, G.: Handbuch der Laplace Transformation I–III. Birkhäuser, Basel 1971–73

[D-R] Deo, S. G. – Raghavendra, V.: Ordinary Differential Equations and Stability Theory. McGraw-Hill, New Delhi 1980

[D-V] Dekker, K. – Verwer, J. G.: Stability of Runge-Kutta methods for stiff nonlinear differential equations. North Holland, Amsterdam 1984

[E1] Enright, W. H. – Hull, E. T. – Lindberg, B.: Comparing numerical methods for stiff stystems of O.D.E.' s. BIT 15, 10–48 (1975)

[E2] Erwe, F.: Gewöhnliche Differentialgleichungen. Bibliographisches Institut, Mannheim 1964

[E3] Erwe, F.: Differential- und Integralrechnung I, II. Bibliographisches Institut, Mannheim 1973

[E4] Ebel, T.: Beispiele und Aufgaben zur Regelungstechnik. Teubner Stuttgart 1974

[E5] Elsgolc, L. E.: Variationsrechnung. Bibliographisches Institut, Mannheim 1970

[E-R1] Engeln-Müllges, G. – Reutter, F.: Numerische Mathematik für Ingenieure, 5. Auflage. Bibliographisches Institut, Mannheim 1987

[E-R2] Engeln-Müllges, G. – Reutter, F.: Formelsammlung zur Numerischen Mathematik mit Standard-FORTRAN-Programmen, 5. Auflage. Bibliographisches Institut, Mannheim 1986

[F1] Fehlberg, E.: Klassische Runge-Kutta Formeln fünfter und siebter Ordnung mit Schrittweiten-Kontrolle. Computing 4, 93–106 (1969)

[F2] Fehlberg, E.: Klassische Runge-Kutta Formeln vierter und niedrigerer Ordnung mit Schrittweiten-Kontrolle und ihre Anwendung auf Wärmeleitungsprobleme. Computing 6, 61–71 (1970)

[F3] Funk, P.: Variationsrechnung und ihre Anwendung in Physik und Technik, 2. Aufl. Springer, Berlin-Heidelberg-New York 1970

[F4] Fichtenholz, M. G.: Differential- und Integralrechnung II. DVW, Berlin 1973

[F5] Flügge S.: Practical Quantum Mechanics I, II. Springer, Berlin-Heidelberg-New York 1971

[G1] Gear, C. W.: Numerical initial value problems in ordinary differential equations. Prentice Hall, Englewood Cliffs 1971

[G2] Grigorieff, R. D.: Numerik gewöhnlicher Differentialgleichungen I.: Einschrittverfahren. Teubner, Stuttgart 1972

[G3] Grigorieff, R. D.: Numerik gewöhnlicher Differentialgleichungen, II.: Mehrschrittverfahren. Teubner, Stuttgart 1977

[G4] Gardner, C. L.: Another elementary proof of Peano's existence theorem. Amer. Math. Monthly 83, 556–560 (1976)

[G5] Großmann, S.: Mathematischer Einführungskurs für die Physik, 3. Aufl. Teubner, Stuttgart 1981

[G6] Gardner, F. M. Phaselock Techniques. Wiley, New York 1979

[G7] Göldner, K.: Mathematische Grundlagen für Regelungstechniker. H. Deutsch, Frankfurt-Zürich 1969

[G-L] Gröbner, E. – Lesky, P.: Mathematische Methoden der Physik I, II. Bibliographisches Institut, Mannheim 1965

[G-R] Gradshteyn, I. S. – Ryzhik, I. M.: Table of Integrals, Series, and Products. Academic Press, New York 1965

[H1] Haberman, R.: Mathematical Models. Prentice Hall, Englewood Cliffs 1979

[H2] Henrici, P.: Discrete variable methods in ordinary differential equations. Wiley, New York 1962

[H3] Hull, T. E. – Enright, W. H. – Fellen, B. M. – Sedgwick, A. E.: Comparing Numerical Methods for Ordinary Differential Equations. SIAM J.Numer.Anal. 9, 603–637 (1972)

[H4] Heisecke, G.: Rand-Eigenwertprobleme $N(y) = \lambda P(y)$ mit λ-abhängigen Randbedingungen. Mittl. Math. Sem. Gießen 145, 1–74 (1980)

[I1] Ince, E. L.: Ordinary Differential Equations. Dover, New York 1956

[I2] Ince, E. L.: Die Integration gewöhnlicher Differentialgleichungen. Bibliographisches Institut, Mannheim 1965

[J1] Jänich, K.: Analysis für Physiker und Ingenieure. Springer, Berlin-Heidelberg-New York 1982

[J2] Jahnke-Emde-Lösch: Tafeln höherer Funktionen, 7. ed. Teubner, Stuttgart 1966

[J-S] Jordan, D. W. – Smith, P.: Nonlinear Ordinary Differential Equations. Clarendon Press Oxford 1977

[K1] Kamke, E.: Differentialgleichungen I. Akademische Verlagsgesellschaft, Leipzig 1964

[K2] Kamke, E.: Differentialgleichungen, Lösungsmethoden und Lösungen 10 ed. Teubner, Stuttgart 1983

[K3] Keller, H. B.: Numerical Methods for Two-Point Boundary-Value Problems. Blaisdell, Waltham 1968

[K4] Keller, H. B.: Numerical Solution of Two Point Boundary Value Problems. SIAM, Philadelphia 1976

[K5] Klotter, K.: Technische Schwingungslehre IA, IB 3 ed. Springer, Berlin-Heidelberg-New York 1978/80

[K6] Kuhfittig, P. K.: Introduction to the Laplace Transform. Plenum Press, New York 1978

[K7] Klingbeil, E.: Variationsrechnung. Bibliographisches Institut, Mannheim 1977

[K-P] Kratz, W. – Peyerimhoff, A.: An elementary Treatment of the Theory of Sturmian Eigenvalue Problems. Analysis 4, 73–85 (1985)

[L1] Lecture Notes in Computer Science 76. Goos, G.: – Hartmanis, J.: Codes for Boundary-Value Problems in Ordinary Differential Equations. Springer, Berlin-Heidelberg-New York 1979

[L-S1] Lawrentjew, M. A. – Schabat, B. W.: Methoden der komplexen Funktionentheorie. DVW. Berlin 1967

[L-S2] Lindsey, W. C. – Simon, M. K.: Phaselocked Loops and Their Application. IEEE Press, New York 1978

[M1] Magnus, W.: Schwingungen 3 ed. Teubner, Stuttgart 1981

[M2] Myint-U, Tyn: Ordinary Differential Equations. North-Holland, New York 1978

[M3] Mills, W. – Weisfeiler, B. – Krall, A. M.: Discovering Theorems with a Computer: The case of $y'(x) = \sin(xy)$. Amer. Math. Monthly 86, 733–739 (1979)

[M4] Magnus, W. – Oberhettinger, F. – Soni, R. P.: Formulas and Theorems for the Special Functions of Mathematical Physics, 3. ed. Springer, Berlin-Heidelberg-New York 1966

[P1] Peyerimhoff, A.: Gewöhnliche Differentialgleichungen I, II 2 ed. Akdademische Verlagsgesellschaft, Wiesbaden 1982

[P2] Perron, O.: Über Ein- und Mehrdeutigkeit des Integrals eines Systems von Differentialgleichungen. Math. Ann. 95, 98–101 (1926)

[P3] Putzer, E. J.: Avoiding the Jordan Canonical Form in the Discussion of Linear Systems with Constant Coefficients. Amer. Math. Monthly 73, 2–7 (1966)

[R1] Reid, T. W.: Differential Equations. Academic Press, New York 1972

[R2] Rice, J. R.: Numerical Methods, Software, and Analysis. McGraw-Hill, Tokyo 1983

[R3] Reid, W. T.: Anatomy of the Ordinary Differential Equation. Amer. Math. Monthly 82, 971–984 (1975)

[R4] Reutter, F.: Differentialgleichungen erster Ordnung und Berührungstransformationen im Linienraum mit Anwendungen auf die Geometrie der linearen Strahlenkongruenz. Dissertation, Karlsruhe 1938

[R5] Roach, G. F.: Green's Functions, 2. ed. Cambridge University Press 1982

[R6] Reissig, R. – Sansone, G. – Conti, R.: Non-linear differential equations of higher order. Noordhoff, Leyden 1974

[R-M] Rouche, N. – Mawhin, J.: Ordinary Differential Equations, Stability and Periodic Solutions. Pitman, London 1980

[S1] Staude, U.: Uniqueness of Periodic Solutions of the Liénard Equation, in Conti, R. Editor: Recent Advances in Differential Equations. Academic Press, New York 1981

[S2] Sneddon, I. N.: Spezielle Funktionen der mathematischen Physik. Bibliographisches Institut, Mannheim 1963

[S3] Stakgold, I.: Green's Functions and Boundary Value Problems. John Wiley, New York 1979

[S-B] Stoer, J. – Bulirsch, R.: Einführung in die Numerische Mathematik II, 2 ed. Springer, Berlin-Heidelberg-New York 1978

[S-C] Sansone, G. – Conti, R.: Non-linear Differential Equations. Pergamon, Oxford 1964

[S-G] Shampine, L. F. – Gordon, M. K.: Computer-Lösung gewöhnlicher Differentialgleichungen. Vieweg, Braunschweig-Wiesbaden 1984

[S-S] Schäfke, F. W. – Schmidt, D.: Gewöhnliche Differentialgleichungen. Springer, Berlin-Heidelberg-New York 1973

[W1] Walter, W.: Gewöhnliche Differentialgleichungen, 2 ed. Springer, Berlin-Heidelberg-New York 1976

[W2] Weise, K. H.: Differentialgleichungen. Vandenhoeck & Ruprecht, Göttingen 1966

[W3] Walter, J.: On elementary proofs of Peano's existence theorem. Amer. Math. Monthly 80, 282–286 (1973)

[W4] Werner, H. – Arndt, H.: Gewöhnliche Differentialgleichungen, Eine Einführung in Theorie und Praxis. Springer-Verlag 1986

[W-W] Weyland, J. – Weizel, R.: Gewöhnliche Differentialgleichungen. Bibliographisches Institut 1974

Sachwortverzeichnis